핵심이론+10개년기출

가스기능사 기출문제집 필기

2026
The Newest Edition
최신판

저자 김재호

핵심이론 저자직강
동영상 강의 무료
cafe.naver.com/sehwabooks

도서출판 세화

NAVER 카페 | cafe.naver.com/sehwabooks ▼ | Q

⟨저자 약력⟩

저자 김 재 호

- 한국폴리텍I대학 겸임교수
- 경남정보대학 외래교수

가스기능사 기출문제집 필기 [핵심이론＋10개년 기출]

1판 1쇄 발행	2024년 2월 10일	
2판 1쇄 발행	2025년 1월 10일	
2판 2쇄 발행	2025년 2월 10일	
3판 1쇄 발행	2026년 1월 12일	

저자 김재호
펴낸이 박 용
펴낸곳 도서출판 세화
주소 경기도 파주시 회동길 325-22(서패동69-2)
영업부 (031)955-9331~2
편집부 (031)955-9333
FAX (031)955-9334
등록 1978년 12월 26일 제1-338호

이 책에 실린 모든 내용에 대한 저작권은 도서출판 세화에 있으므로
무단으로 복사 복제할 수 없습니다.
copyright©Sehwa Publishing Co.,Ltd.

ISBN 978-89-317-1366-4 13530
정가 **18,000원**

독자 여러분의 의견을 기다립니다.
잘못된 책은 교환하여 드립니다.

53 다음 중 가장 낮은 압력은?

① 1atm　　② $1kg/cm^2$
③ $10.33mH_2O$　　④ 1MPa

해설　각 압력을 kg/cm^2 단위로 환산하여 비교한다.
① 1atm : $1.0332kg/cm^2$
② $1kg/cm^2$
③ $10.33mH_2O$: $\frac{10.33}{10.332} \times 1.0332 = 1.033kg/cm^2$
④ 1MPa : $\frac{1}{0.101325} \times 1.0332 = 10.20kg/cm^2$

54 시안화수소를 충전한 용기는 충전 후 얼마를 정치해야 하는가?

① 4시간　　② 8시간
③ 16시간　　④ 24시간

해설　시안화수소는 충전 후 24시간 정치한다.

55 메탄(CH_4)의 공기 중 폭발범위값에 가장 가까운 것은?

① 5~15.4%　　② 3.2~12.5%
③ 2.4~9.5%　　④ 1.9~8.4%

해설

명 칭	폭발범위
메탄(CH_4)	5~15.4%

56 다음 가스 중 비중이 가장 적은 것은?

① CO　　② C_3H_8
③ Cl_2　　④ NH_3

해설　가스 비중 = $\frac{기체\ 분자량}{공기의\ 평균\ 분자량(29)}$
① CO = 12+16 = 28, $\frac{28}{29} = 0.97$
② $C_3H_8 = 12 \times 3 + 1 \times 8 = 44$, $\frac{44}{29} = 1.52$
③ $Cl_2 = 35.5 \times 2 = 71$, $\frac{71}{29} = 2.45$
④ $NH_3 = 14 \times 1 + 1 \times 3 = 17$, $\frac{17}{29} = 0.59$

57 포스겐의 화학식은?

① $COCl_2$　　② $COCl_3$
③ PH_2　　④ PH_3

해설　포스겐 화학식 : $COCl_2$

58 표준상태에서 부탄가스의 비중은 약 얼마인가? (단, 부탄의 분자량은 58이다.)

① 1.6　　② 1.8
③ 2.0　　④ 2.2

해설　가스 비중 = $\frac{기체\ 분자량}{공기의\ 평균\ 분자량(29)}$
$\frac{58}{29} = 2.0$

59 다음 중 헨리의 법칙에 잘 적용되지 않는 가스는?

① 암모니아　　② 수소
③ 산소　　④ 이산화탄소

해설　헨리의 법칙
㉠ 적용되는 기체(물에 대한 용해도가 작다) : 수소, 산소, 이산화탄소, 질소, 메탄 등
㉡ 적용되지 않는 기체(물에 대한 용해도가 크다) : 암모니아, 불산, 염화수소, 황화수소 등

60 아세틸렌(C_2H_2)에 대한 설명 중 틀린 것은?

① 공기보다 무거워 낮은 곳에 체류한다.
② 카바이드(CaC_2)에 물을 넣어 제조한다.
③ 공기 중 폭발범위는 약 2.5~81%이다.
④ 흡열화합물이므로 압축하면 폭발을 일으킬 수 있다.

해설　① 공기보다 가벼워 높은 곳에 체류한다.
(C_2H_2 가스 비중 = $12 \times 2 + 1 \times 2 = 26$, $\frac{26}{29} = 0.90$)

정답　53 ②　54 ④　55 ①　56 ④　57 ①　58 ③　59 ①　60 ①

45 LP가스 저압배관공사를 완료하여 기밀시험을 하기 위해 공기압을 1,000mmH$_2$O로 하였다. 이때 관지름 25mm, 길이 30m로 할 경우 배관의 전체 부피는 약 몇 L인가?

① 5.7L　② 12.7L
③ 14.7L　④ 23.7L

해설
배관의 전체 부피(L) = $\frac{\pi}{4} \times 0.025m^2 \times 30m$
= $0.0147m^3 = 14.7L$

46 이상기체의 정압비열(C_P)과 정적비열(C_v)에 대한 설명 중 틀린 것은? (단, k는 비열비이고, R은 이상기체 상수이다.)

① 정적비열과 R의 합은 정압비열이다.
② 비열비(k)는 $\frac{C_P}{C_v}$로 표현된다.
③ 정적비열은 $\frac{R}{k-1}$로 표현된다.
④ 정압비열은 $\frac{k-1}{k}$로 표현된다.

해설
④ 정압비열은 $\frac{k}{k-1}$로 표현된다.

47 부탄가스의 주된 용도가 아닌 것은?

① 산화에틸렌 제조
② 자동차 연료
③ 라이터 연료
④ 에어졸 제조

해설
부탄가스의 용도
㉠ 자동차 연료
㉡ 라이터 연료
㉢ 에어졸 제조

48 LNG의 주성분은?

① 메탄　② 에탄
③ 프로판　④ 부탄

해설 LNG의 주성분 : 메탄

49 부양기구의 수소 대체용으로 사용되는 가스는?

① 아르곤　② 헬륨
③ 질소　④ 공기

해설 부양기구의 수소 대체용 가스 : 헬륨

50 착화원이 있을 때 가연성액체나 고체의 표면에 연소하한계 농도의 가연성 혼합기가 형성되는 최저온도는?

① 인화온도　② 임계온도
③ 발화온도　④ 포화온도

해설
② 임계온도 : 모든 기체는 압력을 높이고 온도를 낮추면 액체로 변하는데, 일정한 온도 이하로 냉각하지 않으면 압력에 관계없이 액화시킬 수 없다. 이 한계가 되는 온도
③ 발화온도 : 자기 스스로 연소를 시작하는 최저의 온도로서 다른 곳에서 점화원을 부여하지 않고 가연물을 공기 또는 산소 중에서 가열함으로써 발화하는 최저의 온도
④ 포화온도 : 액체와 증기가 공존할 때 그 압력에 상당한 일정값의 온도

51 다음 중 황화수소에 대한 설명으로 틀린 것은 어느 것인가?

① 무색이다.
② 유독하다.
③ 냄새가 없다.
④ 인화성이 아주 강하다.

해설 ③ 계란 썩는 냄새를 낸다.

52 표준상태에서 산소의 밀도(g/L)는?

① 0.7　② 1.43
③ 2.72　④ 2.88

해설 $\frac{32g}{22.4L} = 1.43 g/L$

정답 45 ③　46 ④　47 ①　48 ①　49 ②　50 ①　51 ③　52 ②

39 액화산소, LNG 등에 일반적으로 사용될 수 있는 재질이 아닌 것은?
① Al 및 Al 합금
② Cu 및 Cu 합금
③ 고장력 주철강
④ 18-8 스테인리스강

해설 액화산소, LNG 등에 일반적으로 사용될 수 있는 재질
㉠ Al 및 Al 합금
㉡ Cu 및 Cu 합금
㉢ 18-8 스테인리스강

40 다음 중 암모니아 용기의 재료로 주로 사용되는 것은?
① 동
② 알루미늄 합금
③ 동 합금
④ 탄소강

해설 암모니아 용기의 재료 : 탄소강

41 이동식 부탄연소기의 용기 연결 방법에 따른 분류가 아닌 것은?
① 용기이탈식
② 분리식
③ 카세트식
④ 직결식

해설 이동식 부탄연소기의 용기 연결 방법에 따른 분류
㉠ 분리식
㉡ 카세트식
㉢ 직결식

42 저온장치에서 열의 침입 원인으로 가장 거리가 먼 것은?
① 내면으로부터의 열전도
② 연결배관 등에 의한 열전도
③ 지지요크 등에 의한 열전도
④ 단열재를 넣은 공간에 남은 가스의 분자 열전도

해설 저온장치에서 열의 침입 원인
㉠ 연결배관 등에 의한 열전도
㉡ 지지요크 등에 의한 열전도
㉢ 단열재를 넣은 공간에 남은 가스의 분자 열전도

43 고압가스 제조설비에서 정전기의 발생 또는 대전방지에 대한 설명으로 옳은 것은?
① 가연성가스 제조설비의 탑류, 벤트스택 등은 단독으로 접지한다.
② 제조장치 등에 본딩용 접속선은 단면적이 5.5mm² 미만의 단선을 사용한다.
③ 대전방지를 위하여 기계 및 장치에 절연재료를 사용한다.
④ 접지저항치 총합이 100Ω 이하의 경우에는 정전기제거조치가 필요하다.

해설
② 제조장치 등에 본딩용 접속선은 단면적이 5.5m²(단선은 제외) 이상을 사용하고 경납붙임, 용접, 접속 금구 등을 사용하여 확실히 접속한다.
③ 대전방지를 위하여 기계 및 장치에 절연재료를 사용하지 않는다.
④ 접지저항치 총합이 100Ω 이하의 경우에는 정전기제거조치가 필요하지 않다.

44 저장탱크 내부의 압력이 외부의 압력보다 낮아져 그 탱크가 파괴되는 것을 방지하기 위한 설비와 관계없는 것은?
① 압력계
② 진공안전밸브
③ 압력경보설비
④ 벤트스택

해설 탱크가 파괴되는 것을 방지하기 위한 설비
㉠ 압력계
㉡ 진공안전밸브
㉢ 압력경보설비

정답 39 ③ 40 ④ 41 ① 42 ① 43 ① 44 ④

ⓒ 압축천연가스 자동차충전소의 압력계의 눈금=압축가스설비의 설계압력×1.5
25MPa×1.5=37.5
∴ 최소 37.5MPa까지 지시할 수 있는 것

33 저온, 고압의 액화석유가스 저장탱크가 있다. 이 탱크를 퍼지하여 수리 점검 작업할 때에 대한 설명으로 옳지 않은 것은?

① 공기로 재치환하여 산소농도가 최소 18%인지 확인한다.
② 질소가스로 충분히 퍼지하여 가연성 가스의 농도가 폭발하한계의 1/4 이하가 될 때까지 치환을 계속한다.
③ 단시간에 고온으로 가열하면 탱크가 손상될 우려가 있으므로 국부가열이 되지 않게 한다.
④ 가스는 공기보다 가벼우므로 상부 맨홀을 열어 자연적으로 퍼지가 되도록 한다.

해설 ④ 가스는 공기보다 무거우므로 방출밸브를 닫고 적절한 밸브로 불활성가스를 압입하여 가스의 압력이 $0.5kg/cm^2$가 되었을 때 압입을 중지하고 방출밸브를 열어 가스와 불활성가스가 혼합된 가스를 대기 중으로 방출한다.

34 공기액화분리장치에는 다음 중 어떤 가스 때문에 가연성 물질을 단열재로 사용할 수 없는가?

① 질소
② 수소
③ 산소
④ 아르곤

해설 공기액화분리장치에서 대표적으로 제조되는 가스는 산소, 질소, 아르곤 등이며, 산소와 가연성 단열재가 접촉 시 점화원만 있으면 화재의 위험이 있다.

35 도시가스 사용시설의 정압기실에 설치된 가스누출경보기의 점검주기는?

① 1일에 1회 이상
② 1주일에 1회 이상
③ 2주일에 1회 이상
④ 1개월에 1회 이상

해설 도시가스 사용시설의 정압기실에 설치된 가스누출경보기의 점검주기 : 1주일에 1회 이상

36 도시가스 공급시설이 아닌 것은?

① 압축기
② 홀더
③ 정압기
④ 용기

해설 도시가스 공급시설
㉠ 압축기 ㉡ 홀더 ㉢ 정압기

37 저압식(Linde-Frankl식) 공기액화분리장치의 정류탑 하부의 압력은 어느 정도인가?

① 1기압
② 5기압
③ 10기압
④ 20기압

해설 저압식(Linde-Frankl식) 공기액화분리장치 하부 정류탑에서는 5기압의 압력하에서 원료공기가 정류되어 하단에는 산소 40% 정도의 액체공기가 분리되며 하부 정류탑 상부에는 98% 정도의 액체질소가 분리된다.

38 액주식 압력계에 대한 설명으로 틀린 것은?

① 경사관식은 정도가 좋다.
② 단관식은 차압계로도 사용된다.
③ 링 밸런스식은 저압가스의 압력측정에 적당하다.
④ U자관은 메니스커스의 영향을 받지 않는다.

해설 ④ U자관은 메니스커스의 영향을 받는다.

정답 33 ④ 34 ③ 35 ② 36 ④ 37 ② 38 ④

28 아르곤(Ar)가스 충전용기의 도색은 어떤 색상으로 하여야 하는가?

① 백색
② 녹색
③ 갈색
④ 회색

해설 (1) 의료용 가스용기의 도색 구분

가스의 종류	도색의 구분	가스의 종류	도색의 구분
산소	백색	헬륨	갈색
질소	흑색	아산화질소	청색
액화탄산가스	회색	사이크로프로판	주황색
에틸렌	자색	그 밖의 가스	회색

(2) 그 밖의 가스용기의 도색 구분

가스의 종류	도색의 구분	가스의 종류	도색의 구분
산소	녹색	질소	회색
액화탄산가스	청색	소방용 가스	소방법에 의한 도색

29 인체용 에어졸 제품의 용기에 기재하여야 할 사항으로 틀린 것은?

① 불속에 버리지 말 것
② 가능한 한 인체에서 10cm 이상 떨어져서 사용할 것
③ 온도가 40℃ 이상 되는 장소에 보관하지 말 것
④ 특정 부위에 계속하여 장시간 사용하지 말 것

해설 ② 가능한 한 인체에서 20cm 이상 떨어져서 사용할 것

30 지하에 매몰하는 도시가스배관의 재료로 사용할 수 없는 것은?

① 가스용 폴리에틸렌관
② 압력배관용 탄소강관
③ 압출식 폴리에틸렌 피복강관
④ 분말융착식 폴리에틸렌 피복강관

해설 지하에 매몰하는 도시가스배관의 재료
㉠ 가스용 폴리에틸렌관
㉡ 압출식 폴리에틸렌 피복강관
㉢ 분말융착식 폴리에틸렌 피복강관

31 연소에 필요한 공기를 전부 2차 공기로 취하며 불꽃의 길이가 길고, 온도가 가장 낮은 연소 방식은?

① 분젠식
② 세미분젠식
③ 적화식
④ 전 1차 공기식

해설 ① 분젠식 : 연소한계 내의 공기는 1차 공기에 의해 혼합시키면 적당한 조건하에서는 안정된 연소성에 의하여 형성되는 내염추와 그것을 둘러싼 외염을 형성해야 연소한다.
② 세미분젠식 : 적화식 연소 방법과 분젠식 연소 방법의 중간 방법으로 1차 공기량을 제한하여 연소시키는 방법으로 1차 공기율이 40% 이하로 불꽃의 선단에 황염이 생기지 않을 정도로 1차 공기를 흡입하도록 되어 있다.
④ 전 1차 공기식 : 완전연소에 필요한 공기의 모두를 1차 공기로 하여 혼합시켜 연소를 하게 되는 것으로 적당한 조건하에서 2차 공기를 필요로 하지 않는다.

32 압축천연가스 자동차충전소에 설치하는 압축가스설비의 설계압력이 25MPa인 경우 이 설비에 설치하는 압력계의 지시눈금은?

① 최소 25.0MPa까지 지시할 수 있는 것
② 최소 27.5MPa까지 지시할 수 있는 것
③ 최소 37.5MPa까지 지시할 수 있는 것
④ 최소 50.0MPa까지 지시할 수 있는 것

해설 ㉠ 압력계는 상용압력의 1.5배 이상 2배 이하의 최소눈금이 있는 것

정답 28 ④ 29 ② 30 ② 31 ③ 32 ③

③ $\frac{1}{100,000}$ ④ $\frac{1}{1,000,000}$

해설 부취제의 공기 중 착취 농도
$\frac{1}{1,000}$ 이하(0.1% 이하)

24 도시가스 사용시설에서 도시가스배관의 표시 등에 대한 기준으로 틀린 것은?
① 지하에 매설하는 배관은 그 외부에 사용가스명, 최고사용압력, 가스의 흐름방향을 표시한다.
② 지상배관은 부식방지도장 후 황색으로 도색한다.
③ 지하매설배관은 최고사용압력이 저압인 배관은 황색으로 한다.
④ 지하매설배관은 최고사용압력이 중압 이상인 배관은 적색으로 한다.

해설 ① 배관의 외부에 사용가스명, 최고사용압력 및 가스의 흐름방향을 표시한다. 다만, 지하에 매설하는 경우에는 흐름방향을 표시하지 아니할 수 있다.

25 특정고압가스 사용시설에서 용기의 안전조치 방법으로 틀린 것은?
① 고압가스의 충전용기는 항상 40°C 이하를 유지하도록 한다.
② 고압가스의 충전용기밸브는 서서히 개폐한다.
③ 고압가스의 충전용기밸브 또는 배관을 가열할 때에는 얼습포니 40°C 이하의 더운물을 사용한다.
④ 고압가스의 충전용기를 사용한 후에는 밸브를 열어 둔다.

해설 특정고압가스 사용시설에서 용기의 안전조치
㉠ 충전용기는 이동하면서 사용할 때에는 손수레에 단단하게 묶어 사용해야 하며, 사용 종료 후에는 용기보관실에 저장해 둔다.
㉡ 고압가스의 충전용기는 항상 40°C를 유지하도록 한다.
㉢ 고압가스의 충전용기밸브는 서서히 개폐하고 밸브 또는 배관을 가열할 때에는 열습포나 40°C 이하의 더운물을 사용한다.
㉣ 고압가스의 충전용기는 넘어짐 등으로 인한 충격을 방지하는 조치를 해야 하며, 사용한 후에는 밸브를 닫는다.

26 액화가스를 충전하는 차량에 고정된 탱크는 그 내부에 액면요동을 방지하기 위하여 액면요동방지조치를 하여야 한다. 다음 중 액면요동방지조치로 올바른 것은?
① 방파판
② 액면계
③ 온도계
④ 스톱밸브

해설 방파판 : 액면요동방지

27 암모니아 충전용기로서 내용적이 1,000L 이하인 것은 부식여유두께의 수치가 (A)mm 이고, 염소 충전용기로서 내용적이 1,000L 초과하는 것은 부식여유두께의 수치가 (B)mm 이다. A와 B에 알맞은 부식여유치는?
① A : 1, B : 3
② A : 2, B : 3
③ A : 1, B : 5
④ A : 2, B : 5

해설 부식여유수치(mm)

용기의 종류		부식여유치 (mm)
암모니아 충전용기	내용적 1,000L 이하	1
	내용적 1,000L 초과	2
염소 충전용기	내용적 1,000L 이하	3
	내용적 1,000L 초과	5

해설 고압가스안전관리법의 적용을 받는 고압가스의 종류 및 범위
㉠ 상용의 온도에서 압력이 1MPa 이상이 되는 압축가스로서 실제로 그 압력이 1MPa 이상이 되는 것 또는 35℃의 온도에서 압력이 1MPa 이상이 되는 압축가스(아세틸렌가스를 제외)
㉡ 15℃의 온도에서 압력이 0Pa을 초과하는 아세틸렌가스
㉢ 상용의 온도에서 압력이 0.2MPa 이상이 되는 액화가스로서 실제로 그 압력이 0.2MPa 이상이 되는 것 또는 압력이 2kg/cm²이 되는 경우의 온도가 35℃ 이하인 액화가스
㉣ 35℃의 온도에서 압력이 0Pa을 초과하는 액화가스 중 액화시안화수소·액화브롬화메탄 및 액화산화에틸렌가스

19 LP가스 저장탱크 지하에 설치하는 기준에 대한 설명으로 틀린 것은?
① 저장탱크실 상부 윗면으로부터 저장탱크 상부까지의 깊이는 1m 이상으로 한다.
② 저장탱크 주위 빈 공간에는 세립분을 함유하지 않은 것으로서 손으로 만졌을 때 물이 손에서 흘러내리지 않는 상태의 모래를 채운다.
③ 저장탱크를 2개 이상 인접하여 설치하는 경우에는 상호간에 1m 이상의 거리를 유지한다.
④ 저장탱크실은 천장, 벽 및 바닥의 두께가 각각 30cm 이상의 방수조치를 한 철근콘크리트 구조로 한다.

해설 ① 지면으로부터 저장탱크의 정상부까지의 깊이는 60cm 이상으로 한다.

20 다음 중 사용신고를 하여야 하는 특정고압가스에 해당하지 않는 것은?
① 게르만 ② 삼불화질소
③ 사불화규소 ④ 오불화붕소

해설 (1) 특정고압가스
수소, 산소, 액화암모니아, 아세틸렌, 액화염소, 천연가스, 압축모노실란, 압축디보레인, 액화알진 그 밖에 대통령령이 정하는 고압가스
(2) 대통령령이 정하는 고압가스
㉠ 포스핀   ㉡ 셀렌화수소
㉢ 게르만   ㉣ 디실란
㉤ 오불화비소 ㉥ 오불화인
㉦ 삼불화인   ㉧ 삼불화질소
㉨ 삼불화붕소 ㉩ 사불화유황
㉪ 사불화규소

21 LPG 자동차에 고정된 용기충전시설에서 저장탱크의 물분무장치는 최대 수량을 몇 분 이상 연속해서 방사할 수 있는 수원에 접속되어 있도록 하여야 하는가?
① 20분 ② 30분
③ 40분 ④ 60분

해설 LPG 자동차 물분무장치 수원
30분 이상 연속해서 방사할 수 있는 양

22 다음 중 용기의 설계 단계 검사 항목이 아닌 것은?
① 단열성능
② 내압성능
③ 작동성능
④ 용접부의 기계적 성능

해설 용기의 설계 단계 검사 항목
㉠ 단열성능
㉡ 내압성능
㉢ 용접부의 기계적 성능

23 액화석유가스가 공기 중에 얼마의 비율로 혼합되었을 때 그 사실을 알 수 있도록 냄새가 나는 물질을 섞어 용기에 충전하여야 하는가?
① $\dfrac{1}{1,000}$ ② $\dfrac{1}{10,000}$

정답 19 ① 20 ④ 21 ② 22 ③ 23 ①

13 다음 중 고압가스 제조허가의 종류가 아닌 것은?

① 고압가스 특수제조
② 고압가스 일반제조
③ 고압가스 충전
④ 냉동제조

해설 고압가스 제조허가의 종류
㉠ 고압가스 특정제조
㉡ 고압가스 일반제조
㉢ 고압가스 충전
㉣ 냉동제조

14 아세틸렌용기에 대한 다공물질충전검사 적합 판정 기준은?

① 다공물질은 용기 벽을 따라서 용기 안 지름의 1/200 또는 1mm를 초과하는 틈이 없는 것으로 한다.
② 다공물질은 용기 벽을 따라서 용기 안 지름의 1/200 또는 3mm를 초과하는 틈이 없는 것으로 한다.
③ 다공물질은 용기 벽을 따라서 용기 안 지름의 1/100 또는 5mm를 초과하는 틈이 없는 것으로 한다.
④ 다공물질은 용기 벽을 따라서 용기 안 지름의 1/100 또는 10mm를 초과하는 틈이 없는 것으로 한다.

해설 아세틸렌용기에 대한 다공물질충전검사 적합 판정 기준
다공물질은 용기 벽을 따라서 용기 안지름의 1/200 또는 3mm를 초과하는 틈이 없는 것으로 한다.

15 비등액체팽창증기폭발(BLEVE)이 일어날 가능성이 가장 낮은 곳은?

① LPG저장탱크
② LNG저장탱크
③ 액화가스 탱크로리
④ 천연가스 지구정압기

해설 비등액체팽창증기폭발(BLEVE)이 일어날 수 있는 곳
㉠ LPG저장탱크
㉡ LNG저장탱크
㉢ 액화가스 탱크로리

16 가스누출자동차단장치의 구성 요소에 해당하지 않는 것은?

① 지시부   ② 검지부
③ 차단부   ④ 제어부

해설 가스누출자동차단장치의 구성 요소
㉠ 검지부
㉡ 차단부
㉢ 제어부

17 다음 가스의 용기보관실 중 그 가스가 누출된 때에 체류하지 않도록 통풍구를 갖추고, 통풍이 잘되지 않는 곳에는 강제환기시설을 설치하여야 하는 곳은?

① 질소 저장소
② 탄산가스 저장소
③ 헬륨 저장소
④ 부탄 저장소

해설 통풍구 및 강제환기시설을 설치하는 곳은 가연성가스(부탄) 저장소이다.

18 고압가스안전관리법의 적용을 받는 고압가스의 종류 및 범위로서 틀린 것은?

① 상용의 온도에서 압력이 1MPa 이상이 되는 압축가스
② 섭씨 35도의 온도에서 압력이 0Pa을 초과하는 아세틸렌가스
③ 상용의 온도에서 압력이 0.2MPa 이상이 되는 액화가스
④ 섭씨 35도의 온도에서 압력이 0Pa을 초과하는 액화가스 중 액화시안화수소

정답 13 ① 14 ② 15 ④ 16 ① 17 ④ 18 ②

05 일반도시가스의 배관을 철도부지 밑에 매설할 경우 배관의 외면과 지표면과의 거리는 몇 m 이상으로 하여야 하는가?

① 1.0m
② 1.2m
③ 1.3m
④ 1.5m

해설 일반도시가스의 배관을 철도부지 밑에 매설 배관의 외면과 지표면과의 거리 : 1.2m 이상

06 도시가스배관의 매설심도를 확보할 수 없거나 타 시설물과 이격거리를 유지하지 못하는 경우 등에는 보호판을 설치한다. 압력이 중압배관일 경우 보호판의 두께 기준은?

① 3mm ② 4mm
③ 5mm ④ 6mm

해설 도시가스배관에서 압력이 중압배관일 경우 보호판의 두께 : 4mm

07 자연발화의 열의 발생 속도에 대한 설명으로 틀린 것은?

① 발열량이 큰쪽이 일어나기 쉽다.
② 표면적이 작을수록 일어나기 쉽다.
③ 초기온도가 높은 쪽이 일어나기 쉽다.
④ 촉매물질이 존재하면 반응속도가 빨라진다.

해설 ② 표면적이 넓을수록 일어나기 쉽다.

08 가연성가스의 지상저장탱크의 경우 외부에 바르는 도료의 색깔은 무엇인가?

① 청색
② 녹색
③ 은·백색
④ 검정색

해설 가연성가스의 지상저장탱크 외부 도료 색깔 은·백색

09 산화에틸렌 충전용기에는 질소 또는 탄산가스를 충전하는데, 그 내부 가스압력의 기준으로 옳은 것은?

① 상온에서 0.2MPa 이상
② 35°C에서 0.2MPa 이상
③ 40°C에서 0.4MPa 이상
④ 45°C에서 0.4MPa 이상

해설 산화에틸렌 충전용기에는 질소 또는 탄산가스를 충전 시 그 내부 가스압력의 기준
45°C에서 0.4MPa 이상

10 다음 중 보일러 중독사고의 주원인이 되는 가스는?

① 이산화탄소 ② 일산화탄소
③ 질소   ④ 염소

해설 일산화탄소(CO) : 보일러 중독사고의 주원인

11 인화온도가 약 -30°C이고 발화온도가 매우 낮아 전구 표면이나 증기파이프 등의 열에 의해 발화할 수 있는 가스는?

① CS_2 ② C_2H_2
③ C_2H_4 ④ C_3H_8

해설

물 질	CS_2
인화온도	-30°C
발화온도	100°C

12 발열량이 9,500kcal/m³이고 가스 비중이 0.65인(공기 1) 가스의 웨버지수는 약 얼마인가?

① 6,175   ② 9,500
③ 11,780 ④ 14,615

해설 웨버지수$(WI) = \dfrac{H_g}{\sqrt{d}} = \dfrac{총\ 발열량}{\sqrt{가스\ 비중}}$

$= \dfrac{9,500\text{kcal/m}^3}{\sqrt{0.65}} = 11,780$

정답 05 ② 06 ② 07 ② 08 ③ 09 ④ 10 ② 11 ① 12 ③

2025 가스기능사 (9. 20. 시행)

01 초저온용기의 단열성능시험에 있어 침입열량 산식은 다음과 같이 구한다. 여기서 "g"가 의미하는 것은?

$$Q = \frac{W \cdot g}{H \cdot \Delta t \cdot V}$$

① 침입열량
② 측정시간
③ 기화된 가스량
④ 시험용 가스의 기화잠열

해설 침입열량 계산식
$$Q = \frac{W \cdot g}{H \cdot \Delta t \cdot V}$$
여기서, Q : 침입열량(kcal/h·℃·L)
W : 기화된 가스량(kg)
g : 시험용 가스의 기화잠열(kcal/kg)
H : 측정시간(h)
Δt : 시험용 가스의 비점과 외기와의 온도차(℃)
V : 용기 내용적(L)

02 플레어스택에 대한 설명으로 틀린 것은?
① 플레어스택에서 발생하는 복사열이 다른 제조시설에 나쁜 영향을 미치지 아니하도록 안전한 높이 및 위치에 설치한다.
② 플레어스택에서 발생하는 최대열량에 장시간 견딜 수 있는 재료 및 구조로 되어 있는 것으로 한다.
③ 파일럿버너를 항상 점화하여 두는 등 플레어스택에 관련된 폭발을 방지하기 위한 조치가 되어 있는 것으로 한다.
④ 특수반응설비 또는 이와 유사한 고압가스설비에는 그 특수반응설비 또는 고압가스설비마다 설치한다.

해설 ④ 긴급이송설비에 의하여 이송되는 가스를 안전하게 연소시킬 수 있는 구조이다.

03 고압가스용 저장탱크 및 압력용기 제조시설에 대하여 실시하는 내압검사에서 압력용기 등의 재질이 주철인 경우 내압시험압력의 기준은?
① 설계압력의 1.2배의 압력
② 설계압력의 1.5배의 압력
③ 설계압력의 2배의 압력
④ 설계압력의 3배의 압력

해설 고압가스용 저장탱크 및 압력용기 제조시설 내압검사 기준
압력용기 등의 재질이 주철인 경우 내압시험압력은 설계압력의 2배의 압력

04 가스 도매사업시설에서 배관지하매설의 설치 기준으로 옳은 것은?
① 산과 들 이외의 지역에서 배관의 매설깊이는 1.5m 이상
② 산과 들에서의 배관의 매설깊이는 1m 이상
③ 배관은 그 외면으로부터 수평거리로 건축물까지 1.2m 이상 거리 유지
④ 배관은 그 외면으로부터 지하의 다른 시설물과 1.2m 이상 거리 유지

해설 ㉠ 시가지의 도로 : 1.5m 이상
㉡ 건축물 : 수평거리로 1.5m 이상
㉢ 지하의 다른 시설물 : 0.3m 이상

정답 01 ④ 02 ④ 03 ③ 04 ②

56 다음 중 아세틸렌의 발생 방식이 아닌 것은?

① 주수식 : 카바이드에 물을 넣는 방법
② 투입식 : 물에 카바이드를 넣는 방법
③ 접촉식 : 물과 카바이드를 소량씩 접촉시키는 방법
④ 가열식 : 카바이드를 가열하는 방법

해설 아세틸렌 발생 방식
㉠ 주수식 : 카바이드에 물을 넣는 방법
㉡ 투입식 : 물에 카바이드를 넣는 방법
㉢ 접촉식 : 물과 카바이드를 소량씩 접촉시키는 방법

57 다음 중 1기압(1atm)과 같지 않은 것은?

① 760mmHg
② 0.9807bar
③ 10.332mH₂O
④ 101.3kPa

해설 1atm=760mmHg=1.0332kg/cm²
=10.33mH₂O=29.92inHg
=14.7lb/in²(PSI)=1.01325bar
=1013.25mmbar=101,325N/m²
=101,325Pa
=101.3kPa

58 다음 중 절대온도 단위는?

① K ② °R ③ °F ④ °C

해설 절대온도 단위 : K

59 섭씨온도와 화씨온도가 같은 경우는?

① −40°C   ② 32°F
③ 273°C   ④ 45°F

해설 $°C = \dfrac{1}{1.8}(°F - 32)$, $°F = 1.8°C + 32$

① −40°C : $1.8 \times -40 + 32 = -40°F$
② 32°F : $\dfrac{1}{1.8}(32-32) = 0°C$
③ 273°C : $1.8 \times 273 + 32 = 533.4°F$
④ 45°F : $\dfrac{1}{1.8}(45-32) = 7.22°C$

60 어떤 기구가 1atm, 30°C에서 10,000L의 헬륨으로 채워져 있다. 이 기구가 압력이 0.6atm이고 온도가 −20°C인 고도까지 올라갔을 때 부피는 약 몇 L가 되는가?

① 10,000   ② 12,000
③ 14,000   ④ 16,000

해설 보일-샤를의 법칙을 적용한다.

$$\dfrac{PV}{T} = \dfrac{P_1 V_1}{T_1}$$

$$\dfrac{1 \times 10,000}{273+30} = \dfrac{0.6 \times V_1}{273-20}$$

$$V_1 = \dfrac{1 \times 10,000 \times (273-20)}{(273+30) \times 0.6}$$

$$= \dfrac{2,530,000}{181.8} = 14,000L$$

정답 56 ④ 57 ② 58 ① 59 ① 60 ③

49 다음 중 액화가 가장 어려운 가스는?

① H_2 ② He
③ N_2 ④ CH_4

해설 ② He : 분자간에 반 데르 발스의 힘만 존재하고 비등점이 낮으므로 액화가 어렵다.

50 산소의 물리적인 성질에 대한 설명으로 틀린 것은?

① 산소는 약 $-183°C$에서 액화한다.
② 액체 산소는 청색으로 비중이 약 1.13이다.
③ 무색무취의 기체이며, 물에는 약간 녹는다.
④ 강력한 조연성가스이므로 자신이 연소한다.

해설 ④ 강력한 조연성가스이므로 자신은 연소하지 않는다.

51 표준상태의 가스 $1m^3$를 완전연소시키기 위하여 필요한 최소한의 공기를 이론 공기량이라고 한다. 다음 중 이론 공기량으로 적합한 것은? (단, 공기 중에 산소는 21% 존재한다.)

① 메탄 : 9.5배
② 메탄 : 12.5배
③ 프로판 : 15배
④ 프로판 : 30배

해설 ㉠ $CH_4 + 2O_2 \rightarrow CO_2 + 2H_2O$

이론 공기량 : $2 \times \dfrac{100}{21} = 9.5$배

㉡ $C_3H_8 + 5O_2 \rightarrow 3CO_2 + 4H_2O$

이론 공기량 : $5 \times \dfrac{100}{21} = 23.81$배

52 표준상태에서 1,000L의 체적을 갖는 가스 상태의 부탄은 약 몇 kg인가?

① 2.6 ② 3.1
③ 5.0 ④ 6.1

해설 C_4H_{10} 분자량은 $12 \times 4 + 1 \times 10 = 58kg$이다.
$1,000L = 1m^3$
즉 표준상태에서 $58kg : x(kg) = 22.4m^3 : 1m^3$

$x = \dfrac{58kg \times 1m^3}{22.4m^3}$

$x = 2.6kg$

53 1kW의 열량을 환산한 것으로 옳은 것은?

① 536kcal/h
② 632kcal/h
③ 720kcal/h
④ 860kcal/h

해설 $1kW = 102 kgf \cdot m/s$
$= 102 kgf \cdot m/s \times \dfrac{1}{427} kcal/kgf \cdot m$
$\times 3,600 s/h$
$= 860 kcal/h$

54 이상기체의 등온과정에서 압력이 증가하면 엔탈피(H)는?

① 증가한다.
② 감소한다.
③ 일정하다.
④ 증가하다가 감소한다.

해설 이상기체의 등온과정에서 압력이 증가하면 엔탈피(H)는 일정하다.

55 이상기체를 정적하에서 가열하면 압력과 온도의 변화는?

① 압력 증가, 온도 일정
② 압력 일정, 온도 일정
③ 압력 증가, 온도 상승
④ 압력 일정, 온도 상승

해설 이상기체를 정적하에서 가열하면 압력이 증가하고, 온도가 상승한다.

정답 49 ② 50 ④ 51 ① 52 ① 53 ④ 54 ③ 55 ③

해설 압축기 종류
ⓐ 왕복식 : 용적형으로 용량 조절이 용이하고 범위가 넓으며, 압축기의 효율이 높아 고압장치에서 많이 쓰인다.
ⓑ 터보식 : 고속회전하는 임펠러의 원심력에 의해 속도에너지를 압력에너지로 바꾸어 압축하는 형식으로 유량이 크고 설치 면적이 작게 차지하는 것
ⓒ 회전식 : 용적형으로 왕복압축기에 비해 부품수가 적고, 소형이며 구조가 간단하다.

44 다음 [보기]와 관련있는 분석 방법은?

[보기]
- 쌍극자 모멘트의 알짜 변화
- 진동 짝지움
- Nernst 백열등
- Fourier 변환분광계

① 질량분석법
② 흡광광도법
③ 적외선 분광분석법
④ 킬레이트 적정법

해설 ① 질량분석법 : 질량 스펙트럼을 분석하고자 하는 물질을 빠르게 움직이는 이온 상태로 만들어 질량 대 전하 비에 따라 분리하여 얻는다. 이때 보통 사용되는 원자량은 동위원소의 질량이다.
② 흡광광도법 : 용액에 흡수되는 빛의 양은 그 용액의 농도와 관계가 있다. 이것을 이용하여 가스의 분석에 사용한다.
④ 킬레이트 적정법 : 킬레이트 시약을 사용하여 금속 이온을 정량하는 방법을 말하며, 이것은 금속 킬레이트 화합물의 생성 반응을 이용한다.

45 파이프커터로 강관을 절단하면 거스러미(Burr)가 생긴다. 이것을 제거하는 공구는?
① 파이프 벤더
② 파이프 렌치
③ 파이프 바이스
④ 파이프 리머

해설 ① 파이프 벤더 : 파이프의 구부리 작업을 하는 공구
② 파이프 렌치 : 파이프 또는 이음쇠의 나사 이음 분해 조립 시, 파이프 등을 회전시키는 데 사용되는 공구
③ 파이프 바이스 : 관을 절단, 나사 절삭, 조립 시에 관을 고정

46 열역학 제1법칙에 대한 설명이 아닌 것은?
① 에너지보존의 법칙이라고 한다.
② 열은 항상 고온에서 저온으로 흐른다.
③ 열과 일은 일정한 관계로 상호 교환된다.
④ 제1종 영구기관이 영구적으로 일하는 것은 불가능하다는 것을 알려준다.

해설 ② 열역학 제0법칙

47 도시가스의 주원료인 메탄(CH_4)의 비점은 약 얼마인가?
① $-50°C$ ② $-82°C$
③ $-120°C$ ④ $-162°C$

해설

가스의 명칭	비 점
CH_4	$-162°C$

48 다음 중 일반 기체상수(R)의 단위는?
① $kg·m/kmol·K$
② $kg·m/kcal·K$
③ $kg·m/m^3·K$
④ $kcal/kg·°C$

해설 일반 기체상수$(R) = \dfrac{PV}{nT}$

$= \dfrac{1.0332 \times 10^4 kg/m^2 \times 22.4 m^3}{1 kmol \times 273 K}$

$= 848 kg·m/kmol·K$

정답 44 ③ 45 ④ 46 ② 47 ④ 48 ①

39 가스홀더의 압력을 이용하여 가스를 공급하며, 가스제조공장과 공급지역이 가깝거나 공급면적이 좁을 때 적당한 가스공급방법은?

① 저압공급방식
② 중압공급방식
③ 고압공급방식
④ 초고압공급방식

해설 도시가스 공급방식
㉠ 저압공급방식 : 공급압력이 0.1MPa 미만으로 가스제조공장과 공급지역이 가깝거나 공급면적이 좁을 때 적합하다.
㉡ 중압공급방식 : 공급압력이 0.1~1MPa 미만으로 공급량이 많거나 공급거리가 길어 저압공급방법으로는 배관비용이 많을 때 적합하다.
㉢ 고압공급방식 : 공급압력이 1MPa 미만으로 공급구역이 넓고, 대량의 가스를 먼 거리에 공급할 경우에 적합하다.

40 왕복동 압축기 용량 조정 방법 중 단계적으로 조절하는 방법에 해당되는 것은?

① 회전수를 변경하는 방법
② 흡입 주밸브를 폐쇄하는 방법
③ 타임드밸브 제어에 의한 방법
④ 클리어런스밸브에 의해 용적효율을 낮추는 방법

해설 왕복동 압축기 용량 조정 방법
(1) 연속적으로 조절하는 방법
㉠ 회전수를 변경하는 방법
㉡ 흡입 주밸브를 폐쇄하는 방법
㉢ 타임드밸브 제어에 의한 방법
㉣ 바이패스밸브에 의해 압축가스를 흡입측에 복귀시키는 방법
(2) 단계적으로 조절하는 방법
㉠ 클리어런스밸브에 의해 용적효율을 낮추는 방법
㉡ 흡입밸브를 개방하여 가스의 흡입을 하지 못하도록 하는 방법

41 다음 중 대표적인 차압식 유량계는?

① 오리피스미터
② 로터미터
③ 마노미터
④ 습식 가스미터

해설 간접식 유량계
㉠ 차압식 유량계 : 오리피스미터, 플로어노즐, 벤투리미터
㉡ 면적식 유량계 : 부자식, 로터미터
㉢ 유속식 유량계 : 임펠러식, 피토관식, 열선식
㉣ 전자식 유량계
㉤ 와류식 유량계
㉥ 초음파 유량계

42 공기액화분리기 내의 CO_2를 제거하기 위해 NaOH 수용액을 사용한다. 1.0kg의 CO_2를 제거하기 위해서는 약 몇 kg의 NaOH를 가해야 하는가?

① 0.9
② 1.8
③ 3.0
④ 3.8

해설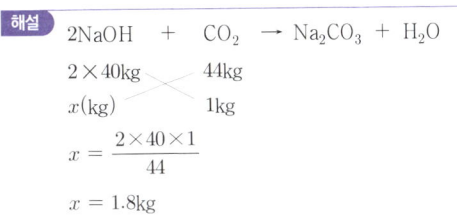

$2NaOH + CO_2 \rightarrow Na_2CO_3 + H_2O$
$2 \times 40kg \quad\quad 44kg$
$x(kg) \quad\quad 1kg$

$x = \dfrac{2 \times 40 \times 1}{44}$

$x = 1.8kg$

43 고속회전하는 임펠러의 원심력에 의해 속도에너지를 입력에너지로 바꾸어 압축하는 형식으로서 유량이 크고 설치 면적이 작게 차지하는 압축기의 종류는?

① 왕복식
② 터보식
③ 회전식
④ 흡수식

32 다음 중 터보압축기에서 주로 발생할 수 있는 현상은?

① 수격작용(Water Hammer)
② 베이퍼 록(Vapor Lock)
③ 서징(Surging)
④ 캐비테이션(Cavitation)

해설
㉠ 터보압축기는 토출압력의 변화에 의해 용량의 변화가 크고, 서징(Surging)현상이 있으므로 운전 중에 주의해야 한다.
㉡ 서징(Surging)현상 : 압축기와 송풍기에서는 토출측 저항이 커지면 풍량이 감소하고 어느 풍량에 대하여 일정한 압력으로 운전되나 우상 특성의 풍량까지 감소하면 관로에 심한 공기의 맥동과 진동을 발생하여 불완전 운동이 되는 현상

33 수소염 이온화식(FID) 가스검출기에 대한 설명으로 틀린 것은?

① 감도가 우수하다.
② CO_2, NO_2는 검출할 수 없다.
③ 연소하는 동안 시료가 파괴된다.
④ 무기화합물의 가스검지에 적합하다.

해설 ④ 유기화합물의 가스검지에 적합하다.

34 금속재료 중 저온재료로 적당하지 않은 것은?

① 탄소강
② 황동
③ 9% 니켈강
④ 18-8 스테인리스강

해설 저온재료
㉠ 알루미늄
㉡ 황동
㉢ 9% 니켈강
㉣ 18-8 스테인리스강

35 가스 종류에 따른 용기의 재질로서 부적합한 것은?

① LPG : 탄소강
② 암모니아 : 동
③ 수소 : 크롬강
④ 염소 : 탄소강

해설 ② 암모니아 : 탄소강

36 액화가스의 이송펌프에서 발생하는 캐비테이션현상을 방지하기 위한 대책으로서 틀린 것은?

① 흡입배관을 크게 한다.
② 펌프의 회전수를 크게 한다.
③ 펌프의 설치 위치를 낮게 한다.
④ 펌프의 흡입구 부근을 냉각한다.

해설 ② 펌프의 회전수를 낮게 한다.

37 다음 중 정압기의 부속설비가 아닌 것은?

① 불순물제거장치
② 이상압력 상승방지장치
③ 검사용 맨홀
④ 압력기록장치

해설 정압기의 부속설비
㉠ 불순물제거장치
㉡ 이상압력 상승방지장치
㉢ 압력기록장치

38 오르자트법으로 시료가스를 분석할 때의 성분 분석 순서로서 옳은 것은?

① CO_2 → O_2 → CO
② CO → CO_2 → O_2
③ O_2 → CO → CO_2
④ O_2 → CO_2 → CO

해설 오르자트법에서 성분 분석 순서
CO_2 → O_2 → CO

27 1%에 해당하는 ppm의 값은?
① 10^2ppm ② 10^3ppm
③ 10^4ppm ④ 10^5ppm

해설
$1\% = \dfrac{1}{100}$, $1\text{ppm} = \dfrac{1}{1,000,000}$

$\dfrac{1}{100} = \dfrac{x}{1,000,000}$

$x = \dfrac{1,000,000}{100}$

$x = 10,000$

즉 1%=10,000ppm=10^4ppm

28 용기 파열사고의 원인으로 가장 거리가 먼 것은?
① 용기의 내압력 부족
② 용기 내 규정압력의 초과
③ 용기 내에서 폭발성 혼합가스에 의한 발화
④ 안전밸브의 작동

해설
용기 파열사고의 원인
㉠ 용기의 내압력 부족
㉡ 용기 내 규정압력의 초과
㉢ 용기 내에서 폭발성 혼합가스에 의한 발화

29 액화석유가스의 안전관리 및 사업법에 규정된 용어의 정의에 대한 설명으로 틀린 것은?
① 저장설비라 함은 액화석유가스를 저장하기 위한 설비로서 저장탱크, 마운드형 저장탱크, 소형 저장탱크 및 용기를 말한다.
② 자동차에 고정된 탱크라 함은 액화석유가스의 수송, 운반을 위하여 자동차에 고정 설치된 탱크를 말한다.
③ 소형 저장탱크라 함은 액화석유가스를 저장하기 위하여 지상 또는 지하에 고정 설치된 탱크로서 그 저장능력이 3톤 미만인 탱크를 말한다.
④ 가스설비라 함은 저장설비 외의 설비로서 액화석유가스가 통하는 설비(배관을 포함한다)와 그 부속설비를 말한다.

해설
④ 가스설비라 함은 저장설비 외의 설비로 액화석유가스가 통하는 설비(배관은 제외한다)와 그 부속설비를 말한다.

30 독성가스 제독 작업에 필요한 보호구의 보관에 대한 설명으로 틀린 것은?
① 독성가스가 누출할 우려가 있는 장소에 가까우면서 관리하기 쉬운 장소에 보관한다.
② 긴급 시 독성가스에 접하고 반출할 수 있는 장소에 보관한다.
③ 정화통 등의 소모품은 정기적 또는 사용 후에 점검하여 교환 및 보충한다.
④ 항상 청결하고 그 기능이 양호한 장소에 보관한다.

해설
② 제독 작업에 필요한 방독마스크 그 밖의 보호구를 안전한 장소에 보관하고 항상 사용할 수 있는 상태로 유지한다.

31 LP가스에 공기를 희석시키는 목적이 아닌 것은?
① 발열량 조절
② 연소효율 증대
③ 누설 시 손실감소
④ 재액화 촉진

해설
LP가스에 공기를 희석시키는 목적
㉠ 발열량 조절
㉡ 연소효율 증대
㉢ 누설 시 손실감소

정답 27 ③ 28 ④ 29 ④ 30 ② 31 ④

해설 용기 종류별 부속품
㉠ 아세틸렌가스를 충전하는 용기의 부속품 : AG
㉡ 압축가스를 충전하는 용기의 부속품 : PG
㉢ 액석유가스 외의 액화가스를 충전하는 용기의 부속품 : LG
㉣ 액화석유가스를 충전하는 용기의 부속품 : LPG
㉤ 초저온용기 및 저온용기의 부속품 : LT

23 가스도매사업자 가스공급시설의 시설 기준 및 기술 기준에 의한 배관의 해저 설치의 기준에 대한 설명으로 틀린 것은?

① 배관은 원칙적으로 다른 배관과 교차하지 아니한다.
② 두 개 이상의 배관을 동시에 설치하는 경우에는 배관이 서로 접촉하지 아니하도록 필요한 조치를 한다.
③ 배관이 부양하거나 이동할 우려가 있는 경우에는 이를 방지하기 위한 조치를 한다.
④ 배관은 원칙적으로 다른 배관과 20m 이상의 수평거리를 유지한다.

해설 ④ 배관은 원칙적으로 다른 배관과 교차하지 않고 30cm 이상의 수평거리를 유지한다.

24 당해 설비 내의 압력이 상용압력을 초과할 경우 즉시 상용압력 이하로 되돌릴 수 있는 안전장치의 종류에 해당하지 않는 것은?

① 안전밸브
② 감압밸브
③ 바이패스밸브
④ 파열판

해설 ① 안전밸브 : 고압장치에 있어서 압력이 급격히 상승되어 규정 이상의 압력이 되면 폭발의 위험이 있으므로 이를 방지하기 위해 과잉의 압력을 자동적으로 외부로 방출시켜 주는 밸브

③ 바이패스밸브 : 유체가 유로의 바이패스에 설치하는 밸브이며, 바이패스의 개폐 및 분기 유량조절 등에 사용
④ 파열판 : 내부 압력이 높아 위험한 상태에서 파열되어 이상고압에 의한 위해를 방지하는 것

25 도시가스시설의 설치 공사 또는 변경 공사를 하는 때에 이루어지는 주요 공정 시공감리 대상은?

① 도시가스사업자 외의 가스공급시설 설치자의 배관설치 공사
② 가스도매사업자의 가스공급시설 설치 공사
③ 일반 도시가스사업자의 정압기 설치 공사
④ 일반 도시가스사업자의 제조소 설치 공사

해설 주요 공정 시공감리 대상
도시가스사업자 외의 가스공급시설 설치자의 배관설치 공사

26 암모니아 200kg을 내용적 50L 용기에 충전할 경우 필요한 용기의 개수는? (단, 충전정수를 1.86으로 한다.)

① 4개   ② 6개
③ 8개   ④ 12개

해설 ㉠ 용기 1개당 충전량
$$G = \frac{V}{C} = \frac{50}{1.86} = 26.88\text{kg}$$
여기서, G : 충전질량(kg)
V : 용기 내용적(L)
C : 가스정수

㉡ 용기의 수 = $\frac{\text{전체 가스량(kg)}}{\text{용기 1개당 충전량(kg)}}$
$= \frac{200}{26.88}$
$= 8$개

정답 23 ④ 24 ② 25 ① 26 ③

17 액화석유가스 판매업소의 충전용기 보관실에 강제통풍장치 설치 시 통풍능력의 기준은?

① 바닥면적 $1m^2$당 $0.5m^3$/분 이상
② 바닥면적 $1m^2$당 $1.0m^3$/분 이상
③ 바닥면적 $1m^2$당 $1.5m^3$/분 이상
④ 바닥면적 $1m^2$당 $2.0m^3$/분 이상

해설) 액화석유가스 판매업소 충전용기 보관실 강제통풍장치 설치 기준
㉠ 통풍능력이 바닥면적 $1m^2$마다 $0.5m^3$/min 이상으로 한다.
㉡ 흡입구는 바닥면 가까이에 설치한다.
㉢ 배기가스 방출구를 지면에서 5m 이상의 높이에 설치한다.

18 고압가스의 충전용기는 항상 몇 °C 이하의 온도를 유지하여야 하는가?

① 15 ② 20 ③ 30 ④ 40

해설) 고압가스 충전용기는 항상 40°C 이하의 온도를 유지한다.

19 아세틸렌 제조설비의 방호벽 설치 기준으로 틀린 것은?

① 압축기와 충전용 주관밸브 조작밸브 사이
② 압축기와 가스충전용기 보관장소 사이
③ 충전장소와 가스충전용기 보관장소 사이
④ 충전장소와 충전용 주관밸브 조작밸브 사이

해설) ① 압축기와 그 충전장소 사이

20 도시가스배관 이음부와 전기점멸기, 전기접속기와는 몇 cm 이상의 거리를 유지해야 하는가?

① 10cm
② 15cm
③ 30cm
④ 40cm

해설) 도시가스배관 이음부와 유지거리
㉠ 전기계량기, 전기개폐기 : 60cm 이상
㉡ 전기점멸기, 전기접속기 : 30cm 이상
㉢ 절연조치를 하지 않은 전선, 단열조치를 하지 않은 굴뚝 : 15cm 이상
㉣ 절연전선 : 10cm 이상

21 도시가스 제조시설의 플레어스택 기준에 적합하지 않은 것은?

① 스택에서 방출된 가스가 지상에서 폭발한계에 도달하지 아니하도록 할 것
② 연소능력은 긴급이송설비로 이송되는 가스를 안전하게 연소시킬 수 있을 것
③ 스택에서 발생하는 최대열량에 장시간 견딜 수 있는 재료 및 구조로 되어 있을 것
④ 폭발을 방지하기 위한 조치가 되어 있을 것

해설) ① 플레어스택에서 발생하는 복사열이 다른 가스공급시설에 나쁜 영향을 미치지 아니하도록 안전한 높이 및 위치에 설치한다.

22 용기 종류별 부속품의 기호 표시로서 틀린 것은?

① AG : 아세틸렌가스를 충전하는 용기의 부속품
② PG : 압축가스를 충전하는 용기의 부속품
③ LG : 액화식유가스를 충전하는 용기의 부속품
④ LT : 초저온용기 및 저온용기의 부속품

12 차량에 고정된 저장탱크로 염소를 운반할 때 용기의 내용적(L)은 얼마 이하가 되어야 하는가?

① 10,000　② 12,000
③ 15,000　④ 18,000

해설 차량에 고정된 탱크의 내용적
㉠ 가연성가스(LPG 제외), 산소 : 18,000L 이하
㉡ 독성가스(액화암모니아 제외) : 12,000L 이하

13 고압가스용기 제조의 시설 기준에 대한 설명으로 옳은 것은?

① 용접용기 동판의 최대두께와 최소두께와의 차이는 평균두께의 5% 이하로 한다.
② 초저온용기는 고압배관용 탄소강관으로 제조한다.
③ 아세틸렌용기에 충전하는 다공질물은 다공도가 72% 이상 95% 미만으로 한다.
④ 용접용기에는 그 용기의 부속품을 보호하기 위하여 프로텍터 또는 캡을 고정식 또는 체인식으로 부착한다.

해설 ① 용접용기 동판의 최대두께와 최소두께와의 차이는 평균두께의 20% 이하로 한다.
② 초저온용기는 오스테나이트계 스테인리스강 또는 알루미늄 합금으로 제조하여야 한다.
③ 아세틸렌용기에 충전하는 다공질물은 다공도가 75% 이상 92% 미만으로 한다.

14 일반 도시가스배관을 지하에 매설하는 경우에는 표지판을 설치해야 하는데, 몇 m 간격으로 1개 이상을 설치하는가?

① 100m
② 200m
③ 500m
④ 1,000m

해설 일반 도시가스배관을 지하에 매설 시 표지판 설치 200m 간격으로 1개 이상

15 고압가스 공급자의 안전점검항목이 아닌 것은?

① 충전용기의 설치 위치
② 충전용기의 운반 방법 및 상태
③ 충전용기와 화기와의 거리
④ 독성가스의 경우 흡수장치, 제해장치 및 보호구 등에 대한 적합 여부

해설 고압가스 공급자의 안전점검항목
① 충전용기의 설치 위치
③ 충전용기와 화기와의 거리
④ 독성가스의 경우 흡수장치, 제해장치 및 보호구 등에 의한 적합 여부

16 독성가스의 제독제로 물을 사용하는 가스는?

① 염소
② 포스겐
③ 황화수소
④ 산화에틸렌

해설 독성가스와 제독제

가스명	제독제
염소	가성소다 수용액
	탄산소다 수용액
	소석회
포스겐	가성소다 수용액
	소석회
황화수소	가성소다 수용액
	탄산소다 수용액
시안화수소	가성소다 수용액
아황산가스	가성소다 수용액
	탄산소다 수용액
	물
암모니아, 산화에틸렌, 염화메탄	물

정답　12 ②　13 ④　14 ②　15 ②　16 ④

06 도시가스배관을 폭 8m 이상의 도로에서 지하에 매설 시 지표면으로부터 배관의 외면까지의 매설깊이의 기준은?

① 0.6m 이상   ② 1.0m 이상
③ 1.2m 이상   ④ 1.5m 이상

해설) 도시가스 지하매설배관의 설치
㉠ 공동주택 등의 부지 내 : 0.6m 이상
㉡ 폭 8m 이상의 도로 : 1.2m 이상
㉢ 폭 4m 이상 8m 미만의 도로 : 1m 이상
㉣ ㉠~㉢에 해당하지 않는 곳 : 0.8m 이상

07 다음 중 산소압축기의 내부 윤활제로 적당한 것은?

① 광유   ② 유지류
③ 물   ④ 황산

해설) 압축가스와 윤활유

압축가스명	윤활유
염소	진한 황산
아세틸렌	양질의 광유
산소	물 또는 10% 이하의 묽은 글리세린수
LP가스	식물성 섬유
수소	양질의 광유
공기	식물성 섬유
이산화황	정제된 용제 터빈유

08 가스배관의 시공 신뢰성을 높이는 일환으로 실시하는 비파괴검사 방법 중 내부선원법, 이중벽 이중상법 등을 이용하는 방법은?

① 초음파탐상시험
② 자분탐상시험
③ 방사선투과시험
④ 침투탐상방법

해설) ① 초음파탐상시험 : 초음파를 피검사물의 내부에 침입시켜 내부의 결함과 불균일층의 존재 여부를 검사하는 시험 방법
② 자분탐상시험 : 피검사물을 자화한 상태에서 표면 또는 표면에 가까운 손상에 의해서 생기는 누설 자속을 사용하여 검출하는 방법
④ 침투탐상방법 : 표면에 개구된 미소한 균열, 작은 구멍, 슬러그 등을 검출하는 방법이며, 널리 철, 비철의 각 재료에 적용이 되며 특히 자기검사가 이용되지 않는 비자성 재료에 많이 사용

09 일산화탄소와 공기의 혼합가스는 압력이 높아지면 폭발범위는 어떻게 되는가?

① 변함없다.   ② 좁아진다.
③ 넓어진다.   ④ 일정치 않다.

해설) 일산화탄소와 공기의 혼합가스는 압력이 높아질수록 폭발범위가 좁아진다.

10 초저온용기에 대한 정의로 옳은 것은?

① 임계온도가 50°C 이하인 액화가스를 충전하기 위한 용기
② 강판과 동판으로 제조된 용기
③ -50°C 이하인 액화가스를 충전하기 위한 용기로서 용기 내의 가스온도가 상용의 온도를 초과하지 않도록 한 용기
④ 단열재로 피복하여 용기 내의 가스온도가 상용의 온도를 초과하도록 조치된 용기

해설) 초저온용기
-50°C 이하인 액화가스를 충전하기 위한 용기로서 용기 내의 가스온도가 상용의 온도를 초과하지 않도록 한 용기

11 특정설비 중 압력용기의 재검사 주기는?

① 3년마다   ② 4년마다
③ 5년마다   ④ 10년마다

해설) 특정설비 중 압력용기의 재검사 주기 : 4년마다

정답 06 ③ 07 ③ 08 ③ 09 ② 10 ③ 11 ②

2025 가스기능사 (6. 28. 시행)

01 일반 공업용 용기의 도색 기준으로 틀린 것은?
① 액화염소 – 갈색
② 액화암모니아 – 백색
③ 아세틸렌 – 황색
④ 수소 – 회색

해설 (1) 의료용 가스용기의 도색 구분

가스의 종류	도색의 구분	가스의 종류	도색의 구분
산소	백색	헬륨	갈색
질소	흑색	아산화질소	청색
액화 탄산가스	회색	사이크로프로판	주황색
에틸렌	자색	그 밖의 가스	회색

(2) 그 밖의 가스용기의 도색 구분

가스의 종류	도색의 구분	가스의 종류	도색의 구분
산소	녹색	질소	회색
액화 탄산가스	청색	소방용 가스	소방법에 의한 도색

02 도시가스보일러 중 전용 보일러실에 반드시 설치하여야 하는 것은?
① 밀폐식 보일러
② 옥외에 설치하는 가스보일러
③ 반밀폐형 자연배기식 보일러
④ 전용 급기통을 부착시키는 구조로 검사에 합격한 강제배기식 보일러

해설 도시가스보일러 중 전용 보일러실에 설치하는 것
반밀폐형 자연배기식 보일러

03 다음 중 동일 차량에 적재하여 운반할 수 없는 경우는?
① 산소와 질소
② 질소와 탄산가스
③ 탄산가스와 아세틸렌
④ 염소와 아세틸렌

해설 염소와 아세틸렌, 암모니아 또는 수소는 한 차량에 적재하여 운반하지 않는다.

04 압축 또는 액화 그 밖의 방법으로 처리할 수 있는 가스의 용적이 1일 100m³ 이상인 사업소는 압력계를 몇 개 이상 비치하도록 되어 있는가?
① 1
② 2
③ 3
④ 4

해설 압축 또는 액화 그 밖의 방법으로 처리할 수 있는 가스의 용적이 1일 100m³ 이상인 사업소 : 압력계를 2개 이상 비치한다.

05 액화산소저장탱크 저장능력이 1,000m³일 때 방류둑의 용량은 얼마 이상으로 설치하여야 하는가?
① 400m³
② 500m³
③ 600m³
④ 1,000m³

해설 액화산소저장탱크 저장능력이 1,000m³일 때 방류둑의 용량 : 600m³ 이상

정답 01 ④ 02 ③ 03 ④ 04 ② 05 ③

해설 분자량이 큰 가스가 무거운 것이다.
① $CH_4 = 12+4 = 16g$
② $C_3H_8 = 12×3+1×8 = 44g$
③ $NH_3 = 14+1×3 = 17g$
④ $He = 4g$

56 대기압하에서 0°C 기체의 부피가 500mL였다. 이 기체의 부피가 2배로 될 때의 온도는 몇 °C인가? (단, 압력은 일정하다.)
① $-100°C$
② $32°C$
③ $273°C$
④ $500°C$

해설
$$\frac{V}{T} = \frac{V_1}{T_1}$$
$$\frac{1}{273+0} = \frac{2}{T_1}$$
$$T_1 = \frac{2×(273+0)}{1}$$
$$T_1 = 546K$$
$$T_1 = 546-273 = 273°C$$

57 다음 [보기]에서 설명하는 열역학법칙은?

[보기]
어떤 물체의 외부에서 일정량의 열을 가하면 물체는 이 열량의 일부분을 소비하여 외부에 대하여 일을 하고 남은 부분은 전부 내부에너지로 내부에 저장되고, 그 사이에 소비된 열은 발생되는 일과 같다.

① 열역학 제0법칙
② 열역학 제1법칙
③ 열역학 제2법칙
④ 열역학 제3법칙

해설 ① 열역학 제0법칙: 열평형의 법칙이라 하며, 온도가 서로 다른 두 물체를 접촉시키면 높은 온도를 지닌 물체의 온도는 내려가고 낮은 온도의 물체는 온도가 올라가서 두 물체의 온도 차가 없어지고 두 물체는 열평형이 된다.

② 열역학 제1법칙: 에너지불변의 법칙이라고 하며, 에너지는 결코 생성될 수도 없어질 수도 없고 단지 형태의 이변이다.
③ 열역학 제2법칙: 일을 열로 바꾸는 것은 용이하나, 열을 일로 바꾸는 것은 제한을 받는다. 그러므로 효율이 100%인 열기관은 제작이 불가능하다.
④ 열역학 제3법칙: 0K(절대영도)에서 완전한 결정을 이루고 있는 물질의 엔트로피는 0이다.

58 다음 중 불연성가스는?
① CO_2
② C_3H_6
③ C_2H_6
④ C_2H_4

해설 ① CO_2 : 불연성가스
② C_3H_6 : 가연성가스
③ C_2H_2 : 용해가스
④ C_2H_4 : 가연성가스

59 에틸렌(C_2H_4)이 수소와 반응할 때 일으키는 반응은?
① 환원반응
② 분해반응
③ 제거반응
④ 첨가반응

해설 수소부가
300°C의 온도와 니켈 촉매 존재하에서 에틸렌에 수소를 부가시키면 에탄이 된다.
$CH_2=CH_2+H_2 \rightarrow CH_3Cl_3$(에탄)

60 황화수소의 주된 용도는?
① 도료
② 냉매
③ 형광물질 원료
④ 합성고무

해설 황화수소(H_2S)의 주된 용도
형광물질 원료, 공업약품, 의약품 원료, 환원제 및 정성 분석 등

정답 56 ③ 57 ② 58 ① 59 ④ 60 ③

해설 샤를의 법칙
기체의 압력이 일정할 때 모든 기체의 부피는 온도가 1°C 상승함에 따라 0°C 때의 부피보다 $\frac{1}{273}$씩 증가한다.

50 다음 중 가장 높은 온도는?
① $-35°C$
② $-45°F$
③ $213K$
④ $450°R$

해설 온도가 가장 높은 것(0°C 환산)
① 35°C
② 45°F, $°C = \frac{5}{9} \times (°F - 32)$
   $= \frac{5}{9} \times (-45 - 32) = -42°C$
③ 213K, $°C = K - 273 = 213 - 273 = -60°C$
④ 450°R, $°C = K - 273 = \frac{°R}{1.8} - 273$
   $= \frac{450}{1.8} - 273 = -23°C$

51 일산화탄소와 염소가 반응하였을 때 주로 생성되는 것은?
① 포스겐
② 카르보닐
③ 포스핀
④ 사염화탄소

해설 활성탄 촉매하에 일산화탄소와 염소가 반응하여 포스겐을 생성한다.
$CO + Cl_2 \xrightarrow[\text{상온}]{\text{활성탄}} COCl_2$

52 현열에 대한 가장 적절한 설명은?
① 물질이 상태변화 없이 온도가 변할 때 필요한 열이다.
② 물질이 온도변화 없이 상태가 변할 때 필요한 열이다.
③ 물질이 상태, 온도 모두 변할 때 필요한 열이다.
④ 물질이 온도변화 없이 압력이 변할 때 필요한 열이다.

해설 현열
물질이 상태변화 없이 온도가 변할 때 필요한 열이다.

53 다음 [보기]에서 압력이 높은 순서대로 나열된 것은?

[보기]
㉠ 100atm
㉡ $2kg/mm^2$
㉢ 15m 수은주

① ㉠>㉡>㉢
② ㉡>㉢>㉠
③ ㉢>㉠>㉡
④ ㉡>㉠>㉢

해설 압력 환산(atm)
㉠ 100atm
㉡ $2kg/mm^2 \times \frac{(10mm)^2}{(1cm)^2} \times \frac{1atm}{1.0332 kg/cm^2}$
   $= 193.57atm$
㉢ $15mmHg \times \frac{1atm}{0.76mmHg} = 19.74atm$

54 산소에 대한 설명으로 옳은 것은?
① 안전밸브는 파열판식을 주로 사용한다.
② 용기는 탄소강으로 된 용접용기이다.
③ 의료용 용기는 녹색으로 도색한다.
④ 압축기 내부 윤활유는 양질의 광유를 사용한다.

해설 ② 용기는 탄소강으로 된 이음매 없는(무계목) 용기이다.
③ 의료용 용기는 백색으로 도색한다.
④ 압축기 내부 윤활유는 물 또는 10% 정도의 묽은 글리세린수이다.

55 다음 가스 중 가장 무거운 것은?
① 메탄
② 프로판
③ 암모니아
④ 헬륨

정답 50 ④ 51 ① 52 ① 53 ④ 54 ① 55 ②

해설 단열법의 종류
- ㉠ 고진공단열법 : 공기에 의한 전열을 어느 마력까지 내려가면 급히 압력에 비례하여 적어지는 성질을 이용하는 저온장치
- ㉡ 분말진공단열법 : 저온장치의 단열법 중 일반적으로 사용되는 단열법으로 단열 공간에 분말, 섬유 등의 단열재를 충전하는 방법
- ㉢ 다층진공단열법 : 양면 간에 복사방지용 실드판의 알루미늄 박과 스페이서의 글라스울을 서로 다수 포개어 고진공 중에 둔 단열법

44 1단 감압식 저압조정기의 성능에서 조정기의 최대폐쇄압력은?

① 2.5kPa 이하
② 3.5kPa 이하
③ 4.5kPa 이하
④ 5.5kPa 이하

해설 1단 감압식 저압조정기 최대폐쇄압력
3.5kPa 이하

45 백금-백금로듐 열전대 온도계의 온도측정 범위로 옳은 것은?

① -180~350℃
② -20~800℃
③ 0~1,700℃
④ 300~2,000℃

해설 열전대 온도계의 온도측정범위

종 류	온도측정범위
백금-백금로듐	0~1,700℃
크로멜-알루멜	0~1,200℃
철-콘스탄탄	-200~800℃
동-콘스탄탄	-200~350℃

46 비열에 대한 설명 중 틀린 것은?

① 단위는 kcal/kg·℃이다.
② 비열비는 항상 1보다 크다.
③ 정적비열은 정압비열보다 크다.
④ 물의 비열은 얼음의 비열보다 크다.

해설 ③ 정적비열은 정압비열보다 작다.

47 다음 화합물 중 탄소의 함유율이 가장 많은 것은?

① CO_2
② CH_4
③ C_2H_4
④ CO

해설
① CO_2 분자량 $=12+16\times 2=44g$
$\dfrac{12}{44}\times 100 = 27.27\%$
② CH_4 분자량 $=12+1\times 4=16g$
$\dfrac{12}{16}\times 100 = 75\%$
③ C_2H_4 분자량 $=12\times 2+1\times 4=26g$
$\dfrac{24}{26}\times 100 = 92.3\%$
④ CO 분자량 $=12+16=28g$
$\dfrac{12}{28}\times 100 = 42.86\%$

48 수소(H_2)에 대한 설명으로 옳은 것은?

① 3중 수소는 방사능을 갖는다.
② 밀도가 크다.
③ 금속재료를 취화시키지 않는다.
④ 열전달률이 아주 작다.

해설
② 밀도가 작다.
③ 금속재료를 취화시킨다.
④ 열전달률이 아주 크다.

49 샤를의 법칙에서 기체의 압력이 일정할 때 모든 기체의 부피는 온도가 1℃ 상승함에 따라 0℃ 때의 부피보다 어떻게 되는가?

① 22.4배씩 증가한다.
② 22.4배씩 감소한다.
③ $\dfrac{1}{273}$씩 증가한다.
④ $\dfrac{1}{273}$씩 감소한다.

정답 44 ② 45 ③ 46 ③ 47 ③ 48 ① 49 ③

38 저비점(低沸点) 액체용 펌프 사용상의 주의사항으로 틀린 것은?

① 밸브와 펌프 사이에 기화가스를 방출할 수 있는 안전밸브를 설치한다.
② 펌프의 흡입·토출관에는 신축조인트를 장치한다.
③ 펌프는 가급적 저장용기(貯槽)로부터 멀리 설치한다.
④ 운전 개시 전에는 펌프를 청정(淸淨)하여 건조한 다음 충분히 예냉(豫冷)한다.

해설 ③ 펌프는 가급적 저장용기로부터 가까이 설치한다.

39 금속재료의 저온에서의 성질에 대한 설명으로 가장 거리가 먼 것은?

① 강은 암모니아 냉동기용 재료로서 적당하다.
② 탄소강은 저온도가 될수록 인장강도가 감소한다.
③ 구리는 액화분리장치용 금속재료로서 적당하다.
④ 18-8 스테인리스강은 우수한 저온장치용 재료이다.

해설 ② 탄소강은 저온도가 될수록 인장강도가 증가한다.

40 사용압력 15MPa, 배관 내경 15mm, 재료의 인장강도 480N/mm², 관내면 부식 여유 1mm, 안전율 4, 외경과 내경의 비가 1.2 미만인 경우 배관의 두께는?

① 2mm   ② 3mm
③ 4mm   ④ 5mm

해설 ㉠ 배관의 두께 계산에서 외경과 내경의 비가 1.2 미만인 경우

$$t = \frac{PD}{2\frac{f}{s} - P} + C$$

$$= \frac{15 \times 15}{2 \times \frac{480}{4} - 15} + 1 = 2\text{mm}$$

㉡ 배관의 두께 계산에서 외경과 내경의 비가 1.2 이상인 경우

$$t = \frac{D}{2}\left[\sqrt{\frac{\frac{f}{s}+P}{\frac{f}{s}-P}} - 1\right] + C$$

41 수소 불꽃을 이용하여 탄화수소의 누출을 검지할 수 있는 가스누출검출기는?

① FID   ② OMD
③ 접촉연소식   ④ 반도체식

해설 ① FID(Flame Ionization Detector) : 수소 불꽃을 이용하여 탄화수소의 누출을 검지할 수 있는 가스누출검지기

42 압축기에 사용하는 윤활유 선택 시 주의사항으로 틀린 것은?

① 인화점이 높을 것
② 잔류탄소의 양이 적을 것
③ 점도가 적당하고 항유화성이 작을 것
④ 사용가스와의 화학반응을 일으키지 않을 것

해설 ③ 점도가 적당하고 항유화성이 클 것

43 공기에 의한 전열은 어느 압력까지 내려가면 급히 압력에 비례하여 적어지는 성질을 이용하는 저온장치에 사용되는 진공단열법은?

① 고진공단열법
② 분말진공단열법
③ 다층진공단열법
④ 자연진공단열법

정답 38 ③ 39 ② 40 ① 41 ① 42 ③ 43 ①

33 압력배관용 탄소강관의 사용압력 범위로 가장 적당한 것은?

① 1~2MPa ② 1~10MPa
③ 10~20MPa ④ 10~50MPa

해설 압력배관용 탄소강관의 사용압력 범위
1~10MPa

34 정압기(Governor)의 기능을 모두 옳게 나열한 것은?

① 감압 기능
② 정압 기능
③ 감압 기능, 정압 기능
④ 감압 기능, 정압 기능, 폐쇄 기능

해설 정압기(Governor)의 기능
감압 기능, 정압 기능, 폐쇄 기능

35 고압식 액화분리장치의 작동 개요에 대한 설명이 아닌 것은?

① 원료공기는 여과기를 통하여 압축기로 흡입하여 약 150~200kg/cm²로 압축시킨다.
② 압축기를 빠져나온 원료공기는 열교환기에서 약간 냉각되고 건조기에서 수분이 제거된다.
③ 압축공기는 수세정탑을 거쳐 축냉기로 송입되어 원료공기와 불순 질소류가 서로 교환된다.
④ 액체공기는 싱부 징류딥에서 약 0.5atm 정도의 압력으로 정류된다.

해설 ③ 저압식 공기액화분리장치의 작동 개요이다.
[고압식 액화분리장치의 작동 순서]
여과기 → 공기압축기 → 탄산가스 흡수탑 → 예냉기 → 건조기 → 열교환기 및 팽창기 → 정류탑 → 질소 및 산소 탱크

36 정압기의 분해점검 및 고장에 대비하여 예비정압기를 설치하여야 한다. 다음 중 예비정압기를 설치하지 않아도 되는 경우는?

① 캐비닛형 구조의 정압기실에 설치된 경우
② 바이패스관이 설치되어 있는 경우
③ 단독 사용자에게 가스를 공급하는 경우
④ 공동 사용자에게 가스를 공급하는 경우

해설 예비정압기를 설치하는 경우
㉠ 캐비닛형 구조의 정압기실에 설치된 경우
㉡ 바이패스관이 설치되어 있는 경우
㉢ 공동 사용자에게 가스를 공급하는 경우

37 부유 피스톤형 압력계에서 실린더 지름 0.02m, 추와 피스톤의 무게가 20,000g일 때 이 압력계에 접속된 부르동관의 압력계 눈금이 7kg/cm²를 나타내었다. 이 부르동관 압력계의 오차는 약 몇 %인가?

① 5%
② 10%
③ 15%
④ 20%

해설 부유 피스톤 압력$(P) = \dfrac{W}{A} = \dfrac{20\text{kg}}{\dfrac{\pi}{4}D^2}$

$= \dfrac{20}{\dfrac{3.14}{4} \times 2^2}$

$= 6.37 \text{kg/cm}^2$

오차율(%) $= \dfrac{\text{부르동관 압력} - \text{부유 피스톤 압력}}{\text{부유 피스톤 압력}} \times 100$

$= \dfrac{7 - 6.37}{6.37} \times 100$

$= 10\%$

정답 33 ② 34 ④ 35 ③ 36 ③ 37 ②

26 0종 장소에는 원칙적으로 어떤 방폭구조의 것으로 하여야 하는가?

① 내압방폭구조
② 본질안전방폭구조
③ 특수방폭구조
④ 안전증방폭구조

해설 0종 장소
위험 분위기가 지속적으로 또는 장시간 존재하는 장소

27 도시가스 사용시설에서 PE배관은 온도가 몇 °C 이상이 되는 장소에 설치하지 아니하는가?

① 25°C
② 30°C
③ 40°C
④ 60°C

해설 도시가스 사용시설에서 PE배관
온도가 40°C 이상이 되는 장소에 설치하지 않는다.

28 충전용 주관의 압력계는 정기적으로 표준압력계로 그 기능을 검사하여야 한다. 다음 중 검사의 기준으로 옳은 것은?

① 매월 1회 이상
② 3개월에 1회 이상
③ 6개월에 1회 이상
④ 1년에 1회 이상

해설 충전용 주관의 표준압력계의 검사 기준
매월 1회 이상

29 방류둑의 내측 및 그 외면으로부터 몇 m 이내에 그 저장탱크의 부속설비 외의 것을 설치하지 못하도록 되어 있는가?

① 3m ② 5m ③ 8m ④ 10m

해설 방류둑의 내측 및 그 외면으로부터 10m 이내에 그 저장탱크의 부속설비 외의 것을 설치하지 못한다.

30 다음 [보기]에서 가스의 성질에 대하여 옳은 것으로만 나열된 것은?

[보기]
㉠ 일산화탄소는 가연성이다.
㉡ 산소는 조연성이다.
㉢ 질소는 가연성도 조연성도 아니다.
㉣ 아르곤은 공기 중에 함유되어 있는 가스로서 가연성이다.

① ㉠, ㉡, ㉣
② ㉠, ㉡, ㉢
③ ㉡, ㉢, ㉣
④ ㉠, ㉢, ㉣

해설 아르곤은 공기 중에 함유되어 있는 가스로서 불활성가스이다.

31 부취제를 외기로 분출하거나 부취설비로부터 부취제가 흘러나오는 경우 냄새를 감소시키는 방법으로 틀린 것은?

① 연소법
② 수동조절
③ 화학적 산화처리
④ 활성탄에 의한 흡착

해설 부취설비에서 부취제의 냄새를 감소시키는 방법
㉠ 연소법
㉡ 화학적 산화처리
㉢ 활성탄에 의한 흡착

32 고압가스 매설배관에 실시하는 전기방식 중 외부전원법의 장점이 아닌 것은?

① 과방식의 염려가 없다.
② 전압·전류의 조정이 용이하다.
③ 전식에 대해서도 방식이 가능하다.
④ 전극의 소모가 적어서 관리가 용이하다.

해설 외부전원법의 장점
㉠ 전압, 전류의 조정이 용이하다.
㉡ 전식에 대해서도 방식이 가능하다.
㉢ 전극의 소모가 적어서 관리가 용이하다.

정답 26 ② 27 ③ 28 ① 29 ④ 30 ② 31 ② 32 ①

> **해설** ① 통풍이 잘되는 곳은 가스 누출시 체류할 우려가 없으므로 검지가 곤란하다.

21 가스용기의 취급 및 주의사항에 대한 설명으로 틀린 것은?

① 충전 시 용기는 용기 재검사 기간이 지나지 않았는지 확인한다.
② LPG용기나 밸브를 가열할 때는 뜨거운 물(40°C 이상)을 사용한다.
③ 충전한 후에는 용기밸브의 누출 여부를 확인한다.
④ 용기 내에 잔류물이 있을 때는 잔류물을 제거하고 충전한다.

> **해설** LPG용기나 밸브를 가열할 때
> 열습포 또는 40°C 이하의 물을 사용한다.

22 용기 신규검사에 합격된 용기부속품 기호 중 압축가스를 충전하는 용기부속품의 기호는?

① AG   ② PG
③ LG   ④ LT

> **해설** 용기부속품의 표시기호
> ㉠ AG : 아세틸렌용기 부속품
> ㉡ PG : 압축가스용기 부속품
> ㉢ LG : 액화석유가스외 액화가스용기 부속품
> ㉣ LT : 초저온 및 저온용기 부속품
> ㉤ LPG : 액화석유가스용기 부속품

23 일반 액화석유가스 압력조정기에 표시하는 사항이 아닌 것은?

① 제조자명이나 그 약호
② 제조번호나 로트번호
③ 입구 압력(기호 : P, 단위 : MPa)
④ 검사 연월일

> **해설** 일반 액화석유가스 압력조정기에 표시하는 사항
> ㉠ 제조자명이나 그 약호
> ㉡ 제조번호나 로트번호
> ㉢ 입구 압력(기호 : P, 단위 : MPa)

24 산화에틸렌 취급 시 주로 사용되는 제독제는?

① 가성소다 수용액
② 탄산소다 수용액
③ 소석회 수용액
④ 물

> **해설** 독성가스와 제독제
>
> | 가스명 | 제독제 |
> |---|---|
> | 염소 | 가성소다 수용액 |
> | | 탄산소다 수용액 |
> | | 소석회 |
> | 포스겐 | 가성소다 수용액 |
> | | 소석회 |
> | 황화수소 | 가성소다 수용액 |
> | | 탄산소다 수용액 |
> | 시안화수소 | 가성소다 수용액 |
> | 아황산가스 | 가성소다 수용액 |
> | | 탄산소다 수용액 |
> | | 물 |
> | 암모니아, 산화에틸렌, 염화메탄 | 물 |

25 고압가스설비에 설치하는 압력계의 최고눈금에 대한 측정 범위의 기준으로 옳은 것은?

① 상용압력의 1.0배 이상 1.2배 이하
② 상용압력의 1.2배 이상 1.5배 이하
③ 상용압력의 1.5배 이상 2.0배 이하
④ 상용압력의 2.0배 이상 3.0배 이하

> **해설** 고압가스설비에 설치하는 압력계의 최고눈금에 대한 측정 범위
> 상용압력의 1.5배 이상 2.0배 이하

정답 21 ② 22 ② 23 ④ 24 ④ 25 ③

해설

용기의 종류		재검사 주기		
		신규검사 후 경과년수		
		15년 마다	15년 이상 20년 미만	20년 이상
용접 용기	500L 이상	5년 마다	2년마다	1년 마다
	500L 미만	3년 마다	2년마다	1년 마다
이음매 없는 용기 또는 복합 재료 용기	500L 이상	5년마다		
	500L 미만	신규검사 후 경과년수가 10년 이하인 것은 5년마다, 10년을 초과한 것은 3년마다		
기화 장치	저장탱크와 함께 설치된 것	검사 후 2년을 경과하여 해당 탱크의 재검사 시마다	–	
	저장탱크가 없는 곳에 설치된 것	3년 마다		
	설치되지 아니한 것	2년마다		
압력용기		4년마다		

16 액화석유가스 저장탱크 벽면의 국부적인 온도상승에 따른 저장탱크의 파열을 방지하기 위하여 저장탱크 내벽에 설치하는 폭발방지장치의 재료로 맞는 것은?

① 다공성 철판
② 다공성 알루미늄판
③ 다공성 아연판
④ 오스테나이트계 스테인리스판

해설 액화석유가스 저장탱크 내벽에 설치하는 폭발방지장치의 재료 : 다공성 알루미늄판

17 최대지름 6m인 가연성가스 저장탱크 2개가 서로 유지하여야 할 최소거리는?

① 0.6m　② 1m
③ 2m　④ 3m

해설 저장탱크 간의 거리

저장탱크의 최대지름의 합산한 길이의 $\frac{1}{4}$ 이상에 해당하는 거리

$(6m + 6m) \times \frac{1}{4} = 3m$ 이상

18 다음 중 연소의 형태가 아닌 것은?

① 분해연소　② 확산연소
③ 증발연소　④ 물리연소

해설 ④ 표면(직접)연소

19 고압가스 일반제조시설 중 에어졸의 제조기준에 대한 설명으로 틀린 것은?

① 에어졸의 분사제는 독성가스를 사용하지 아니한다.
② 35℃에서 그 용기의 내압은 0.8MPa 이하로 한다.
③ 에어졸 제조설비는 화기 또는 인화성 물질과 5m 이상의 우회거리를 유지한다.
④ 내용적이 $30cm^3$ 이상인 용기는 에어졸의 제조에 재사용하지 않는다.

해설 에어졸 제조설비와 인화성 물질과의 최소우회거리 8m 이상

20 가스누출검지경보장치의 설치에 대한 설명으로 틀린 것은?

① 통풍이 잘되는 곳에 설치한다.
② 가스의 누출을 신속하게 검지하고 경보하기에 충분한 개수 이상을 설치한다.
③ 장치의 기능은 가스의 종류에 적절한 것으로 한다.
④ 가스가 체류할 우려가 있는 장소에 적절하게 설치한다.

정답 16 ②　17 ④　18 ④　19 ③　20 ①

③ 용기 보호캡의 부착 유무 확인
④ 운반 계획서 확인

해설 충전용기 등을 적재한 차량의 운반 개시 전 용기 적재 상태의 점검 내용
㉠ 차량의 적재 중량 확인
㉡ 용기 고정 상태 확인
㉢ 용기 보호캡의 부착 유무 확인

11 다음 중 아세틸렌(C_2H_2)에 대한 설명으로 틀린 것은?

① 폭발범위는 수소보다 넓다.
② 공기보다 무겁고 황색의 가스이다.
③ 공기와 혼합되지 않아도 폭발할 수 있다.
④ 구리, 은, 수은 및 그 합금과 폭발성 화합물을 만든다.

해설 ② 공기보다 가볍고 무색의 가스이다.

12 고압가스 충전용기는 항상 몇 °C 이하의 온도를 유지하여야 하는가?

① 10°C
② 30°C
③ 40°C
④ 50°C

해설 고압가스 충전용기는 항상 40°C 이하의 온도를 유지한다.

13 용기에 의한 고압가스 운반 기순으로 틀린 것은?

① 3,000kg의 액화 조연성가스를 차량에 적재하여 운반할 때에는 운반책임자가 동승하여야 한다.
② 허용농도가 500ppm인 액화 독성가스 1,000kg을 차량에 적재하여 운반할 때에는 운반책임자가 동승하여야 한다.
③ 충전용기와 위험물 안전관리법에서 정하는 위험물과는 동일 차량에 적재하여 운반할 수 없다.
④ 300m³의 압축 가연성가스를 차량에 적재하여 운반할 때에는 운전자가 운반책임자의 자격을 가진 경우에는 자격이 없는 사람을 동승시킬 수 있다.

해설 운반책임자의 동승

가스의 종류		기준
액화가스	가연성가스	3,000kg 이상
	독성가스	1,000kg 이상
	조연성가스	6,000kg 이상
압축가스	가연성가스	300m³ 이상
	독성가스	100m³ 이상
	조연성가스	600m³ 이상

14 공기 중으로 누출 시 냄새로 쉽게 알 수 있는 가스로만 나열된 것은?

① Cl_2, NH_3
② CO, Ar
③ C_2H_2, CO
④ O_2, Cl_2

해설
① Cl_2, NH_3 : 강한 자극성 냄새
② CO, Ar : 무취의 기체
③ C_2H_2 : 불순물로 악취가 남
　CO : 무취의 기체
④ O_2 : 무취의 기체,
　Cl_2 : 강한 자극성 냄새

15 신규검사 후 20년이 경과한 용접용기(액화석유가스용 용기는 제외한다)의 재검사 주기는?

① 3년마다
② 2년마다
③ 1년마다
④ 6개월마다

정답 11 ② 12 ③ 13 ① 14 ① 15 ③

06 지하에 매설된 도시가스배관의 전기방식 기준으로 틀린 것은?

① 전기방식전류가 흐르는 상태에서 토양 중에 있는 배관 등의 방식전위 상한값은 포화황산동 기준전극으로 −0.85V 이하일 것
② 전기방식전류가 흐르는 상태에서 자연전위와의 전위변화가 최소한 −300mV 이하일 것
③ 배관에 대한 전위측정은 가능한 배관 가까운 위치에서 실시할 것
④ 전기방식시설의 관대지전위 등을 2년에 1회 이상 점검할 것

해설 전기방식시설의 점검 시기
㉠ 관대지전위 : 1년에 1회 이상
㉡ 외부전원법 : 3개월에 1회 이상
㉢ 배류법 : 3개월에 1회 이상
㉣ 절연 부속품, 역전류방지장치 : 6개월에 1회 이상

07 일반도시가스 사업자가 설치하는 가스공급시설 중 정압기의 설치에 대한 설명으로 틀린 것은?

① 건축물 내부에 설치된 도시가스사업자의 정압기로서 가스누출경보기와 연동하여 작동하는 기계환기설비를 설치하고 1일 1회 이상 안전점검을 실시하는 경우에는 건축물의 내부에 설치할 수 있다.
② 정압기에 설치되는 가스방출관의 방출구는 주위에 불 등이 없는 안전한 위치로서 지면으로부터 3m 이상의 높이에 설치하여야 하며, 전기시설물과의 접촉 등으로 사고의 우려가 있는 장소에서는 5m 이상의 높이로 설치한다.
③ 정압기에 설치하는 가스차단장치는 정압기의 입구 및 출구에 설치한다.
④ 정압기는 2년에 1회 이상 분해점검을 실시하고 필터는 가스공급 개시 후 1월 이내 및 가스공급 개시 후 매년 1회 이상 분해점검을 실시한다.

해설 ② 정압기에 설치되는 가스방출관의 방출구는 주위에 불 등이 없는 안전한 위치로서 지면으로부터 5m 이상의 높이에 설치하여야 하며, 전기시설물과의 접촉 등으로 사고의 우려가 있는 장소에서는 3m 이상의 높이로 설치한다.

08 도시가스 사용시설에서 안전을 확보하기 위하여 최고사용압력의 1.1배 또는 얼마의 압력 중 높은 압력으로 실시하는 기밀시험에 이상이 없어야 하는가?

① 5.4kPa   ② 6.4kPa
③ 7.4kPa   ④ 8.4kPa

해설 도시가스 사용시설 : 최고사용압력의 1.1배 또는 8.4kPa의 압력 중 높은 압력으로 실시하는 기밀시험에 이상이 없어야 한다.

09 다음 각 폭발의 종류와 그 관계로서 맞지 않는 것은?

① 화학폭발 : 화약의 폭발
② 압력폭발 : 보일러의 폭발
③ 촉매폭발 : C_2H_2의 폭발
④ 중합폭발 : HCN의 폭발

해설 ③ 분해폭발 : C_2H_2의 폭발

10 충전용기 등을 적재한 차량의 운반 개시 전 용기 적재 상태의 점검 내용이 아닌 것은?

① 차량의 적재 중량 확인
② 용기 고정 상태 확인

정답 06 ④ 07 ② 08 ④ 09 ③ 10 ④

2025 가스기능사 (4. 5. 시행)

01 방호벽을 설치하지 않아도 되는 곳은?
① 아세틸렌가스 압축기와 충전장소 사이
② 판매소의 용기보관실
③ 고압가스 저장설비와 사업소 안의 보호시설과의 사이
④ 아세틸렌가스 발생장치와 해당 가스 충전용기 보관장소의 사이

해설 방호벽 설치장소
① 아세틸렌가스 압축기와 충전장소 사이
② 판매소의 용기보관실
③ 고압가스 저장설비와 사업소 안의 보호시설과의 사이

02 액화석유가스의 안전관리 및 사업법에서 정한 용어에 대한 설명으로 틀린 것은?
① 저장설비란 액화석유가스를 저장하기 위한 설비로서 각종 저장탱크 및 용기를 말한다.
② 저장탱크란 액화석유가스를 저장하기 위하여 지상 또는 지하에 고정설치된 탱크로서 그 저장능력이 3톤 이상인 탱크를 말한다.
③ 용기집합설비란 2개 이상의 용기를 집합하여 액화석유가스를 저장하기 위한 설비를 말한다.
④ 충전용기란 액화석유가스 충전질량의 90% 이상이 충전되어 있는 상태의 용기를 말한다.

해설 ④ 충전용기란 액화석유가스 충전질량이 $\frac{1}{2}$ 이상이 충전되어 있는 상태의 용기를 말한다.

03 공기와 혼합된 가스의 압력이 높아지면 폭발범위가 좁아지는 가스는?
① 메탄
② 프로판
③ 일산화탄소
④ 아세틸렌

해설 일산화탄소는 공기와 혼합된 가스가 압력이 높아지면 폭발범위가 좁아진다.

04 천연가스 지하매설배관의 퍼지용으로 주로 사용되는 가스는?
① N_2
② Cl_2
③ H_2
④ O_2

해설 천연가스 지하매설배관의 퍼지용으로 주로 사용되는 가스 : N_2

05 산소압축기의 내부 윤활유제로 주로 사용되는 것은?
① 석유
② 물
③ 유지
④ 황산

해설 각종 가스압축기의 내부 윤활유
㉠ 공기압축기 : 양질의 광유(디젤 엔진유)
㉡ 산소압축기 : 물 또는 10% 정도의 묽은 글리세린수
㉢ 염소압축기 : 진한 황산
㉣ 아세틸렌압축기 : 양질의 광유
㉤ 수소압축기 : 양질의 광유
㉥ 메틸클로라이드압축기(염화메탄) : 화이트유
㉦ 이산화황(아황산)가스압축기 : 화이트유, 정제된 용제 터빈유
㉧ LP가스압축기 : 식물성유

정답 01 ④ 02 ④ 03 ③ 04 ① 05 ②

> **해설** ① 질량 : 어떤 물질의 고유의 양으로, 측정하는 장소에 따라 변함이 없는 물리량
> ② 중량(Weight) : 지구의 인력이 물체에 작용하여 나타낸 힘의 크기로 위치에 따라 변함
> ③ 부피 : 물체가 차지하고 있는 공간 부분의 크기(단위 : m³)

59 다음 중 지연성가스로만 구성되어 있는 것은?
① 일산화탄소, 수소
② 질소, 아르곤
③ 산소, 이산화질소
④ 석탄가스, 수성가스

> **해설** ① 일산화탄소 : 가연성 및 독성가스, 수소 : 가연성
> ② 질소, 아르곤 : 불연성가스
> ③ 산소, 이산화질소 : 지연성가스
> ④ 석탄가스, 수성가스 : 가연성가스

60 표준대기압하에서 물 1kg의 온도를 1°C 올리는 데 필요한 열량은 얼마인가?
① 0kcal   ② 1kcal
③ 80kcal   ④ 539kcal/kg·°C

> **해설** 1kcal : 표준대기압하에서 물 1kg의 온도를 1°C 올리는 데 필요한 열량

정답 59 ③ 60 ②

해설 하버-보시법
$$N_2 + 3H_2 \rightarrow 2NH_3 + 24kcal$$
$3 \times 22.4L \quad 2 \times 17g$
$x(L) \quad 44g$

$x = \dfrac{3 \times 22.4 \times 44}{2 \times 17}$

$x = 87L$

52 섭씨온도로 측정할 때 상승된 온도가 5°C이었다. 이때 화씨온도로 측정하면 상승온도는 몇 도인가?

① 7.5 ② 8.3
③ 9.0 ④ 41

해설 0°C일 때 : 32°F
5°C일 때 : $\dfrac{9}{5} \times 5 + 32 = 41°F$
∴ 41°F − 32°F = 9°F

53 다음 중 표준상태에서 가스상 탄화수소의 점도가 가장 높은 가스는?

① 에탄 ② 메탄
③ 부탄 ④ 프로판

해설 가스상 탄화수소의 점도가 가장 높은 가스 : 메탄

54 다음 중 SNG에 대한 설명으로 가장 적당한 것은?

① 액화석유가스
② 액화천연가스
③ 정유가스
④ 대체천연가스

해설 ① 액화석유가스(Liquefied Petroleum Gas) : LPG
② 액화천연가스(Liquefied Natural Gas) : LNG
③ 정유가스(Refinery Gas)
④ 대체천연가스(Substituted Natural Gas) : SNG

55 암모니아의 성질에 대한 설명으로 옳지 않은 것은?

① 가스일 때 공기보다 무겁다.
② 물에 잘 녹는다.
③ 구리에 대하여 부식성이 강하다.
④ 자극성 냄새가 있다.

해설 ① 가스일 때 공기보다 가볍다.
$\dfrac{17}{29} = 0.59$
여기서, NH_3의 분자량 : 14+3
공기의 분자량 : 29g

56 액체는 무색투명하고, 특유의 복숭아향을 가진 맹독성가스는?

① 일산화탄소
② 포스겐
③ 시안화수소
④ 메탄

해설 ① 일산화탄소 : 무색무취의 기체로 독성이 강하다.
② 포스겐 : 맹독성의 가스로 독특한 청초 냄새가 난다.
④ 메탄 : 무색, 무미, 무취의 기체이다.

57 도시가스의 원료인 메탄가스를 완전연소시켰다. 이때 어떤 가스가 주로 발생되는가?

① 부탄 ② 암모니아
③ 콜타르 ④ 이산화탄소

해설 메탄가스는 공기 중에서 담청색의 불꽃을 내며 연소하며, CO_2가 주로 발생한다.
$CH_4 + 2O_2 \rightarrow CO_2 + 2H_2O$

58 어떤 물질의 고유의 양으로, 측정하는 장소에 따라 변함이 없는 물리량은?

① 질량 ② 중량
③ 부피 ④ 밀도

정답 52 ③ 53 ② 54 ④ 55 ① 56 ③ 57 ④ 58 ①

44 아세틸렌과 치환반응을 하지 않는 것은?

① Cu
② Ag
③ Hg
④ Ar

> **해설** 아세틸렌
> Cu, Ag, Hg와 치환반응을 하여 폭발성의 금속 아세틸리드를 생성한다.

45 고압가스용 이음매 없는 용기에서 내력비란?

① 내력과 압궤강도의 비를 말한다.
② 내력과 파열강도의 비를 말한다.
③ 내력과 압축강도의 비를 말한다.
④ 내력과 인장강도의 비를 말한다.

> **해설** 이음매 없는 용기에서 내력비
> 내력과 인장강도의 비

46 단위체적당 물체의 질량은 무엇을 나타내는 것인가?

① 중량
② 비열
③ 비체적
④ 밀도

> **해설**
> ① 중량(Weight) : 지구의 인력이 물체에 작용하여 나타낸 힘의 크기로 위치에 따라 변한다.
> ② 비열(Specific Heat) : 표준대기압하에서 어떤 물질 1kg의 온도를 1℃ 올리는 데 필요한 열량(단위 : kcal/kg·℃)
> ③ 비체적 : 밀도의 역수(단위 : m³/kg)

47 수소에 대한 설명으로 틀린 것은?

① 상온에서 자극성을 가지는 가연성기체이다.
② 폭발범위는 공기 중에서 약 4~75%이다.
③ 염소와 반응하여 폭명기를 형성한다.
④ 고온·고압에서 강재 중 탄소와 반응하여 수소취성을 일으킨다.

> **해설** ① 상온에서 무색, 무미, 무취의 가연성기체이다.

48 비중이 13.6인 수은은 76cm의 높이를 갖는다. 비중이 0.5인 알코올로 환산하면 그 수주는 몇 m인가?

① 20.67m
② 15.2m
③ 13.6m
④ 5m

> **해설**
> $r_1 h_1 = r_2 h_2$
> $h_2 = \dfrac{r_1 h_2}{r_2}$ 이므로
> $h_2 = \dfrac{13.6 \times 76}{0.5} \times 100 = 20.67$

49 다음 중 기체연료의 연소 특성으로 틀린 것은 어느 것인가?

① 소형의 버너도 매연이 적고, 완전연소가 가능하다.
② 하나의 연료공급원으로부터 다수의 연소로와 버너에 쉽게 공급된다.
③ 미세한 연소조정이 어렵다.
④ 연소율의 가변범위가 넓다.

> **해설** ③ 미세한 연소조정이 쉽다.

50 메탄가스의 특성에 대한 설명으로 틀린 것은?

① 메탄은 프로판에 비해 연소에 필요한 산소량이 많다.
② 폭발하한 농도가 프로판보다 높다.
③ 무색무취이다.
④ 폭발상한 농도가 부탄보다 높다.

> **해설** ① 메탄은 프로판에 비해 연소에 필요한 산소량(5몰-2몰=3몰)이 적다.
> $CH_4 + 2O_2 \rightarrow CO_2 + 2H_2O$
> $C_3H_8 + 5O_2 \rightarrow 3CO_2 + 4H_2O$

51 하버-보시법으로 암모니아 44g을 제조하려면 표준상태에서 수소는 약 몇 L가 필요한가?

① 22
② 44
③ 87
④ 100

39 1,000L의 액산탱크에 액산을 넣어 방출밸브를 개방하여 12시간 방치하였더니 탱크 내의 액산이 4.8kg 방출되었다면 1시간당 탱크에 침입하는 열량은 약 몇 kcal인가? (단, 액산의 증발잠열은 60kcal/kg이다.)
① 12 ② 24
③ 70 ④ 150

해설
$$침입열량 = \frac{증발에\ 필요한\ 열량}{방치\ 기간}$$
$$= \frac{4.8 \times 60}{12} = 24 \text{kcal/h}$$

40 도시가스용 압력조정기에 대한 설명으로 옳은 것은?
① 유량성능은 제조자가 제시한 설정압력의 ±10% 이내로 한다.
② 합격표시는 바깥지름이 5mm에 "k"자 각인을 한다.
③ 입구측 연결배관 관경은 50A 이상의 배관에 연결되어 사용되는 조정기이다.
④ 최대표시유량 300Nm³/h 이상인 사용처에 사용되는 조정기이다.

해설
① 유량성능은 제조자가 제시한 설정압력의 ±20% 이내로 한다.
③ 입구측 연결배관 관경은 50A 이하의 배관에 연결되어 사용되는 조정기이다.
④ 최대표시유량 300Nm³/h 이하인 사용처에 사용되는 조정기이다.

41 오리피스 유량계는 어떤 형식의 유량계인가?
① 차압식 ② 면적식
③ 용적식 ④ 터빈식

해설
① 차압식 유량계 : 흐르는 관로 도중에 교축기구(조리개)를 넣어서 앞과 뒤에 차압을 발생시켜 이것을 차압지시계나 차압발진기로 차압을 측정하는 베르누이 정리를 이용하여 유량을 측정한다.
예 오리피스 유량계, 벤투리미터 유량계, 플로 노즐 등
② 면적식 유량계 : 관로에 있는 조리개 전후의 차압이 일정해지도록 조리개의 면적을 바꿔 그 면적으로부터 유량을 구하는 것이다.
예 로터미터 유량계, 피스톤식 유량계 등
③ 용적식 유량계 : 유체의 흐름에 따라서 그 용적을 일정한 용기로 연속 측정하는 방법이며, 유체의 밀도에는 무관하고 체적유량을 측정한다.
예 오벌기어식 유량계, 루트 유량계, 로터리 피스톤식 유량계, 원판형 유량계, 가스미터 등
④ 터빈식 유량계 : 액체와 가스의 유량 계측에 광범위하게 사용된다.

42 빙점 이하의 낮은 온도에서 사용되며 LPG 탱크, 저온에서도 인성이 감소되지 않는 화학공업배관 등에 주로 사용되는 관의 종류는?
① SPLT ② SPHT
③ SPPH ④ SPPS

해설
② SPHT(고온배관용 탄소강관) : 350℃ 이상의 온도에서 사용하는 배관
③ SPPH(고압배관용 탄소강관) : 350℃ 이하의 온도에서 압력 10MPa 이상의 배관에 사용
④ SPPS(압력배관용 탄소강관) : 350℃ 이하의 온도에서 압력 1~10MPa까지의 배관에 사용

43 1단 감압식 저압조정기의 조정압력(출구압력)은?
① 2.3~3.3kPa
② 5~30kPa
③ 32~83kPa
④ 57~83kPa

해설 1단 감압식 저압조정기 압력

구 분	입구 압력	조정압력 (출구 압력)
저압조정기	0.07~1.56MPa	2.3~3.3kPa
준저압 조정기	0.1~1.56MPa	50~300kPa

34 압축기에서 다단압축을 하는 목적으로 틀린 것은?

① 소요 일량의 감소
② 이용효율의 증대
③ 힘의 평형 향상
④ 토출온도 상승

해설 압축기에서 다단압축을 하는 목적
㉠ 소요 일량의 감소
㉡ 이용효율의 증대
㉢ 힘의 평형 향상

35 다음 각 가스에 의한 부식 현상 중 틀린 것은?

① 암모니아에 의한 강의 질화
② 황화수소에 의한 철의 부식
③ 일산화탄소에 의한 금속의 카르보닐화
④ 수소 원자에 의한 강의 탈수소화

해설 가스에 의한 부식 현상

가스명	금속 부식	부식 조건	내식 재료
암모니아	질화	고온	Ni
황화수소	황화	고온, 수분	Al, Cr, Si
일산화탄소	카보닐화	고온	Cu, Al, Ag
수소	탈탄	고온, 고압	Cr, Ti, V, W, Mo

36 초저온 저장탱크에 주로 사용되며, 차압에 의하여 측정하는 액면계는?

① 시창식
② 햄프슨식
③ 부자식
④ 회전튜브식

해설
① 시창식 액면계 : 대형 용기의 상부에 설치되어 있어 튜브를 상하로 움직여 직접 유체를 유출시켜 봄으로써 액면을 측정하는 것이다.
③ 부자식(플로트식) 액면계 : 저장조 내의 중앙부 액면에 부자를 띄어 놓고 그 움직임을 외부로 전하여 액면을 측정하는 것이다. 구조가 간단하며 고온, 고압에도 사용할 수 있으므로 공업용으로 널리 쓰인다.
④ 회전튜브식(로터리식) 액면계 : 대형 용기에 사용되는 것으로 핸들을 회전하면 핸들에 연결된 튜브가 회전하여 튜브의 끝이 액체나 기체에 닿으면 액체 및 기체가 배출되는 것으로서 액면의 높이를 측정할 수 있다.

37 측정 압력이 0.01~10kg/cm² 정도이고, 오차가 ±1~2% 정도이며, 유체 내의 먼지 등의 영향이 적으나 압력 변동에 적응하기 어렵고 주위 온도 오차에 의한 충분한 주의를 요하는 압력계는?

① 전기저항 압력계
② 벨로즈(Bellows) 압력계
③ 부르동(Bourdon)관 압력계
④ 피스톤 압력계

해설
① 전기저항 압력계 : 금속의 전기저항이 압력에 의해 변화하는 것을 이용하는 압력계로서 초고압 측정에 사용된다.
③ 부르동(Bourdon)관 압력계 : 탄성체의 탄성변형을 이용하여 압력을 측정하는 것으로 2차 압력계의 가장 대표적인 것이다.
④ 피스톤 압력계 : 액체를 사용하는 압력계로 액체의 압력을 분동에 의하여 균형시키는 압력계를 표준압력계라 하며, 피스톤의 작용에 의하여 압력을 측정하는 것이다.

38 유체가 5m/sec의 속도로 흐를 때 이 유체의 속도수두는 약 몇 m인가? (단, 중력 가속도는 9.8m/sec²이다.)

① 0.98m
② 1.28m
③ 12.2m
④ 14.1m

해설 $V^2 = 2gH$에서
$H = \dfrac{V^2}{2g}$ 이므로
$H = \dfrac{5^2}{2 \times 9.8} = 1.28\text{m}$

③ 충전용기 보관실은 가연성가스가 새어 나오지 못하도록 밀폐구조로 한다.
④ 용기보관실의 주변에는 화기 또는 인화성 물질이나 발화성 물질을 두지 않는다.

해설 ③ 충전용기 보관실은 가연성가스가 누출된 고압가스가 체류하지 않도록 환기구를 갖추는 등 필요한 조치를 마련한다.

28 다음 중 연소의 3요소가 아닌 것은?
① 가연물
② 산소공급원
③ 점화원
④ 인화점

해설 연소의 3요소
㉠ 가연물 ㉡ 산소공급원 ㉢ 점화원

29 액화암모니아 10kg을 기화시키면 표준상태에서 약 몇 m³의 기체로 되는가?
① 4m³
② 5m³
③ 13m³
④ 26m³

해설 NH_3 분자량 $= 14 + 3 = 17kg$
$17kg : 22.4m^3 = 10kg : x(m^3)$
$x = \dfrac{10 \times 22.4}{17} = 13m^3$

30 가연성가스 충전용기 보관실의 벽 재료의 기준은?
① 불연재료
② 난연재료
③ 가벼운 재료
④ 불연 또는 난연재료

해설 가연성가스 충전용기 보관실의 벽 재료
불연재료

31 질소를 취급하는 금속재료에서 내질화성을 증대시키는 원소는?
① Ni
② Al
③ Cr
④ Ti

해설 ㉠ 질소 : 고온 상태에서 질소 친화력이 큰 Cr, Al, Mo, Ti 등과 반응하여 질화성이 커져 부식이 된다.
㉡ 내질화성을 증대시키는 원소 : Ni

32 비점이 점차 낮은 냉매를 사용하여 저비점의 기체를 액화하는 사이클은?
① 클로우드 액화사이클
② 필립스 액화사이클
③ 캐스케이드 액화사이클
④ 캐피자 액화사이클

해설 ① 클로우드 액화사이클 : 수입기지의 저온저장 설비에서 가스를 압축기에 의해 압축하여 콘덴서에 의해 응축시켜 재액화한 LPG를 다시 저온 탱크에 넣어 차압에 의해 증발시켜 그 일부를 저온액으로 하여 저장하는 방식
② 필립스 액화사이클 : 실린더 중에 피스톤과 보조피스톤이 있고 양 피스톤의 작용으로 상부에 팽창기가 있는 액화사이클
④ 캐피자 액화사이클 : 팽창기가 터빈이고 또한 열교환에 축냉기를 채택한 것으로 원료공기를 냉각시킴과 동시에 공기 중의 수분과 탄산가스를 제거하고 있다.

33 분말진공단열법에서 충진용 분말로 사용되지 않는 것은?
① 탄화규소
② 펄라이트
③ 규조토
④ 알루미늄분말

해설 분말진공단열법에서 충진용 분말
㉠ 펄라이트
㉡ 규조토
㉢ 알루미늄분말
㉣ 샌드렐

정답 28 ④ 29 ③ 30 ① 31 ① 32 ③ 33 ①

23 가스도매사업 제조소의 배관장치에 설치하는 경보장치가 울려야 하는 시기의 기준으로 잘못된 것은?

① 배관 안의 압력이 상용압력의 1.05배를 초과한 때
② 배관 안의 압력이 정상운전 때의 압력보다 15% 이상 강하한 경우 이를 검지한 때
③ 긴급차단밸브의 조작회로가 고장난 때 또는 긴급차단밸브가 폐쇄된 때
④ 상용압력이 5MPa 이상인 경우에는 상용압력에 0.5MPa를 더한 압력을 초과한 때

해설 가스도매사업 제조소의 배관장치에 설치하는 경보장치가 울려야 하는 시기의 기준
㉠ 배관 안의 압력이 상용압력의 1.05배를 초과한 때
㉡ 배관 안의 압력이 정상운전 때의 압력보다 15% 이상 강하한 경우 이를 검지한 때
㉢ 긴급차단밸브의 조작회로가 고장난 때 또는 긴급차단밸브가 폐쇄된 때

24 다음 중 상온에서 가스를 압축, 액화 상태로 용기에 충전시키기가 가장 어려운 가스는?

① C_3H_8
② CH_4
③ Cl_2
④ CO_2

해설 ㉠ 압축가스 : 비점이 낮은 가스로서 상온에서 압축하여도 액화하지 않는 가스를 그대로 압축하여 용기에 충전한 것
예 CH_4, H_2, O_2, N_2 등
㉡ 액화가스 : 상온에서 비교적 낮은 압력으로 쉽게 액화할 수 있는 가스로서, 압축·액화시켜 액체 상태로 용기에 충전한 가스
예 C_3H_8, Cl_2, CO_2, C_4H_{10}, NH_3, HCN, $Freon$ 등

25 가스 운반 시 차량 비치 항목이 아닌 것은?

① 가스 표시 색상
② 가스 특성(온도와 압력과의 관계, 비중, 색깔 냄새)
③ 인체에 대한 독성 유무
④ 화재, 폭발의 위험성 유무

해설 가스 운반 시 차량 비치 항목
㉠ 가스의 명칭
㉡ 가스 특성(온도와 압력과의 관계, 비중, 색깔 냄새)
㉢ 인체에 대한 독성 유무
㉣ 화재, 폭발의 위험성 유무

26 처리능력이 1일 35,000m³인 산소 처리설비로 전용 공업지역이 아닌 지역일 경우 처리설비 외면과 사업소 밖에 있는 병원과는 몇 m 이상 안전거리를 유지하여야 하는가?

① 16m
② 17m
③ 18m
④ 20m

해설 보호시설과의 안전거리

구 분	저장능력	제1종 보호 시설	제2종 보호 시설
산소의 처리 설비 및 저장 설비	1만 이하	12m	8m
	1만 초과 2만 이하	14m	9m
	2만 초과 3만 이하	16m	11m
	3만 초과 4만 이하	18m	13m
	4만 초과	20m	14m

27 용기에 의한 고압가스 판매시설의 충전용기 보관실 기준으로 옳지 않은 것은?

① 가연성가스 충전용기 보관실은 불연성재료나 난연성의 재료를 사용한 가벼운 지붕을 설치한다.
② 공기보다 무거운 가연성가스의 용기 보관실에는 가스누출검지경보장치를 설치한다.

[해설] 고압가스 특정제조허가의 대상
① 석유정제시설에서 고압가스를 제조하는 것으로서 그 저장능력이 100톤 이상인 것
② 석유화학공업 시설에서 고압가스를 제조하는 것으로서 그 처리능력이 1만m³ 이상인 것
④ 비료제조시설에서 고압가스를 제조하는 것으로서 그 저장능력이 100톤 이상인 것

18 고압가스 저장시설에서 가연성가스시설에 설치하는 유동방지시설의 기준은?

① 높이 2m 이상의 내화성 벽으로 한다.
② 높이 1.5m 이상의 내화성 벽으로 한다.
③ 높이 2m 이상의 불연성 벽으로 한다.
④ 높이 1.5m 이상의 불연성 벽으로 한다.

[해설] 가연성가스시설에 설치하는 유동방지시설의 기준
높이 2m 이상의 내화성 벽

19 도시가스배관의 용어에 대한 설명으로 틀린 것은?

① 배관이란 본관, 공급관, 내관 또는 그 밖의 관을 말한다.
② 본관이란 도시가스제조사업소의 부지 경계에서 정압기까지 이르는 배관을 말한다.
③ 사용자 공급관이란 공급관 중 정압기에서 가스사용자가 구분하여 소유하는 건축물의 외벽에 설치된 계량기까지 이르는 배관을 말한다.
④ 내관이란 가스사용자가 소유하거나 점유하고 있는 토지의 경계에서 연소기까지 이르는 배관을 말한다.

[해설] ③ 사용자 공급관이란 공급관 중 가스사용자가 소유하거나 점유하고 있는 토지의 경계에서 가스사용자가 구분하여 소유하거나 점유하는 건축물의 외벽에 설치된 계량기의 전단밸브까지 이르는 배관

20 가연성가스와 동일 차량에 적재하여 운반할 경우 충전용기의 밸브가 서로 마주 보지 않도록 적재해야 할 가스는?

① 수소
② 산소
③ 질소
④ 아르곤

[해설] 혼합적재의 금지
㉠ 가연성가스와 산소를 동일 차량에 적재하여 운반할 경우 충전용기의 밸브가 서로 마주 보지 않도록 적재한다.
㉡ 염소와 아세틸렌·암모니아 또는 수소는 동일 차량에 적재하여 운반하지 아니한다.
㉢ 충전용기와 위험물안전관리법이 정하는 위험물과는 동일 차량에 적재하여 운반하지 아니한다.

21 천연가스의 발열량이 10,400kcal/Sm³이다. SI 단위인 MJ/Sm³으로 나타내면?

① 2.47
② 43.68
③ 2,476
④ 43,680

[해설] 1kcal = 0.0042MJ

$$10,400 \text{kcal/Sm}^3 \times \frac{0.0042\text{MJ}}{1\text{kcal}} = 43.68 \text{MJ/Sm}^3$$

22 LPG 충전소에는 시설의 안전확보상 "충전 중 엔진 정지"를 주위의 보기 쉬운 곳에 설치해야 한다. 이 표지판의 바탕색과 문자색은?

① 흑색 바탕에 백색 글씨
② 흑색 바탕에 황색 글씨
③ 백색 바탕에 흑색 글씨
④ 황색 바탕에 흑색 글씨

[해설] LPG 충전소에서 "충전 중 엔진 정지" 표지판의 바탕색과 문자색 : 황색 바탕에 흑색 글씨

정답 18 ① 19 ③ 20 ② 21 ② 22 ④

12 도시가스배관의 지름이 15mm인 배관에 대한 고정장치의 설치 간격은 몇 m 이내마다 설치하여야 하는가?

① 1m   ② 2m   ③ 3m   ④ 4m

해설 도시가스배관의 고정장치 설치

지름이 13mm 미만	1m마다
지름이 13mm 이상 33mm 미만	2m마다
지름이 33mm 이상	3m마다

13 독성가스인 암모니아의 저장탱크에는 그 가스의 용량이 그 저장탱크 내용적의 몇 %를 초과하지 않아야 하는가?

① 80%   ② 85%   ③ 90%   ④ 95%

해설 암모니아 저장탱크는 그 가스의 용량이 그 탱크 내용적의 90%를 초과하지 않아야 한다.

14 도시가스의 매설배관에 설치하는 보호판은 누출가스가 지면으로 확산되도록 구멍을 뚫는데, 그 간격의 기준으로 옳은 것은?

① 1m 이하 간격
② 2m 이하 간격
③ 3m 이하 간격
④ 5m 이하 간격

해설 매설배관에서 보호판은 누출가스가 지면으로 확산되도록 구멍을 뚫는다. 그 간격 기준은 3m이다.

15 가스도매사업의 가스공급시설 중 배관을 지하에 매설할 때의 기준으로 틀린 것은?

① 배관은 그 외면으로부터 수평거리로 건축물까지 1.0m 이상을 유지한다.
② 배관은 그 외면으로부터 지하의 다른 시설물과 0.3m 이상의 거리를 유지한다.
③ 배관을 산과 들에 매설할 때는 지표면으로부터 배관의 외면까지의 매설깊이를 1m 이상으로 한다.
④ 배관은 지반 동결로 손상을 받지 아니하는 깊이로 매설한다.

해설 ① 배관은 그 외면으로부터 수평거리로 건축물까지 1.5m 이상을 유지한다.

16 다음 중 고압가스용기 재료의 구비 조건이 아닌 것은?

① 내식성, 내마모성을 가질 것
② 무겁고 충분한 강도를 가질 것
③ 용접성이 좋고 가공 중 결함이 생기지 않을 것
④ 저온 및 사용온도에 견디는 연성과 점성강도를 가질 것

해설 고압가스용기 재료의 구비 조건
㉠ 내식성, 내마모성을 가질 것
㉡ 가볍고 충분한 강도를 가질 것
㉢ 용접성이 좋고 가공 중 결함이 생기지 않을 것
㉣ 저온 및 사용온도에 견디는 연성과 점성강도를 가질 것

17 다음 중 고압가스 특정제조허가의 대상이 아닌 것은?

① 석유정제시설에서 고압가스를 제조하는 것으로서 그 저장능력이 100톤 이상인 것
② 석유화학공업시설에서 고압가스를 제조하는 것으로서 그 처리능력이 1만m³ 이상인 것
③ 철강공업시설에서 고압가스를 제조하는 것으로서 그 처리능력이 1만m³ 이상인 것
④ 비료제조시설에서 고압가스를 제조하는 것으로서 그 저장능력이 100톤 이상인 것

정답 12 ② 13 ③ 14 ③ 15 ① 16 ② 17 ③

05 공기 중에서 폭발범위가 가장 좁은 것은?

① 메탄　　② 프로판
③ 수소　　④ 아세틸렌

해설
① 5~15%　　② 2.1~9.5%
③ 4~75%　　④ 2.5~81%

06 운반책임자를 동승시키지 않고 운반하는 액화석유가스용 차량에서 고정된 탱크에 설치하여야 하는 장치는?

① 살수장치
② 누설방지장치
③ 폭발방지장치
④ 누설경보장치

해설 운반책임자를 동승시키지 않고 운반하는 액화석유가스용 차량에서 고정된 탱크에 설치하는 장치 폭발방지장치

07 용기에 의한 액화석유가스 저장소에서 실외저장소 주위의 경계울타리와 용기보관장소 사이에는 얼마 이상의 거리를 유지하여야 하는가?

① 2m　　② 8m
③ 15m　　④ 20m

해설 용기에 의한 액화석유가스 저장소에서 실외저장소 주위의 경계울타리와 용기보관장소 사이 거리 20m 이상

08 일반도시가스사업의 가스공급시설 기준에서 배관을 지상에 설치할 경우 가스배관의 표면 색상은?

① 흑색　　② 청색
③ 적색　　④ 황색

해설 도시가스배관 색상
(1) 지상설치 : 황색
(2) 지하매설 시 최고사용압력
　㉠ 저압 : 황색
　㉡ 중압 이상 : 적색

09 고압가스안전관리법상 독성가스는 공기 중에 일정량 이상 존재하는 경우 인체에 유해한 독성을 가진 가스로서 허용농도(해당 가스를 성숙한 흰쥐 집단에게 대기 중에서 1시간 동안 계속하여 노출시킨 경우 14일 이내에 그 흰쥐의 2분의 1 이상이 죽게 되는 가스의 농도를 말한다)가 얼마인 것을 말하는가?

① 100만분의 2,000 이하
② 100만분의 3,000 이하
③ 100만분의 4,000 이하
④ 100만분의 5,000 이하

해설 독성가스의 허용농도
100만분의 5,000 이하

10 다음 중 허가 대상 가스용품이 아닌 것은?

① 용접절단기용으로 사용되는 LPG 압력조정기
② 가스용 폴리에틸렌 플러그형 밸브
③ 가스소비량이 132.6kW인 연료전지
④ 도시가스 정압기에 내장된 필터

해설 허가 대상 가스용품
㉠ 용접절단기용으로 사용되는 LPG 압력조정기
㉡ 가스용 폴리에틸렌 플러그형 밸브
㉢ 가스소비량이 132.6kW인 연료전지

11 도시가스사업자는 굴착공사정보지원센터로부터 굴착 계획의 통보 내용을 통지받은 때에는 얼마 이내에 매설된 배관이 있는지를 확인하고 그 결과를 굴착공사정보지원센터에 통지하여야 하는가?

① 24시간　　② 36시간
③ 48시간　　④ 60시간

해설 도시가스사업자는 굴착 계획의 통보 내용을 통지받은 때에는 매설된 배관이 있는지를 확인하고 그 결과를 굴착공사정보지원센터에 통지하는 시간 24시간 이내

정답 05 ②　06 ③　07 ④　08 ④　09 ④　10 ④　11 ①

2025 가스기능사 (1. 21. 시행)

01 가연성가스의 제조설비 중 전기설비를 방폭성능을 가지는 구조로 갖추지 아니하여도 되는 가스는?

① 암모니아
② 염화메탄
③ 아크릴알데히드
④ 산화에틸렌

해설 방폭성능을 가지는 구조
가연성가스(암모니아 및 브롬화메탄 제외)의 충전설비 또는 저장설비 중 전기설비

02 고압가스 판매자가 실시하는 용기의 안전점검 및 유지관리의 기준으로 틀린 것은?

① 용기 아랫부분의 부식 상태를 확인할 것
② 완성검사 도래 여부를 확인할 것
③ 밸브의 그랜드너트가 고정핀으로 이탈방지를 위한 조치가 되어 있는지의 여부를 확인할 것
④ 용기캡이 씌워져 있거나 프로텍터가 부착되어 있는지의 여부를 확인할 것

해설 고압가스 판매자가 실시하는 용기의 안전점검 및 유지관리기준
① 용기 아랫부분의 부식 상태를 확인
③ 밸브의 그랜드너트가 고정핀으로 이탈방지를 위한 조치가 되어 있는지의 여부 확인
④ 용기캡이 씌워져 있거나 프로텍터가 부착되어 있는지의 여부 확인

03 수소의 특징에 대한 설명으로 옳은 것은?

① 조연성기체이다.
② 폭발범위가 넓다.
③ 가스의 비중이 커서 확산이 느리다.
④ 저온에서 탄소와 수소취성을 일으킨다.

해설
① 가연성기체이다.
③ 가스의 비중이 작아서 확산이 빠르다.
④ 고온, 고압하에서 탄소와 수소취성을 일으킨다.
$Fe_3C + 2H_2 \rightarrow CH_4 + 3Fe$(탈탄 작용)

04 다음 중 제1종 보호시설이 아닌 것은?

① 가설건축물이 아닌 사람을 수용하는 건축물로서 사실상 독립된 부분의 연면적이 1,500m^2인 건축물
② 문화재보호법에 의하여 지정문화재로 지정된 건축물
③ 수용능력이 100인(人) 이상인 공연장
④ 어린이집 및 어린이놀이시설

해설 보호시설
(1) 제1종 보호시설
  ㉠ 학교·유치원·어린이집·놀이방·어린이놀이터·학원·병원(의원을 포함)·도서관·청소년수련시설·경로당·시장·공중목욕탕·호텔·여관·극장·교회 및 공회당
  ㉡ 사람을 수용하는 건축물(가설건축물은 제외)로서 사실상 독립된 부분의 연면적이 1,000m^2 이상인 것
  ㉢ 예식장·장례식장 및 전시장, 그 밖에 이와 유사한 시설로서 300명 이상 수용할 수 있는 건축물
  ㉣ 아동복지시설 또는 장애인복지시설로서 20명 이상 수용할 수 있는 건축물
  ㉤ 문화재보호법에 따라 지정문화재로 지정된 건축물
(2) 제2종 보호시설
  ㉠ 주택
  ㉡ 사람을 수용하는 건축물(가설건축물은 제외)로서 사실상 독립된 부분의 연면적이 100m^2 이상 1,000m^2 미만인 것

정답 01 ① 02 ② 03 ② 04 ③

56 다음은 탄화수소(C_mH_n)의 완전연소식이다. ( ) 안에 알맞은 것은?

[보기]
$$C_mH_n + \left(m+\frac{n}{4}\right)O_2 \rightarrow mCO_2 + (\ \ )H_2O$$

① n ② $\frac{n}{2}$
③ m ④ $\frac{m}{2}$

해설 탄화수소(C_mH_n)의 완전연소식
$$C_mH_n + \left(m+\frac{n}{4}\right)O_2 \rightarrow mCO + \frac{n}{2}H_2O$$

57 부탄 $1m^3$를 완전연소시키는 데 필요한 이론 공기량은 약 몇 m^3인가? (단, 공기 중의 산소 농도는 21v%이다.)

① 5
② 23.8
③ 6.5
④ 31

해설
$\underline{C_4H_{10}}$ + $\underline{6.5O_2}$ → $4CO_2 + 5H_2O$
$22.4m^3$ $6.5 \times 22.4 m^3$

이론 산소량 : $\frac{6.5 \times 22.4}{22.4} = 6.5 m^3$

이론 공기량 : $6.5 \times \frac{100}{21} = 31 m^3$

58 다음 중 표준 대기압으로 틀린 것은?

① $1.0332 kg/cm^2$
② $1013.2 bar$
③ $10.332 mH_2O$
④ $76 cmHg$

해설 표준대기압(atm) = 760mmHg(76cmHg)
= $1.0332 kg/cm^2$
= $10.332 mH_2O$
= $1.01325 bar$

59 이상기체 상수 R값기 1.987일 때 이에 해당되는 단위는?

① $J/mol \cdot K$
② $atm \cdot L/mol \cdot K$
③ $cal/mol \cdot K$
④ $N \cdot m/mol \cdot K$

해설

R의 값	1.987
단위	$cal/mol \cdot K$
구하는 식	$848 \frac{g \cdot m}{mol \cdot K} \times \frac{1 cal}{457 g \cdot m} = 1.987$

60 국제 단위계는 7가지의 SI 기본 단위로 구성된다. 다음 중 기본량과 SI 기본 단위가 틀리게 짝지어진 것은?

① 질량 – 킬로그램(kg)
② 길이 – 미터(m)
③ 시간 – 초(s)
④ 몰질량 – 몰(mol)

해설 (1) SI 단위(International system of units)
㉠ 전 세계 과학자들은 SI 단위로 알려진 표준 단위계를 사용한다.
㉡ 질량, 길이, 시간의 표준은 각각 미터(m), 킬로그램(kg), 초(s)이다.
㉢ 온도는 켈빈(K), 물질의 양은 몰(mol), 전류는 암페어(A)로 측정된다.

(2) 기본적인 SI 단위

물리적 양	단위 이름	표기
질량	킬로그램(klogram)	kg
길이	미터(meter)	m
시간	초(second)	sec
온도	켈빈(kelvin)	K
물질의 양	몰(mole)	mol
전류	암페어(ampere)	A
빛의 세기	칸델라(candela)	cd
평면각	라디안(radian)	rad
입체각	스테라디안(steradian)	Sr

정답 56 ② 57 ④ 58 ④ 59 ③ 60 ④

[해설] ㉠ Cl₂ 분자량=71
㉡ 표준 상태

증기 비중 = 분자량 / 공기의 평균 분자량

$2.4 = \dfrac{71}{29}$

52 LP가스의 제조법이 아닌 것은?
① 석유 정제 공정으로부터 제조
② 일산화탄소의 전화법에 의해 제조
③ 나프타 분해 생성물로부터의 제조
④ 습성 천연가스 및 원유로부터의 제조

[해설] LP가스 제조법
㉠ 석유 정제 공정으로부터 제조
㉡ 나프타 분해 생성물로부터의 제조
㉢ 습성 천연가스 및 원유로부터의 제조

53 각 가스의 특성에 대한 설명으로 틀린 것은?
① 수소는 고온, 고압에서 탄소강과 반응하여 수소 취성을 일으킨다.
② 산소는 공기 액화 분리 장치를 통해 제조하며, 질소와 분리 시 비등점 차이를 이용한다.
③ 일산화탄소의 국내 독성 허용 농도는 LC₅₀ 기준으로 50ppm이다.
④ 암모니아는 붉은 리트머스를 푸르게 변화시키는 성질을 이용하여 검출할 수 있다.

[해설] (1) 독성을 측정하기 위한 3개의 단위
㉠ LD₅₀ : 50%가 사망하는 치사량으로 이 양은 흰쥐와 몰모트 등의 실험 동물에 사용이 되어 그 반이 사망하는 경우의 물질량
㉡ LD₅₀ : 50%가 사망하는 치사 농도로 실험 동물에 실험한 경우 일정 시간 폭로에 대해 그 반이 사망하는 경우이며, 용적으로의 100만 분의 몇이란 값은 존재하는 분자 수로 ppm에 상당한다. 그 이유는 종류가 달라도 그 분자는 거의 같은 공간을 점거하기 때문이다.
㉢ TLV(서한량, 허용 농도) : 건강한 사람이 1일 중 반복해서 노출되어 그것을 매일 계속해도 유해한 결과를 불러 일으키지 않는 독물 농도의 상한계이다.
(2) 일산화탄소의 국내 독성 허용 농도는 TLV를 기준으로 50ppm이다.

54 물을 전기 분해하여 수소를 얻고자 할 때 주로 사용되는 전해액은?
① 25% 정도의 황산 수용액
② 1% 정도의 묽은염산 수용액
③ 10% 정도의 탄산칼슘 수용액
④ 20% 정도의 수산화나트륨 수용액

[해설] ㉠ 전기분해 : 전해질의 수용액이나 용융 상태에 전극을 꽂고, 직류 전류를 통하면 전해질은 두 전극에서 화학 변화를 일으킨다. 이를 전기 분해라고 한다.
㉡ 물의 전기분해 : 순수한 물을 전기 분해되지 않으므로, 방전하기 어려운 음·양이온이 포함된 묽은 H₂SO₄ 20% 정도의 NaOH 수용액으로 전기 분해된다.

$H_2O \xrightarrow{\text{전기 분해}} H_2 + \dfrac{1}{2} O_2$

55 섭씨 온도로 측정할 때 상승된 온도가 5℃이었다. 이때 화씨 온도로 측정하면 상승 온도는 몇 도인가?
① 7.5
② 8.3
③ 9.0
④ 41

[해설] $5 \times 1.8 = 9.0$

해설 농도 측정 방법
  ㉠ 오더(odor) 미터법
  ㉡ 주사기법
  ㉢ 냄새 주머니법

46 다음 가스 중 표준 상태에서 공기보다 가벼운 것은?
① 메탄 ② 에탄
③ 프로판 ④ 프로필렌

해설 공기의 평균 분자량 : 29
  ㉠ 메탄(CH_4) : 18
  ㉡ 에탄(C_2H_6) : 30
  ㉢ 프로판(C_3H_8) : 44
  ㉣ 프로필렌(C_3H_6) : 42

47 메탄(CH_4)의 성질에 대한 설명 중 틀린 것은?
① 무색무취의 기체로 잘 연소한다.
② 무극성이며 물에 대한 용해도가 크다.
③ 염소와 반응시키면 염소 화합물을 만든다.
④ 니켈 촉매하에 고온에서 산소 또는 수증기를 반응시키면 CO와 H_2를 발생한다.

해설 ② 무극성이며 물에 녹지 않는다.

48 샤를의 법칙에서 기체의 압력이 일정할 때 모든 기체의 부피는 온도가 1℃ 상승함에 따라 0℃ 때의 부피보다 어떻게 되는가?
① 22.4배씩 증가한다.
② 22.4배씩 감소한다.
③ $\frac{1}{273}$씩 증가한다.
④ $\frac{1}{273}$씩 감소한다.

해설 샤를의 법칙
기체는 온도에 따른 선팽창이 무의미하므로 체팽창만을 생각한다. 기체의 압력이 일정할 때, 모든 기체의 부피는 온도가 1℃ 증가함에 따라 0℃ 때의 부피보다 $\frac{1}{273}$씩 증가한다.

49 공기 중에서 폭발 하한이 가장 낮은 탄화수소는?
① CH_4 ② C_4H_{10}
③ C_3H_8 ④ C_2H_6

해설 공기 중 폭발 한계

가스	하한계	상한계
CH_4	5	15
C_4H_{10}	1.8	8.4
C_3H_8	2.1	9.5
C_2H_6	3.0	12.4

50 하버-보시법으로 암모니아 44g을 제조하려면 표준 상태에서 수소는 약 몇 L가 필요한가?
① 22 ② 44
③ 87 ④ 100

해설 하버-보시법
$N_2 + 3H_2 \rightarrow 2NH_3$
   $3 \times 22.4L$ 34g
   $x(L)$ 44g
$x = \frac{3 \times 22.4 \times 44}{34} = 87L$

51 표준 상태에서 염소가스의 증기 비중은 약 얼마인가?
① 0.5 ② 1.5
③ 2.0 ④ 2.4

정답 46 ① 47 ② 48 ③ 49 ② 50 ③ 51 ④

39 액화가스의 비중이 0.8, 배관 직경이 50mm이고 시간당 유량이 15톤일 때 배관 내의 평균 유속은 약 몇 m/sec인가?

① 1.80　② 2.66
③ 7.56　④ 8.52

해설
$Q = \rho A V$에서 유속 $V = \dfrac{Q}{\rho A}$이므로

$\therefore \dfrac{\frac{15}{3,600}}{\dfrac{0.8 \times (\pi \times 0.05^2)}{4}} = 2.66 \text{m/sec}$

여기서, Q : 유량, ρ : 비중, A : 단면적
단위 환산에 유의한다.

40 다음 중 전기 방식법에 속하지 않는 것은?

① 희생 양극법　② 외부 전원법
③ 배류법　④ 피복 방식법

해설
④ 강제 배류법

41 다음 [보기]와 관련있는 분석법은?

[보기]
㉠ 쌍극자 모멘트의 알짜 변화
㉡ 진동 짝지움
㉢ Nernst 백열등
㉣ Fourier 변환 분광계

① 질량 분석법
② 흡광광도법
③ 적외선 분광 분석법
④ 킬레이트 적정법

해설
적외선 분광 분석법
㉠ 분자의 진동 중 쌍극자 모멘트의 변화를 일으킬 진동에 의해 자외선의 흡수가 일어나는 것을 이용한 방식이다.
㉡ 측정 대상의 가스가 많으나 쌍극자 모멘트를 갖지 않는 H_2, O_2, N_2, Cl_2 등의 2원자 분자는 적외선을 흡수하지 않으므로 분석할 수 없다.

42 '압축된 가스를 단열 팽창시키면 온도가 강하한다.'는 것은 무슨 효과라고 하는가?

① 단열 효과
② 줄-톰슨 효과
③ 정류 효과
④ 팽윤 효과

해설
② 줄-톰슨 효과의 설명이다.

43 다음 중 벨로즈식 압력 측정 장치와 가장 관계가 있는 것은?

① 피스톤식　② 전기식
③ 액체 봉입식　④ 탄성식

해설
탄성식 압력계
물체에 힘을 가하면 변형이 생긴다. 즉 후크의 법칙에 의해 작용하는 힘과 변형은 비례하므로 이 원리를 이용하여 압력을 받는 부분에 탄성체를 이용하여 압력을 측정한다.
㉠ 부르동관 압력계
㉡ 벨로즈(bellows)식 압력계
㉢ 다이어프램(박막식) 압력계

44 도로에 매설된 도시가스 배관의 누출 여부를 검사하는 장비로서 적외선 흡광 특성을 이용한 가스 누출 검지기는?

① FID　② OMD
③ CO　④

해설
② OMD의 설명이다.

45 도시가스에는 가스 누출 시 신속한 인지를 위해 냄새가 나는 물질(부취제)을 첨가하고 정기적으로 농도를 측정하도록 하고 있다. 다음 중 농도 측정 방법이 아닌 것은?

① 오더(odor) 미터법
② 주사기법
③ 냄새 주머니법
④ 햄펠(Hempel)법

정답　39 ②　40 ④　41 ③　42 ②　43 ④　44 ②　45 ④

ⓒ 연속 회전하므로 토출액의 맥동이 적다.
ⓔ 점성이 있는 액체에 대해서도 성능이 좋다.
ⓔ 고압 유압 펌프로서 급속히 사용된다.

32 왕복식 압축기에서 피스톤과 크랭크, 샤프트를 연결하여 왕복 운동을 시키는 역할을 하는 것은?

① 크랭크 ② 피스톤링
③ 커넥팅로드 ④ 톱클리어런스

해설 커넥팅로드의 설명이다.

33 산소 용기의 최고 충전 압력이 15MPa일 때 이 용기의 내압 시험 압력(MPa)은?

① 15 ② 20
③ 22.5 ④ 25

해설 시험=최고 충전 압력 $\times \dfrac{5}{3}$

$= 15 \times \dfrac{5}{3} = 25\text{MPa}$

34 다음 배관 부속품 중 유니온 대용으로 사용할 수 있는 것은?

① 엘보 ② 플랜지
③ 리듀서 ④ 부싱

해설 플랜지의 설명이다.

35 다음 중 액면계의 측정 방식에 해당하지 않는 것은?

① 압력식 ② 정전 용량식
③ 초음파식 ④ 환상 천평식

해설 (1) 직접식 액면계
　ⓐ 게이지 글라스(직관식)계 액면계
　ⓑ 검척식 액면계
　ⓒ 플로트(부자)식 액면계

(2) 간접식 액면계
　ⓐ 압력식 액면계
　ⓑ 퍼지식 액면계(purge-type)
　ⓒ 방사선식 액면계
　ⓓ 초음파식 액면계
　ⓔ 정전 용량식 액면계

36 LP가스 용기로서 갖추어야 할 조건으로 틀린 것은?

① 사용 중에 견딜 수 있는 연성, 인장 강도가 있을 것
② 충분한 내식성, 내마모성이 있을 것
③ 완성된 용기는 균열, 뒤틀림, 찌그러짐 기타 해로운 결함이 없을 것
④ 중량이면서 충분한 강도를 가질 것

해설 ④ 경량이면서 충분한 강도를 가질 것

37 구리판, 알루미늄판 등 판재의 연성을 시험하는 방법은?

① 인장 시험
② 크리프 시험
③ 에릭션 시험
④ 토션 시험

해설 ③ 에릭션 시험의 설명이다.

38 세라믹 버너를 사용하는 연소기에 반드시 부착하여야 하는 것은?

① 가버너
② 과열 방지 장치
③ 산소 결핍 안전 장치
④ 전도 안전 장치

해설 가버너의 설명이다.

정답 32 ③ 33 ④ 34 ② 35 ④ 36 ④ 37 ③ 38 ①

해설 전기 방폭 구조의 종류
⊙ 내압(耐壓) 방폭 구조 : 방폭 전기 기기의 용기 내부에서 가연성 가스의 폭발이 발생할 경우 그 용기가 폭발 압력에 견디고, 접합면·개구부 등을 통하여 외부의 가연성 가스에 인화되지 아니하도록 한 구조
ⓒ 유입(油入) 방폭 구조 : 용기 내부에 절연유를 주입하여 불꽃·아크 또는 고온 발생 부분이 기름 속에 잠기게 함으로써 기름면 위에 존재하는 가연성 가스에 인화되지 아니하도록 한 구조
ⓒ 압력(壓力) 방폭 구조 : 용기 내부에 보호가스(신선한 공기 또는 불활성 가스)를 압입하여 내부 압력을 유지함으로써 가연성 가스가 용기 내부로 유입되지 아니하도록 한 구조
ⓒ 안전증 방폭 구조 : 정상 운전 중에 가연성 가스의 점화원이 될 전기 불꽃·아크 또는 고온 부분 등의 발생을 방지하기 위하여 기계적·전기적 구조상 또는 온도 상승에 대하여 특히 안전도를 증가시킨 구조
ⓒ 본질 안전 방폭 구조 : 정상 시 및 사고(단선, 단락, 지락 등) 시에 발생하는 전기 불꽃·아크 또는 고온부에 의하여 가연성 가스가 점화되지 아니하는 것이 점화 시험, 기타 방법에 의하여 확인된 구조
ⓒ 특수 방폭 구조 : 방폭 구조로서 가연성 가스에 점화를 방지할 수 있다는 것이 시험, 기타 방법에 의하여 확인된 구조

28 액화암모니아 50kg을 충전하기 위하여 용기의 내용적은 몇 L으로 하여야 하는가? (단, 암모니아의 정수 C는 1.86이다.)
① 27
② 40
③ 70
④ 93

해설 $G = \dfrac{V}{C}$ 에서
$V = G \times C = 50 \times 1.86 = 93$ L

29 다음 중 초저온 용기에 대한 신규 검사 항목에 해당되지 않는 것은?
① 압궤 시험
② 다공도 시험
③ 단열 성능 시험
④ 용접부에 관한 방사선 검사

해설 초저온 용기 신규 검사 항목
⊙ 외관 검사
ⓒ 인장 검사
ⓒ 압궤 시험
ⓒ 내압 시험
ⓒ 기밀 시험
ⓒ 용접부 검사

30 내용적 1,000L 이하인 암모니아를 충전하는 용기를 제조할 때 부식 여유의 두께는 몇 mm 이상으로 하여야 하는가?
① 1
② 2
③ 3
④ 5

해설 용기의 종류에 따른 부식여유의 수치

암모니아를 충전하는 용기	부피가 1000l 이하인 것	1mm
	부피가 1000l를 초과한 것	2mm
염소를 충전하는 용기	부피가 1000l 이하인 것	3mm
	부피가 1000l를 초과한 것	5mm

31 회전 펌프의 일반적인 특징으로 틀린 것은?
① 토출 압력이 높다.
② 흡입 양정이 작다.
③ 연속 회전하므로 토출액의 맥동이 적다.
④ 점성이 있는 액체에 대해서도 성능이 좋다.

해설 회전 펌프의 일반적인 특징
⊙ 토출 압력이 높다.
ⓒ 흡입·토출 밸브가 없다.

정답 28 ④ 29 ② 30 ① 31 ②

ⓒ 액화석유가스 외의 액화가스를 충전하는 용기의 부속품 : LG
ⓓ 액화석유가스를 충전하는 용기의 부속품 : LPG
ⓔ 초저온 용기 및 저온 용기의 부속품 : LT

22 프로판가스의 위험도(H)는 약 얼마인가? (단, 공기 중의 폭발 범위는 2.1~9.5v%이다.)
① 2.1
② 3.5
③ 9.5
④ 11.6

[해설] C_3H_8 : 2.1~9.5V%이다.
위험도(H)
$= \dfrac{\text{폭발 범위의 상한값} - \text{폭발 범위의 하한값}}{\text{폭발 범위의 하한값}}$
$= \dfrac{9.5 - 2.1}{2.1} = 3.5$

23 다음 중 고압가스 관련 설비가 아닌 것은?
① 일반 압축가스 배관용 밸브
② 자동차용 압축천연가스 완속 충전 설비
③ 액화석유가스용 용기 잔류가스 회수 장치
④ 안전밸브, 긴급 차단 장치, 역화 방지 장치

[해설] 고압가스 관련 설비
ⓐ 자동차용 압축천연가스 완속 충전 설비
ⓑ 액화석유가스용 용기 잔류가스 회수장치
ⓒ 안전밸브, 긴급 차단 장치, 역화 방지 장치

24 다음 중 가연성이며 독성 가스인 것은?
① NH_3
② H_2
③ CH_4
④ N_2

[해설] ① NH_3 : 가연성이며, 독성 가스
② H_2 : 가연성 가스
③ CH_4 : 가연성 가스
④ N_2 : 불연성 가스

25 아세틸렌가스를 제조하기 위한 설비를 설치하고자 할 때 아세틸렌가스가 통하는 부분에 동 합금을 사용할 경우 동함유량은 몇 % 이하의 것을 사용해야 하는가?
① 62
② 72
③ 75
④ 85

[해설] 아세틸렌가스를 제조하기 위한 설비를 설치하고자 할 때 아세틸렌가스가 통하는 부분에 동 합금을 사용할 경우 동함유량은 62% 이하의 것을 사용한다.

26 아세틸렌가스 또는 압력이 9.8MPa 이상인 압축가스를 용기에 충전하는 경우에 압축기와 그 충전 장소 사이에 반드시 설치하여야 하는 것은?
① 가스 방출 장치
② 안전밸브
③ 방호벽
④ 압력계와 액면계

[해설] 아세틸렌가스 또는 압력이 9.8MPa 이상인 압축가스를 용기에 충전하는 경우에 압축기와 그 충전 장소 사이에는 방호벽을 설치한다.

27 가연성 가스를 취급하는 장소에는 누출된 가스의 폭발 사고를 방지하기 위하여 전기 설비를 방폭 구조로 한다. 다음 중 방폭 구조가 아닌 것은?
① 안전증 방폭 구조
② 내열 방폭 구조
③ 압력 방폭 구조
④ 내압 방폭 구조

정답 22 ② 23 ① 24 ① 25 ① 26 ③ 27 ②

17 다음 독성 가스의 제독제로 가성소다 수용액이 사용되지 않는 것은?

① 포스겐
② 염화메탄
③ 시안화수소
④ 아황산가스

해설 독성 가스별 제독제

가스별	제독제
염소(Cl_2)	가성소다 수용액 탄산소다 수용액 소석회
포스겐($COCl_2$)	가성소다 수용액 탄산소다 수용액
황화수소(H_2S)	가성소다 수용액 탄산소다 수용액
시안화수소(HCN)	가성소다 수용액
아황산가스(SO_2)	가성소다 수용액 탄산소다 수용액 물
암모니아(NH_3) 산화에틸렌(C_2H_4O) 염화메탄(CH_3Cl)	물

18 우리나라도 지진으로부터 안전한 지역이 아니라는 판단하에 고압가스 설비를 설치할 때에는 내진 설계를 하도록 의무화하고 있다. 다음 중 내진 설계 대상이 아닌 것은?

① 동체부의 높이가 3m인 증류탑
② 저장 능력이 1,000m³인 수소 저장 탱크
③ 저장 능력이 5톤인 염소 저장 탱크
④ 저장 능력이 10톤인 액화질소 저장 탱크

해설 내진 설계 대상의 고압가스 설비
㉠ 저장 능력이 1,000m³인 수소 저장 탱크
㉡ 저장 능력이 5톤인 염소 저장 탱크
㉢ 저장 능력이 10톤인 액화질소 저장 탱크

19 LPG 사용 시설에 사용하는 압력 조정기에 대하여 실시하는 각종 시험 압력 중 가스의 압력이 가장 높은 것은?

① 1단 감압식 저압 조정기의 조정 압력
② 1단 감압식 저압 조정기의 출구측 기밀 시험 압력
③ 1단 감압식 저압 조정기의 출구측 내압 시험 압력
④ 1단 감압식 저압 조정기의 안전밸브 작동 개시 압력

해설 ① 2.3~3.3kPa
② 5.5kPa
③ 0.3MPa
④ 5.6~8.4kPa

20 전기 시설물과의 접촉 등에 의한 사고의 우려가 없는 장소에서 일반도시가스 사업자 정압기의 가스 방출관 방출구는 지면으로부터 몇 m 이상의 높이에 설치하여야 하는가?

① 1   ② 2
③ 3   ④ 5

해설 전기 시설물과의 접촉 등에 의한 사고의 우려가 없는 장소에서 일반도시가스 사업자 정압기의 가스 방출관 방출구는 지면으로부터 5m 이상의 높이에 설치한다.

21 용기 종류별 부속품의 기호가 옳지 않은 것은?

① 저온 용기의 부속품 : LT
② 압축가스 충전 용기 부속품 : PG
③ 액화가스 충전 용기 부속품 : LPG
④ 아세틸렌가스 충전 용기 부속품 : AG

해설 용기 종류별 부속품
㉠ 아세틸렌가스를 충전하는 용기의 부속품 : AG
㉡ 압축가스를 충전하는 용기의 부속품 : PG

정답 17 ② 18 ① 19 ③ 20 ④ 21 ③

해설 $(0.5+0.5) \times \dfrac{1}{4} = 0.25$m이다.

두 저장 탱크의 최대 직경을 합산한 길이의 $\dfrac{1}{4}$이
㉠ 1m 이상일 때에는 그 값을
㉡ 1m 미만일 때에는 1m를 유지한다.

12 LPG 충전·집단 공급 저장 시설의 공기에 의한 내압 시험 시 상용 압력의 일정 압력 이상으로 승압한 후 단계적으로 승압시킬 때 상용 압력의 몇 %씩 증가시켜 내압 시험 압력에 달하도록 하여야 하는가?

① 5　② 10
③ 15　④ 20

해설   LPG 충전·집단 공급 저장 시설의 공기에 의한 내압 시험 시 상용 압력의 일정 압력 이상으로 승압한 후 단계적으로 승압시킬 때 상용 압력의 10%씩 증가시켜 내압 시험 압력에 달하도록 한다.

13 지상에 액화석유가스(LPG) 저장 탱크를 설치할 때 냉각 살수 장치를 일반적인 경우는 그 외면으로부터 몇 m 이상 떨어진 곳에서 조작할 수 있어야 하는가?

① 2　② 3
③ 5　④ 7

해설   지상에 액화석유가스(LPG) 저장 탱크를 설치할 때 냉각 살수 장치를 일반적인 경우는 그 외면으로부터 5m 이상 떨어진 곳에서 조작할 수 있어야 한다.

14 고압가스 용기의 어깨 부분에 'FP : 15 MPa'라고 표기되어 있다. 이 의미를 옳게 설명한 것은?

① 사용 압력이 15MPa이다.
② 설계 압력이 15MPa이다.
③ 내압 시험 압력이 15MPa이다.
④ 최고 충전 압력이 15MPa이다.

해설   FP : 15MPa이란 최고 충전 압력이 15MPa이다.

15 고압가스 운반 시 사고가 발생하여 가스 누출 부분의 수리가 불가능한 경우의 조치 사항으로 틀린 것은?

① 상황에 따라 안전한 장소로 운반할 것
② 착화된 경우 용기 파열 등의 위험이 없다고 인정될 때는 그대로 둘 것
③ 독성 가스가 누출할 경우에는 가스를 제독할 것
④ 비상 연락망에 따라 관계 업소에 원조를 의뢰할 것

해설   ② 착화된 경우 용기 파열 등의 위험이 없다고 인정되더라도 착화원을 제거한다.

16 다음은 도시가스 사용 시설의 월 사용 예정량을 산출하는 식이다. [보기] 중 기호 'A'가 의미하는 것은?

[보기]
$$Q = \dfrac{[(A \times 240) + (B \times 90)]}{11,000}$$

① 월 사용 예정량
② 산업용으로 사용하는 연소기의 명판에 기재된 가스 소비량의 합계
③ 산업용이 아닌 연소기의 명판에 기재된 가스 소비량의 합계
④ 가정용 연소기의 가스 소비량 합계

해설   도시가스 사용 시설의 월 사용 예정량
$Q(m^3) = \dfrac{[(A \times 240) + (B \times 90)]}{11,000}$
A : 산업용으로 사용하는 연소기의 명판에 기재된 가스 소비량의 합계(kcal/h)
B : 산업용이 아닌 연소기의 명판에 기재된 가스 소비량의 합계(kcal/h)

정답   12 ②　13 ③　14 ④　15 ②　16 ②

해설 ③ 독성 가스의 감압 설비와 그 가스의 반응 설비 간의 배관에는 역류 방지 장치를 한다.

07 방류둑 내측 및 그 외면으로부터 몇 m 이내에는 그 저장 탱크의 부속 설비 외의 것을 설치하지 않아야 하는가? (단, 저장 능력이 2천톤인 가연성 가스 저장 탱크 시설이다.)

① 10　　② 15
③ 20　　④ 25

해설 방류둑 내측 및 그 외면으로부터 10m 이내에는 그 저장 탱크의 부속 설비 외의 것을 설치하지 않는다.(단, 저장 능력이 2천톤인 가연성 가스 저장 탱크 시설이다.)

08 다음은 이동식 압축 천연가스 자동차 충전 시설을 점검한 내용이다. 이 중 기준에 부적합한 경우는?

① 이동 충전 차량과 가스 배관구를 연결하는 호스의 길이가 6m이었다.
② 가스 배관구 주위에는 가스 배관구를 보호하기 위하여 높이 40cm, 두께 13cm인 철근콘크리트 구조물이 설치되어 있었다.
③ 이동 충전 차량과 충전 설비 사이 거리는 8m이었고, 이동 충전 차량과 충전 설비 사이에 강판제 방호벽이 설치되어 있었다.
④ 충전 설비 근처 및 충전 설비에서 6m 떨어진 장소에 수동 긴급 차단 장치가 각각 설치되어 있었으며 눈에 잘 띄었다.

해설 이동 충전 차량과 가스 배관구를 연결하는 호스의 길이는 5m 이내이다.

09 고압가스 운반 기준에 대한 설명 중 틀린 것은?

① 밸브가 돌출한 충전 용기는 고정식 프로텍터나 캡을 부착하여 밸브의 손상을 방지한다.
② 충전 용기를 운반할 때 넘어짐 등으로 인한 충격을 방지하기 위하여 충전 용기를 단단하게 묶는다.
③ 위험물안전관리법이 정하는 위험물과 충전 용기를 동일 차량에 적재 시는 1m 정도 이격시킨 후 운반한다.
④ 염소와 아세틸렌·암모니아 또는 수소는 동일 차량에 적재하여 운반하지 않는다.

해설 위험물안전관리법이 정하는 위험물과 충전 용기를 동일 차량에 적재하여 운반하지 못한다.

10 가연성 액화가스를 충전하여 200km를 초과하여 운반할 경우 몇 kg 이상일 때 운반 책임자를 동승시켜야 하는가?

① 1,000　　② 2,000
③ 3,000　　④ 6,000

해설 운반책임자의 동승

가스의 종류		기 준
액화가스	가연성가스	3,000kg 이상
	독성가스	1,000kg 이상
	조연성가스	6,000kg 이상
압축가스	가연성가스	300m³ 이상
	독성가스	100m³ 이상
	조연성가스	600m³ 이상

11 액화석유가스 충전 사업 시설 중 두 저장 탱크의 최대 직경을 합산한 길이의 $\frac{1}{4}$이 0.5m일 경우에 저장 탱크 간의 거리는 몇 m 이상을 유지하여야 하는가?

① 0.5　　② 1
③ 2　　④ 3

정답 07 ①　08 ①　09 ③　10 ③　11 ②

2024 가스기능사 (9. 8. 시행)

01 일반도시가스 사업의 가스 공급 시설 중 최고 사용 압력이 저압인 유수식 가스 홀더에서 갖추어야 할 기준이 아닌 것은?
① 가스 방출 장치를 설치한 것일 것
② 봉수의 동결 방지 조치를 한 것일 것
③ 모든 관의 입·출구에는 반드시 신축을 흡수하는 조치를 할 것
④ 수조에 물공급관과 물넘쳐 빠지는 구멍을 설치한 것일 것

해설 ③ 고압 또는 중압의 가스홀더에 해당한다.

02 저장 탱크의 방류둑 용량은 저장 능력 상당 용적 이상의 용적이어야 한다. 다만, 액화 산소 저장 탱크의 경우에는 저장 능력 상당 용적의 몇 % 용량 이상으로 할 수 있는가?
① 40% ② 60%
③ 80   ④ 90%

해설
㉠ 저장 탱크의 방류둑 용량 : 저장 능력 상당 용적 이상의 용적
㉡ 액화 산소 저장 탱크 : 저장 능력 상당 용적의 60% 용량 이상

03 동이나 동 합금이 함유된 장치를 사용하였을 때 폭발의 위험성이 가장 큰 가스는?
① 황화수소
② 수소
③ 산소
④ 아르곤

해설 황화수소(H_2S) : 동, 동 합금, 수은, 마그네슘 등이 함유된 장치를 사용하였을 때에는 폭발의 위험성이 있다.

04 카바이드(CaC_2) 저장 및 취급 시의 주의 사항으로 옳지 않은 것은?
① 습기가 있는 곳을 피할 것
② 보관 드럼통은 조심스럽게 취급할 것
③ 저장실은 밀폐 구조로 바람의 경로가 없도록 할 것
④ 인화성, 가연성 물질과 혼합하여 적재하지 말 것

해설 ③ 저장실은 통풍을 양호하게 한다.

05 LP가스가 충전된 납붙임 용기 또는 접합 용기는 얼마의 온도 범위에서 가스 누출 시험을 할 수 있는 온수 시험 탱크를 갖추어야 하는가?
① 20℃ 이상 32℃ 미만
② 35℃ 이상 45℃ 미만
③ 40℃ 이상 50℃ 미만
④ 42℃ 이상 60℃ 미만

해설 LP가스가 충전된 납붙임 용기 또는 접합 용기는 46℃ 이상 50℃ 미만에서 가스 누출 시험을 할 수 있는 온수 시험 탱크를 갖추어야 한다.

06 특정 고압가스 사용 시설의 시설 기준 및 기술 기준으로 틀린 것은?
① 저장 시설의 주위에는 보기 쉽게 경계 표지를 할 것
② 사용 시설은 습기 등으로 인한 부식을 방지하는 조치를 할 것
③ 독성 가스의 감압 설비와 그 가스의 반응 설비 간의 배관에는 일류 방지 장치를 할 것
④ 고압가스의 저장량이 300kg 이상인 용기 보관실의 벽은 방호벽으로 할 것

정답 01 ③ 02 ② 03 ① 04 ③ 05 ③ 06 ③

해설
㉠ 게이지 압력=절대 압력−대기압
㉡ 절대 압력=대기압+게이지 압력

59 도시가스 배관이 10m 수직 상승했을 경우 배관 내의 압력 상승은 약 몇 Pa이 되겠는가? (단, 가스의 비중은 0.65이다.)

① 44
② 64
③ 86
④ 105

해설
(1) 배관의 수직 상향(입상)에 의한 압력 손실
   1mmAq=1kgf/m^2=9.8N/m^2(Pa)
(2) 압력 강하 산출식
   $H=1.293(1-S)h=1.293(1-0.65)\times10$
      =4.525mmAq
      =4.525×9.8N/m^2(Pa)
      =44Pa
   여기서, H : 가스의 압력 손실
           (압력 강하 : 수주 mm)
       S : 가스 비중

60 표준 상태(0℃, 101.3kPa)에서 메탄(CH$_4$) 가스의 비체적(L/g)은?

① 0.71
② 1.40
③ 1.71
④ 2.40

해설 메탄(CH$_4$)의 분자량
$12+4=16$
메탄(CH$_4$)가스의 비체적
$\dfrac{22.4L}{16g}=1.40L/g$

정답 59 ① 60 ②

52. 액화석유가스의 주성분이 아닌 것은?

① 부탄
② 헵탄
③ 프로판
④ 프로필렌

해설 액화석유가스 주성분
프로판(CH_4), 프로필렌(C_2H_6), 부탄(C_3H_8), 부틸렌(C_4H_{10})

53. 표준 상태에서 가스상 탄화수소의 점도가 가장 높은 가스는?

① 에탄
② 메탄
③ 부탄
④ 프로판

해설 가스상 탄화수소의 점도가 가장 높은 가스는
$CH_4 > C_2H_6 > C_3H_8 > C_4H_{10}$

54. 같은 조건하에서 기체의 확산 속도가 가장 느린 것은?

① O_2
② CO_2
③ C_3H_8
④ C_4H_{10}

해설 확산 속도는 분자량이 클수록 느리다.
① $O_2 = 32$
② $CO_2 = 44$
③ $C_3H_8 = 44$
④ $C_4H_{10} = 58$

55. LNG(액화천연가스)의 주성분은?

① C_3H_8
② C_2H_6
③ CH_4
④ H_2

해설 LNG(액화천연가스)의 주성분은 CH_4이다.

56. 가스의 일반적인 성질에 대한 다음 설명으로 옳은 것은?

① 질소는 안정된 가스로 불활성 가스라고도 하며, 고온, 고압에서도 금속과 화합하지 않는다.
② 산소는 액체 공기를 분류하여 제조하는 반응성이 강한 가스로 그 자신이 잘 연소한다.
③ 염소는 반응성이 강한 가스로 강재에 대하여 상온, 건조한 상태에서도 현저한 부식성을 갖는다.
④ 아세틸렌은 은(Ag), 수은(Hg) 등의 금속과 반응하여 폭발성 물질을 생성한다.

해설
① 질소는 안정된 가스로 불연성 가스로서 고온, 고압(550℃, 250atm) 하에서 수소와 반응하여 암모니아를 생성한다.
② 산소는 액체 공기를 분류하여 제조하는 조연성(지연성) 가스로서 산소 자체는 연소성이 없으나 다른 가연물의 연소를 돕는다.
③ 염소는 조연성(지연성) 가스로서 수분 존재 하에서 염소는 염산을 생성하여 금속을 부식시킨다.

57. 나프타의 성상과 가스화에 미치는 영향 중 PONA값의 각 의미에 대하여 잘못 나타낸 것은?

① P : 파라핀계 탄화수소
② O : 올레핀계 탄화수소
③ N : 나프텐계 탄화수소
④ A : 지방족 탄화수소

해설 ④ A : 방향족 탄화수소

58. 게이지 압력을 옳게 표시한 것은

① 게이지 압력=절대 압력−대기압
② 게이지 압력=대기압−절대 압력
③ 게이지 압력=대기압+절대 압력
④ 게이지 압력=절대 압력+진공압력

정답 52 ② 53 ② 54 ④ 55 ③ 56 ④ 57 ④ 58 ①

46 NH₃의 용도가 아닌 것은?
① 요소 제조   ② 질산 제조
③ 유안 제조   ④ 포스겐 제조

해설 NH3의 용도
㉠ 요소 제조
㉡ 질산 제조
㉢ 유안 제조

47 다음 가스 중 열전도율이 가장 큰 것은?
① H₂   ② N₂
③ CO₂   ④ SO₂

해설 열전도율은 분자량이 작을수록 크다.
H₂ > N₂ > CO₂ > SO₂

48 시안화수소에 안정제를 첨가하는 주된 이유는?
① 분해 폭발하므로
② 산화 폭발을 일으킬 염려가 있으므로
③ 시안화수소는 강한 인화성 액체이므로
④ 소량의 수분으로도 중합하여 그 열로 인해 폭발할 위험이 있으므로

해설 시안화수소(HCN)에 안정제를 첨가하는 주된 이유는 소량의 수분으로도 중합하여 그 열로 인해 폭발할 위험이 있기 때문이다.

49 섭씨 온도(℃)의 눈금과 일치하는 화씨 온도 (℉)는?
① 0   ② -10
③ -30   ④ -40

해설
$t_C = \frac{5}{9}(t_F - 32)$

$t_C = t_F = x$

$x = \frac{5}{9}(x - 32)$

$(x - 32) = \frac{9}{5}x$

$x - \frac{9}{5}x = 32$

$-\frac{4}{5}x = 32$

$x = -\frac{32 \times 5}{4} = -\frac{160}{4} = -40℃ = -40℉$

50 아세틸렌의 분해 폭발을 방지하기 위하여 첨가하는 희석제가 아닌 것은?
① 에틸렌   ② 산소
③ 메탄   ④ 질소

해설 아세틸렌에 첨가하는 희석제
에틸렌(C_2H_4), 메탄(CH_4), 질소(N_2)

51 다음의 가스가 누출될 때 사용되는 시험지와 변색 상태가 옳게 짝지어진 것은?
① 포스겐 : 하리슨 시약-청색
② 황화수소 : 초산납 시험지-흑색
③ 시안화수소 : 초산벤지딘지-적색
④ 일산화탄소 : 요오드칼륨 전분지-황색

해설 시험지의 종류

시험지	검지가스	반응색
KI-전분지	할로겐(Cl_2) NO_2, ClO	청~갈색으로 변함
리트머스지	산성 가스	적색으로 변함
	염기성 가스 (NH_3)	청색으로 변함
염화제1동 착염지	C_2H_2 (아세틸렌)	적갈색으로 변함
하리슨시험지 (Harrlson)	$COCl_2$ (포스겐)	심등색
염화파라듐지	CO (일산화탄소)	흑색으로 변함
초산납시험지 (연당지)	H_2S (황화수소)	회~흑색으로 변함
질산구리 벤젠지 (초산벤지딘지)	HCN (시안화수소)	청색으로 변함

정답 46 ④ 47 ① 48 ④ 49 ④ 50 ② 51 ②

해설 흡수 분석법의 종류
㉠ 헴펠법
㉡ 오르자트법
㉢ 게겔법

39 부하 변화가 큰 곳에 사용되는 정압기의 특성을 의미하는 것은?

① 정특성
② 동특성
③ 유량 특성
④ 속도 특성

해설 동특성의 설명이다.

40 저온 장치에서 사용되는 저온 단열법의 종류가 아닌 것은?

① 고진공 단열법
② 분말 진공 단열법
③ 다층 진공 단열법
④ 단층 진공 단열법

해설 저온 단열법의 종류
㉠ 고진공 단열법
㉡ 분말 진공 단열법
㉢ 다층 진공 단열법

41 펌프를 운전할 때 송출 압력과 송출 유량이 주기적으로 변동하여 펌프의 토출구 및 흡입구에서 압력계의 지침이 흔들리는 현상을 무엇이라 하는가?

① 맥동(surging) 현상
② 진동(vibration) 현상
③ 공동(cavitation) 현상
④ 수격(water hammering) 현상

해설 맥동(surging) 현상의 설명이다.

42 상온 취성의 원인이 되는 원소는?

① S
② P
③ Cr
④ Mn

해설 ㉠ 상온 취성 : 인(P)이 0.03~0.06% 함유 시 결정입자를 최대화하고 경도와 인장 강도를 증가시키나 연신율을 감소시키는 현상이다.
㉡ 적열 취성 : FeS, MnS로 존재하여 황(S)이 0.03~0.06% 함유했을 때 단조 압연 시 균열이 생기는 현상이다.

43 다음 배관 부속품 중 관 끝을 막을 때 사용하는 것은?

① 소켓
② 캡
③ 니플
④ 엘보

해설 캡의 설명이다.

44 열전대 온도계 보호관의 구비 조건에 대한 설명 중 틀린 것은?

① 압력에 견디는 힘이 강할 것
② 외부 온도 변화를 열전대에 전하는 속도가 느릴 것
③ 보호관 재료가 열전대에 유해한 가스를 발생시키지 않을 것
④ 고온에서도 변형되지 않고 온도의 급변에도 영향을 받지 않을 것

해설 ② 외부 온도 변화를 열전대에 전하는 속도가 빠를 것

45 소용돌이를 유체 중에 일으켜 소용돌이의 발생 수가 유속과 비례하는 것을 응용한 형식의 유량계는?

① 오리피스식
② 부자식
③ 와류식
④ 전자식

해설 와류식 유량계의 설명이다.

정답 39 ② 40 ④ 41 ① 42 ② 43 ② 44 ② 45 ③

32 왕복식 펌프에 해당하는 것은?

① 기어 펌프
② 베인 펌프
③ 터빈 펌프
④ 플런저 펌프

해설

33 LP가스의 이송 설비 중 압축기에 의한 공급 방식의 설명으로 틀린 것은?

① 이송 시간이 짧다.
② 재액화의 우려가 없다.
③ 잔가스 회수가 용이하다.
④ 베이퍼록 현상의 우려가 없다.

해설 ② 재액화의 우려가 있다.

34 원심식 압축기의 특징에 대한 설명으로 옳은 것은?

① 용량 조정 범위는 비교적 좁고, 어려운 편이다.
② 압축비가 크며, 효율이 대단히 높다.
③ 연속 토출로 맥동 현상이 크다.
④ 서징 현상이 발생하지 않는다.

해설
② 압축비가 적어, 효율이 낮다.
③ 연속 토출로 맥동 현상이 적다.
④ 운전 중 서징 현상에 대하여 주의해야 한다.

35 2,000rpm으로 회전하는 펌프를 3,500rpm으로 변환하였을 경우 펌프의 유량과 양정은 각각 몇 배가 되는가?

① 유량 : 2.65, 양정 : 4.12
② 유량 : 3.06, 양정 : 1.75
③ 유량 : 3.06, 양정 : 5.36
④ 유량 : 1.75, 양정 : 3.06

해설

㉠ 펌프의 유량 : $\dfrac{Q_2}{Q_1} = \left(\dfrac{N_2}{N_1}\right) = \left(\dfrac{3,500}{2,000}\right) = 1.75$

㉡ 펌프의 양정 : $\dfrac{Q_2}{Q_1} = \left(\dfrac{N_2}{N_1}\right)^2 = \left(\dfrac{3,500}{2,000}\right)^2 = 3.06$

36 루트미터에 대한 설명으로 옳은 것은?

① 설치 공간이 크다.
② 일반 수용가에 적합하다.
③ 스트레이너가 필요없다.
④ 대용량의 가스 측정에 적합하다.

해설
① 설치 공간이 작다.
② 일반 수용가에 부적합하다.
③ 스트레이너가 필요하다.

37 다이어프램식 압력계의 특징에 대한 설명 중 틀린 것은?

① 정확성이 높다.
② 반응 속도가 빠르다.
③ 온도에 따른 영향이 적다.
④ 미소 압력을 측정할 때 유리하다.

해설 ③ 온도에 따른 영향이 크다.

38 흡수 분석법의 종류가 아닌 것은?

① 헴펠법
② 활성 알루미나겔법
③ 오르자트법
④ 게겔법

26 연소 기구에서 발생할 수 있는 역화(back fire)의 원인이 아닌 것은?

① 염공이 적게 되었을 때
② 가스의 압력이 너무 낮을 때
③ 콕이 충분히 열리지 않았을 때
④ 버너 위에 큰 용기를 올려서 장시간 사용할 경우

해설 ① 염공이 크게 되었을 때

27 각 가스의 성질에 대한 다음 설명으로 옳은 것은?

① 산화에틸렌은 분해 폭발성 가스이다.
② 포스겐의 비점은 −128℃로서 매우 낮다.
③ 염소는 가연성 가스로서 물에 매우 잘 녹는다.
④ 일산화탄소는 가연성이며 액화하기 쉬운 가스이다.

해설
② 포스겐($COCl_2$)의 비점은 8.2℃이다.
③ 염소(Cl_2)는 조연성(지연성) 가스로서 물에 용해한다.
④ 일산화탄소(CO)는 가연성이며, 독성 가스로서 액화하기 어렵다.

28 산소 운반 차량에 고정된 탱크의 내용적은 몇 L를 초과할 수 없는가?

① 12,000 ② 18,000
③ 24,000 ④ 30,000

해설 산소 운반 차량에 고정된 탱크의 내용적은 18,000L를 초과할 수 없다.

29 방류둑의 내측 및 그 외면으로부터 몇 m 이내에 그 저장 탱크의 부속 설비 외의 것을 설치하지 못하도록 되어 있는가?

① 10 ② 20
③ 30 ④ 50

해설 방류둑의 내측 및 그 외면으로부터 10m 이내에 그 저장 탱크의 부속 설비 외의 것을 설치하지 못한다.

30 가스 사용 시설의 배관을 움직이지 아니하도록 고정, 부착하는 조치에 대한 설명 중 틀린 것은?

① 관경이 13mm 미만의 것에는 1,000mm마다 고정, 부착하는 조치를 해야 한다.
② 관경이 33mm 이상의 것에는 3,000mm마다 고정, 부착하는 조치를 해야 한다.
③ 관경이 13mm이상 33mm 미만의 것에는 2,000mm마다 고정, 부착하는 조치를 해야 한다.
④ 관경이 43mm 이상의 것에는 4,000m마다 고정, 부착하는 조치를 해야 한다.

해설 가스 사용 시설의 배관의 고정

배관의 관경	설치 기준
13mm 미만	1m(1,000mm)
13mm 이상 33mm 미만	2m(2,000mm)
33mm 이상	3m(3,000mm)

31 40L의 질소 충전 용기에 20℃, 150atm의 질소가스가 들어 있다. 이 용기의 질소 분자의 수는? (단, 아보가드로 수는 6.02×10^{23}이다.)

① 4.8×10^{21}
② 1.5×10^{24}
③ 2.4×10^{24}
④ 1.5×10^{26}

해설
$PV = nRT$

$n = \dfrac{PV}{RT} = \dfrac{150\text{atm} \cdot 40\text{L}}{0.0821\text{atm} \cdot \text{L/mol} \cdot \text{K} \times 293\text{K}}$

$= 249.43 \text{mol}$

$249.43\text{mol} \times 6.02 \times 10^{23}$ 개/mol $= 1.5 \times 10^{26}$ 개

정답 26 ① 27 ① 28 ② 29 ① 30 ④ 31 ④

21 가스 용기의 취급 및 주의 사항에 대한 설명 중 틀린 것은?

① 충전 시 용기는 재검사 기간이 지나지 않았는지를 확인한다.
② LPG 용기나 밸브를 가열할 때는 뜨거운 물(40℃ 이상)을 사용해야 한다.
③ 충전한 후에는 용기 밸브의 누출 여부를 확인한다.
④ 용기 내에 잔류물이 있을 때에는 잔류물을 제거하고 충전한다.

해설 LPG 용기나 밸브를 가열할 때 열습포 또는 40℃ 이하의 물을 사용한다.

22 탄화수소에서 탄소의 수가 증가할 때 생기는 현상으로 틀린 것은?

① 증기압이 낮아진다.
② 발화점이 낮아진다.
③ 비등점이 낮아진다.
④ 폭발 하한계가 낮아진다.

해설 탄화수소에서 탄소의 수가 증가할 경우
㉠ 증기압이 낮아진다.
㉡ 발화점이 낮아진다.
㉢ 비등점이 높아진다.
㉣ 폭발 하한계가 낮아진다.
㉤ 연소열이 증가한다.

23 내용적이 300L인 용기에 액화암모니아를 저장하려고 한다. 이 저장 설비의 저장 능력(kg)은? (단, 액화암모니아의 충전 정수는 1.86이다.)

① 161
② 232
③ 279
④ 558

해설 저장 능력(kg) = $\dfrac{\text{내용적}}{\text{충전 정수}}$ = $\dfrac{300L}{1.86}$ = 161 kg

24 다음 각 가스의 위험성에 대한 설명 중 틀린 것은?

① 가연성 가스의 고압 배관 밸브를 급격히 열면 배관 내의 철, 녹 등이 급격히 움직여 발화의 원인이 될 수 있다.
② 염소와 암모니아가 접촉할 때, 염소 과잉의 경우는 대단히 강한 폭발성 물질인 NCl_3를 생성하여 사고 발생의 원인이 된다.
③ 아르곤은 수은과 접촉하면 위험한 성질인 아르곤 수은을 생성하여 사고 발생의 원인이 된다.
④ 암모니아용의 장치나 계기로서 구리나 구리 합금을 사용하면 금속 이온과 반응하여 착이온을 만들어 위험하다.

해설 ③ 아르곤(Ar)은 다른 원소와 화합을 하지 않는다.

25 고압가스 운반 등의 기준으로 틀린 것은?

① 고압가스를 운반하는 때에는 재해 방지를 위하여 필요한 주의 사항을 기재한 서면을 운전자에게 교부하고 운전 중 휴대하게 한다.
② 차량의 고장, 교통 사정 또는 운전자의 휴식 등의 부득이 한 경우를 제외하고는 장시간 정차하여서는 안 된다.
③ 고속도로 운행 중 점심 식사를 하기 위해 운반 책임자와 운전자가 동시에 차량을 이탈할 때에는 시건 장치를 하여야 한다.
④ 지정한 도로, 시간, 속도에 따라 운반하여야 한다.

해설 ③ 고속도로 운행 중 점심 식사를 하기 위해 운반 책임자와 운전자가 교대로 차량을 이탈하여 식사를 하여야 한다.

정답 21 ② 22 ③ 23 ① 24 ③ 25 ③

12 도시가스 공급 배관에서 입상관의 밸브는 바닥으로부터 몇 m 범위로 설치하여야 하는가?

① 1m 이상 1.5m 이내
② 1.6m 이상 2m 이내
③ 1m 이상 2m 이내
④ 1.5m 이상 3m 이내

해설 도시가스 공급 배관에서 입상관의 밸브는 바닥으로부터 1.6m 이상 2m 이내이다.

13 아세틸렌, 암모니아 또는 수소와 동일 차량에 적재 운반할 수 없는 가스는?

① 염소
② 액화석유가스
③ 질소
④ 일산화탄소

해설 동일 차량에 적재 운반할 수 없는 가스
㉠ 아세틸렌과 암모니아
㉡ 수소와 염소

14 공기 액화 분리 장치에서 발생할 수 있는 폭발의 원인으로 볼 수 없는 것은?

① 액체 공기 중에 산소의 혼입
② 공기 취입구에서 아세틸렌의 침입
③ 윤활유 분해에 의한 탄화수소의 생성
④ 산화질소(NO), 과산화질소(NO_2)의 혼입

해설 ① 액체 공기 중의 오존(O_3) 혼입

15 압축 또는 액화 그 밖의 방법으로 처리할 수 있는 가스의 용적이 1일 100m³ 이상인 사업소는 압력계는 몇 개 이상 비치하도록 되어 있는가?

① 1
② 2
③ 3
④ 4

해설 압축 또는 액화 그 밖의 방법으로 처리할 수 있는 가스의 용적이 1일 100m³ 이상인 사업소는 압력계를 2개 이상 비치한다.

16 도시가스 지하 매설용 중압 배관의 색상은?

① 황색
② 적색
③ 청색
④ 흑색

해설 도시가스 지하 매설용 중압 배관은 적색이다.

17 아세틸렌 용기에 다공질 물질을 고루 채운 후 아세틸렌을 충전하기 전에 침윤시키는 물질은?

① 알코올
② 아세톤
③ 규조토
④ 탄산마그네슘

해설 침윤시키는 물질은 CH_3COCH_3(아세톤) 또는 DMF(디메틸포름아미드)이다.

18 보일러 중독 사고의 주원인이 되는 가스는?

① 이산화탄소
② 일산화탄소
③ 질소
④ 염소

해설 보일러는 일산화탄소에 의한 중독 사고가 주원인이다.

19 독성 가스 제조 시설 식별 표지의 글씨 색상은? (단, 가스의 명칭은 제외한다.)

① 백색
② 적색
③ 노란색
④ 흑색

해설 독성 가스의 제조 시설 식별 표지의 글씨는 흑색이다.

20 독성 가스의 저장 탱크에는 가스의 용량이 그 저장 탱크 내용적의 90%를 초과하는 것을 방지하는 장치를 설치하여야 한다. 이 장치를 무엇이라고 하는가?

① 경보 장치
② 액면계
③ 긴급 차단 장치
④ 과충전 방지 장치

해설 과충전 방지 장치의 설명이다.

정답 12 ② 13 ① 14 ① 15 ② 16 ② 17 ② 18 ② 19 ④ 20 ④

07 일반도시가스 공급 시설의 시설 기준으로 틀린 것은?

① 가스 공급 시설을 설치하는 실(제조소 및 공급소 내에 설치된 것에 한함)은 양호한 통풍 구조로 한다.
② 제조소 또는 공급소에 설치한 가스가 통하는 가스 공급 시설의 부근에 설치하는 전기 설비는 방폭 성능을 가져야 한다.
③ 가스 방출관의 방출구는 지면으로부터 5m 이상의 높이로 설치하여야 한다.
④ 고압 또는 중압의 가스 공급 시설은 최고 사용 압력의 1.1배 이상의 압력으로 실시하는 내압 시험에 합격해야 한다.

해설 ④ 고압 또는 중압의 가스 공급 시설은 최고 사용 압력의 1.5배 이상의 압력으로 실시하는 내압 시험에 합격해야 한다.

08 고압가스 품질검사에서 산소의 경우 동·암모니아 시약을 사용한 오르자트법에 의한 시험에서 순도가 몇 % 이상이어야 하는가?

① 98%   ② 98.5%
③ 99%   ④ 99.5%

해설 품질 검사 기준

대상 가스	검사 방법	순도
산소	동·암모니아 시약을 사용한 오르자트법	99.5% 이상
수소	피로카롤 또는 하이드로 설파이드 시약을 사용한 오르자트법	98.5% 이상
아세틸렌	• 발연 황산을 사용한 오르자트 또는 브롬 시약을 사용한 뷰렛법 • 질산은 시약을 사용한 정성 시험에도 합격할 것	98% 이상

09 다음 가스의 저장 시설 중 반드시 통풍 구조로 하여야 하는가?

① 산소 저장소
② 질소 저장소
③ 헬륨 저장소
④ 부탄 저장소

해설 부탄 저장소는 반드시 통풍 구조로 하여야 한다.

10 LP가스 설비를 수리할 때 내부의 LP가스를 질소 또는 물로 치환하고, 치환에 사용된 가스나 액체를 공기로 재치환하여야 하는데, 이때 공기에 의한 재치환 결과가 산소 농도 측정기로 측정하여 산소 농도가 몇 %의 범위 내에 있을 때까지 공기로 재치환하여야 하는가?

① 4~6   ② 7~11
③ 12~16   ④ 18~22

해설 LP가스 설비를 수리 시 공기에 의한 재치환 결과가 산소 농도 측정기로 측정하여 산소 농도가 18~22% 내에 있을 때까지 공기로 재치환한다.

11 용기 또는 용기 밸브에 안전밸브를 설치하는 이유는?

① 규정량 이상의 가스를 충전시켰을 때 여분의 가스를 분출하기 위해
② 용기 내 압력이 이상 상승 시 용기 파열을 방지하기 위해
③ 가스 출구가 막혔을 때 가스 출구로 사용하기 위해
④ 분석용 가스 출구로 사용하기 위해

해설 용기 등 안전밸브를 설치하는 이유는 용기 내 압력이 이상 상승 시 용기 파열을 방지하기 위하여 설치한다.

2024 가스기능사 (6. 16. 시행)

01 산화에틸렌의 충전 시 산화에틸렌의 저장 탱크는 그 내부의 분위기 가스를 질소 또는 탄산가스를 치환하고 몇 ℃ 이하로 유지하여야 하는가?

① 5℃ ② 15℃
③ 40℃ ④ 60℃

해설 산화에틸렌 저장 탱크의 내부를 질소 또는 탄산가스로 치환하고, 5℃ 이하로 유지해야 한다.

02 액화석유가스가 공기 중에 누출 시 그 농도가 몇 %일 때 감지할 수 있도록 냄새가 나는 물질(부취제)을 섞는가?

① 0.1% ② 0.5%
③ 1% ④ 2%

해설 부취제(향료)는 액화석유가스가 공기 중에 누출 시 농도가 0.1% $\left(\dfrac{1}{1,000}\right)$ 일 때 감지할 수 있어야 한다.

03 LP가스의 용기 보관실 바닥 면적이 3m²라면 통풍구의 크기는 몇 cm² 이상으로 하도록 되어 있는가?

① 500cm² ② 700cm²
③ 900cm² ④ 1,100cm²

해설 통풍구의 면적은 바닥 면적 1m²당 300cm²이므로 3m²에서는 900cm²이다.

04 다음 가스 중 착화 온도가 가장 낮은 것은?

① 메탄 ② 에틸렌
③ 아세틸렌 ④ 일산화탄소

해설
① CH_4 : 537℃
② C_2H_4 : 450℃
③ C_2H_2 : 335℃
④ CO : 651℃

05 고압가스 특정 제조 시설 중 비가연성 가스의 저장 탱크는 몇 m³ 이상일 경우에 지진 영향에 대한 안전한 구조로 설계하여야 하는가?

① 5m³ ② 250m³
③ 500m³ ④ 1,000m³

해설 고압가스 특정 제조 시설 중 비가연성 가스의 저장 탱크는 1,000m³ 이상일 경우에 지진 영향에 대한 안전한 구조로 설계한다.

06 다음 독성 가스 중 제독제로 물을 사용할 수 없는 가스는?

① 암모니아 ② 아황산가스
③ 염화메탄 ④ 황화수소

해설 독성 가스별 제독제

가스별	제독제
염소(Cl_2)	가성소다 수용액 탄산소다 수용액 소석회
포스겐($COCl_2$)	가성소다 수용액 탄산소다 수용액
황화수소(H_2S)	가성소다 수용액 탄산소다 수용액
시안화수소(HCN)	가성소다 수용액
아황산가스(SO_2)	가성소다 수용액 탄산소다 수용액 물
암모니아(NH_3) 산화에틸렌(C_2H_4O) 염화메탄(CH_3Cl)	물

정답 01 ① 02 ① 03 ③ 04 ③ 05 ④ 06 ④

해설 $P_a = P_o - P_g$
       $= 1.033 + 10$
       $= 11.033 kgf/cm^2$

54 파라핀계 탄화수소 중 가장 간단한 형의 화합물로서 불순물을 전혀 함유하지 않는 도시가스의 원료는?
① 액화천연가스 ② 액화석유가스
③ off가스   ④ 나프타

해설 액화천연가스의 설명이다.

55 수소(H_2)에 대한 다음 설명으로 옳은 것은?
① 3중 수소는 방사능을 갖는다.
② 밀도가 크다.
③ 금속 재료를 취하시키지 않는다.
④ 열 전달율이 아주 작다.

해설 ② 밀도가 작다.
     ③ 금속 재료를 취하시킨다.
     ④ 열 전달율이 아주 크다.

56 1기압(1atm)과 같지 않은 것은?
① 760mmHg
② 0.9807bar
③ 10.332mmHg
④ 101.3kPa

해설 표준 대기압(atm) = 760mmHg
                    = 10.332mH₂O(mAq)
                    = 101.329kPa
                    = 1.01325bar

57 일반적인 석유 정제 과정에서 발생되지 않는 가스는?
① 암모니아   ② 프로판
③ 메탄   ④ 부탄

해설 석유 정제 과정에서 메탄(CH_4), 프로판(C_3H_8), 부탄(C_4H_{10}) 등이 발생된다.

58 다음 산소에 대한 설명 중 틀린 것은?
① 폭발 한계는 공기 중과 비교하면 산소 중에서는 현저하게 넓어진다.
② 화학 반응에 사용하는 경우에는 산화물이 생성되어 폭발의 원인이 될 수 있다.
③ 산소는 치료의 목적으로 의료계에 널리 이용되고 있다.
④ 환원성을 이용하여 금속 제련에 사용한다.

해설 ④ 산소는 금속판 절단용에 사용한다.

59 다음 아세틸렌에 대한 설명 중 틀린 것은?
① 연소 시 고열을 얻을 수 있어 용접용으로 쓰인다.
② 압축하면 폭발을 일으킨다.
③ 2중 결합을 가진 불포화 탄화수소이다.
④ 구리, 은과 반응하여 폭발성의 화합물을 만든다.

해설 ③ 탄소 원자 간에 3중 결합을 갖는 불포화 탄화수소이다.

60 프로판가스 1kg의 기화열은 약 몇 kcal인가?
① 75   ② 92
③ 102   ④ 539

해설 기화열(증발잠열)은 다음과 같다.
     ㉠ 프로판 1kg : 102kcal
     ㉡ n-부탄 1kg : 106kcal
     ㉢ i-부탄 1kg : 92.9kcal

정답 54 ① 55 ① 56 ② 57 ① 58 ④ 59 ③ 60 ③

46 암모니아에 대한 다음 설명 중 틀린 것은?
① 무색무취의 가스이다.
② 암모니아가 분해하면 질소와 수소가 된다.
③ 물에 잘 용해된다.
④ 유안 및 요소의 제조에 이용된다.

해설 ① 상온, 상압에서 강한 자극성이 있는 무색의 기체이다.

47 탄화수소에 대한 다음 설명 중 틀린 것은?
① 외부의 압력이 커지게 되면 비등점은 낮아진다.
② 탄소 수가 같을 때 포화 탄화수소는 불포화 탄화수소보다 비등점이 높다.
③ 이성체 화합물에서는 normal은 iso 보다 비등점이 높다.
④ 분자 중의 탄소 원자 수가 많아질수록 비등점은 높아진다.

해설 ① 외부의 압력이 커지게 되면 비등점은 높아진다.

48 에틸렌(C_2H_4)이 수소와 반응할 때 일으키는 반응은?
① 환원 반응   ② 분해 반응
③ 제거 반응   ④ 첨가 반응

해설 첨가 반응 : 300℃의 온도와 니켈 촉매 존재 하에서 에틸렌에 수소를 부가시키면 에탄이 된다.
$CH_2=CH_2+H_2 \rightarrow CH_3CH_3$(에탄)

49 다음 비열(specific heat)에 대한 설명 중 틀린 것은?
① 어떤 물질 1kg을 1℃ 변화시킬 수 있는 열량이다.
② 일반적으로 금속은 비열이 작다.
③ 비열이 큰 물질일수록 온도의 변화가 쉽다.
④ 물의 비열은 약 1kcal/kg·℃이다.

해설 ③ 비열이 큰 물질일수록 온도의 변화가 어렵다.

50 진공압이 57cmHg일 때 절대 압력(kg/cm²a)은? (단, 대기압은 760mmHg이다.)
① 0.19   ② 0.26
③ 0.31   ④ 0.38

해설
$P_a = P_o - P_g$
$= 1.033 - \dfrac{57}{76} \times 1.0332$
$= 0.26 \text{kg/cm}^2\text{a}$

51 다음 [보기]와 같은 반응은 어떤 반응인가?

――― [보기] ―――
$CH_4 + Cl_2 \rightarrow CH_3Cl + HCl$
$CH_3Cl + Cl_2 \rightarrow CH_2Cl_2 + HCl$

① 첨가   ② 치환
③ 중합   ④ 축합

해설 치환 반응의 설명이다.

52 다음 온도의 환산식 중 틀린 것은?
① °F = 1.8℃ + 32
② ℃ = $\dfrac{5}{9}$(°F − 32)
③ °R = 460 + °F
④ °R = $\dfrac{5}{9}$K

해설 ④ °R = $\dfrac{9}{5}$K

53 산소 용기에 부착된 압력계의 읽음이 10kgf/cm²이었다. 이때 절대 압력은 몇 kgf/cm²인가? (단, 대기압은 1.033kgf/cm²이다.)
① 1.033   ② 8.967
③ 10   ④ 11.033

정답 46 ① 47 ① 48 ④ 49 ③ 50 ② 51 ② 52 ④ 53 ④

해설 정유가스의 주성분 : $H_2 + CH_4$

40 다음 유량계 중 간접 유량계가 아닌 것은?
① 피토관　② 오리피스미터
③ 벤투리미터　④ 습식 가스미터

해설 유량계
(1) 직접법
　㉠ 습식 가스미터
　㉡ 피스톤형 계량계
　㉢ 회전 원판형 계량계
(2) 간접법
　㉠ 피토관
　㉡ 오리피스미터
　㉢ 벤투리미터
　㉣ 로터미터

41 주철관에 대한 접합법이 아닌 것은?
① 기계적 접합　② 소켓 접합
③ 플레어 접합　④ 빅토리 접합

해설 주철관에 대한 접합법
㉠ 기계적 접합
㉡ 소켓 접합
㉢ 빅토리 접합

42 펌프의 캐비테이션 발생에 따라 일어나는 현상이 아닌 것은?
① 양정 곡선이 증가한다.
② 효율 곡선이 저하한다.
③ 소음과 진동이 발생한다.
④ 깃에 대한 침식이 발생한다.

해설 (1) 캐비테이션(cavitation)
유수 중에 그 수온의 증기 압력보다 낮은 부분이 생기면 물이 증발을 일으키고 또한 수중에 용해하고 있는 공기가 석출하여 적은 기포를 다수 발생하는데 이러한 현상을 캐비테이션이라고 한다.

(2) 캐비테이션 발생에 의해 일어나는 현상
　㉠ 소음과 진동이 발생한다.
　㉡ 임펠러(깃)에 대한 침식이 발생한다.
　㉢ 토출량 및 양정, 효율이 감소한다.

43 흡수식 냉동기에서 냉매로 물을 사용할 경우 흡수제로 사용하는 것은?
① 암모니아
② 사염화에탄
③ 리튬브로마이드
④ 파라핀유

해설 흡수식 냉동기에서 냉매로 물을 사용할 경우 흡수제는 리튬브로마이드(LiBr)이다.

44 LP가스를 자동차용 연료로 사용할 때의 특징에 대한 설명 중 틀린 것은?
① 완전연소가 쉽다.
② 배기가스에 독성이 적다.
③ 기관의 부식 및 마모가 적다.
④ 시동이나 급가속이 용이하다.

해설 LP가스를 자동차용 연료로 사용할 때의 특징
㉠ 완전연소가 쉽다.
㉡ 배기가스에 독성이 적다.
㉢ 기관의 부식 및 마모가 적다.

45 가스 액화 분리 장치 중 축냉기에 대한 설명으로 틀린 것은?
① 열교환기이다.
② 수분을 제거시킨다.
③ 탄산가스를 제거시킨다.
④ 내부에는 열용량이 적은 충전물이 들어 있다.

해설 축냉기의 특징
㉠ 열교환기이다.
㉡ 수분을 제거시킨다.
㉢ 탄산가스를 제거시킨다.

정답 40 ④　41 ③　42 ①　43 ③　44 ④　45 ④

33 다음 흡수 분석법 중 오르자트법에 의해서 분석되는 가스가 아닌 것은?

① CO_2 ② C_2H_6
③ O_2 ④ CO

해설 오르자트(Orast)법
오르자트법은 가스와 흡수액의 접촉이 양호한 구조의 흡수 피펫을 이용한 가스 분석법이다.
㉠ CO_2 : 33% KOH 용액
㉡ O_2 : 알칼리성 피로갈롤 용액
㉢ CO : 암모니아성 염화제1동 용액

34 저압식 공기 액화 분리 장치에서 사용되지 않는 장치는?

① 여과기   ② 축냉기
③ 액화기   ④ 중간 냉각기

해설 저압식 공기 액화 분리 장치에
㉠ 수세 냉각탑
㉡ 냉수탑
㉢ 축냉기
㉣ 여과기
㉤ 액화기
㉥ 순환 흡착기
㉦ 아세틸렌 흡착기
㉧ 과냉기
㉨ 탄산가스 흡착기

35 고압가스용 금속 재료에서 내질화성(內窒化性)을 증대시키는 원소는?

① Ni   ② Al
③ Cr   ④ Mo

해설 Ni : 고압가스용 금속 재료에서 내질화성을 증대시킨다.

36 비접촉식 온도계에 해당하는 것은?

① 열전 온도계   ② 압력식 온도계
③ 광고 온도계   ④ 저항 온도계

해설 (1) 접촉식 온도계
㉠ 유리 온도계
㉡ 바이메탈 온도계
㉢ 압력식 온도계
㉣ 저항 온도계
㉤ 열전대 온도계
(2) 비접촉식 온도계
㉠ 광고 온도계
㉡ 광전관식 온도계
㉢ 방사 온도계
㉣ 색 온도계

37 나사 압축기에서 숫로터 직경 150mm, 로터 길이 100mm, 숫로터 회전수 350rpm이라고 할 때 이론적 토출량은 약 몇 m^3/min인가? (단, 로터 형상에 의한 계수(C_v)는 0.476이다.)

① 0.11   ② 0.21
③ 0.37   ④ 0.47

해설 $Q_{th} = WD^2LN = 0.476 \times (0.15)^2 \times 0.1 \times 350$
$= 0.375 m^3/min$

38 공기 액화 분리기 내의 CO_2를 제거하기 위해 NaOH 수용액을 사용한다. 1.0kg의 CO_2를 제거하기 위해서는 약 몇 kg의 NaOH를 가해야 하는가?

① 0.9   ② 1.8
③ 3.0   ④ 3.8

해설 $2NaOH + CO_2 \rightarrow Na_2CO_3 + H_2O$
2×40 ────── 44kg
x(kg) ────── 1.0kg
$x = \dfrac{2 \times 40 \times 1.0}{44} = 1.8kg$

39 정유가스의 주성분은?

① $H_2 + CH_4$ ② $CH_4 + CO$
③ $H_2 + CO$ ④ $CO + C_3H_8$

정답 33 ②　34 ④　35 ①　36 ③　37 ③　38 ②　39 ①

해설 2중관으로 하여야 하는 가스
  ㉠ 고압가스 일반제조 : 포스겐, 황화수소, 시안화수소, 아황산가스, 산화에틸렌, 암모니아, 염소, 염화메탄
  ㉡ 고압가스 특정제조 : 포스겐, 황화수소, 시안화수소, 아황산가스, 아세트알데히드, 염소, 불소

27 용기 밸브의 그랜트 너트의 6각 모서리에 V형의 홈을 낸 것은 무엇을 표시하는가?

① 왼나사임을 표시
② 오른나사임을 표시
③ 암나사임을 표시
④ 수나사임을 표시

해설 용기 밸브의 그랜트 너트의 6각 모서리에 V형이란 왼나사의 표시이다.

28 산소없이 분해 폭발을 일으키는 물질이 아닌 것은?

① 아세틸렌
② 히드라진
③ 선화에틸렌
④ 시안화수소

해설 순수한 액체 시안화수소(HCN)는 안정하나 소량의 수분이나 알칼리성 물질을 함유하면 중합이 촉진되고, 중합열(발열 반응)에 의해 중합 폭발을 한다.

29 천연가스 지하 매설 배관의 퍼지용으로 주로 사용되는 가스는?

① H_2
② Cl_2
③ N_2
④ O_2

해설 천연가스 지하 매설 배관의 퍼지용 가스는 N_2를 사용한다.

30 선박용 액화석유가스 용기의 표시 방법으로 옳은 것은?

① 용기의 상단부에 폭 2cm의 황색띠를 두 줄로 표시한다.
② 용기의 상단부에 폭 2cm의 백색띠를 두 줄로 표시한다.
③ 용기의 상단부에 폭 5cm의 황색띠를 두 줄로 표시한다.
④ 용기의 상단부에 폭 5cm의 백색띠를 두 줄로 표시한다.

해설 선박용 액화석유가스 용기의 상단부에 폭 2cm의 백색띠를 두 줄로 표시한다.

31 가스 버너의 일반적인 구비 조건으로 옳지 않은 것은?

① 화염이 안정될 것
② 부하 조절비가 적을 것
③ 저공기비로 완전연소할 것
④ 제어하기 쉬울 것

해설 가스 버너의 일반적인 구비 조건
  ㉠ 화염이 안정될 것
  ㉡ 저공기비로 완전연소할 것
  ㉢ 제어하기 쉬울 것

32 LPG, 액화가스와 같은 저비점의 액체에 가장 적합한 펌퍼의 축봉 장치는?

① 싱글 시일형
② 더블 시일형
③ 언밸런스 시일형
④ 밸런스 시일형

해설 ① 싱글 시일형 : 일반적으로 사용한다.
② 더블 시일형 : 펌프의 축봉 장치에서 유독성의 액, 인화성의 액이 누설되면 응고되는 액 등에 사용하는 축봉 장치이다.
③ 언밸런스 시일형 : 일반적으로 사용한다.

정답 27 ① 28 ④ 29 ③ 30 ② 31 ② 32 ④

20 0℃, 1atm에서 4L이던 기체를 273℃, 1atm일 때 몇 L가 되는가?
  ① 2   ② 4
  ③ 8   ④ 12

해설
$$\frac{PV}{T} = \frac{P'V'}{T'}$$
$$\frac{1 \times 4}{0+273} = \frac{1 \times V'}{273+273}$$
$$V' = \frac{1 \times 4 \times (273+273)}{(0+273) \times 1} = \frac{2,184}{273}$$
$$\therefore V' = 8L$$

21 용기 보관 장소에 충전 용기를 보관할 때의 기준으로 틀린 것은?
  ① 충전 용기와 잔가스 용기는 각각 구분하여 보관할 것
  ② 가연성 가스, 독성 가스 및 산소의 용기는 각각 구분하여 보관할 것
  ③ 충전 용기는 항상 50℃ 이하의 온도를 유지하고 직사광선을 받지 아니하도록 할 것
  ④ 용기 보관 장소의 주위 2m 이내에는 화기 또는 인화성 물질이나 발화성 물질을 두지 아니할 것

해설 ③ 충전 용기는 항상 40℃ 이하의 온도를 유지하고 직사광선을 받지 아니하도록 할 것

22 액화가스를 충전하는 탱크는 그 내부에 액면 요동을 방지하기 위하여 무엇을 설치하는가?
  ① 빙파판
  ② 보호판
  ③ 박강판
  ④ 후강판

해설 방파판의 설명이다.

23 독성 가스 재해 설비를 갖추어야 하는 시설이 아닌 것은?
  ① 아황산가스 및 암모니아 충전 설비
  ② 염소 및 황화수소 충전 설비
  ③ 프레온가스를 사용한 냉동 제조 시설 및 충전 시설
  ④ 염화메탄 충전 설비

해설 독성 가스 재해 설비를 갖추어야 하는 시설
  ㉠ 아황산가스 및 암모니아 충전 설비
  ㉡ 염소 및 황화수소 충전 설비
  ㉢ 염화메탄 충전 설비

24 일산화탄소의 경우 가스 누출 검지 경보 장치의 검지에서 발신까지 걸리는 시간은 경보 농도의 1.6배 농도에서 몇 초 이내로 규정되어 있는가?
  ① 10초   ② 20초
  ③ 30초   ④ 60초

해설 일산화탄소의 경우 가스 누출 검지 경보 장치의 검지에서 발신까지 걸리는 시간은 경보 농도의 1.6배 농도에서 60초 이내로 규정되어 있다.

25 가연성 물질을 취급하는 설비의 주위라 함은 방류둑을 설치한 가연성 가스 저장 탱크에서 해당 방류둑 외면으로부터 몇 m 이내를 말하는가?
  ① 5m   ② 10m
  ③ 15m   ④ 20m

해설 가연성 물질을 취급하는 설비의 주위라 함은 방류둑을 설치한 가연성 가스 저장 탱크에서 해당 방류둑 외면으로부터 10m 이내를 말한다.

26 독성 가스의 가스 설비 배관을 2중관으로 하지 않아도 되는 가스는?
  ① 암모니아   ② 염소
  ③ 황화수소   ④ 불소

정답 20 ③ 21 ③ 22 ① 23 ③ 24 ④ 25 ② 26 ④

14 고압가스 충전 용기 파열 사고의 직접 원인으로 가장 거리가 먼 것은?

① 질소 용기 내에 5%의 산소가 존재할 때
② 재료의 불량이나 용기가 부식되었을 때
③ 가스가 과충전되어 있을 때
④ 충전 용기가 외부로부터 열을 받았을 때

해설 고압가스 충전 용기 파열 사고의 직접 원인
㉠ 재료의 불량이나 용기가 부식되었을 때
㉡ 가스가 과충전되어 있을 때
㉢ 충전 용기가 외부로부터 열을 받았을 때

15 고압가스 특정 제조의 플레어스택 설치 기준에 대한 설명이 아닌 것은?

① 가연성 가스가 플레어스택에 항상 10% 정도 머물 수 있도록 그 높이를 결정하여 시설한다.
② 플레어스택에서 발생하는 복사열이 다른 시설에 영향을 미치지 않도록 안전한 높이와 위치에 설치한다.
③ 플레어스택에서 발생하는 최대 열량에 장시간 견딜 수 있는 재료와 구조이어야 한다.
④ 파일럿 버너를 항상 점화하여 두는 등 플레어스택에 관련된 폭발을 방지하기 위한 조치를 한다.

해설 ① 연소 능력은 긴급 이송 설비에 의하여 이송되는 가스를 안전하게 연소시킬 수 있는 것이다.

16 운전 중의 제조 설비에 대한 일일 점검 항목이 아닌 것은?

① 회전 기계의 진동, 이상음, 이상 온도 상승
② 인터록의 작동
③ 제조 설비 등으로부터의 누출
④ 제조 설비의 조업 조건의 변동 상황

해설 운전 중의 제조 설비에 대한 일일 점검 항목
㉠ 회전 기계의 진동, 이상음, 이상 온도 상승
㉡ 제조 설비 등으로부터의 누출
㉢ 제조 설비의 조업 조건의 변동 상황

17 액화석유가스를 자동차에 충전하는 충전 호스의 길이는 몇 m 이내이어야 하는가? (단, 자동차 제조 공정 중에 설치된 것을 제외한다.)

① 3　　② 5
③ 8　　④ 10

해설 액화석유가스를 자동차에 충전하는 충전 호스의 길이는 5m 이내이다.

18 도시가스사업법에서 정한 중압의 기준은?

① 0.1MPa 미만의 압력
② 1MPa 미만의 압력
③ 0.1MPa 이상 1MPa 미만의 압력
④ 1MPa 이상의 압력

해설 도시가스사업법
㉠ 고압 : 1MPa 이상의 압력
㉡ 중압 : 0.1MPa 이상 1MPa 미만의 압력
㉢ 저압 : 0.1MPa 미만의 압력

19 압축 가연성 가스를 몇 m^3 이상을 차량에 적재하여 운반하는 때에 운반 책임자를 동승시켜 운반에 대한 감독 또는 지원을 하도록 되어 있는가?

① 100　　② 300
③ 600　　④ 1,000

해설 운반책임자의 동승

가스의 종류		기 준
액화가스	가연성가스	3,000kg 이상
	독성가스	1,000kg 이상
	조연성가스	6,000kg 이상
압축가스	가연성가스	300m^3 이상
	독성가스	100m^3 이상
	조연성가스	600m^3 이상

정답 14 ①　15 ①　16 ②　17 ②　18 ③　19 ②

해설 배관의 지지(A = mm)
㉠ 호칭 지름이 13mm 미만 : 1m 마다
㉡ 호칭 지름이 13mm 이상 33mm 미만 : 2m 마다
㉢ 호칭 지름이 33mm 미만 : 3m마다

07 LP가스 용기 충전 시설 중 지상에 설치하는 경우 저장 탱크의 주위에는 액상의 LP가스가 유출되지 아니하도록 방류둑을 설치하여야 한다. 몇 톤의 저장량 이상일 때 방류둑을 설치하여야 하는가?
① 500 ② 1,000
③ 1,500 ④ 2,000

해설 액화석유가스 지상 저장 탱크 주위 : 저장능력이 1,000톤 이상일 때 방류둑을 설치한다.

08 고압가스를 차량으로 운반할 때 몇 km 이상의 거리를 운행하는 경우에 중간에 휴식을 취한 후 운행하도록 되어 있는가?
① 100 ② 200
③ 300 ④ 400

해설 고압가스를 차량으로 운반 시 200km 이상의 거리를 운행하는 경우에 중간에 휴식을 취한 후 운행한다.

09 도시가스 공급 시설 중 저장 탱크 주위의 온도 상승 방지를 위하여 설치하는 고정식 물분무 장치의 단위 면적당 방사 능력의 기준은? (단, 단열재를 피복한 준내화 구조 저장 탱크가 아니다.)
① 2.5L/분·m^2 이상
② 5L/분·m^2 이상
③ 7.5L/분·m^2 이상
④ 10L/분·m^2 이상

해설 도시가스 공급 시설 중 고정식 물분무 장치는 방사능력이 5L/분·m^2 이다.

10 일산화탄소와 공기의 혼합가스는 압력이 높아지면 폭발 범위는 어떻게 되는가?
① 변함없다. ② 좁아진다.
③ 넓어진다. ④ 일정치 않다.

해설 압력
㉠ 일반적으로 가스 압력이 높아질수록 발화 온도는 낮아지고 폭발 범위는 넓어진다.
㉡ 일산화탄소와 공기의 혼합가스는 압력이 높아질수록 폭발 범위가 좁아진다.

11 공기 중에서 폭발 범위가 가장 넓은 가스는?
① 황화수소 ② 암모니아
③ 산화에틸렌 ④ 프로판

해설
① 4.3~45%
② 15~28%
③ 3.0~80%
④ 2.1~9.5%

12 차량에 고정된 탱크로부터 가스를 저장 탱크에 이송할 때의 작업 내용으로 가장 거리가 먼 것은?
① 부근에 화기의 유무를 확인한다.
② 차바퀴 전후를 고정목으로 고정한다.
③ 소화기를 비치한다.
④ 정전기 제거용 접지 코드를 제거한다.

해설 ④ 정전기 제거용 접지 코드를 부착한다.

13 LP가스 실비 중 소성기(regulator) 사용의 주된 목적은?
① 유량 조절
② 발열량 조질
③ 유속 조절
④ 공급 압력 조절

해설 LP가스 설비 중 조정기(regulator) 사용의 목적은 공급 압력 조절이다.

정답 07 ② 08 ② 09 ② 10 ② 11 ③ 12 ④ 13 ④

2024 가스기능사 (3. 31. 시행)

01 겨울철 LP가스 용기에 서릿발이 생겨 가스가 잘 나오지 않을 경우 가스를 사용하기 위한 가장 적절한 조치는?

① 연탄불로 쪼인다.
② 용기를 힘차게 흔든다.
③ 열습포를 사용한다.
④ 90℃ 정도의 물을 용기에 붓는다.

해설 LPG 용기나 밸브를 가열할 때 열습포 또는 40℃ 이하의 물을 사용한다.

02 품질 검사 기준 중 산소의 순도 측정에 사용되는 시약은?

① 동·암모니아 시약
② 발연 황산 시약
③ 피로카롤 시약
④ 하이드로 설파이드 시약

해설 품질 검사 기준

대상 가스	검사 방법	순도
산소	동·암모니아 시약을 사용한 오르자트법	99.5% 이상
수소	피로카롤 또는 하이드로 설파이드 시약을 사용한 오르자트법	98.5% 이상
아세틸렌	• 발연 황산을 사용한 오르자트 또는 브롬 시약을 사용한 뷰렛법 • 질산은 시약을 사용한 정성 시험에도 합격할 것	98% 이상

03 가스 중독의 원인이 되는 가스가 아닌 것은?

① 시안화수소   ② 염소
③ 아황산가스   ④ 수소

해설 ㉠ 유독가스는 가스 중독의 원인이 된다.
㉡

가스명	허용 농도
시안화수소(HCN)	10ppm
염소(Cl_2)	1ppm
아황산가스(SO_2)	5ppm

04 고압가스 용기 중 동일 차량에 혼합 적재하여 운반하여도 무방한 것은?

① 산소와 질소, 탄산가스
② 염소와 아세틸렌, 암모니아 또는 수소
③ 동일 차량에 용기의 밸브가 서로 마주보게 적재한 가연성 가스와 산소
④ 충전 용기와 위험물안전관리법이 정하는 위험물

해설 고압가스 운반 등의 기준 혼합 적재의 금지에서 산소와 질소, 탄산가스는 운반하여도 무방하다.

05 도시가스의 가스 발생 설비, 가스 정제 설비, 가스 홀더 등이 설치된 장소 주위에는 철책 또는 철망 등의 경계책을 설치하여야 하는데 그 높이는 몇 m 이상으로 하여야 하는가?

① 1   ② 1.5
③ 2.0   ④ 3.0

해설 도시가스의 가스 발생 설비, 가스 정제 설비, 가스 홀더 등이 설치된 장소 주위에는 철책 또는 철망 등의 경계책을 1.5m 이상으로 설치한다.

06 도시가스 사용 시설 중 20A 가스관에 대한 고정 장치의 간격(m)으로 옳은 것은?

① 1   ② 2
③ 3   ④ 5

정답 01 ③ 02 ① 03 ④ 04 ① 05 ② 06 ②

56 염소에 대한 설명 중 틀린 것은?
① 상온, 상압에서 황록색의 기체로 조연성이 있다.
② 강한 자극성의 취기가 있는 독성 기체이다.
③ 수소와 염소의 등량 혼합 기체를 염소폭명기라 한다.
④ 건조 상태의 상온에서 강재에 대하여 부식성을 갖는다.

해설 ④ 수분 존재 시에 염소는 염산을 생성하므로 강재에 대하여 부식성을 갖는다.

57 다음 LNG와 SNG에 대한 설명으로 옳은 것은?
① 액체 상태의 나프타를 LNG라 한다.
② SNG는 대체 천연가스 또는 합성 천연가스를 말한다.
③ LNG는 액화석유가스를 말한다.
④ SNG는 각종 도시가스의 총칭이다.

해설 ㉠ LNG(Liquefied Natural Gas) : 액화천연가스
㉡ SNG(Substitute Natural Gas) : 대체 천연가스(합성 천연가스)

58 다음 비열에 대한 설명 중 틀린 것은?
① 단위는 kcal/kg · ℃이다.
② 비열이 크면 열용량도 크다.
③ 비열이 크면 온도가 빨리 상승한다.
④ 구리(銅)는 물보다 비열이 작다.

해설 ③ 비열이 크면 온도가 느리게 상승한다.

59 기체의 체적이 커지면 밀도는?
① 작아진다.
② 커진다.
③ 일정하다.
④ 체적과 밀도는 무관하다.

해설 기체는 체적이 커지면 밀도는 작아진다.

60 황화수소에 대한 설명 중 옳지 않은 것은?
① 건조된 상태에서 수은, 동과 같은 금속과 반응한다.
② 무색의 특유한 계란 썩는 냄새가 나는 기체이다.
③ 고농도를 다량으로 흡입할 경우에는 인체에 치명적이다.
④ 농질산, 발연질산 등의 산화제와 심하게 반응한다.

해설 ① 황화수소는 건조된 상태에서 수은, 동과 같은 금속과 반응하지 않는다.

정답 56 ④ 57 ② 58 ③ 59 ① 60 ①

50 일반적으로 기체에 있어서 정압 비열과 정적 비열과의 관계는?

① 정적 비열 = 정압 비열
② 정적 비열 = 2 × 정압 비열
③ 정적 비열 > 정압 비열
④ 정적 비열 < 정압 비열

해설 ⊙ 정압 비열(C_p) : 기체의 경우 압력을 일정히 하고 물질 1kg을 1℃ 높이는 데 필요한 열량이다.
ⓒ 정적 비열(C_v) : 기체의 경우 체적을 일정히 하고 물질 1kg을 1℃ 높이는 데 필요한 열량이다.
∴ $C_p > C_v$ 이다.

51 표준 상태에서 비점이 가장 높은 것은?

① 나프타 ② 프로판
③ 에탄   ④ 부탄

해설 ① 30~120℃
② -42.07℃
③ -88.63℃
④ -0.50℃

52 표준 대기압에 해당되지 않는 것은?

① 760mmHg ② 14.7PSI
③ 0.101MPa ④ 1,013bar

해설 표준 대기압(1atm) = 760mmHg
= 14.7lb/in²(PSI)
= 0.101MPa
= 1.01325bar

53 열역학적 계(system)가 주위와 열교환을 하지 않고 진행되는 과정을 무슨 과정이라고 하는가?

① 단열 과정 ② 등온 과정
③ 등압 과정 ④ 등적 과정

해설 단열 과정의 설명이다.

54 프로판가스 60mol%, 부탄가스 40mol%의 혼합가스 1mol을 완전연소시키기 위하여 필요한 이론 공기량은 약 몇 mol인가? (단, 공기 중 산소는 21mol%이다.

① 17.7
② 20.7
③ 23.7
④ 26.7

해설 ⊙ $C_3H_8 + 5O_2 \rightarrow 3CO_2 + 4H_2O$
(0.6mol)
ⓒ $C_4H_{10} + 6.5O_2 \rightarrow 4CO_2 + 5H_2O$
(0.4mol)

$A_o \left(\dfrac{\text{mol 공기}}{\text{mol 연료}} \right)$
$= \left\{ \dfrac{(0.6 \times 5 + 0.4 \times 6.5) \text{mol 산소}}{1 \text{mol 연료}} \right\} \times \dfrac{1 \text{mol 공기}}{0.21 \text{mol 산소}}$
$= 26.7 \text{mol}$

55 메탄 95% 및 에탄 5%로 구성된 천연가스 1m³의 진발열량은 약 몇 kcal인가? (단, 표준 상태에서 메탄의 진발열량은 8,124cal/L, 에탄은 14,602cal/L이다.)

① 8,151
② 8,242
③ 8,353
④ 8,448

해설 ⊙ $CH_4 + 2O_2 \rightarrow CO_2 + 2H_2O$
(95%)
ⓒ $C_2H_6 + 3.5O_2 \rightarrow 2CO_2 + 3H_2O$
(5%)

$8,124 \text{cal/L} \times \dfrac{1 \text{kcal}}{10^3 \text{cal}} \times \dfrac{10^3 \text{L}}{1 \text{m}^3}$

여기서, 메탄의 진발열량 : 8,124kcal/m³ × 0.95
= 7717.8kcal
에탄의 진발열량 : 14,602kcal/m³ × 0.05
= 730.1kcal
∴ 7717.8 + 730.1 = 8,448kcal

정답 50 ④ 51 ① 52 ④ 53 ① 54 ④ 55 ④

42 펌프의 회전수를 1,000rpm에서 1,200rpm으로 변화시키면 동력은 약 몇 배가 되는가?

① 1.3
② 1.5
③ 1.7
④ 2.0

해설
$$\frac{L_2}{L_1} = \left(\frac{N_2}{N_1}\right)^3 = \left(\frac{1,200}{1,000}\right)^3 = 1.7$$

43 기화기, 혼합기(믹서)에 의해서 기화한 부탄에 공기를 혼합하여 만들어지며, 부탄을 다량 소비하는 경우에 적합한 공급 방식은?

① 생가스 공급 방식
② 공기 혼합 공급 방식
③ 자연 기화 공급 방식
④ 변성 가스 공급 방식

해설 공기 혼합 공급 방식의 설명이다.

44 시간당 200톤의 물을 20cm의 내경을 갖는 PVC 파이프로 수송하였다. 관 내의 평균 유속은 약 몇 m/sec인가?

① 0.9
② 1.2
③ 1.8
④ 3.6

해설
$$V = \frac{Q}{A} = \frac{200\text{m}^3/\text{hr}}{\frac{\pi}{4} \times (0.2\text{m})^2} = 6366.19 \text{m/hr}$$

즉 $6366.19 \div 3,600 = 1.8 \text{m/sec}$

45 수소(H_2)가스 분석 방법으로 가장 적당한 것은?

① 팔라듐관 연소법
② 헴펠법
③ 황산바륨 침전법
④ 흡광광도법

해설 수소(H_2)가스를 팔라듐관 연소법으로 분석한다.

46 다음 중 주로 부가(첨가) 반응을 하는 가스는?

① CH_4
② C_2H_2
③ C_3H_8
④ C_4H_{10}

해설 C_2H_2은 부가(첨가) 반응을 한다.

47 다음 [보기]와 같은 성질을 갖는 것은?

[보기]
㉠ 공기보다 무거워서 누출 시 낮은 곳에 체류한다.
㉡ 기화 및 액화가 용이하며, 발열량이 크다.
㉢ 증발 잠열이 크기 때문에 냉매도 이용된다.

① O_2
② CO
③ LPG
④ C_2H_4

해설 LPG(Liquefied Petroleum Gas)가스의 설명이다.

48 다음 중 공기보다 가벼운 가스는?

① O_2
② SO_2
③ H_2
④ CO_2

해설 공기의 분자량은 29이다.
① $O_2 = \frac{32}{29} = 1.10$
② $SO_2 = \frac{64}{29} = 2.2$
③ $H_2 = \frac{2}{29} = 0.07$
④ $CO_2 = \frac{44}{29} = 1.52$

49 다음 중 무색 투명한 액체로 특유의 복숭아향과 같은 취기를 가진 독성 가스는?

① 포스겐
② 일산화탄소
③ 시안화수소
④ 산화에틸렌

해설 시안화수소의 설명이다.

정답 42 ③ 43 ② 44 ③ 45 ① 46 ② 47 ③ 48 ③ 49 ③

35 다음 보온재 중 안전 사용 온도가 가장 높은 것은?

① 글라스 파이버
② 플라스틱 폼
③ 규산칼슘
④ 세라믹 파이버

해설
① 글라스 파이버 : 825℃
② 플라스틱 폼 : 158℃
③ 규산칼슘 : 650℃
④ 세라믹 파이버 : 1,000~1,430℃

36 부르동관 압력계 사용 시의 주의 사항으로 옳지 않은 것은?

① 사전에 지시의 정확성을 확인하여 둘 것
② 안전 장치가 부착된 안전한 것을 사용할 것
③ 온도나 진동, 충격 등의 변화가 적은 장소에서 사용할 것
④ 압력계에 가스를 유입하거나 빼낼 때는 신속히 조작할 것

해설 압력계에 가스를 유입하거나 빼낼 때는 천천히 조작할 것

37 공기 액화 분리 장치의 주요 구성 요소가 아닌 것은?

① 공기 압축기
② 팽창 밸브
③ 열교환기
④ 수취기

해설 공기 액화 분리 장치의 주요 구성 요소
㉠ 공기 압축기
㉡ 팽창 밸브
㉢ 열교환기

38 가스광(강관)의 특징으로 틀린 것은?

① 구리관보다 강도가 높고 충격에 강하다.
② 관의 치수가 큰 경우 구리관보다 비경제적이다.
③ 관의 접합 작업이 용이하다.
④ 연관이나 주철관에 비해 가볍다.

해설 관의 치수가 큰 경우 구리관보다 경제적이다.

39 아세틸렌 용기의 안전밸브 형식으로 가장 많이 사용되는 것은?

① 가용전식   ② 파열판식
③ 스프링식   ④ 중추식

해설 아세틸렌 용기는 가용전신 안전밸브 형식을 사용한다.

40 압축된 가스를 단열·팽창시키면 온도가 강하하는 것은 어떤 효과에 해당되는가?

① 단열 효과
② 줄-톰슨 효과
③ 서징 효과
④ 블로어 효과

해설 줄-톰슨 효과(Joule-Thomson)의 설명이다.

41 땅속의 애노드에 강제 전압을 가하여 피방식 금속제를 캐소드로 하는 전기 방식법은?

① 희생 양극법
② 외부 전원법
③ 선택 배류법
④ 강제 배류법

해설 외부 전원법의 설명이다.

정답 35 ④ 36 ④ 37 ④ 38 ② 39 ① 40 ② 41 ②

29 지하에 매설된 도시가스 배관의 전기 방식 기준으로 틀린 것은?

① 전기 방식 전류가 흐르는 상태에서 토양 중에 있는 배관 등의 방식 전위 상한값은 포화황산동 기준 전극으로 −0.85V 이하일 것
② 전기 방식 전류가 흐르는 상태에서 자연 전위와의 전위 변화가 최소한 −300mV 이하일 것
③ 배관에 대한 전위 측정은 가능한 배관 가까운 위치에서 실시할 것
④ 전기 방식 시설의 관대지 전위 등을 2년에 1회 이상 점검할 것

해설 ④ 전기 방식 시설의 관대지 전위 등은 1년에 1회 이상 점검한다.

30 LPG 사용 시설의 기준에 대한 설명 중 틀린 것은?

① 연소기 사용 압력이 3.3kPa을 초과하는 배관에는 배관용 밸브를 설치할 수 있다.
② 배관이 분기되는 경우에는 주배관에 배관용 밸브를 설치한다.
③ 배관의 관경이 33mm 이상의 것은 3m마다 고정 장치를 한다.
④ 배관의 이음부(용접이음 제외)와 전기 접속기와는 15cm 이상의 거리를 유지한다.

해설 LPG 사용 시실에서 배관의 이음부(봉섭 이음 제외)와 전기 접속기와는 60cm 이상의 거리를 유지한다.

31 수소나 헬륨을 냉매로 사용한 냉동 방식으로 실린더 중에 피스톤과 보조 피스톤으로 구성되어 있는 액화 사이클은?

① 클로우드 공기액화 사이클
② 린데 공기액화 사이클
③ 필립스 공기액화 사이클
④ 캐피자 공기액화 사이클

해설 필립스 공기액화 사이클의 설명이다.

32 LPG 용기에 사용되는 조정기의 기능으로 가장 옳은 것은?

① 가스의 유량 조정
② 가스의 유출 압력 조정
③ 가스의 밀도 조정
④ 가스의 유속 조정

해설 조정기는 가스의 유출 압력을 조정한다.

33 고온 배관용 탄소강관의 규격 기호는?

① SPPH   ② SPHT
③ SPLT   ④ SPPW

해설 ① SPPH : 고압 배관용 탄소강관
② SPHT : 고온 배관용 탄소강관
③ SPLT : 자온 열교환기용 강관
④ SPPW : 수도용 도복장강관

34 원통형의 관을 흐르는 물의 중심부의 유속을 피토관으로 측정하였더니 정압과 동압의 차가 수주 10m이었다. 이때 중심부의 유속은 약 몇 m/sec인가?

① 10   ② 14
③ 20   ④ 26

해설 $V = \sqrt{2g\Delta h}$
$\sqrt{2 \times 9.8 \times 10} = 14\text{m/sec}$

정답 29 ④ 30 ④ 31 ③ 32 ② 33 ② 34 ②

23 고압가스 특정 제조 시설에서 배관을 해저에 설치하는 경우의 기준 중 옳지 않은 것은?
① 배관은 해저면 밑에 매설할 것
② 배관은 원칙적으로 다른 배관과 교차하지 아니할 것
③ 배관은 원칙적으로 다른 배관과 수평 거리로 20m 이상을 유지할 것
④ 배관의 입상부에는 방호 시설물을 설치할 것

해설 ③ 배관은 원칙적으로 다른 배관과 수평 거리로 30m 이상을 유지한다.

24 액화석유가스의 안전관리 시 필요한 안전관리 책임자가 해임 또는 퇴직하였을 때에는 그 날로부터 며칠 이내에 다른 안전관리 책임자를 선임하여야 하는가?
① 10일
② 15일
③ 20일
④ 30일

해설 액화석유가스의 안전관리 책임자의 선·해임 기간 : 30일 이내

25 일반 도시가스 사업자 정압기의 분해 점검 실시 주기는?
① 3개월 1회 이상
② 6개월 1회 이상
③ 1년 1회 이상
④ 2년 1회 이상

해설 일반 도시가스 사업자 정압기의 분해 점검 실시 주기는 2년 1회 이상이다.

26 다음 중 가연성이면서 독성인 가스는?
① 프로판
② 불소
③ 염소
④ 암모니아

해설 ① 가연성 가스
② 조연성 가스
③ 조연성 가스
④ 가연성 및 독성 가스

27 가스 누출 검지 경보 장치의 설치 기준 중 틀린 것은?
① 통풍이 잘 되는 곳에 설치할 것
② 가스의 누설을 신속하게 검지하고 경보하기에 충분한 수일 것
③ 그 기능은 가스 종류에 적절한 것일 것
④ 체류할 우려가 있는 장소에 적절하게 설치할 것

해설 ① 통풍이 잘 되는 곳은 가스 누출 시 체류할 우려가 없으므로 검지가 곤란하다.

28 다음 중 2중 배관으로 하지 않아도 되는 것은?
① 일산화탄소
② 시안화수소
③ 염소
④ 포스겐

해설 2중관으로 하여야 하는 가스
㉠ 고압가스 일반제조 : 포스겐, 황화수소, 시안화수소, 아황산가스, 산화에틸렌, 암모니아, 염소, 염화메탄
㉡ 고압가스 특정제조 : 포스겐, 황화수소, 시안화수소, 아황산가스, 아세트알데히드, 염소, 불소

정답 23 ③ 24 ④ 25 ④ 26 ④ 27 ① 28 ①

해설 (1) 제1종 보호시설
　㉠ 학교·유치원·어린이집·놀이방·어린이놀이터·학원·병원(의원을 포함)·도서관·청소년수련시설·경로당·시장·공중목욕탕·호텔·여관·극장·교회 및 공회당
　㉡ 사람을 수용하는 건축물(가설건축물은 제외)로서 사실상 독립된 부분의 연면적이 1,000m² 이상인 것
　㉢ 예식장·장례식장 및 전시장, 그 밖에 이와 유사한 시설로서 300명 이상 수용할 수 있는 건축물
　㉣ 아동복지시설 또는 장애인복지시설로서 20명 이상 수용할 수 있는 건축물
　㉤ 문화재보호법에 따라 지정문화재로 지정된 건축물
(2) 제2종 보호시설
　㉠ 주택
　㉡ 사람을 수용하는 건축물(가설건축물은 제외)로서 사실상 독립된 부분의 연면적이 100m² 이상 1,000m² 미만인 것

19 내화 구조의 가연성 가스의 저장 탱크 상호 간의 거리가 1m 또는 두 저장 탱크의 최대 지름을 합산한 길이의 $\frac{1}{4}$ 길이 중 큰 쪽의 거리를 유지하지 못한 경우 물분무 장치의 수량기준으로 옳은 것은?

① $4L/m^2 \cdot min$
② $5L/m^2 \cdot min$
③ $6.5L/m^2 \cdot min$
④ $8L/m^2 \cdot min$

해설 저장 탱크 간 규정 거리가 유지된 경우 물분무 장치의 수량
㉠ 내화 구조 : $4L/m^2 \cdot min$ 이상
㉡ 준 내화 구조 : $6.5L/m^2 \cdot min$ 이상
㉢ 저장 탱크 전표면 : $8L/m^2 \cdot min$ 이상

20 액화석유가스 용기 충전 시설에서 방류둑의 내측과 그 외면으로부터 몇 m 이내에는 저장 탱크 부속 설비 외의 것을 설치하지 않아야 하는가?

① 5m　② 7m
③ 10m　④ 15m

해설 액화석유가스 용기 충전 시설에서 방류둑의 내측과 그 외면으로부터 10m 이내에는 저장 탱크 부속 설비 외의 것을 설치하지 않는다.

21 C_2H_2 제조 설비에서 제조된 C_2H_2를 충전 용기에 충전 시 위험한 경우는?

① 아세틸렌이 접촉되는 설비 부분에 동 함량 72%의 동 합금을 사용하였다.
② 충전 중의 압력을 2.5MPa 이하로 하였다.
③ 충전 후에 압력이 15℃에서 1.5MPa 이하로 될 때까지 정치하였다.
④ 충전용 지관은 탄소 함유량 0.1% 이하의 강을 사용하였다.

해설 ① C_2H_2 제조 설비에서 제조된 C_2H_2은 아세틸렌이 접촉되는 설비 부분에서 동 함량 62%의 동 합금을 사용하면 안 된다.

22 방류둑에는 계단, 사다리 또는 토사를 높이 쌓아올림 등에 의한 출입구를 둘레 몇 m마다 1개 이상을 두어야 하는가?

① 30m
② 40m
③ 50m
④ 60m

해설 방류둑에는 계단, 사다리 또는 토사를 높이 쌓아올림 등에 의한 출입구를 둘레 50m마다 1개 이상을 두어야 한다.

정답　19 ①　20 ③　21 ①　22 ③

해설 ㉠ 안전 거리 : 저장 설비는 보호 시설과 안전 거리 유지(소형 저장 탱크 제외)

저장 능력	제1종 보호 시설	제2종 보호 시설
10t 이하	17m	12m
10t 초과 20t 이하	21m	14m
20t 초과 30t 이하	24m	16m
30t 초과 40t 이하	27m	18m
40t 초과	30m	20m

㉡ 수용 정원이 350명인 공연장의 안전 거리는 제1종 보호 시설이다.
㉢ 38,000kg = 30t 초과 40t 이하이므로 27m 이다.

13 다음 중 각 독성 가스 누출 시의 제독제로서 적합하지 않은 것은?
① 염소 : 탄산소다수용액
② 포스겐 : 소석회
③ 산화에틸렌 : 소석회
④ 황화수소 : 가성소다수용액

해설 산화에틸렌 : 물

14 다음 가스의 용기 보관실 중 그 가스가 누출 된 때에 체류하지 않도록 통풍구를 갖추고, 통풍이 잘 되지 않는 곳에는 강제 통풍 시설을 설치하여야 하는 곳은?
① 질소 저장소
② 탄산가스 저장소
③ 헬륨 저장소
④ 부탄 저장소

해설 부탄 저장소는 강제 통풍 시설을 설치한다.

15 고압가스 일반 제조 시설에서 저장 탱크 및 가스 홀더는 몇 m^3 이상의 가스를 저장하는 것에 가스 방출 장치를 설치하여야 하는가?
① $5m^3$ ② $10m^3$
③ $15m^3$ ④ $20m^3$

해설 고압가스 일반 제조 시설에서 저장 탱크 및 가스 홀더는 $5m^3$ 이상의 가스를 저장하는 것에 가스 방출 장치를 설치한다.

16 도시가스 사용 시설에서 가스 계량기는 절연 조치를 하지 아니한 전선과는 몇 cm 이상의 거리를 유지하여야 하는가?
① 5cm
② 15cm
③ 30cm
④ 150cm

해설 가스 계량기와의 거리 기준
㉠ 배관과 굴뚝, 전기개폐기 및 전기콘센트와의 거리 : 30cm 이상
㉡ 전기계량기 및 전기안전기와의 거리 : 60cm 이상
㉢ 전선(절연조치를 한 것은 제외) : 15cm 이상

17 고압가스의 충전 용기는 항상 몇 ℃ 이하의 온도를 유지하여야 하는가?
① 15℃
② 20℃
③ 30℃
④ 40℃

해설 고압가스의 충전 용기는 항상 40℃ 이하의 온도를 유지한다.

18 다음 중 제1종 보호 시설이 아닌 것은?
① 가설 건축물이 아닌 사람을 수용하는 건축물로서 사실상 독립된 부분의 연면적이 1,500m^2인 건축물
② 문화재보호법에 의하여 지정문화재로 지정된 건축물
③ 교회의 시설로서 수용 능력이 200인(人)인 건축물
④ 어린이집 및 어린이 놀이터

정답 13 ③ 14 ④ 15 ① 16 ② 17 ④ 18 ③

06 습식 아세틸렌 발생기의 표면 온도는 몇 ℃ 이하로 유지하여야 하는가?

① 30
② 40
③ 60
④ 70

해설 습식 아세틸렌 발생기의 표면 온도는 70℃ 이하로 유지하여야 한다.

07 고압가스 일반 제조 시설 기준에 대한 내용 중 틀린 것은?

① 가연성 가스 제조 시설의 고압가스 설비는 다른 가연성 가스 고압 설비와 2m 이상 거리를 유지한다.
② 가연성 가스 설비 및 저장 설비는 화기와 8m 이상의 우회 거리를 유지한다.
③ 사업소에는 경계 표지와 경계책을 설치한다.
④ 독성 가스가 누출될 수 있는 장소에는 위험 표지를 설치한다.

해설 ① 가연성 가스 제조 시설의 고압가스 설비는 다른 가연성 가스 고압 설비와 5m 이상, 산소 제조 시설의 고압가스 설비와 10m 이상의 거리를 유지한다.

08 공업용 질소 용기의 문자 색상은?

① 백색
② 적색
③ 흑색
④ 녹색

해설 공업용 용기의 문자 색상은 백색으로 한다. 단, 아세틸렌과 액화암모니아는 흑색, 액화석유가스는 적색으로 한다.

09 다음 중 허용 농도 1ppb에 해당하는 것은?

① $\dfrac{1}{10^3}$ ② $\dfrac{1}{10^6}$
③ $\dfrac{1}{10^9}$ ④ $\dfrac{1}{10^{10}}$

해설 ppb = parts per billion(10^{-9})

10 산화에틸렌 충전 용기에는 질소 또는 탄산가스를 충전하는 데 그 내부 가스 압력의 기준으로 옳은 것은?

① 상온에서 0.2MPa 이상
② 35℃에서 0.2MPa 이상
③ 40℃에서 0.4MPa 이상
④ 45℃에서 0.4MPa 이상

해설 산화에틸렌(C_2H_4O) 충전 용기는 질소 등을 충전할 경우 내부 가스 압력은 45℃에서 0.4MPa 이상이다.

11 가스를 사용하려 하는데 밸브에 얼음이 얼어 붙었다. 이때 조치 방법으로 가장 적절한 것은?

① 40℃ 이하의 더운물을 사용하여 녹인다.
② 80℃의 램프로 가열하여 녹인다.
③ 100℃의 뜨거운 물을 사용하여 녹인다.
④ 가스 토치로 가열하여 녹인다.

해설 LPG 용기나 밸브를 가열할 때 열습포 또는 40℃ 이하의 물을 사용한다.

12 액화염소가스의 1일 처리 능력이 38,000kg일 때 수용 정원이 350명인 공연장과의 안전 거리는 몇 m를 유지하여야 하는가?

① 17
② 21
③ 24
④ 27

정답 06 ④ 07 ① 08 ① 09 ③ 10 ④ 11 ① 12 ④

2024 가스기능사 (1. 21. 시행)

01 도시가스로 천연가스를 사용하는 경우 가스 누출경보기의 검지부 설치 위치로 가장 적합한 것은?

① 바닥에서 15cm 이내
② 바닥에서 30cm 이내
③ 천장에서 15cm 이내
④ 천장에서 30cm 이내

해설 도시가스로 천연가스를 사용하는 경우 가스누출경보기 검지부의 설치 위치는 천장에서 30cm 이내로 한다.

02 가연성 물질을 공기로 연소시키는 경우에 공기 중의 산소 농도를 높게 하면 연소 속도와 발화 온도는 어떻게 변하는가?

① 연소 속도는 빠르게 되고, 발화 온도는 높아진다.
② 연소 속도는 빠르게 되고, 발화 온도는 낮아진다.
③ 연소 속도는 느리게 되고, 발화 온도는 높아진다.
④ 연소 속도는 느리게 되고, 발화 온도는 낮아진다.

해설 공기 중의 산소농도를 높게 할 경우
㉠ 증가하는 것 : 연소속도, 폭발범위, 화염온도, 화염길이
㉡ 감소하는 것 : 발화온도, 발화에너지

03 다음 가연성 가스 중 위험성이 가장 큰 것은?

① 수소   ② 프로판
③ 산화에틸렌   ④ 아세틸렌

해설
① H_2 : 4~75%
$$H = \frac{75-4}{4} = 17.75$$
② C_3H_8 : 2.1~9.5%
$$H = \frac{9.5-2.1}{2.1} = 3.52$$
③ C_2H_4O : 3~80%
$$H = \frac{80-3}{3} = 25.67$$
④ C_2H_2 : 2.5~81%
$$H = \frac{81-2.5}{2.5} = 31.4$$

04 다음 가스 중 독성이 가장 큰 것은?

① 염소   ② 불소
③ 시안화수소   ④ 암모니아

해설
① 1ppm
② 0.1ppm
③ 10ppm
④ 25ppm

05 후부 취출식 탱크에서 탱크 주밸브 및 긴급차단 장치에 속하는 밸브와 차량의 뒷범퍼와의 수평 거리는 얼마 이상 떨어져 있어야 하는가?

① 20cm   ② 30cm
③ 40cm   ④ 60cm

해설 주밸브의 설치 위치
㉠ 후부 취출식 탱크 : 40cm 이상
㉡ 후부 취출식 이외 탱크(측부 취출식) : 30cm 이상
㉢ 조작 상자와 차량 뒷범퍼와의 수평 거리 : 20cm 이상

정답 01 ④ 02 ② 03 ④ 04 ② 05 ③

59 표준상태에서 1mol의 아세틸렌이 완전연소 될 때 필요한 산소의 몰수는?

① 1mol   ② 1.5mol
③ 2mol   ④ 2.5mol

해설 $C_2H_2 + 2.5O_2 \rightarrow 2CO_2 + H_2O$

60 기체연료의 일반적인 특징에 대한 설명으로 틀린 것은?

① 완전연소가 가능하다.
② 고온을 얻을 수 있다.
③ 화재 및 폭발의 위험성이 작다.
④ 연소 조절 및 점화, 소화가 용이하다.

해설 ③ 화재 및 폭발의 위험성이 크다.

정답 59 ④   60 ③

52 공기비가 클 경우 나타나는 현상이 아닌 것은?
① 통풍력이 강하여 배기가스에 의한 열손실 증대
② 불완전연소에 의한 매연 발생이 심함
③ 연소가스 중 SO_3의 양이 증대되어 저온 부식 촉진
④ 연소가스 중 NO_2의 발생이 심하여 대기 오염 유발

해설 불완전연소에 의해 매연 발생이 심해지는 현상은 공기비가 작을 경우 나타난다.

53 산소농도의 증가에 대한 설명으로 틀린 것은?
① 연소속도가 빨라진다.
② 발화온도가 올라간다.
③ 화염온도가 올라간다.
④ 폭발력이 세어진다.

해설 ② 발화온도가 내려간다.

54 절대온도 0K는 섭씨온도로 약 몇 °C인가?
① −273
② 0
③ 32
④ 273

해설 절대온도(K)=섭씨온도(°C)+273
x(°C)=0K−273=−273

55 질소의 용도가 아닌 것은?
① 비료에 이용
② 질산 제조에 이용
③ 연료용에 이용
④ 냉매로 이용

해설 질소의 용도
㉠ 비료 ㉡ 질산 제조 ㉢ 냉매

56 액체산소의 색깔은?
① 담황색
② 담적색
③ 회백색
④ 담청색

해설 액체산소의 색깔은 담청색이다.

57 수소와 산소 또는 공기와의 혼합기체에 점화하면 급격히 화합하여 폭발하므로 위험하다. 이 혼합기체를 무엇이라고 하는가?
① 염소폭명기
② 수소폭명기
③ 산소폭명기
④ 공기폭명기

해설
㉠ 수소폭명기
$2H_2 + O_2 \rightarrow 2H_2O$
㉡ 염소폭명기
$H_2 + Cl_2 \rightarrow 2HCl$

58 다음 [보기]에서 설명하는 법칙은?

[보기]
기체의 온도를 일정하게 유지할 때 기체가 차지하는 부피는 절대압력에 반비례한다.

① 보일의 법칙
② 샤를의 법칙
③ 헨리의 법칙
④ 아보가드로의 법칙

해설
② 샤를의 법칙 : 압력이 일정할 때 기체가 차지하는 부피는 절대온도에 비례한다.
③ 헨리의 법칙 : 일정 온도에서 일정량의 용매에 용해하는 그 기체의 질량은 압력에 정비례한다.
④ 아보가드로의 법칙 : 온도와 압력이 일정하면 모든 기체는 같은 부피 속에 같은 수의 분자가 들어있다. 즉, 모든 기체 1mol이 차지하는 부피는 표준상태(0°C, 1기압)에서 22.4L이며, 그 속에는 6.02×10^{23}개의 분자가 들어있다.

정답 52 ② 53 ② 54 ① 55 ③ 56 ④ 57 ② 58 ①

47 압력 환산값을 서로 가장 바르게 나타낸 것은?

① $1lb/ft^2 ≒ 0.142kg/cm^2$
② $1kg/cm^2 ≒ 13.7lb/in^2$
③ $1atm ≒ 1,033g/cm^2$
④ $76cmHg ≒ 1,013dyne/cm^2$

해설
$1atm=760mmHg=1.0332kg/cm^2$
$=10.332mH_2O=14.7PSI(lbf/in^2)$
$=101.325kPa(kN/m^2)=1,013mbar$

① 1ft=12in이므로
  $1lb/ft^2=1lb/(12in)^2=6.944×10^{-3}lb/in^2$
  $1lb/ft^2 : x(kg/cm^2)=14.7lb/in^2 :$
  $1.0332kg/cm^2$
  $6.944×10^{-3}lb/in^2 : x(kg/cm^2)$
  $=14.7lb/in^2 : 1.0332kg/cm^2$
  $x=4.88×10^{-4}kg/cm^2$
  ∴ $1lb/ft^2=0.000488kg/cm^2$

② $1kg/cm^2 : x(lb/in^2)=1.0332kg/cm^2 :$
  $14.7lb/in^2$
  $x=14.23lb/in^2$
  ∴ $1kg/cm^2=14.23lb/in^2$

③ $1atm=1.0332kg/cm^2=1033.2g/cm^2$

④ $76cmHg=760mmHg=1atm$
  $=101.325kPa=101,325Pa$
  $=1,013,250dyne/cm^2$
  ($1Pa=10dyne/cm^2$)

48 LPG에 대한 설명 중 틀린 것은?

① 액체 상태는 물(비중 1)보다 가볍다.
② 기화열이 커서 액체가 피부에 닿으면 동상의 우려가 있다.
③ 공기와 혼합시켜 도시가스 원료로도 사용된다.
④ 가정에서 연료용으로 사용하는 LPG는 올레핀계 탄화수소이다.

해설 ④ 가정에서 연료용으로 사용하는 LPG는 파라핀(Paraffin)계 탄화수소이다.

49 27℃, 1기압하에서 메탄가스 80g이 차지하는 부피는 약 몇 L인가?

① 112L ② 123L
③ 224L ④ 246L

해설
$PV = \frac{W}{M}RT$ 에서

$V = \frac{W}{PM}RT$

$= \frac{80g}{1atm × 16g/mol} × 0.08205 atm·L/mol·K$
$× (273+27)K$

$= 123L$

50 다음 중 보관 시 유리를 사용할 수 없는 것은?

① HF   ② C_6H_6
③ $NaHCO_3$ ④ KBr

해설 HF는 모래(SiO_2), 유리(Na_2SiO_3)를 부식시킨다.

51 다음 [보기]에서 설명하는 가스는?

[보기]
㉮ 독성이 강하다.
㉯ 연소시키면 잘 탄다.
㉰ 물에 매우 잘 녹는다.
㉱ 각종 금속에 작용한다.
㉲ 가압·냉각에 의해 액화가 쉽다.

① HCl ② NH_3
③ CO   ④ C_2H_2

해설
① HCl : 자극성 냄새가 나는 무색의 기체이며, 물에 잘 녹아 염산이 된다.
③ CO : 공기보다 약간 가벼운 무색무취의 기체로 독성이 강하며 물에 잘 녹지 않고, 산·염기와 반응하지 않는다.
④ C_2H_2 : 무색의 기체로 순수한 것은 에테르와 같은 향기가 있으나 불순물로 인해 악취가 난다. 액체 아세틸렌은 불안정하나, 고체 아세틸렌은 비교적 안정하다.

정답 47 ③ 48 ④ 49 ② 50 ① 51 ②

41 고압식 공기액화분리장치의 복식정류탑 하부에서 분리되어 액체산소 저장탱크에 저장되는 액체산소의 순도는 약 얼마인가?

① 99.6~99.8%
② 96~98%
③ 90~92%
④ 88~90%

해설 고압식 액체공기분리장치
탑정에서 얻어지는 질소의 순도는 99.8% 이상이고, 중앙부의 응축기에서는 순도 99.6~99.8%의 산소를 얻는다.

42 압축기의 윤활에 대한 설명으로 옳은 것은?

① 산소압축기의 윤활유로는 물을 사용한다.
② 염소압축기의 윤활유로는 양질의 광유가 사용된다.
③ 수소압축기의 윤활유로는 식물성유가 사용된다.
④ 공기압축기의 윤활유로는 식물성유가 사용된다.

해설 압축가스와 윤활유

압축가스명	윤활유
염소	진한 황산
아세틸렌	양질의 광유
산소	물 또는 10% 이하의 묽은 글리세린수
LP가스	식물성 섬유
수소	양질의 광유
공기	식물성 섬유
이산화황	정제된 용제 터빈유

43 저장능력 10톤 이상의 저장탱크에는 폭발방지장치를 설치한다. 이때 사용되는 폭발방지제의 재질로 가장 적당한 것은?

① 탄소강   ② 구리
③ 스테인리스   ④ 알루미늄

해설 폭발방지제의 재질은 알루미늄이다.

44 다음 중 정압기의 부속설비가 아닌 것은?

① 불순물제거장치
② 이상압력상승방지장치
③ 검사용 맨홀
④ 압력기록장치

해설 정압기의 부속설비
㉠ 불순물제거장치
㉡ 이상압력상승방지장치
㉢ 압력기록장치

45 다음 금속 재료 중 저온 재료로 가장 부적당한 것은?

① 탄소강
② 니켈강
③ 스테인리스강
④ 황동

해설 탄소강
어느 온도 이하가 되면 인장강도, 항복점, 경도는 증가하지만 연신율, 충격치는 감소한다. 그러므로 저온 재료로 부적당하다.

46 다음 중 압력 단위가 아닌 것은?

① Pa
② atm
③ bar
④ N

해설 ㉠ 압력 : 단위 면적당 작용하는 힘의 크기
$1atm = 760mmHg = 1.0332 kg/cm^2$
$= 10.33 mH_2O = 29.92 inHg$
$= 14.716/in^2(PSI) = 1.01325 bar$
$= 1013.25 mmbar = 101,325 N/m^2$
$= 101,325 Pa$
㉡ N은 힘의 단위이다.

정답 41 ① 42 ① 43 ④ 44 ③ 45 ① 46 ④

36 다음 [보기]의 특징을 가지는 펌프는?

[보기]
㉮ 고압, 소유량에 적당하다.
㉯ 토출량이 일정하다.
㉰ 송수량의 가감이 가능하다.
㉱ 맥동이 일어나기 쉽다.

① 원심펌프 ② 왕복펌프
③ 축류펌프 ④ 사류펌프

해설
① 원심펌프 : 원심력에 의해 액체를 이송하며, 용량에 비해 설치 면적이 작고 소형임. 액의 맥동이 없고, 흡입 및 토출밸브가 없음
③ 축류펌프 : 유량이 대단히 크고, 저양정 및 고속 운전에 적합
④ 사류펌프 : 임펠러를 통해 나온 액체가 축방향에 비해 비스듬히 토출되며, 중양정에 적합

37 내용적 47L인 LP가스용기의 최대충전량은 몇 kg인가? (단, LP가스 정수는 2.35이다.)

① 20kg ② 42kg
③ 50kg ④ 110kg

해설
$$최대충전량(kg) = \frac{용기의\ 내용적(L)}{LP가스\ 정수}$$
$$= \frac{47L}{2.35} = 20kg$$

38 기화기에 대한 설명으로 틀린 것은?
① 기화기 사용 시 장점은 LP가스 종류에 관계없이 한랭 시에도 충분히 기화시킨다.
② 기화장치의 구성 요소 중에는 기화부, 제어부, 조압부 등이 있다.
③ 감압가열방식은 열교환기에 의해 액상의 가스를 기화시킨 후 조정기로 감압시켜 공급하는 방식이다.
④ 기화기를 증발 형식에 의해 분류하면 순간증발식과 유입증발식이 있다.

해설 감압가열방식은 액상의 LP가스를 액조정기나 팽창밸브를 통해 감압하여 온도가 내려간 것을 열교환기에 도입시켜 대기의 기온이나 온수 등으로 가온하여 기화시키는 방식이다.

39 다음 중 1차 압력계는?
① 부르동관 압력계
② 전기저항식 압력계
③ U자관형 마노미터
④ 벨로즈 압력계

해설
(1) 1차 압력계 : 압력을 직접 측정하는 것
 ㉠ 액주식 압력계(Manometer) : U자관 압력계, 단관식 압력계, 경사관식 압력계
 ㉡ 자유 피스톤식 압력계
(2) 2차 압력계 : 압력에 의한 물질의 성질 변화를 측정하고, 그 변화율에 의해 간접적으로 압력을 측정한다.
 ㉠ 부르동관 압력계
 ㉡ 벨로즈 압력계
 ㉢ 다이어프램 압력계
 ㉣ 기타압력계 : 전기저항 압력계, 피에조 전기 압력계, 스트레인게이지, 링 밸런스 압력계

40 터보식 펌프로 비교적 저양정에 적합하며, 효율 변화가 비교적 급한 펌프는?
① 원심펌프
② 축류펌프
③ 왕복펌프
④ 베인펌프

해설
① 원심펌프 : 고양정에 적합하며, 캐비테이션이나 서징현상이 발생되기 쉬움
③ 왕복펌프 : 피스톤 또는 플런저의 왕복운동에 의해 일정 용적의 유체를 흡입, 토출하는 펌프
④ 베인펌프 : 펌프 본체와 회전자의 중심을 편심시킨 후 회전자에 베인을 조립하여 회전자의 회전에 의해 액체를 이송하는 펌프

정답 36 ② 37 ① 38 ③ 39 ③ 40 ②

③ 주거지역에 저장능력 5톤 저장탱크를 지상에 설치하는 경우
④ 녹지지역에 저장능력 30톤 저장탱크를 지상에 설치하는 경우

해설 폭발방지장치의 설치 기준
주거지역 또는 상업지역에 저장능력 10톤 이상의 저장탱크를 설치하는 경우

30 수소가스의 위험도(H)는 약 얼마인가?
① 13.5 ② 17.8
③ 19.5 ④ 21.3

해설 수소(H_2)의 폭발범위 : 4~75%
∴ 위험도(H) = $\dfrac{U-L}{L} = \dfrac{75-4}{4} = 17.8$

31 다음 유량 측정방법 중 직접법은?
① 습식가스미터
② 벤투리미터
③ 오리피스미터
④ 피토튜브

해설 유량 측정방법
㉠ 직접법 : 습식가스미터, 피스톤형 계량계, 회전원판형 계량계
㉡ 간접법 : 벤투리미터, 오리피스미터, 로터미터, 피토튜브

32 산소용기의 최고충전압력이 15MPa일 때 이 용기의 내압시험압력은 얼마인가?
① 15MPa ② 20MPa
③ 22.5MPa ④ 25MPa

해설

용기의 종류	내압시험압력
아세틸렌용기	최고충전압력의 3배
초저온용기, 저온용기	최고충전압력의 5/3배
그 밖의 용기	최고충전압력의 5/3배

$15 \times \dfrac{5}{3} = 25$MPa

33 긴급차단장치의 동력원으로 가장 부적당한 것은?
① 스프링 ② X선
③ 기압 ④ 전기

해설 긴급차단장치의 동력원
㉠ 스프링 ㉡ 기압 ㉢ 전기

34 초저온용기의 단열성능검사 시 측정하는 침입열량의 단위는?
① kcal/h·L·°C
② kcal/m²·h·°C
③ kcal/m·h·°C
④ kcal/m·h·bar

해설 초저온용기의 단열성능검사 시 측정하는 침입열량
㉠ 내용적 1,000L 이하
  침입열량 0.0005kcal/h·L·°C 이하
㉡ 내용적 1,000L 초과
  침입열량 0.002kcal/h·L·°C 이하

35 펌프에서 유량을 Q(m³/min), 양정을 H(m), 회전수 N(rpm)이라 할 때 1단 펌프에서 비교회전도 η_s를 구하는 식은?

① $\eta_s = \dfrac{Q^2\sqrt{N}}{H^{3/4}}$

② $\eta_s = \dfrac{N^2\sqrt{N}}{H^{3/4}}$

③ $\eta_s = \dfrac{N\sqrt{Q}}{H^{3/4}}$

④ $\eta_s = \dfrac{\sqrt{NQ}}{H^{3/4}}$

해설 펌프의 비교회전도(η_s)식
㉠ 1단 : $\eta_s = \dfrac{N\sqrt{Q}}{H^{3/4}}$
㉡ 2단 : $\eta_s = \dfrac{N\sqrt{Q}}{\left(\dfrac{H}{n}\right)^{3/4}}$

정답 30 ② 31 ① 32 ④ 33 ② 34 ① 35 ③

25 특정고압가스에 해당되지 않는 것은?
① 이산화탄소 ② 수소
③ 산소 ④ 천연가스

해설 특정고압가스의 종류
수소, 산소, 액화암모니아, 아세틸렌, 액화염소, 천연가스, 압축모노실란, 압축디보레인, 액화알진, 포스핀, 셀렌화수소, 게르만, 디실란 등

26 일반공업지역의 암모니아를 사용하는 A 공장에서 저장능력 25톤의 저장탱크를 지상에 설치하고자 한다. 저장설비 외면으로부터 사업소 외의 주택까지 몇 m 이상의 안전거리를 유지하여야 하는가?
① 12m ② 14m
③ 16m ④ 18m

해설 보호시설과 안전거리

구 분	저장능력	제1종 보호시설	제2종 보호시설
독성가스 또는 가연성 가스의 처리설비 및 저장설비	1만 이하	17m	12m
	1만 초과 2만 이하	21m	14m
	2만 초과 3만 이하	24m	16m
	3만 초과 4만 이하	27m	18m
	4만 초과 5만 이하	30m	20m
	5만 초과 99만 이하	30m(가연성가스 저온 저장탱크는 $\frac{3}{25}\sqrt{X+10,000}$ m)	20m(가연성가스 저온 저장탱크는 $\frac{2}{25}\sqrt{X+10,000}$ m)
	99만 초과	30m(가연성가스 저온 저장탱크는 120m)	20m(가연성가스 저온 저장탱크는 80m)

- 위 표 중 각 저장능력란의 단위 및 X는 저장능력으로서 압축가스의 경우에는 m³, 액화가스의 경우에는 kg으로 한다.
- 한 사업소 안에 2개 이상의 저장설비가 있는 경우에는 그 저장능력별로 각각의 안전거리를 유지해야 한다.

∴ 저장능력 25톤(25,000kg)은 위 표에서 2만 초과 3만 이하에 해당되며, 주택은 제2종 보호시설이므로 16m 이상 안전거리를 유지해야 한다.

27 독성가스용기 운반차량의 경계표지를 정사각형으로 할 경우 그 면적의 기준은?
① 500cm² 이상
② 600cm² 이상
③ 700cm² 이상
④ 800cm² 이상

해설 독성가스용기 운반차량의 경계표지
차량 구조상 정사각형 또는 이에 가까운 형상으로 표시하여야 할 경우에는 그 면적을 600cm² 이상으로 한다.

28 가스가 누출되었을 때의 조치로 가장 적당한 것은?
① 용기밸브가 열려서 누출 시 부근 화기를 멀리하고, 즉시 밸브를 잠근다.
② 용기밸브 파손으로 누출 시 전부 대피한다.
③ 용기 안전밸브 누출 시 그 부위를 열습포로 감싸 준다.
④ 가스누출로 실내에 가스 체류 시 그냥 놔두고 밖으로 피신한다.

해설 가스가 누출되었을 때의 조치
용기밸브가 열려서 누출 시 부근 화기를 멀리하고, 즉시 밸브를 잠근다.

29 액화석유가스용기 충전시설의 저장탱크에 폭발방지장치를 의무적으로 설치하여야 하는 경우는?
① 상업지역에 저장능력 15톤 저장탱크를 지상에 설치하는 경우
② 녹지지역에 저장능력 20톤 저장탱크를 지상에 설치하는 경우

정답 25 ① 26 ③ 27 ② 28 ① 29 ①

19 다음 중 연소기구에서 발생할 수 있는 역화 (Backfire)의 원인이 아닌 것은?

① 염공이 작게 되었을 때
② 가스의 압력이 너무 낮을 때
③ 콕이 충분히 열리지 않았을 때
④ 버너 위에 큰 용기를 올려서 장시간 사용할 경우

해설 ① 염공이 크게 되었을 때

20 고압가스설비의 내압 및 기밀시험에 대한 설명으로 옳은 것은?

① 내압시험은 상용압력의 1.1배 이상의 압력으로 실시한다.
② 기체로 내압시험을 하는 것은 위험하므로 어떠한 경우라도 금지된다.
③ 내압시험을 할 경우에는 기밀시험을 생략할 수 있다.
④ 기밀시험은 상용압력 이상으로 하되 0.7MPa을 초과하는 경우 0.7MPa 이상으로 한다.

해설
① 내압시험은 상용압력의 1.5배의 압력으로 실시한다.
② 기체로 내압시험을 한다.
③ 내압시험을 할 경우에도 기밀시험을 한다.

21 고압가스용기를 내압시험한 결과 전증가량은 400mL, 영구증가량이 20mL이었다. 영구증가율은 얼마인가?

① 0.2% ② 0.5%
③ 5%   ④ 20%

해설 영구증가율[항구증가율(%)]

$= \dfrac{영구증가량(항구증가량)}{전증가량} \times 100$

$= \dfrac{20}{400} \times 100$

$= 5\%$

22 다음 중 제독제로서 다량의 물을 사용하는 가스는?

① 일산화탄소   ② 이황화탄소
③ 황화수소   ④ 암모니아

해설 독성가스와 제독제

가스명	제독제
염소	가성소다 수용액
	탄산소다 수용액
	소석회
포스겐	가성소다 수용액
	소석회
황화수소	가성소다 수용액
	탄산소다 수용액
시안화수소	가성소다 수용액
아황산가스	가성소다 수용액
	탄산소다 수용액
	물
암모니아, 산화에틸렌, 염화메탄	물

23 고압가스용기 등에서 실시하는 재검사 대상이 아닌 것은?

① 충전할 고압가스 종류가 변경된 경우
② 합격 표시가 훼손된 경우
③ 용기밸브를 교체한 경우
④ 손상이 발생된 경우

해설 고압가스용기 등에서 실시하는 재검사 대상
㉠ 충전할 고압가스 종류가 변경된 경우
㉡ 합격 표시가 훼손된 경우
㉢ 손상이 발생된 경우

24 도시가스 품질검사 시 허용기준으로 틀린 것은?

① 전유황 : 30mg/m³
② 암모니아 : 10mg/m³ 이하
③ 할로겐 총량 : 10mg/m³ 이하
④ 실록산 : 10mg/m³ 이하

해설 ② 암모니아 : 검출되지 않음

정답 19① 20④ 21③ 22④ 23③ 24②

12 가스보일러의 공통 설치 기준에 대한 설명으로 틀린 것은?

① 가스보일러는 전용 보일러실에 설치한다.
② 가스보일러는 지하실 또는 반지하실에 설치하지 아니한다.
③ 전용 보일러실에는 반드시 환기팬을 설치한다.
④ 전용 보일러실에는 사람이 거주하는 곳과 통기될 수 있는 가스레인지 배기덕트를 설치하지 아니한다.

해설 ③ 전용 보일러실에는 환기팬을 반드시 설치하지 않아도 된다.

13 LP가스 저온 저장탱크에 반드시 설치하지 않아도 되는 장치는?

① 압력계 ② 진공안전밸브
③ 감압밸브 ④ 압력경보설비

해설 LP가스 저온 저장탱크에 반드시 설치하는 장치
㉠ 압력계
㉡ 진공안전밸브
㉢ 압력경보설비

14 다음 중 독성가스에 해당하지 않는 것은?

① 아황산가스
② 암모니아
③ 일산화탄소
④ 이산화탄소

해설 이산화탄소는 불연성가스이다.

15 무색, 무미, 무취의 폭발범위가 넓은 가연성 가스로서 할로겐 원소와 격렬하게 반응하여 폭발반응을 일으키는 가스는?

① H_2 ② Cl_2
③ HCl ④ C_6H_6

해설 H_2(수소)
㉠ 폭발범위 : 4~75%
㉡ 할로겐 원소와 격렬하게 반응하여 폭발반응을 일으킨다.
$$H_2 + F_2 \xrightarrow{상온} 2HF$$
$$H_2 + Cl_2 \xrightarrow{햇빛} 2HCl$$

16 포스겐의 취급 방법에 대한 설명 중 틀린 것은?

① 환기시설을 갖추어 작업한다.
② 취급 시에는 반드시 방독마스크를 착용한다.
③ 누출 시 용기가 부식되는 원인이 되므로 약간의 누출에도 주의한다.
④ 포스겐을 함유한 폐기액은 염화수소로 충분히 처리한 후 처분한다.

해설 ④ 포스겐을 함유한 폐기액은 가성소다와 소석회에 잘 흡수시켜 처분한다.

17 가스사용시설의 연소기 각각에 대하여 퓨즈콕을 설치하여야 하나, 연소기 용량이 몇 kcal/h를 초과할 때 배관용밸브로 대용할 수 있는가?

① 12,500 ② 15,500
③ 19,400 ④ 25,500

해설 가스사용시설의 연소기 각각에 대하여 퓨즈콕을 설치하여야 하나, 연소기 용량이 19,400kcal/h를 초과할 때 배관용밸브로 대용할 수 있다.

18 독성가스인 염소를 운반하는 차량에 반드시 갖추어야 할 용구나 물품에 해당되지 않는 것은?

① 소화장비 ② 제독제
③ 내산장갑 ④ 누출검지기

해설 염소를 운반하는 차량에 반드시 갖추어야 할 용구나 물품
㉠ 제독제 ㉡ 내산장갑 ㉢ 누출검지기

정답 12 ③ 13 ③ 14 ④ 15 ① 16 ④ 17 ③ 18 ①

③ 그 밖의 좁은 수로를 횡단하여 배관을 매설하는 경우 배관의 외면과 계획하상(河床, 하천의 바닥) 높이와의 거리는 원칙적으로 1.5m 이상으로 한다.
④ 하상변동, 파임, 닻내림 등의 영향을 받지 아니하는 깊이에 매설한다.

해설 ③ 그 밖의 좁은 수로를 횡단하여 배관을 매설하는 경우 배관의 외면과 계획하상 높이와의 거리는 원칙적으로 1.2m 이상으로 한다.

07 염소의 일반적인 성질에 대한 설명으로 틀린 것은?
① 암모니아와 반응하여 염화암모늄을 생성한다.
② 무색의 자극적인 냄새를 가진 독성, 가연성가스이다.
③ 수분과 작용하면 염산을 생성하여 철강을 심하게 부식시킨다.
④ 수돗물의 살균 소독제, 표백분 제조에 이용된다.

해설 ② 황록색의 상온에서 강한 자극적인 냄새를 가진 독성, 지연성가스이다.

08 차량에 고정된 탱크로서 고압가스를 운반할 때 그 내용적의 기준으로 틀린 것은?
① 수소 : 18,000L
② 액화암모니아 : 12,000L
③ 산소 : 18,000L
④ 액화염소 : 12,000L

해설 ② 액화암모니아 : 18,000L

탱크의 내용적
㉠ 가연성가스(LP가스 제외) 및 산소 탱크 내용적 : 18,000L
㉡ 독성가스(암모니아 제외) 탱크 내용적 : 12,000L(단, 액화암모니아가스는 가연성가스에 해당된다.)
㉢ 철도 차량 또는 견인 운반차량의 탱크 내용적 : 내용적에 제한을 받지 않음

09 가연성가스 제조설비 중 전기설비는 방폭성능을 가지는 구조이어야 한다. 다음 중 반드시 방폭성능을 가지는 구조로 하지 않아도 되는 가연성가스는?
① 수소   ② 프로판
③ 아세틸렌   ④ 암모니아

해설 가연성가스(암모니아 및 브롬화메탄 제외)의 충전설비 또는 저장설비 중 전기설비는 반드시 방폭성능 구조로 해야 한다.

10 저장탱크에 의한 LPG 사용시설에서 가스계량기의 설치기준에 대한 설명으로 틀린 것은?
① 가스계량기와 화기와의 우회거리 확인은 계량기의 외면과 화기를 취급하는 설비의 외면을 실측하여 확인한다.
② 가스계량기는 화기와 3m 이상의 우회거리를 유지하는 곳에 설치한다.
③ 가스계량기의 설치 높이는 1.6m 이상 2m 이내에 설치하여 고정한다.
④ 가스계량기와 굴뚝 및 전기점멸기와의 거리는 30cm 이상의 거리를 유지한다.

해설 가스계량기는 화기와 2m 이상의 우회거리를 유지하는 곳으로, 수시로 환기가 가능한 장소에 설치한다.

11 LP가스 저장탱크를 수리할 때 작업원이 저장탱크 속으로 들어가서는 아니 되는 탱크 내의 산소농도는?
① 16% ② 19% ③ 20% ④ 21%

해설 LP가스 저장탱크의 수리 시 작업원은 산소농도가 16%일 때 저장탱크 속으로 들어가서는 안 된다.

정답 07 ② 08 ② 09 ④ 10 ② 11 ①

2023 가스기능사 (10. 12. 시행)

01 다음 가스저장시설 중 환기구를 갖추는 등의 조치를 반드시 하여야 하는 곳은?

① 산소 저장소 ② 질소 저장소
③ 헬륨 저장소 ④ 부탄 저장소

해설 환기구를 갖추는 등의 조치는 가연성가스(부탄)를 저장하는 저장소에 반드시 필요하다.

02 폭발범위의 상한값이 가장 낮은 가스는?

① 암모니아 ② 프로판
③ 메탄 ④ 일산화탄소

해설
① 암모니아 : 15~28%
② 프로판 : 2.1~9.5%
③ 메탄 : 5~15%
④ 일산화탄소 : 12.5~74%

03 고압가스 냉매설비의 기밀시험 시 압축공기를 공급할 때 공기의 온도는 몇 °C 이하로 할 수 있는가?

① 40°C 이하 ② 70°C 이하
③ 100°C 이하 ④ 140°C 이하

해설 고압가스 냉매설비의 기밀시험에서 압축공기를 공급할 때 공기의 온도는 140°C 이하이다.

04 C_2H_2 제조설비에서 제조된 C_2H_2를 충전용기에 충전 시 위험한 경우는?

① 아세틸렌이 접촉되는 설비 부분에 동 함량 72%의 동 합금을 사용하였다.
② 충전 중의 압력을 2.5MPa 이하로 하였다.
③ 충전 후에 압력이 15°C에서 1.5MPa 이하로 될 때까지 정치하였다.
④ 충전용 지관은 탄소 함유량 0.1% 이하의 강을 사용하였다.

해설 C_2H_2를 충전용기에 충전 시 위험한 경우 아세틸렌이 접촉되는 설비 부분에 동 함량 62% 이상인 동 합금을 사용한 경우

05 고압가스 특정제조시설에서 안전구역 안의 고압가스설비는 그 외면으로부터 다른 안전구역 안에 있는 고압가스설비의 외면까지 몇 m 이상의 거리를 유지하여야 하는가?

① 5m ② 10m
③ 20m ④ 30m

해설 고압가스 특정제조시설에서 안전구역 안의 고압가스설비는 그 외면으로부터 다른 안전구역 안에 있는 고압가스설비의 외면까지 30m 이상의 거리를 유지한다.

06 일반도시가스배관의 설치 기준 중 하천 등을 횡단하여 매설하는 경우로 적합하지 않은 것은?

① 하천을 횡단하여 배관을 설치하는 경우에는 배관의 외면과 계획하상(河床, 하천의 바닥) 높이와의 거리는 원칙적으로 4.0m 이상으로 한다.
② 소하천, 수로를 횡단하여 배관을 매설하는 경우 배관의 외면과 계획하상(河床, 하천의 바닥) 높이와의 거리는 원칙적으로 2.5m 이상으로 한다.

정답 01 ④ 02 ② 03 ④ 04 ① 05 ④ 06 ③

해설
① 대기압 : 지구를 둘러싼 공기, 즉 대기에 의하여 누르는 압력
③ 절대압력 : 완전진공을 0으로 기준하여 측정한 압력
④ 진공압력 : 대기압보다 낮은 상태의 압력

58 증기압이 낮고 비점이 높은 가스는 기화가 쉽게 되지 않는다. 다음 가스 중 기화가 가장 안되는 가스는?

① CH_4 ② C_2H_4
③ C_3H_8 ④ C_4H_{10}

해설

가스의 종류	비 점
메탄(CH_4)	-161.5℃
에틸렌(C_2H_4)	-103.71℃
프로판(C_3H_8)	-42℃
부탄(C_4H_{10})	-0.5℃

59 가스를 그대로 대기 중에 분출시켜 연소에 필요한 공기를 전부 불꽃 주변에서 취하는 연소 방식은?

① 적화식 ② 분젠식
③ 세미분젠식 ④ 전 1차 공기식

해설
② 분젠식 : 노즐에서 분출하는 가스에 의해 연소에 필요한 공기의 일부를 연소기 입구로부터 혼합관에 혼입되어 여기에서 가스와 잘 혼합시켜 염공으로 보내 연소하고 불꽃 주위로부터 새로운 공기를 혼입하여 가스를 완전 연소시키는 연소 방식
③ 세미분젠식 : 적화식과 분젠식 연소의 중간 형태로 연소한계에 도달하지 않는 1차 공기만 흡입하여 연소하는 방식
④ 전 1차 공기식 : 가스의 연소에 필요한 공기 전체를 1차 공기로 가스에 미리 혼합하여 연소하는 방식

60 비중병의 무게가 비었을 때는 0.2kg, 액체로 충만되어 있을 때는 0.8kg이었다. 액체의 체적이 0.4L라면 비중량(kg/m³)은 얼마인가?

① 120 ② 150
③ 1,200 ④ 1,500

해설
$$\gamma = \frac{W}{V} = \frac{(0.8-0.2)\text{kg}}{0.4 \times 10^{-3}\text{m}^3} = 1,500\text{kg/m}^3$$

(1,000L = 1m³이므로, 1L = 10^{-3}m³이다.)

정답 58 ④ 59 ① 60 ④

50 압력에 대한 설명으로 옳은 것은?
① 절대압력=게이지압력+대기압이다.
② 절대압력=대기압+진공압이다.
③ 대기압은 진공압보다 낮다.
④ 1atm은 1033.2kg/m²이다.

해설
② 절대압력=대기압-진공압
③ 대기압은 진공압보다 높다.
④ 1atm은 103.32kg/m²이다.

51 다음 중 액화석유가스의 주성분이 아닌 것은?
① 부탄 ② 헵탄
③ 프로판 ④ 프로필렌

해설 액화석유가스의 주성분
프로판(C_3H_8), 프로필렌(C_3H_6), 부탄(C_4H_{10}), 부틸렌(C_4H_8)

52 0°C, 1atm인 표준상태에서 공기와 같은 부피에 대한 무게비를 무엇이라고 하는가?
① 비중 ② 비체적
③ 밀도 ④ 비열

해설
② 비체적 : 기체 밀도의 역수(L/g, m³/kg)
③ 밀도 : 기체의 단위 부피당 질량의 비(g/L, kg/m³)
④ 비열 : 표준대기압하에서 어떤 물질 1kg의 온도를 1°C 올리는 데 필요한 열량(kcal/kg·°C, BTU/lb°F)

53 절대온도 40K를 랭킨온도로 환산하면 몇 °R인가?
① 36 ② 54
③ 72 ④ 90

해설
°R=K×1.8
40×1.8=72°R

54 수분이 존재할 때 일반강재를 부식시키는 가스는?
① 황화수소 ② 수소
③ 일산화탄소 ④ 질소

해설 황화수소(H_2S)는 수분(습기를 함유한 공기)이 존재할 때 강재를 부식시킨다.
$4Cu + 2H_2S + O_2 \rightarrow 2Cu_2S + 2H_2O$

55 다음 중 엔트로피의 단위는?
① kcal/h
② kcal/kg
③ kcal/kg·m
④ kcal/kg·K

해설 엔트로피(Entropy)
단위 중량의 물체가 일정 온도하에서 갖는 열량(엔탈피) dQ를 그 상태에서의 절대온도 T로 나눈 값으로 비가역성의 정도를 나타내는 상태이며, 양으로서 단위는 kcal/kg·K이다.

56 공기 중에서의 프로판의 폭발범위(하한과 상한)를 바르게 나타낸 것은?
① 1.8~8.4%
② 2.2~9.5%
③ 2.1~8.4%
④ 1.8~9.5%

해설 프로판(C_3H_8) 폭발범위
2.2~9.5%

57 고압가스안전관리법령에 따라 "상용의 온도에서 압력이 1MPa 이상이 되는 압축가스로서 실제로 그 압력이 1MPa 이상이 되는 경우에는 고압가스에 해당한다."는 내용에서 압력은 어떠한 압력을 말하는가?
① 대기압 ② 게이지압력
③ 절대압력 ④ 진공압력

정답 50 ① 51 ② 52 ① 53 ③ 54 ① 55 ④ 56 ② 57 ②

45 나사압축기에서 수로터의 직경 150mm, 로터 길이 100mm, 회전수 350rpm이라고 할 때 이론적 토출량은 약 몇 m³/min인가? (단, 로터 형상에 의한 계수 C_v는 0.476이다.)

① 0.11 ② 0.21
③ 0.37 ④ 0.47

해설
$$Q_{th} = \frac{C_v \times D^2 \times L \times N}{60}$$
여기서, Q_{th} : 이론 토출량(m³/s),
D : 암로터 길이(m),
L : 로터 길이(m),
N : 수로터 회전수(rpm),
C_v : 로터 모양에서 결정되는 상수

∴ Q_{th}(m³/min) = $\frac{0.476 \times 0.15^2 \times 0.1 \times 350}{60} \times 60$
= 0.37485 ≒ 0.37

46 천연가스(NG)를 공급하는 도시가스의 주요 특성이 아닌 것은?

① 공기보다 가볍다.
② 메탄이 주성분이다.
③ 발전용, 일반 공업용 연료로도 널리 사용된다.
④ LPG보다 발열량이 높아 최근 사용량이 급격히 많아졌다.

해설 ④ LPG보다 발열량이 낮고 최근 사용량이 급격히 많아졌다.

47 도시가스에 사용되는 부취제 중 DMS의 냄새는?

① 석탄가스 냄새
② 마늘 냄새
③ 양파 썩는 냄새
④ 암모니아 냄새

해설 도시가스에 사용하는 부취제
㉠ THT(Tetra Hydro Thiophene) : 석탄가스 냄새
㉡ TBM(Tertiary Buthyl Mercaptan) : 양파 썩는 냄새
㉢ DMS(Dimethyl Sulfide) : 마늘 냄새

48 "자연계에 아무런 변화도 남기지 않고 어느 열원의 열을 계속해서 일로 바꿀 수 없다. 즉 고온 물체의 열을 계속해서 일로 바꾸려면 저온 물체로 열을 버려야만 한다."라고 표현되는 법칙은?

① 열역학 제0법칙
② 열역학 제1법칙
③ 열역학 제2법칙
④ 열역학 제3법칙

해설 ① 열역학 제0법칙 : 온도가 서로 다른 두 물체를 접촉시키면 높은 온도를 지닌 물체의 온도는 내려가고 낮은 온도의 물체는 온도가 올라가서 두 물체의 온도가 없어지고 두 물체는 열평형이 된다.
② 열역학 제1법칙 : 에너지보존의 법칙이라고 하며 열(Q)을 일에너지(W)로, 일에너지는 열로 상호 쉽게 바뀌어질 수 있으며 그 비는 일정하다.
④ 열역학 제3법칙 : 어떠한 이상적인 방법으로도 어떤 계를 절대영도(0K)에 이르게 할 수 없다.

49 브롬화수소의 성질에 대한 설명으로 틀린 것은?

① 독성가스이다.
② 기체는 공기보다 가볍다.
③ 유기물 등과 격렬하게 반응한다.
④ 가열 시 폭발 위험성이 있다.

해설 ② 기체는 공기보다 무겁다.
브롬화수소(HBr)의 분자량 : 1+80 = 81
∴ $\frac{81}{29}$ = 2.79

정답 45 ③ 46 ④ 47 ② 48 ③ 49 ②

38 관 내를 흐르는 유체의 압력 강하에 대한 설명으로 틀린 것은?

① 가스 비중에 비례한다.
② 관 길이에 비례한다.
③ 관 내경의 5승에 반비례한다.
④ 압력에 비례한다.

해설 ④ 압력에 반비례한다.

39 공기액화분리기에서 이산화탄소 7.2kg을 제거하기 위해 필요한 건조제(NaOH)의 양은 약 몇 kg인가?

① 6kg ② 9kg
③ 13kg ④ 15kg

해설 공기 중의 탄산가스는 가성소다 용액에 흡수하여 제거한다.

$$2NaOH + CO_2 \rightarrow Na_2CO_3 + H_2O$$
$$2 \times 40kg \qquad 44kg$$
$$x(kg) \qquad 7.2g$$
$$\therefore x = \frac{2 \times 40 \times 7.2}{44} = 13kg$$

40 LP가스 수송관의 이음 부분에 사용할 수 있는 패킹 재료로 적절한 것은?

① 종이 ② 천연고무
③ 구리 ④ 실리콘고무

해설 LP가스 수송관의 이음 부분에 사용할 수 있는 패킹 재료
실리콘고무

41 금속 재료에서 고온일 때 가스에 의한 부식으로 틀린 것은?

① 산소 및 탄산가스에 의한 산화
② 암모니아에 의한 강의 질화
③ 수소가스에 의한 탈탄 작용
④ 아세틸렌에 의한 황화

해설 금속 재료에서 고온일 때 가스에 의한 부식
㉠ 산소 및 탄산가스에 의한 산화
㉡ 암모니아에 의한 강의 질화
㉢ 수소가스에 의한 탈탄 작용
㉣ 황화수소에 의한 황화
㉤ 일산화탄소에 의한 침탄 및 카보닐화

42 액화석유가스용 강제용기란 액화석유가스를 충전하기 위한 내용적이 얼마 미만인 용기를 말하는가?

① 30L ② 50L
③ 100L ④ 125L

해설 액화석유가스용 강제용기
액화석유가스를 충전하기 위한 내용적이 125L 미만인 용기

43 저온장치에 사용하는 금속 재료로 적합하지 않은 것은?

① 탄소강
② 18-8 스테인리스강
③ 알루미늄
④ 크롬-망간강

해설 ① 탄소강 : 저온에서 저온취성의 우려가 있어 저온장치의 금속 재료로 적합하지 않다.

44 고압가스설비는 그 고압가스의 취급에 적합한 기계적 성질을 가져야 한다. 충전용 지관에는 탄소 함유량이 얼마 이하인 강을 사용하여야 하는가?

① 0.1%
② 0.33%
③ 0.5%
④ 1%

해설 고압가스설비의 충전용 지관에는 탄소 함유량이 0.1% 이하인 강을 사용한다.

정답 38 ④ 39 ③ 40 ④ 41 ④ 42 ④ 43 ① 44 ①

32 액화천연가스(LNG) 저장탱크의 지붕 시공 시 지붕에 대한 좌굴강도(Buckling Strength)를 검토하는 경우 반드시 고려하여야 할 사항이 아닌 것은?

① 가스압력
② 탱크의 지붕판 및 지붕 뼈대의 중량
③ 지붕 부위 단열재의 중량
④ 내부탱크 재료 및 중량

해설 LNG 저장탱크의 지붕 시공 시 지붕에 대한 좌굴강도를 검토하는 경우 반드시 고려해야 할 사항
㉠ 가스압력
㉡ 탱크의 지붕판 및 지붕 뼈대의 중량
㉢ 지붕 부위 단열재의 중량

33 압력계의 측정방법에는 탄성을 이용하는 것과 전기적 변화를 이용하는 방법 등이 있다. 다음 중 전기적 변화를 이용하는 압력계는?

① 부르동관 압력계
② 벨로스 압력계
③ 스트레인게이지
④ 다이어프램 압력계

해설 압력계의 측정방법
(1) 탄성을 이용하는 것
　㉠ 부르동관 압력계
　㉡ 벨로스 압력계
　㉢ 다이어프램 압력계
(2) 전기적 변화를 이용하는 것
　스트레인게이지

34 염화메탄을 사용하는 배관에 사용해서는 안되는 금속은?

① 철
② 강
③ 동 합금
④ 알루미늄

해설 염화메탄을 사용하는 배관에는 알루미늄을 사용해서는 안 된다.

35 다음 중 회전펌프의 특징으로 틀린 것은?

① 고압에 적당하다.
② 점성이 있는 액체에 성능이 좋다.
③ 송출량의 맥동이 거의 없다.
④ 왕복펌프와 같은 흡입·토출밸브가 있다.

해설 ④ 왕복펌프와 같은 흡입·토출밸브가 없다.

36 고압식 액화산소 분리장치의 원료공기에 대한 설명 중 틀린 것은?

① 탄산가스가 제거된 후 압축기에서 압축된다.
② 압축된 원료공기는 예냉기에서 열교환하여 냉각된다.
③ 건조기에서 수분이 제거된 후에는 팽창기와 정류탑의 하부로 열교환하며 들어간다.
④ 압축기로 압축한 후 물로 냉각한 다음 축냉기에 보내진다.

해설 ④ 압축열을 제거하여 압축기에서 압축된 공기를 흡입온도 가까이까지 냉각하여 유분리기로 보낸다.

37 연소기의 설치 방법에 대한 설명으로 틀린 것은?

① 가스온수기나 가스보일러는 목욕탕에 설치할 수 있다.
② 배기통이 가연성 물질로 된 벽 또는 천장 등을 통과하는 때에는 금속 외의 불연성재료로 단열조치를 한다.
③ 배기팬이 있는 밀폐형 또는 반밀폐형의 연소기를 설치한 경우 그 배기팬의 배기가스와 접촉하는 부분은 불연성 재료로 한다.
④ 개방형 연소기를 설치한 실내에는 환풍기 또는 환기구를 설치한다.

해설 ① 가스온수기나 가스보일러는 목욕탕에 설치할 수 없다.

정답 32 ④　33 ③　34 ④　35 ④　36 ④　37 ①

25 액상의 염소가 피부에 닿았을 경우의 조치로써 가장 적절한 것은?

① 암모니아로 씻어 낸다.
② 이산화탄소로 씻어 낸다.
③ 소금물로 씻어 낸다.
④ 맑은 물로 씻어 낸다.

> **해설** 액상의 염소가 피부에 닿았을 경우의 조치 맑은 물로 씻어 낸다.

26 아세틸렌용기에 다공질물질을 고루 채운 후 아세틸렌을 충전하기 전에 침윤시키는 물질은?

① 알코올 ② 아세톤
③ 규조토 ④ 탄산마그네슘

> **해설** 아세틸렌을 충전하기 전에 침윤시키는 물질
> ㉠ 아세톤(CH_3COCH_3)
> ㉡ 디메틸포름아미드(DMF)

27 가연성가스의 제조설비 중 제1종 장소에서의 변압기의 방폭구조는?

① 내압방폭구조
② 안전증방폭구조
③ 유입방폭구조
④ 압력방폭구조

> **해설** 가연성가스의 제조설비 중 제1종 장소에서의 변압기의 방폭구조는 내압방폭구조이다.

28 액화석유가스의 냄새측정 기준에서 사용하는 용어에 대한 설명으로 옳지 않은 것은?

① 시험가스란 냄새를 측정할 수 있도록 액화석유가스를 기화시킨 가스를 말한다.
② 시험자란 미리 선정한 정상적인 후각을 가진 사람으로서 냄새를 판정하는 자를 말한다.
③ 시료기체란 시험가스를 청정한 공기로 희석한 판정용 기체를 말한다.
④ 희석배수란 시료기체의 양을 시험가스의 양으로 나눈 값을 말한다.

> **해설** ② 시험자란 냄새농도 측정에 있어서 희석 조작을 하여 냄새농도를 측정하는 자이다.

29 산소에 대한 설명 중 옳지 않은 것은?

① 고압의 산소와 유지류의 접촉은 위험하다.
② 과잉의 산소는 인체에 유해하다.
③ 내산화성 재료로서는 주로 납(Pb)이 사용된다.
④ 산소의 화학반응에서 과산화물은 위험성이 있다.

> **해설** ③ 내산화성 재료로서는 크롬(Cr)강, 규소(Si), 알루미늄(Al) 합금강을 사용한다.

30 LP가스 사용시설에서 호스의 길이는 연소기까지 몇 m 이내로 하여야 하는가?

① 3m ② 5m
③ 7m ④ 9m

> **해설** LP가스 사용시설에서 호스의 길이는 연소기까지 3m 이내로 한다.

31 오리피스미터로 유량을 측정할 때 갖추지 않아도 되는 조건은?

① 관로가 수평일 것
② 정상류 흐름일 것
③ 관 속에 유체가 충만되어 있을 것
④ 유체의 전도 및 압축의 영향이 클 것

> **해설** ④ 유체의 전도 영향이 작아야 한다.

정답 25 ④ 26 ② 27 ① 28 ② 29 ③ 30 ① 31 ④

18 수소와 다음 중 어떤 가스를 동일 차량에 적재하여 운반하는 때에 그 충전용기와 밸브가 서로 마주 보지 않도록 적재하여야 하는가?

① 산소   ② 아세틸렌
③ 브롬화메탄   ④ 염소

해설 가연성가스(수소)와 산소를 동일 차량에 적재하여 운반하는 때에는 그 충전용기의 밸브가 서로 마주 보지 않도록 적재한다.

19 아세틸렌 용접용기의 내압시험압력으로 옳은 것은?

① 최고충전압력의 1.5배
② 최고충전압력의 1.8배
③ 최고충전압력의 5/3배
④ 최고충전압력의 3배

해설 아세틸렌 용접용기의 내압시험압력
최고충전압력의 3배

20 고압가스 특정제조시설에서 안전구역 설정 시 사용하는 안전구역 안의 고압가스설비 연소열량 수치(Q)의 값은 얼마 이하로 정해져 있는가?

① 6×10^8 ② 6×10^9
③ 7×10^8 ④ 7×10^9

해설 고압가스 특정제조시설에서 안전구역 설정 시 사용하는 안전구역 안의 고압가스설비 연소열량 수치(Q)의 값은 6×10^8 이하이다.

21 도시가스 사용시설에 정압기를 2013년에 설치하였다. 다음 중이 정압기의 분해점검 만료 시기로 옳은 것은?

① 2015년   ② 2016년
③ 2017년   ④ 2018년

해설 정압기와 필터는 설치 후 3년까지는 1회 이상, 그 이후에는 4년에 1회 이상 분해점검을 실시한다.
∴ 2013년+3년=2016년

22 운전 중인 액화석유가스 충전설비의 작동상황에 대하여 주기적으로 점검하여야 한다. 점검주기로 옳은 것은?

① 1일에 1회 이상
② 1주일에 1회 이상
③ 3월에 1회 이상
④ 6월에 1회 이상

해설 운전 중인 액화석유가스 충전설비의 작동상황 점검주기
1일에 1회 이상

23 가스계량기는 전기계량기와는 최소 몇 cm 이상의 거리를 유지하여야 하는가?

① 15cm   ② 30cm
③ 60cm   ④ 80cm

해설 가스계량기와의 거리 기준
㉠ 배관과 굴뚝, 전기개폐기 및 전기콘센트와의 거리 : 30cm 이상
㉡ 전기계량기 및 전기안전기와의 거리 : 60cm 이상
㉢ 전선(절연조치를 한 것은 제외)과의 거리 : 15cm 이상

24 시내버스의 연료로 사용되고 있는 CNG의 주요 성분은?

① 메탄(CH_4)   ② 프로판(C_3H_8)
③ 부탄(C_4H_{10})   ④ 수소(H_2)

해설 천연가스(NG)는 메탄을 주성분으로 하는 화석연료이며, 저장 방법에 따라 다음과 같이 분류한다.
㉠ CNG(Compressed Natural Gas) : 압축천연가스
㉡ LNG(Liquefied Natural Gas) : 액화천연가스
㉢ ANG(Adsorbed Natural Gas) : 흡착천연가스

정답 18 ① 19 ④ 20 ① 21 ② 22 ① 23 ③ 24 ①

13 액화석유가스 충전사업장에서 가스 충전 준비 및 충전 작업에 대한 설명으로 틀린 것은?

① 자동차에 고정된 탱크는 저장탱크의 외면으로부터 3m 이상 떨어져 정지한다.
② 안전밸브에 설치된 스톱밸브는 항상 열어 둔다.
③ 자동차에 고정된 탱크(내용적이 1만L 이상의 것에 한한다)로부터 가스를 이입받을 때에는 자동차가 고정되도록 자동차 정지목 등을 설치한다.
④ 자동차에 고정된 탱크로부터 저장탱크에 액화석유가스를 이입받을 때에는 5시간 이상 연속하여 자동차에 고정된 탱크를 저장탱크에 접속하지 아니한다.

해설 ③ 자동차에 고정된 탱크(내용적이 5천L 이상인 것만을 말한다)로부터 가스를 이입받을 때에는 자동차가 고정되도록 자동차 정지목 등을 설치한다.

14 저장량이 10,000kg인 산소 저장설비는 제1종 보호시설과의 거리가 얼마 이상이면 방호벽을 설치하지 아니할 수 있는가?

① 9m
② 10m
③ 11m
④ 12m

해설 산소 처리설비 및 저장설비의 보호시설과 안전거리 기준

처리능력 및 저장능력	제1종 보호시설	제2종 보호시설
1만 이하	12m	8m
1만 초과 2만 이하	14m	9m
2만 초과 3만 이하	16m	11m
3만 초과 4만 이하	18m	13m

∴ 저장량이 10,000kg 이하인 산소 저장설비는 제1종 보호시설과의 거리가 12m 이상이면 방호벽을 설치하지 아니할 수 있다.

15 고압가스 특정제조시설에서 고압가스설비의 설치 기준에 대한 설명으로 틀린 것은?

① 아세틸렌의 충전용 교체밸브는 충전하는 장소에 직접 설치한다.
② 에어졸 제조시설에는 정량을 충전할 수 있는 자동충전기를 설치한다.
③ 공기액화분리기로 처리하는 원료공기의 흡입구는 공기가 맑은 곳에 설치한다.
④ 공기액화분리기에 설치하는 피트는 양호한 환기구조로 한다.

해설 ① 아세틸렌 충전용 교체밸브는 충전하는 장소에 직접 설치하지 않는다.

16 고압가스 특정제조시설에서 상용압력 0.2MPa 미만의 가연성가스 배관을 지상에 노출하여 설치 시 유지하여야 할 공지의 폭 기준은?

① 2m 이상
② 5m 이상
③ 9m 이상
④ 15m 이상

해설 고압가스 특정제조시설에서 상용압력 0.2MPa 미만의 가연성가스 배관을 지상에 노출하여 설치 시 공지의 폭을 5m 이상 유지하여야 한다.

17 액화석유가스용기를 실외저장소에 보관하는 기준으로 틀린 것은?

① 용기보관장소의 경계 안에서 용기를 보관할 것
② 용기는 눕혀서 보관할 것
③ 충전용기는 항상 40°C 이하를 유지할 것
④ 충전용기는 눈비를 피할 수 있도록 할 것

해설 ② 용기는 세워서 보관할 것

정답 13 ③ 14 ④ 15 ① 16 ② 17 ②

07 독성가스의 저장탱크에는 그 가스의 용량을 탱크 내용적의 몇 %까지 채워야 하는가?

① 80% ② 85%
③ 90% ④ 95%

해설 독성가스의 저장탱크에는 그 가스의 용량을 탱크 내용적의 90%까지 채운다.

08 역화방지장치를 설치하지 않아도 되는 곳은?

① 가연성가스 압축기와 충전용 주관 사이의 배관
② 가연성가스 압축기와 오토클레이브 사이의 배관
③ 아세틸렌충전용 지관
④ 아세틸렌 고압건조기와 충전용 교체밸브 사이의 배관

해설 (1) 역화방지장치 설치
  ㉠ 가연성가스를 압축하는 압축기와 오토클레이브 사이의 배관
  ㉡ 아세틸렌의 고압건조기와 충전용 교체밸브 사이의 배관
  ㉢ 아세틸렌충전용 지관
  ㉣ 수소화염 또는 산소, 아세틸렌화염을 사용하는 시설
(2) 역류방지밸브의 설치
  ㉠ 가연성가스를 압축하는 압축기와 충전용 주관 사이
  ㉡ 아세틸렌을 압축하는 압축기의 유분리기와 고압건조기 사이
  ㉢ 암모니아 또는 메탄올의 합성탑이나 정제탑과 압축기 사이 배관
  ㉣ 독성가스(액화암모니아, 염소)의 감압설비와 해당 가스의 반응설비 간의 배관

09 독성가스 허용농도의 종류가 아닌 것은?

① 시간가중평균농도(TLV−TWA)
② 단시간노출허용농도(TLV−STEL)
③ 최고허용농도(TLV−C)
④ 순간사망허용농도(TLV−D)

해설 독성가스 허용농도의 종류
  ㉠ 시간가중평균농도(TLV−TWA) : 1일 8시간, 주 40시간 폭로 기준, 대부분 건강 장애가 나타나지 않음
  ㉡ 단시간노출허용농도(TLV−STEL) : 15분 동안 계속 폭로되어도 자극, 조직 변화, 작업 능률 감소가 나타나지 않음
  ㉢ 최고허용농도(TLV−C) : 잠시라도 초과해서는 안 되는 농도

10 고압가스설비에 설치하는 압력계의 최고눈금범위는?

① 상용압력의 1배 이상 1.5배 이하
② 상용압력의 1.5배 이상 2배 이하
③ 상용압력의 2배 이상 3배 이하
④ 상용압력의 3배 이상 5배 이하

해설 고압가스설비에 설치하는 압력계의 최고눈금범위는 상용압력의 1.5배 이상 2배 이하

11 가스의 폭발에 대한 설명 중 틀린 것은?

① 폭발범위가 넓은 것은 위험하다.
② 폭굉은 화염전파속도가 음속보다 크다.
③ 안전간격이 큰 것일수록 위험하다.
④ 가스의 비중이 큰 것은 낮은 곳에 체류할 위험이 있다.

해설 ③ 안전간격이 작은 것일수록 위험하다.

12 내용적 94L인 액화프로판 용기의 저장능력은 몇 kg인가? (단, 충전상수 C는 2.35이다.)

① 20
② 40
③ 60
④ 80

해설 $G = \dfrac{V}{C} = \dfrac{9.4}{2.35} = 40\,\text{kg}$

정답 07 ③ 08 ① 09 ④ 10 ② 11 ③ 12 ②

2023 가스기능사 (7. 21. 시행)

01 용기에 의한 고압가스 판매시설 저장실 설치 기준으로 틀린 것은?
① 고압가스의 용적이 300m³를 넘는 저장설비는 보호시설과 안전거리를 유지하여야 한다.
② 용기보관실 및 사무실은 동일 부지 내에 구분하여 설치한다.
③ 사업소의 부지는 한 면이 폭 5m 이상인 도로에 접하여야 한다.
④ 가연성가스 및 독성가스를 보관하는 용기보관실의 면적은 각 고압가스별로 10m² 이상으로 한다.

해설 ③ 사업소의 부지는 한 면이 폭 4m 이상인 도로에 접하여야 한다. 다만, 교통 소통에 지장이 없는 경우에는 그러하지 아니하다.

02 가연성가스의 제조설비 또는 저장설비 중 전기설비 방폭구조를 하지 않아도 되는 가스는?
① 암모니아, 시안화수소
② 암모니아, 염화메탄
③ 브롬화메탄, 일산화탄소
④ 암모니아, 브롬화메탄

해설 방폭구조를 하지 않아도 되는 가스
암모니아, 브롬화메탄 및 공기 중에서 자기발화하는 가스

03 재검사 용기에 대한 파기 방법의 기준으로 틀린 것은?
① 절단 등의 방법으로 파기하여 원형으로 가공할 수 없도록 할 것
② 허가 관청에 파기의 사유·일시·장소 및 인수 시한 등에 대한 신고를 하고 파기할 것
③ 잔가스를 전부 제거한 후 절단할 것
④ 파기하는 때에는 검사원이 검사 장소에서 직접 실시할 것

해설 ② 검사 신청인에게 파기의 사유·일시·장소 및 인수 시한 등을 통지하고 파기한다.

04 LP가스가 누출될 때 감지할 수 있도록 첨가하는 냄새가 나는 물질의 측정방법이 아닌 것은?
① 유취실법 ② 주사기법
③ 냄새주머니법 ④ 오더(Odor)미터법

해설 LP가스 누출 시 부취제의 측정방법
㉠ 주사기법
㉡ 냄새주머니법
㉢ 오더(Odor)미터법

05 고압가스 공급자 안전점검 시 가스누출검지기를 갖추어야 할 대상은?
① 산소 ② 가연성가스
③ 불연성가스 ④ 독성가스

해설 가연성가스는 고압가스 공급자 안전점검 시 가스누출검지기를 갖추어야 한다.

06 신규검사에 합격된 용기의 각인사항과 그 기호의 연결이 틀린 것은?
① 내용적 : V
② 최고충전압력 : FP
③ 내압시험압력 : TP
④ 용기의 질량 : M

해설 ④ 용기의 질량 : W

정답 01 ③ 02 ④ 03 ② 04 ① 05 ② 06 ④

해설
① 2.1~9.5%
② 1.8~8.4%
③ 5~15%
④ 2.5~81%

57 LP가스가 증발할 때 흡수하는 열을 무엇이라 하는가?
① 현열
② 비열
③ 잠열
④ 융해열

해설 **잠열**
온도변화 없이 상태를 변화시키는 데 필요한 열량, 즉 LP가스가 증발할 때 흡수하는 열

58 다음 중 1atm과 다른 것은?
① $9.8N/m^2$
② $101,325Pa$
③ $14.7lb/in^2$
④ $10.332mH_2O$

해설 $1atm = 10.332mH_2O = 14.7lb/in^2$
　　　$= 101,325Pa$

59 도시가스 제조 공정 중 접촉분해공정에 해당하는 것은?
① 저온수증기 개질법
② 열분해공정
③ 부분연소공정
④ 수소화분해공정

해설 **도시가스의 제조 공정**
(1) 열분해공정
(2) 접촉분해공정
　　㉠ 사이클링식 접촉분해공정
　　㉡ 저온수증기 개질공정
　　㉢ 고압수증기 개질공정
(3) 부분연소공정
(4) 수소화분해공정
(5) 대체 천연가스 공정

60 LP가스를 자동차 연료로 사용할 때의 장점이 아닌 것은?
① 배기가스의 독성이 가솔린보다 작다.
② 완전연소로 발열량이 높고 청결하다.
③ 옥탄가가 높아서 노킹현상이 없다.
④ 균일하게 연소되므로 엔진 수명이 연장된다.

해설 **LP가스를 자동차 연료로 사용할 때의 장점**
㉠ 배기가스의 독성이 가솔린보다 작다.
㉡ 완전연소로 발열량이 높고 청결하다.
㉢ 균일하게 연소되므로 엔진 수명이 연장된다.
㉣ 가솔린에 비해 가격이 저렴하여 경제적이다.

정답 57 ③　58 ①　59 ①　60 ③

해설 품질검사 기준

대상 가스	검사 방법	순도
산소	동암모니아 시약을 사용한 오르자트법	99.5% 이상
수소	피로갈롤 또는 하이드로설파이드 시약을 사용한 오르자트법	98.5% 이상
아세틸렌	• 발연 황산을 사용한 오르자트 또는 브롬 시약을 사용한 뷰렛법 • 질산은 시약을 사용한 정성시험에도 합격할 것	98% 이상

51 −10℃인 얼음 10kg을 1기압에서 증기로 변화시킬 때 필요한 열량은 약 몇 kcal인가? (단, 얼음의 비열은 0.5kcal/kg·℃, 얼음의 용해열은 80kcal/kg, 물의 기화열은 539kcal/kg이다.)

① 5,400　　② 6,000
③ 6,240　　④ 7,240

해설
$Q = Q_1(현열) + Q_2(잠열) + Q_3(현열) + Q_4(잠열)$
$Q_1 = GC\Delta t = 10 \times 0.5 \times 10 = 50 \text{kcal}$
$Q_2 = G\gamma = 10 \times 80 = 800 \text{kcal}$
$Q_3 = GC\Delta t = 10 \times 1 \times 100 = 1,000 \text{kcal}$
$Q_4 = G\gamma = 10 \times 539 = 5,390 \text{kcal}$
$Q = 50 + 800 + 1,000 + 5,390 = 7,240 \text{kcal}$

52 염소에 대한 설명 중 틀린 것은?

① 황록색을 띠며 독성이 강하다.
② 표백 작용이 있다.
③ 액상은 물보다 무겁고 기상은 공기보다 가볍다.
④ 비교적 쉽게 액화된다.

해설 ③ 액상은 물보다 무겁고(액비중 1.57), 기상은 공기보다 무겁다.

53 LP가스의 성질에 대한 설명으로 틀린 것은?

① 온도 변화에 따른 액팽창률이 크다.
② 석유류 또는 동·식물유나 천연고무를 잘 용해시킨다.
③ 물에 잘 녹으며 알코올과 에테르에 용해된다.
④ 액체는 물보다 가볍고, 기체는 공기보다 무겁다.

해설 ③ 물에는 녹지 않으며 알코올과 에테르에 용해된다.

54 다음 중 염소의 주된 용도가 아닌 것은?

① 표백
② 살균
③ 염화비닐 합성
④ 강재의 녹 제거용

해설 염소의 주된 용도
표백, 살균, 염화비닐 합성 등

55 표준 물질에 대한 어떤 물질의 밀도의 비를 무엇이라고 하는가?

① 비중　　② 비중량
③ 비용　　④ 비열

해설
① 비중 : 표준 물질에 대한 어떤 물질의 밀도의 비
② 비중량(Specific Weight) : 물체(고체, 액체, 기체)의 단위체적당의 중량(kgf/m³)
③ 비용(기체의 비체적) : 기체 밀도의 역수
④ 비열 : 표준대기압하에서 어떤 물질 1kg의 온도를 1℃ 올리는 데 필요한 열량

56 공기 중에 누출 시 폭발 위험이 가장 큰 가스는?

① C_3H_8　　② C_4H_{10}
③ CH_4　　④ C_2H_2

정답　51 ④　52 ③　53 ③　54 ④　55 ①　56 ④

③ 앵글밸브(Angle Valve) : 스톱밸브의 일종으로, 유체의 흐름을 직각으로 바꾸는 밸브이다.
④ 게이트밸브(Gate Valve) : 슬루스밸브라 하며, 유로의 개폐용에 사용된다.

44 열기전력을 이용한 온도계가 아닌 것은?

① 백금-백금·로듐 온도계
② 동-콘스탄탄 온도계
③ 철-콘스탄탄 온도계
④ 백금-콘스탄탄 온도계

해설 열기전력을 이용한 온도계
㉠ 백금-백금·로듐 온도계(P·R)
㉡ 크로멜-알루멜 온도계(C·A)
㉢ 철-콘스탄탄 온도계(I·C)
㉣ 구리-콘스탄탄 온도계(C·C)

45 내산화성이 우수하고 양파 썩는 냄새가 나는 부취제는?

① THT
② TBM
③ DMS
④ NAPHTHA

해설 부취제의 종류
㉠ TBM(Tertiary Buthyl Mercaptan) : 양파 썩는 냄새
㉡ THT(Tetra Hydro Thiophene) : 석탄가스 냄새
㉢ DMS(Dimethyl Sulfide) : 마늘 냄새

46 표준상태에서 산소의 밀도는 몇 g/L인가?

① 1.33
② 1.43
③ 1.53
④ 1.63

해설 $\dfrac{32\,g}{22.4\,L} = 1.43\,g/L$

47 가스배관 내 잔류 물질을 제거할 때 사용하는 것이 아닌 것은?

① 피그
② 거버너
③ 압력계
④ 컴프레서

해설 가스배관 내 잔류 물질을 제거할 때 사용하는 것
㉠ 피그 ㉡ 압력계 ㉢ 컴프레서

48 다음 중 화씨온도와 가장 관계가 깊은 것은?

① 표준대기압에서 물의 어는점을 0으로 한다.
② 표준대기압에서 물의 어는점을 12로 한다.
③ 표준대기압에서 물의 끓는점을 100으로 한다.
④ 표준대기압에서 물의 끓는점을 212로 한다.

해설 화씨온도(°F)
표준대기압하에서 물의 끓는점을 212°F, 물의 어는점을 32°F로 하여 그 사이를 180 등분하여 한 눈금을 1°F로 한 것

49 다음 중 부탄가스의 완전연소 반응식은?

① $C_3H_8 + 4O_2 \rightarrow 3CO_2 + 5H_2O$
② $C_3H_8 + 5O_2 \rightarrow 3CO_2 + 4H_2O$
③ $C_4H_{10} + 6O_2 \rightarrow 4CO_2 + 5H_2O$
④ $2C_4H_{10} + 13O_2 \rightarrow 8CO_2 + 10H_2O$

해설 부탄가스의 완전연소 반응식
$2C_4H_{10} + 13O_2 \rightarrow 8CO_2 + 10H_2O$

50 산소가스의 품질검사에 사용되는 시약은?

① 동암모니아 시약
② 피로갈롤 시약
③ 브롬 시약
④ 하이드로설파이드 시약

정답 44 ④ 45 ② 46 ② 47 ② 48 ④ 49 ④ 50 ①

38 부유 피스톤형 압력계에서 실린더 지름 5cm, 추와 피스톤의 무게가 130kg일 때 이 압력계에 접속된 부르동관의 압력계 눈금이 7kg/cm²를 나타내었다. 이 부르동관 압력계의 오차는 약 몇 %인가?

① 5.7%
② 6.6%
③ 9.7%
④ 10.5%

해설

부유 피스톤 압력$(P) = \dfrac{W}{A} = \dfrac{130\text{kg}}{\dfrac{\pi}{4}D^2}$

$= 6.62\text{kg/cm}^2$

오차율(%)
$= \dfrac{\text{부르동관 압력} - \text{부유 피스톤 압력}}{\text{부유 피스톤 압력}} \times 100$

$= \dfrac{7 - 6.62}{6.62} \times 100$

$= 5.7\%$

39 LPG(C_4H_{10}) 공급방식에서 공기를 3배 희석했다면 발열량은 약 몇 kcal/Sm³이 되는가? (단, C_4H_{10}의 발열량은 30,000kcal/Sm³으로 가정한다.)

① 5,000
② 7,500
③ 10,000
④ 11,000

해설

희석 시 발열량 = 발열량 $\times \dfrac{1}{1 + \text{희석 배수}}$

$= 30,000 \times \dfrac{1}{1+3}$

$= 7,500\text{kcal/Sm}^3$

40 고점도 액체나 부유 현탁액의 유체압력측정에 가장 적당한 압력계는?

① 벨로즈
② 다이어프램
③ 부르동관
④ 피스톤

해설

다이어프램 압력계
고점도 액체나 부유 현탁액의 유체압력측정에 가장 적당한 압력계

41 고압가스 제조소의 작업원은 얼마의 기간 이내에 1회 이상 보호구의 사용 훈련을 받아 사용 방법을 숙지하여야 하는가?

① 1개월
② 3개월
③ 6개월
④ 12개월

해설

고압가스 제조소의 작업원은 3개월 이내에 1회 이상 보호구의 사용 훈련을 받아 사용 방법을 숙지한다.

42 다음 고압장치의 금속재료 사용에 대한 설명으로 옳은 것은?

① LNG 저장탱크 - 고장력강
② 아세틸렌 압축기실린더 - 주철
③ 암모니아 압력계도관 - 동
④ 액화산소 저장탱크 - 탄소강

해설

① LNG 저장탱크 - 9% 니켈강
③ 암모니아 압력계도관 - 연강
④ 액화산소 저장탱크 - 9% 니켈강

43 다음 중 유체의 흐름방향을 한 방향으로만 흐르게 하는 밸브는?

① 글로브밸브
② 체크밸브
③ 앵글밸브
④ 게이트밸브

해설

① 글로브밸브(Globe Valve) : 스톱밸브라고 하며, 유체의 흐름방향과 평행하게 밸브가 개폐되고 유체의 흐름이 밸브 내에서 변경되므로 압력손실이 많이 발생하며, 유량조절용으로 사용된다.

정답 38 ① 39 ② 40 ② 41 ② 42 ② 43 ②

31 다음 고압가스설비 중 축열식 반응기를 사용하여 제조하는 것은?
① 아크릴로아이드
② 염화비닐
③ 아세틸렌
④ 에틸벤젠

해설 아세틸렌(C_2H_2)은 축열식 반응기를 사용하여 제조한다.

32 고압가스설비의 안전장치에 관한 설명 중 옳지 않은 것은?
① 고압가스용기에 사용되는 가용전은 열을 받으면 가용합금이 용해되어 내부의 가스를 방출한다.
② 액화가스용 안전밸브의 토출량은 저장탱크 등의 내부의 액화가스가 가열될 때의 증발량 이상이 필요하다.
③ 급격한 압력상승이 있는 경우에는 파열판은 부적당하다.
④ 펌프 및 배관에는 압력상승 방지를 위해 릴리프밸브가 사용된다.

해설 ③ 급격한 압력상승이 있는 경우에는 파열판이 적당하다.

33 흡수식 냉동기에서 냉매로 물을 사용할 경우 흡수제로 사용하는 것은?
① 암모니아
② 사염화에탄
③ 리튬브로마이드
④ 파라핀유

해설 흡수식 냉동기에서 냉매로 물을 사용할 경우의 흡수제
리튬브로마이드

34 다음 중 이음매 없는 용기의 특징이 아닌 것은?
① 독성가스를 충전하는 데 사용한다.
② 내압에 대한 응력분포가 균일하다.
③ 고압에 견디기 어려운 구조이다.
④ 용접용기에 비해 값이 비싸다.

해설 ③ 고압에 견디기 쉬운 구조이다.

35 다음 중 압력계 사용 시 주의 사항으로 틀린 것은?
① 정기적으로 점검한다.
② 압력계의 눈금판은 조작자가 보기 쉽도록 안면을 향하게 한다.
③ 가스의 종류에 적합한 압력계를 선정한다.
④ 압력의 도입이나 배출은 서서히 행한다.

해설 ② 정확한 눈금을 확인하기 위하여 압력계의 눈금판을 조작자의 눈높이보다 약간 높게 한다.

36 다음 가스분석 중 화학분석법에 속하지 않는 방법은?
① 가스크로마토그래피법
② 중량법
③ 분광광도법
④ 요오드적정법

해설 ① 가스크로마토그래피법 : 기기분석법

37 계측기기의 구비 조건으로 틀린 것은?
① 설치 장소 및 주위 조건에 대한 내구성이 클 것
② 설비비 및 유지비가 적게 들 것
③ 구조가 간단하고 정도(精度)가 낮을 것
④ 원거리 지시 및 기록이 가능할 것

해설 ③ 구조가 간단하고 취급, 보수가 쉬울 것

정답 31 ③ 32 ③ 33 ③ 34 ③ 35 ② 36 ① 37 ③

27 다음 중 고압가스의 성질에 따른 분류에 속하지 않는 것은?

① 가연성가스 ② 액화가스
③ 조연성가스 ④ 불연성가스

해설 고압가스의 분류
(1) 상태에 따른 분류
　㉠ 압축가스
　㉡ 액화가스
　㉢ 용해가스
(2) 성질에 따른 분류
　㉠ 가연성가스
　㉡ 조연성가스
　㉢ 불연성가스
(3) 독성에 따른 분류
　㉠ 독성가스
　㉡ 비독성가스
　㉢ 가연성독성가스

28 LPG를 수송할 때의 주의사항으로 틀린 것은?

① 운전 중이나 정차 중에도 허가된 장소를 제외하고는 담배를 피워서는 안 된다.
② 운전자는 운전기술 외에 LPG의 취급 및 소화기 사용 등에 관한 지식을 가져야 한다.
③ 주차할 때는 안전한 장소에 주차하며, 운반책임자와 운전자는 동시에 차량에서 이탈하지 않는다.
④ 누출됨을 알았을 때는 가까운 경찰서, 소방서까지 직접 운행하여 알린다.

해설 ④ 누설 시에는 즉시 운행을 정지하여야 한다.

29 시안화수소의 중합폭발을 방지할 수 있는 안정제로 옳은 것은?

① 수증기, 질소
② 수증기, 탄산가스
③ 질소, 탄산가스
④ 아황산가스, 황산

해설 시안화수소(HCN) 중합을 방지하는 안정제
황산, 동망, 오산화인, 염화칼슘, 인산, 아황산가스

30 방폭전기기기의 용기 내부에서 가연성가스의 폭발이 발생할 경우 그 용기가 폭발압력에 견디고, 접합면이나 개구부 등을 통해 외부의 가연성가스에 인화되지 않도록 한 방폭구조는?

① 내압(耐壓)방폭구조
② 유입(油入)방폭구조
③ 압력(壓力)방폭구조
④ 본질안전방폭구조

해설 방폭구조의 종류
㉠ 내압방폭구조 : 방폭전기기기의 용기(이하 '용기'라 한다) 내부에서 가연성가스의 폭발이 발생할 경우 그 용기가 폭발압력에 견디고, 접합면·개구부 등을 통하여 외부의 가연성가스에 인화되지 아니하도록 한 구조이다.
㉡ 유입방폭구조 : 용기 내부에 기름을 주입하여 불꽃·아크 또는 고온 발생 부분이 기름 속에 잠기게 함으로써 기름면 위에 존재하는 가연성가스에 인화되지 아니하도록 한 구조이다.
㉢ 압력방폭구조 : 용기 내부에 보호 가스(신선한 공기 또는 불활성가스)를 압입하여 내부 압력을 유지함으로써 가연성가스가 용기 내부로 유입되지 아니하도록 한 구조이다.
㉣ 안전증방폭구조 : 정상운전 중에 가연성가스의 점화원이 될 전기불꽃·아크 또는 고온 부분 등에 발생을 방지하기 위하여 기계적·전기적 구조상 또는 온도상승에 대하여 특히 안전도를 증가시킨 구조이다.
㉤ 본질안전방폭구조 : 정상 시 및 사고(단선, 단락, 지락 등) 시에 발생하는 전기불꽃·아크 또는 고온부에 의하여 가연성가스가 점화되지 아니하는 것이 점화시험, 기타 방법에 의하여 확인된 구조이다.
㉥ 특수방폭구조 : ㉠~㉤에서 규정한 구조 이외의 방폭구조로서 가연성가스에 점화를 방지할 수 있다는 것이 시험, 기타의 방법에 의하여 확인된 구조이다.

정답 27 ② 28 ④ 29 ④ 30 ①

> **해설** 고압가스 특정제조시설에서 지하매설배관은 그 외면으로부터 지하의 다른 시설물과 0.3m 이상의 거리를 유지한다.

21 다음 [보기]의 독성가스 중 독성(LC_{50})이 가장 강한 것과 가장 약한 것을 순서대로 나열한 것은?

[보기]
㉮ 염화수소 ㉯ 암모니아
㉰ 황화수소 ㉱ 일산화탄소

① ㉮, ㉯ ② ㉮, ㉱
③ ㉰, ㉯ ④ ㉰, ㉱

> **해설** 허용농도
> ① 염화수소 : 5ppm
> ② 암모니아 : 25ppm
> ③ 황화수소 : 10ppm
> ④ 일산화탄소 : 50ppm

22 LPG 충전시설의 충전소에 "화기엄금"이라고 표시한 게시판의 색깔로 옳은 것은?
① 황색 바탕에 흑색 글씨
② 황색 바탕에 적색 글씨
③ 흰색 바탕에 흑색 글씨
④ 흰색 바탕에 적색 글씨

> **해설** LPG 충전시설의 충전소에 화기엄금이라고 표시한 게시판의 색깔 : 흰색 바탕에 적색 글씨

23 고압가스 제조설비에서 누출된 가스의 확산을 방지할 수 있는 재해조치를 하여야 하는 가스가 아닌 것은?
① 이산화탄소 ② 암모니아
③ 염소 ④ 염화메틸

> **해설** 누출된 가스의 확산을 방지할 수 있는 재해조치를 하는 가스 : 암모니아, 염소, 염화메틸

24 액화가스를 운반하는 탱크로리(차량에 고정된 탱크)의 내부에 설치하는 것으로서 탱크 내 액화가스 액면 요동을 방지하기 위해 설치하는 것은?
① 폭발방지장치
② 방파판
③ 압력방출장치
④ 다공성 충진제

> **해설** 방파판
> 탱크 내 액화가스 액면 요동을 방지하기 위해 설치하는 것

25 염소의 성질에 대한 설명으로 틀린 것은?
① 상온, 상압에서 황록색의 기체이다.
② 수분 존재 시 철을 부식시킨다.
③ 피부에 닿으면 손상의 위험이 있다.
④ 암모니아와 반응하여 푸른 연기를 생성한다.

> **해설** ④ 암모니아와 반응하여 염화암모늄의 흰 연기를 만든다.
> $8NH_3 + 3Cl_2 \rightarrow N_2 + NH_4Cl$

26 고압가스의 제조시설에서 실시하는 가스설비의 점검 중 사용 개시 전에 점검할 사항이 아닌 것은?
① 기초의 경사 및 침하
② 인터록, 자동제어장치의 기능
③ 가스설비의 전반적인 누출 유무
④ 배관 계통의 밸브 개폐 상황

> **해설** 가스설비의 점검 중 사용 개시 전에 점검할 사항
> ㉠ 인터록, 자동제어장치의 기능
> ㉡ 가스설비의 전반적인 누출 유무
> ㉢ 배관 계통의 밸브 개폐 상황

정답 21 ② 22 ④ 23 ① 24 ② 25 ④ 26 ①

14 가스공급 배관용접 후 검사하는 비파괴검사 방법이 아닌 것은?
① 방사선투과검사
② 초음파탐상검사
③ 자분탐상검사
④ 주사전자현미경검사

해설 비파괴검사 방법의 종류
㉠ 방사선투과검사
㉡ 초음파탐상검사
㉢ 자분탐상검사

15 고압가스 제조시설에 설치되는 피해저감 설비로 방호벽을 설치해야 하는 경우가 아닌 것은?
① 압축기와 충전장소 사이
② 압축기와 가스충전용기 보관장소 사이
③ 충전장소와 충전용 주관밸브, 조작밸브 사이
④ 압축기와 저장탱크 사이

해설 피해저감설비로 방호벽을 설치해야 하는 경우
㉠ 압축기와 충전장소 사이
㉡ 압축기와 가스충전용기 보관장소 사이
㉢ 충전장소와 충전용 주관밸브, 조작밸브 사이

16 가연성가스의 위험성에 대한 설명으로 틀린 것은?
① 누출 시 산소 결핍에 의한 질식의 위험성이 있다.
② 가스의 온도 및 압력이 높을수록 위험성이 커진다.
③ 폭발한계가 넓을수록 위험하다.
④ 폭발하한이 높을수록 위험하다.

해설 ④ 폭발하한이 낮을수록 위험하다.

17 수소에 대한 설명 중 틀린 것은?
① 수소용기의 안전밸브는 가용전식과 파열판식을 병용한다.
② 용기밸브는 오른나사이다.
③ 수소가스는 피로갈롤 시약을 사용한 오르자트법에 의한 시험법에서 순도가 98.5% 이상이어야 한다.
④ 공업용 용기의 도색은 주황색으로 하고 문자의 표시는 백색으로 한다.

해설 ② 용기밸브는 왼나사이다.

18 산소가스설비의 수리 및 청소를 위한 저장탱크 내의 산소를 치환할 때 산소측정기 등으로 치환 결과를 측정하여 산소의 농도가 최대 몇 % 이하가 될 때까지 계속하여 치환작업을 하여야 하는가?
① 18
② 20
③ 22
④ 24

해설 저장탱크 내의 산소를 치환할 때는 산소의 농도가 최대 22% 이하가 될 때까지 계속하여 치환작업을 한다.

19 폭발성이 예민하므로 마찰 및 타격으로 격렬히 폭발하는 물질에 해당되지 않는 것은?
① 황화질소
② 메틸아민
③ 염화질소
④ 아세틸라이드

해설 폭발성이 예민하고 마찰 및 타격으로 격렬히 폭발하는 물질 : 황화질소, 염화질소, 아세틸라이드

20 고압가스 특정제조시설에서 지하매설배관은 그 외면으로부터 지하의 다른 시설물과 몇 m 이상의 거리를 유지하여야 하는가?
① 0.1
② 0.2
③ 0.3
④ 0.5

정답 14 ④ 15 ④ 16 ④ 17 ② 18 ③ 19 ② 20 ③

08 도시가스 중 음식물 쓰레기, 가축 분뇨, 하수 슬러지 등 유기성 폐기물로부터 생성된 기체를 정제한 가스로서 메탄이 주성분인 가스를 무엇이라 하는가?
① 천연가스
② 나프타 부생가스
③ 석유가스
④ 바이오가스

해설
① 천연가스(Natural Gas) : 지하에서 자연적으로 생성하는 가연성가스로서 메탄을 주성분으로 하는 가스
② 나프타 부생가스 : 나프타 분해 공정을 통해 에틸렌, 프로필렌 등을 제조하는 과정에서 부산물로 생성되는 가스로서 메탄이 주성분인 가스 및 이를 다른 도시가스와 혼합하여 제조한 가스
③ 석유가스 : 액화석유가스의 안전관리 및 사업법에 따른 액화석유가스 또는 석유 및 석유대체연료사업법에 따른 석유가스를 공기와 혼합하여 제조한 가스

09 용기 부속품에 각인하는 문자 중 질량을 나타내는 것은?
① TP
② W
③ AG
④ V

해설
① TP : 내압시험압력(MPa)
② W : 질량(kg)
③ AG : 아세틸렌가스를 충전하는 용기의 부속품
④ V : 내용적(L)

10 원심식 압축기를 사용하는 냉동설비는 그 압축기의 원동기 정격출력 몇 kW를 1일의 냉동능력 1톤으로 산정하는가?
① 1.0
② 1.2
③ 1.5
④ 2.0

해설
㉠ 원심식 압축기를 사용하는 냉동설비는 그 압축기의 원동기 정격출력의 1.2kW를 1일의 냉동능력 1톤으로 산정한다.

㉡ 흡수식 냉동설비는 발생기를 가열하는 1시간의 입열량 6,640kcal를 1일의 냉동능력 1톤으로 산정한다.

11 다음 중 화학적 폭발로 볼 수 없는 것은?
① 증기폭발
② 중합폭발
③ 분해폭발
④ 산화폭발

해설
㉠ 물리적 폭발 : 증기폭발
㉡ 화학적 폭발 : 중합폭발, 분해폭발, 산화폭발

12 다음 중 같은 저장실에 혼합저장이 가능한 것은?
① 수소와 염소가스
② 수소와 산소
③ 아세틸렌가스와 산소
④ 수소와 질소

해설 수소와 질소는 같은 저장실에 혼합저장이 가능하다.

13 액화석유가스의 시설 기준 중 저장탱크의 설치 방법으로 틀린 것은?
① 천장, 벽 및 바닥의 두께를 각각 30cm 이상으로, 방수조치를 한 철근콘크리트 구조로 한다.
② 저장탱크실 상부 윗면으로부터 저장탱크 상부까지의 깊이는 60cm 이상으로 한다.
③ 저장탱크에 설치한 안전밸브에는 지면으로부터 5m 이상의 방출관을 설치한다.
④ 저장탱크 주위 빈 공간에는 세립분을 25% 이상 함유한 마른모래를 채운다.

해설 ④ 저장탱크 주위에는 마른모래를 채운다.

정답 08 ④ 09 ② 10 ② 11 ① 12 ④ 13 ④

04 독성가스 여부를 판정할 때 기준이 되는 "허용농도"를 바르게 설명한 것은?
① 해당 가스를 성숙한 흰쥐 집단에게 대기 중에서 1시간 동안 계속하여 노출시킨 경우 7일 이내에 그 흰쥐의 1/2 이상이 죽게 되는 가스의 농도를 말한다.
② 해당 가스를 성숙한 흰쥐 집단에게 대기 중에서 24시간 동안 계속하여 노출시킨 경우 7일 이내에 그 흰쥐의 1/2 이상이 죽게 되는 가스의 농도를 말한다.
③ 해당 가스를 성숙한 흰쥐 집단에게 대기 중에서 1시간 동안 계속하여 노출시킨 경우 14일 이내에 그 흰쥐의 1/2 이상이 죽게 되는 가스의 농도를 말한다.
④ 해당 가스를 성숙한 흰쥐 집단에게 대기 중에서 24시간 동안 계속하여 노출시킨 경우 14일 이내에 그 흰쥐의 1/2 이상이 죽게 되는 가스의 농도를 말한다.

해설 독성가스
아크릴로니트릴, 아크릴알데히드, 아황산가스, 암모니아, 일산화탄소, 이황화탄소, 불소, 염소, 브롬화메탄, 염화메탄, 염화프렌, 산화에틸렌, 시안화수소, 황화수소, 모노메틸아민, 디메틸아민, 트리메틸아민, 벤젠, 포스겐, 요오드화수소, 브롬화수소, 염화수소, 불화수소, 겨자가스, 알진, 모노실란, 디실란, 디보레인, 세렌화수소, 포스핀, 모노게르만 및 그 밖에 공기 중에 일정량 이상 존재하는 경우 인체에 유해한 독성을 가진 가스로, 허용농도(해당 가스를 성숙한 흰쥐 집단에게 대기 중에서 1시간 동안 계속하여 노출시킨 경우 14일 이내에 그 흰쥐의 2분의 1 이상이 죽게 되는 가스의 농도를 말한다)가 100만분의 5,000 이하인 것을 말한다.

05 고압가스 특정제조시설 중 철도부지 밑에 매설하는 배관에 대한 설명으로 틀린 것은?
① 배관의 외면으로부터 그 철도부지의 경계까지는 1m 이상의 거리를 유지한다.
② 지표면으로부터 배관 외면까지의 깊이를 60cm 이상으로 유지한다.
③ 배관은 그 외면으로부터 궤도 중심과 4m 이상의 거리를 유지한다.
④ 지하철도 등을 횡단하여 매설하는 배관에는 전기방식 조치를 강구한다.

해설 ② 지표면으로부터 배관 외면까지의 깊이를 1.2m 이상으로 유지한다.

06 도시가스 사용시설 중 가스계량기와 다음 설비와의 안전거리 기준으로 옳은 것은?
① 전기계량기와는 60cm 이상
② 전기접속기와는 60cm 이상
③ 전기점멸기와는 60cm 이상
④ 절연조치를 하지 않는 전선과는 30cm 이상

해설 ② 전기접속기와는 30cm 이상
③ 전기점멸기와는 30cm 이상
④ 절연조치를 하지 않는 전선과는 15cm 이상

07 다음 가연성가스 중 공기 중에서의 폭발범위가 가장 좁은 것은?
① 아세틸렌
② 프로판
③ 수소
④ 일산화탄소

해설 ① 아세틸렌 : 2.5~81%
② 프로판 : 2.1~9.5%
③ 수소 : 4~75%
④ 일산화탄소 : 12.5~74%

정답 04 ③ 05 ② 06 ① 07 ②

2023 가스기능사 (4. 14. 시행)

01 산소 저장설비에서 저장능력이 9,000m³일 경우 제1종 보호시설 및 제2종 보호시설과의 안전거리는?

① 8m, 5m
② 10m, 7m
③ 12m, 8m
④ 14m, 9m

해설 고압가스 제조시설 기준

구분	처리능력 및 저장능력	제1종 보호시설	제2종 보호시설
산소의 처리설비 및 저장설비	1만 이하	12m	8m
	1만 초과 2만 이하	14m	9m
	2만 초과 3만 이하	16m	11m
	3만 초과 4만 이하	18m	13m
	4만 초과	20m	14m
독성가스 또는 가연성 가스의 처리 설비 및 저장설비	1만 이하	17m	12m
	1만 초과 2만 이하	21m	14m
	2만 초과 3만 이하	24m	16m
	3만 초과 4만 이하	27m	18m
	4만 초과 5만 이하	30m	20m
	5만 초과 99만 이하	30m(가연성가스 저온 저장탱크는 $\frac{3}{25}\sqrt{X+10,000}$ m)	20m(가연성가스 저온 저장탱크는 $\frac{2}{25}\sqrt{X+10,000}$ m)
	99만 초과	30m(가연성가스 저온 저장탱크는 120m)	20m(가연성가스 저온 저장탱크는 80m)
그 밖의 가스의 처리 설비 및 저장설비	1만 이하	8m	5m
	1만 초과 2만 이하	9m	7m
	2만 초과 3만 이하	11m	8m
	3만 초과 4만 이하	13m	9m
	4만 초과	14m	10m

㉠ 처리능력 및 저장능력란의 단위 및 X는 1일간의 처리능력 또는 저장능력으로 압축가스의 경우에는 m³, 액화가스의 경우에는 kg으로 한다.
㉡ 한 사업소에 2개 이상의 처리설비 또는 저장설비가 있는 경우에는 그 처리능력별 또는 저장능력별로 각각 안전거리를 유지하여야 한다.

02 다음의 고압가스 용량을 차량에 적재하여 운반할 때 운반책임자를 동승시키지 않아도 되는 것은?

① 아세틸렌 : 400m³
② 일산화탄소 : 700m³
③ 액화염소 : 6,500kg
④ 액화석유가스 : 2,000kg

해설 운반책임자의 동승

가스의 종류		기 준
액화가스	가연성가스	3,000kg 이상
	독성가스	1,000kg 이상
	조연성가스	6,000kg 이상
압축가스	가연성가스	300m³ 이상
	독성가스	100m³ 이상
	조연성가스	600m³ 이상

03 특정고압가스 사용시설 중 고압가스 저장량이 몇 kg 이상인 용기보관실에 있는 벽을 방호벽으로 설치하여야 하는가?

① 100kg
② 200kg
③ 300kg
④ 500kg

해설 방호벽
특정고압가스 사용시설 중 고압가스 저장량이 300kg 이상인 용기보관실에 설치한다.

정답 01 ③ 02 ④ 03 ③

59 완전연소 시 공기량을 가장 많이 필요로 하는 가스는?

① 아세틸렌　② 메탄
③ 프로판　　④ 부탄

해설
① $C_2H_2 + 2.5O_2 \rightarrow 2CO_2 + H_2O$
② $CH_4 + 2O_2 \rightarrow CO_2 + 2H_2O$
③ $C_3H_8 + 5O_2 \rightarrow 3CO_2 + 4H_2O$
④ $C_4H_{10} + 6.5O_2 \rightarrow 4CO_2 + 5H_2O$

60 산소의 물리적 성질에 대한 설명 중 틀린 것은?

① 물에 녹지 않으며 액화산소는 담록색이다.
② 기체, 액체, 고체 모두 자성이 있다.
③ 무색, 무취, 무미의 기체이다.
④ 강력한 조연성가스로서 자신은 연소하지 않는다.

해설
① 물에 약간 녹으며, 액화산소는 담청색이다.

정답 59 ④　60 ①

해설
② 1BTU : 표준대기압하에서 순수한 물 1lb를 온도 1°F 올리는 데 필요한 열량이다.
③ 1J : 1N(뉴턴)의 힘으로 물체를 1m 움직이는 동안에 하는 일과 그 일로 환산할 수 있는 양에 해당하며, 1W의 전력을 1초 동안 소비하는 일의 양과 같다.
④ 1CHU : kcal와 BTU의 조합 단위로 물 1lb를 1°C 올리는 데 필요한 열량이다.

53 물질이 융해, 응고, 증발, 응축 등과 같은 상의 변화를 일으킬 때 발생 또는 흡수하는 열을 무엇이라 하는가?
① 비열
② 현열
③ 잠열
④ 반응열

해설
① 비열(Specific Heat) : 표준대기압하에서 어떤 물질 1kg의 온도를 1°C 올리는 데 필요한 열량을 그 물질의 비열이라 한다(단위 : kcal/ kg°C, BTU/lb°F).
② 현열(Sensible Heat) : 감열이라 하며, 상태변화 없이 온도가 변화할 때 필요한 열량이다.
④ 반응열 : 화학반응이 일어날 때 발생 또는 흡수되는 에너지의 양이며, 반응에너지라고도 한다.

54 에틸렌(C_2H_4)의 용도가 아닌 것은?
① 폴리에틸렌의 제조
② 산화에틸렌의 원료
③ 초산비닐의 제조
④ 메탄올 합성의 원료

해설
에틸렌(C_2H_4)의 용도
폴리에틸렌의 제조, 초산비닐의 제조, 산화에틸렌의 원료, 아세트알데히드의 원료, 에탄올의 원료, 석유화학공업의 기초 원료로서 합성수지, 합성고무, 합성섬유 등의 제조

55 공기 100kg 중에는 산소가 약 몇 kg 포함되어 있는가?
① 12.3
② 23.2
③ 31.5
④ 43.7

해설

%\성분	산 소
용량(%)	20.9
중량(%)	23.2

∴ 100kg×0.232=23.2kg

56 100°F를 섭씨온도로 환산하면 약 몇 °C인가?
① 20.8
② 27.8
③ 37.8
④ 50.8

해설
$$°C = \frac{5}{9}(°F - 32)$$
$$= \frac{5}{9}(100-32) = 37.8°C$$

57 0°C, 2기압하에서 1L의 산소와 0°C, 3기압 2L의 질소를 혼합하여 2L로 하면 압력은 몇 기압이 되는가?
① 2기압
② 4기압
③ 6기압
④ 8기압

해설
$$PV = P_1V_1 + P_2V_2$$
$$P = \frac{P_1V_1 + P_2V_2}{V}$$
$$= \frac{2 \times 1 + 3 \times 2}{2} = \frac{8}{2}$$
$$= 4기압$$

58 다음 중 상온에서 비교적 낮은 압력으로 가장 쉽게 액화되는 가스는?
① CH_4
② C_3H_8
③ O_2
④ H_2

해설
액화가스
C_3H_8, C_4H_{10}, Cl_2, CO_2, NH_3, HCN, Freon 등과 같이 상온에서 비교적 낮은 압력으로 쉽게 액화할 수 있는 가스로서, 압축 액화시켜 액체상태로 용기에 충전한 가스를 말한다.

정답 53 ③ 54 ④ 55 ② 56 ③ 57 ② 58 ②

45 압축기를 이용한 LP가스 이·충전 작업에 대한 설명으로 옳은 것은?

① 충전시간이 길다.
② 잔류가스를 회수하기 어렵다.
③ 베이퍼록현상이 일어난다.
④ 드레인현상이 일어난다.

해설) 압축기를 이용한 LP가스 이·충전 작업은 드레인현상이 일어난다.

46 다음 중 가장 높은 압력은?

① 1atm
② 100kPa
③ 10mH$_2$O
④ 0.2MPa

해설)
① 1atm = 0.101325MPa
② 100kPa = $\frac{100 \times 0.101325}{101.325}$ = 0.1MPa
③ 10mH$_2$O = $\frac{10 \times 0.101325}{10.33}$ = 0.01Mpa
④ 0.2Mpa

47 다음 중 비점이 가장 낮은 것은?

① 수소   ② 헬륨
③ 산소   ④ 네온

해설)
① −252.5°C
② −268.9°C
③ −183°C
④ −245.9°C

48 공기 중에 10vol% 존재 시 폭발의 위험성이 없는 가스는?

① CH$_3$Br   ② C$_2$H$_6$
③ C$_2$H$_4$O   ④ H$_2$S

해설) 공기 중에 10vol% 존재 시 폭발의 위험성이 없는 가스는 CH$_3$Br이다.

49 다음 중 LP가스의 일반적인 연소 특성이 아닌 것은?

① 연소 시 다량의 공기가 필요하다.
② 발열량이 크다.
③ 연소속도가 늦다.
④ 착화온도가 낮다.

해설)
LP가스의 일반적인 연소 특성
㉠ 연소 시 다량의 공기가 필요하다.
㉡ 발열량이 크다.
㉢ 연소속도가 늦다.
㉣ 착화(발화)온도가 높다.
㉤ 폭발(연소)범위가 좁고, 하한이 낮다.

50 LNG의 특징에 대한 설명 중 틀린 것은?

① 냉열을 이용할 수 있다.
② 천연에서 산출한 천연가스를 약 −162°C까지 냉각하여 액화시킨 것이다.
③ LNG는 도시가스, 발전용 이외에 일반 공업용으로도 사용된다.
④ LNG로부터 기화한 가스는 부탄이 주성분이다.

해설) ④ LNG로부터 기화한 가스는 메탄이 주성분이다.

51 가정용 가스보일러에서 발생하는 가스중독 사고는 배기가스의 어떤 성분에 의하여 주로 발생하는가?

① CH$_4$ ② CO$_2$
③ CO   ④ C$_3$H$_8$

해설) 가정용 가스보일러에서 발생하는 중독사고의 원인은 CO(일산화탄소)이다.

52 순수한 물 1g을 온도 14.5°C에서 15.5°C까지 높이는 데 필요한 열량을 의미하는 것은?

① 1cal   ② 1BTU
③ 1J   ④ 1CHU

정답 45 ④ 46 ④ 47 ② 48 ① 49 ④ 50 ④ 51 ③ 52 ①

39 송수량 12,000L/min, 전양정 45m인 벌류트 펌프의 회전수를 1,000rpm에서 1,100rpm으로 변화시킨 경우 펌프의 축동력은 약 몇 PS인가? (단, 펌프의 효율은 80%이다.)

① 165 ② 180
③ 200 ④ 250

해설

축동력$(L) = \dfrac{Q \cdot H \cdot \gamma}{75 \times 60 \times \eta}$ (PS)

$= \dfrac{12 \times 45 \times 1,000}{75 \times 60 \times 0.8} = 150 \text{PS}$

여기서, 축동력은 회전수 변화의 3승에 비례한다.

$L' = L \times \left(\dfrac{N'}{N}\right)^3 = 150 \times \left(\dfrac{1,100}{1,000}\right)^3$

$= 200 \text{PS}$

40 펌프의 실제 송출유량을 Q, 펌프 내부에서의 누설유량을 ΔQ, 임펠러 속을 지나는 유량을 $Q + \Delta Q$라 할 때 펌프의 체적효율(η_V)을 구하는 식은?

① $\eta_V = \dfrac{Q}{Q + \Delta Q}$

② $\eta_V = \dfrac{Q + \Delta Q}{Q}$

③ $\eta_V = \dfrac{Q - \Delta Q}{Q + \Delta Q}$

④ $\eta_V = \dfrac{Q + \Delta Q}{Q - \Delta Q}$

해설

펌프의 체적효율$(\eta_V) = \dfrac{Q}{Q + \Delta Q}$

여기서, Q : 펌프의 실제 송출유량
ΔQ : 펌프 내부에서의 누설유량
$Q + \Delta Q$: 임펠러 속을 지나는 유량

41 염화메탄을 사용하는 배관에 사용하지 못하는 금속은?

① 주강 ② 강
③ 동 합금 ④ 알루미늄 합금

해설 염화메탄을 사용하는 배관에는 알루미늄 합금을 사용하지 못한다.

42 고압가스용기의 관리에 대한 설명으로 틀린 것은?

① 충전용기는 항상 40℃ 이하를 유지하도록 한다.
② 충전용기는 넘어짐 등으로 인한 충격을 방지하는 조치를 하여야 하며, 사용한 후에는 밸브를 열어 둔다.
③ 충전용기밸브는 서서히 개폐한다.
④ 충전용기밸브 또는 배관을 가열하는 때에는 열습포나 40℃ 이하의 더운물을 사용한다.

해설 ② 충전용기는 넘어짐 등으로 인한 충격 및 밸브의 손상을 방지하는 조치를 하며, 사용한 후에는 밸브를 닫아 둔다.

43 저온장치의 분말진공단열법에서 충진용 분말로 사용되지 않는 것은?

① 펄라이트
② 알루미늄분말
③ 글라스울
④ 규조토

해설 저온장치의 분말진공단열법
10^{-2}torr 정도의 진공 공간에 펄라이트, 알루미늄분말, 규조토, 샌다셀을 사용하여 단열 효과를 높인다.

44 다음 중 저온을 얻는 기본적인 원리는?

① 등압팽창
② 단열팽창
③ 등온팽창
④ 등적팽창

해설 저온을 얻는 기본적인 원리는 단열팽창이다.

정답 39 ③ 40 ① 41 ④ 42 ② 43 ③ 44 ②

34 전위측정기로 관대지전위(Pipe To Soil Potential) 측정 시 측정방법으로 적합하지 않은 것은? (단, 기준전극은 포화황산동 전극이다.)
① 측정선 말단의 부식 부분을 연마 후에 측정한다.
② 전위측정기의 (+)는 T/B(Test Box), (-)는 기준전극에 연결한다.
③ 콘크리트 등으로 기준전극을 토양에 접지할 수 없을 경우에는 물에 적신 스펀지 등을 사용하여 측정한다.
④ 전위측정은 가능한 한 배관에서 먼 위치에서 측정한다.

해설 ④ 전위측정은 가능한 한 배관에서 가까운 위치에서 측정한다.

35 주로 탄광 내에서 CH_4의 발생을 검출하는 데 사용되며, 청염(푸른 불꽃)의 길이로써 그 농도를 알 수 있는 가스검지기는?
① 안전등형
② 간섭계형
③ 열선형
④ 흡광광도형

해설
② 간섭계형 : 가스의 굴절률 차이를 이용하여 농도를 측정하는 것이다.
③ 열선형 : 전기회로의 전류 차이로 가스농도를 지시 또는 자동경보장치에 이용하며, 열전도식과 연소식이 있다.
④ 흡광광도형 : 시료가스를 다른 물질과의 반응으로 발색시켜 광전분광광도계 및 광전광도계를 사용하여 흡광도의 측정에서 함량을 구하는 분석법으로, 미량 분석에 사용하며 램버트 비어 법칙을 이용한 것이다. 분석장치의 구성은 광원부, 파장 선택부, 시료부, 측정부의 4부로 구분된다.

36 다음 중 용적식 유량계에 해당하는 것은?
① 오리피스 유량계
② 플로노즐 유량계
③ 벤투리관 유량계
④ 오벌기어식 유량계

해설
㉠ 용적식(직접식) 유량계 : 오벌기어(Oval Gear)식 유량계, 루트형 유량계, 로터리 피스톤식 유량계, 회전원판형 유량계, 가스미터 등
㉡ 간접식 유량계 : 오리피스(Orifice)미터, 플로노즐(Flow Nozzle), 벤투리(Venturi)미터 등

37 가스난방기의 명판에 기재하지 않아도 되는 것은?
① 제조자의 형식호칭(모델번호)
② 제조자명이나 그 약호
③ 품질보증기간과 용도
④ 열효율

해설 가스난방기의 명판에 기재하는 것
㉠ 제조자의 형식호칭(모델번호)
㉡ 제조자명이나 그 약호
㉢ 품질보증기간과 용도

38 진탕형 오토클레이브의 특징에 대한 설명으로 틀린 것은?
① 가스누출의 가능성이 적다.
② 고압력에 사용할 수 있고 반응물의 오손이 작다.
③ 장치 전체가 진동하므로 압력계는 본체로부터 떨어져 설치한다.
④ 뚜껑판에 뚫린 구멍으로 촉매가 끼어 들어갈 염려가 없다.

해설 ④ 뚜껑판에 뚫린 구멍으로 촉매가 끼어들어갈 염려가 있다.

정답 34 ④ 35 ① 36 ④ 37 ④ 38 ④

29 산소가스설비의 수리를 위한 저장탱크 내의 산소를 치환할 때 산소측정기 등으로 치환 결과를 수시로 측정하여 산소의 농도가 원칙적으로 몇 % 이하가 될 때까지 치환하여야 하는가?

① 18%
② 20%
③ 22%
④ 24%

해설 산소가스설비의 수리 시 산소의 농도가 원칙적으로 22% 이하가 될 때까지 치환한다.

30 최근 시내버스 및 청소차량 연료로 사용되는 CNG 충전소 설계 시 고려하여야 할 사항으로 틀린 것은?

① 압축장치와 충전설비 사이에는 방호벽을 설치한다.
② 충전기에는 90kgf 미만의 힘에서 분리되는 긴급분리장치를 설치한다.
③ 자동차 충전기(디스펜서)의 충전 호스 길이는 8m 이하로 한다.
④ 펌프 주변에는 1개 이상 가스누출검지경보장치를 설치한다.

해설 ② 충전기에는 60kgf 미만의 힘에서 분리되는 긴급분리장치를 설치한다.

31 다이어프램식 압력계의 특징에 대한 설명 중 틀린 것은?

① 정확성이 높다.
② 반응속도가 빠르다.
③ 온도에 따른 영향이 작다.
④ 미소압력을 측정할 때 유리하다.

해설 ③ 온도에 따른 영향이 크다.

32 어떤 도시가스의 발열량이 15,000kcal/Sm³일 때 웨버지수는 얼마인가? (단, 가스의 비중은 0.5로 한다.)

① 12,121
② 20,000
③ 21,213
④ 30,000

해설
$$WI = \frac{H_g}{\sqrt{d}} = \frac{15,000}{\sqrt{0.5}} = 21,213$$

여기서, H_g : 도시가스의 발열량(kcal/Sm³)
d : 도시가스의 비중

33 염화팔라듐지로 검지할 수 있는 가스는?

① 아세틸렌
② 황화수소
③ 염소
④ 일산화탄소

해설

시험지	제법	검지 가스	반응	감도
KI-전분지	전분액과 N-KI액을 등량 혼합한다.	NO₂, ClO, 할로겐	청~갈색	Cl₂는 0.00143 g/L
리트머스지	-	산, 알칼리	적색, 청색	NH₃는 0.0007 mg/L
염화제1동 착염지	• CuSO₄·5H₂O 3g, NH₄Cl 3g, 염산히드록실아민 5g을 80mL의 물로 용해한다. • 이 액 9mL와 암모니아성 AgNO₃ 1.5mL를 혼합으로 만든다.	아세틸렌	적색	2.5 mg/L
염화팔라듐지	PdCl₂ 0.2% 액에 침투 건조시킨 후 5% 초산에 침투시킨다.	CO	흑색	0.01 mg/L
하리슨 시약	p-디메틸아미노벤즈알데히드 및 디펠아민 1g을 CCl₄ 10mL에 용해제조한다.	포스겐	심등색	1mg/L
연당지	초산납 10g을 물 90mL로 용해한다.	H₂S	흑색	0.001 mg/L
초산벤젠지	초산벤젠지와 초산동의 수용액으로 제조한다.	HCN	청색	0.001 mg/L

25 다음 중 방류둑을 설치하여야 하는 기준으로 옳지 않은 것은?

① 저장능력이 5톤 이상인 독성가스 저장탱크
② 저장능력이 300톤 이상인 가연성가스 저장탱크
③ 저장능력이 1,000톤 이상인 액화석유가스 저장탱크
④ 저장능력이 1,000톤 이상인 액화산소 저장탱크

해설 방류둑 설치 기준
(1) 고압가스 특정제조
  ㉠ 가연성가스 : 500톤 이상
  ㉡ 독성가스 : 5톤 이상
  ㉢ 액화산소 : 1,000톤 이상
(2) 고압가스 일반제조
  ㉠ 가연성가스, 액화산소 : 1,000톤 이상
  ㉡ 독성가스 : 5톤 이상
(3) 냉동제조시설(독성가스 냉매 사용) : 수액기 내용적 10,000L 이상
(4) 액화석유가스 충전 사업 : 1,000톤 이상
(5) 도시가스
  ㉠ 도시가스 도매사업 : 500톤 이상
  ㉡ 일반도시가스사업 : 1,000톤 이상

26 다음은 도시가스 사용시설의 월사용예정량을 산출하는 식이다. 이중 기호 "A"가 의미하는 것은?

$$Q = \frac{(A \times 240) + (B \times 90)}{11,000}$$

① 월사용예정량
② 산업용으로 사용하는 연소기의 명판에 기재된 가스소비량의 합계
③ 산업용이 아닌 연소기의 명판에 기재된 가스소비량의 합계
④ 가정용 연소기의 가스소비량의 합계

해설 도시가스 월사용예정량 산정 기준
$$Q = \frac{(A \times 240) + (B \times 90)}{11,000}$$
여기서, Q : 월사용예정량(m^3)
  A : 산업용으로 사용하는 연소기의 명판에 기재된 가스소비량의 합계 (kcal/h)
  B : 산업용이 아닌 연소기의 명판에 기재된 가스소비량의 합계(kcal/h)

27 LPG용 압력조정기 중 1단 감압식 저압조정기의 조정압력의 범위는?

① 2.3~3.3kPa
② 2.55~3.3kPa
③ 57~83kPa
④ 5.0~30kPa 이내에서 제조자가 설정한 기준압력의 ±20%

해설 LPG 압력조정기 중 1단 감압식 저압조정기의 조정압력 : 2.3~3.3kPa

28 용기의 내용적 40L에 내압시험압력의 수압을 걸었더니 내용적이 40.24L로 증가하였고, 압력을 제거하여 대기압으로 하였더니 용적은 40.02L가 되었다. 이 용기의 항구증가율과 내압시험에 대한 합격 여부는?

① 1.6%, 합격
② 1.6%, 불합격
③ 8.3%, 합격
④ 8.3%, 불합격

해설 ㉠ 항구증가율(영구증가율)
$$= \frac{항구증가량(영구증가량)}{전증가량} \times 100$$
$$= \frac{40.02 - 40}{40.24 - 40} \times 100 = 8.3\%$$
㉡ 합격 기준 : 신규검사 항구증가율이 10% 이하면 합격이다. 즉, 8.3%이므로 합격이다.

해설
① 시설 안에서 사용하는 자체화기를 제외한 화기와 가스계량기가 유지하여야 하는 거리는 2m 이상이어야 한다.
② 시설 안에서 사용하는 자체화기를 제외한 화기와 입상관이 유지하여야 하는 거리는 2m 이상이어야 한다.
③ 가스계량기와 단열조치를 하지 아니한 굴뚝과의 거리는 30cm 이상 유지하여야 한다.

20 비등액체팽창증기폭발(BLEVE)이 일어날 가능성이 가장 낮은 곳은?
① LPG저장탱크
② 액화가스 탱크로리
③ 천연가스 지구정압기
④ LNG저장탱크

해설
(1) BLEVE(Boiling Liquid Expanding Vapor Explosion, 비등액체팽창증기폭발)
주변의 제트 화재(Jet Fire) 또는 풀 화재(Pool Fire)의 화염이 LPG저장탱크를 가열할 경우에 탱크 속 휘발성 물질의 온도가 상승하여 높은 증기압이 발생되며, 이로 인하여 안전밸브를 작동시킨다. 그리고 급격한 압력상승은 열화되기 쉬운 탱크의 기상부와 같은 가장 약한 부분으로부터 찢어져 폭발하는 BLEVE의 사고가 일어난다.
(2) BLEVE가 일어날 가능성이 있는 곳
  ㉠ LPG저장탱크
  ㉡ 액화가스 탱크로리
  ㉢ LNG저장탱크

21 액화석유가스를 탱크로리로부터 이·충전할 때 정전기를 제거하는 조치로 접지하는 접지 접속선의 규격은?
① 5.5mm² 이상
② 6.7mm² 이상
③ 9.6mm² 이상
④ 10.5mm² 이상

해설 액화석유가스를 탱크로리로부터 이·충전 시 정전기를 제거하는 조치로 접지하는 접지 접속선의 규격 : 5.5mm² 이상

22 가연성가스, 독성가스 및 산소 설비의 수리 시 설비 내의 가스 치환용으로 주로 사용되는 가스는?
① 질소
② 수소
③ 일산화탄소
④ 염소

해설 가스 치환용으로 사용되는 가스 : 질소(N_2)

23 다음 중 지연성가스에 해당되지 않는 것은?
① 염소
② 불소
③ 이산화질소
④ 이황화탄소

해설
㉠ 지연성가스 : 염소, 불소, 이산화질소
㉡ 독성가스 : CS_2

24 내용적이 300L인 용기에 액화암모니아를 저장하려고 한다. 이 저장설비의 저장능력은 얼마인가? (단, 액화암모니아의 충전정수는 1.86이다.)
① 161kg   ② 232kg
③ 279kg   ④ 558kg

해설 액화가스의 용기 및 차량에 고정된 탱크
$$W = \frac{V_2}{C}$$
여기서, W : 저장능력(kg)
V_2 : 내용적
C : 가스상수
즉, $W = \frac{300}{1.86} ≒ 161\text{kg}$

14 용기밸브 그랜드너트의 6각 모서리에 V형의 홈을 낸 것은 무엇을 표시하기 위한 것인가?

① 왼나사임을 표시
② 오른나사임을 표시
③ 암나사임을 표시
④ 수나사임을 표시

해설 용기밸브의 그랜드너트 6각 모서리에 V형의 홈은 왼나사의 표시이다.

15 부탄가스용 연소기의 명판에 기재할 사항이 아닌 것은?

① 연소기명
② 제조자의 형식호칭
③ 연소기 재질
④ 제조(로트)번호

해설 부탄가스용 연소기 명판에 기재할 사항
㉠ 연소기명
㉡ 제조자의 형식호칭
㉢ 제조(로트)번호

16 도시가스 도매사업자가 제조소에 다음 시설을 설치하고자 한다. 다음 중 내진설계를 하지 않아도 되는 시설은?

① 저장능력이 2톤인 지상식 액화천연가스 저장탱크의 지지구조물
② 저장능력이 300m³인 천연가스홀더의 지지구조물
③ 처리능력이 10m³인 압축기의 지지구조물
④ 처리능력이 15m³인 펌프의 지지구조물

해설 도시가스 도매사업자가 제조소에 내진설계를 하는 시설
㉠ 저장능력이 300m³인 천연가스홀더의 지지구조물
㉡ 처리능력이 10m³인 압축기의 지지구조물
㉢ 처리능력이 15m³인 펌프의 지지구조물

17 저장탱크의 지하설치 기준에 대한 설명으로 틀린 것은?

① 천장, 벽 및 바닥의 두께가 각각 30cm 이상인 방수조치를 한 철근콘크리트로 만든 곳에 설치한다.
② 지면으로부터 저장탱크 정상부까지의 깊이는 1m 이상으로 한다.
③ 저장탱크에 설치한 안전밸브에는 지면에서 5m 이상의 높이에 방출구가 있는 가스방출관을 설치한다.
④ 저장탱크를 매설한 곳의 주위에는 지상에 경계표지를 설치한다.

해설 ② 지면으로부터 저장탱크 정상부까지의 깊이는 60cm 이상으로 한다.

18 가스 중 음속보다 화염전파속도가 큰 경우 충격파가 발생하는데, 이때 가스의 연소속도로 옳은 것은?

① 0.3~100m/sec
② 100~300m/sec
③ 700~800m/sec
④ 1,000~3,500m/sec

해설 충격파의 연소속도 : 1,000~3,500m/sec

19 도시가스 사용시설의 가스계량기 설치 기준에 대한 설명으로 옳은 것은?

① 시설 안에서 사용하는 자체화기를 제외한 화기와 가스계량기가 유지하여야 하는 거리는 3m 이상이어야 한다.
② 시설 안에서 사용하는 자체화기를 제외한 화기와 입상관이 유지하여야 하는 거리는 3m 이상이어야 한다.
③ 가스계량기와 단열조치를 하지 아니한 굴뚝과의 거리는 10cm 이상 유지하여야 한다.
④ 가스계량기와 전기개폐기와의 거리는 60cm 이상 유지하여야 한다.

정답 14 ① 15 ③ 16 ① 17 ② 18 ④ 19 ④

06 액화석유가스는 공기 중의 혼합 비율의 용량이 얼마인 상태에서 감지할 수 있도록 냄새가 나는 물질을 섞어 용기에 충전하여야 하는가?

① $\dfrac{1}{10}$ ② $\dfrac{1}{100}$
③ $\dfrac{1}{1,000}$ ④ $\dfrac{1}{10,000}$

해설 액화석유가스는 공기 중의 혼합 비율의 용량이 $\dfrac{1}{1,000}$ 인 상태에서 감지할 수 있도록 냄새가 나는 물질을 섞어 용기에 충전한다.

07 다음 중 천연가스(LNG)의 주성분은?

① CO   ② CH_4
③ C_2H_4 ④ C_2H_2

해설 천연가스(LNG)의 주성분 : CH_4

08 건축물 안에 매설할 수 없는 도시가스배관의 재료는?

① 스테인리스강관
② 동관
③ 가스용 금속플렉시블호스
④ 가스용 탄소강관

해설 건축물 안에 매설할 수 없는 도시가스배관의 재료 가스용 탄소강관

09 고압가스용 용접용기 동판의 최대두께와 최소두께와의 차이는?

① 평균두께의 5% 이하
② 평균두께의 10% 이하
③ 평균두께의 20% 이하
④ 평균두께의 25% 이하

해설 고압가스용 용접용기 동판의 최대두께와 최소두께와의 차이 : 평균두께의 20% 이하

10 공기 중에서 폭발범위가 가장 넓은 가스는?

① 메탄   ② 프로판
③ 에탄   ④ 일산화탄소

해설
① 메탄 : 5~15%
② 프로판 : 2.1~9.5%
③ 에탄 : 3.0~12.4%
④ 일산화탄소 : 12.5~74%

11 다음 중 마찰, 타격 등으로 격렬히 폭발하는 예민한 폭발물질과 가장 거리가 먼 것은?

① AgN_2 ② H_2S
③ Ag_2C_2 ④ N_4S_4

해설 마찰, 타격 등으로 격렬히 폭발하는 예민한 폭발물질 : AgN_2, Ag_2C_2, N_4S_4

12 독성가스용기 운반 기준에 대한 설명으로 틀린 것은?

① 차량의 최대적재량을 초과하여 적재하지 아니한다.
② 충전용기는 자전거나 오토바이에 적재하여 운반하지 아니한다.
③ 독성가스 중 가연성가스와 조연성가스는 같은 차량의 적재함으로 운반하지 아니한다.
④ 충전용기를 차량에 적재하여 운반할 때에는 적재함에 넘어지지 않게 뉘어서 운반한다.

해설 ④ 충전용기를 차량에 적재하여 운반할 때에는 적재함에 세워서 운반한다.

13 도시가스 계량기와 화기 사이에 유지하여야 하는 거리는?

① 2m 이상   ② 4m 이상
③ 5m 이상   ④ 8m 이상

해설 도시가스 계량기와 화기 사이에 유지하여야 하는 거리 : 2m 이상

정답 06 ③   07 ②   08 ④   09 ③   10 ④   11 ②   12 ④   13 ①

2023 가스기능사 (1. 27. 시행)

01 액화석유가스 또는 도시가스용으로 사용되는 가스용 염화비닐호스는 그 호스의 안전성, 편리성 및 호환성을 확보하기 위하여 안지름 치수를 규정하고 있는데, 그 치수에 해당하지 않는 것은?

① 4.8mm ② 6.3mm
③ 9.5mm ④ 12.7mm

해설 액화석유가스 또는 도시가스용으로 사용되는 가스용 염화비닐호스 안지름 치수
㉠ 6.3mm ㉡ 9.5mm ㉢ 12.7mm

02 가스누출자동차단장치의 검지부 설치 금지 장소에 해당하지 않는 것은?

① 출입구 부근 등으로서 외부의 기류가 통하는 곳
② 가스가 체류하기 좋은 곳
③ 환기구 등 공기가 들어오는 곳으로부터 1.5m 이내의 곳
④ 연소기의 폐가스에 접촉하기 쉬운 곳

해설 가스누출자동차단장치의 검지부 설치 금지 장소
㉠ 출입구 부근 등으로서 외부의 기류가 통하는 곳
㉡ 환기구 등 공기가 들어오는 곳으로부터 1.5m 이내의 곳
㉢ 연소기의 폐가스에 접촉하기 쉬운 곳

03 가연성 고압가스 제조소에서 다음 중 착화원인이 될 수 없는 것은?

① 정전기
② 베릴륨 합금제 공구에 의한 타격
③ 사용 촉매의 접촉
④ 밸브의 급격한 조작

해설 베릴륨 합금제 공구에 의한 타격은 불꽃이 발생하지 않으므로 착화원인이 될 수 없다.

04 LP가스의 일반적인 성질에 대한 설명 중 옳은 것은?

① 공기보다 무거워 바닥에 고인다.
② 액의 체적팽창률이 작다.
③ 증발잠열이 작다.
④ 기화 및 액화가 어렵다.

해설 LP가스의 일반적 성질
㉠ 기체 상태의 LP가스는 공기보다 무겁다.
㉡ 액체 상태의 LP가스는 물보다 가볍다.
㉢ 온도상승에 따른 LP가스액의 체적팽창률은 매우 크다.
㉣ 증발잠열(기화열)이 크다.
㉤ 기화가 용이하며, 기화하면 체적이 현저히 증가한다.
㉥ 무색투명하고 냄새가 거의 나지 않는다.
㉦ 물에 녹지 않으나 알코올, 에테르에 용해되고, 석유류 또는 동·식물유, 천연고무를 잘 용해시킨다.
㉧ 상온·상압에서는 기체이나, 가압 또는 냉각하면 쉽게 액화한다.

05 도시가스 사용시설에서 배관의 호칭지름이 25mm인 배관은 몇 m 간격으로 고정하여야 하는가?

① 1m마다 ② 2m마다
③ 3m마다 ④ 4m마다

해설 도시가스 사용시설에서 배관의 고정장치 설치
㉠ 호칭지름 13mm 미만 : 1m마다
㉡ 호칭지름 13mm 이상 33mm 미만 : 2m마다
㉢ 호칭지름 33mm 이상 : 3m마다

정답 01 ① 02 ② 03 ② 04 ① 05 ②

해설) 공기의 분자량은 29이다.
① O_2 = 32
② SO_2 = 64
③ CO = 28
④ CO_2 = 44

57 LNG와 LPG에 대한 설명으로 옳은 것은?
① LPG는 대체천연가스 또는 합성천연가스를 말한다.
② 액체 상태의 나프타를 LNG라 한다.
③ LNG는 각종 석유가스의 총칭이다.
④ LNG는 액화천연가스를 말한다.

해설) ㉠ LPG : 액화석유가스
㉡ LNG : 액화천연가스

58 다음 암모니아 제법 중 중압합성방법이 아닌 것은?
① 카자레법   ② 뉴우데법
③ 케미크법   ④ 뉴파우서법

해설) 압력에 따른 암모니아 합성법

구분	압력	방법
고압 합성	60~100MPa	클로우드법, 카자레법
중압 합성	30MPa	IG법, 뉴파우서법(New-Fauser), 뉴우데법(New-uhde), 케미크법, JIC법, 동공시법
저압 합성	15MPa	구 우데법, 켈로그법

59 아세틸렌(C_2H_2)에 대한 설명 중 틀린 것은?
① 시안화수소와 반응 시 아세트알데히드를 생성한다.
② 폭발범위(연소범위)는 약 2.5~81%이다.
③ 공기 중에서 연소하면 잘 탄다.
④ 무색이고 가연성이다.

해설) ① 황산수은 촉매하에 물을 부가시키면 알세트알데히드를 생성한다.

60 다음 중 천연가스의 성질이 아닌 것은?
① 주성분은 메탄이다.
② 독성이 없고 청결한 가스이다.
③ 공기보다 무거워 누출 시 바닥에 고인다.
④ 발열량은 약 9,500~10,500kcal/m³ 정도이다.

해설) ③ 공기보다 가볍다.

정답) 57 ④ 58 ① 59 ① 60 ③

49 1몰의 프로판을 완전연소시키는 데 필요한 산소의 몰수는?

① 3몰 ② 4몰
③ 5몰 ④ 6몰

해설 프로판가스 완전연소 반응식
$C_3H_8 + 5O_2 \rightarrow 3CO_2 + 4H_2O$

50 도시가스의 제조 공정이 아닌 것은?

① 열분해 공정
② 접촉분해 공정
③ 수소화분해 공정
④ 상압증류 공정

해설 도시가스 제조 공정
㉠ 열분해 공정
㉡ 접촉분해 공정
㉢ 수소화분해 공정
㉣ 부분연소 공정
㉤ 대체천연 공정

51 표준상태하에서 증발열이 큰 순서에서 작은 순으로 옳게 나열된 것은?

① NH_3 - LNG - H_2O - LPG
② NH_3 - LPG - LNG - H_2O
③ H_2O - NH_3 - LNG - LPG
④ H_2O - LNG - LPG - NH_3

해설 증발열 크기에 따른 순서
H_2O(539kcal/kg) > NH_3(341kcal/kg) > LNG(280kcal/kg) > LPG(101.8kcal/kg)

52 대기압하의 공기로부터 순수한 산소를 분리하는 데 이용되는 액체 산소의 끓는점은 몇 ℃인가?

① -140 ② -183
③ -196 ④ -273

해설

가스 종류	비점
액체 산소	-183℃
액체 질소	196℃

53 다음 중 임계압력(atm)이 가장 높은 가스는 어느 것인가?

① CO ② C_2H_4
③ HCN ④ Cl_2

해설 ① 35atm ② 50.1atm
③ 53.2atm ④ 76.1atm

54 공기액화분리장치의 폭발 원인으로 볼 수 없는 것은?

① 공기 취입구로부터 O_2 혼입
② 공기 취입구로부터 C_2H_2 혼입
③ 액체 공기 중에 O_3 혼입
④ 공기 중에 있는 NO_2의 혼입

해설 공기액화분리장치의 폭발 원인
㉠ 액체 공기 중에 O_3 혼입
㉡ 공기 취입구로부터 C_2H_2 혼입
㉢ 공기 중에 있는 NO_2의 혼입

55 일정압력에서 20℃인 기체의 부피가 2배가 되었을 때의 온도는 몇 ℃인가?

① 293 ② 313
③ 323 ④ 486

해설 샤를의 법칙을 적용한다.
273+20=293K
293×2=586K
586-273=313℃

56 다음 중 공기보다 가벼운 가스는?

① O_2 ② SO_2
③ CO ④ CO_2

정답 49 ③ 50 ④ 51 ③ 52 ② 53 ④ 54 ① 55 ② 56 ③

42 가스액화 사이클 중 비점이 점차 낮은 냉매를 사용하여 저비점의 기체를 액화하는 사이클로서, 다원액화 사이클이라고도 하는 것은?

① 클로우드식 공기액화 사이클
② 캐피자식 공기액화 사이클
③ 필립스의 공기액화 사이클
④ 캐스케이드식 공기액화 사이클

해설 캐스케이드식 공기액화 사이클의 설명이다.

43 쉽게 고압이 얻어지고 유량 조정 범위가 넓어 LPG 충전소에 주로 설치되는 압축기는?

① 스크류 압축기
② 스크롤 압축기
③ 베인 압축기
④ 왕복식 압축기

해설 왕복식 압축기의 설명이다.

44 면적가변식 유량계의 특징이 아닌 것은?

① 소용량 측정이 가능하다.
② 압력손실이 크고 거의 일정하다.
③ 유효 측정 범위가 넓다.
④ 직접 유량을 측정한다.

해설 ② 압력손실이 작다.

45 배관용 보온재의 구비 조건으로 틀린 것은?

① 장시간 사용 온도에 견디며 변질되지 않을 것
② 가공이 균일하고 비중이 작을 것
③ 시공이 용이하고 열전도율이 클 것
④ 흡습, 흡수성이 작을 것

해설 ③ 시공이 용이하고 열전도율이 작을 것

46 이상 기체 상태방정식의 R값을 옳게 나타낸 것은?

① $8.314 L \cdot atm/mol \cdot °R$
② $0.082 L \cdot atm/mol \cdot K$
③ $8.314 m^3 \cdot atm/mol \cdot K$
④ $0.082 J/mol \cdot K$

해설
$$R = \frac{PV}{n \cdot T}$$
$$= \frac{1 atm \times 22.4 L}{1 mol \times 273 K}$$
$$= 0.082 L \cdot atm/mol \cdot K$$

47 다음 가스에 대한 가스용기의 재질로 적절하지 않은 것은?

① LPG : 탄소강
② 산소 : 크롬강
③ 염소 : 탄소강
④ 아세틸렌 : 구리합금강

해설 아세틸렌은 Ag, Hg, Cu, Mg과 치환반응을 하여 폭발성의 금속아세틸리드를 생성한다.
$C_2H_2 + 2Cu \rightarrow Cu_2C_2 + H_2$

48 다음 중 가장 높은 압력을 나타내는 것은?

① 101.325kPa
② 10.33mH$_2$O
③ 1,013hPa
④ 30.69PSI

해설
① 101.325kPa
② 10.33mH$_2$O = 102kPa
③ 1,013hPa × 100 = 101,300Pa = 101.3kPa
④ $\left(\frac{30.69 PSI}{14.7 PSI}\right) = 2.09 atm$
∴ 2.09 × 102 = 213kPa

정답 42 ④ 43 ④ 44 ② 45 ③ 46 ② 47 ④ 48 ④

해설
① 0~1,600℃ ② 0~1,200℃
③ -200~800℃ ④ -200~350℃

34 초저온 저장탱크의 측정에 많이 사용되며 차압에 의해 액면을 측정하는 액면계는?

① 햄프슨식 액면계
② 전기저항식 액면계
③ 초음파식 액면계
④ 크랭커식 액면계

해설 햄프슨식 액면계의 설명이다.

35 다음 중 회전식 펌프의 특징에 대한 설명으로 틀린 것은?

① 고점도액에도 사용할 수 있다.
② 토출압력이 낮다.
③ 흡입양정이 작다.
④ 소음이 크다.

해설 회전식 펌프에는 토출밸브가 없다.

36 펌프의 유량이 100m³/sec, 전양정 50m, 효율 75%일 때 회전수를 20% 증가시키면 소요동력은 몇 배가 되는가?

① 1.44 ② 1.73
③ 2.36 ④ 3.73

해설 동력은 회전수 증가의 3승에 비례한다.
$1+0.2=1.2$
$\therefore \left(\frac{1.2}{1}\right)^3 = 1.73$배

37 다음 중 실측식 가스미터가 아닌 것은?

① 루트식 ② 로터리 피스톤식
③ 습식   ④ 터빈식

해설 ④ 터빈식 : 추측식 가스미터

38 가스배관 설비에 전단응력이 일어나는 원인으로 가장 거리가 먼 것은?

① 파이프의 구배
② 냉간 가공의 응력
③ 내부압력의 응력
④ 열팽창에 의한 응력

해설 파이프의 구배는 전단응력과 관련이 없다.

39 부취제 중 황화합물의 화학적 안전성을 순서대로 바르게 나열한 것은?

① 이황화물 > 메르캅탄 > 환상황화물
② 메르캅탄 > 이황화물 > 환상황화물
③ 환상황화물 > 이황화물 > 메르캅탄
④ 이황화물 > 환상황화물 > 메르캅탄

해설 화학적 안전성
환상황화물 > 이황화물 > 메르캅탄

40 다음 중 불연성가스는?

① CO_2 ② C_3H_6
③ C_2H_2 ④ C_2H_4

해설
① 불연성가스
② 가연성가스
③ 용해가스
④ 가연성가스

41 진탕형 오토클레이브의 특징이 아닌 것은?

① 가스누출의 가능성이 없다.
② 고압력에 사용할 수 있고 반응물의 오손이 없다.
③ 뚜껑판에 뚫린 구멍에 촉매가 끼어들어갈 염려가 있다.
④ 교반효과가 뛰어나며 교반형에 비하여 효과가 크다.

해설 ④ 교반형에 비하면 교반효과가 작다.

정답 34 ① 35 ② 36 ② 37 ④ 38 ① 39 ③ 40 ① 41 ④

27 고압가스 저장탱크 2개를 지하에 인접하여 설치하는 경우 상호 간에 유지하여야 할 최소거리 기준은?

① 0.6m 이상
② 1m 이상
③ 1.2m 이상
④ 1.5m 이상

해설 지하에 저장탱크 2개를 인접하여 설치하는 경우 1m 이상의 최소거리를 유지한다.

28 다음 고압가스 운반 기준에 대한 설명 중 틀린 것은?

① 밸브가 돌출한 충전용기는 고정식 프로텍터나 캡을 부착해 밸브의 손상을 방지한다.
② 충전용기를 차에 실을 때에는 넘어지거나 부딪침 등으로 충격을 받지 않도록 주의하여 취급한다.
③ 소방기본법이 정하는 위험물과 충전용기를 동일 차량에 적재 시에는 1m 정도 이격시킨 후 운반한다.
④ 염소와 아세틸렌·암모니아 또는 수소는 동일 차량에 적재하여 운반하지 않는다.

해설 ③ 소방기본법이 정하는 위험물과 충전용기를 동일 차량에 운반하지 못한다.

29 용기에 표시된 각인 기호 중 연결이 잘못된 것은?

① FP - 최고충전압력
② TP - 검사일
③ V - 내용적
④ W - 질량

해설 ② TP : 내압시험압력

30 일정압력, 20℃에서 체적 1L의 가스는 40℃에서는 약 몇 L가 되는가?

① 1.07
② 1.21
③ 1.30
④ 2

해설 샤를의 법칙

$$\frac{V}{T} = \frac{V_1}{T_1}$$

$$\frac{1}{20+273} = \frac{V_1}{40+273}$$

$$V_1 = \frac{(40+273) \times 1}{20+273} = 1.07L$$

31 액화가스의 비중이 0.8, 배관 직경이 50mm이고 유량이 15ton/h일 때 배관 내의 평균 유속은 약 몇 m/sec인가?

① 1.80
② 2.66
③ 7.56
④ 8.52

해설 평균유속 $V = \frac{유량(m^3/sec)}{단면적(m^2)}$

1시간 = 3,600초이므로

$$V = \frac{\frac{15}{0.8}}{\frac{3.14}{4} \times (0.05)^2 \times 3,600} = 2.66 m/sec$$

32 100A용 가스누출 경보차단장치의 차단 시간은 얼마 이내이어야 하는가?

① 20초
② 30초
③ 1분
④ 3분

해설 가스누출 경보차단장치 차단 시간
㉠ 경보 농도 1.6배 농도 : 30초 이내
㉡ 암모니아, 일산화탄소 : 60초 이내

33 다음 열전대 중 측정 온도가 가장 높은 것은?

① 백금 - 백금·로듐형
② 크로멜 - 알루멜형
③ 철 - 콘스탄탄형
④ 동 - 콘스탄탄형

정답 27 ② 28 ③ 29 ② 30 ① 31 ② 32 ② 33 ①

20 이동식 압축도시가스 자동차 시설 기준에서 처리설비, 이동 충전차량 및 충전설비의 외면으로부터 화기를 취급하는 장소까지 몇 m 이상의 우회거리를 유지하여야 하는가?

① 5 ② 8
③ 12 ④ 20

해설 화기를 취급하는 장소까지는 8m 이상의 우회거리를 유지한다.

21 고압가스를 운반하는 차량의 경계표지 크기의 가로 치수는 차체 폭의 몇 % 이상으로 하여야 하는가?

① 10 ② 20
③ 30 ④ 50

해설 고압가스 운반차량 경계표지
㉠ 가로 치수 : 30% 이상
㉡ 세로 치수 : 가로 치수의 20% 이상 직사각형

22 독성가스를 운반하는 차량에 반드시 갖추어야 할 용구나 물품이 아닌 것은?

① 방독면 ② 제독제
③ 고무장갑 ④ 소화 장비

해설 소화 장비는 가연성가스에서 갖추어야 할 용구나 물품이다.

23 아세틸렌에 대한 설명 중 틀린 것은?

① 액체 아세틸렌은 비교적 안정하다.
② 집촉적으로 수소화하면 에틸렌, 에탄이 된다.
③ 압축하면 탄소와 수소로 자기분해한다.
④ 구리 등의 금속과 화합 시 금속아세틸라이드를 생성한다.

해설 ① 액체 아세틸렌은 불안정하지만 고체 아세틸렌은 비교적 안정하다.

24 프로판가스의 위험도(H)는 약 얼마인가?

① 2.2
② 3.3
③ 9.5
④ 17.7

해설 위험도(H)

$$= \frac{\text{폭발범위 상한값} - \text{폭발범위 하한값}}{\text{폭발범위 하한값}}$$

$$= \frac{9.5 - 2.1}{2.1} = 3.3$$

25 고압가스 일반 제조 시설에서 저장탱크를 지상에 설치한 경우 다음 중 방류둑을 설치하여야 하는 것은?

① 액화산소 저장능력 900톤
② 염소 저장능력 4톤
③ 암모니아 저장능력 10톤
④ 액화질소 저장능력 1,000톤

해설 ② ③ 독성가스
④ 무독성가스
방류둑 설치 대상
㉠ 산소 : 1천톤 이상 저장능력 지상탱크
㉡ 독성가스 : 5톤 이상 저장능력 지상탱크

26 다음 중 용기의 재검사 주기에 대한 기준으로 틀린 것은?

① 용접용기로서 신규검사 후 15년 이상 20년 미만인 용기는 2년마다 재검사
② 500L 이상 이음매없는 용기는 5년마다 재검사
③ 저장탱크가 없는 곳에 설치한 기화기는 2년마다 재검사
④ 압력용기는 4년마다 재검사

해설 ③ 저장탱크가 없는 곳에 설치한 기화기는 3년마다 재검사한다.

정답 20 ② 21 ③ 22 ④ 23 ① 24 ② 25 ③ 26 ③

14 이상 기체 1mol이 100℃, 100기압에서 0.1기압으로 등온가역적으로 팽창할 때 흡수되는 최대열량은 약 몇 cal인가? (단, 기체상수=1.987cal/mol·K)

① 5,020　② 5,080
③ 5,120　④ 5,190

해설　등온가역 $T = C$에서
$$W_2 = W_t = RT\ln\left(\frac{P_2}{P_1}\right)$$
$$= 1.987(100+273)\ln\left(\frac{0.1}{100}\right) = -5,120\,\text{cal}$$
$$\therefore \Delta H = 5,120\,\text{cal}$$

15 고압가스용기 제조의 시설 기준에 대한 설명 중 틀린 것은?

① 용기 동판의 최대두께와 최소두께와의 차이는 평균두께의 20% 이하로 한다.
② 초저온용기는 오스테나이트계 스테인리스강 또는 알루미늄 합금으로 제조한다.
③ 아세틸렌용기에 충전하는 다공물질은 다공도 72% 이상 95% 미만으로 한다.
④ 용기에는 프로텍터 또는 캡을 고정식 또는 체인식으로 부착한다.

해설　③ 다공도는 75% 이상 92% 미만이다.

16 도시가스 누출 시 폭발 사고를 예방하기 위하여 냄새가 나는 물질인 부취제를 혼합시킨다. 이때 부취제의 공기 중 혼합 비율 용량은?

① 1/1,000
② 1/2,000
③ 1/3,000
④ 1/5,000

해설　도시가스 부취제 공기 중 혼합 비율 용량 $\frac{1}{1,000}$

17 다음 고압가스 압축 작업 중 작업을 즉시 중단해야 하는 경우가 아닌 것은?

① 아세틸렌 중 산소 용량이 전 용량의 2% 이상의 것
② 산소 중 가연성가스(아세틸렌, 에틸렌 및 수소를 제외)의 용량이 전 용량의 4% 이상의 것
③ 산소 중 아세틸렌, 에틸렌 및 수소의 용량 합계가 전 용량의 2% 이상의 것
④ 시안화수소 중 산소 용량이 전 용량의 2% 이상의 것

해설　시안화수소는 압축 작업 중 작업을 즉시 중단해야 하는 가스에서 제외된다.

18 다음 중 가스의 폭발범위가 틀린 것은?

① 일산화탄소 : 12.5~74%
② 아세틸렌 : 2.5~81%
③ 메탄 : 2.1~9.3%
④ 수소 : 4~75%

해설　③ 메탄 : 5~15%

19 액화석유가스 저장탱크의 저장능력 산정 시 저장능력은 몇 ℃에서의 액비중을 기준으로 계산하는가?

① 0　② 15
③ 25　④ 40

해설　액화석유가스 저장탱크의 저장능력 산정 시 저장능력은 40℃에서의 액비중을 기준으로 계산한다.

정답　14 ③　15 ③　16 ①　17 ④　18 ③　19 ④

07 LPG가 충전된 납붙임 또는 접합용기는 얼마의 온도에서 가스누출시험을 할 수 있는 온수시험 탱크를 갖추어야 하는가?

① 20~32℃ ② 35~45℃
③ 46~50℃ ④ 60~80℃

해설 온수시험 탱크 온도 : 46~50℃

08 포스겐 취급 방법에 대한 설명 중 틀린 것은?

① 포스겐을 함유한 폐기액은 산성 물질로 충분히 처리한 후 처분한다.
② 취급 시에는 반드시 방독마스크를 착용한다.
③ 환기 시설을 갖추어 작업한다.
④ 누출 시 용기가 부식되는 원인이 되므로 약간의 누출에도 주의한다.

해설 포스겐은 수산화나트륨에는 급히 흡수된다.
$COCl_2 + 4NaOH \rightarrow Na_2CO_3 + 2NaCl + 2H_2O$

09 독성가스용 가스누출 검지경보장치의 경보농도 설정값은 얼마 이하인가?

① ±5%   ② ±10%
③ ±25% ④ ±30%

해설 가스누출 검지경보장치의 경보 농도 설정값
㉠ 가연성가스 : ±25% 이하
㉡ 독성가스 : ±30% 이하

10 도시가스 시설 설치 시 일부 공정 시공감리 대상이 아닌 것은?

① 일반도시가스 사업자의 배관
② 가스도매 사업자의 가스 공급 시설
③ 일반도시가스 사업자의 배관(부속 시설 포함) 이외의 가스 공급 시설
④ 시공감리의 대상이 되는 사용자 공급관

해설 ① 일반도시가스 사업자의 배관 : 전공정 시공 감리 대상자

11 고압가스배관을 도로에 매설하는 경우에 대한 설명으로 틀린 것은?

① 원칙적으로 자동차 등 하중의 영향이 작은 곳에 매설한다.
② 배관의 외면으로부터 도로의 경계까지 1m 이상의 수평거리를 유지한다.
③ 배관은 그 외면으로부터 도로 밑의 다른 시설물과 0.6m 이상의 거리를 유지한다.
④ 시가지의 도로 밑에 배관을 설치하는 경우 보호판을 배관의 정상부로부터 30cm 이상 떨어진 그 배관의 직상부에 설치한다.

해설 배관은 그 외면으로부터 도로 밑의 다른 시설물과 0.3m 이상의 거리를 유지한다.

12 가연성가스 제조 공장에서 착화의 원인으로 가장 거리가 먼 것은?

① 정전기
② 베릴륨 합금제 공구에 의한 충격
③ 사용 촉매의 접촉 작용
④ 밸브의 급격한 조작

해설 베릴륨 합금제 공구는 불꽃이 나지 않는 안전한 공구이다.

13 일산화탄소에 대한 설명으로 틀린 것은?

① 공기보다 가볍고 무색무취이다.
② 산화성이 매우 강한 기체이다.
③ 독성이 강하고 공기 중에서 잘 연소한다.
④ 철족의 금속과 반응하여 금속카르보닐을 생성한다.

해설 ② 환원성이 매우 강한 기체이다.

정답 07 ③ 08 ① 09 ④ 10 ① 11 ③ 12 ② 13 ②

2022 가스기능사 (8. 28. 시행)

01 고압가스 제조설비에서 누출된 가스의 확산을 방지할 수 있는 재해 조치를 하여야 하는 가스가 아닌 것은?
① 황화수소   ② 시안화수소
③ 아황산가스   ④ 탄산가스

해설 탄산가스(CO_2)는 불연성가스이므로 재해 조치를 하는 가스가 아니다.

02 고압가스 제조 장치의 취급에 대한 설명 중 틀린 것은?
① 압력계의 밸브를 천천히 연다.
② 액화가스를 탱크에 처음 충전할 때에는 천천히 충전한다.
③ 안전밸브는 천천히 작동한다.
④ 제조 장치의 압력을 상승시킬 때 천천히 상승시킨다.

해설 ③ 안전밸브는 신속히 작동한다.

03 재충전 금지 용기의 안전을 확보하기 위한 기준으로 틀린 것은?
① 용기와 용기 부속품을 분리할 수 있는 구조로 한다.
② 최고충전압력은 22.5MPa 이하이고 내용적은 25L 이하로 한다.
③ 납붙임 부분은 용기 몸체 두께의 4배 이상의 길이로 한다.
④ 최고충전입력이 3.5MPa 이상인 경우에는 내용적이 5L 이하로 한다.

해설 ① 용기와 용기 부속품을 분리할 수 없는 구조로 한다.

04 다음 특정설비 중 재검사 대상에서 제외되는 것이 아닌 것은?
① 역화방지장치
② 자동차용 가스자동주입기
③ 차량에 고정된 탱크
④ 독성가스 배관용 밸브

해설 특정설비
(1) 재검사 대상
   ㉠ 역화방지장치
   ㉡ 자동차용 가스자동주입기
   ㉢ 독성가스 배관용 밸브
(2) 특정설비의 재검사 주기는 5년, 불합격되어 수리한 것은 3년이다.

05 공기 중에서 폭발범위가 가장 넓은 가스는?
① 황화수소   ② 암모니아
③ 산화에틸렌   ④ 프로판

해설
① 황화수소 : 4.3~45%
② 암모니아 : 15~28%
③ 산화에틸렌 : 3~80%
④ 프로판 : 2.1~9.5%

06 다음 중 용기의 도색이 백색인 가스는? (단, 의료용 가스용기를 제외한다.)
① 액화염소   ② 질소
③ 산소   ④ 액화암모니아

해설 가연성가스 및 독성가스의 용기

가스의 종류	도색의 구분	가스의 종류	도색의 구분
수소	주황색	액화암모니아	백색
아세틸렌	황색	액화염소	갈색
액화석유가스	회색	그 밖의 가스	회색

정답 01 ④ 02 ③ 03 ① 04 ③ 05 ③ 06 ④

60 1기압, 25°C의 온도에서 어떤 기체 부피가 88mL이었다. 표준상태에서 부피(mL)는 얼마인가? (단, 기체는 이상기체로 간주한다.)

① 56.8
② 73.3
③ 80.6
④ 88.8

해설
V_2는 2°C에서 88mL
V_1은 0°C, 1기압(273K, 1atm)
그러므로 $25+273=298K$
$V_1 = 88 \times \dfrac{273}{298} = 80.6 \text{mL}$

정답 60 ③

③ 서미스터 온도계
④ 전기저항 온도계

해설 제백효과
2종의 금속선 양끝을 접합시키며 열전대를 만들고 양끝의 접점에 온도차를 주면 이 온도차에 따른 열기전력이 생기는 것으로, 열전대 온도계가 이 효과를 이용한 것이다.

54 다음 압력 중 가장 높은 압력은?
① $1.5kg/cm^2$ ② $10mH_2O$
③ $745mmHg$ ④ $0.6atm$

해설
① $1.5kg/cm^2$
② $10mH_2O = 1.033 \times \dfrac{10}{10.33}$
    $= 1kg/cm^2$
③ $745mlnHg = 1.033 \times \dfrac{745}{760}$
    $= 1.01kg/cm^2$
④ $0.6atm = 0.6198kg/cm^2$

55 다음 F_2의 성질에 대한 설명 중 틀린 것은?
① 담황색의 기체로, 특유의 자극성을 가진 유독한 기체이다.
② 활성이 강한 원소로, 거의 모든 원소와 화합한다.
③ 전기음성도가 작은 원소로서, 강한 환원제이다.
④ 수소와 냉암소에서도 폭발적으로 반응한다.

해설 ③ 전기음성도가 가장 큰 원소이며 산화제이다.

56 가스의 연소 시 수소 성분의 연소에 의하여 수증기가 발생한다. 가스발열량의 표현식으로 옳은 것은?
① 총 발열량 = 진발열량 + 현열
② 총 발열량 = 진발열량 + 잠열
③ 총 발열량 = 진발열량 - 현열
④ 총 발열량 = 진발열량 - 잠열

해설 총 발열량 = 진발열량 + 잠열

57 아세틸렌 충전 시 첨가하는 다공물질의 구비 조건이 아닌 것은?
① 화학적으로 안정할 것
② 기계적인 강도가 클 것
③ 가스의 충전이 쉬울 것
④ 다공도가 작을 것

해설 ④ 고다공도일 것

58 다음 중 LP가스의 특성으로 옳은 것은?
① LP가스의 액체는 물보다 가볍다.
② LP가스의 기체는 공기보다 가볍다.
③ LP가스는 푸른 색상을 띠며 강한 취기를 가진다.
④ LP가스는 알코올에는 녹지 않으나 물에는 잘 녹는다.

해설
② LP가스의 기체는 공기보다 무겁다.
③ LP가스는 무색무취의 가스이다.
④ LP가스는 물에는 녹지 않으나 알코올, 에테르에 용해된다.

59 수성가스(water gas)의 조성에 해당하는 것은?
① $CO + H_2$
② $CO_2 + H_2$
③ $CO + N_2$
④ $CO_2 + N_2$

해설 $C + H_2O \rightarrow \underline{CO + H_2}$
           수성가스

정답 54 ① 55 ③ 56 ② 57 ④ 58 ① 59 ①

47 각 가스의 특성에 대한 설명으로 틀린 것은?

① 수소는 고온, 고압에서 탄소강과 반응하여 수소취성을 일으킨다.
② 산소는 공기액화분리장치를 통해 제조하며, 질소와 분리 시 비등점 차이를 이용한다.
③ 일산화탄소는 담황색의 무취 기체로, 허용농도는 TLV-TWA 기준으로 50ppm이다.
④ 암모니아는 붉은 리트머스를 푸르게 변화시키는 성질을 이용하여 검출할 수 있다.

해설 ③ 일산화탄소는 무색무취의 기체로, TLV-TWA 기준으로 50ppm이다.

48 도시가스의 웨버지수에 대한 설명으로 옳은 것은?

① 도시가스의 총 발열량($kcal/m^3$)을 가스 비중의 평방근으로 나눈 값을 말한다.
② 도시가스의 총 발열량($kcal/m^3$)을 가스 비중으로 나눈 값을 말한다.
③ 도·시가스의 가스 비중을 총 발열량($kcal/m^3$)의 평방근으로 나눈 값을 말한다.
④ 도시가스의 가스 비중을 총 발열량($kcal/m^3$)으로 나눈 값을 말한다.

해설 웨버지수(WI) = $\dfrac{H_g(발열량)}{\sqrt{가스\ 비중}}$

49 1therm에 해당하는 열량으로 옳은 것은?

① 10^3BTU
② 10^4BTU
③ 10^5BTU
④ 10^6BTU

해설 1therm=10^5BTU

50 LP가스가 불완전연소되는 원인으로 가장 거리가 먼 것은?

① 공기 공급량이 부족할 때
② 가스의 조성이 맞지 않을 때
③ 가스 기구 및 연소 기구가 맞지 않을 때
④ 산소 공급이 과잉일 때

해설 산소 공급이 과잉이면 LP가스가 완전연소가 된다.

51 프로판가스 224L가 완전연소하면 약 몇 kcal의 열이 발생되는가? (단, 표준상태 기준이며, 1mol당 발열량은 530kcal이다.)

① 530
② 1,060
③ 5,300
④ 12,000

해설
1mol = 22.4L
$\dfrac{224}{22.4} = 10$mol
∴ $10 \times 530 = 5,300$kcal

52 다음 각종 가스의 공업적 용도에 대한 설명 중 옳지 않은 것은?

① 수소는 암모니아 합성 원료, 메탄올의 합성, 인조 보석 제조 등에 사용된다.
② 포스겐은 알코올 또는 페놀과의 반응성을 이용해 의약, 농약, 가소제 등을 제조한다.
③ 일산화탄소는 메탄올 합성 원료에 사용된다.
④ 암모니아는 열분해 또는 불완전연소시켜 카본블랙의 제조에 사용된다.

해설 ④ 암모니아는 질소 비료, 질산 제조, 나일론 및 각종 아민류의 원료로 사용한다.

53 다음 중 제백효과(seebeck effect)를 이용한 온도계는?

① 열전대 온도계
② 광고 온도계

정답 47 ③ 48 ① 49 ③ 50 ④ 51 ③ 52 ④ 53 ①

③ 중간 배관이 가늘어도 된다.
④ 입상에 의한 압력 손실을 보정할 수 있다.

해설 ② 자동 교체식 조정기의 사용 시 장점이다.

40 가스 압력을 적당한 압력으로 감압하는 직동식 정압기의 기본 구조의 구성 요소에 해당되지 않는 것은?
① 스프링　② 다이어프램
③ 메인 밸브　④ 파일럿

해설 정압기 기본 구조의 구성 요소
(1) 직동식
　㉠ 스프링
　㉡ 다이어프램
　㉢ 메인 밸브
(2) 파일럿식
　㉠ 스프링
　㉡ 다이어프램
　㉢ 파일럿

41 가스분석 방법 중 연소분석법에 해당되지 않는 것은?
① 완만연소법　② 분별연소법
③ 폭발법　④ 크로마토그래피법

해설 ④ 크로마토그래피법 : 기기분석법

42 액화석유가스 충전용 주관압력계의 기능검사 주기는?
① 매월 1회 이상
② 3월에 1회 이상
③ 6월에 6회 이상
④ 매년 1회 이상

해설 액화석유가스 충전용 주관압력계의 기능검사 주기 : 매월 1회 이상

43 다음 중 저온 재료로 부적당한 것은?
① 주철　② 황동
③ 9% 니켈　④ 18-8스테인리스강

해설 주철은 충격값에 약하므로 저온 재료로 부적당하다.

44 연소배기가스 분석 목적으로 가장 거리가 먼 것은?
① 연소가스 조성을 알기 위하여
② 연소가스 조성에 따른 연소 상태를 파악하기 위하여
③ 열정산 자료를 얻기 위하여
④ 열전도도를 측정하기 위하여

해설 열전도도 측정은 연소배기가스 분석 목적과 거리가 멀다.

45 지름 9cm인 관 속의 유속이 30m/sec이었다면 유량은 약 몇 m³/sec인가?
① 0.19　② 2.11
③ 2.7　④ 19.1

해설
단면적(A) = $\frac{\pi}{4}D^2$
　　　　　= $\frac{3.14}{4} \times (0.09)^2 = 0.0063585 \text{m}^2$
유량(Q) = 단면적 × 유속
　　　　 = $0.0063585 \times 30 = 0.19 \text{m}^3/\text{sec}$
(단, 지름 9cm = 0.09m)

46 프로판을 완전연소시켰을 때 주로 생성되는 물질은?
① CO_2, H_2　② CO_2, H_2O
③ C_2H_4, H_2O　④ C_4H_{10}, CO

해설 프로판 완전연소 반응식
$C_3H_8 + 5O_2 \rightarrow 3CO_2 + 4H_2O + Q(\text{kcal})$

정답 40 ④　41 ④　42 ①　43 ①　44 ④　45 ①　46 ②

32 저온을 얻는 기본적인 원리로 압축된 가스를 단열팽창시키면 온도가 강하한다는 원리를 무엇이라고 하는가?

① 줄-톰슨효과
② 돌턴효과
③ 정류효과
④ 헨리효과

해설 줄-톰슨효과의 설명이다.

33 다음 배관 재료 중 사용온도 350℃ 이하, 압력 10MPa 이상 고압관에 사용되는 것은?

① SPP   ② SPPH
③ SPPW ④ SPPG

해설 SPPH(고압배관용 탄소강관)
사용온도 350℃ 이하, 압력 10MPa 이상

34 압송기 출구에서 도시가스의 연소성을 측정한 결과 총 발열량이 10,700kcal/m³, 가스 비중이 0.56이었다. 다음 중 웨버지수(WI)로 옳은 것은?

① 14,298   ② 19,107
③ 18   ④ 6.9×10^{-5}

해설 웨버지수(WI) = $\dfrac{H_g}{\sqrt{d}}$

$= \dfrac{10,700}{\sqrt{0.56}}$

$= 14,298$

35 펌프는 주로 임펠러의 입구에서 캐비테이션이 많이 발생한다. 다음 중 그 이유로 가장 적당한 것은?

① 액체의 온도가 높아지기 때문
② 액체의 압력이 낮아지기 때문
③ 액체의 밀도가 높아지기 때문
④ 액체의 유량이 적어지기 때문

해설 펌프에서 캐비테이션은 액체의 압력이 낮아지면 발생한다.

36 터보압축기의 특징이 아닌 것은?

① 유량이 크므로 설치 면적이 작다.
② 고속 회전이 가능하다.
③ 압축비가 작아 효율이 낮다.
④ 유량 조절 범위가 넓으나 맥동이 많다.

해설 ④ 유량 조절 범위가 좁고 맥동이 많다.

37 자동제어의 용어 중 피드백제어에 대한 설명으로 틀린 것은?

① 자동제어에서 기본적인 제어이다.
② 출력측의 신호를 입력측으로 되돌리는 현상을 말한다.
③ 제어량의 값을 목표값과 비교하여 그것들을 일치하도록 정정 동작을 행하는 제어이다.
④ 미리 정해진 순서에 따라서 제어의 각 단계가 순차적으로 진행되는 제어이다.

해설 ④ 시퀀스제어에 대한 설명이다.

38 가스누출을 감지하고 차단하는 가스누출 자동차단기의 구성 요소가 아닌 것은?

① 제어부   ② 중앙통제부
③ 검지부   ④ 차단부

해설 가스누출 자동차단기 구성 요소
㉠ 제어부
㉡ 검지부
㉢ 차단부

39 2단 감압조정기 사용 시의 장점에 대한 설명으로 가장 거리가 먼 것은?

① 공급압력이 안정하다.
② 용기 교환 주기의 폭을 넓힐 수 있다.

정답 32 ① 33 ② 34 ① 35 ② 36 ④ 37 ④ 38 ② 39 ②

26 도시가스도매 사업자 배관을 지하 또는 도로 등에 설치할 경우 매설 깊이의 기준으로 틀린 것은?

① 산이나 들에서는 1m 이상의 깊이로 매설한다.
② 시가지의 도로 노면 밑에는 1.5m 이상의 깊이로 매설한다.
③ 시가지 외의 도로 노면 밑에는 1.2m 이상의 깊이로 매설한다.
④ 철도를 횡단하는 배관은 지표면으로부터 배관 외면까지 1.5m 이상의 깊이로 매설한다.

해설 ④ 배관 외면까지 1.2m 이상의 깊이로 매설한다.

27 압축천연가스 자동차 충전의 시설 기준에서 배관 등에 대한 설명으로 틀린 것은?

① 배관, 튜브, 피팅 및 배관 요소 등은 안전율이 최소 4 이상 되도록 설계한다.
② 자동차 주입 호스는 5m 이하이어야 한다.
③ 배관의 단열 재료는 불연성 또는 난연성재료를 사용하고 화재나 열·냉기·물 등에 노출 시 그 특성이 변하지 아니하는 것으로 한다.
④ 배관 지지물은 화재나 초저온 액체의 유출 등을 충분히 견딜 수 있고 과다한 열전달을 예방하도록 설계한다.

해설 ② 자동차 주입 호스는 법규 내용이 없다.

28 용기에 의한 고압가스 판매 시설의 충전용기 보관실 기준으로 옳지 않은 것은?

① 가연성가스 충전용기 보관실은 불연재료나 난연성의 재료를 사용한 가벼운 지붕을 설치한다.
② 가연성가스 충전용기 보관실에는 가스누출 검지경보장치를 설치한다.
③ 충전용기 보관실은 가연성가스가 새어 나오지 못하도록 밀폐 구조로 한다.
④ 용기 보관실의 주변에는 화기 또는 인화성 물질이나 발화성 물질을 두지 않는다.

해설 ③ 충전용기 보관실은 가연성가스가 고이는 것을 방지하기 위하여 개방식 구조로 한다.

29 용기 종류별 부속품의 기호 중 압축가스를 충전하는 용기 밸브의 기호는?

① PG   ② LG
③ AG   ④ LT

해설 용기 종류별 부속품의 기호
㉠ 아세틸렌가스를 충전하는 용기의 부속품 : AG
㉡ 압축가스를 충전하는 용기의 부속품 : PG
㉢ 액화석유가스 외의 액화가스를 충전하는 용기의 부속품 : LG
㉣ 액화석유가스를 충전하는 용기의 부속품 : LPG
㉤ 초저온용기 및 저온용기의 부속품 : LT

30 가연성가스의 검지경보장치 중 반드시 방폭 성능을 갖지 않아도 되는 가스는?

① 수소   ② 일산화탄소
③ 암모니아   ④ 아세틸렌

해설 검지경보장치 중 방폭성능을 갖지 않는 가스
㉠ 암모니아(NH_3)
㉡ 브롬화메탄(CH_3Br)

31 단열 공간 양면 간에 복사 방지용 실드판으로서 알루미늄박과 글라스울을 서로 다수 포개어 고진공 중에 둔 단열법은?

① 상압 단열법
② 고진공 단열법
③ 다층진공 단열법
④ 분말진공 단열법

해설 다층진공 단열법의 설명이다.

18 도시가스 사용시설에 정압기를 2012년에 설치하고 2015년에 분해 점검을 실시하였다. 다음 중 정압기의 차기 분해 점검 만료 기간으로 옳은 것은?

① 2017년 ② 2018년
③ 2019년 ④ 2020년

해설 정압기와 필터는 설치 후 3년까지는 1회, 그 이후 에는 4년에 1회 이상 분해 점검을 실시한다.
∴ 2015 + 4 = 2019년

19 분해에 의한 폭발을 하지 않는 가스는?

① 시안화수소 ② 아세틸렌
③ 히드라진   ④ 산화에틸렌

해설 시안화수소(HCN)는 중합폭발을 한다.

20 20kg LPG용기의 내용적은 몇 L인가? (단, 충전상수 C=2.35)

① 8.51   ② 20
③ 42.3   ④ 47

해설
$V = W \times C$
$= 20 \times 2.35$
$= 47L$

21 차량에 고정된 저장탱크로 염소를 운반 할 때 용기 내용적(L)은 얼마 이하이어야 하는가?

① 10,000   ② 12,000
③ 15,000   ④ 18,000

해설 운반 용기 내용적
독성가스(염소 등) 12,000L 이하(단, 암모니아는 제외)

22 시안화수소(HCN)의 위험성에 대한 설명으로 틀린 것은?

① 인화온도가 아주 낮다.
② 오래된 시안화수소는 자체 폭발할 수 있다.
③ 용기에 충전한 후 60일을 초과하지 않아야 한다.
④ 호흡 시 흡입하면 위험하나 피부에 묻으면 아무 이상이 없다.

해설 ④ 호흡 시 흡입하거나 피부에 묻으면 위험하다.

23 고압가스 특정제조시설 기준 중 도로 밑에 매설하는 배관 기준으로 틀린 것은?

① 시가지 도로 밑에 배관을 설치하는 경우 보호관을 배관 정상부로부터 30cm 이상 떨어진 그 배관 직상부에 설치한다.
② 배관은 그 외면으로부터 도로의 경계와 수평거리로 1m 이상을 유지한다.
③ 배관은 자동차 하중의 영향이 작은 곳에 매설한다.
④ 배관은 그 외면으로부터 다른 시설물과 60cm 이상의 거리를 유지한다.

해설 ④ 30cm 이상의 거리를 유지한다.

24 다음 가스 중 허용농도값이 가장 작은 것은?

① 염소   ② 염화수소
③ 아황산가스 ④ 일산화탄소

해설 ① 1ppm   ② 5ppm
③ 5ppm   ④ 50Ppm

25 윤활유 선택 시 유의할 사항에 대한 설명 중 틀린 것은?

① 사용 기체와 화학반응을 일으키지 않을 것
② 점도가 적당할 것
③ 인화점이 낮을 것
④ 전기절연내력이 클 것

해설 ③ 인화점이 높을 것

정답 18 ③ 19 ① 20 ④ 21 ② 22 ④ 23 ④ 24 ① 25 ③

> **[해설]** 보호시설
> (1) 제1종 보호시설
>   ㉠ 학교·유치원·어린이집·놀이방·어린이놀이터·학원·병원(의원을 포함)·도서관·청소년수련시설·경로당·시장·공중목욕탕·호텔·여관·극장·교회 및 공회당
>   ㉡ 사람을 수용하는 건축물(가설건축물은 제외)로서 사실상 독립된 부분의 연면적이 1,000m² 이상인 것
>   ㉢ 예식장·장례식장 및 전시장, 그 밖에 이와 유사한 시설로서, 300명 이상 수용할 수 있는 건축물
>   ㉣ 아동복지시설 또는 장애인복지시설로서, 20명 이상 수용할 수 있는 건축물
>   ㉤ 「문화재보호법」에 따라 지정문화재로 지정된 건축물
> (2) 제2종 보호시설
>   ㉠ 주택
>   ㉡ 사람을 수용하는 건축물(가설건축물은 제외)로서, 사실상 독립된 부분의 연면적이 100m² 이상 1,000m² 미만인 것

13 2개 이상의 탱크를 동일한 차량에 고정하여 운반할 때 충전관에 설치하는 것이 아닌 것은?
  ① 안전밸브 ② 온도계
  ③ 압력계   ④ 긴급탈압밸브

> **[해설]** 충전관에 설치하는 기기
>   ㉠ 안전밸브
>   ㉡ 압력계
>   ㉢ 긴급탈압밸브

14 액화가스가 통하는 가스 공급 시설에서 발생하는 정전기를 제거하기 위한 접지 접속선(bonding)의 단면적은 얼마 이상으로 하여야 하는가?
  ① 3.5mm² ② 4.5mm²
  ③ 5.5mm² ④ 6.5mm²

> **[해설]** 접지 접속선 단면적은 5.5mm² 이상으로 한다.

15 LPG 사용시설의 기준에 대한 설명 중 틀린 것은?
  ① 연소기 사용압력이 3.3kPa을 초과하는 배관에는 배관용 밸브를 설치할 수 있다.
  ② 배관이 분기되는 경우에는 주배관에 배관용 밸브를 설치한다.
  ③ 배관의 관경이 33mm 이상의 것은 3m마다 고정장치를 한다.
  ④ 배관의 이음부(용접이음 제외)와 전기접속기와는 15cm 이상의 거리를 유지한다.

> **[해설]** LPG 사용시설 기준
>   ㉠ 절연조치를 하지 아니한 전선 : 15cm 이상
>   ㉡ 굴뚝, 전기점멸기, 전기접속기 : 30cm 이상
>   ㉢ 전기계량기, 전기개폐기 : 60cm 이상

16 압력용기 제조 시 A387 Gr 22강 등을 annealing하거나 900℃ 전후로 tempering하는 과정에서 충격값이 현저히 저하되는 현상으로 Mn, Cr5 Ni 등을 품고 있는 합금계의 용접 금속에서 C, N, O 등이 입계에 편석함으로써 입계가 취약해지기 때문에 주로 발생한다. 이러한 현상을 무엇이라고 하는가?
  ① 적열취성
  ② 청열취성
  ③ 뜨임취성
  ④ 수소취성

> **[해설]** 뜨임취성의 설명이다.

17 고압가스설비는 상용압력의 몇 배 이상에서 항복을 일으키지 않는 두께이어야 하는가?
  ① 1.5 ② 2
  ③ 2.5 ④ 3

> **[해설]** 고압가스설비는 상용압력의 2배 이상에서 항복을 일으키지 아니하는 두께이어야 한다.

정답 13 ② 14 ③ 15 ④ 16 ③ 17 ②

④ 저장탱크에 설치한 안전밸브에는 지면에서 5m 이상의 높이에 방출구가 있는 가스방출관을 설치한다.

해설 ② 30cm 이상의 콘크리트로 설치한다.

07 다음 각 가스의 공업용 용기 도색이 옳지 않게 짝지어진 것은?

① 질소(N_2) – 회색
② 수소(H_2) – 주황색
③ 액화암모니아(NH_3) – 백색
④ 액화염소(Cl_2) – 황색

해설 가연성가스 및 독성가스의 용기

가스의 종류	도색의 구분	가스의 종류	도색의 구분
수소	주황색	액화암모니아	백색
아세틸렌	황색	액화염소	갈색
액화석유가스	회색	그 밖의 가스	회색

08 독성가스의 정의는 다음과 같다. 괄호 안에 알맞은 LC_{50} 값은?

[보기]
"독성가스"라 함은 공기 중에 일정량 이상 존재하는 경우 인체에 유해한 독성을 가진 가스로서, 허용농도(해당 가스를 성숙한 흰쥐 집단에게 대기 중에서 1시간 동안 계속하여 노출시킨 경우 14일 이내에 그 흰쥐의 2분의 1 이상이 죽게 되는 가스의 농도를 말한다.)가 ( ) 이하인 것을 말한다.

① 100만분의 2,000
② 100만분의 3,000
③ 100만분의 4,000
④ 100만분의 5,000

해설 LC_{50}
허용농도가 100만분의 5,000 이하인 것이다.

09 다음 가스 중 2중관 구조로 하지 않아도 되는 것은?

① 아황산가스   ② 산화에틸렌
③ 염화메탄   ④ 브롬화메탄

해설 2중관으로 하여야 하는 가스
㉠ 고압가스 일반제조 : 포스겐, 황화수소, 시안화수소, 아황산가스, 산화에틸렌, 암모니아, 염소, 염화메탄
㉡ 고압가스 특정제조 : 포스겐, 황화수소, 시안화수소, 아황산가스, 아세트알데히드, 염소, 불소

10 차량에 고정된 탱크의 안전 운행을 위하여 차량을 점검할 때의 점검 순서로 가장 적합한 것은?

① 원동기 → 브레이크 → 조향 장치 → 바퀴 → 시운전
② 바퀴 → 조향 장치 → 브레이크 → 원동기 → 시운전
③ 시운전 → 바퀴 → 조향 장치 → 브레이크 → 원동기
④ 시운전 → 원동기 → 브레이크 → 조향 장치 → 바퀴

해설 차량 점검 순서
원동기 → 브레이크 → 조향 장치 → 바퀴 → 시운전

11 부탄가스의 공기 중 폭발범위(v%)에 해당하는 것은?

① 1.3~7.9   ② 1.8~8.4
③ 2.2~9.5   ④ 2.5~12

해설 부탄(C_4H_{10})가스의 폭발범위는 1.8~8.4%이다.

12 다음 중 제1종 보호시설이 아닌 것은?

① 학교   ② 여관
③ 주택   ④ 시장

정답 07 ④ 08 ④ 09 ④ 10 ① 11 ② 12 ③

2022 가스기능사 (6. 12. 시행)

01 프로판가스의 위험도(H)는 약 얼마인가? (단, 공기 중의 폭발범위는 2.1~9.5v%이다.)

① 2.1　　② 3.5
③ 9.5　　④ 11.6

해설 위험도(H)

$= \dfrac{\text{폭발범위 상한값} - \text{폭발범위 하한값}}{\text{폭발범위 하한값}}$

$= \dfrac{9.5 - 2.1}{2.1} = 3.5$

02 산소 제조 시 가스 분석 주기는?

① 1일 1회 이상
② 주 1회 이상
③ 3일 1회 이상
④ 주 3회 이상

해설 산소 제조 시 가스 분석 주기는 1일 1회 이상이다.

03 다음 가스의 일반적인 성질에 대한 설명 중 틀린 것은?

① 염산(HCl)은 암모니아와 접촉하면 흰 연기를 낸다.
② 시안화수소(HCN)는 복숭아 냄새가 나는 맹독성의 기체이다.
③ 염소(Cl_2)는 황녹색의 자극성 냄새가 나는 맹독성의 기체이다.
④ 수소(H_2)는 저온·저압하에서 탄소강과 반응하여 수소취성을 일으킨다.

해설 수소(H_2)는 고온·고압하에서 강 중의 탄소와 반응하여 수소취성을 일으킨다.

04 압력용기의 내압 부분에 대한 비파괴시험으로 실시되는 초음파탐상시험 대상은?

① 두께가 35mm인 탄소강
② 두께가 5mm인 9% 니켈강
③ 두께가 15mm인 2.5% 니켈강
④ 두께가 30mm인 저합금강

해설 초음파탐상시험 대상
㉠ 두께가 50mm 이상인 탄소강
㉡ 두께가 6mm 이상인 니켈강
㉢ 두께가 13mm 이상이고 2.5% 니켈강 또는 3.5% 니켈강
㉣ 초음파탐상시험에서 두께가 38mm 이상 저합금강

05 도시가스 중 에틸렌, 프로필렌 등을 제조하는 과정에서 부산물로 생성되는 가스로서, 메탄이 주성분인 가스를 무엇이라 하는가?

① 액화천연가스
② 석유가스
③ 나프타 부생가스
④ 바이오가스

해설 나프타 부생가스에 대한 설명이다.

06 고압가스 일반 제조 시설의 저장탱크를 지하에 매설하는 경우의 기준에 대한 설명으로 틀린 것은?

① 저장탱크 외면에는 부식 방지 코팅을 한다.
② 저장탱크는 천장, 벽, 바닥의 두께가 각각 10cm 이상의 콘크리트로 설치한다.
③ 저장탱크 주위에는 마른 모래를 채운다.

정답 01 ②　02 ①　03 ④　04 ③　05 ③　06 ②

57 아세틸렌(C_2H_2)에 대한 설명 중 틀린 것은?
① 카바이드(CaC_2)에 물을 넣어 제조한다.
② 구리와 접촉하여 구리아세틸라이드를 만드므로 구리 함유량이 62% 이상을 설비로 사용한다.
③ 흡열 화합물이므로 압축하면 폭발을 일으킬 수 있다.
④ 공기 중 폭발범위는 약 2.5~81%이다.

해설 ② 구리 함유량이 62% 이상을 설비로 사용하지 않는다.

58 연소 시 공기비가 클 경우 나타나는 연소현상으로 틀린 것은?
① 연소가스 온도 저하
② 배기가스량 증가
③ 불완전연소 발생
④ 연료 소모 증가

해설 공기비가 클 경우 나타나는 연소현상
㉠ 연소가스 온도 저하
㉡ 배기가스량 증가
㉢ 연료 소모 증가

59 다음 중 시안화수소의 임계온도는 약 몇 ℃인가?
① -140   ② 31
③ 183.5   ④ 195.8

해설 시안화수소(HCN)의 임계온도
183.5℃

60 다음 중 아세틸렌의 폭발과 관계없는 것은?
① 산화폭발   ② 중합폭발
③ 분해폭발   ④ 화합폭발

해설 아세틸렌 폭발의 종류
㉠ 산화폭발
㉡ 분해폭발
㉢ 화합폭발

정답 57 ② 58 ③ 59 ③ 60 ②

> **해설**
> ㉠ 암모니아 : 요소 원료
> ㉡ 이산화탄소 : 소다회 원료

50 다음 중 시안화수소의 중합을 방지하는 안정제가 아닌 것은?
① 아황산가스
② 가성소다
③ 황산
④ 염화칼슘

> **해설** 중합방지제
> 아황산가스, 황산, 염화칼슘, 인산, 오산화인, 동망 등

51 도시가스의 연소성을 측정하기 위한 시험 방법으로 틀린 것은?
① 매일 6시 30분부터 9시 사이와 17시부터 20시 30분 사이에 각각 1회씩 실시한다.
② 가스 홀더 또는 압송기 입구에서 연소속도를 측정한다.
③ 가스 홀더 또는 압송기 출구에서 웨버지수를 측정한다.
④ 측정된 웨버지수는 표준웨버지수의 ±4.5% 이내를 유지해야 한다.

> **해설** ② 가스 홀더 또는 압송기 출구에서 연소속도 및 웨버지수를 측정한다.

52 70℃는 랭킨온도로 몇 °R인가?
① 618 ② 688
③ 736 ④ 792

> **해설**
> $°F = \dfrac{9}{5} \times °C + 32$
> $°R = °F + 460$
> $\quad = (1.8 \times 70 + 32) + 460$
> $\quad = 618°R$

53 1MPa과 같은 압력은?
① $10N/cm^2$
② $100N/cm^2$
③ $1,000N/cm^2$
④ $10,000N/cm^2$

> **해설** 1MPa = $100N/cm^2$

54 아세틸렌가스를 온도에도 불구하고 2.5MPa의 압력으로 압축할 때 첨가하는 희석제가 아닌 것은?
① 질소 ② 메탄
③ 에틸렌 ④ 산소

> **해설** 아세틸렌(C_2H_2)가스 희석제
> ㉠ 질소(N_2)
> ㉡ 메탄(CH_4)
> ㉢ 에탄(C_2H_6)
> ㉣ 에틸렌(C_2H_4)
> ㉤ 일산화탄소(CO)

55 표준상태에서 부탄가스의 비중은 약 얼마 인가? (단, 부탄의 분자량=58)
① 1.6 ② 1.8
③ 2.0 ④ 2.2

> **해설**
> 가스 비중 = $\dfrac{가스 분자량}{29} = \dfrac{58}{29} = 2$

56 다공물질 내용적이 100m³, 아세톤의 침윤잔용적이 20m³일 때 다공도는 몇 %인가?
① 60 ② 70
③ 80 ④ 90

> **해설**
> $100 - 20 = 80m^3$
> 다공도 = $\dfrac{80}{100} \times 100 = 80\%$

정답 50 ② 51 ② 52 ① 53 ② 54 ④ 55 ③ 56 ③

해설 루프형 신축 이음쇠의 설명이다.

43 다음 연소기 중 가스용품 제조기술기준에 따른 가스레인지로 보기 어려운 것은? (단, 사용압력은 3.3kPa 이하로 한다.)
① 전 가스소비량이 9,000kcal/h인 3구 버너를 가진 연소기
② 전 가스소비량이 11,000kcal/h인 4구 버너를 가진 연소기
③ 전 가스소비량이 13,000kcal/h인 6구 버너를 가진 연소기
④ 전 가스소비량이 15,000kcal/h인 2구 버너를 가진 연소기

해설 가스레인지
버너 1개 소비량이 5,000kcal/h 이하이다.

44 용기의 내용적이 105L인 액화암모니아 용기에 충전할 수 있는 가스의 충전량은 몇 kg인가? (단, 액화암모니아의 가스정수 C 값은 1.86이다.)
① 20.5 ② 45.5
③ 56.5 ④ 117.5

해설 충전량 = $\dfrac{V}{C} = \dfrac{105}{1.86} = 56.6$kg

45 물체에 힘을 가하면 변형이 생긴다. 이 후크의 법칙에 의해 작용하는 힘과 변형이 비례하는 원리를 이용하는 압력계는?
① 액주식 압력계
② 분동식 압력계
③ 전기식 압력계
④ 탄성식 압력계

해설 탄성식 압력계의 설명이다.

46 다음 중 LPG(액화석유가스)의 성분 물질로 가장 거리가 먼 것은?
① 프로판
② 이소부탄
③ n-부틸렌
④ 메탄

해설 LPG의 성분
㉠ 프로판
㉡ 프로필렌
㉢ 이소부탄
㉣ n-부틸렌

47 다음 염소에 대한 설명 중 틀린 것은?
① 상온, 상압에서 황록색의 기체로 조연성이 있다.
② 강한 자극성의 취기가 있는 독성 기체이다.
③ 수소와 염소의 등량 혼합 기체를 염소 폭명기라 한다.
④ 건조 상태의 상온에서 강재에 대하여 부식성을 갖는다.

해설 ④ 습한 상태의 상온에서 강재에 대하여 부식성을 갖는다.

48 다음 중 표준상태에서 가스상 탄화수소의 점도가 가장 높은 가스는?
① 에탄 ② 메탄
③ 부탄 ④ 프로판

해설 가스상 탄화수소의 점도가 가장 높은 가스는 메탄이다.

49 다음 중 일산화탄소의 용도가 아닌 것은?
① 요소나 소다회 원료
② 메탄올 합성
③ 포스겐 원료
④ 개미산이나 화학공업 원료

정답 43 ④ 44 ③ 45 ④ 46 ④ 47 ④ 48 ② 49 ①

해설 ① 펌프의 회전수를 낮춘다.

36 손잡이를 돌리면 원통형의 폐지밸브가 상하로 올라가고 내려가 밸브 개폐를 함으로써 폐쇄가 양호하고 유량 조절이 용이한 밸브는?
① 플러그밸브 ② 게이트밸브
③ 글로브밸브 ④ 볼밸브

해설 글로브밸브의 설명이다.

37 1,000L의 액산탱크에 액산을 넣어 방출밸브를 개방하여 12시간 방치하였더니 탱크 내의 액산이 4.8kg 방출되었다면 1시간당 탱크에 침입하는 열량은 약 몇 kcal인가? (단, 액산의 증발잠열=60kcal/kg)
① 12   ② 24
③ 70   ④ 150

해설 증발열 = $60 \times 4.8 = 288$kcal
침입하는 열량 = $\dfrac{288}{12} = 24$kcal/h

38 다음 가스계량기 중 측정 원리가 다른 하나는?
① 오리피스미터
② 벤투리미터
③ 피토관
④ 로터미터

해설 ①, ② 차압식 유량계
③ 유속식 유량계
④ 면적식 유량계

39 압축도시가스 자동차 충전의 냄새 첨가 장치에서 냄새가 나는 물질의 공기 중 혼합 비율은 얼마인가?
① 공기 중 혼합 비율이 용량의 10분의 1
② 공기 중 혼합 비율이 용량의 100분의 1
③ 공기 중 혼합 비율이 용량의 1,000분의 1
④ 공기 중 혼합 비율이 용량의 10,000분의 1

해설 냄새 첨가 장치 혼합 비율
공기 중 혼합 비율이 용량의 $\dfrac{1}{1,000}$

40 펌프를 운전할 때 송출압력과 송출유량이 주기적으로 변동하여 펌프의 토출구 및 흡입구에서 압력계의 지침이 흔들리는 현상을 무엇이라고 하는가?
① 맥동(surging)현상
② 진동(vibration)현상
③ 공동(cavitation)현상
④ 수격(water hammering)현상

해설 맥동(surging)현상의 설명이다.

41 암모니아 합성 공정 중 중압합성에 해당되지 않는 것은?
① IG법   ② 뉴파우서법
③ 케미크법 ④ 켈로그법

해설 압력에 따른 암모니아 합성법

구분	압력	방법
고압 합성	60~100MPa	클로우드법, 카자레법
중압 합성	30MPa	IG법, 뉴파우서법(New-Fauser), 뉴우데법(New-uhde), 케미크법, JIC법, 동공시법
저압 합성	15MPa	구 우데법, 켈로그법

42 설치 시 공간을 많이 차지하여 신축에 따른 응력을 수반하나 고압에 잘 견뎌 고온·고압용 옥외배관에 많이 사용되는 신축 이음쇠는?
① 벨로즈형 ② 슬리브형
③ 루프형   ④ 스위블형

정답 36 ③ 37 ② 38 ④ 39 ③ 40 ① 41 ④ 42 ③

30 가연성 액화가스 저장탱크의 내용적이 40m³일 때 제1종 보호시설과의 거리는 몇 m 이상을 유지하여야 하는가? (단, 액화가스의 비중은 0.52이다.)

① 17m　② 21m
③ 24m　④ 27m

해설 가연성가스 40m³=40,000L
40,000×0.52=20,800kg
20,800×0.9=18,720kg 저장
(탱크 내 90%만 저장이 가능하다.)

구 분	처리능력 및 저장능력	제1종 보호시설	제2종 보호시설
독성가스 또는 가연성가스의 처리설비 및 저장설비	1만 이하	17m	12m
	1만 초과 2만 이하	21m	14m
	2만 초과 3만 이하	24m	16m
	3만 초과 4만 이하	27m	18m
	4만 초과 5만 이하	30m	20m
	5만 초과 99만 이하	30m(가연성 가스 저온저장탱크는 $\frac{3}{25}\sqrt{X+10,000}$m)	20m(가연성가스 저온저장탱크는 $\frac{2}{25}\sqrt{X+10,000}$m)
	99만 초과	30m(가연성 가스 저온 저장 탱크는 120m)	20m(가연성 가스 저온 저장 탱크는 80m)

31 LP가스 이송설비 중 압축기에 의한 이송 방식에 대한 설명으로 틀린 것은?

① 잔가스 회수가 용이하다.
② 베이퍼록현상이 없다.
③ 펌프에 비해 이송시간이 짧다.
④ 저온에서 부탄가스가 재액화되지 않는다.

해설 ④ 저온에서 부탄가스는 재액화된다.

32 수소와 염소에 직사광선이 작용하여 폭발하였다. 폭발의 종류는?

① 산화폭발　② 분해폭발
③ 중합폭발　④ 촉매폭발

해설 촉매폭발

$$H_2 + Cl_2 \xrightarrow[촉매]{직사광선} 2HCl$$

33 압축기의 실린더를 냉각할 때 얻는 효과가 아닌 것은?

① 압축효율이 증가되어 동력이 증가한다.
② 윤활 기능이 향상되고 적당한 점도가 유지된다.
③ 윤활유의 탄화나 열화를 막는다.
④ 체적효율이 증가한다.

해설 ① 압축효율이 증가되어 동력이 감소한다.

34 빙점 이하의 낮은 온도에서 사용되며 LPG 탱크, 저온에서도 인성이 감소되지 않는 화학공업 배관 등에 주로 사용되는 관의 종류는?

① SPLT　② SPHT
③ SPPH　④ SPPS

해설 관의 종류
㉠ SPLT : 저온용 탄소강 강관(빙점 이하의 낮은 온도)
㉡ SPHT : 고온배관용 탄소강 강관
㉢ SPPH : 고압배관용 탄소강 강관
㉣ SPPS : 압력배관용 탄소강 강관

35 다음 중 캐비테이션(cavitation)의 발생 방지법이 아닌 것은?

① 펌프의 회전수를 높인다.
② 흡입관의 배관을 간단하게 한다.
③ 펌프의 위치를 흡수면에 가깝게 한다.
④ 흡입관의 내면에 마찰저항을 작게 한다.

정답 30 ②　31 ④　32 ④　33 ①　34 ①　35 ①

④ 정상 시 및 사고 시에 발생하는 전기 불꽃, 아크 또는 고온부로 인하여 가연성가스가 점화되지 않는 것이 점화시험, 그 밖의 방법에 의해 확인된 구조를 본질안전방폭구조라 한다.

> **해설** ③ 안전증방폭구조에 대한 설명이다.

24 도로 굴착 공사에 의한 도시가스배관 손상 방지 기준으로 틀린 것은?

① 착공 전 도면에 표시된 가스배관과 기타 저장물 매설 유무를 조사하여야 한다.
② 도로 굴착자의 굴착 공사로 인하여 노출된 배관 길이가 10m 이상인 경우에는 점검 통로 및 조명 시설을 하여야 한다.
③ 가스배관이 있을 것으로 예상되는 지점으로부터 2m 이내에서 줄파기를 할 때에는 안전관리 전담자의 입회하에 시행하여야 한다.
④ 가스배관의 주위를 굴착하고자 할 때에는 가스배관의 좌우 1m 이내의 부분은 인력으로 굴착한다.

> **해설** ② 노출배관 길이가 15m 이상인 경우에 점검 통로 및 조명 시설을 하여야 한다.

25 다음 중 산소 없이 분해폭발을 일으키는 물질이 아닌 것은?

① 아세틸렌 ② 히드라진
③ 산화에틸렌 ④ 시안화수소

> **해설** 시안화수소(HCN)는 중합폭발을 한다.

26 내화구조의 가연성가스 저장탱크에서 탱크 상호 간의 거리가 1m 또는 두 저장탱크의 최대지름을 합산한 길이의 1/4 길이 중 큰 쪽의 거리를 유지하지 못한 경우 물분무장치의 수량 기준으로 옳은 것은?

① $4L/m^2 \cdot min$
② $5L/m^2 \cdot min$
③ $6.5L/m^2 \cdot min$.
④ $8L/m^2 \cdot min$

> **해설** 물분무장치의 수량
> ㉠ 저장탱크 전표면 : $8L/m^2 \cdot min$
> ㉡ 내화구조 압면두께 25mm 이상 : $4L/m^2 \cdot min$
> ㉢ 준내화구조 : $6.5L/m^2 \cdot min$

27 가연성가스에 해당되지 않는 것은?

① 산화에틸렌 ② 암모니아
③ 산화질소 ④ 아세트알데히드

> **해설** ③ 산화질소(NO)는 독성가스이다.

28 독성가스를 사용하는 내용적이 몇 L 이상인 수액기 주위에 액상의 가스가 누출될 경우에 대비하여 방류둑을 설치하여야 하는가?

① 1,000 ② 2,000
③ 5,000 ④ 10,000

> **해설** 방류둑 설치 기준
> ㉠ 산소 : 1,000톤 이상
> ㉡ 독성(액상가스) : 5톤 이상
> ㉢ 암모니아(액상가스) : 10,000톤 이상

29 공기 중 폭발범위가 가장 넓은 가스는?

① 메탄 ② 프로판
③ 에탄 ④ 일산화탄소

> **해설** 폭발범위
> ① 메탄(CH_4) : 5~15%
> ② 프로판(C_3H_8) : 2.1~9.5%
> ③ 에탄(C_2H_6) : 2.7~36%
> ④ 일산화탄소(CO) : 12.5~74%

정답 24 ② 25 ④ 26 ① 27 ③ 28 ④ 29 ④

③ 초저온 저장탱크라 함은 섭씨 영하 50도 이하의 액화가스를 저장하기 위한 저장탱크로서, 단열재로 씌우거나 냉동설비로 냉각하는 등의 방법으로 저장탱크 내의 가스 온도가 상용의 온도를 초과하지 아니하도록 한 것을 말한다.

④ 가연성가스라 함은 공기 중에서 연소하는 가스로서, 폭발한계의 하한이 10% 이하인 것과 폭발한계의 상한과 하한의 차가 20% 이상인 것을 말한다.

해설 독성가스
허용농도가 100만분의 5,000 이하인 가스이다.

19 도시가스 사용 시설인 배관의 내용적이 10L 초과 50L 이하일 때 기밀시험압력 유지 시간은 얼마인가?

① 5분 이상
② 10분 이상
③ 24분 이상
④ 30분 이상

해설 기밀시험압력 유지 시간
㉠ 10L 이하 : 5분
㉡ 10L 초과 50L 이하 : 10분
㉢ 50L 초과 : 24분

20 액상의 염소가 피부에 닿았을 경우의 조치로 가장 적당한 것은?

① 암모니아로 씻이 낸다.
② 이산화탄소로 씻어 낸다.
③ 소금물로 씻어 낸다.
④ 맑은 물로 씻어 낸다.

해설 액상의 염소가 피부에 닿았을 경우에는 맑은 물로 씻어 낸다.

21 다음 중 용기의 설계 단계 검사 항목이 아닌 것은?

① 용접부의 기계적 성능
② 단열 성능
③ 내압 성능
④ 작동 성능

해설 용기의 설계 단계 검사 항목
㉠ 용접부의 기계적 성능
㉡ 단열 성능
㉢ 내압 성능

22 아세틸렌을 용기에 충전할 때에는 미리 용기에 다공물질을 고루 채운 후 침윤 및 충전을 하여야 한다. 이때 다공도는 얼마인가?

① 75% 이상 92% 미만
② 70% 이상 95% 미만
③ 62% 이상 75% 미만
④ 92% 이상

해설 아세틸렌용기의 다공도는 75% 이상 92% 미만이어야 한다.

23 다음 중 방폭구조에 대한 설명으로 틀린 것은?

① 용기 내부에 보호가스를 압입하여 내부 압력을 유지함으로써 가연성가스가 용기 내부로 유입되지 않도록 한 구조를 압력방폭구조라 한다.
② 용기 내부에 절연유를 주입하여 불꽃, 아크 또는 고온 발생 부분이 기름 속에 잠기게 함으로써 기름면 위에 존재하는 가연성가스에 인화되지 않도록 한 구조를 유입방폭구조라 한다.
③ 정상 운전 중에 가연성가스의 점화원이 될 전기 불꽃, 아크 또는 고온 부분 등의 발생을 방지하기 위해 기계적·전기적 구조상 또는 온도 상승에 대해 특히 안전도를 증가시킨 구조를 특수방폭구조라 한다.

정답 19 ② 20 ④ 21 ④ 22 ① 23 ③

12 다음 중 폭발 방지 대책으로서 가장 거리가 먼 것은?

① 압력계 설치
② 정전기 제거를 위한 접지
③ 방폭성능 전기설비 설치
④ 폭발하한 이내로 불활성가스에 의한 희석

해설 폭발 방지 대책
㉠ 정전기 제거를 위한 접지
㉡ 방폭성능 전기설비 설치
㉢ 폭발하한 이내로 불활성가스에 의한 희석

13 압축 가연성가스를 몇 m^3 이상을 차량에 적재하여 운반하는 때에 운반 책임자를 동승시켜 운반에 대한 감독 또는 지원을 하도록 되어 있는가?

① 100   ② 300
③ 600   ④ 1,000

해설 운반책임자의 동승

가스의 종류		기 준
액화가스	가연성가스	3,000kg 이상
	독성가스	1,000kg 이상
	조연성가스	6,000kg 이상
압축가스	가연성가스	300m^3 이상
	독성가스	100m^3 이상
	조연성가스	600m^3 이상

14 방류둑의 성토 윗부분의 폭은 얼마 이상으로 규정되어 있는가?

① 30cm 이상
② 50cm 이상
③ 100cm 이상
④ 120cm 이상

해설 방류둑의 성토 윗부분의 폭은 30cm 이상이어야 한다.

15 산소의 저장설비 외면으로부터 얼마의 거리에서 화기를 취급할 수 없는가? (단, 자체 설비 내의 것을 제외한다.)

① 2m 이내   ② 5m 이내
③ 8m 이내   ④ 10m 이내

해설 산소의 저장설비 외면으로부터 8m 이내에서 화기를 취급할 수 없다.

16 가연성가스가 폭발할 위험이 있는 장소에 전기설비를 할 경우 위험 장소의 등급 분류에 해당하지 않는 것은?

① 0종   ② 1종
③ 2종   ④ 3종

해설 위험 장소의 등급 분류
㉠ 0종 ㉡ 1종 ㉢ 2종

17 고압가스 냉매설비의 기밀시험 시 압축공기를 공급할 때 공기의 온도는 몇 ℃ 이하로 정해져 있는가?

① 40℃ 이하   ② 70℃ 이하
③ 100℃ 이하   ④ 140℃ 이하

해설 고압가스 냉매설비 기밀시험 시 압축공기 온도는 140℃ 이하이다.

18 다음 중 고압가스의 용어에 대한 설명으로 틀린 것은?

① 액화가스란 가압, 냉각 등의 방법에 의하여 액체 상태로 되어 있는 것으로서, 대기압에서의 끓는점이 섭씨 40도 이하 또는 상용의 온도 이하인 것을 말한다.
② 독성가스란 공기 중에 일정량이 존재하는 경우 인체에 유해한 독성을 가진 가스로서, 허용농도가 100만분의 2,000 이하인 가스를 말한다.

06 다음 중 도시가스사업법에서 규정하는 도시가스사업이란 어떤 종류의 가스를 공급하는 것을 말하는가?
① 제조용 가스
② 연료용 가스
③ 산업용 가스
④ 압축가스

해설) 도시가스사업이란 연료용 가스를 공급하는 사업이다.

07 도시가스 시설의 설치 공사 또는 변경 공사를 하는 때 이루어지는 전 공정 시공감리 대상은?
① 도시가스 사업자 외의 가스 공급 시설 설치자의 배관 설치 공사
② 가스도매 사업자의 가스 공급 시설 설치 공사
③ 일반도시가스 사업자의 정압기 설치 공사
④ 일반도시가스 사업자의 제조소 설치 공사

해설) 전공정 시공감리 대상
배관 설치 공사

08 다음 중 가스의 폭발한계에 대한 설명으로 틀린 것은?
① 메탄계 탄화수소가스의 폭발한계는 압력이 상승함에 따라 넓어진다.
② 가연성가스에 불활성가스를 첨가하면 폭발범위는 좁아진다.
③ 가연성가스에 산소를 첨가하면 폭발범위는 넓어진다.
④ 온도가 상승하면 폭발하한은 올라간다.

해설) ④ 온도가 상승하면 폭발범위가 넓어진다.

09 도시가스의 고압배관에 사용되는 관 재료가 아닌 것은?
① 배관용 아크용접 탄소강관
② 압력배관용 탄소강관
③ 고압배관용 탄소강관
④ 고온배관용 탄소강관

해설) 고압배관에 사용되는 관 재료
㉠ 압력배관용 탄소강관
㉡ 고압배관용 탄소강관
㉢ 고온배관용 탄소강관

10 독성가스의 저장탱크에는 가스의 용량이 그 저장탱크 내용적의 90%를 초과하는 것을 방지하는 장치를 설치하여야 한다. 이 장치를 무엇이라고 하는가?
① 경보장치
② 액면계
③ 긴급차단장치
④ 과충전방지장치

해설) 과충전방지장치의 설명이다.

11 가스 공급자는 안전유지를 위하여 안전관리자를 선임하여야 한다. 다음 중 안전관리자의 업무가 아닌 것은?
① 용기 또는 작업과정의 안전유지
② 안전관리규정의 시행 및 그 기록의 작성·보존
③ 사업소 종사자에 대한 안전관리를 위하여 필요한 지휘·감독
④ 공급시설의 정기검사

해설) 안전관리자의 업무
㉠ 용기 또는 작업과정의 안전유지
㉡ 안전관리규정의 시행 및 그 기록의 작성·보존
㉢ 사업소 종사자에 대한 안전관리를 위하여 필요한 지휘·감독

정답 06 ② 07 ① 08 ④ 09 ① 10 ④ 11 ④

2022 가스기능사 (3. 27. 시행)

01 액화천연가스 저장설비의 안전거리 산정식으로 옳은 것은? (단, L : 유지해야 하는 거리[m], C : 상수, W : 저장능력[톤]의 제곱근)

① $L = C^3\sqrt{143,000\,W}$
② $L = W\sqrt{143,000\,C}$
③ $L = C\sqrt{143,000\,W}$
④ $W = L\sqrt{143,000\,C}$

해설 액화천연가스 저장설비 안전거리
$L = C^3\sqrt{143,000\,W}$ (m)
여기서, L : 유지해야 하는 거리(m)
　　　　C : 상수
　　　　W : 저장능력(톤)

02 굴착 공사 중 굴착 공사를 하기 전에 도시가스 사업자와 협의를 해야 하는 것은?

① 굴착 공사 예정 지역 범위에 묻혀 있는 도시가스배관의 길이가 110m인 굴착 공사
② 굴착 공사 예정 지역 범위에 묻혀 있는 도시가스배관의 길이가 200m인 굴착 공사
③ 해당 굴착 공사로 인하여 압력이 3.2kPa인 도시가스배관의 길이가 30m 노출될 것으로 예상되는 굴착 공사
④ 해당 굴착 공사로 인하여 압력이 0.8MPa인 도시가스배관의 길이가 8m 노출될 것으로 예상되는 굴착 공사

해설 ① 도시가스배관 길이가 100m 이상인 굴착 공사

03 독성가스 제독 작업에 반드시 갖추지 않아도 되는 보호구는?

① 공기호흡기
② 격리식 방독마스크
③ 보호장화
④ 보호용 면수건

해설 독성가스 제독 작업 시 필요한 보호구
㉠ 공기호흡기
㉡ 격리식 방독마스크
㉢ 보호용 장갑
㉣ 보호장화

04 도시가스 공급배관에서 입상관의 밸브는 바닥으로부터 얼마의 범위에 설치하여야 하는가?

① 1m 이상 1.5m 이내
② 1.6m 이상 2m 이내
③ 1m 이상 2m 이내
④ 1.5m 이상 3m 이내

해설 입상관밸브
바닥에서부터 1.6m 이상 2m 이내

05 가연물의 종류에 따른 화재의 구분이 잘못된 것은?

① A급 : 일반화재
② B급 : 유류화재
③ C급 : 전기화재
④ D급 : 식용유화재

해설 ④ D급 : 금속화재

정답 01 ① 02 ① 03 ④ 04 ② 05 ④

55 다음 중 고압 고무 호스에 사용하는 부품에서 조정기 연결부 이음쇠의 재료로서 가장 적당한 것은?

① 단조용 황동
② 쾌삭 황동
③ 스테인리스 스틸
④ 아연 합금

해설 단조용 황동의 설명이다.

56 주기율표의 0족에 속하는 불활성가스의 성질이 아닌 것은?

① 상온에서 기체이며, 단원자 분자이다.
② 다른 원소와 잘 화합한다.
③ 상온에서 무색, 무미, 무취의 기체이다.
④ 방전관에 넣어 방전시키면 특유의 색을 낸다.

해설 0족 원소들은 다른 원자들과 화합물을 만들지 않는 것으로 알려져 있다.

57 프로판의 착화온도는 약 몇 ℃ 정도인가?

① 460~520
② 550~590
③ 600~660
④ 680~740

해설

구 분	착화온도
프로판	460~520℃

58 표준대기압 상태에서 물이 끓는점을 °R로 나타낸 것은?

① 373
② 560
③ 672
④ 772

해설 랭킨온도(°R)
절대 0도(46°F)를 정점으로 하고 화씨온도에 맞추어 빙점과 비등점 사이를 180등분한 것
°R = °F + 460
°R = 212°F + 460
°F = $\frac{9}{5}$℃ + 32
°R = 672
물의 비등점은 100℃, 212°F, 672°R이다.

59 다음 중 온도의 단위가 아닌 것은?

① 섭씨온도
② 화씨온도
③ 켈빈온도
④ 헨리온도

해설 온도의 단위
㉠ 섭씨온도
㉡ 화씨온도
㉢ 켈빈온도

60 다음 중 표준대기압에 대하여 바르게 나타낸 것은?

① 적도지방 연평균기압
② 토리첼리의 진공실험에서 얻어진 압력
③ 대기압을 0으로 보고 측정한 압력
④ 완전진공을 0으로 했을 때의 압력

해설 토리첼리의 진공실험
대기의 압력과 진공의 존재를 나타내는 실험이다. 한쪽이 막힌 1m 길이의 유리관에 수은을 가득 넣어서 막히지 않은 쪽이 수은용기 내에 들어간 상태로 연직으로 세운다. 그러면 유리관의 수은이 내려오다가 약 760mm의 높이에서 멈춘다. 이것은 대기압에 의한 것이며, 관의 위쪽에는 진공이 생긴다.

정답 55 ① 56 ② 57 ① 58 ③ 59 ④ 60 ②

49 압력의 단위로 사용되는 SI 단위는?

① atm
② Pa
③ PSI
④ bar

해설 SI 단위(international system of units)

물리적 양	단위이름	기호	다른 단위항으로 표시	SI 기본 단위항으로 표시 1/s
주파수	헤르츠 (Hertz)	Hz	—	—
힘	뉴턴 (Newton)	N	—	$m \cdot kg/s^2$
압력	파스칼 (Pascal)	Pa	N/m^2	$kg/(m \cdot s^2)$
에너지, 일, 열량	줄(Joule)	J	$N \cdot m$	$m^2 \cdot kg/s^2$
일률, 복사선속	와트(Watt)	W	J/s	$m^2 \cdot kg/s^3$
전기량, 전하	쿨롬 (Coulomb)	C	$A \cdot s$	$s \cdot A$
전위, 전위차, 기전력	볼트 (Volt)	V	W/A	$m^2 \cdot kg/(s^3 \cdot A^2)$
전기저항	옴(Ohm)	Ω	V/A	$m^2 \cdot kg/(s^3 \cdot A^2)$
전기용량	패럿 (Fared)	F	C/V	$s^4 \cdot A^2/(m^2 \cdot kg)$

50 아세틸렌에 대한 설명으로 틀린 것은?

① 공기보다 무겁다.
② 일반적으로 무색무취이다.
③ 폭발 위험성이 있다.
④ 액체아세틸렌은 불안정하다.

해설 $\frac{26}{29} = 0.906$

여기서, C_2H_2 분자량 = 26
아세틸렌의 비중은 0.906으로 공기보다 약간 가볍다.

51 도시가스에 첨가하는 부취제가 갖추어야 할 성질로 틀린 것은?

① 독성이 없을 것
② 극히 낮은 농도에서도 냄새가 확인될 수 있을것
③ 가스관이나 가스미터에 흡착이 잘 될 것
④ 배관 내의 상용온도에서 응축하지 않을 것

해설 부취제는 가스관이나 가스미터에 흡착이 잘 안되어야 한다.

52 다음 중 물과 접촉 시 아세틸렌가스가 발생하는 것은?

① 탄화칼슘
② 소석회
③ 가성소다
④ 금속칼륨

해설 $CaC_2 + 2H_2O \rightarrow Ca(OH)_2 + C_2H_2$

53 일산화탄소가스의 용도로 알맞은 것은?

① 메탄올 합성
② 용접 절단용
③ 암모니아 합성
④ 섬유의 표백용

해설 일산화탄소가스의 용도
메탄올 합성, 프로피온산 합성, 부탄올 합성, 포스겐 제조 원료, 개미산 제조 원료

54 다음 중 조연성(지연성)가스는?

① H_2
② O_3
③ Ar
④ NH_3

해설
① H_2 : 가연성가스
③ Ar : 불연성가스
④ NH_3 : 가연성·독성가스

정답 49 ② 50 ① 51 ③ 52 ① 53 ① 54 ②

해설

다단 압축비 $(r) = z\sqrt{\dfrac{P_2}{P_1}}$

여기서, P_2 : 최종압력(kgf/cm^2)
　　　　P_1 : 흡입압력(kgf/cm^2)
　　　　z : 단수

$\therefore r = 4\sqrt{\dfrac{16\text{kgf/cm}^2}{1\text{kgf/cm}^2}} = 2$

43 LP가스의 이송설비에서 펌프를 이용한 것에 비해 압축기를 이용한 충전 방법의 특징이 아닌 것은?

① 충전시간이 길다.
② 잔가스 회수가 가능하다.
③ 압축기의 오일이 탱크에 들어가 드레인의 원인이 된다.
④ 베이퍼록현상이 없다.

해설 압축기 방식이 펌프 방식보다 충전시간이 빠르다. 그러나 저온에서 부탄 증기가 재액화될 수 있다.

44 저온장치 진공단열법에 속하지 않는 것은?

① 고진공 단열법
② 격막진공 단열법
③ 분말진공 단열법
④ 다층진공 단열법

해설 저온장치 진공단열법
　㉠ 고진공 단열법
　㉡ 분말진공 단열법
　㉢ 다층진공 단열법

45 고압가스용기에 사용되는 강의 성분 원소 중 탄소, 인, 황 및 규소의 작용에 대한 설명으로 옳지 않은 것은?

① 탄소량이 증가하면 인장강도는 증가한다.
② 황은 적열취성의 원인이 된다.
③ 인은 상온취성의 원인이 된다.
④ 규소량이 증가하면 충격값은 증가한다.

해설 규소는 탄소강의 기계적 성질에 큰 영향을 미치지 않는다.

46 다음과 같은 특징을 갖는 가스는?

　㉮ 맹독성이고 자극성 냄새의 황록색 기체
　㉯ 임계온도 = 약 144℃,
　　임계압력 = 약 76.1atm
　㉰ 수은법, 격막법 등에 의해 제조

① CO　　　　② Cl_2
③ $COCl_2$　　④ H_2S

해설 염소(Cl_2)가스의 성질이다.

47 프로판용기에 50kg의 가스가 충전되어 있다. 이때 액상의 LP가스는 몇 L의 체적을 갖는가? (단, 프로판의 액 비중량=0.5kg/L)

① 25　　　　② 50
③ 100　　　④ 150

해설
W(중량) $= r$(비중) $\times V$(체적)
$50\text{kg} = 0.5\text{kg/L} \times x(\text{L})$
$x = 100\text{L}$

48 1.0332kg/cm^{2}a는 게이지압력(kg/cm^{2}g)으로 얼마인가? (단, 대기압 =1.0332kg/cm^2)

① 0
② 1
③ 1.0332
④ 2.0664

해설 게이지압력 = 절대압 − 대기압
　　　　= 1.0332kg/cm^{2}a − 1.0332kg/cm^2
　　　　= 0kg/cm^2

정답 43 ①　44 ②　45 ④　46 ②　47 ③　48 ①

36 다음 중 특정설비가 아닌 것은?
① 차량에 고정된 탱크
② 안전밸브
③ 긴급차단장치
④ 압력조정기

해설 특정설비
㉠ 안전밸브, 긴급차단장치, 역화방지장치
㉡ 기화장치
㉢ 압력용기
㉣ 자동차용 가스자동주입기
㉤ 독성가스 배관용 밸브
㉥ 차량에 고정된 탱크

37 고속 회전하는 임펠러의 원심력에 의해 속도에너지를 압력에너지로 바꾸어 압축하는 형식으로서 유량이 크고 설치 면적을 작게 차지하는 압축기의 종류는?
① 왕복식   ② 터보식
③ 회전식   ④ 흡수식

해설 ① 왕복식 : 압축을 피스톤의 왕복운동에 의해 교대로 행하는 것
③ 회전식 : 피스톤의 왕복운동 대신 로터의 회전운동에 의해 피스톤과 실린더의 결합으로 압축이 이루어지는 압축기

38 루트미터에 대한 설명으로 옳은 것은?
① 설치 공간이 크다.
② 일반 수용가에 적합하다.
③ 스트레이너가 필요없다.
④ 대용량 가스 측정에 적합하다.

해설 ① 설치 공간이 작다.
② 일반 수용가에 부적합하다.
③ 스트레이너가 필요하다.

39 액화산소 및 LNG 등에 사용할 수 없는 재질은?
① Al 합금
② Cu합금
③ Cr강
④ 18-8 스테인리스강

해설 ㉠ 액화산소, LNG 등은 -162℃ 이하의 초저온이다.
㉡ 사용할 수 있는 재료 : Al합금, Cu합금, 18-8 스테인리스강

40 액주식 압력계에 사용되는 액체의 구비 조건으로 틀린 것은?
① 화학적으로 안정되어야 한다.
② 모세관현상이 없어야 한다.
③ 점도와 팽창계수가 작아야 한다.
④ 온도 변화에 의한 밀도 변화가 커야 한다.

해설 액주식 압력계에 사용되는 액체의 구비 조건
온도 변화에 따른 밀도 변화가 작아야 한다. 온도 상승에 따른 열팽창이 클수록 동일 압력에서의 액주차(오차)가 커지게 되기 때문이다.

41 액면계 측정 방식에 해당하지 않는 것은?
① 압력식   ② 정전용량식
③ 초음파식 ④ 환상천평식

해설 액면계의 측정 방법
㉠ 직접식 : 직관식(게이지 글라스), 검척식, 플로트식(부자식)
㉡ 간접식 : 압력식, 퍼지식, 방사선식, 초음파식, 전극식, 정전용량식, 기포식

42 흡입압력이 대기압과 같으며 최종압력이 $16kgf/cm^2g$인 4단 공기압축기의 압축비는 약 얼마인가? (단, 대기압은 $1kgf/cm^2$로 한다.)
① 2   ② 4
③ 8   ④ 16

정답 36 ④ 37 ② 38 ④ 39 ③ 40 ④ 41 ④ 42 ①

29 프로판 15vol%와 부탄 85vol%로 혼합된 가스의 공기 중 폭발하한값은 얼마인가? (단, 프로판의 폭발하한값은 2.1%로 하고, 부탄은 1.8%로 한다.)

① 1.84 ② 1.88
③ 1.94 ④ 1.98

해설
$$\frac{100}{\frac{15}{2.1}+\frac{85}{1.8}} \fallingdotseq 1.84$$

30 체적 0.8m³의 용기에 16kg의 가스가 들어 있다면 이 가스의 밀도는?

① 0.05kg/m³ ② 8kg/m³
③ 16kg/m³ ④ 20kg/m³

해설
W(중량) $= \rho$(밀도) $\times V$(체적)
$16\text{kg} = x(\text{kg/m}^3) \times 0.8\text{m}^3$
$x = 20\text{kg/m}^3$

31 햄프슨식이라고도 하며 저장조 상부로부터의 압력과 저장조 하부로부터의 압력의 차로써 액면을 측정하는 것은?

① 부자식 액면계
② 차압식 액면계
③ 편위식 액면계
④ 유리관식 액면계

해설 부자식(플로트식) 액면계
저장조 내의 중앙부 액면에 부자를 띄워 놓고 그 움직임을 외부로 전하여 액면을 측정하는 것이다. 구조가 간단하며 고온, 고압에도 사용할 수 있으므로 공업용으로 널리 쓰인다.

32 코일장에 감겨진 백금선의 표면으로 가스가 산화반응할 때의 발열에 의해 백금선의 저항값이 변화하는 현상을 이용한 가스검지 방법은?

① 반도체식
② 기체 열전도식
③ 접촉 연소식
④ 액체 열전도식

해설 접촉 연소식 가스검지 방법의 설명이다.

33 대기차단식 가스보일러에서 반드시 갖추어야 할 장치가 아닌 것은?

① 저수위 안전장치
② 압력계
③ 압력팽창탱크
④ 헛불방지장치

해설
㉠ 대기차단식 : 보일러 내의 난방 순환 회로가 대기와 차단되어 밀폐된 방식
㉡ 대기개방식 : 보일러 내의 난방 순환 회로가 대기에 개방되어 있는 방식
㉢ 대기차단식 가스보일러에서 갖추어야 할 장치 : 압력계, 압력팽창탱크, 헛불방지장치

34 원심펌프를 직렬로 연결하여 운전할 때 양정과 유량의 변화는?

① 양정 : 일정, 유량 : 일정
② 양정 : 증가, 유량 : 증가
③ 양정 : 증가, 유량 : 일정
④ 양정 : 일정, 유량 : 증가

해설 원심펌프 직렬 연결
양정 : 증가, 유량 : 일정

35 초저온용 가스를 저장하는 탱크에 사용되는 단열재의 구비 조건으로 틀린 것은?

① 밀도가 클 것
② 흡수성이 없을 것
③ 열전도도가 작을 것
④ 화학적으로 안정할 것

해설 임계온도 -50℃ 이하인 산소 질소, 아르곤, 탄산, 아산화질소, 천연가스 등을 저장·운반하는 탱크로서 밀도가 작아야 한다.

정답 29 ① 30 ④ 31 ② 32 ③ 33 ① 34 ③ 35 ①

24 압축 또는 액화, 그 밖의 방법으로 처리할 수 있는 가스의 용적이 1일 100m³ 이상인 사업소는 압력계를 몇 개 이상 비치하도록 되어 있는가?

① 1　② 2
③ 3　④ 4

해설 압축 또는 액화, 그 밖의 방법으로 처리할 수 있는 가스의 용적이 1일 100m³ 이상인 사업소는 압력계를 2개 이상 비치하도록 한다.

25 도시가스 공급시설 중 저장탱크 주위의 온도 상승 방지를 위하여 설치하는 고정식 물 분무장치의 단위 면적당 방사능력의 기준은? (단, 단열재를 피복한 준내화 구조 저장 탱크가 아니다.)

① 2.5L/분·m² 이상
② 5L/분·m² 이상
③ 7.5L/분·m² 이상
④ 10L/분·m² 이상

해설 고정식 물분무장치의 단위 면적당 방사능력
5L/분·m² 이상

26 고압가스 저장탱크 및 처리설비에 대한 설명으로 틀린 것은?

① 가연성 저장탱크를 2개 이상 인접 설치 시에는 0.5m 이상의 거리를 유지한다.
② 지면으로부터 매설된 저장탱크 정상부까지의 깊이는 60cm 이상으로 한다.
③ 저장탱크를 매설한 곳의 주위에는 지상에 경계표지를 한다.
④ 독성가스 저장탱크실과 처리설비실에는 가스누출 검지경보장치를 설치한다.

해설 저장탱크 최대지름을 더한 길이의 1/4 이상의 거리를 유지한다. 단, 1m 미만의 경우에는 1m 이상의 거리를 유지한다.

27 수성가스의 주성분으로 옳은 것은?

① CO, CO_2
② CO_2, N_2
③ CO, H_2O
④ CO, H_2

해설 수성가스
㉠ 고온 가열한 코크스에 수증기를 작용시켜 얻은 가스
$C + H_2O \rightarrow CO + H_2$
㉡ 주성분 : 수소와 일산화탄소
㉢ 비중 : 0.534
㉣ 총 발열량 : 2,800kcal/m³

28 용기의 내부에 절연유를 주입하여 불꽃, 아크 또는 고온 발생 부분이 기름 속에 잠기게 함으로써 기름면 위에 존재하는 가연성가스에 인화되지 않도록 한 방폭구조는?

① 압력방폭구조
② 유입방폭구조
③ 내압방폭구조
④ 안전증방폭구조

해설 ① 압력방폭구조 : 용기 내부에 보호가스를 압입하여 내부압력을 유지함으로써 가연성 가스가 용기 내부로 유입되지 아니하도록 한 구조
③ 내압방폭구조 : 방폭전기기기의 용기 내부에서 가연성가스의 폭발이 발생할 경우 그 용기가 폭발압력에 견디고, 접합면, 개구부 등을 통하여 외부의 가연성가스에 인화되지 아니하도록 한 구조
④ 안전증방폭구조 : 정상 안전증에 가연성가스의 점화원이 될 전기 불꽃, 아크 또는 고온 부분 등의 발생을 방지하기 위하여 기계적·전기적 구조상 또는 온도 상승에 대하여 특히 안전도를 증가시킨 구조

정답 24 ②　25 ②　26 ①　27 ④　28 ②

18 고압가스 용기 보관실에 충전용기를 보관 할 때의 기준으로 틀린 것은?

① 충전용기와 잔가스용기는 각각 구분하여 용기 보관 장소에 놓는다.
② 용기 보관 장소의 주위 5m 이내에는 화기 또는 인화성 물질이나 발화성 물질을 두지 아니한다.
③ 충전용기는 항상 40℃ 이하의 온도를 유지하고, 직사광선을 받지 않도록 조치한다.
④ 가연성가스 용기 보관 장소에는 방폭형 휴대용 손전등 외의 등화를 휴대하고 들어가지 않는다.

해설 용기 보관 장소의 주위 2m 이내에는 화기 또는 인화성 물질이나 발화성 물질을 두지 아니 한다.

19 충전용기를 차량에 적재하여 운반하는 도 중에 주차하고자 할 때의 주의 사항으로 옳지 않은 것은?

① 충전용기를 적재한 차량은 제1종 보호시설로부터 15m 이상 떨어지고, 제2종 보호시설이 밀집된 지역은 가능한 한 피한다.
② 주차 시에는 엔진을 정지시킨 후 주차 브레이크를 걸어 놓는다.
③ 주차를 하고자 하는 주위의 교통 상황, 지형 조건, 화기 등을 고려해 안전한 장소를 택하여 주차한다.
④ 주차 시에는 긴급한 사태에 대비하여 바퀴 고정목을 사용하지 않는다.

해설 엔진을 정지시킨 후 주차제동장치를 걸어 놓고, 차바퀴를 고정목으로 고정시킨다.

20 다음 중 지진감지장치를 반드시 설치하여야 하는 도시가스 시설은?

① 가스도매 사업자 인수기지
② 가스도매 사업자 정압기지
③ 일반도시가스 사업자 제조소
④ 일반도시가스 사업자 정압기

해설 지진감지장치를 반드시 설치하는 도시가스 시설
가스도매 사업자 정압기지

21 다음 중 아황산가스의 제독제가 아닌 것은?

① 소석회
② 가성소다 수용액
③ 탄산소다 수용액
④ 물

해설 아황산가스 제독제
㉠ 가성소다 수용액
㉡ 탄산소다 수용액
㉢ 물

22 암모니아가스 검지경보장치는 검지에서 발신까지 걸리는 시간을 얼마 이내로 하는가?

① 30초
② 1분
③ 2분
④ 3분

해설 암모니아가스 검지경보장치는 검지에서 발신까지 걸리는 시간이 1분 이내이다.

23 가정에서 액화석유가스(LPG)가 누출될 때 가장 쉽게 식별할 수 있는 방법은?

① 냄새로써 식별
② 리트머스 시험지 색깔로 식별
③ 누출 시 발생되는 흰색 연기로 식별
④ 성냥 등으로 점화시켜 봄으로써 식별

해설 LPG는 원래 무색무취, 무독성의 기체이지만 누출 사고에 대한 대비로 방향성의 첨가물을 섞는다

11 고압가스설비에 설치하는 압력계의 최고눈금에 대한 측정범위의 기준으로 옳은 것은?

① 상용압력의 1.0배 이상 1.2배 이하
② 상용압력의 1.2배 이상 1.5배 이하
③ 상용압력의 1.5배 이상 2.0배 이하
④ 상용압력의 2.0배 이상 3.0배 이하

해설 고압가스설비의 압력계 최고눈금측정범위
상용압력의 1.5배 이상 2.0배 이하

12 고압가스의 분출에 대하여 정전기가 가장 발생하기 쉬운 경우는?

① 가스가 충분히 건조되어 있을 경우
② 가스 속에 고체의 미립자가 있을 경우
③ 가스의 분자량이 작은 경우
④ 가스의 비중이 큰 경우

해설 정전기가 가장 발생하기 쉬운 경우는 가스 속에 고체의 미립자가 있는 경우이다.

13 고압가스 일반 제조 시설의 밸브가 돌출한 충전용기에서 고압가스를 충전한 후 넘어짐 방지 조치를 하지 않아도 되는 용량의 기준은 내용적이 몇 L 미만일 때인가?

① 5   ② 10
③ 20   ④ 50

해설 넘어짐 방지 조치를 하지 않아도 되는 용량
내용적 5L 미만

14 LPG 충전·집단 공급 저장 시설의 공기에 의한 내압시험 시 상용압력의 일정 압력 이상으로 승압한 후 단계적으로 승압시킬 때, 상용압력의 몇 %씩 증가시켜 내압시험압력에 달하였을 때 이상이 없어야 하는가?

① 5   ② 10
③ 15   ④ 20

해설 LPG 충전·집단 공급 저장 시설의 공기에 의한 내압시험
상용압력의 10%씩 증가시켜 내압시험압력에 달하였을 때 이상이 없어야 한다.

15 염소가스 저장탱크의 과충전방지장치는 가스충전량이 저장탱크 내용적의 몇 %를 초과할 때 가스 충전이 되지 않도록 동작하는가?

① 60%
② 70%
③ 80%
④ 90%

해설 염소가스 저장탱크 과충전방지장치
내용적 90% 초과 시 가스 충전이 되지 않는다.

16 가연성가스라 함은 폭발한계의 상한과 하한의 차가 몇 % 이상인 것을 말하는가?

① 10   ② 20
③ 30   ④ 40

해설 가연성가스
㉠ 폭발한계의 상한과 하한의 차가 20% 이상인 것
㉡ 폭발한계의 하한값이 10% 이하인 것

17 액화석유가스(LPG) 이송 방법과 관련이 먼 것은?

① 압력차에 의한 방법
② 온도차에 의한 방법
③ 펌프에 의한 방법
④ 압축기에 의한 방법

해설 액화석유가스(LPG) 이송 방법
㉠ 압력차에 의한 방법
㉡ 펌프에 의한 방법
㉢ 압축기에 의한 방법

정답 11 ③ 12 ② 13 ① 14 ② 15 ④ 16 ② 17 ②

해설
⊙ 작동표준압력 : 7kPa
ⓒ 작동개시압력 : 5.6~8.4kPa
ⓒ 작동정지압력 : 5.04~8.4kPa

07 다음 각 금속 재료의 가스 작용에 대한 설명으로 옳은 것은?

① 수분을 함유한 염소는 상온에서도 철과 반응하지 않으므로 철강의 고압용기에 충전할 수 있다.
② 아세틸렌은 강과 직접 반응하여 폭발성의 금속아세틸라이드를 생성한다.
③ 일산화탄소는 철족의 금속과 반응하여 금속카르보닐을 생성한다.
④ 수소는 저온·저압하에서 질소와 반응하여 암모니아를 생성한다.

해설
① 수분을 함유한 염소는 상온에서도 철과 반응하므로 철강의 고압용기에 충전할 수 없다.
② 아세틸렌은 Ag, Mg, Cu와 치환반응을 하여 폭발성의 금속아세틸라이드를 생성한다.
④ 수소는 질소와 반응하여 암모니아를 생성한다.
$3H_2 + N_2 \rightarrow 2NH_3$

08 LPG 사용 시설의 고압배관에서 이상압력 상승 시 압력을 방출할 수 있는 안전장치를 설치하여야 하는 저장능력의 기준은?

① 100kg 이상 ② 150kg 이상
③ 200kg 이상 ④ 250kg 이상

해설
저장능력 250kg 이상인 경우 용기 또는 소형 저장탱크에서 압력조정기 입구까지 배관에 안전장치를 설치해야 한다.

09 고압가스 판매소의 시설 기준에 대한 설명으로 틀린 것은?

① 충전용기의 보관실은 불연재료를 사용한다.
② 가연성가스·산소 및 독성가스의 저장실은 각각 구분하여 보관한다.
③ 용기 보관실 및 사무실은 동일 부지 안에 설치하지 않는다.
④ 산소, 독성가스 또는 가연성가스를 보관하는 용기 보관실의 면적은 각 고압가스별로 10m² 이상으로 한다.

해설
⊙ 고압가스 판매소 : 충전 사업소 등에서 충전된 용기를 받아 판매점에 공급하는 중간 도매상
ⓒ 용기 보관실과 사무실은 동일 부지 내에 구분하여 설치해야 한다.
ⓒ 용기 보관실은 19m² 이상, 사무실은 9m² 이상, 용기 보관실 주위에는 11.5m² 이상 부지가 있어야 한다.

10 차량에 고정된 탱크 운반 차량에서 돌출 부속품의 보호 조치에 대한 설명으로 틀린 것은?

① 후부 취출식 탱크의 주밸브는 차량의 뒷범퍼와의 수평거리가 30cm 이상 떨어져 있어야 한다.
② 부속품이 돌출된 탱크는 그 부속품의 손상으로 가스가 누출되는 것을 방지하는 조치를 하여야 한다.
③ 탱크 주밸브와 긴급차단장치에 속하는 밸브를 조작 상자 내에 설치한 경우 조작 상자와 차량의 뒷범퍼와의 수평거리는 20cm 이상 떨어져 있어야 한다.
④ 탱크 주밸브 및 긴급차단장치에 속하는 중요한 부속품이 돌출된 저장탱크는 그 부속품을 차량의 좌측면이 아닌 곳에 설치한 단단한 조작 상자 내에 설치하여야 한다.

해설
⊙ 후부 취출식 : 40cm 이상
ⓒ 후부 취출식 외 : 30cm 이상

정답 07 ③ 08 ④ 09 ③ 10 ①

2022 가스기능사 (1. 23. 시행)

01 공기 중에서 폭발범위가 가장 넓은 가스는?
① C₂H₄O
② CH₄
③ C₂H₄
④ C₃H₈

해설 가연성가스의 폭발범위
① C₂H₄O : 3.0~80%
② CH₄ : 5~15%
③ C₂H₄ : 2.7~36%
④ C₃H₈ : 2.1~9.5%

02 아세틸렌을 용기에 충전할 때 미리 용기에 다공물질을 채우는데 이때 다공도의 기준은?
① 75% 이상 92% 미만
② 80% 이상 95% 미만
③ 95% 이상
④ 98% 이상

해설 ㉠ 다공도(%) = $\dfrac{V-E}{V} \times 100$

여기서, V : 다공물질의 용적
E : 아세톤 침윤 잔용적(침윤되지 않는 아세톤의 잔량)
㉡ 75% 이상 92% 미만

03 헬라이드 토치를 사용하여 프레온의 누출검사를 할 때 다량으로 누출될 때의 색깔은?
① 황색   ② 청색
③ 녹색   ④ 자색

해설 ㉠ 정상 시 : 청색
㉡ 소량 누설 : 녹색
㉢ 다량 누설 : 자색
㉣ 더욱 다량 : 꺼짐

04 다음은 어떤 안전설비에 대한 설명인가?

> 설비가 잘못 조작되거나 정상적인 제조를 할 수 없는 경우 자동으로 원재료의 공급을 차단시키는 등 고압가스 제조설비 안의 제조를 제어하는 기능을 한다.

① 안전밸브
② 긴급차단장치
③ 인터록기구
④ 벤트스택

해설 ① 안전밸브 : 가스누설감지 또는 소화 시 밸브 자동 잠금
② 긴급차단장치 : 이상 발생 시 수동 차단
④ 벤트스택 : 가스를 연소시키지 않고 대기 중에 방출하는 라인

05 물체의 상태 변화없이 온도 변화만 일으키는 데 필요한 열량을 무엇이라 하는가?
① 현열   ② 잠열
③ 열용량 ④ 대사량

해설 ② 잠열 : 물체의 온도 변화없이 상태 변화만 일으키는 데 필요한 열량
③ 열용량 : 어떤 물질의 온도를 1℃ 높이는 데 필요한 열량

06 조정압력이 3.3kPa 이하인 LP 가스용 조정기 안전장치의 작동정지압력은?
① 5.04~7.0kPa
② 5.60~7.0kPa
③ 5.04~8.4kPa
④ 5.60~8.4kPa

정답 01 ① 02 ① 03 ④ 04 ③ 05 ① 06 ③

부록 과년도 기출문제

56 다음 중 가스의 기초 법칙에 대한 설명으로 옳은 것은?

① 열역학 제1법칙 : 100% 효율을 가지고 있는 열기관은 존재하지 않는다.
② 그라함(Graham)의 확산법칙 : 기체의 확산(유출)속도는 그 기체의 분자량(밀도)의 제곱근에 반비례한다.
③ 아마가트(Amagat)의 분압법칙 : 이상기체 혼합물의 전체 압력은 각 성분 기체의 분압의 합과 같다.
④ 돌턴(Dalton)의 분용법칙 : 이상기체 혼합물의 전체 부피는 각 성분의 부피의 합과 같다.

해설 가스의 기초 법칙
① 열역학 제2법칙 : 열 이동의 방향성을 나타내는 경험법칙이다.
③ Amagat의 분용법칙 : 기체 혼합물의 전 부피는 동일 온도 및 압력하에서 각 성분 기체의 부분 부피의 합과 같다.
④ Dalton의 분압법칙 : 혼합기체의 전압은 각 성분 기체 분압의 합과 같다.

57 가스의 연소와 관련하여 공기 중에서 점화원 없이 연소하기 시작하는 최저온도를 무엇이라 하는가?

① 인화점 ② 발화점
③ 끓는점 ④ 융해점

해설 발화점(착화점)의 정의

58 내용적이 48m³인 LPG 저장탱크에 부탄 18톤을 충전한다면 저장탱크 내의 액체 부탄의 용적은 상용의 온도에서 저장탱크 내용적의 약 몇 %가 되겠는가? (단, 저장탱크의 상온온도에 있어서의 액체 부탄의 비중은 0.55로 한다.)

① 58 ② 68
③ 78 ④ 88

해설 저장탱크 내의 액화가스 용적(%)

액화가스 용적 = $\dfrac{\text{액화가스 용적}}{\text{저장탱크 내 용적}} \times 100$

$= \dfrac{\frac{18}{0.55}}{48} \times 100 = 68\%$

59 다음 중 LNG와 SNG에 대한 설명으로 옳은 것은?

① LNG는 액화석유가스를 말한다.
② SNG는 각종 도시가스의 총칭이다.
③ 액체 상태의 나프타를 LNG라 한다.
④ SNG는 대체천연가스 또는 합성천연가스를 말한다.

해설 ㉠ LNG : 액화천연가스
㉡ SNG : 대체천연가스 또는 합성천연가스

60 수소의 용도에 대한 설명으로 가장 거리가 먼 것은?

① 암모니아 합성가스의 원료로 이용
② 2,000℃ 이상의 고온을 얻어 인조 보석, 유리 제조 등에 이용
③ 산화력을 이용하여 니켈 등 금속의 산화에 사용
④ 기구나 풍선 등에 충전하여 부양용으로 사용

해설 수소는 고온에서 금속 산화물을 환원시키는 성질이 있어 환원제로 쓰인다.

정답 56 ② 57 ② 58 ② 59 ④ 60 ③

49 1기압, 150℃에서의 가스상 탄화수소의 점도가 가장 높은 것은?
① 메탄 ② 에탄
③ 프로필렌 ④ n-부탄

해설 가스상 탄화수소의 점도는 분자량이 작은 메탄이 가장 높다.

50 산화철이나 산화알루미늄에 의해 중합반응을 하는 가스는?
① 산화에틸렌 ② 시안화수소
③ 에틸렌 ④ 아세틸렌

해설 산화에틸렌은 산, 알칼리, 금속(철, 주석, 알루미늄)의 염화물, 산화철, 산화알루미늄 등에 의해 쉽게 중합을 일으키므로 중합폭발의 위험이 있다.

51 수분이 존재할 때 일반 강재를 부식시키는 가스는?
① 일산화탄소 ② 수소
③ 황화수소 ④ 질소

해설 이산화탄소(CO_2), 염소(Cl_2), 이산화황(SO_2), 포스겐($COCl_2$), 황화수소(H_2S)는 수분이 존재할 때 일반 강재를 부식시킨다.

52 산화에틸렌에 대한 설명으로 틀린 것은?
① 산화에틸렌의 저장탱크에는 그 저장탱크 내용적의 90%를 초과하는 것을 방지하는 과충전방지 조치를 한다.
② 산화에틸렌 제조설비에는 그 설비로부터 독성가스가 누출될 경우 그 독성가스로 인한 중독을 방지하기 위하여 제독설비를 설치한다.
③ 산화에틸렌 저장탱크는 45℃에서 그 내부 가스의 압력이 0.4MPa 이상이 되도록 탄산가스를 충전한다.
④ 산화에틸렌을 충전한 용기는 충전 후 24시간 정치하고 용기에 충전 연월일을 명기한 표지를 붙인다.

해설 시안화수소(HCN)를 충전한 용기는 충전 후 24시간 이상 정치하고, 용기에 충전 연월일을 명기한 표지를 붙인다.

53 이산화탄소에 대한 설명으로 틀린 것은?
① 공기보다 무겁다.
② 무색무취의 기체이다.
③ 상온에서 액화가 가능하다.
④ 물에 녹이면 강알칼리성을 나타낸다.

해설 이산화탄소(CO_2)는 물에 녹으면 약산성을 나타낸다.
반응식 : $CO_2 + H_2O \rightarrow H_2CO_3$

54 착화온도가 가장 낮은 것은?
① 메탄 ② 일산화탄소
③ 프로판 ④ 수소

해설 가연성가스의 착화온도
① 메탄(CH_4) : 537℃
② 일산화탄소(CO) : 605℃
③ 프로판(C_3H_8) : 465℃
④ 수소(H_2) : 530℃

55 수소가스와 등량 혼합 시 폭발성이 있는 가스는?
① 질소
② 염소
③ 아세틸렌
④ 암모니아

해설 염소와 수소는 등량(1:1) 혼합 시 폭발성이 있다.
$H_2 + Cl_2 \xrightarrow{햇빛} 2HCl$(염소폭명기)

정답 49 ① 50 ① 51 ③ 52 ④ 53 ④ 54 ③ 55 ②

42 아세틸렌의 정성시험에 사용되는 시약은?

① 질산은 ② 구리암모니아
③ 염산 ④ 피로갈롤

해설 아세틸렌
㉠ 발연 황산 시약을 사용한 오르자트법 또는 브롬 시약을 사용한 뷰렛법에 의한 시험에서 순도가 98% 이상
㉡ 질산은 시약을 사용한 정성시험에서 합격한 것

43 크로멜-알루멜(K형) 열전대에서 크로멜의 구성 성분은?

① Ni-Cr ② Cu-Cr
③ Fe-Cr ④ Mn-Cr

해설 열전대 온도계의 금속 재료

종류	금속 재료
백금-백금로듐(PR)	Pt-Rh
크로멜-알루멜(CA)	Ni-Cr
철-콘스탄탄(IC)	Fe-콘스탄탄
동-콘스탄탄(CC)	Cu-콘스탄탄

44 외경이 300mm이고, 두께가 30mm인 가스용 폴리에틸렌(PE)관의 사용압력 범위는?

① 0.4MPa 이하
② 0.25MPa 이하
③ 0.2MPa 이하
④ 0.1MPa 이하

해설 가스용 폴리에틸렌(PE)관 압력 범위에 따른 배관 두께

SDR	압력
11 이하	0.4MPa 이하
17 이하	0.25MPa 이하
21 이하	0.2MPa 이하

여기서, SDR(Standard Dimension Ratio)
$SDR = D(외경)/t(최소두께)$

즉 $SDR = \dfrac{300}{30} = 10$

SDR 10은 11 이하에 해당하므로 압력은 0.4MPa 이하이다.

45 액화가스 충전에는 액펌프와 압축기가 사용될 수 있다. 이때 압축기를 사용하는 경우의 특징이 아닌 것은?

① 충전시간이 짧다.
② 베이퍼록 등 운전상 장애가 일어나기 쉽다.
③ 재액화현상이 일어날 수 있다.
④ 잔가스의 회수가 가능하다.

해설 베이퍼록현상은 펌프를 사용할 경우에 발생이 된다.

46 대기압이 1.033kgf/cm²일 때 산소용기에 달린 압력계의 읽음이 10kgf/cm²이었다. 이때의 계기 압력은 몇 kgf/cm²인가?

① 1.033 ② 8.976
③ 10 ④ 11.033

해설 계기 압력은 압력계에서 지시하는 압력이므로 현재 계기 압력은 10kgf/cm²이다.

47 희(稀)가스가 아닌 것은?

① He ② Kr ③ Xe ④ O_3

해설 희가스(0족 원소)
He, Ne, Ar, Kr, Xe, Rn

48 수돗물의 살균과 섬유의 표백용으로 주로 사용되는 가스는?

① F_2 ② Cl_2 ③ O_2 ④ CO_2

해설 염소(Cl_2)
수돗물, 하수도의 소독제

정답 42 ① 43 ① 44 ① 45 ② 46 ③ 47 ④ 48 ②

35 아세틸렌 및 합성용 가스의 제조에 사용되는 반응장치는?

① 축열식 반응기
② 탑식 반응기
③ 유동층식 접촉 반응기
④ 내부연소식 반응기

해설 반응장치 사용 예
㉠ 축열식 반응기 : 아세틸렌 및 에틸렌 제조
㉡ 탑식 반응기 : 에틸벤젠의 제조, 벤졸의 염소화
㉢ 유동층식 접촉 반응기 : 석유 개질
㉣ 내부연소식 반응기 : 아세틸렌 및 합성용 가스의 제조

36 백금-백금로듐 열전대 온도계의 온도 측정 범위로 옳은 것은?

① $-180 \sim 350℃$
② $-20 \sim 800℃$
③ $0 \sim 1,600℃$
④ $300 \sim 2,000℃$

해설 열전대 온도계의 온도 측정 범위

종류	측정 범위
백금-백금로듐	$0 \sim 1,600℃$
크로멜-알루멜	$-20 \sim 1,200℃$
철-콘스탄탄	$-20 \sim 800℃$
동-콘스탄탄	$-200 \sim 350℃$

37 2차 압력계이며 탄성을 이용하는 대표적인 압력계는?

① 부르동관식 압력계
② 수은주 압력계
③ 벨로즈식 압력계
④ 자유피스톤형 압력계

해설 Bourdon 압력계는 탄성체의 탄성변형을 이용하여 압력을 측정하는 것으로 2차 압력계의 가장 대표적인 것이다.

38 압축기에 사용하는 윤활유 선택 시 주의 사항으로 틀린 것은?

① 사용 가스와 화학반응을 일으키지 않을 것
② 인화점이 높을 것
③ 정제도가 높고 잔류 탄소의 양이 적을 것
④ 점도가 적당하고 항유화성이 작을 것

해설 점도가 적당하고 항유화성이 커야 한다.

39 흡수분석법의 종류가 아닌 것은?

① 헴펠법
② 활성알루미나겔법
③ 오르자트법
④ 게겔법

해설 흡수분석법
헴펠법, 오르자트법, 게겔법

40 한쪽 조건이 충족되지 않으면 다른 제어는 정지되는 자동제어방식은?

① 피드백
② 시퀀스
③ 인터록
④ 프로세스

해설 인터록제어의 설명이다.

41 초저온 저장탱크에 사용하는 재질로 적당 하지 않은 것은?

① 탄소강
② 18-8 스테인리스강
③ 9% Ni강
④ 동합금

해설 탄소강은 액화프로판가스를 저장하는 저온탱크에 적당한 재료이다.

정답 35 ④ 36 ③ 37 ① 38 ④ 39 ② 40 ③ 41 ①

해설 액화가스를 충전하는 탱크는 그 내부에 액면 요동을 방지하기 위하여 방파판을 설치한다.

30 고압가스 충전시설 기준에서 풍향계를 설치하여야 할 가스는?
① 액화석유가스
② 압축산소가스
③ 액화질소가스
④ 암모니아가스

해설 고압가스 충전시설 기준에서 독성가스의 경우 풍향계를 설치한다.

31 가스검지 시 지시약과 그 반응색의 연결이 옳지 않은 것은?
① 산성가스 – 리트머스지 : 적색
② $COCl_2$ – 하리슨씨 시약 : 심등색
③ CO – 염화파라듐지 : 흑색
④ HCN – 질산구리벤젠지 : 적색

해설

시험지	제법	검지가스	반응	감도
KI– 전분지	전분액과 N-KI액을 등량 혼합한다.	NO_2, ClO, 할로겐	청~ 갈색	Cl_2는 0.00143 g/L
리트머스지	–	산, 알칼리	적색, 청색	NH_3는 0.0007 mg/L
염화제1동 착염지	• $CuSO_4 \cdot 5H_2O$ 3g, NH_4Cl 3g, 염산히드록실아민 5g을 80mL의 물로 용해한다. • 이 액 9mL와 암모니아성 $AgNO_3$ 1.5mL를 혼합으로 만든다.	아세틸렌	적색	2.5 mg/L
염화파라듐지	$PdCl_2$ 0.2% 액에 침투건조시킨 후 5% 초산에 침투시킨다.	CO	흑색	0.01 mg/L
하리슨 시약	p–디메틸아미노벤즈알데히드 및 디펠아민 1g을 CCl_4 10mL에 용해 제조한다.	포스겐	심등색	1mg/L
연당지	초산납 10g을 물 90mL로 용해한다.	H_2S	흑색	0.001 mg/L
초산벤젠지	초산벤젠지와 초산동의 수용액으로 제조한다.	HCN	청색	0.001 mg/L

32 LP가스를 도시가스와 비교하여 사용 시 장점으로 옳지 않은 것은?
① LP가스는 열용량이 크기 때문에 작은 배관경으로 공급할 수 있다.
② LP가스는 연소용 공기 또는 산소가 다량으로 필요하지 않다.
③ LP가스는 입지적 제약이 없다.
④ LP가스는 조성이 일정하다.

해설 LP가스는 연소용 공기 또는 산소가 2.5배 더 필요하다.

33 다음 정압기 중 고차압이 될수록 특성이 좋아지는 것은?
① Reynolds식   ② axial flow식
③ Fisher식   ④ KRF식

해설 axial flow 정압기는 언로딩형으로 정특성, 동특성이 양호하며 고차압이 될수록 특성이 좋아진다.

34 압축기가 과열 운전되는 원인으로 가상 거리가 먼 것은?
① 압축비 증대
② 윤활유 부족
③ 냉동부하의 감소
④ 냉매량 부족

해설 냉동부하가 증대하였을 경우 압축기가 과열 운전이 된다.

정답 30 ④ 31 ④ 32 ② 33 ② 34 ③

23 다음 중 아세틸렌·암모니아 또는 수소와 동일 차량에 적재, 운반할 수 없는 가스는?

① 염소
② 액화석유가스
③ 질소
④ 일산화탄소

해설) 염소와 아세틸렌·암모니아 또는 수소는 한 차량에 적재하여 운반하지 않는다.

24 저장설비나 가스설비를 수리 또는 청소할 때 가스치환 작업을 생략할 수 있는 경우가 아닌 것은?

① 가스설비의 내용적이 $2m^3$ 이하일 경우
② 작업원이 설비 내부로 들어가지 않고 작업할 경우
③ 출입구의 밸브가 확실하게 폐지되어 있고 내용적 $5m^3$ 이상의 가스설비에 이르는 사이에 2개 이상의 밸브를 설치한 경우
④ 설비의 간단한 청소, 개스킷의 교환이나 이와 유사한 경미한 작업일 경우

해설) 가스설비의 내용적이 $1m^3$ 이하일 경우

25 시안화수소의 충전 시 사용되는 안정제가 아닌 것은?

① 암모니아
② 황산
③ 염화칼슘
④ 인산

해설) 시안화수소의 충전 시 사용되는 안정제
아황산가스, 황산, 염화칼슘, 동망, 동, 인산, 오산화인 등

26 특정고압가스 사용시설의 시설 기준 및 기술 기준으로 틀린 것은?

① 저장시설의 주위에는 보기 쉽게 경계표지를 할 것
② 가스설비에는 그 설비의 안전을 확보하기 위하여 습기 등으로 인한 부식방지 조치를 할 것
③ 독성가스의 감압설비와 그 가스의 반응설비 간의 배관에는 일류방지장치를 할 것
④ 고압가스의 저장량이 300kg 이상인 용기 보관실의 벽은 방호벽으로 할 것

해설) 독성가스의 감압설비와 그 가스의 반응설비 간의 배관에는 역류방지장치를 한다.

27 내용적이 $1m^3$인 밀폐된 공간에 프로판을 누출시켜 폭발시험을 하려고 한다. 이론적으로 최소 몇 L의 프로판을 누출시켜야 폭발이 이루어지겠는가? (단, 프로판의 폭발범위는 2.1~9.5%이다.)

① 2.1
② 9.5
③ 21
④ 95

해설) 프로판의 폭발범위의 하한치가 2.1%이므로 내용적 $1m^3$(1,000L)에 대하여 2.1%(21L)가 누출하면 폭발하게 된다.

28 프레온 냉매가 실수로 눈에 들어갔을 경우 눈 세척에 사용되는 약품으로 가장 적당한 것은?

① 바셀린
② 약한 붕산 용액
③ 농피크린산 용액
④ 유동파라핀

해설) 프레온 냉매 노출 시 사용되는 약품
약한 붕산 용액

29 액화가스를 충전하는 탱크는 그 내부에 액면 요동을 방지하기 위하여 무엇을 설치하여야 하는가?

① 방파판
② 안전밸브
③ 액면계
④ 긴급차단장치

정답 23 ① 24 ① 25 ① 26 ③ 27 ③ 28 ② 29 ①

17 LPG를 수송할 때의 주의 사항으로 틀린 것은?

① 운전 중이나 정차 중에도 허가된 장소를 제외하고는 담배를 피워서는 안 된다.
② 운전자는 운전기술 외에 LPG의 취급 및 소화기 사용 등에 관한 지식을 가져야 한다.
③ 누출됨을 알았을 때는 가까운 경찰서, 소방서까지 직접 운행하여 알린다.
④ 주차할 때는 안전한 장소에 주차하며, 운반책임자와 운전자는 동시에 차량에서 이탈하지 않는다.

> **해설** LP가스 수송 중 누출됨을 알았을 경우 즉시 경찰서나 소방서에 신고한다.

18 다음 중 용기 보관 장소에 대한 설명으로 틀린 것은?

① 용기 보관소 경계표지는 해당 용기 보관소 또는 보관실의 출입구 등 외부로부터 보기 쉬운 곳에 게시한다.
② 수소용기 보관 장소는 겨울철 실내온도가 내려가므로 상부의 통풍구를 막아야 한다.
③ 용기 보관 장소에는 계량기 등 작업에 필요한 물건 외에는 두지 않는다.
④ 가연성가스와 산소의 용기는 각각 구분하여 용기 보관 장소에 놓는다.

> **해설** 용기 보관 장소에 있는 통풍구는 환기를 위하여 어떠한 경우라도 막으면 안 된다.

19 가연성가스와 산소의 혼합비가 완전산화에 가까울수록 발화 지연은 어떻게 되는가?

① 길어진다.
② 짧아진다.
③ 변함이 없다.
④ 일정치 않다.

> **해설** ㉠ 고온, 고압일수록 짧아진다.
> ㉡ 가연성가스와 산소의 혼합비가 완전산화에 가까울수록 짧아진다.

20 액화석유가스를 충전하는 충전용 주관의 압력계는 국가표준기준법에 의한 교정을 받은 압력계로 몇 개월마다 한 번 이상 그 기능을 검사하여야 하는가?

① 1개월 ② 2개월
③ 3개월 ④ 6개월

> **해설** 충전용 주관의 압력계는 매월 1회 이상, 그 밖의 압력계는 3개월에 1회 이상 국가표준기본법에 의한 교정을 받은 압력계로 그 기능을 검사한다.

21 가연성이며 독성인 가스는?

① 아세틸렌, 프로판
② 수소, 이산화탄소
③ 암모니아, 산화에틸렌
④ 아황산가스, 포스겐

> **해설** 가연성이며 독성가스의 종류
> 암모니아, 일산화탄소, 벤젠, 산화에틸렌, 염화메탄, 브롬화메탄, 시안화수소, 황화수소, 아크릴로니트릴, 이황화탄소 등

22 국내 일반 가정에 공급되는 도시가스(LNG)의 발열량은 약 몇 kcal/m³인가? (단, 도시가스 월사용예정량의 산정 기준에 따른다.)

① 9,000
② 10,000
③ 11,000
④ 12,000

> **해설** 국내 일반 가정에 공급되는 도시가스(LNG)의 발열량은 11,000Kcal/m³이다.

정답 17 ③ 18 ② 19 ② 20 ① 21 ③ 22 ③

11 액화석유가스의 사용 시설 중 관경이 33mm 이상의 배관은 몇 m마다 고정, 부착하는 조치를 하여야 하는가?

① 1m   ② 2m
③ 3m   ④ 4m

해설) 고정, 부착하는 조치
㉠ 관경이 13mm 미만 : 1m마다
㉡ 관경이 13mm 이상 33mm 미만 : 2m마다
㉢ 관경이 33mm 이상 : 3m마다

12 차량에 고정된 탱크 중 독성가스는 내용적을 얼마 이하로 하여야 하는가?

① 12,000L
② 15,000L
③ 16,000L
④ 18,000L

해설) 가연성가스(액화석유가스 제외)탱크 및 산소탱크의 내용적은 18,000L, 독성가스(액화암모니아 제외)탱크의 내용적은 12,000L를 초과하지 아니할 것

13 다음 중 산소압축기의 내부 윤활유로 사용되는 것은?

① 물 또는 10% 묽은 글리세린수
② 진한 황산
③ 양질의 광유
④ 디젤엔진유

해설) 압축기와 윤활유

압축기	윤활유
산소	물 또는 10% 이하의 묽은 글리세린수
염소	진한 황산
아세틸렌	양질의 광유
수소	양질의 광유
LP가스	식물성유

14 상온에서 압축하면 비교적 쉽게 액화되는 가스는?

① 수소   ② 질소
③ 메탄   ④ 프로판

해설) 프로판가스는 임계온도(96.8℃) 및 비등점(-42.1℃)이 높기 때문에 상온에서 쉽게 액화된다.

15 가장 높은 압력은?

① 8.0mH$_2$O
② 0.82kg/cm^2
③ 9,000kg/m^2
④ 500mmHg

해설)
① $8\text{mH}_2\text{O} \times \dfrac{1\text{atm}}{10.33\text{mH}_2\text{O}} = 0.77\text{atm}$

② $0.82\text{kg/cm}^2 \times \dfrac{1\text{atm}}{1.0332\text{kg/cm}^2} = 0.79\text{atm}$

③ $9,000\text{kg/m}^2 \times \dfrac{(1\text{m})^2}{(100\text{cm})^2} \times \dfrac{1\text{atm}}{1.0332\text{kg/cm}^2}$
$= 0.87\text{atm}$

④ $500\text{mmHg} \times \dfrac{1\text{atm}}{760\text{mmHg}} = 0.66\text{atm}$

16 고압가스용기 보관의 기준에 대한 설명으로 틀린 것은?

① 용기 보관 장소 주위 2m 이내에는 화기를 두지말 것
② 가연성가스·독성가스 및 산소의 용기는 각각 구분하여 용기 보관 장소에 놓을 것
③ 가연성가스를 저장하는 곳에는 방폭형 휴대용 손전등 외의 등화를 휴대하지 말 것
④ 충전용기와 잔가스용기는 서로 단단히 결속하여 넘어지지 않도록 할 것

해설) 충전용기와 잔가스용기는 각각 구분하여 용기 보관 장소에 놓는다.

정답 11 ③ 12 ① 13 ① 14 ④ 15 ③ 16 ④

부록 과년도 기출문제

06 가연성가스를 취급하는 장소에는 누출된 가스의 폭발 사고를 방지하기 위하여 전기설비를 방폭구조로 한다. 다음 중 방폭구조가 아닌 것은?

① 안전증방폭구조
② 내열방폭구조
③ 압력방폭구조
④ 내압방폭구조

해설 방폭전기기기의 구조별 표시 방법

방폭전기기기의 구조	표시 방법
내압방폭구조	d
유입방폭구조	o
압력방폭구조	p
안전증방폭구조	e
본질안전방폭구조	ia·ib
특수방폭구조	s

07 도시가스 사용시설 중 자연배기식 반밀폐식 보일러에서 배기통의 옥상 돌출부는 지붕면으로부터 수직 거리로 몇 cm 이상으로 하여야 하는가?

① 30cm   ② 50cm
③ 90cm   ④ 100cm

해설 배기통의 옥상 돌출부는 지붕면으로부터 수직 거리를 100cm 이상으로 하고 배기통 상단으로부터 수평거리 100cm 이내에 건축물이 있는 경우에는 그 건축물의 처마보다 100cm 이상 높게 한다.

08 도시가스용 가스계량기와 전기개폐기와의 이격거리는 몇 cm 이상으로 하여야 하는가?

① 15cm   ② 30cm
③ 45cm   ④ 60cm

해설 가스계량기와 이격거리
㉠ 전기계량기 및 전기개폐기 : 60cm 이상
㉡ 굴뚝·전기점멸기 및 전기접속기 : 30cm 이상
㉢ 전선(절연 조치 안 한 것) : 15cm 이상

09 용기 파열 사고의 원인으로 가장 거리가 먼 것은?

① 용기의 내압력 부족
② 용기 내압의 상승
③ 용기 내에서 폭발성 혼합가스에 의한 발화
④ 안전밸브의 작동

해설 안전밸브는 용기의 파열 사고를 방지하기 위해 설치하는 장치이다.

10 고압가스시설의 가스누출 검지경보장치 중 검지부 설치 수량의 기준으로 틀린 것은?

① 건축물 내에 설치되어 있는 압축기, 펌프 및 열교환기 등 고압가스 설비군의 바닥면 둘레가 22m인 시설에 검지부 2개 설치
② 에틸렌 제조 시설의 아세틸렌 수첨탑으로서 그 주위에 누출한 가스가 체류하기 쉬운 장소의 바닥면 둘레가 30m인 경우에 검지부 3개 설치
③ 가열로가 있는 제조설비의 주위에 가스가 체류하기 쉬운 장소의 바닥면 둘레가 18m인 경우에 검지부 1개 설치
④ 염소 충전용 접속구군의 주위에 검지부 2개 설치

해설 검지경보장치의 검출부 설치 개수
㉠ 건축물 안에 설치되어 있는 감압설비, 저장설비, 판매설비, 특정고압가스 사용설비 등 가스가 누출하기 쉬운 설비를 설치한 곳 주위에는 누출한 가스가 체류하기 쉬운 장소에 이들 설비군의 둘레 10m마다 1개 이상을 설치한다.
㉡ 건축물 밖은 둘레 20m마다 1개 이상을 설치한다.

정답 06 ② 07 ④ 08 ④ 09 ④ 10 ①

2021 가스기능사 (10. 3. 시행)

01 고압가스 판매자가 실시하는 용기의 안전점검 및 유지관리의 기준으로 틀린 것은?

① 용기 아랫부분의 부식 상태를 확인할 것
② 완성검사 도래 여부를 확인할 것
③ 밸브의 그랜드너트가 고정핀으로 이탈방지를 위한 조치가 되어 있는지의 여부를 확인할 것
④ 용기캡이 씌워져 있거나 프로텍터가 부착되어 있는지의 여부를 확인할 것

해설 재검사 기간의 도래 여부를 확인한다.

02 LP가스의 특징에 대한 설명으로 틀린 것은?

① LP가스는 공기보다 무거워 낮은 곳에 체류하기 쉽다.
② 액체 상태의 LP가스는 물보다 가볍고 증발잠열이 매우 작다.
③ 고무, 페인트, 윤활유를 용해시킬 수 있다.
④ 액체 상태 LP가스를 기화하면 부피가 약 260배로 현저히 증가한다.

해설 액체 상태의 LP가스는 물(비중=1)보다 가볍고 증발잠열이 크다.

03 가연성가스의 제조설비 중 전기설비는 방폭성능을 가진 구조로 하여야 한다. 이에 해당되지 않는 가스는?

① 수소
② 프로판
③ 일산화탄소
④ 암모니아

해설 가연성가스의 제조설비 중에서 전기설비에 방폭성능이 없는 가스
암모니아, 브롬화메탄 및 공기 중에서 자연발화하는 가스

04 산소가스를 용기에 충전할 때의 주의 사항에 대한 설명으로 옳은 것은?

① 충전압력은 용기 내부의 산소가 30℃로 되었을 때의 상태로 규제된다.
② 용기 제조 일자를 조사하여 유효기간이 경과한 미검용기는 절대로 충전하지 않는다.
③ 미량의 기름이라면 밸브 등에 묻어 있어도 상관없다.
④ 고압밸브를 개폐 시에는 신속히 조작한다.

해설 산소가스 충전 시 주의 사항
㉠ 충전압력은 35℃로 규제한다.
㉡ 미량의 기름이라도 발화의 위험이 있다.
㉢ 고압밸브를 개폐 시에는 서서히 조작한다.

05 공기액화분리장치에서의 액화 산소통 내의 액화산소 5L 중 아세틸렌의 질량이 얼마를 초과할 때 폭발 방지를 위하여 운전을 중지하고 액화산소를 방출시켜야 하는가?

① 0.1mg
② 5mg
③ 50mg
④ 500mg

해설 아세틸렌의 질량이 5mg 이상 있을 때 또는 탄화수소의 산소 질량이 500mg 이상 있을 때는 운전을 중지함과 동시에 액체 산소를 방출하지 않으면 안 된다.

정답 01 ② 02 ② 03 ④ 04 ② 05 ②

55 1kw의 열량을 환산한 것으로 옳은 것은?
① 536kcal/h ② 632kcal/h
③ 720kcal/h ④ 860kcal/h

해설 1kW = 860kcal/h

56 1Nm³의 총 발열량이 가장 큰 가스는?
① 프로판 ② 부탄
③ 수소   ④ 도시가스

해설
① 프로판 : 24,370kcal/Nm³
② 부탄 : 29,170kcal/Nm³
③ 수소 : 3,050kcal/Nm³
④ 도시가스 : 9,530kcal/Nm³

57 도시가스 제조소의 페널에 의한 부취제의 농도 측정 방법이 아닌 것은?
① 냄새 주머니법
② 오더미터법
③ 주사기법
④ 가스분석기법

해설 도시가스 제조소의 페널에 의한 부취제의 농도 측정 방법
㉠ 냄새 주머니법
㉡ 오더미터법
㉢ 주사기법

58 화씨온도 86°F는 몇 °C인가?
① 30 ② 35
③ 40 ④ 45

해설
$$\frac{t(°C)}{100} = \frac{t(°F) - 32}{180}$$
$$t(°C) = \frac{5}{9}[t(°F) - 32]$$
$$= \frac{5}{9}(86 - 32)$$
$$= 30°C$$

59 아연, 구리, 은, 코발트 등과 같은 금속과 반응하여 착이온을 만드는 가스는?
① 암모니아 ② 염소
③ 아세틸렌 ④ 질소

해설 암모니아(NH_3)는 아연(Zn), 구리(Cu), 은(Ag), 코발트(Co) 등의 금속과 반응하여 착이온을 만들어 물에 녹는다.
$Cu(OH)_2 + 4NH_3 \rightarrow Cu(NH_3)_4^{2+} + 2OH^-$
$AgCl + 2NH_3 \rightarrow Ag(NH_3)_2^+ + Cl^-$
$Zn(OH)_2 + 4NH_3 \rightarrow Zn(NH_3)_4^{2+} + 2OH^-$

60 LPG의 증기압력과 온도와의 관계로서 옳은 것은?
① 온도가 올라감에 따라 압력도 증가한다.
② 온도와 압력과는 관련이 없다.
③ 온도가 올라감에 따라 압력은 떨어진다.
④ 온도가 내려감에 따라 압력은 증가한다.

해설 LPG는 온도가 올라감에 따라 압력도 증가한다.

정답 55 ④ 56 ② 57 ④ 58 ① 59 ① 60 ①

48 독성이며 가연성의 가스는?
① 수소 ② 일산화탄소
③ 이산화탄소 ④ 헬륨

해설
① 수소 : 가연성가스
② 일산화탄소 : 독성이며, 가연성가스
③ 이산화탄소 : 불연성가스
④ 헬륨 : 불연성가스

49 산소의 일반적인 특징에 대한 설명으로 틀린 것은?
① 수소와 반응하여 격렬하게 폭발한다.
② 유지류와 접촉 시 폭발의 위험이 있다.
③ 공기 중에서 무성방전시키면 과산화수소(H_2O_2)가 발생한다.
④ 산소의 분압이 높아지면 폭굉범위가 넓어진다.

해설 공기 중에서 무성방전을 행하면 오존(O_3)이 발생한다.

50 다음 화합물 중 탄소의 함유량이 가장 많은 것은?
① CO_2 ② CH_4
③ C_2H_4 ④ CO

해설
① $\dfrac{C}{CO_2} = \dfrac{12}{44} = 0.27$
② $\dfrac{C}{CH_4} = \dfrac{12}{16} = 0.75$
③ $\dfrac{2C}{C_2H_4} = \dfrac{24}{28} = 0.86$
④ $\dfrac{C}{CO} = \dfrac{12}{28} = 0.43$

51 저장소의 바닥 환기에 가장 중점을 두어야 하는 가스는?
① 메탄 ② 에틸렌
③ 아세틸렌 ④ 부탄

해설 저장소의 바닥 환기에 가장 중점을 두어야 하는 것은 분자량이 큰 것이다.
① $CH_4 = 12 + 4 = 16$
② $C_2H_4 = 24 + 4 = 28$
③ $C_2H_2 = 24 + 2 = 26$
④ $C_4H_{10} = 48 + 10 = 58$

52 염소의 특징에 대한 설명 중 틀린 것은?
① 염소 자체는 폭발성, 인화성은 없다.
② 상온에서 자극성의 냄새가 있는 맹독성 기체이다.
③ 염소와 산소의 1:1 혼합물을 염소폭명기라고 한다.
④ 수분이 있으면 염산이 생성되어 부식성이 강해진다.

해설 수소와 염소의 1:1 혼합물을 염소폭명기라고 한다.
$H_2 + Cl_2 \xrightarrow{햇빛} 2HCl$(염소폭명기)

53 8kg의 물을 18℃에서 98℃까지 상승시키는 데 표준 상태에서 0.034m³의 LP가스를 연소시켰다. 프로판의 발열량이 24,000kcal/m³라면 이때의 열효율은 약 몇 %인가?
① 48.6 ② 59.3
③ 66.6 ④ 78.4

해설
$\eta = \dfrac{WC(t_2 - t_1)}{24,000 \times 0.034}$
$= \dfrac{8 \times 1 \times (98 - 18)}{816} \times 100$
$= 78.4\%$

54 천연가스의 주성분인 물질의 분자량은?
① 16 ② 32
③ 44 ④ 58

해설 천연가스의 주성분은 CH_4이고, CH_4의 분자량은 16이다.

41 가스액화분리장치 중 원료가스를 저온에서 분리·정제하는 장치는?

① 한랭장치
② 정류장치
③ 열교환장치
④ 불순물제거장치

해설 정류장치의 설명이다.

42 고압가스 관련 설비에 해당되지 않는 시설은?

① 안전밸브
② 긴급차단장치
③ 특정고압가스용 실린더 캐비닛
④ 압력조정기

해설 고압가스 관련 설비
㉠ 안전밸브
㉡ 긴급차단장치
㉢ 특정고압가스용 실린더 캐비닛

43 원심식 압축기의 회전속도를 1.2배로 증가시키면 약 몇 배의 동력이 필요한가?

① 1.2배
② 1.4배
③ 1.7배
④ 2.0배

해설 상사법칙 : 축동력과 회전수는 3승에 비례한다.
$\dfrac{Ls_2}{Ls_1} = \left(\dfrac{N_2}{N_1}\right)^3 = 1.2^3 = 1.728 ≒ 1.7$배

44 저온 정밀 증류법을 이용하여 주로 분석할 수 있는 가스는?

① 탄화수소의 혼합가스
② SO_2가스
③ CO_2가스
④ O_2가스

해설 저온 정밀 증류법을 이용하여 주로 분석할 수 있는 가스 : 탄화수소의 혼합가스

45 다음 배관 재료 중 사용 온도 350℃ 이하, 압력 1MPa 이상 10MPa까지의 LPG 및 도시가스의 고압관에 사용되는 것은?

① SPP
② SPW
③ SPPW
④ SPPS

해설
① SPP : 배관용 탄소강관
② SPW : 배관용 아크용접 탄소강관
③ SPPW : 수도용 아연 도금강관
④ SPPS : 압력 배관용 탄소강관(사용 온도 350℃ 이하, 압력 1MPa 이상 10MPa까지의 LPG 및 도시가스의 고압관에 사용)

46 표준대기압에서 1BTU의 의미는?

① 순수한 물 1kg을 1℃ 변화시키는 데 필요한 열량
② 순수한 물 1lb를 1℃ 변화시키는 데 필요한 열량
③ 순수한 물 1kg을 1°F 변화시키는 데 필요한 열량
④ 순수한 물 1lb를 1°F 변화시키는 데 필요한 열량

해설 1BTU
순수한 물 1lb를 1°F 변화시키는 데 필요 한 열량

47 가스와 그 용도가 옳게 짝지어진 것은?

① 수소 : 경화유 제조, 산소 : 용접, 절단용
② 수소 : 경화유 제조, 이산화탄소 : 포스겐 제조
③ 산소 : 용접, 절단용, 이산화탄소 : 포스겐 제조
④ 수소 : 경화유 제조, 염소 : 청량음료

해설
㉠ 수소 : 불포화 지방을 포화시켜 경화유를 제조한다.
㉡ 산소 : 공업적으로는 산소 용접용, 금속판 절단용에 사용한다.

정답 41 ② 42 ④ 43 ③ 44 ① 45 ④ 46 ④ 47 ①

해설
$P = 13{,}600 \times 0.6 = 8{,}160 \text{kg/m}^2$
$= \dfrac{81{,}600}{10{,}000} = 0.816 \text{kg/cm}^2 \fallingdotseq 0.82 \text{kg/cm}^2$
$P_2 = P_1 + 0.82 = 1 + 0.82 = 1.82 \text{kg/cm}^2$

35 액면계로부터 가스가 방출되었을 때 인화 또는 중독의 우려가 없는 가스에만 사용할 수 있는 액면계가 아닌 것은?
① 고정튜브식 ② 회전튜브식
③ 슬립튜브식 ④ 평형튜브식

해설 인화 또는 중독의 우려가 없는 가스에만 사용할 수 있는 액면계
㉠ 고정튜브식
㉡ 회전튜브식
㉢ 슬립튜브식

36 무급유 압축기의 종류가 아닌 것은?
① 카본(carbon)링식
② 테프론(Teflon)링식
③ 다이어프램(diaphragm)식
④ 브론즈(bronze)식

해설 무급유 압축기의 종류
㉠ 카본(carbon)링식
㉡ 테프론(Teflon)링식
㉢ 다이어프램(diaphragm)식

37 계측과 제어의 목적이 아닌 것은?
① 조업 조건의 안정화
② 고효율화
③ 작업 인원의 증가
④ 안전 위생 관리

해설 계측, 제어의 목적
㉠ 작업 조건의 안정화
㉡ 고효율화
㉢ 안전 위생 관리

38 공기액화분리장치의 이산화탄소 흡수탑에서 가성소다로 이산화탄소를 제거한다. 이 반응식으로 옳은 것은?
① $2\text{NaOH} + \text{CO}_2 \rightarrow \text{Na}_2\text{CO}_3 + \text{H}_2\text{O}$
② $2\text{NaOH} + 3\text{CO}_2 \rightarrow \text{Na}_2\text{CO}_3 + 2\text{CO} + \text{H}_2\text{O}$
③ $\text{NaOH} + \text{CO}_2 \rightarrow \text{Na}_2\text{CO}_3 + \text{H}_2\text{O}$
④ $\text{NaOH} + 2\text{CO}_2 \rightarrow \text{NaCO}_3 + \text{CO} + \text{H}_2\text{O}$

해설 공기 중의 탄산가스는 가성소다 용액(약 8% 정도)에 흡수되어 제거된다.
$2\text{NaOH} + \text{CO}_2 \rightarrow \text{Na}_2\text{CO}_3 + \text{H}_2\text{O}$
저온장치에 CO_2가 존재하면 고형의 드라이아이스가 되어 밸브 및 배관을 폐쇄시키므로 제거시켜야 한다.

39 용기 파열 사고의 원인으로 보기 어려운 것은?
① 용기의 내압력 부족
② 용기 내압의 상승
③ 안전밸브의 작동
④ 용기 내에서 폭발성 혼합가스에 의한 발화

해설 용기 파열 사고의 원인
㉠ 용기의 내압력 부족
㉡ 용기 내압의 상승
㉢ 용기 내에서 폭발성 혼합가스에 의한 발화

40 고압가스 일반제조시설의 배관 중 압축가스배관에 반드시 설치하여야 하는 계측기기는?
① 온도계
② 압력계
③ 풍향계
④ 가스분석계

해설 고압가스 일반제조시설의 배관 중 압축가스배관에 반드시 설치해야 하는 계측기기 : 압력계

정답 35 ④ 36 ④ 37 ③ 38 ① 39 ③ 40 ②

해설 고압가스 특정제조시설의 배관시설에 검지경보장치의 검출부를 설치하는 장소
㉠ 긴급차단장치의 부분
㉡ 누출된 가스가 체류하기 쉬운 구조인 배관의 부분
㉢ 슬리브관, 이중관 등에 의하여 밀폐되어 설치된 배관의 부분

29 고압장치 운전 중 점검 사항으로 가장 거리가 먼 것은?
① 가스경보기의 상태
② 진동 및 소음 상태
③ 누출 상태
④ 벨트의 이완 상태

해설 고압 장치 운전 중 점검 사항
㉠ 가스경보기의 상태
㉡ 진동 및 소음 상태
㉢ 누출 상태

30 0℃, 1atm에서 4L인 기체는 273℃, 1atm일 때 몇 L가 되는가?
① 2   ② 4   ③ 8   ④ 12

해설 보일-샤를의 법칙
$$\frac{PV}{T} = \frac{P_1 V_1}{V_1}$$
$$\frac{1 \times 4}{0+273} = \frac{1 \times V_1}{273+273}$$
$$V_1 = \frac{1 \times 4 \times (273+273)}{(0+273) \times 1}$$
$$\therefore V_1 = 8L$$

31 수소취성을 방지하기 위해 강에 첨가하는 원소로서 옳은 것은?
① Cr   ② Al
③ Mn   ④ P

해설 수소취성을 방지하기 위해 강에 첨가하는 원소 크롬을 5~6% 이상 함유하는 크롬강이나 스테인리스강에서는 이 현상이 일어나기 어렵고, 티탄(Ti), 바나듐(V), 텅스텐(W), 몰리브덴(Mo) 등을 첨가하면 내수소성이 좋아진다.

32 원심펌프를 직렬로 연결시켜 운전하면 무엇이 증가하는가?
① 양정   ② 동력
③ 유량   ④ 효율

해설 원심펌프
㉠ 직렬 연결 : 양정 2배 증가, 유량 일정
㉡ 병렬 연결 : 유량 2배 증가, 양정 일정

33 펌프가 운전 중에 한숨을 쉬는 것과 같은 상태가 되어 토출구 및 흡입구에서 압력계의 바늘이 흔들리며 동시에 유량이 변화하는 현상을 무엇이라고 하는가?
① 캐비테이션(공동현상)
② 워터해머링(수격작용)
③ 바이브레이션(진동현상)
④ 서징(맥동현상)

해설 ① 캐비테이션(공동현상) : 유수 중 그 수온의 증기압력보다 낮은 부분이 생기면 물의 증발을 일으키고 기포를 다수 발생하는 현상
② 워터해머링(수격작용) : 펌프에서 물을 압송하고 있을 때 정전 등으로 펌프가 급히 멈춘 경우 관 내의 유속이 급변하면 물에 심한 압력과 변화가 생기는 작용
③ 바이브레이션(진동현상) : 압력이 세기 때문에 굴곡진 부분에서 압력의 과다로 떠는 현상
④ 서징(맥동현상) : 펌프를 운전 중 주기적으로 운동, 양정, 토출량이 일정하게 변동하는 현상

34 수은을 이용한 U자관 압력계에서 액주 높이(h) 600mm, 대기압(P_1)은 1kg/cm²일 때 P_2는 약 몇 kg/cm²인가?
① 0.22   ② 0.92
③ 1.82   ④ 9.16

정답 29 ④   30 ③   31 ①   32 ①   33 ④   34 ③

③ 폭발 등의 위해가 발생할 가능성이 큰 특수반응설비에는 그 위해의 발생을 방지하기 위하여 내부반응감시설비 및 위험사태발생 방지설비의 설치 등 필요한 조치를 할 것
④ 저장탱크 및 배관에는 그 저장탱크 및 배관이 부식되는 것을 방지하기 위하여 필요한 조치를 할 것

해설 고압가스설비에는 그 설비 안의 압력이 상용압력을 초과하는 경우 즉시 그 압력을 상용압력 이하로 되돌릴 수 있는 안전장치를 설치하는 등 필요한 조치를 한다.

24 도시가스 사업소 내에서는 긴급 사태 발생 시 필요한 연락을 신속히 할 수 있도록 통신시설을 갖추어야 한다. 이때 인터폰을 설치하는 경우의 통신 범위는?
① 안전관리자가 상주하는 사업소와 현장 사업소와의 사이
② 사업소 내 전체
③ 종업원 상호 간
④ 사업소 책임자와 종업원 상호 간

해설 도시가스 사업소 내에서 긴급 사태 발생 시 인터폰을 설치하는 경우 통신 범위
안전관리자가 상주하는 사업소와 현장 사업소와의 사이

25 고압가스용기의 안전점검 기준에 해당되지 않는 것은?
① 용기의 부식, 도색 및 표시 확인
② 용기의 캡이 씌워져 있거나 프로텍터의 부착 여부 확인
③ 재검사 기간의 도래 여부를 확인
④ 용기의 누출을 성냥불로 확인

해설 고압가스 용기의 안전점검 기준
㉠ 용기의 부식, 도색 및 표시 확인
㉡ 용기의 캡이 씌워져 있거나 프로텍터의 부착 여부 확인
㉢ 재검사 기간의 도래 여부 확인

26 일반도시가스 사업자 정압기의 분해점검 실시 주기는?
① 3개월에 1회 이상
② 6개월에 1회 이상
③ 1년에 1회 이상
④ 2년에 1회 이상

해설 일반도시가스 사업자 정압기 분해점검 실시 주기
2년에 1회 이상

27 폭발한계의 범위가 가장 좁은 것은?
① 프로판   ② 암모니아
③ 수소   ④ 아세틸렌

해설 ① 2.37~9.5%
② 15.5~27%
③ 4~75%
④ 2.5~80.5%

28 고압가스 특정제조시설의 배관시설에 검지경보장치의 검출부를 설치하여야 하는 장소가 아닌 것은?
① 긴급차단장치의 부분
② 방호구조물 등에 의하여 개방되어 설치된 배관의 부분
③ 누출된 가스가 체류하기 쉬운 구조인 배관의 부분
④ 슬리브관, 이중관 등에 의하여 밀폐되어 설치된 배관의 부분

정답 24 ① 25 ④ 26 ④ 27 ① 28 ②

18 아황산가스의 제독제로 갖추어야 할 것이 아닌 것은?

① 가성소다 수용액
② 소석회
③ 탄산소다 수용액
④ 물

해설 아황산가스(이산화황)의 제독제
가성소다 수용액, 탄산소다 수용액, 물

19 수소 취급 시 주의 사항 중 옳지 않은 것은?

① 수소용기의 안전밸브는 가용전식과 파열판식을 병용한다.
② 용기밸브는 오른나사이다.
③ 수소가스는 피로갈롤 시약을 사용한 오르자트법에 의한 시험법에서 순도가 98.5% 이상이어야 한다.
④ 공업용 용기 도색은 주황색이고, "연"자 표시는 백색이다.

해설 수소는 가연성가스이므로 용기밸브는 왼나사를 사용한다.

20 같은 용기 보관실에 저장이 가능한 가스는?

① 산소, 수소
② 염소, 질소
③ 아세틸렌, 염소
④ 암모니아, 산소

해설 (1) 같은 용기 보관실에 저장이 가능한 가스(지연성+불연성) : 염소(지연성), 질소(불연성)
(2) 같은 용기 보관실에 저장이 불가능한 가스(지연성+가연성)
  ㉠ 산소(지연성), 수소(가연성)
  ㉡ 아세틸렌(가연성), 염소(지연성)
  ㉢ 암모니아(가연성), 산소(지연성)

21 원심식 압축기를 사용하는 냉동설비는 원동기 정격출력 얼마를 1일의 냉동능력 1톤으로 하는가?

① 1.2kW
② 2.4kW
③ 3.6kW
④ 4.8kW

해설 원심식 압축기를 사용하는 냉동설비
원동기 정격출력 1.2kW를 1일의 냉동능력 1톤으로 한다.

22 고압가스배관을 지하에 매설하는 경우의 설치 기준으로 틀린 것은?

① 배관은 건축물과는 1.5m, 지하도로 및 터널과는 10m 이상의 거리를 유지한다.
② 독성가스의 배관은 그 가스가 혼입될 우려가 있는 수도 시설과는 300m 이상의 거리를 유지한다.
③ 배관은 그 외면으로부터 지하의 다른 시설물과 0.3m 이상의 거리를 유지한다.
④ 지표면으로부터 배관의 외면까지 매설 깊이는 산이나 들에서는 1.2m 이상, 그 밖의 지역에서는 1.0m 이상으로 한다.

해설 고압가스 배관 지하에 매설 시 설치 기준
㉠ 산이나 들 : 1m 이상
㉡ 그 밖의 지역 : 1.2m 이상
㉢ 방호구조물 안 : 0.6m 이상

23 고압가스에 대한 사고 예방 설비 기준으로 옳지 않은 것은?

① 가연성가스의 가스설비 중 전기설비는 그 설치 장소 및 그 가스의 종류에 따라 적절한 방폭성능을 가지는 것일 것
② 고압가스설비에는 그 설비 안의 압력이 내압압력을 초과하는 경우 즉시 그 압력을 내압압력 이하로 되돌릴 수 있는 안전장치를 설치하는 등 필요한 조치를 할 것

정답 18 ② 19 ② 20 ② 21 ① 22 ④ 23 ②

12 고압가스배관에서 상용압력이 0.2MPa 이상 1MPa 미만인 경우 공지의 폭은 얼마로 정해져 있는가? (단, 전용 공업지역 이외의 경우이다.)

① 3m 이상 ② 5m 이상
③ 9m 이상 ④ 15m 이상

해설 배관의 지상 설치
불활성가스 외의 가스배관 양측에는 상용압력 구분에 따른 폭 이상의 공지를 유지한다.(단, 산업통상자원부 장관이 고시하는 지역은 1/3로 할 수 있다.)

상용압력	공지의 폭
0.2MPa 미만	5m
0.2MPa 이상 1MPa 미만	9m
1MPa 이상	15m

13 액화석유가스를 자동차에 충전하는 충전호스의 길이는 몇 m 이내이어야 하는가? (단, 자동차 제조 공정 중에 설치된 것을 제외한다.)

① 3m ② 5m
③ 8m ④ 10m

해설 액화석유가스를 자동차에 충전하는 충전호스 길이 5m 이내

14 액화석유가스(LPG)의 기화장치의 액유출 방지장치와 관련한 설명으로 틀린 것은?

① 액유출 방지장치 작동 여부는 기화장치의 압력계로 확인이 가능하다.
② 액유출 현상의 발생이 감지되면 신속히 기화장치의 입구밸브를 잠가 더 이상의 액상가스 유입을 막아야 한다.
③ 액유출 현상이 발생되면 대부분 조정기 전단에서 결로현상이나 성애가 끼는 현상이 발생한다.
④ 액유출 현상이 발생하면 액 팽창에 의해 조정기 및 계량기가 파손될 수 있다.

해설 액유출 방지장치
LP가스가 액체 상태로 열교환기 외부로 유출되는 것을 방지하는 장치이다.

15 가스 난방 기구가 보급되면서 급배기 불량으로 인명 사고가 많이 발생한다. 그 이유로 가장 옳은 것은?

① N_2 발생
② CO_2 발생
③ CO 발생
④ 연소되지 않은 생가스 발생

해설 가스 난방 기구의 급배기 불량으로 인명 사고가 발생되는데 이는 CO의 발생 때문이다.

16 부탄가스용 연소기의 명판에 기재할 사항이 아닌 것은?

① 연소기명
② 제조자의 형식 호칭
③ 연소기 재질명
④ 제조(로트)번호

해설 부탄가스용 연소기의 명판에 기재할 사항
㉠ 연소기명
㉡ 제조자의 형식 호칭
㉢ 제조(로트)번호

17 가스를 사용하려 하는데 밸브에 얼음이 얼어 붙었다. 이때 조치 방법으로 가장 적절한 것은?

① 40℃ 이하의 더운물을 사용하여 녹인다.
② 80℃의 램프로 가열하여 녹인다.
③ 100℃의 뜨거운 물을 사용하여 녹인다.
④ 가스 토치로 가열하여 녹인다.

해설 가스밸브에 얼음이 얼어 붙었을 때 조치 방법 40℃ 이하의 더운물을 사용하여 녹인다.

정답 12 ③ 13 ② 14 ③ 15 ③ 16 ③ 17 ①

06 도시가스의 유해 성분 측정 대상이 아닌 것은?

① 황
② 황화수소
③ 이산화탄소
④ 암모니아

해설 도시가스 성분 중 유해 성분의 양은 0℃, 101.325Pa의 압력에서 건조한 도시가스 1m³당 황전량은 0.5g, 황화수소는 0.02g, 암모니아는 0.2g을 초과하지 못한다.

07 고압가스안전관리법의 적용을 받는 가스는?

① 철도 차량의 에어컨디셔너 안의 고압가스
② 냉동능력 3톤 미만인 냉동설비 안의 고압가스
③ 용접용 아세틸렌가스
④ 액화브롬화메탄 제조설비 외에 있는 액화브롬화메탄

해설 고압가스안전관리법의 적용을 받는 가스 용접용 아세틸렌가스

08 동일 차량에 적재하여 운반할 수 없는 경우는?

① 산소와 질소
② 질소와 탄산가스
③ 탄산가스와 아세틸렌
④ 염소와 아세틸렌

해설 염소와 아세틸렌, 암모니아 또는 수소는 동일 차량에 적재하여 운반할 수 없다.

09 가연성가스의 발화도 범위가 85℃ 초과 100℃ 이하는 다음 발화도 범위에 따른 방폭 전기기기의 온도 등급 중 어디에 해당하는가?

① T_3
② T_4
③ T_5
④ T_6

해설 온도 등급에 따른 발화도·기기 표면온도

KSC 0906 발화도 G등급	IEC 79-7 발화도 T등급	최대 표면 온도 (℃)	가스 발화점 (℃)	기기 표면온도(℃) 온도 상승 한도	표면온도
G_1	T_1	450	450 이상	320	360
G_2	T_2	300	300~450	200	246
G_3	T_3	200	200~300	120	160
G_4	T_4	135	135~200	70	110
G_5	T_5	100	100~135	40	80
G_6	T_6	85	85~100	30	70
비 고		KSC 0906		기준 주위 온도 40℃일 때	

10 고압가스를 차량으로 운반할 때 몇 km 이상의 거리를 운행하는 경우에 중간에 휴식을 취한 후 운행하도록 되어 있는가?

① 100
② 200
③ 300
④ 400

해설 고압가스를 차량으로 운반 시 200km 이상의 거리를 운행하는 경우에는 중간에 충분한 휴식을 취한 후 운행한다.

11 가연성가스라 함은 공기 중에서 연소하는 가스로서 폭발한계의 하한과 폭발한계의 상한을 규정하고 있다. 하한값으로 옳은 것은?

① 10% 이하
② 20% 이하
③ 10% 이상
④ 20% 이상

해설 가연성 가스
㉠ 공기 중에서 연소하는 가스로서 폭발한계의 하한이 10% 이하인 것
㉡ 폭발한계의 상한과 하한의 차가 20% 이상인 것

정답 06 ③ 07 ③ 08 ④ 09 ④ 10 ② 11 ①

2021 가스기능사 (6. 27. 시행)

01 액화석유가스 사용시설에서 저장능력이 2톤인 경우 저장설비가 화기 취급 장소와 유지 하여야 하는 우회거리는 얼마 이상이어야 하는가?

① 2m　　② 3m
③ 5m　　④ 8m

해설 액화석유가스 사용시설

저장능력	화기와의 우회거리
1톤 미만	2m
1톤 이상 3톤 미만	5m
3톤 이상	8m

02 고압가스 운반책임자를 꼭 동승하여야 하는 경우로서 틀린 것은?

① 압축가스인 수소 500m³를 적재하여 운반할 경우
② 압축가스인 산소 800m³를 적재하여 운반할 경우
③ 액화석유가스를 충전한 납붙임용기 1,000kg을 적재하여 운반하는 경우
④ 액화천연가스를 충전한 탱크로리로서 3,000kg을 적재하여 운반하는 경우

해설 고압가스 운반 책임자를 동승하는 경우

가스의 종류		기 준
액화가스	가연성가스	3,000kg 이상
	독성가스	1,000kg 이상
	조연성가스	6,000kg 이상
압축가스	가연성가스	300m³ 이상
	독성가스	100m³ 이상
	조연성가스	600m³ 이상

03 고압가스 충전용기의 운반 기준으로 틀린 것은?

① 충전용기를 차량에 적재하여 운반할 때는 붉은 글씨로 "위험고압가스"라는 경계표시를 할 것
② 운반 중의 충전용기는 항상 50℃ 이하를 유지할 것
③ 하역 작업 시에는 완충판 위에서 취급하며 이를 항상 차량에 비치할 것
④ 충격을 방지하기 위하여 로프 등으로 결속할 것

해설 운반 중의 충전용기는 항상 40℃ 이하를 유지할 것

04 배관용 탄소강관에 아연(Zn)을 도금하는 주된 이유는?

① 미관을 아름답게 하기 위해
② 보온성을 증대하기 위해
③ 내식성을 증대하기 위해
④ 부식성을 증대하기 위해

해설 배관용 탄소강관에 아연(Zn)을 도금하는 주된 이유는 내식성을 증대하기 위해서이다.

05 에어졸 제조설비 및 에어졸 충전용기 저장소는 화기 및 인화성 물질과 얼마 이상의 우회거리를 유지하여야 하는가?

① 5m　　② 8m
③ 12m　　④ 20m

해설 에어졸 충전용기 저장소는 화기 및 인화성 물질과 8m 이상의 우회거리를 유지하여야 한다.

정답 01 ③　02 ③　03 ②　04 ③　05 ②

55 공기 중 함유량이 큰 것부터 차례로 나열된 것은?

① 네온>아르곤>헬륨
② 네온>헬륨>아르곤
③ 아르곤>네온>헬륨
④ 아르곤>헬륨>네온

해설 아르곤(0.93%)>네온(0.0015%)>헬륨(0.0005%)

56 가열로에서 20℃ 물 1,000kg을 80℃ 온수로 만들려고 한다. 프로판가스는 약 몇 kg이 필요한가? (단, 가열로의 열효율은 90%이며, 프로판가스의 열량은 12,000kcal/kg이다.)

① 4.6 ② 5.6
③ 6.6 ④ 7.6

해설 $\dfrac{1,000(80-20)}{12,000 \times 0.9} = 5.6\text{kg}$

57 "기체 혼합물의 전 부피는 동일 온도 및 압력하에서 각 성분 기체의 부분 부피의 합과 같다."는 혼합 기체의 법칙은?

① Amagat의 법칙
② Boyle의 법칙
③ Charles의 법칙
④ Dalton의 법칙

해설 Amagat의 법칙의 설명이다.

58 수소와 산소의 비가 얼마일 때 폭명기라고 하는가?

① 2:1 ② 1:1
③ 1:2 ④ 3:2

해설
㉠ 수소폭명기 : $2H_2 + O_2 \rightarrow 2H_2O$
㉡ 염소폭명기 : $H_2 + Cl_2 \xrightarrow{\text{햇빛}} 2HCl$

59 다음 ( ) 안의 ㉮~㉯에 각각 알맞은 것은?

[보기]
천연가스의 주성분인 메탄(CH_3)은 1kg당 0℃, 1기압에서 기체 상태로 1.4m³이며 이것을 (㉮)℃, 1기압으로 액화하면 체적이 0.0024 m³로 되어 약 (㉯)로 줄어든다.

① ㉮ −42.1   ㉯ $\dfrac{1}{600}$
② ㉮ −162   ㉯ $\dfrac{1}{250}$
③ ㉮ −162   ㉯ $\dfrac{1}{600}$
④ ㉮ −62   ㉯ $\dfrac{1}{250}$

해설 LNG(Liquefied Natural Gas : 액화천연가스) 메탄을 주성분으로 하는 천연가스는 1기압, −162℃에서 액화되며, 액화 시 체적이 $\dfrac{1}{600}$ 정도로 감소하고, 발열량은 9,500~11,000kcal/Nm³ 정도로 열량이 높아 도시가스의 열량을 줄일 수 있다.

60 고체 연료인 석탄의 공업 분석 항목으로 옳은 것은?

① 탄소 ② 회분
③ 수소 ④ 질소

해설 석탄의 공업 분석
수분, 회분 및 휘발분은 측정하고 고정 탄소는 계산으로 구한다.

정답 55 ③ 56 ② 57 ① 58 ① 59 ③ 60 ②

48 다음 중 유해한 유황 화합물 제거 방법에서 건식법에 속하지 않는 것은?
① 활성탄 흡착법
② 산화철 접촉법
③ 몰레큘러시브 흡착법
④ 시볼트법

해설 유황 화합물 제거법 중 건식법
㉠ 활성탄 흡착법
㉡ 산화철 접촉법
㉢ 몰레큘러시브 흡착법

49 표준대기압에서 물의 동결(凍結) 온도로서 값이 틀린 하나는?
① 0°F   ② 0℃
③ 273K   ④ 492°R

해설 ① 32°F

50 포스겐에 대한 설명으로 옳은 것은?
① 순수한 것은 무색무취의 기체이다.
② 수산화나트륨에 빨리 흡수된다.
③ 폭발성과 인화성이 크다.
④ 화학식은 COCl이다.

해설 ① 맹독성의 가스로 독특한 청초 냄새가 난다.
③ 폭발성과 인화성은 없다.
④ 화학식은 $COCl_2$이다.

51 어떤 액체의 비중이 13.6이다. 액체 표면에서 수직으로 15m 깊이에서의 압력은?
① $2.04kg/cm^2$
② $20.4kg/cm^2$
③ $2.04kg/m^2$
④ $20.4kg/mm^2$

해설 $\dfrac{13.6 \times 1,000}{15 \times 100} = 20.4 kg/cm^2$

52 아세틸렌의 성질에 대한 설명으로 옳은 것은?
① 분해폭발성이 있는 가스이므로 단독으로 가압하여 충전할 수 없다.
② 염소와 반응하여 염화비닐을 만든다.
③ 염화수소와 반응하여 사염화에탄이 생성된다.
④ 융점은 약 82℃ 정도이다.

해설 ② 염화철 등의 촉매를 사용하여 염소를 부가시키면 사염화에탄이 된다.

$$H-C\equiv C-H + 2Cl_2 \rightarrow \underset{사염화에탄}{\overset{Cl\ Cl}{\underset{Cl\ Cl}{C-C-C-H}}}$$

③ 염화제이수은($HgCl_2$)을 촉매로 하여 염화수소를 부가시키면 염화비닐이 된다.

$$H-C\equiv C-H + HCl \xrightarrow{HgCl_2} =CH_2=CH-Cl \text{ 염화비닐}$$

④ 융점 : -81℃

53 다음 중 냉매로 사용되며 무독성인 기체는?
① CCl_2F_2 ② NH_3
③ CO   ④ SO_2

해설 CCl_2F_2(Freon-12)의 설명이다.

54 에틸렌 제조의 원료로 사용되지 않는 것은?
① 나프타   ② 에탄올
③ 프로판   ④ 염화메탄

해설 에틸렌(C_2H_4) 제법
㉠ 실험실 제법 : 에탄올(C_2H_5OH)을 진한 황산이나 알루미나 존재하에서 160~180℃로 가열하여 탈수시킨다.

$$C_2H_5OH \xrightarrow{160\sim180℃} C_2H_4 + H_2O$$

㉡ 공업적 제법 : 에탄, 프로판, 나프타 등의 탄화수소를 700~900℃의 고온으로 가열하여 크래킹(cracking)시킨다.

$$C_3H_8 \xrightarrow{크래킹} C_2H_4 + CH_4$$

정답 48 ④ 49 ① 50 ② 51 ② 52 ① 53 ① 54 ④

42 연료의 배기가스를 화학적으로 액 속에 흡수시켜 그 용량의 감소로 가스의 농도를 분석하며 3개의 피펫과 1개의 뷰렛, 2개의 수준병으로 구성된 가스 분석 방법은?

① 헴펠(Hempel)법
② 오르자트(Orsat)법
③ 게겔(Gockel)법
④ 직접 법 (iodimetry)

해설 오르자트(Orsat)법의 설명이다.

43 차압식 유량계의 계측 원리는?

① 베르누이의 정리를 이용
② 피스톤의 회전을 적산
③ 전열선의 저항값을 이용
④ 전자유도법칙을 이용

해설 차압식 유량계의 계측 원리는 베르누이의 정리이다.

44 온도계의 선정 방법에 대한 설명 중 틀린 것은?

① 지시 및 기록 등을 쉽게 행할 수 있을 것
② 견고하고 내구성이 있을 것
③ 취급하기가 쉽고 측정하기 간편할 것
④ 피측온체의 화학반응 등으로 온도계에 영향이 있을 것

해설 피측온체의 화학반응 등으로 온도계에 영향이 없을 것

45 아세틸렌용기에 충전하는 다공성 물질이 아닌 것은?

① 석면　　② 목탄
③ 폴리에틸렌　　④ 다공성 플라스틱

해설 다공성 물질
석면, 목탄, 다공성 플라스틱, 규조토, 석회, 산화철, 탄화마그네슘 등

46 압력 환산값을 서로 옳게 나타낸 것은?

① $1lb/ft^2 ≒ 0.142kg/cm^2$
② $1kg/cm^2 ≒ 13.7lb/in^2$
③ $1atm ≒ 1,033g/cm^2$
④ $76cmHg ≒ 1,013dyne/cm^2$

해설 ① $1lb/ft^2 = \dfrac{0.4536kg}{(30.48cm)^2} = 4.883kg \cdot cm^2$

여기서, 1lb=0.4536kg
　　　 1ft=12inch
　　　　　=12×2.54=30.48cm

② $1kg/cm^2 = \dfrac{2.205lb}{\left(\dfrac{1}{2.54}in\right)^2} = 14.22 PSI(lb/in^2)$

③ 1atm = 760mmHg = 101.325kPa
　　　 = 1.0332kg/cm² = 1033.2g/cm²
　　　 = 14.7 PSI(lb/in²) = 29.92inHg
　　　 = 10.33mAq

④ 76cmHg = 101,325Pa(N/m²)
　　　 = 101,325×10⁵dyne/10⁴cm²
　　　 = 1,013,250dyne/cm²

여기서, 1N = 10⁵dyne, 1m = 100cm,
　　　　 1m² = 10,000cm²

47 고압가스안전관리법령에 따라 "상용의 온도에서 압력이 1MPa 이상이 되는 압축가스로서 실제로 그 압력이 1MPa 이상이 되는 경우에는 고압가스에 해당한다." 여기에서 압력은 어떠한 압력을 말하는가?

① 대기압　　② 게이지압력
③ 절대압력　　④ 진공압력

해설 ① 대기압(atmospheric pressure) : 지구를 둘러 싼 공기를 대기라 하고 그 대기에 의하여 누르는 압력
② 게이지압력(gauge pressure) : 대기압의 상태를 0으로 기준하여 측정한 압력으로 압력계가 표시한 압력
③ 절대압력(absolute pressure) : 완전진공을 0으로 기준하여 측정한 압력
④ 진공압력(vacuum pressure) : 대기압보다 낮은 상태의 압력

정답 42 ②　43 ①　44 ④　45 ③　46 ③　47 ②

36 탱크로리 충전 작업 중 작업을 중단해야 하는 경우가 아닌 것은?

① 탱크 상부로 충전 시
② 과충전 시
③ 가스 누출 시
④ 안전밸브 작동 시

해설 탱크로리 작업 중 작업을 중단하는 경우
㉠ 과충전 시
㉡ 가스 누출 시
㉢ 안전밸브 작동 시

37 다음 그림은 무슨 공기액화장치인가?

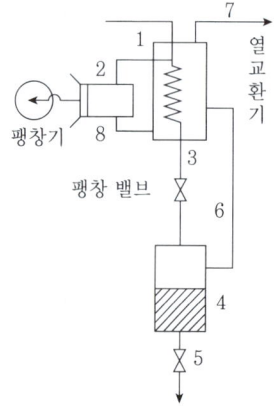

① 클로우드식 액화장치
② 린데식 액화장치
③ 캐피자식 액화장치
④ 필립스식 액화장치

해설 클로우드(claude)식 액화장치
압축기에서 약 40kg/cm²로 압축된 공기가 제1 열교환기에서 약 -100℃로 냉각되어 팽창기에 들어간다.

38 암모니아용 부르동관 압력계의 재질로서 가장 적당한 것은?

① 황동
② A1강
③ 청동
④ 연강

해설 암모니아용 부르동관 압력계의 재질 : 연강

39 증기압축식 냉동기에서 냉매가 순환되는 경로로 옳은 것은?

① 압축기 → 증발기 → 응축기 → 팽창밸브
② 증발기 → 응축기 → 압축기 → 팽창밸브
③ 증발기 → 팽창밸브 → 응축기 → 압축기
④ 압축기 → 응축기 → 팽창밸브 → 증발기

해설 증기압축식 냉동기에서 냉매 순환 경로
압축기 → 응축기 → 팽창밸브 → 증발기

40 도시가스배관의 접합 방법 중 강관의 접합 방법으로 사용하지 않는 것은?

① 나사접합
② 용접접합
③ 플랜지접합
④ 압축접합

해설 도시가스배관 중 강관 접합 방법
㉠ 나사접합
㉡ 용접접합
㉢ 플랜지접합

41 터보식 펌프로서 비교적 저양정에 적합하며, 효율 변화가 비교적 급한 펌프는?

① 원심펌프
② 축류펌프
③ 왕복펌프
④ 베인펌프

해설 축류펌프의 설명이다.

정답 36 ① 37 ① 38 ④ 39 ④ 40 ④ 41 ②

30 내용적 1L 이하의 일회용 용기로서 라이터 충전용, 연료가스용 등으로 사용하는 용기는?

① 용접용기
② 이음매 없는 용기
③ 접합 또는 납붙임용기
④ 융착용기

해설 접합 또는 납붙임용기
내용적 1L 이하의 일회용 용기로서 라이터 충전용, 연료가스용 등에 사용한다.

31 가연성가스의 제조설비 내에 설치하는 전기기기에 대한 설명으로 옳은 것은?

① 1종 장소에는 원칙적으로 전기설비를 설치해서는 안 된다.
② 안전증방폭구조는 전기기기의 불꽃이나 아크를 발생하여 착화원이 될 염려가 있는 부분을 기름 속에 넣은 것이다.
③ 2종 장소는 정상의 상태에서 폭발성 분위기가 연속하여 또는 장시간 생성되는 장소를 말한다.
④ 가연성가스가 존재할 수 있는 위험 장소는 1종 장소, 2종 장소 및 0종 장소로 분류하고 위험 장소에는 방폭형 전기기기를 설치하여야 한다.

해설 ① 1종 장소는 상용의 상태에서 위험 분위기가 존재하기 쉬운 장소를 말하며 원칙적으로 전기설비를 설치한다.
② 안전증방폭구조는 정상적으로 운전되고 있을 때 내부에서 불꽃이 발생하지 않도록 절연 성능을 강화하고 또 고온이 되어 외부 가스에 착화하지 않도록 표면 온도 상승을 더 낮게 설계한 구조이다.
③ 2종 장소는 이상 상태하에서 위험 분위기가 단 시간 동안 존재할 수 있는 장소를 말한다.

32 발연 황산 시약을 사용한 오르자트법 또는 브롬 시약을 사용한 뷰렛법에 의한 시험에서 순도가 98% 이상이고, 질산은 시약을 사용한 정성 시험에서 합격한 것을 품질 검사 기준으로 하는 가스는?

① 시안화수소   ② 산화에틸렌
③ 아세틸렌   ④ 산소

해설 아세틸렌의 설명이다.

33 진탕형 오토클레이브의 특징이 아닌 것은?

① 가스 누출의 가능성이 없다.
② 고압력에 사용할 수 있고 반응물의 오손이 없다.
③ 뚜껑판에 뚫린 구멍에 촉매가 끼여 들어갈 염려가 있다.
④ 교반효과가 뛰어나며 교반형에 비하여 효과가 크다.

해설 교반효과가 뛰어나며 교반형에 비하여 효과가 작다.

34 압축기에서 두압이란?

① 흡입압력이다.
② 증발기 내의 압력이다.
③ 크랭크케이스 내의 압력이다.
④ 피스톤 상부의 압력이다.

해설 압축기에서 두압은 피스톤 상부의 압력이다.

35 저장탱크 및 가스홀더는 가스가 누출되지 않는 구조로 하고 얼마 이상의 가스를 저장하는 것에는 가스방출장치를 설치하는가?

① $1m^3$ ② $3m^3$
③ $5m^3$ ④ $10m^3$

해설 저장탱크 및 가스홀더는 가스가 누출되지 않는 구조로 하고 $5m^3$ 이상의 가스를 저장하는 것에는 가스방출장치를 설치한다.

정답 30 ③ 31 ④ 32 ③ 33 ④ 34 ④ 35 ③

24 흡수식 냉동설비의 냉동 능력정의로 올바른 것은?

① 발생기를 가열하는 1시간의 입열량 3,320kcal를 1일의 냉동능력 1톤으로 본다.
② 발생기를 가열하는 1시간의 입열량 6,640kcal를 1일의 냉동능력 1톤으로 본다.
③ 발생기를 가열하는 24시간의 입열량 3,320kcal를 1일의 냉동능력 1톤으로 본다.
④ 발생기를 가열하는 24시간의 입열량 6,640kcal를 1일의 냉동능력 1톤으로 본다.

해설 흡수식 냉동설비의 냉동능력 정의
발생기를 가열하는 1시간의 입열량 6,640kcal를 1일의 냉동능력 1톤으로 본다.

25 고압가스 일반 제조 시설에서 아세틸렌가스를 용기에 충전하는 경우에 방호벽을 설치하지 않아도 되는 곳은?

① 압축기의 유분리기와 고압건조기 사이
② 압축기와 아세틸렌가스 충전 장소 사이
③ 압축기와 아세틸렌가스 충전용기 보관 장소 사이
④ 충전 장소와 아세틸렌 충전용 주관밸브 조작밸브 사이

해설 C_2H_2가스를 용기에 충전 시 방호벽을 설치하는 곳
㉠ 압축기와 아세틸렌가스 충전 장소 사이
㉡ 압축기와 아세틸렌가스 충전용기 보관 장소 사이
㉢ 충전 장소와 아세틸렌 충전용 주관밸브 조작 밸브 사이

26 습식 아세틸렌 발생기의 표면 온도는 몇 ℃ 이하를 유지하여야 하는가?

① 70℃   ② 90℃   ③ 100℃   ④ 110℃

해설 습식 아세틸렌 발생기의 표면 온도는 70℃ 이하를 유지한다.

27 운전 중인 액화석유가스 충전설비의 작동 상황에 대하여 주기적으로 점검하여야 한다. 점검 주기는?

① 1일에 1회 이상
② 1주일에 1회 이상
③ 3월에 1회 이상
④ 6월에 1회 이상

해설 운전 중인 액화석유가스 충전설비의 작동 상황은 1일에 1회 이상 점검을 한다.

28 독성가스의 제독 작업에 필요한 보호구 장착 훈련의 주기는?

① 1개월마다 1회 이상
② 2개월마다 1회 이상
③ 3개월마다 1회 이상
④ 6개월마다 1회 이상

해설 독성가스 제독 작업 보호구 장착 훈련 주기
3개월마다 1회 이상

29 특정설비 재검사 면제 대상이 아닌 것은?

① 차량에 고정된 탱크
② 초저온 압력용기
③ 역화방지장치
④ 독성가스 배관용 밸브

해설 특정설비 재검사 면제 대상
㉠ 초저온 압력용기
㉡ 역화방지장치
㉢ 독성가스 배관용 밸브

정답 24 ② 25 ① 26 ① 27 ① 28 ③ 29 ①

19 도시가스에 대한 설명 중 틀린 것은?
① 국내에서 공급하는 대부분의 도시가스는 메탄을 주성분으로 하는 천연가스이다.
② 도시가스는 주로 배관을 통하여 수요자에게 공급된다.
③ 도시가스의 원료로 LPG를 사용할 수 있다.
④ 도시가스는 공기와 혼합만 되면 폭발한다.

해설 도시가스는 공기와 혼합되어도 폭발하지 않는다.

20 일반도시가스 공급시설의 시설 기준으로 틀린 것은?
① 가스공급시설을 설치한 곳에는 누출된 가스가 머물지 아니하도록 환기설비를 설치한다.
② 공동구 안에는 환기장치를 설치하며 전기설비가 있는 공동구에는 그 전기설비를 방폭구조로 한다.
③ 저장탱크의 안전장치인 안전밸브나 파열판에는 가스 방출관을 설치한다.
④ 저장탱크의 안전밸브는 다이어프램식 안전밸브로 한다.

해설 저장탱크의 안전밸브는 스프링식 안전밸브로 한다.

21 다음 중 냄새로 누출 여부를 쉽게 알 수 있는 가스는?
① 질소, 이산화탄소
② 일산화탄소, 아르곤
③ 염소, 암모니아
④ 에탄, 부탄

해설
① 질소 : 상온에서 무색, 무미, 무취의 기체
　이산화탄소 : 무색무취의 기체
② 일산화탄소 : 무색무취의 기체
　아르곤 : 무색, 무미, 무취의 기체
③ 염소 : 상온에서 강한 자극성의 냄새가 나는 맹독성 기체
　암모니아 : 상온, 상압에서 강한 자극성이 있는 무색의 기체
④ 에탄 : 무색무취의 기체
　부탄 : 무색무취의 기체

22 고압가스용 재충전 금지 용기는 안전성 및 호환성을 확보하기 위하여 일정 치수를 갖는 것으로 하여야 한다. 이에 대한 설명 중 틀린 것은?
① 납붙임 부분은 용기 몸체 두께의 4배 이상의 길이로 한다.
② 최고충전압력(MPa)의 수치와 내용적(L)의 수치와의 곱이 100 이하로 한다.
③ 최고충전압력이 35.5MPa 이하이고 내용적이 20L 이하로 한다.
④ 최고충전압력이 3.5MPa 이상인 경우에는 내용적이 5L 이하로 한다.

해설 최고충전압력이 22.5MPa 이하이고 내용적이 25L 이하일 것

23 도시가스의 배관에 표시하여야 할 사항이 아닌 것은?
① 사용 가스명
② 최고사용압력
③ 가스의 흐름 방향
④ 가스 공급자명

해설 도시가스의 배관에 표시하여야 할 사항
㉠ 사용 가스명
㉡ 최고사용압력
㉢ 가스의 흐름 방향

정답 19 ④　20 ④　21 ③　22 ③　23 ④

13 어떤 고압설비의 상용압력이 1.6MPa일 때 이 설비의 내압시험압력은 몇 MPa 이상으로 실시하여야 하는가?

① 1.6　　② 2.0
③ 2.4　　④ 2.7

해설 어떤 고압설비의 상용압력이 1.6MPa일 때 이 설비의 내압시험압력은 2.4MPa 이상이다.

14 다음 중 연소의 3요소에 해당되는 것은?

① 공기, 산소 공급원, 열
② 가연물, 연료, 빛
③ 가연물, 산소 공급원, 공기
④ 가연물, 공기, 점화원

해설 연소의 3요소
㉠ 가연물
㉡ 산소 공급원(공기)
㉢ 점화원

15 도시가스배관의 굴착 공사 작업에 대한 설명 중 틀린 것은?

① 가스배관과 수평거리 1m 이내에서는 파일박기를 하지 아니한다.
② 항타기는 가스배관과 수평거리가 2m 이상 되는 곳에 설치한다.
③ 가스배관의 주위를 굴착하고자 할 때에는 가스배관의 좌우 1m 이내의 부분은 인력으로 굴착한다.
④ 줄파기 1일 시공량 결정은 시공 속도가 가장 느린 천공 작업에 맞추어 결정한다.

해설 가스배관과 수평거리 2m 이내에서 파일박기를 하는 경우에는 도시가스 사업자의 입회 아래 시험 굴착으로 가스배관의 위치를 정확히 파악한다.

16 다음 독성가스 중 제독제로 물을 사용할 수 없는 것은?

① 암모니아　　② 아황산가스
③ 염화메탄　　④ 황화수소

해설 황화수소 제독제
가성소다 용액, 탄산나트륨 용액

17 인체용 에어졸 제품의 용기에 기재할 사항으로 틀린 것은?

① 특정 부위에 계속하여 장시간 사용하지 말 것
② 가능한 한 인체에서 10cm 이상 떨어져서 사용할 것
③ 온도가 40℃ 이상 되는 장소에 보관하지 말 것
④ 불 속에 버리지 말 것

해설 가능한 한 인체에서 20cm 이상 떨어져서 사용할 것

18 차량이 통행하기 곤란한 지역의 경우 액화석유가스 충전용기를 오토바이에 적재하여 운반할 수 있다. 다음 중 오토바이에 적재하여 운반할 수 있는 충전용기 기준에 적합한 것은?

① 충전량이 10kg인 충전용기 – 적재 충전용기 2개
② 충전량이 13kg인 충전용기 – 적재 충전용기 3개
③ 충전량이 20kg인 충전용기 – 적재 충전용기 3개
④ 충전량이 20kg인 충전용기 – 적재 충전용기 4개

해설 오토바이에 적재하여 운반할 수 있는 충전용기 충전량이 10kg인 충전용기 – 적재 충전용기 2개

정답 13 ③　14 ④　15 ①　16 ④　17 ②　18 ①

07 액화가스 충전 시설의 정전기 제거 조치의 기준으로 옳은 것은?

① 탑류, 저장탱크, 열교환기 등은 단독으로 되어 있도록 한다.
② 벤트스택은 본딩용 접속으로 접속하여 공동 접지한다.
③ 접지저항의 총합은 200Ω 이하로 한다.
④ 본딩용 접속선의 단면적은 3mm² 이상의 것을 사용한다.

> 해설
> ① 탑류, 저장탱크, 열교환기, 회전 기계, 벤트스택 등은 단독으로 되어 있어야 한다.
> ② 기계가 복잡하게 연결되어 있는 경우 및 배관 등으로 연속되어 있는 경우에는 본딩용 접속선으로 접속하여 접지하여야 한다.
> ③ 접지저항의 총합은 100Ω 이하로 한다.
> ④ 본딩용 접속선의 단면적은 5.5m² 이상의 것을 사용한다.

08 용기에 충전하는 시안화수소의 순도는 몇 % 이상으로 규정되어 있는가?

① 90% ② 95%
③ 98% ④ 99.5%

> 해설
>
> | 가스 종류 | 순도 |
> |---|---|
> | HCN | 98% 이상 |

09 내용적이 300L인 용기에 액화암모니아를 저장하려고 한다. 이 저장설비의 저장능력 (kg)은? (단, 액화암모니아의 충전정수는 1.86이다.)

① 161kg ② 232kg
③ 279kg ④ 558kg

> 해설
> $W(kg) = \dfrac{V}{C}$
> 여기서, V : 내용적
> C : 충전정수
> $W = \dfrac{300}{1.86} = 161kg$

10 LPG용기 충전시설에 설치되는 긴급차단장치에 대한 기준으로 틀린 것은?

① 저장탱크 외면에서 5m 이상 떨어진 위치에서 조작하는 장치를 설치한다.
② 기상 가스배관 중 송출배관에는 반드시 설치한다.
③ 액상의 가스를 이입하기 위한 배관에는 역류방지밸브로 갈음할 수 있다.
④ 소형 저장탱크에는 의무적으로 설치할 필요가 없다.

> 해설 기상 가스배관 중 송출배관에는 반드시 긴급차단장치를 설치하지 않아도 된다.

11 에어졸 제조 시설에는 온수 시험 탱크를 갖추어야 한다. 에어졸 충전용기의 가스 누출 시험 온수 온도의 범위는?

① 26℃ 이상 30℃ 미만
② 36℃ 이상 40℃ 미만
③ 46℃ 이상 50℃ 미만
④ 56℃ 이상 60℃ 미만

> 해설 에어졸 충전용기의 가스 누출 시험 온수 온도 46℃ 이상 50℃ 미만

12 다음 가스 중 위험도가 가장 큰 것은?

① 프로판   ② 일산화탄소
③ 아세틸렌 ④ 암모니아

> 해설
> ① 프로판 : 2.2~9.5%
> $H = \dfrac{9.8 - 2.2}{2.2} = 3.32$
> ② 일산화탄소 : 12.5~74%
> $H = \dfrac{74 - 12.5}{12.5} = 4.92$
> ③ 아세틸렌 : 2.5~81%
> $H = \dfrac{81 - 2.5}{2.5} = 31.4$
> ④ 암모니아 : 15~28%
> $H = \dfrac{28 - 15}{15} = 0.87$

정답 07 ④ 08 ③ 09 ① 10 ② 11 ③ 12 ③

2021 가스기능사 (4. 18. 시행)

01 아세틸렌의 주된 연소 형식은?
① 확산연소
② 증발연소
③ 분해연소
④ 표면연소

해설
(1) 기체의 연소(발염연소, 확산연소) : 산소, 아세틸렌 등
(2) 액체의 연소(증발연소) : 에테르, 가솔린, 석유, 알코올 등
(3) 고체의 연소
  ㉠ 표면연소(직접연소) : 목탄, 코크스, 금속분 등
  ㉡ 분해연소 : 목재, 석탄, 종이, 플라스틱 등
  ㉢ 증발연소 : 황, 나프탈렌, 장뇌 등과 같은 승화성 물질, 촛불 등
  ㉣ 내부연소(자기연소) : 질산에스테르류, 셀룰로이드류, 니트로 화합물, 히드라진과 유도체 등

02 독성가스 제조시설 식별 표지의 글씨 색상은? (단, 가스의 명칭은 제외한다.)
① 백색
② 적색
③ 황색
④ 흑색

해설 독성가스 제조시설 식별 표지는 흑색이다.

03 운전 중의 제조설비에 대한 일일 점검 항목이 아닌 것은?
① 회진 기계의 진동, 이상음, 이상 온도 상승
② 인터록의 작동
③ 가스설비로부터의 누출
④ 가스설비의 조업 조건의 변동 상황

해설 운전 중의 제조설비에 대한 일일 점검 항목
㉠ 회전 기계의 진동, 이상음, 이상 온도 상승
㉡ 가스설비로부터의 누출
㉢ 가스설비의 조업 조건의 변동 상황

04 상온에서 압축 시 액화되지 않는 가스는?
① 염소
② 부탄
③ 메탄
④ 프로판

해설 메탄은 압축가스이므로 액화되지 않는다.

05 처리능력이라 함은 처리설비 또는 감압설비에 의하여 며칠에 처리할 수 있는 가스량을 말하는가?
① 1일
② 3일
③ 5일
④ 7일

해설 처리능력이라 함은 처리설비 또는 감압설비에 의하여 1일에 처리할 수 있는 가스량을 말한다.

06 배관 내의 상용압력이 4MPa인 도시가스 배관의 압력이 상승하여 경보장치의 경보가 울리기 시작하는 압력은?
① 4MPa 초과 시
② 4.2MPa 초과 시
③ 5MPa 초과 시
④ 5.2MPa 초과 시

해설 배관 내의 사용압력이 4MPa인 도시가스배관의 압력이 상승하여 4.2MPa 초과 시 경보장치의 경보가 울리기 시작한다.

정답 01 ① 02 ④ 03 ② 04 ③ 05 ① 06 ②

해설 충전구의 나사 형식은 오른나사로 한다.

57 고온, 고압에서 질화작용과 수소 취화작용이 일어나는 가스는?

① NH_3 ② SO_2
③ Cl_2 ④ C_2H_2

해설 NH_3 장치 재료는 질화작용과 수소 취성에 견딜 수 있는 재료를 사용해야 한다. 일반적으로 고온-고압에서 사용하는 NH_3 장치 재료는 18-8 스테인리스강이나 Ni-Cr-Mo강을 쓰는 것이 좋다.

58 메탄의 성질에 대한 설명으로 틀린 것은?

① 무색무취의 기체이다.
② 파란색 불꽃을 내며 탄다.
③ 공기 및 산소와의 혼합물에 불을 붙이면 폭발한다.
④ 불안정하여 격렬히 반응한다.

해설 폭발범위가 5~15%로 비교적 안전성이 높은 가스이다.

59 아세틸렌 중의 수분을 제거하는 건조제로 주로 사용되는 것은?

① 염화칼슘   ② 사염화탄소
③ 진한 황산   ④ 활성 알루미나

해설 압축기를 기준으로 저압측과 고압측에 설치하며 강제의 원통형 용기 속에 아세틸렌 중의 수분을 제거하기 위하여 건소세로 수로 염화칼슘($CaCl_2$)이 들어간다.

60 1Pa은 몇 N/m^2인가?

① 1   ② 10^2
③ 10^3 ④ 10^4

해설 $1Pa = 1N/m^2$

정답 57 ① 58 ④ 59 ① 60 ①

51 도시가스의 유해 성분·열량·압력 및 연소성 측정에 관한 설명으로 틀린 것은?

① 매일 2회 도시가스 제조소의 출구에서 자동 열량 측정기로 열량을 측정한다.
② 정압기 출구 및 가스 공급 시설 끝부분의 배관(일반 가정의 취사용)에서 측정한 가스압력은 0.5kPa 이상 15kPa 이내를 유지한다.
③ 도시가스 원료가 LNG 및 LPG(+Air)가 아닌 경우 황전량, 황화수소 및 암모니아 등 유해 성분 측정을 매주 1회 검사한다.
④ 도시가스 성분 중 유해 성분의 양은 0℃, 101,325Pa에서 건조한 도시가스 1m³당 황전량은 0.5g, 황화수소는 0.02g, 암모니아는 0.2g을 초과하지 못한다.

해설 정압기 출구 및 가스 공급 시설 끝부분의 배관(일반 가정의 취사용)에서 측정한 가스압력은 1kPa 이상 25kPa 이내를 유지한다.

52 표준 상태에서 프로판 22g을 완전연소시켰을 때 얻어지는 이산화탄소의 부피는 몇 L인가?

① 23.6   ② 33.6
③ 35.6   ④ 67.6

해설
$C_3H_8 + 5O_2 \rightarrow 3CO_2 + 4H_2O$

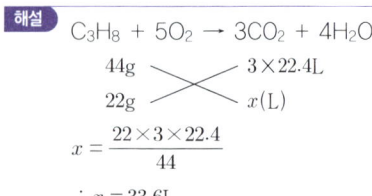

$x = \dfrac{22 \times 3 \times 22.4}{44}$

$\therefore x = 33.6L$

53 다음 압력에 대한 설명으로 옳은 것은?

① 공기가 누르는 대기압력은 지역이나 기후 조건에 관계없이 일정하다.
② 고압가스용기 내벽에 가해지는 기체의 압력은 절대압력을 나타낸다.
③ 지구 표면에서 거리가 멀어질수록 공기가 누르는 힘은 커진다.
④ 표준기압보다 낮은 압력을 진공압력이라 하며 진공도로 표시할 수 있다.

해설
① 공기가 누르는 대기압력은 지역이나 기후 조건에 관계가 있다.
② 고압가스용기 내벽에 가해지는 기체의 압력은 게이지압력이다.
③ 지구 표면에서 거리가 멀어질수록 공기가 누르는 힘은 작아진다.

54 가연성가스이면서 독성가스인 것은?

① 일산화탄소   ② 프로판
③ 메탄   ④ 불소

해설
① 일산화탄소 : 가연성-독성가스
② 프로판 : 가연성가스
③ 메탄 : 가연성가스
④ 불소 : 조연성(지연성)가스

55 가스의 정상 연소속도를 가장 옳게 나타낸 것은?

① 0.03~10m/sec
② 30~100m/sec
③ 350~500m/sec
④ 1,000~3,500m/sec

해설 가스의 정상 연소속도 : 0.03~10m/sec

56 암모니아가스를 저장하는 용기에 대한 설명으로 틀린 것은?

① 용접용기로 재질은 탄소강으로 한다.
② 검지경보장치는 방폭성능을 가지지 않아도 된다.
③ 충전구의 나사 형식은 왼나사로 한다.
④ 용기의 바탕색은 백색으로 한다.

정답 51 ② 52 ② 53 ④ 54 ① 55 ① 56 ③

③ 분리기 내의 액체 산소가 탱크 내에 들어가 폭발하기 때문에
④ 배관 내에서 동결되어 막히므로

해설 공기액화분리장치에 들어가는 공기 중에 아세틸렌가스가 혼입되면 분리기 내의 액체 산소가 탱크 내에 들어가 폭발하기 때문이다.

44 기어펌프로 10kg 용기에 LP가스를 충전하던 중 베이퍼록이 발생되었다면 원인으로 틀린 것은?
① 저장탱크의 긴급차단밸브가 충분히 열려 있지 않았다.
② 스트레이너에 녹, 먼지가 끼었다.
③ 펌프의 회전수가 적었다.
④ 흡입측 배관의 지름이 가늘었다.

해설 펌프의 회전수가 많았다.

45 수소 취성을 방지하기 위하여 첨가되는 원소가 아닌 것은?
① Mo   ② W   ③ Ti   ④ Mn

해설 크롬을 5~6% 이상 함유하는 크롬강이나 스테인리스강에서 이 현상은 일어나기 어렵고, 티탄(Ti), 바나듐(V), 텅스텐(W), 몰리브덴(Mo) 등을 첨가하면 내수소성이 좋아진다.

46 다음 온도의 환산식 중 틀린 것은?
① $°F = 1.8°C + 32$
② $°C - \frac{5}{9}(°F - 32)$
③ $°R = 460 + °F$
④ $°R = \frac{5}{9}K$

해설 이론상으로 기체의 체적이 0이 되는 $-273°C$를 절대영도로 하여 섭씨온도를 기준으로 한 Kelvin 온도(K)와 화씨온도를 기준으로 한 Rankine 온도(°R)를 절대온도라 한다.

47 다음 중 NH_3의 용도가 아닌 것은?
① 요소 제조
② 질산 제조
③ 유안 제조
④ 포스겐 제조

해설 NH_3의 용도
㉠ 요소 제조
㉡ 질산 제조
㉢ 유안 제조

48 기체 상태의 가스를 액화시킬 수 있는 최고의 온도를 무엇이라고 하는가?
① 화씨온도   ② 절대온도
③ 임계온도   ④ 액화온도

해설 임계온도의 설명이다.

49 NG(천연가스), LPG(액화석유가스), LNG(액화천연가스) 등 기체 연료의 특징에 대한 설명으로 틀린 것은?
① 공해가 거의 없다.
② 적은 공기비로 완전연소한다.
③ 연소효율이 높다.
④ 저장이나 수송이 용이하다.

해설 ④ 저장이나 수송이 어렵다.

50 다음 중 부취제의 토양 투과성의 크기가 순서대로 된 것은?
① DMS > TBM > THT
② DMS > THT > TBM
③ TBM > DMS > THT
④ THT > TBM > DMS

해설 부취제의 토양 투과성의 크기
DMS > TBM > THT

정답 44 ③ 45 ④ 46 ④ 47 ④ 48 ③ 49 ④ 50 ①

해설 압축기에서 다단압축을 하는 주된 목적
압축일 감소와 체적효율 증가

37 배관용 밸브 제조자가 안전관리규정에 따라 자체검사를 적정하게 수행하기 위해 갖추어야 하는 계측기기에 해당하는 것은?

① 내전압 시험기
② 토크메타
③ 대기압계
④ 표면 온도계

해설 토크메타의 설명이다.

38 강의 표면에 타 금속을 침투시켜 표면을 경화시키고 내식성, 내산화성을 향상시키는 것을 금속침투법이라 한다. 그 종류에 해당되지 않는 것은?

① 세라다이징(sheradizing)
② 칼로라이징(calorizing)
③ 크로마이징(chromizing)
④ 도우라이징(dowrizing)

해설 금속침투법의 종류
㉠ 세라다이징(sheradi7lng)
㉡ 칼로라이징(calori7lng)
㉢ 크로마이징(chroming)

39 침종식 압력계에서 사용하는 측정 원리(법칙)는?

① 아르키메데스의 원리
② 파스칼의 원리
③ 뉴턴의 법칙
④ 돌턴의 법칙

해설 침종식 압력계에서 사용하는 측정 법칙은 아르키메데스의 원리이다.

40 액체 질소 순도가 99.999%이면 불순물은 몇 ppm인가?

① 1
② 10
③ 100
④ 1,000

해설 액체 질소 순도가 99.999%이면 불순물은 10ppm이다.

41 다음 중 일체형 냉동기로 볼 수 없는 것은?

① 냉매설비 및 압축용 원동기가 하나의 프레임 위에 일체로 조립된 것
② 냉동설비를 사용할 때 스톱밸브 조작이 필요한 것
③ 응축기 유니트와 증발기 유니트가 냉매배관으로 연결된 것으로서 1일 냉동능력이 20톤 미만인 공조용 패키지 에어컨
④ 사용 장소에 분할·반입하는 경우에 냉매설비에 용접 또는 절단을 수반하는 공사를 하지 아니하고 재조립하여 냉동 제조용으로 사용할 수 있는 것

해설 냉동설비를 사용할 때 스톱밸브 조작이 필요하지 않은 것

42 고온·고압의 가스배관에 주로 쓰이며 분해, 보수 등이 용이하나 매설배관에는 부적당한 접합 방법은?

① 플랜지접합
② 나사접합
③ 차입접합
④ 용접접합

해설 플랜지접합의 설명이다.

43 공기액화분리장치에 들어가는 공기 중에 아세틸렌가스가 혼입되면 안 되는 주된 이유는?

① 질소와 산소의 분리에 방해가 되므로
② 산소의 순도가 나빠지기 때문에

정답 37 ② 38 ④ 39 ① 40 ② 41 ② 42 ① 43 ③

30 다음 중 제1종 보호시설이 아닌 것은?
① 대지 면적이 2,000m²에 신축한 주택
② 국보 제1호인 숭례문
③ 시장에 있는 공중목욕탕
④ 건축 연면적이 300m²인 유아원

해설 대지 면적이 2,000m2에 신축한 주택 : 제2종 보호시설

31 오리피스, 벤투리관 및 플로노즐에 의하여 유량을 구할 때 가장 관계가 있는 것은?
① 유로의 교축 기구 전후의 압력차
② 유로의 교축 기구 전후의 성상차
③ 유로의 교축 기구 전후의 온도차
④ 유로의 교축 기구 전후의 비중차

해설 오리피스, 벤투리관 및 플로노즐에 의하여 유량을 구할 때 유로의 교축 기구 전후의 압력차에 의하여 유량을 구한다.

32 촉매를 사용하여 사용 온도 400~800℃에서 탄화수소와 수증기를 반응시켜 메탄, 수소, 일산화탄소, 이산화탄소로 변환하는 방법은?
① 열분해공정
② 접촉분해공정
③ 부분연소공정
④ 수소화분해공정

해설 접촉분해공정의 설명이다.

33 압축천연가스(CNG) 자동차 충전소에 설치하는 압축가스설비의 설계압력이 25MPa인 경우 압축가스설비에 설치하는 압력계의 법적 최대지시눈금은 최소 몇 MPa 이상으로 하여야 하는가?
① 25.0　② 27.5
③ 37.5　④ 50.0

해설 압축천연가스(CNG) 자동차 충전소에 설치하는 압축가스설비의 설계압력이 25MPa인 경우 압축가스설비에 설치하는 압력계의 법적 최대지시눈금은 최소 37.5MPa 이상으로 한다.

34 고압식 공기액화분리장치에서 구조상 없는 부분은?
① 아세틸렌 흡착기
② 열교환기
③ 수소 액화기
④ 팽창기

해설 고압식 공기액화분리장치의 구조
㉠ 아세틸렌 흡착기
㉡ 열교환기
㉢ 팽창기

35 다음 (　) 안에 알맞은 말은?

[보기]
도시가스용 압력조정기의 유량시험은 조절스프링을 고정하고 표시된 입구압력 범위 안에서 (　㉮　)을 통과시킬 경우 출구압력은 제조자가 제시한 설정압력의 ±(　㉯　)% 이내로 한다.

① ㉮ 최대표시유량, ㉯ 10
② ㉮ 최대표시유량, ㉯ 20
③ ㉮ 최대출구유량, ㉯ 10
④ ㉮ 최대출구유량, ㉯ 20

해설 도시가스용 압력조정기 유량시험
조절스프링을 고정하고 표시된 입구압력 범위 안에서 최대표시유량을 통과시킬 경우 출구압력은 제조자가 제시한 설정압력의 ±20% 이내로 한다.

36 압축기에서 다단압축을 하는 주된 목적은?
① 압축일과 체적효율 증가
② 압축일 증가와 체적효율 감소
③ 압축일 감소와 체적효율 증가
④ 압축일과 체적효율 감소

정답 30 ① 31 ① 32 ② 33 ③ 34 ③ 35 ② 36 ③

25 액화석유가스 자동차 용기 충전소에 설치하는 충전기의 충전호스 기준에 대한 설명으로 틀린 것은?

① 충전호스에 과도한 인장력이 가해졌을 때 충전기와 가스주입기가 분리될 수 있는 안전장치를 설치한다.
② 충전호스에 부착하는 가스주입기는 원터치형으로 한다.
③ 자동차 제조 공정 중에 설치된 충전호스에 부착하는 가스주입기는 원터치형으로 하지 않을 수 있다.
④ 자동차 제조 공정 중에 설치된 충전호스의 길이는 5m 이상으로 할 수 있다.

해설 자동차 제조 공정 중에 설치된 충전호스에 부착하는 가스주입기는 원터치형으로 하여야 한다.

26 가스보일러 설치 기준에 따라 반밀폐식 가스보일러의 공동 배기 방식에 대한 기준으로 틀린 것은?

① 공동 배기구의 정상부에서 최상층 보일러의 역풍방지장치 개구부 하단까지의 거리가 5m일 경우 공동 배기구에 연결시킬 수 있다.
② 공동 배기구 유효 단면적 계산식($A = Q \times 0.6 \times K \times F + P$)에서 P는 배기통의 수평투영면적(mm^2)을 의미한다.
③ 공동 배기구는 굴곡 없이 수직으로 설치하여야 한다.
④ 공동 배기구는 화재에 의한 피해 확산 방지를 위하여 방화댐퍼(damper)를 설치하여야 한다.

해설 공동 배기구는 화재에 의한 피해 확산 방지를 위하여 방화댐퍼(damper)를 설치하지 않아도 된다.

27 염소(Cl_2)가스의 위험성에 대한 설명으로 틀린 것은?

① 독성가스이다.
② 무색이고 자극적인 냄새가 난다.
③ 수분 존재 시 금속에 강한 부식성을 갖는다.
④ 유기 화합물과 반응하여 폭발적인 화합물을 형성한다.

해설 황록색의 기체로 상온에서 강한 자극성의 냄새가 나는 맹독성 기체이다.

28 플레어스택의 높이는 지표면에 미치는 복사열이 몇 kcal/m²·hr 이하가 되도록 설치하여야 하는가?

① 1,000
② 2,000
③ 3,000
④ 4,000

해설 플레어스택의 높이는 지표면에 미치는 복사열이 4,000kcal/m²·hr 이하가 되도록 설치한다.

29 저장탱크의 지하 설치 기준에 대한 설명으로 틀린 것은?

① 천장, 벽 및 바닥의 두께가 각각 30cm 이상인 방수 조치를 한 철근콘크리트로 만든 곳에 설치한다.
② 지면으로부터 저장탱크의 정상부까지의 깊이는 1m 이상으로 한다.
③ 저장탱크에 설치한 안전밸브에는 지면에서 5m 이상의 높이에 방출구가 있는 가스 방출관을 설치한다.
④ 저장탱크를 매설한 곳의 주위에는 지상에 경계표지를 설치한다.

해설 지면으로부터 저장탱크의 정상부까지의 깊이는 60cm 이상으로 한다.

정답 25 ③ 26 ④ 27 ② 28 ④ 29 ②

19 독성가스의 저장탱크에는 과충전방지장치를 설치하도록 규정되어 있다. 저장탱크의 내용적이 몇 %를 초과하여 충전되는 것을 방지하기 위한 것인가?
① 80%   ② 85%
③ 90%   ④ 95%

해설 과충전방지장치란 저장탱크의 내용적이 90%를 초과하여 충전되는 것을 방지하기 위한 것이다.

20 고압가스안전관리법에서 규정한 특정고압가스에 해당하지 않는 것은?
① 삼불화질소   ② 사불화규소
③ 수소   ④ 오불화비소

해설 수소 : 가연성가스

21 사업자 등은 그의 시설이나 제품과 관련하여 가스 사고가 발생한 때에는 한국가스안전공사에 통보하여야 한다. 사고의 통보 시에 통보 내용에 포함되어야 하는 사항으로 규정하고 있지 않은 사항은?
① 피해 현황(인명 및 재산)
② 시설 현황
③ 사고 내용
④ 사고 원인

해설 사고 통보 시 통보 내용에 포함되는 사항
㉠ 피해 현황(인명 및 재산)
㉡ 시설 현황
㉢ 사고 내용

22 압축천연가스 자동차 충전의 저장설비 및 완충탱크 안전장치의 방출관 시설 기준으로 옳은 것은?
① 방출관은 지상으로부터 20m 이상의 높이 또는 저장탱크 및 완충탱크의 정상부로부터 10m의 높이 중 높은 위치로 한다.
② 방출관은 지상으로부터 15m 이상의 높이 또는 저장탱크 및 완충탱크의 정상부로부터 5m의 높이 중 높은 위치로 한다.
③ 방출관은 지상으로부터 10m 이상의 높이 또는 저장탱크 및 완충탱크의 정상부로부터 3m의 높이 중 높은 위치로 한다.
④ 방출관은 지상으로부터 5m 이상의 높이 또는 저장탱크 및 완충탱크의 정상부로 부터 2m의 높이 중 높은 위치로 한다.

해설 압축천연가스 자동차 충전의 저장설비 및 완충탱크 안전장치의 방출관 시설 기준 : 방출관은 지상으로부터 5m 이상의 높이 또는 저장탱크 및 완충탱크의 정상부로부터 2m의 높이 중 높은 위치로 한다.

23 염소의 재해 방지용으로 사용되는 제독제가 될 수 없는 것은?
① 소석회
② 탄산소다 수용액
③ 가성소다 수용액
④ 물

해설 염소의 제독제
㉠ 소석회
㉡ 탄산소다 수용액
㉢ 가성소다 수용액

24 가연성가스의 검지경보장치 중 반드시 방폭성능을 갖지 않아도 되는 가스는?
① 수소   ② 일산화탄소
③ 암모니아   ④ 아세틸렌

해설 가연성가스의 검지경보장치 중 방폭성능을 갖지 않아도 되는 가스 : 암모니아

정답 19 ③ 20 ③ 21 ④ 22 ④ 23 ④ 24 ③

④ 액화가스용기 저장능력 산정식은 $W = 0.9dV_2$이다.

해설 저장탱크 및 용기가 배관으로 연결된 경우에는 각각의 저장능력을 합산한 것으로 본다.

12 가연성 물질을 취급하는 설비는 그 외면으로부터 몇 m 이내에 온도 상승 방지 설비를 하여야 하는가?

① 10   ② 15
③ 20   ④ 30

해설 가연성 물질을 취급하는 설비는 그 외면으로부터 20m 이내에 온도 상승 방지 설비를 한다.

13 포스겐의 취급 사항에 대한 설명 중 틀린 것은?

① 포스겐을 함유한 폐기액은 산성 물질로 충분히 처리한 후 처분할 것
② 취급 시에는 반드시 방독마스크를 착용할 것
③ 환기 시설을 갖출 것
④ 누설 시 용기 부식의 원인이 되므로 약간의 누설에도 주의할 것

해설 포스겐을 함유한 폐기액은 알칼리성 물질로 충분히 처리한 후 처분한다.

14 압축, 액화 그 밖의 방법으로 처리할 수 있는 가스의 용적이 1일 100m³ 이상인 사업소에는 표준이 되는 압력계를 몇 개 이상 비치하여야 하는가?

① 1개   ② 2개
③ 3개   ④ 4개

해설 압축, 액화 그 밖의 방법으로 처리할 수 있는 가스의 용적이 1일 100m³ 이상인 사업소에는 표준이 되는 압력계를 2개 이상 비치한다.

15 액화석유가스를 저장하는 저장 능력 10,000L의 저장탱크가 있다. 긴급차단장치를 조작할 수 있는 위치는 해당 저장탱크로부터 몇 m 이상에서 조작할 수 있어야 하는가?

① 3m   ② 4m   ③ 5m   ④ 6m

해설 액화석유가스를 저장하는 저장능력 10,000L의 저장탱크
긴급차단장치를 조작할 수 있는 위치는 저장탱크로부터 5m 이상에서 조작할 수 있어야 한다.

16 LPG의 충전용기와 잔가스용기의 보관장소는 얼마 이상의 간격을 두어 구분이 되도록 해야 하는가?

① 1.5m 이상   ② 2m 이상
③ 2.5m 이상   ④ 3m 이상

해설 LPG의 충전용기와 잔가스용기의 보관장소는 1.5m 이상의 간격을 두어 구분이 되도록 한다.

17 가연성가스 제조시설의 고압가스설비(저장탱크 및 배관은 제외한다.)에는 그 외면으로부터 다른 가연성가스 제조시설의 고압가스설비와 몇 m 이상의 거리를 유지하여야 하는가?

① 2   ② 3   ③ 5   ④ 10

해설 가연성가스 제조시설의 고압가스설비(저장탱크 및 배관은 제외)
그 외면으로부터 다른 가연성가스 제조시설의 고압가스설비와 5m 이상의 거리를 유지한다.

18 공기 중의 산소농도나 분압이 높아지는 경우의 연소에 대한 설명으로 틀린 것은?

① 연소속도 증가
② 발화온도 상승
③ 점화에너지의 감소
④ 화염온도의 상승

해설 발화온도가 낮아진다.

정답 12 ③   13 ①   14 ②   15 ③   16 ①   17 ③   18 ②

해설 아세틸렌이 접촉되는 부분에 동함량 62%의 동합금을 사용하지 말 것

06 고압가스용기의 어깨 부분에 'FP : 15MPa'이라고 표기되어 있다. 이 의미를 옳게 설명한것은?

① 사용압력이 15Mpa이다.
② 설계압력이 15Mpa이다.
③ 내압시험압력이 15Mpa이다.
④ 최고충전압력이 15Mpa이다.

해설 FP : 최고충전압력이 15Mpa이다.

07 부탄(C_4H_{10})의 위험도는 약 얼마인가? (단, 폭발범위는 1.9~8.5%이다.)

① 1.23 ② 2.27
③ 3.47 ④ 4.58

해설 C_4H_{10} : 1.9~8.5%
위험도(H)
$= \dfrac{\text{폭발범위의 상한값} - \text{폭발범위의 하한값}}{\text{폭발범위의 하한값}}$
$= \dfrac{8.5 - 1.9}{1.9} = 3.47$

08 다음 방류둑의 구조에 대한 설명으로 틀린 것은?

① 방류둑의 재료는 철근콘크리트, 철골·철근콘크리트, 흙 또는 이들을 조합하여 만든다.
② 철근콘크리트는 수밀성 콘크리트를 사용한다.
③ 성토는 수평에 대하여 45° 이하의 기울기로 하여 다져 쌓는다.
④ 방류둑은 액밀하지 않은 것으로 한다.

해설 방류둑은 액상이 스며들지 않는 액밀한 구조로 한다.

09 초저온용기에 대한 정의로 옳은 것은?

① 임계온도가 50℃ 이하인 액화가스를 충전하기 위한 용기
② 강판과 동판으로 제조된 용기
③ -50℃ 이하인 액화가스를 충전하기 위한 용기로서 용기 내의 가스 온도가 상용의 온도를 초과하지 않도록 한 용기
④ 단열재로 피복하여 용기 내의 가스 온도가 상용의 온도를 초과하도록 조치된 용기

해설 초저온용기
-50℃ 이하인 액화가스를 충전하기 위한 용기로서 용기 내의 가스 온도가 상용의 온도를 초과하지 않도록 한 용기이다.

10 가스계량기와 전기개폐기와의 이격거리는 최소 얼마 이상이어야 하는가?

① 10cm ② 15cm
③ 30cm ④ 60cm

해설 가스계량기와의 거리 기준
㉠ 배관과 굴뚝, 전기개폐기 및 전기콘센트와의 거리 : 30cm 이상
㉡ 전기계량기 및 전기안전기와의 거리 : 60cm 이상
㉢ 전선(절연조치를 한 것은 제외)과의 거리 : 15cm 이상

11 고압가스안전관리법에 정하고 있는 저장능력 산정 기준에 대한 설명으로 옳은 것은?

① 압축가스와 액화가스의 저장탱크 능력 산정식은 동일하다.
② 저장능력 합산 시에는 액화가스 10kg을 압축가스 10m³로 본다.
③ 저장탱크 및 용기가 배관으로 연결된 경우에는 각각의 저장능력을 합산한다.

2021 가스기능사 (1. 31. 시행)

01 아세틸렌이 은, 수은과 반응하여 폭발성의 금속 아세틸라이드를 형성하여 폭발하는 형태는?

① 분해폭발 ② 화합폭발
③ 산화폭발 ④ 압력폭발

해설 아세틸렌의 폭발성
㉠ 화합폭발 : 은, 수은, 구리와 반응하여 폭발성의 금속 아세틸라이드를 형성하여 폭발하는 형태이다.
$C_2H_2 + 2Ag \rightarrow Ag_2C_2 + H_2$
(은아세틸라이드)
㉡ 분해폭발 : 흡열 화합물이므로 가압하에서 불안전하며 1기압 이상에서 산소 또는 공기와 혼합 없이 스파크, 가열, 충격 등의 원인으로 탄소와 수소로 자기분해폭발을 한다.
$C_2H_2 \rightarrow 2C + H_2 + 54.1 kcal$
㉢ 산화폭발 : 산소와 혼합하여 점화하면 폭발을 일으킨다.
$2C_2H_2 + 5O_2 \rightarrow$
$4CO_2 + 2H_2O + 2 \times 312.4 kcal$

02 일반도시가스 사업자는 정압기 입구측의 압력이 0.6MPa일 경우 안전밸브 분출구의 크기는 얼마 이상으로 해야 하는가?

① 20A 이상 ② 30A 이상
③ 50A 이상 ④ 100A 이상

해설 일반도시가스 사업자
정압기 입구측의 압력이 0.6MPa일 경우 안전밸브 분출구의 크기는 50A 이상으로 한다.

03 독성가스배관은 안전한 구조를 갖도록 하기 위해 2중관 구조로 하여야 한다. 다음 가스 중 2중관으로 하지 않아도 되는 가스는?

① 암모니아 ② 염화메탄
③ 시안화수소 ④ 에틸렌

해설 2중관으로 하여야 하는 가스
㉠ 고압가스 일반제조 : 포스겐, 황화수소, 시안화수소, 아황산가스, 산화에틸렌, 암모니아, 염소, 염화메탄
㉡ 고압가스 특정제조 : 포스겐, 황화수소, 시안화수소, 아황산가스, 아세트알데히드, 염소, 불소

04 다음 가스의 일반적인 성질에 대한 설명 중 틀린 것은?

① 염산(HCl)은 암모니아와 접촉하면 흰 연기를 낸다.
② 시안화수소(HCN)는 복숭아 냄새가 나는 맹독성 기체이다.
③ 염소(Cl_2)는 황녹색의 자극성 냄새가 나는 맹독성 기체이다.
④ 수소(H_2)는 저온·저압하에서 탄소강과 반응하여 수소 취성을 일으킨다.

해설 수소(H_2)는 고온·고압하에서 탄소와 반응을 일으켜 수소 취성을 일으킨다.
$Fe_3C + 2H_2 \rightarrow CH_4 + 3Fe$(탈탄 작용)

05 C_2H_2 제조 설비에서 제조된 C_2H_2를 충전용기에 충전 시 위험한 경우는?

① 아세틸렌이 접촉되는 설비 부분에 동 함량 72%의 동 합금을 사용하였다.
② 충전 중의 압력을 2.5MPa 이하로 하였다.
③ 충전 후에 압력이 15℃에서 1.5MPa 이하로 될 때까지 정치하였다.
④ 충전용 지관은 탄소 함유량 0.1% 이하의 강을 사용하였다.

정답 01 ② 02 ③ 03 ④ 04 ④ 05 ①

58 순수한 물의 증발잠열은?

① 539kcal/kg
② 79.68kcal/kg
③ 539cal/kg
④ 79.68cal/kg

해설 순수한 물의 증발잠열 : 539kcal/kg

59 압력 단위를 나타낸 것은?

① kg/cm^2
② kl/m^2
③ $kcal/mm^2$
④ kV/km^2

해설 압력
단위 면적당 작용하는 힘의 크기(kg/cm^2)

60 부탄(C_4H_{10})가스의 비중은?

① 0.55　② 0.9
③ 1.5　④ 2

해설 가스 비중
$$\frac{기체분자량}{공기의\ 평균분자량(29)} = \frac{12 \times 4 + 10}{29} = 2$$

정답 58 ①　59 ①　60 ④

51 용기의 내용적이 105L인 액화암모니아 용기에 충전할 수 있는 가스의 충전량은 약 몇 kg인가? (단, 액화암모니아의 가스정수 C 값은 1.86이다.)

① 20.5 ② 45.5
③ 56.5 ④ 117.5

해설
$$G = \frac{V}{C} = \frac{105}{1.86} = 56.5\text{kg}$$
여기서, G : 충전질량(kg)
　　　　 V : 용기 내용적(L)
　　　　 C : 가스정수

52 도시가스 정압기에 사용되는 정압기용 필터의 제조 기술 기준으로 옳은 것은?

① 내가스 성능시험의 질량 변화율은 5~8%이다.
② 입·출구 연결부는 플랜지식으로 한다.
③ 기밀시험은 최고사용압력 1.25배 이상의 수압으로 실시한다.
④ 내압시험은 최고사용압력 2배의 공기압으로 실시한다.

해설
① 내가스 성능시험의 질량 변화율은 없다.
③ 기밀시험은 최고사용압력 1.1배 이상의 수압으로 실시한다.
④ 내압시험은 최고사용압력 1.5배의 공기압으로 실시한다.

53 주기율표의 0족에 속하는 불활성가스의 성질이 아닌 것은?

① 상온에서 기체이며, 단원자 분자이다.
② 다른 원소와 잘 화합한다.
③ 상온에서 무색, 무미, 무취의 기체이다.
④ 방전관에 넣어 방전시키면 특유의 색을 낸다.

해설
② 다른 원소와 화합하지 않는다.

54 공급가스인 천연가스 비중이 0.6이라 할 때 45m 높이의 아파트 옥상까지 압력손실은 약 몇 mmH$_2$O인가?

① 18.0 ② 23.3
③ 34.9 ④ 27.0

해설
입상배관에 의한 압력손실
$H = 1.293 \times (1-S) \times h = 1.293 \times (1-0.6) \times 45$
$\quad = 23.3\text{mmH}_2\text{O}$

55 다음 중 절대압력을 정하는데 기준이 되는 것은?

① 게이지압력 ② 국소대기압
③ 완전진공   ④ 표준대기압

해설
절대압력(Absolute Pressure)
완전진공을 0으로 기준하여 측정한 압력

56 도시가스는 무색무취이기 때문에 누출 시 중독 및 사고를 미연에 방지하기 위하여 부취제를 첨가하는데, 그 첨가 비율의 용량이 얼마의 상태에서 냄새를 감지할 수 있어야 하는가?

① 0.1%   ② 0.01%
③ 0.2%   ④ 0.02%

해설
도시가스 부취제 첨가 비율의 용량이 0.1%에서 냄새를 감지할 수 있어야 한다.

57 염소(Cl$_2$)에 대한 설명으로 틀린 것은?

① 황록색의 기체로 조연성이 있다.
② 강한 자극성의 취기가 있는 독성기체이다.
③ 수소와 염소의 등량 혼합기체를 염소폭명기라 한다.
④ 건조 상태의 상온에서 강재에 대하여 부식성을 갖는다.

해설
④ 수분 존재하에서 강재에 대하여 부식성을 갖는다.

정답 51 ③ 52 ② 53 ② 54 ② 55 ③ 56 ① 57 ④

46 액주식 압력계에 사용되는 액체의 구비 조건으로 틀린 것은?

① 화학적으로 안정되어야 한다.
② 모세관현상이 없어야 한다.
③ 점도와 팽창계수가 작아야 한다.
④ 온도 변화에 의한 밀도 변화가 커야 한다.

해설 ④ 온도 변화에 의한 밀도 변화가 작아야 한다.

47 사용압력 2MPa, 관의 인장강도 20kg/mm² 일 때의 스케줄번호(Sch No.)는? (단, 안전율은 4로 한다.)

① 10 ② 20 ③ 40 ④ 80

해설 허용응력(kg/mm²)
$= \dfrac{\text{인장강도}(\text{kgf/mm}^2)}{\text{안전율}} = \dfrac{20}{4} = 5$

스케줄번호(Sch No.) $= 100 \times \dfrac{P}{S} = 100 \times \dfrac{2}{5} = 40$

여기서, P : 사용압력(MPa)
S : 허용응력(kgf/mm²)

48 도시가스의 품질검사 시 가장 많이 사용되는 검사 방법은?

① 원자흡광광도법
② 가스크로마토그래피법
③ 자외선, 적외선흡수분광법
④ ICP법

해설 도시가스의 품질검사 시 가장 많이 사용되는 검사 방법은 가스크로마토그래피법이다

49 배관 속을 흐르는 액체의 속도를 급격히 변화시키면 물이 관벽을 치는 현상이 일어나는데, 이런 현상을 무엇이라 하는가?

① 캐비테이션현상
② 워터해머링현상
③ 서징현상
④ 맥동현상

해설
① 캐비테이션현상 : 유수 중에 그 수온의 증기압력보다 낮은 부분이 생기면 물이 증발을 일으키고 또한 수중에 용해하고 있는 공기가 석출하여 작은 기포가 다수 발생하는 것
③ 서징현상 : 펌프를 운전하였을 때 특별한 변동을 주지 않아도 진동이 발생하여 주기적으로 양정, 토출량이 규칙적으로 변동하는 현상
④ 맥동현상 : 서징현상을 맥동현상이라고도 함

50 압력조정기의 종류에 따른 조정압력이 틀린 것은?

① 1단 감압식 저압조정기 : 2.3~3.3kPa
② 1단 감압식 준저압조정기 : 5~30kPa 이내에서 제조자가 설정한 기준 압력의 ±20%
③ 2단 감압식 2차용 저압조정기 : 2.3~3.3kPa
④ 자동절체식 일체형 저압조정기 : 2.3~3.3kPa

해설 압력조정기의 조정압력

종류	입구압력	출구(조정)압력
1단 감압식 저압조정기	0.07~1.56MPa	2.3~3.3kPa
1단 감압식 준저압조정기	0.1~1.56MPa	5~30kPa
2단 감압식 1차용 조정기	0.1~1.56MPa	57~83kPa
2단 감압식 2차용 조정기	0.01~0.1MPa 또는 0.025~0.1MPa	2.3~3.3kPa
자동절체식 일체형 저압조정기	0.1~1.56MPa	2.55~3.3kPa
자동절체식 분리형 조정기	0.1~1.56MPa	0.032~0.083MPa
자동절체식 일체형 준저압조정기	0.1~1.56MPa	5~30kPa

정답 46 ④ 47 ③ 48 ② 49 ② 50 ④

39 액화염소가스 1,375kg을 용량 50L인 용기에 충전하려면 몇 개의 용기가 필요한가? (단, 액화염소가스의 정수 C는 0.8이다.)

① 20개   ② 22개
③ 35개   ④ 37개

해설
㉠ 용기 1개당 충전량
$$G = \frac{V}{C} = \frac{50}{0.8} = 62.5 \text{kg}$$
여기서, G : 충전질량(kg)
V : 용기 내용적(L)
C : 가스정수
㉡ 용기의 개수
$$= \frac{\text{전체 가스량(kg)}}{\text{용기 1개당 충전량(kg)}} = \frac{1,375}{62.5} = 22\text{개}$$

40 저장탱크 방류둑 용량은 저장능력에 상당하는 용적 이상의 용적이어야 한다. 다만, 액화산소 저장탱크의 경우에는 저장능력 상당 용적의 몇 % 이상으로 할 수 있는가?

① 40%   ② 60%
③ 80%   ④ 90%

해설 저장탱크 방류둑의 용량
㉠ 저장능력에 상당하는 용적 이상의 용적이어야 한다.
㉡ 액화산소 저장탱크의 경우 저장능력 상당 용적의 60% 이상

41 가연성가스를 취급하는 장소에서 공구의 재질로 사용하였을 경우 불꽃이 발생할 가능성이 가장 큰 것은?

① 고무
② 가죽
③ 알루미늄 합금
④ 나무

해설 알루미늄 합금은 가연성가스를 취급하는 장소에서 공구의 재질로 사용하였을 경우 불꽃이 발생한다.

42 도시가스 공급시설의 안전조작에 필요한 조명등의 조도는 몇 럭스 이상이어야 하는가?

① 100lux   ② 150lux
③ 200lux   ④ 300lux

해설 도시가스 공급시설의 안전조작에 필요한 조명 등의 조도 : 150lux 이상

43 가연성가스용 가스누출경보 및 자동차단장치의 경보 농도 설정치의 기준은?

① ±5% 이하   ② ±10% 이하
③ ±15% 이하   ④ ±25% 이하

해설 가연성가스용 가스누출경보 및 자동차단장치의 경보 농도 설정치 기준 : ±25% 이하

44 고압가스 충전용 밸브를 가열할 때의 방법으로 가장 적당한 것은?

① 60℃ 이상의 더운물을 사용한다.
② 열습포를 사용한다.
③ 가스버너를 사용한다.
④ 복사열을 사용한다.

해설 고압가스 충전용 밸브를 가열할 경우 열습포를 사용한다.

45 도시가스 공급시설을 제어하기 위한 기기를 설치한 계기실의 구조에 대한 설명으로 틀린 것은?

① 계기실의 구조는 내화구조로 한다.
② 내장재는 불연성재료로 한다.
③ 창문은 망입(網入)유리 및 안전유리 등으로 한다.
④ 출입구는 1곳 이상에 설치하고 출입문은 방폭문으로 한다.

해설 ④ 출입구는 2곳 이상에 설치하고 출입문은 방폭문으로 한다.

정답 39 ② 40 ② 41 ③ 42 ② 43 ④ 44 ② 45 ④

32 가스 사용시설인 가스보일러의 급·배기 방식에 따른 구분으로 틀린 것은?

① 반밀폐형 자연배기식(CF)
② 반밀폐형 강제배기식(FE)
③ 밀폐형 자연배기식(RF)
④ 밀폐형 강제급·배기식(FF)

해설 가스보일러의 급·배기 방식에 따른 구분
㉠ 반밀폐형 자연배기식(CF)
㉡ 반밀폐형 강제배기식(FE)
㉢ 밀폐형 강제급·배기식(FF)

33 차량에 고정된 산소용기 운반차량에는 일반인이 쉽게 식별할 수 있도록 표시하여야 한다. 운반차량에 표시하여야 하는 것은?

① 위험고압가스, 회사명
② 위험고압가스, 전화번호
③ 화기엄금, 회사명
④ 화기엄금, 전화번호

해설 차량에 고정된 산소운반차량에 일반인이 쉽게 식별할 수 있도록 하는 표시
위험고압가스, 전화번호

34 도시가스 도매사업자가 제조소 내에 저장능력이 20만톤인 지상식 액화천연가스 저장탱크를 설치하고자 한다. 이때 처리능력이 30만m³인 압축기와 얼마 이상의 거리를 유지하여야 하는가?

① 10m   ② 24m
③ 30m   ④ 50m

해설 액화천연가스의 저장탱크는 그 외면으로부터 처리능력이 20만m³ 이상인 압축기까지 30m 이상의 거리를 유지한다.

35 과압안전장치 형식에서 용전의 용융온도로서 옳은 것은? (단, 저압부에 사용하는 것은 제외한다.)

① 40℃ 이하
② 60℃ 이하
③ 75℃ 이하
④ 105℃ 이하

해설 과압안전장치 형식에서 용전의 용융온도는 75℃ 이하로 한다.

36 다음 중 2중관으로 하여야 하는 가스가 아닌 것은?

① 일산화탄소   ② 암모니아
③ 염화메탄   ④ 염소

해설 2중관으로 하여야 하는 가스
㉠ 고압가스 일반제조 : 포스겐, 황화수소, 시안화수소, 아황산가스, 산화에틸렌, 암모니아, 염소, 염화메탄
㉡ 고압가스 특정제조 : 포스겐, 황화수소, 시안화수소, 아황산가스, 아세트알데히드, 염소, 불소

37 암모니아 취급 시 피부에 닿았을 때 조치사항으로 가장 적당한 것은?

① 열습포로 감싸준다.
② 아연화 연고를 바른다.
③ 산으로 중화시키고 붕대로 감는다.
④ 다량의 물로 세척 후 붕산수를 바른다.

해설 암모니아 취급 시 피부에 닿았을 경우 다량의 물로 세척 후 붕산수를 바른다.

38 압력조정기 출구에서 연소기 입구까지의 호스는 얼마 이상의 압력으로 기밀시험을 실시하는가?

① 2.3kPa   ② 3.3kPa
③ 5.63kPa ④ 8.4kPa

해설 압력조정기 출구에서 연소기 입구까지의 호스는 8.4kPa 이상의 압력으로 기밀시험을 한다.

정답 32 ③ 33 ② 34 ③ 35 ③ 36 ① 37 ④ 38 ④

24 다음 각 온도의 단위 환산 관계로서 틀린 것은?
① 0℃ = 273K ② 32°F = 492°R
③ 0K = −273℃ ④ 0K = 460°R

해설
① ℃ + 273 = K → 0℃ + 273 = 273K
② °F + 460 = °R → 32°F + 460 = 492°R
③ K − 273 = ℃ → 0K − 273 = −273℃
④ K × 1.8 = °R → 0K × 1.8 = 0°R

25 고압가스의 성질에 따른 분류가 아닌 것은?
① 가연성가스 ② 액화가스
③ 조연성가스 ④ 불연성가스

해설
고압가스의 성질에 따른 분류
㉠ 가연성가스
㉡ 조연성가스
㉢ 불연성가스

26 100J의 일의 양을 cal 단위로 나타내면 약 얼마인가?
① 24 ② 40 ③ 240 ④ 400

해설
1J = 0.24cal
100J : x(cal) = 1J : 0.24cal
∴ x = 100 × 0.24 = 24cal

27 고압가스 종류별 발생 현상 또는 작용으로 틀린 것은?
① 수소 - 탈탄작용
② 염소 - 부식
③ 아세틸렌 - 아세틸라이드 생성
④ 암모니아 - 카르보닐 생성

해설
④ 일산화탄소 - 니켈카르보닐[Ni(CO)$_4$] 생성

28 다음 중 수소(H$_2$)의 제조법이 아닌 것은?
① 공기액화 분리법
② 석유 분해법
③ 천연가스 분해법
④ 일산화탄소 전화법

해설
수소의 제조법
㉠ 석유 분해법
㉡ 천연가스 분해법
㉢ 일산화탄소 전화법

29 다음 중 일산화탄소의 성질에 대한 설명 중 틀린 것은?
① 산화성이 강한 가스이다.
② 공기보다 약간 가벼우므로 수상치환으로 포집한다.
③ 개미산에 진한 황산을 작용시켜 만든다.
④ 혈액 속의 헤모글로빈과 반응하여 산소의 운반력을 저하시킨다.

해설
① 환원성이 강한 가스이다.

30 다음 중 확산속도가 가장 빠른 것은?
① O$_2$ ② N$_2$ ③ CH$_4$ ④ CO$_2$

해설
① O$_2$의 분자량 : 32g
② N$_2$의 분자량 : 24g
③ CH$_4$의 분자량 : 16g
④ CO$_2$의 분자량 : 44g
기체의 확산속도는 분자량의 제곱근에 반비례하므로 분자량이 작을수록 확산속도가 빠르다.

31 용기 신규검사에 합격된 용기 부속품 각인에서 초저온용기나 저온용기의 부속품에 해당하는 기호는?
① LT ② PT ③ MT ④ UT

해설
용기 부속품의 기호
㉠ LT : 초저온 및 저온용기 부속품
㉡ AG : 아세틸렌용기 부속품
㉢ PG : 압축가스용기 부속품
㉣ LG : 액화석유가스 외 액화가스용 부속품
㉤ LPG : 액화석유가스용기 부속품

정답 24 ④ 25 ② 26 ① 27 ④ 28 ① 29 ① 30 ③ 31 ①

19 저온액화가스 탱크에서 발생할 수 있는 열의 침입현상으로 가장 거리가 먼 것은?

① 연결된 배관을 통한 열전도
② 단열재를 충전한 공간에 남은 가스 분자의 열전도
③ 내면으로부터의 열전도
④ 외면의 열복사

해설 저온액화가스 탱크에 발생 가능한 열의 침입현상
㉠ 연결된 배관을 통한 열전도
㉡ 단열재를 충전한 공간에 남은 가스 분자의 열전도
㉢ 외면의 열복사

20 LP가스 자동차충전소에서 사용하는 디스펜서(Dispenser)에 대하여 옳게 설명한 것은?

① LP가스 충전소에서 용기에 일정량의 LP가스를 충전하는 충전기기이다.
② LP가스 충전소에서 용기에 충전하는 가스용적을 계량하는 기기이다.
③ 압축기를 이용하여 탱크로리에서 저장 탱크로 LP가스를 이송하는 장치이다.
④ 펌프를 이용하여 LP가스를 저장탱크로 이송할 때 사용하는 안전장치이다.

해설 디스펜서(Dispenser)
LP가스 충전소에서 용기에 일정량의 LP가스를 충전하는 충전기기

21 도시가스의 측정사항에 있어서 반드시 측정하지 않아도 되는 것은?

① 농도   ② 연소성
③ 압력   ④ 열량

해설 도시가스 측정사항 중 반드시 측정하는 것
㉠ 연소성 ㉡ 압력 ㉢ 열량

22 LP가스 공급방식 중 자연기화방식의 특징에 대한 설명으로 틀린 것은?

① 기화 능력이 좋아 대량 소비 시에 적당하다.
② 가스 조성의 변화량이 크다.
③ 설비 장소가 크게 된다.
④ 발열량의 변화량이 크다.

해설 ① 용기 내의 LP가스가 대기 중의 열을 흡수해서 기화하는 가장 간단한 방식으로 비교적 소량 소비 시에 적당하다.

23 도시가스 제조방식 중 촉매를 사용하여 사용온도 400~800℃에서 탄화수소와 수증기를 반응시켜 수소, 메탄, 일산화탄소, 탄산가스 등의 저급 탄화수소로 변환시키는 프로세스는?

① 열분해 프로세스
② 접촉분해 프로세스
③ 부분연소 프로세스
④ 수소화분해 프로세스

해설 ① 열분해 프로세스 : 원유, 증류, 나프타 등의 분자량이 큰 탄화수소 원료를 800~900℃의 고온으로 열분해시켜 10,000kcal/m³ 정도의 고열량 가스를 제조하는 프로세스
③ 부분연소 프로세스 : 부분연소에 의한 가스의 제조는 탄화수소를 산소 또는 공기 및 수증기를 이용하여 CH_4, H_2, CO, CO_2 등으로 변환하는 방법이며, 탄화수소와 산소, 공기 및 수증기를 700℃ 이상에서 고활성인 촉매를 사용하여 반응시키며, 제조된 가스는 3,000kcal/m³의 저발열량이므로 도시가스로 사용할 경우에는 증열을 필요로 하는 프로세스
④ 수소화분해 프로세스 : 수소를 사용하여 탄화수소 원료를 열분해 또는 접촉분해에 의해 메탄을 주성분으로 하는 고열량의 가스를 제조하는 방법으로, 제조된 가스는 6,000~8,000kcal/m³의 높은 열량을 갖는 프로세스

정답 19 ③ 20 ① 21 ① 22 ① 23 ②

해설

$$Q = ASN \times 60 = \frac{\pi d^2}{4} SN \times 60$$

$$= \frac{\pi \times (0.1)^2}{4} \times 0.2 \times 100 \times 60 = 9.42 \text{m}^3/\text{h}$$

15 다음은 어떤 안전설비에 대한 설명인가?

> 설비가 잘못 조작되거나 정상적인 제조를 할 수 없는 경우 자동으로 원재료의 공급을 차단시키는 등 고압가스 제조설비 안의 제조를 제어하는 기능을 한다.

① 긴급이송설비
② 인터록기구
③ 안전밸브
④ 벤트스택

해설

① 긴급이송설비 : 인접한 설비에 재해가 발생하였을 경우 해당 구간으로 재해의 확산을 방지하기 위하여 해당 구간에 있는 물질을 다른 설비로 이송하거나 방출물 처리설비로 이송하는 설비
③ 안전밸브 : 장치 내의 압력이 일정 이상 높아지면 작동하여 가스를 외기나 저압측으로 되돌려 보내 압축기 파열에 의한 위해를 방지하는 설비
④ 벤트스택 : 가스를 연소시키지 않고 대기 중에 방출시키는 파이프 또는 탑

16 다음 배관 재료 중 사용온도 350℃ 이하, 압력이 10MPa 이상의 고압관에 사용되는 것은?

① SPP   ② SPPH
③ SPPW   ④ SPPG

해설

① SPP : 1MPa 이하의 사용압력이 낮은 증기, 물, 기름, 가스 및 공기 등에 사용
③ SPPW : 정수두 100m 이하의 급수배관용으로 사용
④ SPPG : 중압 이하 연료용 가스공급배관

17 내압이 0.4~0.5MPa 이상이고, LPG나 액화가스와 같이 낮은 비점의 액체일 때 사용되는 터보식 펌프의 매커니컬 시일 형식은?

① 더블 시일
② 아웃사이드 시일
③ 밸런스 시일
④ 언밸런스 시일

해설

① 더블 시일 : 펌프의 축봉장치에서 유독성의 액, 인화성인 액이 누설되면 응고되는 액 등에 사용되는 축봉형식
② 아웃사이드 시일 : 구조재, 스프링재가 액의 내식성에 문제가 있을 때, 점성계수가 100cp을 초과하는 고점도액일 때, 저응고점액일 때, 스터핑 박스 내가 고진공일 때 사용되는 형식
④ 언밸런스 시일 : 윤활성이 좋은 액으로 0.7MPa 이하, 나쁜 액으로 약 2.5MPa 이하에 사용하는 형식

18 반복하중에 의해 재료의 저항력이 저하하는 현상을 무엇이라고 하는가?

① 교축   ② 크리프
③ 피로   ④ 응력

해설

① 교축 : 유체가 노즐이나 오리피스와 같이 유로가 좁은 곳을 통과하게 되면 외부와 열량이나 일량의 교환 없이도 압력이 감소하는 현상
② 크리프 : 재료에 일정한 온도 이상에서 하중이 작용했을 때 일정 시간이 경과되면 변형이 커지는 현상
④ 응력 : 재료에 하중이 작용하였을 때 하중과 같은 크기의 반대 방향으로 저항력이 발생하고, 하중의 크기에 따라 같이 변형하는데, 이 저항력을 내력이라 하며, 단위 면적당 내력의 크기이다.

정답 15② 16② 17③ 18③

해설 ① 가스배관구(이동충전차량의 압축도시가스를 충전설비로 이입하기 위하여 충전시설에 설치한 배관)와 가스배관구 사이는 8m 이상의 거리를 유지한다.

10 도시가스배관의 지하매설 시 사용하는 침상 재료(Bedding)는 배관 하단에서 배관 상단 몇 cm까지 포설하는가?

① 10cm ② 20cm
③ 30cm ④ 50cm

해설 도시가스배관의 지하매설 시 사용하는 침상 재료는 배관 하단에서 배관 상단 30cm까지 포설한다.

11 폭발등급은 안전간격에 따라 구분한다. 폭발등급 I급이 아닌 것은?

① 일산화탄소 ② 메탄
③ 암모니아 ④ 수소

해설 안전간격에 따른 폭발등급 구분
㉠ 폭발등급 1급 : 0.6mm 초과
　예 일산화탄소, 메탄, 암모니아, LPG, 아세톤, 벤젠, 에틸에테르 등
㉡ 폭발등급 2급 : 0.4mm 초과 0.6mm 이하
　예 에틸렌, 석탄가스 등
㉢ 폭발등급 3급 : 0.4mm 이하
　예 아세틸렌, 수소, 이황화탄소, 수성가스($CO+H_2$) 등

12 다음 굴착공사 중 굴착공사를 하기 전에 도시가스사업자와 협의를 하여야 하는 것은?

① 굴착공사 예정 지역 범위에 묻혀 있는 도시가스배관의 길이가 110m인 굴착공사
② 굴착공사 예정 지역 범위에 묻혀 있는 송유관의 길이가 200m인 굴착공사
③ 해당 굴착공사로 인하여 압력이 3.2kPa인 도시가스배관의 길이가 30cm 노출될 것으로 예상되는 굴착공사
④ 해당 굴착공사로 인하여 압력이 0.8MPa인 도시가스배관의 길이가 8m 노출될 것으로 예상되는 굴착공사

해설 굴착공사 전 도시가스사업자와의 협의사항
㉠ 굴착공사 예정 범위에 묻혀 있는 도시가스배관의 길이가 100m 이상인 굴착공사
㉡ 해당 굴착공사로 인하여 최고사용압력이 중압 이상인 배관이 10m 이상 노출될 것으로 예상되는 굴착공사

13 고압가스안전관리법의 적용을 받는 가스는?

① 철도 차량의 에어컨디셔너 안 고압가스
② 냉동능력 3톤 미만인 냉동설비 안의 고압가스
③ 용접용 아세틸렌가스
④ 액화브롬화메탄 제조설비 외에 있는 액화브롬화메탄

해설 고압가스안전관리법의 적용을 받는 가스
㉠ 상용의 온도에서 압력이 1MPa 이상이 되는 압축가스로서 실제로 그 압력이 1MPa 이상이 되는 것 또는 35℃의 온도에서 압력이 1MPa 이상이 되는 압축가스
㉡ 15℃의 온도에서 압력이 0Pa을 초과하는 아세틸렌가스
㉢ 상용의 압력에서 0.2MPa 이상이 되는 액화가스로서 실제로 그 압력이 0.2MPa 이상이 되는 것 또는 압력이 0.2MPa이 되는 경우의 온도가 35℃ 이하인 액화가스
㉣ 35℃의 온도에서 압력이 0Pa을 초과하는 액화가스 중의 액화시안화수소, 액화브롬화메탄 및 액화산화에틸렌가스

14 자동차용 압축천연가스 완속충전설비에서 실린더 내경이 100mm, 실린더의 행정이 200mm, 회전수가 100rpm일 때 처리능력(m^3/h)은 얼마인가?

① 9.42 ② 8.21
③ 7.05 ④ 6.15

정답 10 ③ 11 ④ 12 ① 13 ③ 14 ①

해설 ② 고압차단장치는 원칙적으로 수동복귀방식으로 한다. 다만, 가연성가스와 독성가스 이외의 가스를 냉매로 하는 유닛형의 냉매설비(냉매가스에 관계되는 순환계통의 냉동능력이 10ton 미만의 냉동설비에만 적용한다)로서 운전 및 정지가 자동적으로 되어도 위험이 생길 우려가 없는 구조의 것은 그러하지 아니하다.

05 도시가스 사용시설 중 자연배기식 반밀폐식 보일러에서 배기통의 옥상 돌출부는 지붕면으로부터 수직 거리로 몇 cm 이상으로 하여야 하는가?

① 30cm ② 50cm
③ 90cm ④ 100cm

해설 배기통의 옥상 돌출부는 지붕면으로부터 수직 거리를 100cm 이상으로 하고 배기통 상단으로부터 수평거리 100cm 이내에 건축물이 있는 경우에는 그 건축물의 처마보다 100cm 이상 높게 한다.

06 고압가스용기의 파열사고 원인으로서 가장 거리가 먼 내용은?

① 압축산소를 충전한 용기를 차량에 눕혀서 운반하였을 때
② 용기의 내압이 이상 상승하였을 때
③ 용기재질의 불량으로 인하여 인장강도가 떨어질 때
④ 균열되었을 때

해설 고압가스용기의 파열사고 원인
㉠ 용기 내압의 이상 상승
㉡ 용기 재질의 불량으로 인한 인장강도의 떨어짐
㉢ 균열

07 LP가스 충전설비의 작동상황 점검주기로 옳은 것은?

① 1일 1회 이상
② 1주일 1회 이상
③ 1월 1회 이상
④ 1년 1회 이상

해설 LP가스 충전설비의 작동상황 점검은 1일 1회 이상 해야 한다.

08 도시가스 공급시설의 공사 계획 승인 및 신고 대상에 대한 설명으로 틀린 것은?

① 제조소 안에서 액화가스용 저장탱크의 위치 변경 공사는 공사 계획의 신고 대상이다.
② 밸브기지의 위치 변경 공사는 공사 계획 신고 대상이다.
③ 호칭지름이 50mm 이하인 저압의 공급관을 설치하는 공사는 공사 계획 신고 대상에서 제외한다.
④ 저압인 사용자 공급관 50m를 변경하는 공사는 공사 계획 신고 대상이다.

해설 ② 밸브기지의 위치 변경 공사는 공사 계획 승인 대상이다.

09 다음은 이동식 압축도시가스 자동차 충전시설물 점검 내용이다. 이 중 기준에 부적합한 경우는?

① 이동충전차량과 가스배관구를 연결하는 호수의 길이가 6m였다.
② 가스배관구 주위에는 가스배관구를 보호하기 위하여 높이 40cm, 두께 13cm인 철근콘크리트 구조물이 설치되어 있었다.
③ 이동충전차량과 충전설비 사이 거리는 8m이었고, 이동충전차량과 충전설비 사이에 강판제 방호벽이 설치되어 있었다.
④ 충전설비 근처 및 충전설비에서 6m 떨어진 장소에 수동 긴급차단장치가 각각 설치되어 있었으며 눈에 잘 띄었다.

정답 05 ④ 06 ① 07 ① 08 ② 09 ①

2020 가스기능사 (10. 11. 시행)

01 연소에 대한 일반적인 설명 중 옳지 않은 것은?

① 인화점이 낮을수록 위험성이 크다.
② 인화점보다 착화점의 온도가 낮다.
③ 발열량이 높을수록 착화온도는 낮아진다.
④ 가스의 온도가 높아지면 연소범위는 넓어진다.

해설 ② 인화점보다 착화점의 온도가 높다.

02 액화석유가스 사용시설을 변경하여 도시가스를 사용하기 위해서 실시하여야 하는 안전조치 중 잘못 설명한 것은?

① 일반도시가스 사업자는 도시가스를 공급한 이후에 연소기 열량의 변경 사실을 확인하여야 한다.
② 액화석유가스의 배관 양단에 막음조치를 하고, 호스는 철거하여 설치하려는 도시가스배관과 구분되도록 한다.
③ 용기 및 부대설비가 액화석유가스 공급자의 소유인 경우에는 도시가스 공급 예정일까지 용기 등을 철거해 줄 것을 공급자에게 요청해야 한다.
④ 도시가스로 연료를 전환하기 전에 액화석유가스 안전공급계약을 해지하고, 용기 등의 철거와 안전조치를 확인하여야 한다.

해설 ① 일반도시가스 사업자는 도시가스를 공급하기 전에 연소기 열량의 변경 사실을 확인하여야 한다.

03 고정식 압축도시가스 자동차 충전의 저장설비, 처리설비, 압축가스설비 외부에 설치하는 경계책의 설치 기준으로 틀린 것은?

① 긴급차단장치를 설치할 경우는 설치하지 아니할 수 있다.
② 방호벽(철근콘크리트로 만든 것)을 설치할 경우는 설치하지 아니할 수 있다.
③ 처리설비 및 압축가스설비가 밀폐형 구조물 안에 설치된 경우는 설치하지 아니할 수 있다.
④ 저장설비 및 처리설비가 액확산방지시설 내에 설치된 경우는 설치하지 아니할 수 있다.

해설 고정식 압축도시가스 자동차 충전의 저장설비, 처리설비, 압축가스설비 외부에 설치하는 경계책의 설치 기준
방호벽을 설치하거나 처리설비 및 압축가스설비가 밀폐형 구조물 안에 설치된 경우 또는 저장설비 및 처리설비가 액확산방지 시설 안에 설치된 경우에는 해당 저장설비, 처리설비 및 압축가스설비의 외부에 경계책을 설치하지 아니할 수 있다.

04 고압가스용 냉동기에 설치하는 안전장치의 구조에 대한 설명으로 틀린 것은?

① 고압차단장치는 그 설정압력을 눈으로 판별할 수 있는 것으로 한다.
② 고압차단장치는 원칙적으로 자동복귀 방식으로 한다.
③ 안전밸브는 작동압력을 설정한 후 봉인될 수 있는 구조로 한다.
④ 안전밸브 각 부의 가스통과 면적은 안전밸브의 구경 면적 이상으로 한다.

정답 01 ② 02 ① 03 ① 04 ②

58 "효율이 100%인 열기관은 제작이 불가능하다."라고 표현되는 법칙은?

① 열역학 제0법칙
② 열역학 제1법칙
③ 열역학 제2법칙
④ 열역학 제3법칙

해설
① 열역학 제0법칙 : 열평형의 법칙이라 하며, 온도가 서로 다른 두 물체를 접촉시키면 높은 온도를 지닌 물체의 온도는 내려가고 낮은 온도의 물체는 온도가 올라가서 두 물체의 온도 차가 없어지고 두 물체는 열평형이 된다.
② 열역학 제1법칙 : 에너지불변의 법칙이라고 하며, 에너지는 결코 생성될 수도 없어질 수도 없고 단지 형태의 이변이다.
③ 열역학 제2법칙 : 일을 열로 바꾸는 것은 용이하나 열을 일로 바꾸는 것은 제한을 받는다. 그러므로 효율이 100%인 열기관은 제작이 불가능하다.
④ 열역학 제3법칙 : 0K(절대영도)에서 완전한 결정을 이루고 있는 물질의 엔트로피는 0이다.

59 게이지압력 1,520mmHg는 절대압력으로 몇 기압인가?

① 0.33atm   ② 3atm
③ 30atm   ④ 33atm

해설 1atm=760mmHg이므로,
1,520mmHg는 2atm$\left(\frac{1,520\text{mmHg}}{760\text{mmHg}}\right)$이다.
절대압력=대기압+게이지압력
=1atm+2atm=3atm

60 A의 분자량은 B의 분자량의 2배이다. A와 B의 확산속도의 비는?

① $\sqrt{2}$: 1
② 4 : 1
③ 1 : 4
④ 1 : $\sqrt{2}$

해설
$$\frac{U_A}{U_B} = \sqrt{\frac{M_B}{M_A}} = \sqrt{\frac{1}{2}} = \frac{1}{\sqrt{2}}$$

여기서, U_A, U_B : A분자 및 B분자의 확산속도
M_A, M_B : A분자 및 B분자의 분자량
∴ $U_A : U_B = 1 : \sqrt{2}$

정답 58 ③ 59 ② 60 ④

52 증기압축식 냉동기에서 냉매가 순환되는 경로로 옳은 것은?

① 압축기 → 증발기 → 응축기 → 팽창밸브
② 증발기 → 응축기 → 압축기 → 팽창밸브
③ 증발기 → 팽창밸브 → 응축기 → 압축기
④ 압축기 → 응축기 → 팽창밸브 → 증발기

해설 증기압축식 냉동기에서의 냉매 순환 경로
압축기 → 응축기 → 팽창밸브 → 증발기

53 구조가 간단하고 고압, 고온밀폐탱크의 압력까지 측정이 가능하며, 가장 널리 사용되는 액면계는?

① 크랭커식 액면계
② 벨로즈식 액면계
③ 차압식 액면계
④ 부자식 액면계

해설
① 크랭커식 액면계 : 평형 유리판과 금속판을 조합하여 만든 것으로 외력에 대하여 강하고 고압에도 견디므로 고압가스용으로 적당하다.
② 벨로즈식 액면계 : 고압 벨로즈에 저장조 저면으로부터의 압력을 저압 벨로즈로 저장조 상부로부터의 압력을 걸어 신축의 차를 지침에 나타내도록 한 것으로, 극저온 액체의 액면 측정에 쓰인다.
③ 차압식 액면계 : 햄프스식 액면계라 하며 액화산소와 같은 극저온 저장조의 상·히부를 U자관에 연결하여 차압에 의하여 액면을 측정하는 방법이다.

54 LPG 1L가 기화해서 약 250L의 가스가 된다면 10kg의 액화 LPG가 기화하면 가스 체적은 얼마나 되는가?(단, 액화 LPG의 비중은 0.5이다.)

① 1.25m³   ② 5.0m³
③ 10.0m³   ④ 25m³

해설 LP가스 기화체적을 x라 하면
$$1L : 250L = \frac{10kg}{0.5kg/L} : x$$
$$\therefore x = 250 \times \frac{10}{0.5} = 5,000L = 5m^3$$

55 시안화수소 충전에 대한 설명 중 틀린 것은?

① 용기에 충전하는 시안화수소는 순도가 98% 이상이어야 한다.
② 시안화수소를 충전한 용기는 충전 후에 24시간 이상 정치한다.
③ 시안화수소는 충전 후 30일이 경과되기 전에 다른 용기에 옮겨 충전하여야 한다.
④ 시안화수소 충전용기는 1일 1회 이상 질산구리, 벤젠 등의 시험지로 가스누출검사를 한다.

해설 ③ 시안화수소는 충전 후 60일이 경과되기 전에 다른 용기에 옮겨 충전하여야 한다.

56 일산화탄소 전화법에 의해 얻고자 하는 가스는?

① 암모니아   ② 일산화탄소
③ 수소   ④ 수성가스

해설 일산화탄소 전화법
$CO + H_2O \rightarrow CO_2 + H_2$

57 절대영도로 표시한 것 중 가장 거리가 먼 것은?

① −273.15℃
② 0K
③ 0°R
④ 0°F

해설 0K = −273.15℃ = 0°R = −460°F

정답 52 ④ 53 ④ 54 ② 55 ③ 56 ③ 57 ④

46 가스미터의 설치 장소로서 가장 부적당한 곳은?

① 통풍이 양호한 곳
② 전기공작물 주변에 직사광선이 비치는 곳
③ 가능한 한 배관의 길이가 짧고 꺾이지 않는 곳
④ 화기와 습기에서 멀리 떨어져 있고 청결하며, 진동이 없는 곳

해설 가스미터의 설치 장소
㉠ 통풍이 양호한 곳
㉡ 눈, 비, 직사광선을 받지 않는 장소
㉢ 가능한 한 배관의 길이가 짧고 꺾이지 않는 곳
㉣ 화기와 습기에서 멀리 떨어져 있고 청결하며, 진동이 없는 곳

47 고압가스안전관리법령에 따라 고압가스 판매시설에서 갖추어야 할 계측설비가 바르게 짝지어진 것은?

① 압력계, 계량기
② 온도계, 계량기
③ 압력계, 온도계
④ 온도계, 가스분석계

해설 고압가스 판매시설에서 갖추어야 할 계측설비
압력계, 계량기

48 부취제 주입용기를 가스압으로 밸런스시켜 중력에 의해서 부취제를 가스 흐름 중에 주입하는 방식은?

① 적하주입방식
② 펌프주입방식
③ 위크증발식 주입방식
④ 미터연결 바이패스주입방식

해설 적하주입방식의 설명이다.

49 도시가스시설 중 입상관에 대한 설명으로 틀린 것은?

① 입상관이 화기가 있을 가능성이 있는 주위를 통과하여 불연재료로 차단조치를 하였다.
② 입상관의 밸브는 분리 가능한 것으로서 바닥으로부터 1.7m의 높이에 설치하였다.
③ 입상관의 밸브를 어린아이들이 장난하지 못하도록 3m의 높이에 설치하였다.
④ 입상관의 밸브 높이가 1m이어서 보호상자 안에 설치하였다.

해설 ③ 입상관은 환기가 양호한 장소에 설치하며 밸브는 바닥으로부터 1.6m 이상 2m 이내에 설치한다.

50 연소기의 설치 방법으로 틀린 것은?

① 환기가 잘되지 않는 곳에는 가스온수기를 설치하지 아니한다.
② 밀폐형 연소기는 급기구 및 배기통을 설치하여야 한다.
③ 배기통의 재료는 불연성재료로 한다.
④ 개방형 연소기가 설치된 실내에는 환풍기를 설치한다.

해설 ② 반밀폐형 연소기는 배기통을 설치하여야 한다.

51 오리피스미터의 특징에 대한 설명으로 옳은 것은?

① 압력손실이 매우 작다.
② 침전물이 관벽에 부착되지 않는다.
③ 내구성이 좋다.
④ 제작이 간단하고 교환이 쉽다.

해설 오리피스미터는 구조가 간단하고 제작이 용이하다.

정답 46 ② 47 ① 48 ① 49 ③ 50 ② 51 ④

41 도시가스 중앙배관을 매몰할 경우 다음 중 적당한 색상은?

① 회색　② 청색
③ 녹색　④ 적색

해설 도시가스 중앙배관을 매몰할 경우의 색상 : 적색

42 고압가스 저장능력 산정기준에서 액화가스의 저장탱크 저장능력을 구하는 식은?(단, Q, W는 저장능력, P는 최고충전압력, V는 내용적, C는 가스 종류에 따른 정수, d는 가스의 비중이다.)

① $W = 0.9dV$
② $Q = 10PV$
③ $W = \dfrac{V}{C}$
④ $Q = (10P+1)V$

해설 액화가스의 저장탱크 저장능력
$W = 0.9dV$
여기서, Q, W : 저장능력
V : 내용적
d : 가스 비중

43 도시가스사업법에서 정한 특정가스사용시설에 해당하지 않는 것은?

① 제1종 보호시설 내 월사용예정량 1,000m³ 이상인 가스사용시설
② 제2종 보호시설 내 월사용예정량 2,000m³ 이상인 가스사용시설
③ 월사용예정량 2,000m³ 이하인 가스사용시설 중 많은 사람이 이용하는 시설로 시·도지사가 지정하는 시설
④ 전기사업법, 에너지이용합리화법에 의한 가스사용시설

해설 특정가스 사용시설
(1) 월사용예정량 2,000m³(제1종 보호시설 안에 있는 경우에는 1,000m³) 이상인 가스사용시설(전기사업법, 에너지이용합리화법에 의한 가스사용시설은 제외)
(2) 월사용예정량 2,000m³(제1종 보호시설 안에 있는 경우에는 1,000m³) 미만인 가스사용시설로서 다음에 해당하는 시설
　㉠ 내관 및 그 부속시설이 바닥, 벽 등에 매립 또는 매몰 설치되는 가스사용시설
　㉡ 많은 사람이 이용하는 시설로서 시·도지사가 안전관리를 위하여 필요하다고 인정하여 지정하는 가스사용시설
(3) 도시가스를 연료로 사용하는 자동차의 가스사용시설
(4) 자동차용 압축천연가스 완속충전설비를 갖추고 도시가스를 자동차에 충전하는 가스사용시설
(5) 액화천연가스 저장탱크를 설치하고 천연가스를 사용하는 가스사용시설

44 액화가스를 충전하는 탱크는 그 내부에 액면요동을 방지하기 위하여 무엇을 설치하여야 하는가?

① 방파판
② 안전밸브
③ 액면계
④ 긴급차단장치

해설 방파판의 설명이다.

45 일반도시가스사업 정압기실에 설치되는 기계환기설비 중 배기구의 관경은 얼마 이상으로 하여야 하는가?

① 10cm
② 20cm
③ 30cm
④ 50cm

해설 일반도시가스사업 정압기실에 설치하는 기계환기설비 중 배기구의 관경 : 10cm 이상

정답 41 ④　42 ①　43 ④　44 ①　45 ①

35 특정고압가스 사용시설에서 독성가스감압설비와 그 가스의 반응설비 간의 배관에 반드시 설치하여야 하는 설비는?

① 안전밸브
② 역화방지장치
③ 중화장치
④ 역류방지장치

해설 독성가스감압설비와 그 가스의 반응설비 간의 배관에는 역류방지장치를 반드시 설치한다.

36 차량에 고정된 탱크 중 독성가스는 내용적을 얼마 이하로 하여야 하는가?

① 12,000L
② 15,000L
③ 16,000L
④ 18,000L

해설 차량에 고정된 탱크의 내용적
㉠ 가연성가스(LPG 제외), 산소 : 18,000L 이하
㉡ 독성가스(액화암모니아 제외) : 12,000L 이하

37 LPG 저장탱크에 설치하는 압력계는 상용압력 몇 배 범위의 최고눈금이 있는 것을 사용하여야 하는가?

① 1~1.5배
② 1.5~2배
③ 2~2.5배
④ 2.5~3배

해설 LPG 저장탱크에 설치하는 압력계의 기준 상용압력 1.5~2배의 최고눈금이 있는 것

38 압축, 액화 등의 방법으로 처리할 수 있는 가스의 용적이 1일 100m³ 이상인 사업소에는 표준이 되는 압력계를 몇 개 이상 비치하여야 하는가?

① 1개
② 2개
③ 3개
④ 4개

해설 압축, 액화 등의 방법으로 처리할 수 있는 가스의 용적이 1일 100m³ 이상인 사업소에는 표준이 되는 압력계를 2개 이상 비치한다.

39 가연성가스 및 독성가스의 충전용기 보관실에 대한 안전거리 규정으로 옳은 것은?

① 충전용기 보관실 1m 이내에 발화성 물질을 두지 말 것
② 충전용기 보관실 2m 이내에 인화성 물질을 두지 말 것
③ 충전용기 보관실 5m 이내에 발화성 물질을 두지 말 것
④ 충전용기 보관실 8m 이내에 인화성 물질을 두지 말 것

해설 가연성가스 및 독성가스는 충전용기 보관실 2m 이내에 인화성 물질을 두지 않는다.

40 고압가스 품질검사에 대한 설명으로 틀린 것은?

① 품질검사 대상 가스는 산소, 아세틸렌, 수소이다.
② 품질검사는 안전관리책임자가 실시한다.
③ 산소는 동암모니아 시약을 사용한 오르자트법에 의한 시험 결과 순도가 99.5% 이상이어야 한다.
④ 수소는 하이드로설파이드 시약을 사용한 오르자트법에 의한 시험 결과 순도가 99.0% 이상이어야 한다.

해설 고압가스 품질검사 기준

대상 가스	검사 방법	순도
산소	동암모니아 시약을 사용한 오르자트법	99.5% 이상
수소	피로갈롤 또는 하이드로설파이드 시약을 사용한 오르자트법	98.5% 이상
아세틸렌	• 발여 황산을 사용한 오르자트 또는 브롬 시약을 사용한 뷰렛법 • 질산은 시약을 사용한 정성시험에도 합격할 것	98% 이상

정답 35 ④ 36 ① 37 ② 38 ② 39 ② 40 ④

31 다음 중 각 가스의 정의에 대한 설명으로 틀린 것은?

① 압축가스란 일정한 압력에 의하여 압축되어 있는 가스를 말한다.
② 액화가스란 가압·냉각 등의 방법에 의하여 액체 상태로 되어 있는 것으로서 대기압에서의 끓는점이 40℃ 이하 또는 상용온도 이하인 것을 말한다.
③ 독성가스란 인체에 유해한 독성을 가진 가스로서 허용농도가 100만분의 3,000 이하인 것을 말한다.
④ 가연성가스란 공기 중에서 연소하는 가스로서 폭발한계의 하한이 10% 이하인 것과 폭발한계의 상한과 하한의 차가 20% 이상인 것을 말한다.

해설 ③ 독성가스란 인체에 유해한 독성을 가진 가스로서 허용농도가 100만분의 5,000 이하인 것을 말한다.

32 다음 중 용기의 재검사 주기에 대한 기준으로 맞는 것은?

① 압력용기는 1년마다 재검사
② 저장탱크가 없는 곳에 설치한 기화기는 2년마다 재검사
③ 500L 이상 이음매 없는 용기는 5년마다 재검사
④ 용접용기로서 신규검사 후 15년 이상 20년 미만인 용기는 3년마다 재검사

해설 용기 및 특정설비의 재검사 기간

용기의 종류		재검사 주기		
		신규검사 후 경과년수		
		15년 미만	15년 이상 20년 미만	20년 이상
용접 용기	500L 이상	5년 마다	2년 마다	1년 마다
	500L 미만	3년 마다	2년 마다	1년 마다
이음매 없는 용기 또는 복합재료 용기	500L 이상	5년마다		
	500L 미만	신규검사 후 경과년수가 10년 이하인 것은 5년마다, 10년을 초과한 것은 3년마다		
기화 장치	저장탱크와 함께 설치된 것	검사 후 2년을 경과하여 해당 탱크의 재검사 시마다		–
	저장탱크가 없는 곳에 설치된 것	3년 마다		
	설치되지 아니한 것	2년마다		
압력용기		4년마다		

33 도시가스배관을 지상에 설치 시 검사 및 보수를 위하여 지면으로부터 몇 cm 이상의 거리를 유지하여야 하는가?

① 10cm ② 15cm
③ 20cm ④ 30cm

해설 도시가스배관을 지상에 설치 시 검사 및 보수를 위하여 지면으로부터 30cm 이상의 거리를 유지한다.

34 LPG 충전·집단공급 저장시설의 공기에 의한 내압시험 시 상용압력의 일정 압력 이상으로 승압한 후 단계적으로 승압시킬 때, 상용압력의 몇 %씩 증가시켜 내압시험압력에 달하였을 때 이상이 없어야 하는가?

① 5% ② 10% ③ 15% ④ 20%

해설 LPG충전·집단공급 저장시설의 공기에 의한 내압시험 시 상용압력의 일정 압력 이상으로 승압한 후 단계적으로 승압시킬 때, 상용압력의 10%씩 증가시켜 내압시험압력에 달하였을 경우에 이상이 없어야 한다.

정답 31 ③ 32 ③ 33 ④ 34 ②

> **해설** 지역정압기의 종류
> ㉠ 레이놀드 정압기 : Unloading형이다. 본체는 복좌밸브로 되어 상부에 다이어프램을 가진다. 정특성은 아주 좋으나 안정성은 떨어지며, 다른 형식에 비하여 크기가 크다.
> ㉡ 피셔식 정압기 : Loading형이다. 정특성 및 동특성이 양호하며, 비교적 콤팩트하다.
> ㉢ 엑셀플로우식 정압기 : 변칙 Unloading형이다. 정특성 및 동특성이 양호하며, 고차압이 될수록 특성이 양호하며 극히 콤팩트하다.

24 수소의 공업적 용도가 아닌 것은?
① 수증기의 합성
② 경화유의 제조
③ 메탄올의 합성
④ 암모니아 합성

> **해설** 수소의 공업적 용도
> ㉠ 경화유의 제조
> ㉡ 메탄올의 합성
> ㉢ 암모니아 합성

25 다음 중 저장소의 바닥부 환기에 가장 중점을 두어야 하는 가스는?
① 메탄
② 에틸렌
③ 아세틸렌
④ 부탄

> **해설** C_4H_{10}의 분자량은 58이다.
> 즉, 58÷29=2배이므로 저장소의 바닥부 환기에 가장 중점을 두어야 한다.

26 압력이 일정할 때 기체의 절대온도와 체적은 어떤 관계가 있는가?
① 절대온도와 체적은 비례한다.
② 절대온도와 체적은 반비례한다.
③ 절대온도는 체적의 제곱에 비례한다.
④ 절대온도는 체적의 제곱에 반비례한다.

> **해설** 샤를의 법칙
> 압력이 일정할 때 기체의 절대온도와 체적은 비례한다.

27 다음 중 표준상태에서 분자량이 44인 기체의 밀도는?
① 1.96g/L
② 1.96kg/L
③ 1.55g/L
④ 1.55kg/L

> **해설** 밀도 = $\frac{질량}{부피}$ = $\frac{44g}{22.4L}$ = 1.96g/L

28 정압비열(C_p)과 정적비열(C_v)의 관계를 나타내는 비열비(k)를 옳게 나타낸 것은?
① $k = C_p / C_v$
② $k = C_v / C_p$
③ $k < 1$
④ $k = C_v - C_p$

> **해설** 비열비(k) = $\frac{정압비열(C_p)}{정적비열(C_v)}$

29 수은주 760mmHg 압력은 수주로는 얼마가 되는가?
① 9.33mH_2O
② 10.33mH_2O
③ 11.33mH_2O
④ 12.33mH_2O

> **해설** 1atm(1기압)=760mmHg=10.33mH_2O
> =1,013mbar=101.3254kPa

30 프로판의 완전연소 반응식으로 옳은 것은?
① $C_3H_8 + 4O_2 \rightarrow 3CO_2 + 2H_2O$
② $C_3H_8 + 5O_2 \rightarrow 3CO_2 + 4H_2O$
③ $C_3H_8 + 2O_2 \rightarrow 3CO_2 + H_2O$
④ $C_3H_8 + O_2 \rightarrow CO_2 + H_2O$

> **해설** 프로판가스 완전연소 반응식
> $C_3H_8 + 5O_2 \rightarrow 3CO_2 + 4H_2O$

정답 24 ① 25 ④ 26 ① 27 ① 28 ① 29 ② 30 ②

18 3단 토출압력이 2MPa이고, 압축비가 2인 사단 공기압축기에서 1단 흡입압력은 약 몇 MPa-g인가?

① 0.16　　② 0.26
③ 0.36　　④ 0.46

해설
흡입압력 = $\dfrac{\text{토출압력}}{\text{압축비}}$

3단 흡입압력 = $\dfrac{2+0.101325}{2}$ = 1.0506MPa(a)
　　　　　－0.101325MPa(a) = 0.949MPa(g)

2단 흡입압력 = $\dfrac{(0.949+0.101325)}{2}$
　　　　　= 0.525MPa(a) － 0.101325MPa
　　　　　= 0.424MPa(g)

1단 흡입압력 = $\dfrac{(0.424+0.101325)}{2}$
　　　　　= 0.26MPa(a) － 0.101325MPa ≒ 0.16MPa(g)

19 가연성가스 검출기 중 탄광에서 발생하는 CH_4의 농도를 측정하는 데 주로 사용되는 것은?

① 간섭계형　　② 안전등형
③ 열선형　　　④ 반도체형

해설 가연성가스 검출기의 종류
㉠ 간섭계형 : 가스의 굴절률 차를 이용하여 가스의 농도를 측정하며, CH_4를 주로 측정하지만 그 외의 가연성가스를 측정할 수도 있다.
㉡ 안전등형 : 탄광에서 발생하는 CH_4의 농도를 측정하는 데 주로 사용된다.
㉢ 열선형 : 브리지 회로의 편위 전류로써 가스 농도의 지시 또는 자동적으로 경보를 하는 방시이다.

20 가연성가스를 냉매로 사용하는 냉동제조시설의 수액기에는 액면계를 설치한다. 다음 중 수액기의 액면계로 사용할 수 없는 것은?

① 환형유리관 액면계
② 차압식 액면계
③ 초음파식 액면계
④ 방사선식 액면계

해설 수액기의 액면계 종류
㉠ 차압식 액면계
㉡ 초음파식 액면계
㉢ 방사선식 액면계

21 다음 중 왕복식 펌프에 해당하는 것은?

① 기어펌프　　② 베인펌프
③ 터빈펌프　　④ 플런저펌프

해설
① 기어펌프 : 회전펌프
② 베인펌프 : 회전펌프
③ 터빈펌프 : 원심펌프
④ 플런저펌프 : 왕복식 펌프

22 펌프의 실제 송출유량을 Q, 펌프 내부에서의 누설유량을 $0.6Q$, 임펠러 속을 지나는 유량을 $1.6Q$라 할 때 펌프의 체적효율(η_V)은?

① 37.5%　　② 40%
③ 60%　　　④ 62.5%

해설 펌프의 체적효율(η_V)
= $\dfrac{\text{실제 송출유량}}{\text{실제 송출유량}+\text{누설유량}}$
　$\dfrac{\text{실제 송출유량}}{\text{임펠러 속을 지나는 유량}}$ = $\dfrac{1}{6} \times 100$ = 62.5%

23 다음에서 설명하는 정압기의 종류는?

> ㉮ Unloading형이다.
> ㉯ 본체는 복좌밸브로 되어 있어 상부에 다이어프램을 가진다.
> ㉰ 정특성은 아주 좋으나 안정성은 떨어진다.
> ㉱ 다른 형식에 비하여 크기가 크다.

① 레이놀드 정압기
② 엠코 정압기
③ 피셔식 정압기
④ 엑셀플로우식 정압기

해설 시안화수소(HCN)를 충전한 용기는 충전 후 24시간 정치한 뒤 가스의 누설검사를 한다.

12 염소(Cl_2)의 재해방지용으로서 흡수제 및 제해제가 아닌 것은?

① 가성소다 수용액
② 소석회
③ 탄산소다 수용액
④ 물

해설 염소(Cl_2)의 재해방지용 흡수제 및 제해제
㉠ 가성소다 수용액
㉡ 소석회
㉢ 탄산소다 수용액

13 건축물 내 도시가스 매설배관으로 부적합한 것은?

① 동관
② 강관
③ 스테인리스강
④ 가스용 금속 플렉시블호스

해설 건축물 내 도시가스 매설배관
㉠ 동관
㉡ 스테인리스강
㉢ 가스용 금속 플레시블호스

14 일반도시가스 사업자의 가스공급시설 중 정압기의 분해점검주기 기준은?

① 1년에 1회 이상
② 2년에 1회 이상
③ 3년에 1회 이상
④ 5년에 1회 이상

해설 정압기의 분해점검은 2년에 1회 이상 해야 한다.

15 다음 중 가연성이면서 유독한 가스는?

① NH_3 ② H_2
③ CH_4 ④ N_2

해설
① NH_3 : 가연성이며, 유독한 가스
② H_2 : 가연성가스
③ CH_4 : 가연성가스
④ N_2 : 불연성가스

16 LPG를 탱크로리에서 저장탱크로 이송 시 작업을 중단해야 되는 경우가 아닌 것은?

① 과충전이 된 경우
② 충전기에서 자동차에 충전하고 있을 때
③ 작업 중 주위에 화재 발생 시
④ 누출이 생길 경우

해설 LPG를 탱크로리에서 저장탱크로 이송 시 작업을 중단해야 되는 경우
㉠ 과충전이 된 경우
㉡ 작업 중 주위에 화재가 발생한 경우
㉢ 누출이 생길 경우

17 대형 저장탱크 내를 가는 스테인리스관이 상하로 움직여 관내에서 분출하는 가스 상태와 액체 상태의 경계면을 찾아 액면을 측정하는 액면계로 옳은 것은?

① 슬립튜브식 액면계
② 유리관식 액면계
③ 크랭커식 액면계
④ 플로트식 액면계

해설
② 유리관식 액면계 : 탱크에 가는 유리관을 붙이면 탱크의 액면과 같은 높이의 액체가 유리관 속에도 차게 된다. 이때 유리관에 붙인 눈금의 길이를 읽으면 액면의 높이가 된다.
③ 크랭커식 액면계 : 평형 유리판과 금속판을 조합하여 만든 것으로 외력에 대하여 강하고 고압에도 견디므로 고압가스용으로 적당하며, 액면계에는 눈금판을 부착하여 액면의 높이를 탱크 내의 액량으로 환산하여 액량을 측정한다.
④ 플로트식 액면계 : 부자식 액면계라 하며, 저장조 내의 중앙부 액면에 부자를 띄워놓고 그 움직임을 외부로 전하여 액면을 측정하는 것이다. 구조가 간단하며 고온, 고압에도 사용할 수 있어 공업용으로 널리 쓰인다.

정답 12 ④ 13 ② 14 ② 15 ① 16 ② 17 ①

해설 ④ 경보는 접촉연소방식, 격막갈바니 전지방식, 반도체 방식, 그 밖의 방식으로 검지 엘리먼트의 변화를 전기적 신호에 따라 이미 설정하여 놓은 가스농도에서 자동적으로 울리는 것으로 한다. 이 경우 가연성가스 경보기는 담배연기 등에, 독성가스용 경보기는 담배연기, 기계세척유가스, 등유의 증발가스, 배기가스 및 탄화수소계 가스 등 잡가스에는 경보하지 아니하는 것으로 한다.

07 공기 중 폭발범위에 따른 위험도가 가장 큰 가스는?
① 암모니아
② 황화수소
③ 석탄가스
④ 이황화탄소

해설
① 암모니아(15~28%) : $H = \frac{28-15}{15} = 0.87$
② 황화수소(4.3~45%) : $H = \frac{45-4.3}{4.3} = 9.47$
③ 석탄가스(5~15%) : $H = \frac{15-5}{5} = 2$
④ 이황화탄소(1.2~44%) : $H = \frac{44-1.2}{1.2} = 35.67$

08 고압가스설비에 장치하는 압력계의 눈금은?
① 상용압력의 2.5배 이상 3배 이하
② 상용압력의 2배 이상 2.5배 이하
③ 상용압력의 1.5배 이상 2배 이하
④ 상용압력의 1배 이상 1.5배 이하

해설 고압가스설비에 장치하는 압력계 눈금은 상용압력의 1.5배 이상 2배 이하로 한다.

09 공정과 설비의 고장 형태 및 영향, 고장 형태별 위험도 순위 등을 결정하는 안전성평가기법은?
① 위험과 운전분석(HAZOP)
② 예비위험분석(PHA)
③ 결함수분석(FTA)
④ 이상위험도분석(FMECA)

해설
① 위험과 운전분석(HAZOP : Hazard and Operability) : 화학공장에서의 위험성과 운전성을 정해진 규칙과 설계도면에 의해서 체계적으로 분석, 평가하는 방법으로서 인명과 재산상의 손실을 수반하는 시행착오를 방지하기 위하여 인위적으로 만들어진 합성경험을 통하여 공정 전반에 걸쳐 설비의 오동작이나 운전조작의 실수 가능성을 최소화하도록 합성경험에 해당하는 운전상의 이탈을 제시함에 있어서 사소한 원인이나 비현실적인 원인이라 할지라도 이것으로 인하여 초래될 수 있는 결과를 체계적으로 누락 없이 검토하고 나아가서 그것에 대한 대책 수립까지 가능한 위험평가기법
② 예비위험분석(PHA) : 시스템안전위험분석을 수행하기 위한 최초의 작업으로서 구상단계나 설계 및 발주의 극히 초기에 실시하는 것
③ 결함수분석(FTA) : 사고를 일으키는 장치의 이상이나 운전자 실수의 조합을 연역적으로 분석하는 정량적 위험성평가기법

10 독성가스 저장시설의 제독조치로써 옳지 않은 것은?
① 흡수, 중화조치
② 흡착 제거조치
③ 이송설비로 대기 중에 배출
④ 연소조치

해설 독성가스 저장시설의 제독조치
㉠ 흡수, 중화조치
㉡ 흡착 제거조치
㉢ 연소조치

11 시안화수소를 충전한 용기는 충전 후 몇 시간 정치한 뒤 가스의 누출검사를 해야 하는가?
① 6시간
② 12시간
③ 18시간
④ 24시간

정답 07 ④ 08 ③ 09 ④ 10 ③ 11 ④

2020 가스기능사 (6. 28. 시행)

01 아세틸렌은 폭발 형태에 따라 크게 3가지로 분류된다. 이에 해당되지 않는 폭발은?

① 화합폭발 ② 중합폭발
③ 산화폭발 ④ 분해폭발

해설 아세틸렌의 폭발 형태에 따른 분류
㉠ 화합폭발
㉡ 산화폭발
㉢ 분해폭발

02 일반도시가스사업 가스공급시설의 입상관 밸브는 분리가 가능한 것으로서 바닥으로부터 몇 m 범위에 설치하여야 하는가?

① 0.5~1m
② 1.2~1.5m
③ 1.6~2.0m
④ 2.5~3.0m

해설 일반도시가스사업 가스공급시설의 입상관 밸브 설치 범위
바닥으로부터 1.6m 이상~2.0m 이내

03 시안화수소(HCN)의 위험성에 대한 설명으로 틀린 것은?

① 인화온도가 아주 낮다.
② 오래된 시안화수소는 자체 폭발할 수 있다.
③ 용기에 충전한 후 60일을 초과하지 않아야 한다.
④ 호흡 시 흡입하면 위험하나 피부에 묻으면 아무 이상이 없다.

해설 ④ 호흡 시 흡입하면 위험하나 피부에 묻으면 그 곳에서 흡수되어 치명적이다.

04 다음 ( ) 안에 들어갈 명칭을 순서대로 적은 것으로 옳은 것은?

> 아세틸렌을 용기에 충전하는 때에는 미리 용기에 다공물질을 고루 채워 다공도가 75% 이상 92% 미만이 되도록 한 후 ( ) 또는 ( )를(을) 고루 침윤시키고 충전하여야 한다.

① 아세톤, 알코올
② 아세톤, 물(H_2O)
③ 아세톤, 디메틸포름아미드
④ 알코올, 물(H_2O)

해설 아세틸렌 용제
㉠ 아세톤[$(CH_3)_2CO$]
㉡ 디메틸포름아미드(DMF)

05 공기 중에서 폭발하한치가 가장 낮은 것은?

① 시안화수소 ② 암모니아
③ 에틸렌   ④ 부탄

해설 ① 시안화수소 : 6~41%
② 암모니아 : 15~28%
③ 에틸렌 : 2.7~36%
④ 부탄 : 1.8~8.4%

06 고압가스 제조설비에 설치하는 가스누출경보 및 자동차단장치에 대한 설명으로 틀린 것은?

① 계기실 내부에도 1개 이상 설치한다.
② 잡가스에는 경보하지 아니하는 것으로 한다.
③ 누출을 검지하여 그 농도를 지시함과 동시에 경보를 울리는 방식으로 한다.
④ 가연성가스의 제조설비에 격막갈바니 전지방식의 것을 설치한다.

정답 01 ② 02 ③ 03 ④ 04 ③ 05 ④ 06 ④

60 프로판을 사용하던 버너에 부탄을 사용하려고 한다. 프로판의 경우보다 약 몇 배의 공기가 필요한가?

① 1.2배 ② 1.3배
③ 1.5배 ④ 2.0배

해설
㉠ 프로판(C_3H_8)의 완전연소 반응식
　$C_3H_8 + 5O_2 \rightarrow 3CO_2 + 4H_2O$
㉡ 부탄(C_4H_{10})의 완전연소 반응식
　$C_4H_{10} + 6.5O_2 \rightarrow 4CO_2 + 2H_2O$

부탄 사용 시 프로판의 경우보다 $\dfrac{6.5O_2}{5O_2}$ 배의 산소가 필요하므로 공기 역시 1.3배가 필요하다.

정답 60 ②

53 산소(O_2)에 대한 설명 중 틀린 것은?
① 무색무취의 기체이며 물에는 약간 녹는다.
② 가연성가스이나 그 자신은 연소하지 않는다.
③ 용기의 도색은 일반 공업용이 녹색, 의료용이 백색이다.
④ 저장용기는 무계목용기를 사용한다.

해설 ② 조연(지연)성가스이며, 그 자신은 연소하지 않는다.

54 10L 용기에 들어있는 산소의 압력이 10MPa이었다. 이 기체를 20L 용기에 옮겨 놓으면 압력은 몇 MPa로 변하는가?
① 2   ② 5
③ 10   ④ 20

해설 $PV = P_1 V_1$
$10\text{MPa} \times 10\text{L} = P_1 \times 20\text{L}$
∴ $P_1 = 5\text{MPa}$

55 다음 압력 중 가장 높은 압력은?
① 1.5kg/cm^2
② $10\text{mH}_2\text{O}$
③ 745mmHg
④ 0.6atm

해설
① $1.5\text{kg/cm}^2 \times \dfrac{760\text{mmHg}}{1.0332\text{kg/cm}^2} = 1,103\text{mmHg}$
② $10\text{mH}_2\text{O} \times \dfrac{760\text{mmHg}}{10.332\text{mH}_2\text{O}} = 736\text{mmHg}$
③ 745mmHg
④ $0.6\text{atm} \times \dfrac{760\text{mmHg}}{1\text{atm}} = 456\text{mmHg}$

56 같은 조건일 때 액화하기 가장 쉬운 가스는?
① 수소   ② 암모니아
③ 아세틸렌   ④ 네온

해설

가스 종류	비 점
수소	-252.5°C
암모니아	-33.4°C
아세틸렌	-84°C
네온	-245.9°C

비점이 높은 암모니아는 상온에서 비교적 낮은 압력으로 액화할 수 있다.

57 연소기 연소 상태 시험에 사용되는 도시가스 중 역화하기 쉬운 가스는?
① 13A-1   ② 13A-2
③ 13A-3   ④ 13A-R

해설 연소기 연소 상태 시험에 사용되는 도시가스 중 역화하기 쉬운 가스
13A-2(CH_4 66%, C_3H_8 11%, H_2 23%)
① 13A-1(CH_4 87%, C_3H_8 13%)
② 13A-2(CH_4 66%, C_3H_8 11%, H_2 23%)
③ 13A-3(CH_4 96.5%, H_2 3.5%)
④ 13A-R(CH_4 96%, C_3H_8 4%)

58 다음 중 기체의 성질을 나타내는 보일의 법칙(Boyle's Law)에서 일정한 값으로 가정한 인자는?
① 압력   ② 온도
③ 부피   ④ 비중

해설 보일의 법칙(Boyle's Law)
일정한 온도에서 기체가 차지하는 부피는 압력에 반비례한다.

59 섭씨온도(°C)의 눈금과 일치하는 화씨온도(°F)는?
① 0   ② -10
③ -30   ④ -40

해설 $t(°F) = 1.8 t(°C) + 32$의 식에서 $t(°F)$와 $t(°C)$가 같으므로 $t(°F) = t(°C) = x$라 하면 $x = 1.8x + 32$, $x = -40$°F이다.

정답 53 ② 54 ② 55 ① 56 ② 57 ② 58 ② 59 ④

47 기화기의 성능에 대한 설명으로 틀린 것은?
① 온수가열방식은 그 온수의 온도가 90℃ 이하일 것
② 증기가열방식은 그 증기의 온도가 120℃ 이하일 것
③ 압력계는 그 최고눈금이 상용압력의 1.5~2배일 것
④ 기화통 안의 가스액이 토출배관으로 흐르지 않도록 적합한 자동제어장치를 설치할 것

해설 ① 온수가열방식은 그 온도가 80℃ 이하일 때 사용한다.

48 구조에 따라 외치식, 내치식, 편심 로터리식 등이 있으며, 베이퍼록현상이 일어나기 쉬운 펌프는?
① 제트펌프
② 기포펌프
③ 왕복펌프
④ 기어펌프

해설
㉠ 베이퍼록(Vapor-lock)현상 : 저비등점 액체 등을 이송할 때 펌프의 입구 쪽에서 발생하는 현상으로 일종의 액체의 끓는 현상에 의한 동요이다.
㉡ 기어펌프 : 두 개의 같은 모양, 같은 크기의 기어를 원통 속에서 물리게 하고, 한쪽의 기어에 외부로부터 동력을 주어 운전하며, 이와 이 사이의 공간에 있는 액을 송출하는 펌프이다.

49 가스액화분리장치에서 냉동사이클과 액화사이클을 응용한 장치는?
① 한랭발생장치
② 정유분출장치
③ 정유흡수장치
④ 불순물제거장치

해설 가스액화분리장치의 구성
㉠ 한랭발생장치 : 냉동사이클, 가스액화사이클을 응용한 장치이다.
㉡ 정유(분출, 흡수)장치 : 저온에서 원료가스를 분리, 정제하는 장치이다.
㉢ 불순물제거장치 : 저온도에서 동결되는 원료가스 중의 수분, 탄산가스 등을 제거하기 위한 장치이다.

50 양정 90m, 유량 90m³/h인 송수펌프의 소요동력은 약 몇 kW인가?(단, 펌프의 효율은 60%이다.)
① 30.6
② 36.8
③ 50.2
④ 56.8

해설 소요동력(kW) =
$$\frac{\gamma \cdot Q \cdot H}{102\eta} = \frac{1,000 \times 90 \times \frac{1}{3,600} \times 90}{102 \times 0.6} = 36.8$$
여기서, γ : 액체의 비중량(kg/m³)
Q : 유량(m³/s)
H : 전양정(m)
η : 효율

51 탄소강 중에 저온취성을 일으키는 원소로 옳은 것은?
① P
② S
③ Mo
④ Cu

해설 저온취성
금속재료를 상온 이하로 냉각하면 인장강도, 경도 등은 증가하나 단면수축률, 연신율, 충격치는 감소되어 취성이 많아지는 현상이다(예 P).

52 가스의 연소 방식이 아닌 것은?
① 적화식
② 세미분젠식
③ 분젠식
④ 원지식

해설 가스의 연소 방식
㉠ 적화식 ㉡ 세미분젠식 ㉢ 분젠식

정답 47 ① 48 ④ 49 ① 50 ② 51 ① 52 ④

41 고압가스용 이음매 없는 용기의 재검사 시 내압시험 합격 판정의 기준이 되는 영구증가율은?

① 0.1% 이하　② 3% 이하
③ 5% 이하　④ 10% 이하

해설 고압가스용 이음매 없는 용기의 재검사 시 내압시험 합격 판정 기준
영구증가율 10% 이하

42 아세틸렌의 취급 방법에 대한 설명으로 가장 부적절한 것은?

① 저장소는 화기엄금을 명기한다.
② 가스출구 동결 시 60℃ 이하의 온수로 녹인다.
③ 산소용기와 같이 저장하지 않는다.
④ 저장소는 통풍이 양호한 구조이어야 한다.

해설 ② 가스출구 동결 시 열습포 또는 40℃ 이하의 물로 녹인다.

43 어떤 도시가스의 웨버지수를 측정하였더니 36.52MJ/m³이었다. 품질검사 기준에 의한 합격 여부는?

① 웨버지수 허용기준보다 높으므로 합격이다.
② 웨버지수 허용기준보다 낮으므로 합격이다.
③ 웨버지수 허용기준보다 높으므로 불합격이다.
④ 웨버지수 허용기준보다 낮으므로 불합격이다.

해설 도시가스는 웨버지수가 52.75~57.77MJ/m³에 해당되어야 품질검사 기준의 합격으로 본다. 웨버지수 36.52MJ/m³는 허용기준보다 낮으므로 불합격이다.

44 저장탱크에 의한 액화석유가스 사용시설에서 가스계량기는 화기와 몇 m 이상의 우회거리를 유지해야 하는가?

① 2m　② 3m　③ 5m　④ 8m

해설 저장탱크에 의한 액화석유가스 사용시설에서 가스계량기
화기와 2m 이상의 우회거리를 유지한다.

45 가스 사고가 발생하면 산업통상자원부령에서 정하는 바에 따라 관계 기관에 가스 사고를 통보해야 한다. 다음 중 사고 통보 내용이 아닌 것은?

① 통보자의 소속, 직위, 성명 및 연락처
② 사고 원인자 인적사항
③ 사고 발생 일시 및 장소
④ 시설 현황 및 피해 현황(인명 및 재산)

해설 가스 사고 발생 시 사고 통보 내용
㉠ 통보자의 소속, 직위, 성명 및 연락처
㉡ 사고 발생 일시 및 장소
㉢ 시설 현황 및 피해 현황(인명 및 재산)
㉣ 사고 내용

46 LPG나 액화가스와 같이 비점이 낮고 내압이 0.4~0.5MPa 이상인 액체에 주로 사용되는 펌프의 매커니컬 시일의 형식은?

① 더블 시일형
② 인사이드 시일형
③ 아웃사이드 시일형
④ 밸런스 시일형

해설 ① 더블 시일형 : 펌프의 축봉장치에서 유독성의 액, 인화성인 액이 누설되면 응고되는 액 등에 사용하는 축봉 형식이다.
② 인사이니 시일형 : 일반적으로 사용된다.
③ 아웃사이드 시일형 : 회전면이 펌프측에 있는 구조대, 스프링재가 내식성에 문제가 있거나 고점도, 저응고 점액일 때 사용한다.
④ 밸런스 시일형 : LPG나 액화가스와 같이 비점이 낮고 내압이 0.4~0.5MPa 이상인 액체에 주로 사용한다.

정답 41 ④　42 ②　43 ④　44 ①　45 ②　46 ④

38 다음 각 독성가스 누출 시 사용하는 제독제로서 적합하지 않은 것은?

① 염소 : 탄산소다 수용액
② 포스겐 : 소석회
③ 산화에틸렌 : 소석회
④ 황화수소 : 가성소다 수용액

해설 독성가스와 제독제

가스명	제독제
염소	가성소다 수용액
	탄산소다 수용액
	소석회
포스겐	가성소다 수용액
	소석회
황화수소	가성소다 수용액
	탄산소다 수용액
시안화수소	가성소다 수용액
아황산가스	가성소다 수용액
	탄산소다 수용액
	물
암모니아, 산화에틸렌, 염화메탄	물

39 교량에 도시가스배관을 설치하는 경우 보호조치 등 설계·시공에 대한 설명으로 옳은 것은?

① 교량첨가배관은 강관을 사용하며, 기계적 접합을 원칙으로 한다.
② 제3자의 출입이 용이한 교량설치배관의 경우 보행방지철조망 또는 방호철조망을 설치한다.
③ 지진 발생 시 등 비상시 긴급차단을 목적으로 첨가배관의 길이가 200m 이상인 경우 교량 양단의 가까운 곳에 밸브를 설치하도록 한다.
④ 교량첨가배관에 가해지는 여러 하중에 대한 합성응력이 배관의 허용응력을 초과하도록 설계한다.

해설 교량 등에 설치하는 배관의 설계 기준

㉠ 교량첨가배관에 가해지는 여러 하중 및 발생응력에 대한 합성응력을 구한 후 이 합성응력이 배관의 허용응력을 초과하지 않도록 설계한다.
㉡ 배관은 강관을 사용하며, 접합 방법은 용접을 원칙으로 한다.
㉢ 배관의 하중에 충분히 견딜 수 있는 지지 방법 및 지지구의 강도(볼트 등)를 갖도록 설계한다.
㉣ 열응력에 의한 신축흡수는 유동성 배관, 곡관 또는 신축이음매로 한다. 유동성 배관은 응력계단선도를 이용한 간편 해석법으로 설계가 가능하며, 곡관에 발생하는 열변위 합성응력은 도시가스안전관리기준에 규정된 열변위 합성응력의 허용값 이하가 되도록 설계한다.
㉤ 첨가되는 배관의 하중에 의해 교량이 안전한 구조인지 검토가 이루어져야 하며, 교량관리자의 인가를 받아야 한다.
㉥ 지진 발생 시 등 비상시 긴급차단을 목적으로 첨가배관의 길이가 300m 이상인 경우 교량 양단의 가까운 곳에 밸브를 설치하도록 한다.
㉦ 본 기술기준에서 정하고 있는 방법을 따르지 아니하더라도 타당성이 입증될 경우 다른 방법의 사용이 가능하다.

40 독성가스 사용시설에서 처리설비의 저장능력이 45,000kg인 경우 제2종 보호시설까지의 안전거리는 얼마 이상 유지하여야 하는가?

① 14m ② 16m
③ 18m ④ 20m

해설 가연성·독성가스의 보호시설별 안전거리

저장능력($m^3 \cdot kg$)	제1종 보호시설	제2종 보호시설
1만 이하	17m	12m
1만 초과 2만 이하	21m	14m
2만 초과 3만 이하	24m	16m
3만 초과 4만 이하	27m	18m
4만 초과 5만 이하	30m	20m
5만 초과 99만 이하	30m	20m

정답 38 ③ 39 ② 40 ④

33 LPG 저장탱크 지하설치 시 저장탱크실 상부 윗면으로부터 저장탱크 상부까지의 깊이는 얼마 이상으로 하여야 하는가?

① 0.6m ② 0.8m
③ 1m   ④ 1.2m

해설 LPG 저장탱크 지하설치 시 저장탱크실 상부 윗면으로부터 저장탱크 상부까지의 깊이는 0.6m 이상으로 한다.

34 초저온용기나 저온용기의 부속품에 표시하는 기호는?

① AG ② PG
③ LG ④ LT

해설 초저온용기 또는 저온용기 부속품의 표시 기호
㉠ AG : 아세틸렌용기 부속품
㉡ PG : 압축가스용기 부속품
㉢ LG : 액화석유가스 외 액화가스용기 부속품
㉣ LT : 초저온 및 저온용기 부속품
㉤ LPG : 액화석유가스용기 부속품

35 상용의 온도에서 사용압력이 1.2MPa인 고압가스설비에 사용되는 배관의 재료로서 부적합한 것은?

① KS D 3562(압력배관용 탄소강관)
② KS D 3570(고온배관용 탄소강관)
③ KS D 3507(배관용 탄소강관)
④ KS D 3576(배관용 스테인리스강관)

해설 상용의 온도에서 사용압력이 1.2MPa인 고압가스설비에 사용되는 배관의 재료
㉠ KS D 3562(압력배관용 탄소강관)
㉡ KS D 3570(고온배관용 탄소강관)
㉢ KS D 3576(배관용 스테인리스강관)

36 의료용 가스용기의 도색 구분이 틀린 것은?

① 산소 – 백색
② 액화탄산가스 – 회색
③ 질소 – 흑색
④ 에틸렌 – 갈색

해설 (1) 의료용 가스용기의 도색 구분

가스의 종류	도색의 구분	가스의 종류	도색의 구분
산소	백색	헬륨	갈색
질소	흑색	아산화질소	청색
액화탄산가스	회색	사이크로프로판	주황색
에틸렌	자색	그 밖의 가스	회색

(2) 그 밖의 가스용기의 도색 구분

가스의 종류	도색의 구분	가스의 종류	도색의 구분
산소	녹색	질소	회색
액화탄산가스	청색	소방용 가스	소방법에 의한 도색

37 다음 가스 중 위험도(H)가 가장 큰 것은?

① 프로판
② 일산화탄소
③ 아세틸렌
④ 암모니아

해설 (1) 가스의 종류와 연소범위

가스 종류	연소범위
프로판	2.1~9.5%
일산화탄소	12.5~74%
아세틸렌	2.5~81%
암모니아	15~28%

(2) 위험도(H) = $\dfrac{U-L}{L}$

① $\dfrac{9.5-2.1}{2.1} = 3.52$

② $\dfrac{74-12.5}{12.5} = 4.92$

③ $\dfrac{81-2.5}{2.5} = 31.4$

④ $\dfrac{28-15}{15} = 0.87$

정답 33 ① 34 ④ 35 ③ 36 ④ 37 ③

27 다음 각 가스의 성질에 대한 설명으로 옳은 것은?

① 질소는 안정한 가스로서 불활성가스라고도 하고, 고온에서도 금속과 화합하지 않는다.
② 염소는 반응성이 강한 가스로 강재에 대하여 상온에서도 무수(無水) 상태로 현저한 부식성을 갖는다.
③ 암모니아는 동을 부식하고, 고온·고압에서는 강재를 침식한다.
④ 산소는 액체 공기를 분류하여 제조하는 반응성이 강한 가스로 그 자신이 잘 연소한다.

해설
① 질소는 안정한 가스로서 불활성가스라고도 하고, 고온에서 Mg, Ca, Li 등의 금속과 화합을 한다.
② 염소는 수분 존재하에서 염산을 생성하여 금속을 부식시킨다.
④ 산소는 액체 공기를 분류하여 제조하는 가스로 산소 자체는 연소성이 없으나 다른 가연물의 연소를 돕는 지연성(조연성)가스이다.

28 다음 중 무색무취의 가스가 아닌 것은?

① O_2 ② N_2 ③ CO_2 ④ O_3

해설 O_3 : 무색의 마늘 또는 생선냄새가 나는 가스이다.

29 액화천연가스(LNG)의 폭발성 및 인화성에 대한 설명으로 틀린 것은?

① 다른 지방족 탄화수소에 비해 연소속도가 느리다.
② 다른 지방족 탄화수소에 비해 최소발화에너지가 작다.
③ 다른 지방족 탄화수소에 비해 폭발하한농도가 높다.
④ 전기저항이 작으며, 유동 등에 의한 정전기 발생은 다른 가연성 탄화수소류보다 크다.

해설 ② 다른 지방족 탄화수소에 비해 최소발화에너지가 크다.

30 100℃를 화씨온도로 단위 환산하면 몇 ℉인가?

① 212   ② 234
③ 248   ④ 273

해설
$$°F = \frac{9}{5}°C + 32 = \frac{9}{5} \times 100 + 32 = 212°F$$

31 가연성 물질을 공기로 연소시키는 경우 공기 중의 산소농도를 높게 하면 연소속도와 발화온도는 어떻게 변하는가?

① 연소속도는 빠르게 되고, 발화온도는 높아진다.
② 연소속도는 빠르게 되고, 발화온도는 낮아진다.
③ 연소속도는 느리게 되고, 발화온도는 높아진다.
④ 연소속도는 느리게 되고, 발화온도는 낮아진다.

해설 공기 중의 산소농도를 높게 할 경우
㉠ 증가하는 것 : 연소속도, 폭발범위, 화염온도, 화염길이
㉡ 감소하는 것 : 발화온도, 발화에너지

32 도시가스로 천연가스를 사용하는 경우 가스누출경보기의 검지부 설치 위치로 가장 적합한 것은?

① 바닥에서 15cm 이내
② 바닥에서 30cm 이내
③ 천장에서 15cm 이내
④ 천장에서 30cm 이내

해설 도시가스로 천연가스를 사용하는 경우 가스누출경보기 검지부의 설치 위치는 천장에서 30cm 이내로 한다.

정답 27 ③ 28 ④ 29 ② 30 ① 31 ② 32 ④

20 다음 곡률반지름(r)이 50mm일 때 90° 구부림 곡선 길이는 얼마인가?

① 48.75mm
② 58.75mm
③ 68.75mm
④ 78.75mm

해설
$$l = 2\pi r \times \frac{\theta}{360}$$
여기서, l : 곡관의 실제 전단 길이
　　　　r : 곡률반지름
　　　　θ : 각도
$$l = 2 \times 3.14 \times 50mm \times \frac{90}{360} = 78.75mm$$

21 LP가스 이송설비 중 압축기의 부속장치로서 토출측과 흡입측을 전환시키며, 액송과 가스회수를 한 동작으로 할 수 있는 것은?

① 액트랩
② 액가스분리기
③ 전자밸브
④ 사방밸브

해설 사방밸브의 설명이다.

22 다음 가연성가스 검출기 중 가연성가스의 굴절률 차이를 이용하여 농도를 측정하는 것은?

① 열선형　　② 안전등형
③ 검지관형　④ 간섭계형

해설
① 열선형 : 전기회로의 전류 차이로 가스농도를 지시 또는 자동경보장치에 이용하며, 열전도식과 연소식이 있다.
② 안전등형 : 주로 탄광 내에서 CH_4의 발생을 검출하는 데 사용되며, 푸른 불꽃의 길이로 그 농도를 알 수 있는 가스검지기이다.
③ 검지관형 : 화학공장에서 누출된 유독가스를 신속하게 현장에서 검지·정량하는 방법이다.

23 어떤 액의 비중을 측정하였더니 2.5이었다. 이 액의 액주 6m의 압력은 몇 kg/cm²인가?

① 15
② 1.5
③ 0.15
④ 0.015

해설
$P = S \times H$
여기서, S(비중 : 2.5kg/L)
　　　　H(높이 : 5m)
$$P = \frac{2.5}{1,000} kg/cm^3 \times 600cm = 1.5 kg/cm^2$$
※ 1L = 1,000cm³이다.

24 밀도의 단위로 옳은 것은?

① g/s²　　　② L/g
③ g/cm³　　④ lb/in²

해설 액체의 밀도
단위 부피에 대한 질량의 비(g/cm³, kg/L)

25 다음 중 무색의 복숭아 냄새가 나는 독성가스는?

① Cl_2　　　② HCN
③ NH_3　　　④ PH_3

해설 HCN
복숭아 냄새가 나는 맹독성 기체로 쉽게 액화되며, 액체는 무색투명하다(허용농도 10ppm).

26 다음 중 열(熱)에 대한 설명으로 틀린 것은?

① 비열이 큰 물질은 열용량이 크다.
② 1cal는 약 4.2J이다.
③ 열은 고온에서 저온으로 흐른다.
④ 비열은 물보다 공기가 크다.

해설 ④ 비열은 물보다 공기가 작다.

물 질	물	공기
비 열	1	0.24

정답　20 ④　21 ④　22 ④　23 ②　24 ③　25 ②　26 ④

해설 안전확보를 위해 배관 외부에 표기하는 항목
㉠ 사용 가스명
㉡ 최고사용압력
㉢ 가스의 흐름방향

13 차량에 고정된 탱크로 염소를 운반할 때 탱크의 최대 내용적은?
① 12,000L   ② 18,000L
③ 20,000L   ④ 38,000L

해설 차량에 고정된 탱크로 염소 운반 시 탱크의 최대 내용적 : 12,000L

14 도시가스 제조소 저장탱크의 방류둑에 대한 설명으로 틀린 것은?
① 지하에 묻은 저장탱크 내의 액화가스가 전부 유출된 경우에 그 액면이 지면보다 낮도록 된 구조는 방류둑을 설치한 것으로 본다.
② 방류둑의 용량은 저장탱크 저장능력의 90%에 상당하는 용적 이상이어야 한다.
③ 방류둑의 재료는 철근콘크리트, 금속, 흙, 철골·철근콘크리트 또는 이들을 혼합하여야 한다.
④ 방류둑은 액밀한 것이어야 한다.

해설 ② 방류둑의 용량은 저장탱크의 저장능력에 상당하는 용적 이상이어야 한다.

15 액화석유가스 사용시설에서 LPG용기 집합설비의 저장능력이 얼마 이하일 때 용기, 용기밸브, 압력조정기가 직사광선, 눈 또는 빗물에 노출되지 않도록 해야 하는가?
① 50kg 이하
② 100kg 이하
③ 300kg 이하
④ 500kg 이하

해설 액화석유가스 사용시설에서 LPG용기 집합설비의 저장능력이 100kg 이하일 때 용기, 용기밸브, 압력조정기가 직사광선, 눈 또는 빗물에 노출되지 않도록 해야 한다.

16 저온 액체 저장설비에서 열의 침입 요인으로 가장 거리가 먼 것은?
① 단열재를 직접 통한 열대류
② 외면으로부터의 열복사
③ 연결 파이프를 통한 열전도
④ 밸브 등에 의한 열전도

해설 저온 액체 저장설비에서 열의 침입 요인
㉠ 외면으로부터의 열복사
㉡ 연결 파이프를 통한 열전도
㉢ 밸브 등에 의한 열전도

17 다음 중 고압배관용 탄소강 강관의 KS 규격 기호는?
① SPPS   ② SPHT
③ STS   ④ SPPH

해설 ① SPPS : 압력배관용 탄소강 강관
② SPHT : 고온배관용 탄소강 강관
③ STS : 배관용 스테인리스강관
④ SPPH : 고압배관용 탄소강 강관

18 "압축된 가스를 단열팽창시키면 온도가 강하한다."는 것을 무슨 효과라고 하는가?
① 단열효과   ② 줄-톰슨효과
③ 정류효과   ④ 팽윤효과

해설 줄-톰슨효과의 설명이다.

19 다음 중 저온장치 재료로서 가장 우수한 것은?
① 13% 크롬강   ② 9% 니켈강
③ 탄소강   ④ 주철

해설 저온장치 재료 중 가장 우수한 것 : 9% 니켈강

정답 13 ① 14 ② 15 ② 16 ① 17 ④ 18 ② 19 ②

06 도시가스사업자는 가스공급시설을 효율적으로 관리하기 위하여 배관·정압기에 대하여 도시가스 배관망을 전산화하여야 한다. 이때 전산관리 대상이 아닌 것은?

① 설치도면　② 시방서
③ 시공자　　④ 배관제조자

해설 도시가스배관·정압기의 전산관리 대상
㉠ 설치도면 ㉡ 시방서 ㉢ 시공자

07 겨울철 LP가스용기 표면에 성에가 생겨 가스가 잘 나오지 않을 경우 가스를 사용하기 위한 가장 적절한 조치는?

① 연탄불로 쪼인다.
② 용기를 힘차게 흔든다.
③ 열습포를 사용한다.
④ 90℃ 정도의 물을 용기에 붓는다.

해설 LPG 용기나 밸브를 가열할 때 열습포 또는 40℃ 이하의 물을 사용한다.

08 다음 중 동일 차량에 적재하여 운반할 수 없는 가스는?

① 산소와 질소
② 염소와 아세틸렌
③ 질소와 탄산가스
④ 탄산가스와 아세틸렌

해설 염소와 아세틸렌, 암모니아 또는 수소는 한 차량에 적재하여 운반하지 않는다.

09 비중이 공기보다 커서 바닥에 체류하는 가스로만 나열된 것은?

① 프로판, 염소, 포스겐
② 프로판, 수소, 아세틸렌
③ 염소, 암모니아, 아세틸렌
④ 염소, 포스겐, 암모니아

해설 분자량

비중 = $\dfrac{\text{분자량}}{\text{공기의 평균 분자량(29)}}$

㉠ 프로판(C_3H_8)의 비중 = $\dfrac{44}{29} = 1.52$

㉡ 염소(Cl_2)의 비중 = $\dfrac{71}{29} = 2.45$

㉢ 포스겐($COCl_2$)의 비중 = $\dfrac{99}{29} = 3.41$

㉣ 수소(H_2)의 비중 = $\dfrac{2}{29} = 0.07$

㉤ 아세틸렌(C_2H_2)의 비중 = $\dfrac{26}{29} = 0.9$

㉥ 암모니아(NH_3)의 비중 = $\dfrac{17}{29} = 0.59$

10 아세틸렌을 용기에 충전 시 미리 용기에 다공물질을 채우는데, 이때 다공도의 기준은?

① 75% 이상 92% 미만
② 80% 이상 95% 미만
③ 95% 이상
④ 98% 이상

해설 C_2H_2
㉠ 다공도 : 75% 이상 92% 미만
㉡ 다공물질 종류 : 규조토, 석면, 목탄, 석회, 산화철, 탄화마그네슘, 다공성 플라스틱 등

11 시안화수소의 충전 시 사용되는 안정제가 아닌 것은?

① 암모니아　② 황산
③ 염화칼슘　④ 인산

해설 시안화수소 충전 시 안정제
황산, 염화칼슘, 인산, 동망, 오산화인, 아황산가스

12 지상배관은 안전을 확보하기 위해 그 배관의 외부에 다음의 항목들을 표기하여야 한다. 해당하지 않는 것은?

① 사용 가스명
② 최고사용압력
③ 가스의 흐름방향
④ 공급 회사명

정답 06 ④　07 ③　08 ②　09 ①　10 ①　11 ①　12 ④

2020 가스기능사 (4. 19. 시행)

01 용기 종류별 부속품의 기호 중 아세틸렌을 충전하는 용기의 부속품 기호는?

① AT ② AG
③ AA ④ AB

해설 용기 종류별 부속품의 기호
㉠ 아세틸렌가스를 충전하는 용기의 부속품 : AG
㉡ 압축가스를 충전하는 용기의 부속품 : PG
㉢ 액화석유가스 외의 액화가스를 충전하는 용기의 부속품 : LG
㉣ 액화석유가스를 충전하는 용기의 부속품 : LPG
㉤ 초저온용기 및 저온용기의 부속품 : LT

02 도시가스배관을 노출하여 설치하고자 할 때 배관손상방지를 위한 방호조치 기준으로 옳은 것은?

① 방호철판 두께는 최소 10mm 이상으로 한다.
② 방호철판의 크기는 1m 이상으로 한다.
③ 철근콘크리트재 방호구조물은 두께가 15cm 이상이어야 한다.
④ 철근콘크리트재 방호구조물은 높이가 1.5m 이상이어야 한다.

해설
① 방호철판 두께는 최소 4mm 이상으로 한다.
③ 철근콘크리트재 방호구조물은 두께가 10cm 이상이어야 한다.
④ 철근콘크리트재 방호구조물은 높이가 1m 이상이어야 한다.

03 다음 중 누출 시 다량의 물로 제독할 수 있는 가스는?

① 산화에틸렌
② 염소
③ 일산화탄소
④ 황화수소

해설 산화에틸렌의 제독제 : 다량의 물

04 정전기에 대한 설명 중 틀린 것은?

① 습도가 낮을수록 정전기를 축적하기 쉽다.
② 화학섬유로 된 의류는 흡수성이 높으므로 정전기가 대전하기 쉽다.
③ 액상의 LP가스는 전기절연성이 높으므로 유동 시에는 대전하기 쉽다.
④ 재료 선택 시 접촉 전위차를 작게 하여 정전기 발생을 줄인다.

해설 ② 화학섬유로 된 의류는 흡수성이 낮으므로 정전기가 대전하기 쉽다.

05 고압가스배관의 설치 기준 중 하천과 병행하여 매설하는 경우에 대한 설명으로 틀린 것은?

① 배관은 견고하고 내구력을 갖는 방호구조물 안에 설치한다.
② 배관의 외면으로부터 2.5m 이상의 매설심도를 유지한다.
③ 하상(河床, 하천의 바닥)을 포함한 하천구역에 하천과 병행하여 설치한다.
④ 배관손상으로 인한 가스누출 등 위급한 상황이 발생한 때에 그 배관에 유입되는 가스를 신속히 차단할 수 있는 장치를 설치한다.

해설 ③ 하상을 제외한 하천구역에 하천과 병행하여 설치한다.

정답 01 ② 02 ② 03 ① 04 ② 05 ③

해설 나프타(Naphtha)의 가스화 효율이 좋으려면 다음과 같은 성질이 필요하다.
㉠ 파라핀계 탄화수소 함량이 많을수록 좋다.
㉡ 유황분이 적을수록 좋다.
㉢ 유출 온도가 높지 않을수록 좋다.
㉣ 카본 석출이 적을수록 좋다.
㉤ 촉매의 활성에 악영향을 주지 않을수록 좋다.

59 순수한 물 1kg을 1℃ 높이는 데 필요한 열량을 무엇이라 하는가?
① 1kcal   ② 1BTU
③ 1CHU   ④ 1kJ

해설
① 1kcal : 순수한 물 1kg을 1℃ 높이는 데 필요한 열량이다.
② 1BTU : 1lb(파운드)의 순수한 물을 1℉ 변화시키는 데 필요한 열량이다.
③ 1CHU : 1lb(파운드)의 순수한 물을 1℃ 변화시키는 데 필요한 열량이다.
④ 1kJ : 1cal는 4.1855J이므로 1kcal은 4.1855kJ이 되고, 1kJ은 0.23892kcal이다. 1cal란 1기압에서 순수한 물 1g을 14.5℃에서 15.5℃까지 1℃올리는 데 필요한 열량이다.

60 다음 중 폭발범위가 가장 넓은 가스는?
① 암모니아   ② 메탄
③ 황화수소   ④ 일산화탄소

해설
① 암모니아 : 15~28%
② 메탄 : 5~15%
③ 황화수소 : 4.3~45%
④ 일산화탄소 : 12.5~74%

정답 59 ① 60 ④

해설
① 피로 : 탄성한계 내에서도 재료에 반하중을 가할 때 변형이나 균열을 일으키는 현상
③ 에로션(Erosion) : 배관 및 밴드 부분, 펌프의 회전차 등 유속이 큰 부분이 부식성 환경에서 마모현상이 현저한 것
④ 탈탄 : 강철의 성분 원소인 탄소가 표면에서 일산화탄소로 산화되어 표면 가까이에 탄소가 적어진 층이 생기는 것

53 다음 설명과 관계가 있는 법칙은?

> 열은 스스로 저온의 물체에서 고온의 물체로 이동하는 것이 불가능하다.

① 에너지보존의 법칙
② 열역학 제2법칙
③ 평형이동의 법칙
④ 보일-샤를의 법칙

해설
① 에너지보존의 법칙(열역학 제1법칙) : 열(Q)은 일에너지(W)로, 일에너지는 열로 상호 쉽게 바뀔 수 있으며 그 비는 일정하다.
③ 평형이동의 법칙(르샤틀리에의 법칙) : 평형상태에 있는 어떤 물질계의 온도, 압력, 농도의 조건을 변화시키며, 이 조건의 변화를 없애려는 방향으로 반응이 진행되어 새로운 평형 상태에 도달하려는 것이다.
④ 보일-샤를의 법칙 : 일정량의 기체가 차지하는 부피는 압력에 반비례하고 절대온도에 비례한다.

54 다음 중 암모니아 건조제로 사용되는 것은?
① 진한 황산
② 할로겐 화합물
③ 소다석회
④ 황산동 수용액

해설 암모니아 건조제 : 소다석회

55 다음과 같은 성질을 갖는 것은?

> ㉮ 공기보다 무거워서 누출 시 낮은 곳에 체류한다.
> ㉯ 기화 및 액화가 용이하며, 발열량이 크다.
> ㉰ 증발잠열이 크기 때문에 냉매로도 이용된다.

① O_2
② CO
③ LPG
④ C_2H_4

해설 LPG(액화석유가스)의 성질이다.

56 다음 중 게이지압력을 옳게 표시한 것은?
① 게이지압력 = 절대압력 - 대기압
② 게이지압력 = 대기압 - 절대압력
③ 게이지압력 = 대기압 + 절대압력
④ 게이지압력 = 절대압력 + 진공압력

해설 절대압력 = 대기압 + 게이지압력

57 가스분석 시 이산화탄소의 흡수제로 사용되는 것은?
① KOH
② H_2SO_4
③ NH_4Cl
④ $CaCl_2$

해설 CO_2의 흡수제 : KOH

58 나프타(Naphtha)의 가스화 효율이 좋으려면?
① 올레핀계 탄화수소 함량이 많을수록 좋다.
② 파라핀계 탄화수소 함량이 많을수록 좋다.
③ 나프텐계 탄화수소 함량이 많을수록 좋다.
④ 방향족계 탄화수소 함량이 많을수록 좋다.

정답 53 ② 54 ③ 55 ③ 56 ① 57 ① 58 ②

45 도시가스 공급시설에서 사용되는 안전제어장치와 관계가 없는 것은?
① 중화장치
② 압력안전장치
③ 가스누출검지 경보장치
④ 긴급차단장치

해설 도시가스 공급시설에 사용되는 안전제어장치
㉠ 압력안전장치
㉡ 가스누출검지 경보장치
㉢ 긴급차단장치

46 가스크로마토그래피의 구성 요소가 아닌 것은?
① 광원
② 컬럼
③ 검출기
④ 기록계

해설 가스크로마토그래피의 구성 요소
컬럼, 검출기, 기록계

47 유량을 측정하는 데 사용하는 계측기기가 아닌 것은?
① 피토관
② 오리피스
③ 벨로즈
④ 벤투리

해설 ③ 벨로즈는 압력계에 의한 벨로즈의 탄성 변형을 이용한 2차 압력계이다.

48 고압장치의 재료로서 가장 적합하게 연결된 것은?
① 액화염소용기 – 화이트메탈
② 압축기의 베어링 13% – 크롬강
③ LNG탱크 – 9% 니켈강
④ 고온, 고압의 수소 반응탑 – 탄소강

해설 ① 액화염소용기 – 탄소강
② 압축기의 베어링 – 청동
④ 고온, 고압의 수소 반응탑 – 크롬강

49 다음 중 터보(Turbo)형 펌프가 아닌 것은?
① 원심펌프
② 사류펌프
③ 축류펌프
④ 플런저펌프

해설 펌프의 구분

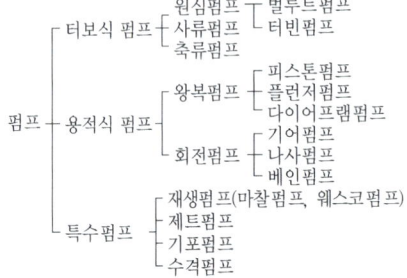

50 고압가스 수송배관의 유량공식에 대한 설명으로 틀린 것은?
① 배관 길이에 반비례한다.
② 가스 비중에 비례한다.
③ 허용압력손실에 비례한다.
④ 관경에 의해 결정되는 계수에 비례한다.

해설 ② 가스 비중에 반비례한다.

51 LP가스 공급방식 중 강제기화방식의 특징에 대한 설명으로 틀린 것은?
① 기화량 가감이 용이하다.
② 공급가스의 조성이 일정하다.
③ 계량기를 설치하지 않아도 된다.
④ 한랭 시에도 충분히 기화시킬 수 있다.

해설 ③ 계량기를 설치하여야 한다.

52 재료가 일정 온도 이상에서 응력이 작용할 때 시간이 경과함에 따라 변형이 증대되고 때로는 파괴되는 현상을 무엇이라 하는가?
① 피로
② 크리프
③ 에로션
④ 탈탄

해설 에어졸 시험 방법에서 불꽃 길이 시험에 의해 채취한 시료의 온도
20℃ 이상 26℃ 이하

40 고압가스 저장실 등에 설치하는 경계책과 관련된 기준으로 틀린 것은?
① 저장설비, 처리설비 등을 설치한 장소의 주위에는 높이 1.5m 이상의 철책 또는 철망 등의 경계표시를 설치하여야 한다.
② 건축물 내에 설치하였거나, 차량의 통행 등 조업 시행이 현저히 곤란하여 위해 요인이 가중될 우려가 있는 경우에는 경계책 설치를 생략할 수 있다.
③ 경계책 주위에는 외부 사람의 무단출입을 금하는 내용의 경계표지를 보기 쉬운 장소에 부착하여야 한다.
④ 경계책 안에는 불가피한 사유 발생 등 어떠한 경우라도 화기, 발화 또는 인화하기 쉬운 물질을 휴대하고 들어가서는 아니 된다.

해설 경계책 안에는 누구도 화기, 발화 또는 인화하기 쉬운 물질을 휴대하고 들어갈 수 없도록 필요한 조치를 강구한다. 다만, 해당 설비의 정비·수리 등 불가피한 사유가 발생한 경우에 한하여 안전관리책임자의 감독하에 휴대 조치할 수 있다.

41 다음 중 아세틸렌의 성질에 대한 설명으로 틀린 것은?
① 색이 없고 불순물이 있을 경우 악취가 난다.
② 융점과 비점이 비슷하여 고체 아세틸렌은 융해하지 않고 승화한다.
③ 발열 화합물이므로 대기에 개방하면 분해폭발할 우려가 있다.
④ 액체 아세틸렌보다 고체 아세틸렌이 안정하다.

해설 ③ 흡열 화합물이므로 가압하에서 불안전하며, 1기압 이상에서 산소 또는 공기와 혼합 없이 스파크, 가열, 충격 등의 원인으로 탄소와 수소로 자기분해하여 폭발한다.
$C_2H_2 \rightarrow 2C + H_2 + 54.2kcal$

42 가스의 연소에 대한 설명으로 틀린 것은?
① 인화점은 낮을수록 위험하다.
② 발화점은 낮을수록 위험하다.
③ 탄화수소에서 착화점은 탄소수가 많은 분자일수록 낮아진다.
④ 최소점화에너지는 가스의 표면장력에 의해 주로 결정된다.

해설 ④ 최소점화에너지는 온도, 압력, 농도에 영향을 받는다.

43 가스폭발을 일으키는 영향 요소로 가장 거리가 먼 것은?
① 온도 ② 매개체
③ 조성 ④ 압력

해설 가스폭발을 일으키는 영향 요소
온도, 용기의 크기와 형태, 조성, 압력

44 300kg의 액화프레온 12(R-12) 가스를 내용적 50L 용기에 충전할 때 필요한 용기의 개수는? (단, 가스정수 C는 0.86이다.)
① 5개 ② 6개
③ 7개 ④ 8개

해설
충전량$(G) = \dfrac{V}{C} = \dfrac{50}{0.86} = 58.14kg$

여기서, G : 충전질량(kg)
V : 용기 내용적(L)
C : 가스정수

∴ 용기의 개수 $= \dfrac{300kg}{58.14kg} = 5.16 ≒ 6$개

정답 40 ④ 41 ③ 42 ④ 43 ② 44 ②

③ 인터록기구 : 가연성 또는 독성가스의 제조시설에서 자동으로 원재료의 공급을 차단시키는 등 제조설비 안의 제조를 제어하는 장치
④ 긴급차단장치 : 비상사태 시 가스를 차단시켜 피해를 최소로 줄이기 위해 설치하는 장치

33 다음 중 독성(LC_{50})이 가장 강한 가스는?
① 염소   ② 시안화수소
③ 산화에틸렌 ④ 불소

[해설] 가스의 허용농도(TLV−TWA)

가스 명칭	허용농도
염소	1ppm
시안화수소	10ppm
산화에틸렌	50ppm
불소	0.1ppm

34 차량에 고정된 충전탱크는 그 온도를 항상 몇 ℃ 이하로 유지하여야 하는가?
① 20℃   ② 30℃
③ 40℃   ④ 50℃

[해설] 차량에 고정된 충전탱크는 온도를 40℃ 이하로 유지해야 한다.

35 액화석유가스 충전시설 중 충전설비는 그 외면으로부터 사업소 경계까지 몇 m 이상의 거리를 유지하여야 하는가?
① 5m   ② 10m
③ 15m ④ 24m

[해설] 액화석유가스 충전시설 중 충전설비는 그 외면으로부터 사업소 경계까지의 거리를 24m 이상으로 한다.

36 도시가스 사용시설의 지상배관은 표면 색상을 무슨 색으로 도색하여야 하는가?
① 황색   ② 적색
③ 회색   ④ 백색

[해설] 도시가스 사용시설의 지상배관 표면 색상은 황색으로 한다.

37 가스의 경우 폭굉(Detonation)의 연소속도는 약 몇 m/sec 정도인가?
① 0.03~10
② 10~50
③ 100~600
④ 1,000~3,000

[해설] 가스의 폭굉 연소속도 : 1,000~3,000m/sec

38 용기의 안전점검 기준에 대한 설명으로 틀린 것은?
① 용기의 도색 및 표시 여부 확인
② 용기의 내·외면 점검
③ 재검사 기간의 도래 여부 확인
④ 열 영향을 받은 용기는 재검사와 상관없이 새 용기로 교환

[해설] 용기의 안전점검 기준
㉠ 용기의 도색 및 표시 여부 확인
㉡ 용기의 내·외면 점검
㉢ 재검사 기간의 도래 여부 확인
㉣ 유통 중 열 영향을 받았는지의 여부 확인
㉤ 밸브의 그랜드너트 고정핀 이탈 유무 확인
㉥ 밸브에 개폐 조작이 쉬운 핸들이 부착되어 있는지의 여부 확인
㉦ 용기의 스커트에 찌그러짐이 있는지 확인
㉧ 용기 아랫부분의 부식 상태 확인
㉨ 밸브의 몸통, 충전구 나사, 안전밸브에서 사용상 지장이 있는지 여부 확인

39 에어졸 시험 방법에서 불꽃 길이 시험을 위해 채취한 시료의 온도 조건은?
① 20℃ 이상 26℃ 이하
② 26℃ 이상 30℃ 미만
③ 46℃ 이상 50℃ 미만
④ 60℃ 이상 66℃ 미만

정답 33 ④ 34 ③ 35 ④ 36 ① 37 ④ 38 ④ 39 ①

해설
① $H_2 + 0.5O_2 \rightarrow H_2O$
② $CH_4 + 2O_2 \rightarrow CO_2 + 2H_2O$
③ $C_2H_2 + 2.5O_2 \rightarrow 2CO_2 + H_2O$
④ $C_2H_6 + 3.5O_2 \rightarrow 2CO_2 + 3H_2O$

26 다음 가스 중 기체 밀도가 가장 작은 것은?
① 프로판
② 메탄
③ 부탄
④ 아세틸렌

해설 기체 1몰의 부피는 22.4L이므로, 기체 밀도 $(g/L) = \frac{분자량(g)}{22.4L}$ 이다.
① $C_3H_8 : \frac{(3 \times 12 + 8)g}{22.4L} = 1.96 g/L$
② $CH_4 : \frac{(12 + 4)g}{22.4L} = 0.71 g/L$
③ $C_4H_{10} : \frac{(4 \times 12 + 10)g}{22.4L} = 2.59 g/L$
④ $C_2H_2 : \frac{(2 \times 12 + 2)g}{22.4L} = 1.16 g/L$

27 수소의 성질에 대한 설명 중 틀린 것은?
① 무색, 무미, 무취의 가연성 기체이다.
② 밀도가 아주 작아 확산속도가 빠르다.
③ 열전도율이 작다.
④ 높은 온도일 때에는 강재, 기타 금속 재료라도 쉽게 투과한다.

해설 ③ 열전도율이 크다.

28 불완전연소 현상의 원인으로 옳지 않은 것은?
① 가스압력에 비하여 공급 공기량이 부족할 때
② 환기가 불충분한 공간에 연소기가 설치되었을 때
③ 공기와의 접촉혼합이 불충분할 때
④ 불꽃의 온도가 증대되었을 경우

해설 ④ 불꽃의 온도가 감소되었을 경우

29 다음 중 액화석유가스의 일반적인 특성이 아닌 것은?
① 기화 및 액화가 용이하다.
② 공기보다 무겁다.
③ 액상의 액화석유가스는 물보다 무겁다.
④ 증발잠열이 크다.

해설 ③ 액상의 액화석유가스는 물보다 가볍다.

30 수돗물의 살균과 섬유의 표백용으로 주로 사용되는 가스는?
① F_2
② Cl_2
③ O_2
④ CO_2

해설 ② Cl_2(염소)가스 : 수돗물의 살균과 섬유의 표백용으로 주로 사용되는 가스이다.

31 다음 중 가연성이면서 독성가스인 것은?
① NH_3
② H_2
③ CH_4
④ N_2

해설
① NH_3 : 가연성·독성가스
② H_2 : 가연성가스
③ CH_4 : 가연성가스
④ N_2 : 불연성가스

32 고압가스 특정제조시설에서 긴급이송설비에 의하여 이송되는 가스를 안전하게 연소시킬 수 있는 장치는?
① 플레어스택
② 벤트스택
③ 인터록기구
④ 긴급차단장치

해설 ② 벤트스택 : 가연성가스를 대기 중에 폐기 시 폐기가스를 연소시켜 내보내는 재해설비

정답 26 ② 27 ③ 28 ④ 29 ③ 30 ② 31 ① 32 ①

해설

저온장치용 재료 선정 시 가장 중요하게 고려하는 사항 : 저온취성에 의한 충격치의 감소

20 재료에 인장과 압축하중을 오랜 시간 반복적으로 작용시키면 그 응력이 인장강도보다 작은 경우에도 파괴되는 현상은?

① 인성파괴　② 피로파괴
③ 취성파괴　④ 크리프파괴

해설

① 인성파괴(Ductile Failure) : 인성이 풍부한 부재가 탄성범위를 훨씬 넘은 상태에서 일으키는 파괴이다.
② 피로파괴(Fatigue Failure) : 고체 재료에 반복응력을 연속 가하면 인장강도보다 훨씬 낮은 응력에서 재료가 파괴된다. 이것을 재료의 피로라고 하며, 피로에 의한 파괴를 피로파괴라고 한다.
④ 크리프파괴(Creep Failure) : 재료가 장시간에 걸쳐 외력을 받아 시간의 경과에 따라 소성변형이 증대해서 발생하는 파괴현상이다.

21 다음 펌프 중 시동하기 전에 프라이밍이 필요한 펌프는?

① 기어펌프　② 원심펌프
③ 축류펌프　④ 왕복펌프

해설

㉠ 원심펌프 : 시동하기 전에 프라이밍이 필요한 펌프이다.
㉡ 프라이밍(Priming) : 펌프 속 및 펌프의 흡입배관 속에 물이 없으면 펌프가 회전을 시작해도 양수가 되지 않는 경우가 많다. 이것을 방지하기 위해 미리 펌프 속이나 흡입배관 속에 물을 주입함과 동시에 내부의 공기를 배출하는 조작을 말한다.

22 펌프의 회전수를 1,000rpm에서 1,200rpm으로 변화시키면 동력은 약 몇 배가 되는가?

① 1.3배　② 1.5배
③ 1.7배　④ 2.0배

해설

$$L_2 = L_1 \times \left(\frac{N_2}{N_1}\right)^3 = L_1 \times \left(\frac{1,200}{1,000}\right)^3 = L_1 \times 1.73$$

여기서, L_1, L_2 : 변경 전, 후의 동력
　　　　N_1, N_2 : 변경 전, 후의 회전수

23 다량의 메탄을 액화시키려면 어떤 액화사이클을 사용해야 하는가?

① 캐스케이드 사이클
② 필립스 사이클
③ 캐피자 사이클
④ 클라우드 사이클

해설

② 필립스 사이클 : 수소 헬륨을 냉매로 하는 것이 특징이며, 장치가 소형인 액화장치이다.
③ 캐피자 사이클 : 팽창기가 터빈식이고, 열교환에 축냉기를 채택한 것으로 원료공기를 냉각시킴과 동시에 원료공기 중의 수분과 탄산가스를 제거한다.
④ 클라우드 사이클 : 린데식의 줄 톰슨효과를 이용한 팽창밸브 대신, 팽창기로 일을 하면서 단열 등 엔트로피 팽창에 의하여 공기의 온도를 강화시키는 방법으로, 린데식 액화사이클보다 효율적으로 공기를 액화시킨다.

24 다음 중 1atm에 해당하지 않는 것은?

① 760mmHg
② 14.7PSI
③ 29.92inHg
④ 1,013kg/m²

해설

1atm(1기압) = 760mmHg = 29.92inHg
　　　　　 = 14.7PSI = 10,332kg/m²
　　　　　 = 10.332mH₂O = 101.325kPa
　　　　　 = 1,013mbar

25 다음 가스 중 1몰을 완전연소시키고자 할 때 공기가 가장 적게 필요한 것은?

① 수소　② 메탄
③ 아세틸렌　④ 에탄

해설 도시가스를 공급하기 위한 것으로서 압력조정기의 설치가 가능한 경우 : 가스압력이 중압으로서 전체 세대수가 100세대인 경우

13 도로굴착공사에 의한 도시가스배관 손상방지 기준으로 틀린 것은?
① 착공 전 도면에 표시된 가스배관과 기타 지장물 매설 유무를 조사하여야 한다.
② 도로굴착자의 굴착공사로 인하여 노출된 배관의 길이가 10m 이상인 경우에는 점검통로 및 조명시설을 하여야 한다.
③ 가스배관이 있을 것으로 예상되는 지점으로부터 2m 이내에서 줄파기를 할 때에는 안전관리전담자의 입회하에 시행하여야 한다.
④ 가스배관의 주위를 굴착하고자 할 때에는 가스배관의 좌우 1m 이내의 부분은 인력으로 굴착한다.

해설 ② 도로굴착자의 굴착공사로 인하여 노출된 배관의 길이가 15m 이상인 경우에는 점검통로 및 조명시설을 하여야 한다.

14 고압가스 제조시설에서 가연성가스의 가스설비 중 전기설비를 방폭구조로 하여야 하는 가스는?
① 암모니아
② 브롬화메탄
③ 수소
④ 공기 중에서 자기 발화하는 가스

해설 가연성가스의 가스설비 중 전기설비를 방폭구조로 하는 가스 : 수소

15 굴착으로 인하여 도시가스배관이 65m가 노출되었을 경우 가스누출경보기의 설치 개수로 알맞은 것은?
① 1개
② 2개
③ 3개
④ 4개

해설 굴착으로 20m 이상 노출된 배관은 20m마다 가스누출경보기를 설치하여야 한다. 즉, 3.25이므로 4개를 설치하여야 한다.

16 아세틸렌용기에 주로 사용되는 안전밸브의 종류는?
① 스프링식
② 가용전식
③ 파열판식
④ 압전식

해설 아세틸렌 용기에 사용되는 안전밸브 : 가용전식

17 다음 중 왕복동 압축기의 특징이 아닌 것은?
① 압축하면 맥동이 생기기 쉽다.
② 기체의 비중에 관계없이 고압이 얻어진다.
③ 용량 조절의 폭이 넓다.
④ 비용적식 압축기이다.

해설 ④ 용적식 압축기이다.

18 강관의 녹을 방지하기 위해 페인트를 칠하기 전에 먼저 사용하는 도료는?
① 알루미늄 도료
② 산화철 도료
③ 합성수지 도료
④ 광명단 도료

해설 광명단 도료의 설명이다.

19 저온장치용 재료 선정에 있어서 가장 중요하게 고려해야 하는 사항은?
① 고온취성에 의한 충격치의 증가
② 저온취성에 의한 충격치의 감소
③ 고온취성에 의한 충격치의 감소
④ 저온취성에 의한 충격치의 증가

정답 13 ② 14 ③ 15 ④ 16 ② 17 ④ 18 ④ 19 ②

06 아세틸렌용기를 제조하고자 하는 자가 갖추어야 하는 설비가 아닌 것은?
① 원료혼합기   ② 건조로
③ 원료충전기   ④ 소결로

해설 아세틸렌용기를 제조하고자 하는 자가 갖추어야 하는 설비
㉠ 단조설비 또는 성형설비
㉡ 아랫부분 접합설비
㉢ 열처리로
㉣ 세척설비
㉤ 숏블라스팅 및 도장설비
㉥ 밸브 탈·부착기
㉦ 용기 내부 건조설비 및 진공흡입설비
㉧ 용접설비
㉨ 네크링 가공설비
㉩ 원료혼합기
㉪ 건조로
㉫ 원료충전기
㉬ 자동부식방지 도장설비
㉭ 아세톤 또는 디메틸포름아미드 충전설비
㉮ 그 밖에 제조에 필요한 설비 및 기구

07 LPG 사용시설에서 가스누출경보장치 검지부 설치 높이의 기준으로 옳은 것은?
① 지면에서 30cm 이내
② 지면에서 60cm 이내
③ 천장에서 30cm 이내
④ 천장에서 60cm 이내

해설 LPG 사용시설 가스누출경보장치 검지부 설치 높이
지면에서 30cm 이내

08 가스계량기와 전기개폐기와의 최소안전거리는?
① 15cm   ② 30cm
③ 60cm   ④ 80cm

해설 가스계량기와 전기개폐기와의 최소안전거리는 60cm로 한다.

09 냉동기란 고압가스를 사용하여 냉동하기 위한 기기로서 냉동능력 산정 기준에 따라 계산된 냉동능력이 몇 톤 이상인 것을 말하는가?
① 1   ② 1.2   ③ 2   ④ 3

해설 냉동기
냉동능력 산정 기준에 따라 계산된 냉동능력이 3톤 이상인 것

10 에어졸 제조설비와 인화성 물질과의 최소우회거리는?
① 3m 이상   ② 5m 이상
③ 8m 이상   ④ 10m 이상

해설 에어졸 제조설비와 인화성 물질과의 최소우회거리 8m 이상

11 가스의 연소한계에 대하여 가장 바르게 나타낸 것은?
① 착화온도의 상한과 하한
② 물질이 탈 수 있는 최저온도
③ 완전연소가 될 때의 산소공급한계
④ 연소가 가능한 가스의 공기와의 혼합비율의 상한과 하한

해설 가스의 연소한계
연소가 가능한 가스의 공기와의 혼합비율의 상한과 하한

12 공동주택 등에 도시가스를 공급하기 위한 것으로서 압력조정기의 설치가 가능한 경우는?
① 가스압력이 중압으로서 전체 세대수가 100세대인 경우
② 가스압력이 중압으로서 전체 세대수가 150세대인 경우
③ 가스압력이 저압으로서 전체 세대수가 250세대인 경우
④ 가스압력이 저압으로서 전체 세대수가 300세대인 경우

정답 06 ④ 07 ① 08 ③ 09 ④ 10 ③ 11 ④ 12 ①

2020 가스기능사 (2. 9. 시행)

01 도시가스배관이 하천을 횡단하는 배관 주위의 흙이 사질토인 경우 방호구조물의 비중은?

① 배관 내 유체 비중 이상의 값
② 물의 비중 이상의 값
③ 토양의 비중 이상의 값
④ 공기의 비중 이상의 값

해설 하천을 횡단하는 도시가스배관 주위의 흙이 사질토인 경우 방호물의 비중은 물의 비중 이상의 값으로 한다.

02 다음 중 폭발방지대책으로 가장 거리가 먼 것은?

① 압력계 설치
② 정전기제거를 위한 접지
③ 방폭성능전기설비 설치
④ 폭발하한 이내로 불활성가스에 의한 희석

해설 폭발방지대책
㉠ 정전기제거를 위한 접지
㉡ 방폭성능전기설비 설치
㉢ 폭발하한 이내로 불활성가스에 의한 희석

03 가스사용시설에서 원칙적으로 PE배관을 노출배관으로 사용할 수 있는 경우는?

① 지상배관과 연결하기 위하여 금속관을 사용하여 보호조치를 한 경우로서 지면에서 20cm 이하로 노출하여 시공하는 경우
② 지상배관과 연결하기 위하여 금속관을 사용하여 보호조치를 한 경우로서 지면에서 30cm 이하로 노출하여 시공하는 경우
③ 지상배관과 연결하기 위하여 금속관을 사용하여 보호조치를 한 경우로서 지면에서 50cm 이하로 노출하여 시공하는 경우
④ 지상배관과 연결하기 위하여 금속관을 사용하여 보호조치를 한 경우로서 지면에서 1m 이하로 노출하여 시공하는 경우

해설 PE배관을 노출배관으로 사용할 수 있는 경우 지상배관과 연결하기 위하여 금속관을 사용하여 보호조치를 한 경우로서 지면에서 30cm 이하로 노출하여 시공한다.

04 가연물의 종류에 따른 화재의 구분이 잘못된 것은?

① A급 : 일반화재
② B급 : 유류화재
③ C급 : 전기화재
④ D급 : 식용유화재

해설 ④ D급 : 금속화재

05 액화석유가스를 저장하기 위하여 지상 또는 지하에 고정 설치된 탱크로서 액화석유가스의 안전관리 및 사업법에서 정한 "소형저장탱크"는 그 저장능력이 얼마인 것을 말하는가?

① 1톤 미만
② 3톤 미만
③ 5톤 미만
④ 10톤 미만

해설 소형저장탱크 : 저장능력이 3톤 미만인 것

정답 01 ② 02 ① 03 ② 04 ④ 05 ②

해설 $CH_4 + 2O_2 \rightarrow CO_2 + 2H_2O$
1m³　2m³
즉, 메탄 1m³를 연소하는 데 산소 2m³가 필요하다.

58 공기액화분리장치의 폭발 원인으로 볼 수 없는 것은?

① 공기 취입구로부터 O_2 혼입
② 공기 취입구로부터 C_2H_2 혼입
③ 액체 공기 중에 O_3 혼입
④ 공기 중에 있는 NO_2의 혼입

해설 공기액화분리장치의 폭발 원인
㉠ 압축기용 윤활유 분해에 따른 탄화수소의 생성
㉡ 공기 취입구로부터의 아세틸렌의 혼입
㉢ 공기 중의 NO, NO_2 등 질소화합물의 혼입
㉣ 액체 공기 중의 오존(O_3)의 축적

59 섭씨온도와 화씨온도가 같은 경우는?

① $-40℃$　② $32°F$
③ $273℃$　④ $45°F$

해설 $t_C = \frac{5}{9}(t_F - 32), t_C = t_F = x, x = \frac{5}{9}(x - 32)$

$(x - 32) = \frac{9}{5}x, x - \frac{9}{5}x = 32, -\frac{4}{5}x = 32$

$x = -\frac{32 \times 5}{4} = -\frac{160}{4} = -40℃ = -40°F$

60 표준 상태(0℃, 1기압)에서 프로판의 가스 밀도는 약 몇 g/L인가?

① 1.52　② 1.97
③ 2.52　④ 2.97

해설 프로판의 가스 밀도 $= \frac{분자량(g)}{22.4(L)}$

$= \frac{44g}{22.4L} = 1.97g/L$

여기서, C_3H_8 분자량 = 44g

정답 58 ①　59 ①　60 ②

50 오리피스미터로 유량을 측정하는 것은 어떤 원리를 이용한 것인가?

① 베르누이의 정리
② 패러데이의 법칙
③ 아르키메데스의 원리
④ 돌턴의 법칙

해설 오리피스미터(Orifice Meter)로 유량을 측정하는 것은 베르누이의 정리를 이용한 것이다.

51 펌프의 회전수를 1,000rpm에서 1,200rpm으로 변화시키면 동력은 약 몇 배가 되는가?

① 1.3
② 1.5
③ 1.7
④ 2.0

해설 $\dfrac{L_2}{L_1} = \left(\dfrac{N_2}{N_1}\right)^3 = \left(\dfrac{1,200}{1,000}\right)^3 = 1.728$배

52 스테판-볼츠만의 법칙을 이용하여 측정 물체에서 방사되는 전방사 에너지를 렌즈 또는 반사경을 이용하여 온도를 측정하는 온도계는?

① 색 온도계
② 방사 온도계
③ 열전대 온도계
④ 광전관 온도계

해설 방사 온도계의 설명이다.

53 압력 변화에 의한 탄성변위를 이용한 탄성 압력에 해당되지 않는 것은?

① ON-OFF 제어
② 비례동작
③ 적분동작
④ 미분동작

해설 제어동작 분류 시 연속 동작의 종류
㉠ 비례동작
㉡ 적분동작
㉢ 미분동작

54 다음 중 가연성가스 취급 장소에서 사용 가능한 방폭 공구가 아닌 것은?

① 알루미늄 합금 공구
② 베릴륨 합금 공구
③ 고무 공구
④ 나무 공구

해설 가연성가스 취급 장소에서 사용 가능한 방폭 공구
㉠ 베릴륨 합금 공구
㉡ 고무 공구
㉢ 나무 공구

55 다음 중 헨리 법칙이 잘 적용되지 않는 가스는?

① 수소
② 산소
③ 이산화탄소
④ 암모니아

해설 헨리의 법칙
일정 온도에서 일정량의 용매에 용해하는 그 기체의 질량은 압력에 정비례한다. 그러나 부피는 보일의 법칙에 따라 압력에 반비례하므로 결국 녹아 있는 기체의 부피는 항상 일정하다.
㉠ 헨리의 법칙에 적용되는 기체 : H_2, N_2, O_2, CO_2(물에 대한 용해도가 작다.)
㉡ 헨리의 법칙에 적용되지 않는 기체 : NH_3, HCl, SO_2, H_2S(물에 대한 용해도가 크다.)

56 천연가스의 성질에 대한 설명으로 틀린 것은?

① 주성분은 메탄이다.
② 독성이 없고 청결한 가스이다.
③ 공기보다 무거워 누출 시 바닥에 고인다.
④ 발열량은 약 9,500~10,500kcal/m³ 정도이다.

해설 공기보다 가벼워 대기 중으로 확산이 잘 된다.

57 도시가스의 주성분인 메탄가스가 표준 상태에서 1m³ 연소하는 데 필요한 산소량은 약 몇 m³인가?

① 2
② 2.8
③ 8.89
④ 9.6

정답 50 ① 51 ③ 52 ② 53 ① 54 ① 55 ④ 56 ③ 57 ①

해설 정압기실 주위의 경계책
㉠ 철근콘크리트로 지상에 설치된 정압기실
㉡ 도로의 지하에 설치되어 사람과 차량의 통행에 영향을 주는 장소로서 경계책 설치가 부득이한 정압기실
㉢ 정압기가 건축물 안에 설치되어 있어 경계책을 설치할 수 있는 공간이 없는 정압기실

44 내압시험압력 및 기밀시험압력의 기준이 되는 압력으로서 사용 상태에서 해당 설비 등의 각 부에서 작용하는 최고사용압력을 의미하는 것은?

① 작용압력　② 상용압력
③ 사용압력　④ 설정압력

해설 상용압력의 설명이다.

45 관 도중에 조리개(교축 기구)를 넣어 조리개 전후의 차압을 이용하여 유량을 측정하는 계측기기는?

① 오벌식 유량계
② 오리피스 유량계
③ 막식 유량계
④ 터빈 유량계

해설 오리피스(Orifice) 유량계의 설명이다.

46 방폭전기기기의 구조별 표시 방법 중 내압방폭구조의 표시 방법은?

① d　② o　③ p　④ e

해설 방폭전기기기의 구조별 표시 방법

방폭전기기기의 구조	표시 방법
내압방폭구조	d
유입방폭구조	o
압력방폭구조	p
안전증방폭구조	e
본질안전방폭구조	ia·ib
특수방폭구조	s

47 오르자트 가스분석기에는 수산화칼륨(KOH) 용액이 들어 있는 흡수 피펫이 내장되어 있는데 이것은 어떤 가스를 측정하기 위한 것인가?

① CO_2　② C_2H_6
③ O_2　④ CO

해설 오르자트(Orsat) 가스분석기

가스 성분	흡수액
CO_2	33% KOH 용액
O_2	알칼리성 피로갈롤 용액
CO	암모니아성 염화제1동 용액

48 고압가스 설비에 설치하는 벤트스택과 플레어스택에 대한 설명으로 틀린 것은?

① 플레어스택에는 긴급 이송 설비로부터 이송되는 가스를 연소시켜 대기로 안전하게 방출시킬 수 있는 파일럿 버너 또는 항상 작동할 수 있는 자동점화장치를 설치한다.
② 플레어스택의 설치 위치 및 높이는 플레어스택 바로 밑의 지표면에 미치는 복사열이 4,000kcal/m^2·h 이하가 되도록 한다.
③ 가연성가스의 긴급용 벤트스택의 높이는 착지 농도가 폭발하한계값 미만이 되도록 충분한 높이로 한다.
④ 벤트스택은 가능한 한 공기보다 무거운 가스를 방출해야 한다.

해설 벤트스택은 가능한 한 공기보다 가벼운 가스를 방출해야 한다.

49 LPG의 연소 방식이 아닌 것은?

① 적화식　② 세미분젠식
③ 분젠식　④ 원지식

해설 가스의 연소방식
㉠ 적화식 ㉡ 세미분젠식 ㉢ 분젠식

정답　44 ②　45 ②　46 ①　47 ①　48 ④　49 ④

37 고압가스안전관리법에서 정하고 있는 특정 설비가 아닌 것은?

① 안전밸브
② 기화장치
③ 독성가스 배관용 밸브
④ 도시가스용 압력조정기

해설 특정 설비
㉠ 안전밸브
㉡ 기화장치
㉢ 독성가스 배관용 밸브

38 가스 중 음속보다 화염전파속도가 큰 경우 충격파가 발생하는데 이때 가스의 연소속도로서 옳은 것은?

① 0.3~100m/sec
② 100~300m/sec
③ 700~800m/sec
④ 1,000~3,500m/sec

해설 ㉠ 충격파 : 1,000~3,500m/sec
㉡ 연소파 : 0.1~10m/sec

39 산소 또는 천연 메탄을 수송하기 위한 배관과 이에 접속하는 압축기와의 사이에 반드시 설치하여야 하는 것은?

① 표시판
② 압력계
③ 수취기
④ 안전밸브

해설 수취기의 설명이다.

40 LPG 용기 보관소 경계표지의 '연'자 표시의 색상은?

① 흑색
② 적색
③ 황색
④ 흰색

해설 LPG 용기 보관소 경계표지 '연'자 색상
적색

41 다음 중 허용농도 1ppb에 해당하는 것은?

① $\dfrac{1}{10^3}$
② $\dfrac{1}{10^6}$
③ $\dfrac{1}{10^9}$
④ $\dfrac{1}{10^{10}}$

해설 1ppb : $\dfrac{1}{10^9}$

42 다음 중 가스에 대한 정의가 잘못된 것은?

① 압축가스란 일정한 압력에 의하여 압축되어 있는 가스를 말한다.
② 액화가스란 가압·냉각 등의 방법에 의하여 액체 상태로 되어 있는 것으로서 대기압에서의 비점이 40℃ 이하 또는 상용온도 이하인 것을 말한다.
③ 독성가스란 인체에 유해한 독성을 가진 가스로서 허용농도가 100만분의 3,000 이하인 것을 말한다.
④ 가연성가스란 공기 중에서 연소하는 가스로서 폭발한계의 하한이 10% 이하인 것과 폭발한계의 상한과 하한의 차가 20% 이상인 것을 말한다.

해설 독성가스란 인체에 유해한 독성을 가진 가스로서 허용농도가 100만분의 5,000 이하인 것을 말한다.

43 정압기실 주위에는 경계책을 설치하여야 한다. 이때 경계책을 설치한 것으로 보이지 않는 경우는?

① 철근콘크리트로 지상에 설치된 정압기실
② 도로의 지하에 설치되어 사람과 차량의 통행에 영향을 주는 장소로서 경계책 설치가 부득이한 정압기실
③ 정압기가 건축물 안에 설치되어 있어 경계책을 설치할 수 있는 공간이 없는 정압기실
④ 매몰형 정압기

정답 37 ④ 38 ④ 39 ③ 40 ② 41 ③ 42 ③ 43 ④

31 가스의 폭발범위에 영향을 주는 인자로서 가장 거리가 먼 것은?

① 비열 ② 압력
③ 온도 ④ 조성

해설 폭발범위에 영향을 주는 인자
㉠ 온도
㉡ 압력
㉢ 조성
㉣ 용기의 크기와 형태

32 산소가 충전되어 있는 용기의 온도가 15℃일 때 압력은 15MPa이었다. 이 용기가 직사일광을 받아 온도가 40℃로 상승하였다면, 이때의 압력은 약 몇 MPa이 되겠는가?

① 5.6
② 10.3
③ 16.3
④ 40.0

해설
$V = C, \ \dfrac{P}{T} = C$

$\dfrac{P_1}{T_1} = \dfrac{P_2}{T_2}$ 에서

$P_2 = P_1 \left(\dfrac{T_2}{T_1}\right) = 15 \left(\dfrac{40+273}{15+273}\right) = 16.3 \text{MPa}$

33 고압가스 안전관리법상 '충전용기'라 함은 고압가스의 충전질량 또는 충전압력의 몇 분의 몇 이상이 충전되어 있는 상태의 용기를 말하는가?

① $\dfrac{1}{5}$ ② $\dfrac{1}{4}$
③ $\dfrac{1}{2}$ ④ $\dfrac{3}{4}$

해설 충전용기
고압가스의 충전질량 또는 충전압력의 $\dfrac{1}{2}$ 이상이 충전되어 있는 상태의 용기이다.

34 도시가스 배관의 설치 장소나 구경에 따라 적절한 배관 재료와 접합 방법을 선정하여야 한다. 다음 중 배관 재료 선정 기준으로 틀린 것은?

① 배관 내의 가스 흐름이 원활한 것으로 한다.
② 내부의 가스 압력과 외부로부터의 하중 및 충격하중 등에 견디는 강도를 갖는 것으로 한다.
③ 토양·지하수 등에 대하여 강한 부식성을 갖는 것으로 한다.
④ 절단 가공이 용이한 것으로 한다.

해설 토양·지하수 등에 대하여 부식성을 갖지 않는 것으로 한다.

35 고압가스안전관리법 시행규칙에서 정의한 '처리능력'이라 함은 처리설비 또는 감압설비에 의하여 며칠에 처리할 수 있는 가스의 양을 말하는가?

① 1일
② 7일
③ 10일
④ 30일

해설 처리 능력
처리설비 또는 감압설비에 의하여 압축, 액화 그 밖의 방법으로 1일에 처리할 수 있는 가스의 양이다.

36 액화석유가스 공급시설 중 저장설비의 주위에는 경계책 높이를 몇 m 이상으로 설치하도록 하고 있는가?

① 0.5   ② 1.0
③ 1.5   ④ 2.0

해설 액화석유가스 공급시설 중 저장설비의 주위에는 경계책 높이를 1.5m 이상으로 설치한다.

정답 31 ① 32 ③ 33 ③ 34 ③ 35 ① 36 ③

해설
② 질소는 안정한 가스로서 불활성가스라고도 하고 고온에서 Mg, Ca, Li 등의 금속과 화합하여 질화마그네슘(Mg_3N_2), 질화칼슘(Ca_3N_2), 질화리튬(Li_3N) 등의 질화물을 만든다.
③ 산소는 액체 공기를 분류하여 제조하는 반응성이 강한 가스로 자신은 연소성이 없고 다른 가연물의 연소를 돕는 조연성가스이다.
④ 염소는 독성이 강한 가스로서 강재에 대하여 수분이 없으면 상온에서 금속과 반응이 일어나지 않으나 철(Fe)은 120℃를 넘으면 반응이 진행되며, 고온이 되면 급격히 반응하여 염화물을 만든다.

25 수소 20V%, 메탄 50V%, 에탄 30V%, 조성의 혼합가스가 공기와 혼합된 경우 폭발하한계의 값은? (단, 폭발하한계값은 각각 수소는 4V%, 메탄은 5V%, 에탄은 3V%)

① 3 ② 4
③ 5 ④ 6

해설
$$\frac{100}{L} = \frac{V_1}{L_1} + \frac{V_2}{L_2} + \frac{V_3}{L_3}$$
$$\frac{100}{L} = \frac{20}{4} + \frac{50}{5} + \frac{30}{3}, \quad L = \frac{100}{25} = 4\%$$

26 500kcal/h의 열량을 일(kgf·m/sec)로 환산하면 얼마가 되겠는가?

① 59.3 ② 500
③ 4215.5 ④ 213,500

해설
$Q = AW$에서
$W = \frac{1}{A}Q$
$= 427 \times 500 \div 3,600$
$= 59.3 \text{kgf·m/sec}$

27 액비중에 대한 설명으로 옳은 것은?

① 4℃ 물의 밀도와의 비를 말한다.
② 0℃ 물의 밀도와의 비를 말한다.
③ 절대영도에서 물의 밀도와의 비를 말한다.
④ 어떤 물질이 끓기 시작한 온도에서의 질량을 말한다.

해설 액비중이란 4℃ 물의 밀도와의 비를 말한다.

28 다음 중 공기 중에서 가장 무거운 가스는?

① C_4H_{10} ② SO_2
③ C_2H_4O ④ $COCl_2$

해설
① $C_4H_{10} = 58$ ∴ $\frac{58}{29} = 2$
② $SO_2 = 64$ ∴ $\frac{64}{29} = 2.21$
③ $C_2H_4O = 44$ ∴ $\frac{44}{29} = 1.52$
④ $COCl_2 = 99$ ∴ $\frac{99}{29} = 3.41$

29 단위 넓이에 수직으로 작용하는 힘을 무엇이라고 하는가?

① 압력 ② 비중
③ 일률 ④ 에너지

해설 압력(pressure)
단위 면적당 작용하는 힘의 크기
$P(\text{압력}) = \frac{F(\text{힘})}{A(\text{면적})}$ (kg/cm²)

30 완전진공을 0으로 하여 측정한 압력을 의미하는 것은?

① 절대압력 ② 게이지압력
③ 표준대기압 ④ 진공압력

해설
① 절대압력(absolute pressure) : 완전진공을 0으로 기준하여 측정한 압력
② 게이지압력(gauge pressure) : 대기압의 상태를 0으로 기준하여 측정한 압력
③ 표준대기압 : 기준 1atm으로 토리첼리 진공 시험에서 얻어진 압력이다. 즉 0℃에서 수은주 760mmHg로 표시될 때의 압력
④ 진공압력(vacuum pressure) : 대기압보다 낮은 상태의 압력

정답 25 ② 26 ① 27 ① 28 ④ 29 ① 30 ①

21 다음 가스분석법 중 흡수분석법에 해당하지 않는 것은?

① 헴펠법   ② 산화동법
③ 오르자트법   ④ 게겔법

해설 (1) 흡수분석법
혼합가스를 각각 흡수할 수 있는 흡수체에 통과시킨 다음, 흡수하기 전과 흡수한 후의 가스 용액 차이로 가스량을 계산하여 정량하는 방법이다.
㉠ 헴펠(Hempel)법
㉡ 오르자트(Orsat)법
㉢ 게겔(Gockel)법
(2) 연소분석법
연소할 수 있는 시료가스를 공기 또는 산소 등과 혼합한 다음 적당한 장치에서 연소시키고 그 연소 결과에 따라 가스용적의 감소, CO_2의 생성량, O_2의 소비량 등을 측정하여 가스 성분을 정량하는 방법이다.
㉠ 완만연소법
㉡ 폭발법
㉢ 분별연소법
  • 파라듐관연소법
  • 산화구리법

22 LP가스 자동차 충전소에서 사용하는 디스펜서(dispenser)에 대하여 옳게 설명한 것은?

① LP가스 충전소에서 용기에 일정량의 LP가스를 충전하는 충전기기이다.
② LP가스 충전소에서 용기에 충전하는 가스 용적을 계량하는 기기이다.
③ 압축기를 이용하여 탱크로리에서 저장탱크로 LP가스를 이송하는 장치이다.
④ 펌프를 이용하여 LP가스를 저장탱크로 이송할 때 사용하는 안전장치이다.

해설 디스펜서(dispenser)
LP가스 충전소에서 용기에 일정량의 LP가스를 충전하는 충전기기이다.

23 실린더 중에 피스톤과 보조 피스톤이 있고 상부에 팽창기, 하부에 압축기로 구성되어 있으며, 수소, 헬륨을 냉매로 하는 것이 특징인 공기액화장치는?

① 카르노식 액화장치
② 필립스식 액화장치
③ 린데식 액화장치
④ 클로우드식 액화장치

해설 ② 필립스(philips)식 액화장치 : 실린더 중에 피스톤과 보조 피스톤이 있고 상부에 팽창기, 하부에 압축기로 구성되어 있으며 수소, 헬륨을 냉매로 하는 것이 특징이다.
③ 린데식(Linde) 액화장치 : 상온, 상압의 공기를 압축기에 의해 등온압축한 후 열교환기에서 저온으로 냉각하여 등온압축한 후 열교환기에서 저온으로 냉각하여 팽창밸브에서 단열교축팽창(등엔탈피팽창)시켜 액체 공기로 만든다.
④ 클로우드(claude)식 액화장치 : 린데식의 줄-톰슨효과를 이용한 팽창밸브 대신 클로우드식 팽창기로 일을 하면서 단열 등엔트로피 팽창에 의하여 공기의 온도를 강하시키는 방법으로 린데식 액화사이클보다 효율적으로 공기를 액화시킨다.

24 고압가스의 일반적 성질에 대한 설명으로 옳은 것은?

① 암모니아는 동을 부식시키고, 고온, 고압에서는 강재를 침식시킨다.
② 질소는 안정한 가스로서 불활성가스라고도 하고 고온에서도 금속과 화합하지 않는다.
③ 산소는 액체 공기를 분류하여 제조하는 반응성이 강한 가스로 자신은 잘 연소한다.
④ 염소는 반응성이 강한 가스로 강재에 대하여 상온에서도 건조한 상태로 현저히 부식성을 갖는다.

정답 21 ② 22 ① 23 ② 24 ①

15 방류둑의 성토는 수평에 대하여 몇 ° 이하의 기울기로 하여야 하는가?

① 15° ② 30°
③ 45° ④ 60°

해설 방류둑의 성토를 수평에 대하여 45° 이하의 기울기로 한다.

16 LP가스용 용기 밸브의 몸통에 사용되는 재료로 가장 적당한 것은?

① 단조용 황동
② 단조용 강재
③ 절삭용 주물
④ 인발용 구리

해설 LP가스용 용기 밸브의 몸통에는 단조용 황동을 사용한다.

17 상용압력이 100MPa인 고압가스 설비에 압력계를 설치하려고 한다. 압력계의 최고 눈금범위는?

① 11~15MPa
② 15~20MPa
③ 18~20MPa
④ 20~25MPa

해설 압력계의 최고눈금범위는 상용압력의 1.5배 이상 2배 미만으로 한다.
상용압력 10MPa×1.5~2배=15~20MPa

18 유체 중에 인위적인 소용돌이를 일으켜 와류의 발생 수, 즉 주파수가 유속에 비례한다는 사실을 응용하여 유량을 측정하는 유량계는?

① 볼텍스 유량계
② 전자 유량계
③ 초음파 유량계
④ 임펠러 유량계

해설
① 볼텍스 유량계 : 유체 중에 인위적인 소용돌이를 일으켜 와류의 발생 수, 즉 주파수가 유속에 비례한다는 사실을 응용하여 유량을 측정하는 유량계이다.
② 전자 유량계 : 파이프 내에 흐르는 유체에 유체가 흐르는 방향과 직각으로 자장을 형성시키고 자장과 유체가 흐르는 방향과 직각 방향으로 전극을 설치하여 주면 패러데이 전자 유도법칙에 의해 기전력 $E(V)$가 발생하고 이 기전력 E를 측정하면 유량을 알 수 있다.
③ 초음파 유량계 : 도플러효과를 이용하여 유량을 측정한다.
④ 임펠러 유량계 : 유체 속에 프로펠러나 터빈을 두어 그 회전수로부터 유량을 측정하는 유량계로서 적산 유량을 측정하며 임펠러에는 임펠러의 축이 흐르는 방향과 일치하는 축류형과 흐르는 방향이 직각인 접선식이 있다.

19 포화 황산동 기준 전극으로 매설배관의 방식 전위를 측정하는 경우 몇 V 이하이어야 하는가?

① -0.75
② -0.85
③ -0.95
④ -2.5

해설 포화 황산동 기준 전극으로 매설배관의 방식 전위를 -0.85V 이하로 측정한다.

20 로터리 압축기에 대한 설명으로 틀린 것은?

① 왕복식 압축기에 비해 부품 수가 적고 구조가 간단하다.
② 압축이 단속적이므로 저진공에 적합하다.
③ 기름 윤활 방식으로 소용량이다.
④ 구조상 흡입 기체가 기름이 혼입되기 쉽다.

해설 압축이 연속적이고 고진공을 얻을 수 있다.

정답 15 ③ 16 ① 17 ② 18 ① 19 ② 20 ②

13 액화질소 35톤을 저장하려고 할 때 사업소 밖의 제1종 보호시설과 유지하여야 하는 안전거리는 최소 몇 m인가?

① 8m ② 9m
③ 11m ④ 13m

해설
㉠ 액화질소 35톤을 저장하려고 할 때 사업소 밖의 제1종 보호시설과 13m의 안전거리를 유지해야 한다.
㉡ 안전거리 : 고압가스의 처리설비 및 저장설비는 그 외면으로부터 보호시설(사업소 안에 있는 보호시설 및 전용 공업지역 안에 있는 보호시설을 제외)까지 다음의 기준에 의한 안전거리를 유지한다.

구분	처리능력 및 저장능력	제1종 보호시설	제2종 보호시설
산소의 처리설비 및 저장설비	1만 이하	12m	8m
	1만 초과~2만 이하	14m	9m
	2만 초과~3만 이하	16m	11m
	3만 초과~4만 이하	18m	13m
	4만 초과	20m	14m
독성가스 또는 가연성가스의 처리설비 및 저장설비	1만 이하	17m	12m
	1만 초과~2만 이하	21m	14m
	2만 초과~3만 이하	24m	16m
	3만 초과~4만 이하	27m	18m
	4만 초과~5만 이하	30m	20m
	5만 초과 99만 이하	30m (가연성가스 저온저장탱크는 $\frac{3}{25} \times \sqrt{X+10,000}$ m)	20m (가연성가스 저온저장탱크는 $\frac{2}{25} \times \sqrt{X+10,000}$ m)
	99만 초과	30m (가연성가스 저온저장탱크는 120m)	20m (가연성가스 저온저장탱크는 80m)
그 밖의 가스의 처리설비 및 저장설비	1만 이하	8m	5m
	1만 초과~2만 이하	9m	7m
	2만 초과~3만 이하	11m	8m
	3만 초과~4만 이하	13m	9m
	4만 초과	14m	10m

단, 처리능력 및 저장능력란의 단위 및 X는 1일간 처리능력 또는 저장능력으로써 압축가스는 m^3, 액화가스는 kg으로 한다.

14 의료용 가스용기의 도색 구분 표시로 틀린 것은?

① 산소 – 백색
② 질소 – 청색
③ 헬륨 – 갈색
④ 에틸렌 – 자색

해설
(1) 질소 – 흑색
(2) 용기의 도색 및 표시
㉠ 가연성가스 및 독성가스의 용기

가스의 종류	도색의 구분	가스의 종류	도색의 구분
수소	주황색	액화암모니아	백색
아세틸렌	황색	액화염소	갈색
액화석유가스	회색	그 밖의 가스	회색

㉡ 의료용 가스용기

가스의 종류	도색의 구분	가스의 종류	도색의 구분
산소	백색	헬륨	갈색
질소	흑색	아산화질소	청색
액화탄산가스	회색	사이크로프로판	주황색
에틸렌	자색	그 밖의 가스	회색

㉢ 그 밖의 가스용기

가스의 종류	도색의 구분	가스의 종류	도색의 구분
산소	녹색	질소	회색
액화탄산가스	청색	소방용 가스	소방법에 의한 도색

정답 13 ④ 14 ②

07 가스의 종류를 가연성에 따라 구분한 것이 아닌 것은?

① 가연성가스
② 조연성가스
③ 불연성가스
④ 압축가스

해설 (1) 가연성에 따른 구분
  ㉠ 가연성가스
  ㉡ 조연성가스
  ㉢ 불연성가스
(2) 상태에 따른 구분
  ㉠ 압축가스
  ㉡ 액화가스
  ㉢ 용해가스
(3) 독성에 따른 구분
  ㉠ 독성가스
  ㉡ 비독성가스
  ㉢ 가연성·독성가스

08 특정고압가스 사용시설 중 고압가스의 저장량이 몇 kg 이상인 용기 보관실의 벽을 방호벽으로 설치하여야 하는가?

① 100kg
② 200kg
③ 300kg
④ 500kg

해설 특정고압가스 사용시설 중 고압가스의 저장량이 300kg 이상인 용기 보관실의 벽을 방호벽으로 설치한다.

09 아세틸렌가스 충전 시 첨가하는 희석제가 아닌 것은?

① 메탄
② 일산화탄소
③ 에틸렌
④ 이산화황

해설 아세틸렌가스 충전 시 첨가하는 희석제
질소(N_2), 메탄(CH_4), 일산화탄소(CO), 에틸렌(C_2H_4) 등을 사용하며, 기타 수소(H_2), 프로판(C_3H_8), 탄산가스(CO_2) 등을 사용하기도 한다.

10 고압가스 특정 제조시설에서 안전구역을 설정하기 위한 연소열량의 계산 공식을 옳게 나타낸 것은? (단, Q : 연소열량, W : 저장설비 또는 처리설비에 따라 정한 수치, K : 가스의 종류 및 상용온도에 따라 정한 수치)

① $Q = K + W$
② $Q = \dfrac{W}{K}$
③ $Q = \dfrac{K}{W}$
④ $Q = K \times W$

해설 연소열량 계산공식
$Q = K \times W$
여기서,
Q : 연소열량
K : 가스의 종류 및 상용온도에 따라 정한 수치
W : 저장설비 또는 처리설비에 따라 정한 수치

11 사업소 내에서 긴급 사태 발생 시 필요한 연락을 하기 위해 안전관리자가 상주하는 사업소와 현장 사업소 간에 설치하는 통신설비가 아닌 것은?

① 구내전화
② 인터폰
③ 페이징설비
④ 메가폰

해설 긴급사태 발생 시 필요한 통신설비
㉠ 구내전화
㉡ 인터폰
㉢ 페이징설비

12 도시가스배관의 해저 설치 시의 기준으로 틀린 것은?

① 배관은 원칙적으로 다른 배관과 교차하지 아니하도록 한다.
② 배관의 입상부는 방호 시설물을 설치한다.
③ 배관은 해저면 위에 설치한다.
④ 배관은 원칙적으로 다른 배관과 30m 이상의 수평거리를 유지한다.

해설 배관은 해저면 아래에 설치한다.

정답 07 ④ 08 ③ 09 ④ 10 ④ 11 ④ 12 ③

2019 가스기능사 (9. 28. 시행)

01 프로판의 표준 상태에서의 이론적인 밀도는 몇 kg/m³인가?

① 1.52   ② 1.96
③ 2.96   ④ 3.52

해설 C_3H_8의 분자량은 44kg이다.

밀도 $= \dfrac{44kg}{22.4m^3} = 1.96 kg/m^3$

02 방폭 지역이 0종인 장소에는 원칙적으로 어떤 방폭구조의 것을 사용하여야 하는가?

① 내압방폭구조
② 압력방폭구조
③ 본질안전방폭구조
④ 안전증방폭구조

해설
㉠ 0종 장소 : 위험 분위기가 지속적으로 또는 장시간 존재하는 장소로서 본질안전방폭구조로 한다.
  (예) 용기 내부, 장치 및 배관의 내부)
㉡ 1종 장소 : 사용의 상태에서 위험 분위기가 존재하기 쉬운 장소
  (예) 0종 장소의 근접 주변, 승급 통구의 근접 주변, 운전상 열게 되는 연결부의 근접 주변, 배기관 유출구의 근접 주변)
㉢ 2종 장소 : 이상 상태하에서 위험 분위기가 단시간 존재할 수 있는 장소

03 저장탱크에 설치한 안전밸브에는 지면에서 몇 m 이상의 높이에 방출구가 있는 가스 방출관을 설치하여야 하는가?

① 2m   ② 3m   ③ 5m   ④ 10m

해설 저장탱크에 설치한 안전밸브에는 지면에서 5m 이상의 높이에 방출구가 있는 가스 방출관을 설치한다.

04 용기 보관장소의 충전용기 보관기준으로 틀린 것은?

① 충전용기와 잔가스용기는 서로 넘어지지 않게 단단히 결속하여 놓는다.
② 가연성·독성 및 산소 용기는 각각 구분하여 용기 보관장소에 놓는다.
③ 용기는 항상 40℃ 이하의 온도를 유지하고, 직사광선을 받지 않게 한다.
④ 작업에 필요한 물건(계량기 등) 이외에는 두지 않는다.

해설 충전용기와 잔가스용기는 각각 구분하여 용기 보관장소에 놓는다.

05 차량에 고정된 탱크 중 독성가스는 내용적을 몇 L 이하로 하여야 하는가?

① 12,000
② 15,000
③ 16,000
④ 18,000

해설 차량에 고정된 탱크 중 독성가스는 내용적을 12,000L 이하로 한다.

06 도시가스 공급배관을 차량이 통행하는 폭 8m 이상인 도로에 매설할 때의 깊이는 몇 m 이상으로 하여야 하는가?

① 1.0m   ② 1.2m
③ 1.5m   ④ 2.0m

해설 도시가스 공급배관을 차량이 통행하는 폭 8m 이상인 도로에 매설할 때의 깊이는 1.2m 이상으로 한다.

정답 01 ① 02 ③ 03 ③ 04 ① 05 ① 06 ②

59 "어떠한 방법으로라도 어떤 계를 절대온도 0도에 이르게 할 수 없다."는 열역학 제 몇 법칙인가?

① 열역학 제0법칙
② 열역학 제1법칙
③ 열역학 제2법칙
④ 열역학 제3법칙

해설
(1) 열역학 제0법칙 : 온도가 서로 다른 두 물체를 접촉시키면 높은 온도를 지닌 물체의 온도는 내려가고 낮은 온도의 물체는 온도가 올라가서, 두 물체의 온도차가 없어지고 두 물체는 열평형이 된다.
(2) 열역학 제1법칙 : 에너지보존의 법칙이라 하며 열은 일에너지로, 일에너지는 열로 상호 쉽게 바뀌어질 수 있으며 그 비는 일정하다.
(3) 열역학 제2법칙 : 열이동성의 방향성을 나타내는 경험 법칙이다.
  ㉠ 캘빈 플랭크의 표현 : 열을 일로 전부 바꿀 수 없다. 즉, 열효율이 100%인 기관은 만들 수 없다.
  ㉡ 클라우시스(Clausius)의 표현 : 저온체에서 고온체로 아무 일도 없이 열을 전달할 수 없다.
(4) 열역학 제3법칙 : 어떠한 이상적인 방법으로도 어떤 계를 절대영도(K)에 이르게 할 수 없다는 법칙이다.

60 아세틸렌 충전 시 첨가하는 다공질물의 구비조건이 아닌 것은?

① 화학적으로 안정할 것
② 기계적인 강도가 클 것
③ 가스의 충전이 쉬울 것
④ 다공도가 작을 것

해설
다공질물의 구비조건
㉠ 고다공일 것
㉡ 기계적 강도가 있을 것
㉢ 가스 충전이 용이할 것
㉣ 안전성이 있을 것
㉤ 경제적일 것
㉥ 화학적으로 안정할 것
㉦ 가스 공급이 용이할 것

정답 59 ④ 60 ④

53 다음 중 방폭구조의 표시 방법으로 잘못된 것은?

① 안전증방폭구조 : e
② 본질안전방폭구조 : b
③ 유입방폭구조 : o
④ 내압방폭구조 : d

해설 방폭구조의 표시 방법

방폭전기기기의 구조	표시 방법
내압방폭구조	d
유입방폭구조	o
압력방폭구조	p
안전증방폭구조	e
본질안전방폭구조	ia·ib
특수방폭구조	s

54 '가연성가스'라 함은 폭발한계의 상한과 하한의 차가 몇 % 이상인 것을 말하는가?

① 5%   ② 10%
③ 15% ④ 20%

해설 가연성가스
㉠ 폭발범위의 하한이 10% 이하
㉡ 폭발범위의 상한과 하한의 차가 20% 이상

55 산소의 성질에 대한 설명으로 틀린 것은?

① 자신은 연소하지 않고 연소를 돕는 가스이다.
② 물에 잘 녹으며 백금과 화합하여 산화물을 만든다.
③ 화학적으로 활성이 강하여 다른 원소와 반응하여 산화물을 만든다.
④ 무색무취의 기체이다.

해설 화학적으로 활발한 원소로 금, 백금 등의 귀금속과 희가스, 할로겐 원소를 제외한 모든 원소와 화합하여 산화물을 만든다.
$C + O_2 \rightarrow CO_2$, $4Al + 3O_2 \rightarrow 2Al_2O_3$

56 염화메탄의 특징에 대한 설명으로 틀린 것은?

① 무취이다.
② 공기보다 무겁다.
③ 수분 존재 시 금속과 반응한다.
④ 유독한 가스이다.

해설 염화메탄은 무색의 기체로 에테르 냄새가 난다.

57 압력에 대한 설명으로 옳은 것은?

① 표준대기압이란 0℃에서 수은주 760 mmHg에 해당하는 압력을 말한다.
② 진공압력이란 대기압보다 낮은 압력으로 대기압력과 절대압력을 합한 것이다.
③ 용기 내벽에 가해지는 기체의 압력을 게이지압력이라 하며 대기압과 압력계에 나타난 압력을 합한 것이다.
④ 절대압력이란 표준대기압 상태를 0으로 기준하여 측정한 압력을 말한다.

해설 ② 진공압력이란 대기압보다 낮은 압력으로 대기압력과 절대압력을 뺀 것이다.
③ 용기 내벽에 가해지는 기체의 압력을 게이지 압력이라 하며 절대압력과 대기압의 차이다.
④ 절대압력이란 완전 진공 상태, 즉 압력이 0인 점을 기준으로 측정한 압력이다. 즉, 진공도 100%이다.

58 냄새가 나는 물질(부취제)의 구비 조건이 아닌 것은?

① 독성이 없을 것
② 저농도에서도 냄새를 알 수 있을 것
③ 완전연소하고 연소 후에는 유해 물질을 남기지 말 것
④ 일상생활의 냄새와 구분되지 않을 것

해설 일상생활의 냄새와 구분될 것

정답 53 ② 54 ④ 55 ② 56 ① 57 ① 58 ④

46 냉동설비 중 흡수식 냉동설비의 냉동능력 정의로 옳은 것은?

① 발생기를 가열하는 24시간의 입열량 6,640kcal를 1일의 냉동능력 1톤으로 봄
② 발생기를 가열하는 1시간의 입열량 3,320kcal를 1일의 냉동능력 1톤으로 봄
③ 발생기를 가열하는 1시간의 입열량 6,640kcal를 1일의 냉동능력 1톤으로 봄
④ 발생기를 가열하는 24시간의 입열량 3,320kcal를 1일의 냉동능력 1톤으로 봄

해설 흡수식 냉동설비의 냉동능력
발생기를 가열하는 1시간의 입열량 6,640kcal를 1일의 냉동능력 1톤으로 본다.

47 액주식 압력계에 사용되는 액체의 구비조건으로 틀린 것은?

① 화학적으로 안정되어야 한다.
② 모세관 현상이 없어야 한다.
③ 점도와 팽창계수가 작아야 한다.
④ 온도 변화에 의한 밀도 변화가 커야 한다.

해설 온도 변화에 의한 밀도 변화가 작아야 한다.

48 LP가스 용기의 재질로써 가장 적당한 것은?

① 주철　　② 탄소강
③ 알루미늄　　④ 두랄루민

해설 LP가스 용기는 탄소강으로 한다.

49 내용적 50L의 용기에 수압 30kgf/cm²를 가해 내압시험을 했다. 이 경우 30kgf/cm²의 수압을 걸었을 때 용기의 용적이 50.5L로 늘어났고 압력을 제거하여 대기압으로 하니 용기 용적은 50.025L로 되었다. 항구증가율(%)은?

① 0.3　　② 0.5

③ 3　　④ 5

해설 영구증가율(항구증가율)(%)
$$= \frac{영구증가량(항구증가량)}{전증가량} \times 100$$
$$= \frac{50.025 - 50}{50.5 - 50} \times 100 = 5\%$$

50 재료에 인장과 압축하중을 오랜 시간 반복적으로 작용시키면 그 응력이 인장강도보다 작은 경우에도 파괴되는 현상은?

① 인성파괴
② 피로파괴
③ 취성파괴
④ 크리프파괴

해설 피로파괴의 설명이다.

51 액화석유가스 이송용 펌프에서 발생하는 이상현상으로 가장 거리가 먼 것은?

① 캐비테이션
② 수격작용
③ 오일포밍
④ 베이퍼록

해설 펌프에서 발생하는 이상현상
㉠ 캐비테이션
㉡ 수격작용
㉢ 베이퍼록

52 대기개방식 가스보일러가 반드시 갖추어야 하는 것은?

① 과압방지용안전장치
② 저수위안전장치
③ 공기자동빼기장치
④ 압력팽창탱크

해설 저수위안전장치는 대기개방식 가스보일러가 반드시 갖추어야 한다.

정답　46 ③　47 ④　48 ②　49 ④　50 ②　51 ③　52 ②

40 액화석유가스 사용시설에서 소형 저장탱크의 저장능력이 몇 kg 이상인 경우에 과압안전장치를 설치하여야 하는가?

① 100
② 150
③ 200
④ 250

해설: 액화석유가스 사용시설에서 소형 저장탱크의 저장능력이 250kg 이상인 경우에 과압안전장치를 설치한다.

41 가스누출자동차단기를 설치하여도 설치목적을 달성할 수 없는 시설이 아닌 것은?

① 개방된 공장의 국부난방시설
② 경기장의 성화대
③ 상하방향, 전후방향, 좌우방향 중에 2방향 이상이 외기에 개방된 가스사용시설
④ 개방된 작업장에 설치된 용접 또는 절단시설

해설: 가스누출자동차단기를 설치하여도 설치목적을 달성할 수 없는 시설
㉠ 개방된 공장의 국부난방시설
㉡ 경기장의 성화대
㉢ 개방된 작업장에 설치된 용접 또는 절단시설

42 LPG 충전·저장·집단공급·판매시설·영업소의 안전성 확인 적용대상 공정이 아닌 것은?

① 지하탱크를 지하에 매설한 후의 공정
② 배관의 지하 매설 및 비파괴시험 공정
③ 방호벽 또는 지상형 저장탱크의 기초설치 공정
④ 공정상 부득이하여 안전성 확인 시 실시하는 내압·기밀시험 공정

해설: LPG 충전·저장·집단공급·판매시설·영업소의 안전성 확인 적용대상 공정
㉠ 배관의 지하 매설 및 비파괴시험 공정
㉡ 방호벽 또는 지상형 저장탱크의 기초설치 공정
㉢ 공정상 부득이하여 안전성 확인 시 실시하는 내압·기밀시험 공정

43 유독성 가스를 검지하고자 할 때 하리슨 시험지를 사용하는 가스는?

① 염소
② 아세틸렌
③ 황화수소
④ 포스겐

해설:

시험지	검지가스	반응
KI-전분지	NO_2, ClO, 할로겐	청~갈색
리트머스지	산, 알칼리	적색, 청색
염화제1동착염지	아세틸렌	적색
염화파라듐지	CO	흑색
하리슨시약	포스겐	심등색
연당지	H_2S	흑색
초산벤젠지	HCN	청색

44 사람이 사망하기 시작하는 폭발압력은 약 몇 kPa인가?

① 70
② 700
③ 1,700
④ 2,700

해설: 사람이 사망하기 시작하는 폭발압력은 700kPa이다.

45 공정에 존재하는 위험 요소들과 공정의 효율을 떨어뜨릴 수 있는 운전상의 문제점을 찾아내어 그 원인을 제거하는 정성적 안정성평가기법을 의미하는 것은?

① FTA
② ETA
③ COA
④ HAZOP

해설: HAZOP의 설명이다.

정답 40 ④ 41 ③ 42 ① 43 ④ 44 ② 45 ④

34 공기 중에서 가연성 물질을 연소시킬 때 공기 중의 산소농도를 증가시키면 연소속도와 발화온도는 각각 어떻게 되는가?

① 연소속도는 빨라지고, 발화온도는 높아진다.
② 연소속도는 빨라지고, 발화온도는 낮아진다.
③ 연소속도는 느려지고, 발화온도는 높아진다.
④ 연소속도는 느려지고, 발화온도는 낮아진다.

해설 가연성 물질 연소 시 공기 중의 산소농도를 증가시키면 연소속도는 빨라지고, 발화온도는 낮아진다.

35 0℃, 101,325Pa의 압력에서 건조한 도시가스 1m³당 유해성분인 암모니아는 몇 g을 초과하면 안 되는가?

① 0.02 ② 0.2
③ 0.3   ④ 0.5

해설 0℃, 101,325Pa의 압력에서 건조한 도시가스 1m³당 유해성분인 암모니아는 0.2g을 초과하면 안 된다.

36 수소폭명기는 수소와 산소의 혼합비가 얼마 일 때를 말하는가? (단, 수소 : 산소의 비이다.)

① 1 : 2
② 2 : 1
③ 1 : 3
④ 3 : 1

해설 수소폭명기
수소 2mole과 산소 1mole의 혼합가스는 600℃ 이상에서 심한 폭발을 일으키며 물을 생성한다.
$2H_2 + O_2 \rightarrow 2H_2O$

37 액화석유가스는 공기 중의 혼합 비율의 용량이 얼마인 상태에서 감지할 수 있도록 냄새가 나는 물질을 섞어 용기에 충전하여야 하는가?

① $\dfrac{1}{10}$ ② $\dfrac{1}{100}$
③ $\dfrac{1}{1,000}$ ④ $\dfrac{1}{10,000}$

해설 부취제의 농도는 $\dfrac{1}{1,000}$ 이다.

38 고압가스 저장능력 산정 시 액화가스의 용기 및 차량에 고정된 탱크의 산정식은? (단 W : 저장능력(kg), d : 액화가스의 비중(kg/L), V_2 : 내용적(L), C : 가스 종류에 따르는 정수)

① $W = 0.9dV_2$
② $W = \dfrac{V_2}{C}$
③ $W = 0.9dC^2$
④ $W = \dfrac{V_2}{C^2}$

해설 액화가스의 용기 및 차량에 고정된 탱크 산정식
$W = \dfrac{V_2}{C}$
여기서, W : 저장능력(kg), V_2 : 내용적
C : 가스의 정수

39 고압가스 용기 파열사고의 원인으로 가장 거리가 먼 것은?

① 용기의 내(耐)압력 부족
② 용기의 재질 불량
③ 용접상의 결함
④ 이상 압력 저하

해설 고압가스 용기의 파열사고의 원인
㉠ 용기의 내압력 부족
㉡ 용기의 재질 불량
㉢ 용접상의 결함

정답 34 ② 35 ② 36 ② 37 ③ 38 ② 39 ④

28 기준물질의 밀도에 대한 측정물질의 밀도의 비를 무엇이라고 하는가?

① 비중량   ② 비용
③ 비중   ④ 비체적

해설 비중 = $\dfrac{\text{측정물질의 밀도}}{\text{기준물질의 밀도(액체 : 물, 기체 : 공기)}}$

29 섭씨 −40℃는 화씨온도로 약 몇 °F인가?

① 32   ② 45
③ 273   ④ −40

해설
$t_F = \dfrac{9}{5} t_C + 32,\ t_F = t_C = x$

$x = \dfrac{9}{5} x + 32,\ x - \dfrac{9}{5} x = 32$

$x\left(\left(1 - \dfrac{9}{5}\right)\right) = 32,\ -\dfrac{4}{5} x = 32$

$\therefore\ x = \dfrac{-5 \times 32}{4} = -40℃(-40°F)$

또는 $t_F = \dfrac{9}{5} t_C + 32 = \dfrac{9}{5} \times (-40) + 32 = -40°F$

30 다음 중 SI 기본단위가 아닌 것은?

① 질량 : 킬로그램(kg)
② 주파수 : 헤르츠(Hz)
③ 온도 : 켈빈(K)
④ 물질량 : 몰(mol)

해설 기본적인 SI 단위

물리적인 양	단위 이름	표기
질량	킬로그램(kilogram)	kg
길이	미터(meter)	m
시간	초(second)	sec
온도	켈빈(kelvin)	K
물질의 양	몰(mole)	mol
전류	암페어(ampere)	A
빛의 세기	칸델라(candela)	Cd
평면각	라디안(radian)	rad
입체각	스테라디안(steradian)	Sr

31 가스가 누출된 경우에 제2의 누출을 방지하기 위해서 방류둑을 설치한다. 방류둑을 설치하지 않아도 되는 저장탱크는?

① 저장능력 1,000톤의 액화질소탱크
② 저장능력 10톤의 액화암모니아탱크
③ 저장능력 1,000톤의 액화산소탱크
④ 저장능력 5톤의 액화염소탱크

해설
(1) 방류둑 : 가스가 누출된 경우에 제2의 누출을 방지하기 위하여 설치한다.
(2) 방류둑을 설치하는 탱크
  ㉠ 저장능력이 1,000톤 이상인 산소 가연성 가스탱크
  ㉡ 저장능력이 5톤 이상인 독성가스탱크

32 독성가스를 사용하는 내용적이 몇 L 이상인 수액기 주위에 액상의 가스가 누출된 경우에 대비하여 방류둑을 설치하여야 하는가?

① 1,000
② 2,000
③ 5,000
④ 10,000

해설 독성가스를 사용하는 내용적이 10,000L 이상인 수액기 주위에 액상의 가스가 누출될 경우에 대비하여 방류둑을 설치한다.

33 아세틸렌가스를 2.5MPa의 압력으로 압축할 때 사용되는 희석제가 아닌 것은?

① 질소
② 메탄
③ 일산화탄소
④ 아세톤

해설 아세틸렌가스 희석제
메탄(CH_4), 일산화탄소(CO), 수소(H_2), 프로판(C_3H_8), 질소(N_2), 에틸렌(C_2H_4), 탄산가스(CO_2)

정답 28 ③ 29 ④ 30 ② 31 ① 32 ④ 33 ④

② 기체에는 맥동이 없고 연속적으로 압축한다.
③ 토출압력의 변화에 의한 용량 변화가 크다.
④ 소음방지장치가 필요하다.

해설 토출압력의 변화에 의한 용량 변화가 작다.

21 유속이 일정한 장소에서 전압과 정압의 차이를 측정하여 속도수두에 따른 유속을 구하여 유량을 측정하는 형식의 유량계는?
① 피토관식 유량계
② 열선식 유량계
③ 전자식 유량계
④ 초음파식 유량계

해설 피토관식 유량계의 설명이다.

22 2종 금속의 양끝 온도차에 따른 열기전력을 이용하여 온도를 측정하는 온도계는?
① 베크만 온도계
② 바이메탈식 온도계
③ 열전대 온도계
④ 전기저항 온도계

해설 열전대 온도계의 설명이다.

23 적외선 흡광방식으로 차량에 탑재하여 메탄의 누출 여부를 탐지하는 것은?
① FID(Flame Ionization Detector)
② OMD(Optical Methane Detector)
③ ECD(Electron Capture Detector)
④ TCD(Thermal Conductivity Detector)

해설 OMD(Optical Methane Detector)의 설명이다.

24 다음 중 수분이 존재하였을 때 일반 강재를 부식시키는 가스는?
① 일산화탄소 ② 수소
③ 황화수소   ④ 질소

해설 황화수소(H_2S)는 수분이 존재할 때 일반 강재를 부식시킨다.

25 수소의 성질에 대한 설명 중 틀린 것은?
① 무색, 무미, 무취의 가연성 기체이다.
② 가스 중 최소의 밀도를 가진다.
③ 열전도율이 작다.
④ 높은 온도일 때에는 강제, 기타 금속 재료라도 쉽게 투과한다.

해설 수소는 열전도율이 크다.

26 다음 중 독성가스에 해당되는 것은?
① 에틸렌
② 탄산가스
③ 시클로프로판
④ 산화에틸렌

해설
① 에틸렌 : 가연성가스
② 탄산가스 : 불연성가스
③ 시클로프로판 : 가연성가스
④ 산화에틸렌 : 가연성, 독성가스

27 다음 압력이 가장 큰 것은?
① 1.01MPa   ② 5atm
③ 100inHg   ④ 88psi

해설
① 1.01MPa
② $1 : 0.101 = 5 : x$
$x = \dfrac{5 \times 0.101}{1} = 0.51 \text{MPa}$
③ $29.92 : 0.101 = 100 : x$
$x = \dfrac{100 \times 0.101}{29.92} = 0.34 \text{MPa}$
④ $14.7 : 0.101 = 88 : x$
$x = \dfrac{88 \times 0.101}{14.7} = 0.6 \text{MPa}$

정답 21 ① 22 ③ 23 ② 24 ③ 25 ③ 26 ④ 27 ①

13 고압가스 저장능력 산정기준에서 액화가스의 저장탱크 저장능력을 구하는 식은? (단, Q, W: 저장능력, P: 최고충전압력, V: 내용적, C: 가스종류에 따른 정수, d: 가스의 비중)

① $Q=(10P+1)V$
② $Q=10PV$
③ $W=\dfrac{V}{C}$
④ $W=0.9dV$

> **해설** 액화가스 저장탱크의 저장능력: $W=0.9dV$
> 여기서, W: 저장능력(kg)
> d: 가스의 비중(kg/L)
> V: 내용적(L)

14 도시가스 본관 중 중압 배관의 내용적이 9m³일 경우, 자기 압력기록계를 이용한 기밀시험 유지시간은?

① 24분 이상   ② 40분 이상
③ 216분 이상 ④ 240분 이상

> **해설** 도시가스 본관 중 중압 배관의 내용적인 9m³일 경우, 자기 압력계를 이용한 기밀시험 유지시간은 240분 이상이다.

15 수소의 폭발한계는 4~75v%이다. 수소의 위험도는 약 얼마인가?

① 0.9   ② 17.75
③ 18.7   ④ 19.75

> **해설** 수소의 위험도 $(H)=\dfrac{U-L}{L}=\dfrac{75-4}{4}=17.75$

16 왕복펌프에 사용하는 밸브 중 점성액이나 고형물이 들어 있는 액에 적합한 밸브는?

① 원판밸브   ② 윤형밸브
③ 플래트밸브 ④ 구밸브

> **해설** 구밸브의 설명이다.

17 주로 탄광 내에서 CH_4의 발생을 검출하는 데 사용되며 청염(푸른 불꽃)의 길이로써 그 농도를 알 수 있는 가스검지기는?

① 안전등형   ② 간섭계형
③ 열선형   ④ 흡광광도형

> **해설** 안전등형 가스검지기에 관한 설명이다.

18 다음 중 비접촉식 온도계에 해당되지 않는 것은?

① 광전관 온도계
② 색 온도계
③ 방사 온도계
④ 압력식 온도계

> **해설** ㉠ 비접촉식 온도계: 광전관 온도계, 색 온도계, 방사 온도계
> ㉡ 접촉식 온도계: 압력식 온도계

19 20RT의 냉동능력을 갖는 냉동기에서 응축온도 30℃, 증발온도가 -25℃일 때 냉동기를 운전하는 데 필요한 냉동기의 성적계수(COP)는 약 얼마인가?

① 4.5   ② 7.5
③ 14.5   ④ 17.5

> **해설** 냉동기의 성적계수 $(COP)_R$
> $=\dfrac{T_2}{T_1-T_2}=\dfrac{273-25}{(273+30)-(273-25)}=4.5$
> COP: Coefficient Of Performance Refrigerator

20 나사압축기(Screw Compressor)의 특징에 대한 설명으로 틀린 것은?

① 흡입, 압축, 토출의 3행정으로 이루어져 있다.

④ 도시가스 중 유해 성분은 건조한 도시가스 1m³당 황전량은 0.5g 이하를 유지해야 한다.

해설 정압기 출구에서 측정한 가스 압력은 1kPa 이상 2.5kPa 이내를 유지해야 한다.

06 고압가스의 분출에 대하여 정전기가 가장 발생되기 쉬운 경우는?
① 가스가 충분히 건조되어 있을 경우
② 가스 속에 고체의 미립자가 있을 경우
③ 가스 분자량이 작은 경우
④ 가스 비중이 큰 경우

해설 고압가스 분출에 대하여 정전기가 발생하기 쉬운 경우는 가스 속에 고체의 미립자가 있는 경우이다.

07 긴급용 벤트스택 방출구의 위치는 작업원이 정상 작업을 하는 데 필요한 장소 및 작업원이 항시 통행하는 장소로부터 몇 m 이상 떨어진 곳에 설치하여야 하는가?
① 5 ② 7 ③ 10 ④ 15

해설 긴급용 벤트스택 방출구의 위치는 작업원이 정상 작업을 하는 데 필요한 장소 및 작업원이 항시 통행하는 장소로부터 10m 이상 떨어진 곳에 설치한다.

08 도시가스 매설배관의 보호판은 누출가스가 지면으로 확산되도록 구멍을 뚫는데, 그 간격의 기준으로 옳은 것은?
① 1m 이하 간격
② 2m 이하 간격
③ 3m 이하 간격
④ 5m 이하 간격

해설 도시가스 매설배관의 보호판을 누출가스가 지면으로 확산이 되도록 2m 이하의 간격으로 구멍을 뚫는다.

09 긴급차단장치의 조작 동력원이 아닌 것은?
① 액압 ② 기압
③ 전기 ④ 차압

해설 긴급차단장치의 조작 동력원
액압, 기압, 전기

10 도시가스 사용시설의 노출배관에 의무적으로 표시하여야 하는 사항이 아닌 것은?
① 최고사용압력 ② 가스 흐름 방향
③ 사용가스명   ④ 공급자명

해설 도시가스 사용시설의 노출배관에 의무적으로 표시하여야 하는 사항
㉠ 최고사용압력
㉡ 가스 흐름 방향
㉢ 사용가스명

11 독성가스의 충전용기를 차량에 적재하여 운반 시 그 차량의 앞뒤 보기 쉬운 곳에 반드시 표시해야 할 사항이 아닌 것은?
① 위험 고압가스
② 독성가스
③ 위험을 알리는 도형
④ 제조회사

해설 독성가스 충전용기 차량 표시사항
㉠ 위험 고압가스
㉡ 독성가스
㉢ 위험을 알리는 도형

12 도시가스배관의 관경이 25mm인 것은 몇 m 마다 고정하여야 하는가?
① 1 ② 2 ③ 3 ④ 4

해설 도시가스배관의 조정장치

배관이 관경	설치기준
13mm 미만	1m마다
13mm 미만 33mm 미만	2m마다
33mm 이상	3m마다

정답 06 ② 07 ③ 08 ② 09 ④ 10 ④ 11 ④ 12 ②

2019 가스기능사 (7. 13. 시행)

01 아르곤(Ar)가스 충전용기의 도색은 어떤 색상으로 하여야 하는가?
① 백색   ② 녹색
③ 갈색   ④ 회색

해설 ㉠ 가연성가스 및 독성가스 용기의 도색

가스의 종류	도색의 구분
수소	주황색
아세틸렌	황색
액화석유가스	회색
액화암모니아	백색
액화염소	갈색
그 밖의 가스	회색

㉡ 아르곤(Ar)가스는 그 밖의 가스에 해당되므로 회색이다.

02 충전용기를 차량에 적재하여 운반하는 도중에 주차하고자 할 때 주의 사항으로 옳지 않은 것은?
① 충전용기를 싣거나 내릴 때를 제외하고는 제1종 보호시설의 부근 및 제2종 보호시설이 밀집된 지역을 피한다.
② 주차 시는 엔진을 정지시킨 후 주차 제동장치를 걸어 놓는다.
③ 주차를 하고자 하는 주위의 교통상황·지형조건·화기 등을 고려하여 안전한 장소를 택하여 주차한다.
④ 주차 시에는 긴급한 사태를 대비하여 바퀴 고정목을 사용하지 않는다.

해설 주차 시에는 긴급한 사태를 대비하여 바퀴 고정목을 사용한다.

03 방 안에서 가스 난로를 사용하다가 사망하는 사고가 발생하였다. 다음 중 이 사고의 주된 원인은?
① 온도 상승에 의한 질식
② 산소 부족에 의한 질식
③ 탄산가스에 의한 질식
④ 질소와 탄산가스에 의한 질식

해설 방 안에서 가스 난로를 사용하다가 사망하는 사고가 발생하였다면, 이 사고의 주된 원인은 산소 부족에 의한 질식 사고이다.

04 국내 일반 가정에 공급되는 도시가스(LNG)의 발열량은 약 몇 kcal/m³인가? (단, 도시가스 월 사용 예정량의 산정 기준에 따른다.)
① 9,000   ② 10,000
③ 11,000 ④ 12,000

해설 국내 일반 가정에 공급되는 도시가스의 발열량은 11,000kcal/m³이다.

05 도시가스가 안전하게 공급되어 사용되기 위한 조건으로 옳지 않은 것은?
① 공급하는 가스에 공기 중의 혼합 비율의 용량이 $\frac{1}{1,000}$ 상태에서 감지할 수 있는 냄새가 나는 물질을 첨가해야 한다.
② 정압기 출구에서 측정한 가스 압력은 1.5kPa 이상 2.5kPa 이내를 유지해야 한다.
③ 웨버 지수는 표준 웨버 지수의 ±4.5% 이내를 유지해야 한다.

정답 01 ④ 02 ④ 03 ② 04 ③ 05 ②

57 다음 중 염소의 용도로 적합하지 않은 것은?

① 소독용으로 쓰인다.
② 염화비닐 제조의 원료이다.
③ 표백제로 쓰인다.
④ 냉매로 사용된다.

해설 염소는 포스겐, 클로로포름, 사염화탄소 등의 원료로 사용한다.

58 프로판의 착화온도는 약 몇 ℃ 정도인가?

① 460~520   ② 550~590
③ 600~660   ④ 680~740

해설 C_3H_8의 착화온도 : 460~520℃

59 다음 중 불연성가스는?

① 수소   ② 헬륨
③ 아세틸렌   ④ 히드라진

해설
① 수소 : 가연성가스
② 헬륨 : 불연성가스
③ 아세틸렌 : 용해가스
④ 히드라진 : 인화성 액체

60 아세틸렌 충전 시 첨가하는 다공질물의 구비 조건이 아닌 것은?

① 화학적으로 안정할 것
② 기계적인 강도가 클 것
③ 가스의 충전이 쉬울 것
④ 다공도가 작을 것

해설 다공질물의 구비조건
㉠ 고다공일 것
㉡ 기계적 강도가 있을 것
㉢ 가스 충전이 용이할 것
㉣ 안전성이 있을 것
㉤ 경제적일 것
㉥ 화학적으로 안정할 것
㉦ 가스 공급이 용이할 것

정답 57 ④ 58 ① 59 ② 60 ④

51 암모니아합성법 중에서 고압합성에 사용되는 방식은?

① 카자레법
② 신 파우서법
③ 케미크법
④ 구 우데법

해설 압력에 따른 암모니아 합성법

구분	압력	방법
고압합성	60~100MPa	클로우드법, 카자레법
중압합성	30MPa	IG법, 신 파우서법, 신 우데법, 케미크법, JIC법, 동공시법
저압합성	15MPa	구 우데법, 켈로그법

52 다음 중 왕복식 펌프에 해당하지 않는 것은?

① 플런저 펌프
② 피스톤 펌프
③ 다이어프램 펌프
④ 기어 펌프

해설 왕복식 펌프
㉠ 플런저 펌프
㉡ 피스톤 펌프
㉢ 다이어프램 펌프

53 이상기체에 대한 설명으로 옳은 것은?

① 일정 온도에서 기체 부피는 압력에 비례한다.
② 일정 압력에서 부피는 온도에 반비례한다.
③ 일정 부피에서 압력은 온도에 반비례한다.
④ 보일-샤를의 법칙을 따르는 기체를 말한다.

해설 이상기체는 보일-샤를의 법칙을 따르는 기체를 말한다.

54 산소가스가 27℃에서 130kgf/cm²의 압력으로 50kg이 충전되어 있다. 이때 부피는 몇 m³인가?(단, 산소의 정수는 26.5kgf·m/kg·k이다.)

① 0.25   ② 0.28
③ 0.30   ④ 0.43

해설 $PV = GRT$에서

$$V = \frac{GRT}{P} = \frac{50 \times 26.5 \times (27+273)}{130 \times 10^4} = 0.305 m^3$$

55 화씨 86°F는 절대온도로 몇 K인가?

① 233K
② 303K
③ 490K
④ 522K

해설
$$t_C = \frac{5}{9}(t_F - 32) = \frac{5}{9}(86-32) = 30℃$$
$$\therefore T = t_C + 273 = 30 + 273 = 303K$$

56 다음 중 가장 낮은 압력은?

① 1bar
② 0.99atm
③ 28.56inHg
④ 10.3mH₂O

해설 1atm=101,325Pa=101.325kPa=10.33mAq(=mH₂O)=29.92inHg=1.01325bar

① $1 : 1.01325 = x : 1$
$$x = \frac{1 \times 1}{1.01325} = 0.987 atm$$
② 0.99atm
③ $29.92 : 1 = 28.56 : x$
$$x = \frac{1 \times 28.56}{29.92} = 0.955 atm$$
④ $10.33 : 1 = 10.3 : x$
$$x = \frac{10.3 \times 1}{10.33} = 0.997 atm$$

정답 51 ① 52 ④ 53 ④ 54 ③ 55 ② 56 ③

해설
① 아세틸렌 : 용해가스, 프로판 : 가연성가스
② 수소 : 가연성가스, CO_2 : 불연성가스
③ 암모니아, 산화에틸렌 : 가연성이며 독성가스
④ 아황산가스, 포스겐 : 독성가스

45 고압가스 용기보관의 기준에 대한 설명으로 틀린 것은?
① 용기 보관장소 주위에 2m 이내에는 화기를 두지 말 것
② 가연성가스·독성가스 및 산소의 용기는 각각 구분하여 용기 보관장소에 놓을 것
③ 가연성가스를 저장하는 곳에는 방폭형 휴대용 손전등 이외의 등화를 휴대하지 말 것
④ 충전용기와 잔가스용기는 서로 단단히 결속하여 넘어지지 않도록 할 것

해설 충전용기와 잔가스용기는 서로 결속하면 안 된다.

46 공기액화분리장치의 내부 세정액으로 가장 적당한 것은?
① 가성소다   ② 사염화탄소
③ 물   ④ 묽은 염산

해설 공기액화분리장치의 내부 세정액은 사염화탄소이다.

47 가스액화분리장치의 구성 3요소가 아닌 것은?
① 한랭발생장치
② 정류장치
③ 불순물제거장치
④ 유회수장치

해설 가스액화분리장치의 구성 3요소
㉠ 한랭발생장치
㉡ 정류장치
㉢ 불순물제거장치

48 2단 감압조정기의 장점이 아닌 것은?
① 공급 압력이 안정하다.
② 배관이 가늘어도 된다.
③ 장치가 간단하다.
④ 각 연소기구에 알맞은 압력으로 공급이 가능하다.

해설 2단 감압 조정기의 장점
㉠ 공급 압력이 안정하다.
㉡ 배관이 가늘어도 된다.
㉢ 각 연소기구에 알맞은 압력으로 공급이 가능하다.

49 다음 각종 온도계에 대한 설명으로 옳은 것은?
① 저항온도계는 이종 금속 2종류의 양단을 용접 또는 납붙임으로 양단의 온도가 다를 때 발생하는 열기전력의 변화를 측정하여 온도를 구한다.
② 유리제온도계의 봉입액으로 수은을 쓴 것은 -30~350℃ 정도의 범위에서 사용된다.
③ 온도계의 온도검출부는 열용량이 크면 좋다.
④ 바이메탈식 온도계는 온도에 따른 전기적 변화를 이용한 온도계이다.

해설 유리제온도계의 봉입액으로 수은을 쓴 것은 -30~350℃ 정도의 범위에서 사용을 한다.

50 유체가 5m/sec의 속도로 흐를 때 이 유체의 속도수두는 약 몇 m인가?(단, 중력가속도는 9.8m/sec^2이다.)
① 0.98m
② 1.28m
③ 12.2m
④ 14.1m

해설 $h = \dfrac{V^2}{2g} = \dfrac{5^2}{2 \times 9.8} = 1.28\text{m}$

정답 45 ④ 46 ② 47 ④ 48 ③ 49 ② 50 ②

39 도시가스배관에 설치하는 전위측정용 터미널의 간격을 옳게 나타낸 것은?

① 희생양극법 : 300m 이내, 외부전원법 : 400m 이내
② 희생양극법 : 300m 이내, 외부전원법 : 500m 이내
③ 희생양극법 : 400m 이내, 외부전원법 : 500m 이내
④ 희생양극법 : 400m 이내, 외부전원법 : 600m 이내

해설 도시가스배관에 설치하는 전위측정용 터미널의 간격
㉠ 희생양극법 : 300m 이내
㉡ 외부전원법 : 500m 이내

40 비중이 공기보다 커서 바닥에 체류하는 가스로만 나열된 것은?

① 프로판, 염소, 포스겐
② 프로판, 수소, 아세틸렌
③ 염소, 암모니아, 아세틸렌
④ 염소, 포스겐, 암모니아

해설 공기의 평균 분자량 : 29
① 프로판(C_3H_8):44, 염소(Cl_2):71, 포스겐($COCl_2$) : 99
② 프로판(C_3H_8):44, 수소(H_2):2, 아세틸렌(C_2H_2) : 26
③ 염소(Cl_2):71, 암모니아(NH_3):17, 아세틸렌(C_2H_2) : 26
④ 염소(Cl_2):71, 포스겐($COCl_2$):99, 암모니아(NH_3) : 17

41 다음 ( ) 안에 들어갈 수 있는 경우로 옳지 않은 것은?

액화천연가스의 저장설비 및 처리설비는 그 외면으로부터 사업소 경계까지 일정 규모 이상의 안전거리를 유지하여야 한다. 이때 사업소 경계가 ( )의 경우에는 이들의 반대편 끝을 경계로 보고 있다.

① 산
② 호수
③ 하천
④ 바다

해설 액화천연가스의 저장설비 및 처리설비는 그 외면으로부터 사업소 경계까지 일정 규모 이상의 안전거리를 유지하여야 한다. 이때 사업소 경계가 바다의 경우에는 이들의 반대편 끝을 경계로 보고 있다.

42 도시가스 사용시설 중 호스의 길이는 연소기까지 몇 m 이내로 하여야 하는가?

① 1m
② 2m
③ 3m
④ 4m

해설 도시가스 사용시설의 호스 길이는 연소기까지 3m 이내로 한다.

43 고압가스 일반제조시설의 저장탱크를 지하에 매설하는 경우의 기준에 대한 설명으로 틀린 것은?

① 저장탱크 외면에는 부식방지 코팅을 한다.
② 저장탱크는 천장, 벽, 바닥의 두께가 각각 10cm 이상의 콘크리트로 설치한다.
③ 저장탱크 주위에는 마른 모래를 채운다.
④ 저장탱크에 설치한 안전밸브에는 지면에서 5m 이상의 높이에 방출구가 있는 가스방출관을 설치한다.

해설 저장탱크는 천장, 벽, 바닥의 두께가 각각 30cm 이상의 콘크리트로 설치한다.

44 다음 중 가연성이며 독성인 가스는?

① 아세틸렌, 프로판
② 수소, 이산화탄소
③ 암모니아, 산화에틸렌
④ 아황산가스, 포스겐

정답 39 ② 40 ① 41 ① 42 ③ 43 ② 44 ③

33 LPG 사용시설에서 가스누출경보장치 검지부 설치높이의 기준으로 옳은 것은?

① 지면에서 30cm 이내
② 지면에서 60cm 이내
③ 천장에서 30cm 이내
④ 천장에서 60cm 이내

해설 LPG 사용시설에서 가스누출경보장치 검지부 설치높이는 지면에서 30cm 이내이다.

34 배관을 지하에 매설하는 경우 배관은 그 외면으로부터 도로 밑의 다른 시설물과 몇 m 이상 거리를 유지하여야 하는가?

① 0.2 ② 0.3
③ 0.5 ④ 1

해설 배관을 지하에 매설하는 경우 배관은 그 외면으로부터 도로 밑의 다른 시설물과 0.3m 이상 거리를 유지한다.

35 0℃, 101,325Pa의 압력에서 건조한 도시가스 $1m^3$당 유해성분인 암모니아는 몇 g을 초과하면 안 되는가?

① 0.02 ② 0.2
③ 0.3 ④ 0.5

해설 0℃, 101,325Pa의 압력에서 건조한 도시가스 $1m^3$당 유해성분인 암모니아는 0.2g을 초과하면 안 된다.

36 하천의 바닥이 경암으로 이루어져 도시가스 배관의 매설깊이를 유지하기 곤란하여 배관을 보호조치한 경우에는 배관의 외면과 하천 바닥면의 경암 상부와의 최소거리는 얼마이어야 하는가?

① 1.0m ② 1.2m
③ 2.5m ④ 4m

해설 하천의 바닥이 경암으로 이루어져 있는 도시가스배관의 매설깊이에서 배관의 외면과 하천 바닥면의 경암 상부는 1.2m이다.

37 탄화수소에서 탄소수가 증가할수록 높아지는 것은?

① 증기압 ② 발화점
③ 비등점 ④ 폭발하한계

해설 탄화수소에서 탄소수가 증가할수록
㉠ 비등점은 높아진다.
㉡ 증기압, 발화점, 폭발하한계는 낮아진다.
㉢ 연소열은 증가한다.

38 발화온도의 폭발등급에 의한 위험성을 비교하였을 때 위험도가 가장 큰 것은?

① 부탄
② 암모니아
③ 아세트알데히드
④ 메탄

해설 발화도는 가연성 기체의 발화온도에 따라서 5개 group으로 분류한다. 그 위험도에 따라서 폭발등급과 함께 방폭전기기기용의 분류로도 쓰인다.

분류	발화온도 범위(℃)	종류
G_1	450℃ 이상	크실렌, 클로로벤젠, 메틸아세테이트, 에틸아세테이트, 벤젠, 메탄, 메틸알코올, 수성가스, 석탄가스, 아세톤, 암모니아, 에탄, MEK, 톨루엔, 프로판
G_2	300~450℃	산화에틸렌, 아세틸렌, 에틸알코올, 에틸렌, 부탄, 산화프로필렌
G_3	200~300℃	옥탄, 펜탄, 가솔린, 이소프렌, 헥산
G_4	135~200℃	아세트알데히드, 에테르
G_5	100~135℃	CS_2

정답 33 ① 34 ② 35 ② 36 ② 37 ③ 38 ③

27 LPG(액화석유가스)의 일반적인 특징에 대한 설명으로 틀린 것은?

① 저장탱크 또는 용기를 통해 공급된다.
② 발열량이 크고 열효율이 높다.
③ 가스는 공기보다 무거우나 액체는 물보다 가볍다.
④ 물에 녹지 않으며, 연소 시 메탄에 비해 공기량이 적게 소요된다.

해설 물에 녹지 않으며 연소 시 메탄에 비해 공기량이 많이 소요된다.

28 탄소 2Kg을 완전연소시켰을 때 발생되는 연소가스는 약 몇 Kg인가?

① 3.67   ② 7.33
③ 5.87   ④ 8.89

해설 $C + O_2 \rightarrow CO_2$

12 44
2   x

$\therefore x = \dfrac{44 \times 2}{12} = 7.33 kg$

29 프로판(C_3H_8) 1m³를 완전연소시킬 때 필요한 이론 산소량은 몇 m³인가?

① 5   ② 10
③ 15   ④ 20

해설 $C_3H_8 + 5O_2 \rightarrow 3CO_2 + 4H_2O$
1m³   5m³
∴ 5m³

30 다음 중 '제2종 영구기관은 존재할 수 없다. 제2종 영구기관의 존재 가능성을 부인한다.' 라고 표현되는 법칙은?

① 열역학 제0법칙
② 열역학 제1법칙
③ 열역학 제2법칙
④ 열역학 제3법칙

해설
① 열역학 제0법칙 : 온도가 서로 다른 두 물체를 접촉시키면 높은 온도를 지닌 물체의 온도는 내려가고 낮은 온도의 물체는 온도가 올라가서, 두 물체의 온도차가 없어지고 두 물체는 열평형이 된다.
② 열역학 제1법칙 : 에너지보존의 법칙이라 하며 열은 일에너지로, 일에너지는 열로 상호 쉽게 바뀌어질 수 있으며 그 비는 일정하다.
③ 열역학 제2법칙 : 제2종 연구기관은 존재할 수 없다. 제2종 연구기관의 존재 가능성을 부인한다.
④ 열역학 제3법칙 : 어떤 이상적인 방법으로도 어떤 계를 절대영도(K)에 이르게 할 수 없다는 법칙이다.

31 가연성가스와 산소의 혼합비가 완전산화에 가까울수록 발화지연은 어떻게 되는가?

① 길어진다.   ② 짧아진다.
③ 변함이 없다. ④ 일정치 않다.

해설 가연성가스와 산소의 혼합비가 완전산화에 가까울수록 발화지연은 짧아진다.

32 제조소에 설치하는 긴급차단장치에 대한 설명으로 옳지 않은 것은?

① 긴급차단장치는 저장탱크 주밸브의 외측에 가능한 한 저장탱크와 가까운 위치에 설치해야 한다.
② 긴급차단장치는 저장탱크 주밸브와 겸용으로 하여 신속하게 차단할 수 있어야 한다.
③ 긴급차단장치의 동력원은 그 구조에 따라 액압, 기압, 전기 또는 스프링 등으로 할 수 있다.
④ 긴급차단장치는 당해 저장탱크 외면으로부터 5m 이상 떨어진 곳에서 조작할 수 있어야 한다.

해설 긴급차단장치는 저장탱크 주밸브와 겸용으로 하면 안 된다.

정답 27 ④ 28 ② 29 ① 30 ③ 31 ② 32 ②

20 유속이 일정한 장소에서 전압과 정압의 차이를 측정하여 속도수두에 따른 유속을 구하여 유량을 측정하는 형식의 유량계는?

① 피토관식 유량계
② 열선식 유량계
③ 전자식 유량계
④ 초음파식 유량계

해설 피토관식 유량계의 설명이다.

21 2종 금속의 양끝 온도차에 따른 열기전력을 이용하여 온도를 측정하는 온도계는?

① 베크만 온도계
② 바이메탈식 온도계
③ 열전대 온도계
④ 전기저항 온도계

해설 열전대 온도계의 설명이다.

22 적외선 흡광방식으로 차량에 탑재하여 메탄의 누출 여부를 탐지하는 것은?

① FID(Flame Ionization Detector)
② OMD(Optical Methane Detector)
③ ECD(Electron Capture Detector)
④ TCD(Thermal Conductivity Detector)

해설 OMD(Optical Methane Detector)의 설명이다.

23 다음 (보기)의 성질을 갖는 기체는?

[보기]
1. 2중 결합을 가지므로 각종 부가반응을 일으킨다.
2. 무색, 독특한 감미로운 냄새를 지닌 기체이다.
3. 물에는 거의 용해되지 않으나 알코올, 에테르에는 잘 용해된다.
4. 아세트알데히드, 산화에틸렌, 에탄올, 이산화에틸렌 등을 얻는다.

① 아세틸렌
② 프로판
③ 에틸렌
④ 프로필렌

해설 에틸렌(C_2H_4)의 설명이다.

24 산소(O_2)에 대한 설명 중 틀린 것은?

① 무색, 무취의 기체이며 물에는 약간 녹는다.
② 가연성가스이나 그 자신은 연소하지 않는다.
③ 용기의 도색은 일반 공업용이 녹색, 의료용이 백색이다.
④ 저장용기는 무계목용기를 사용한다.

해설 조연성가스이나 그 자신은 연소하지 않는다.

25 가스의 비열비의 값은?

① 언제나 1보다 작다.
② 언제나 1보다 크다.
③ 1보다 크기도 하고 작기도 하다.
④ 0.5와 1 사이의 값이다.

해설 가스의 비열비는 언제나 1보다 크다.

26 다음 중 가스크로마토그래피의 캐리어가스로 사용되는 것은?

① 헬륨
② 산소
③ 불소
④ 염소

해설 캐리어가스
전개가스라고도 하며, He, Ar 등의 비활성 기체와 H_2, N_2 등이 사용된다.

정답 20 ① 21 ③ 22 ② 23 ③ 24 ② 25 ② 26 ①

③ 급기통과 배기통의 접속부
④ 가스보일러 급기통의 접속부

해설 가스보일러에서 배기통과 가스보일러의 접속부는 내열 실리콘으로 마감조치를 하여 기밀이 유지되도록 하여야 한다.

13 다음 중 2중 배관으로 하지 않아도 되는 가스는?
① 일산화탄소 ② 시안화수소
③ 염소 ④ 포스겐

해설 2중관으로 하여야 하는 가스
㉠ 고압가스 일반제조 : 포스겐, 황화수소, 시안화수소, 아황산가스, 산화에틸렌, 암모니아, 염소, 염화메탄
㉡ 고압가스 특정제조 : 포스겐, 황화수소, 시안화수소, 아황산가스, 아세트알데히드, 염소, 불소

14 가스의 경우 폭굉(Detonation)의 연소속도는 약 몇 m/s 정도인가?
① 0.03~10
② 10~50
③ 100~600
④ 1,000~3,000

해설 폭굉의 연소속도 : 1,000~3,000m/sec

15 다음 가스 폭발의 위험성평가기법 중 정량적 평가방법은?
① HAZOP(위험성운전분석기법)
② FTA(결함수분석기법)
③ Check List법
④ WHAT-IF(사고예상질문 분석기법)

해설 가스폭발의 위험성평가기법 중 정량적 평가방법은 FTA(결함수분석기법)이다.

16 가스액화분리장치의 축냉기에 사용되는 축냉체는?
① 규조토 ② 자갈
③ 암모니아 ④ 희가스

해설 가스액화분리장치의 축냉기에 사용되는 축냉체는 자갈이다.

17 압력계의 측정방법에는 탄성을 이용하는 것과 전기적 변화를 이용하는 방법 등이 있다. 다음 중 전기적 변화를 이용하는 압력계는?
① 부르동관 압력계
② 벨로즈 압력계
③ 스트레인 게이지
④ 다이어프램 압력계

해설 압력계의 측정방법
㉠ 탄성을 이용하는 것 : 부르동관 압력계, 벨로즈 압력계, 다이어프램 압력계
㉡ 전기적 변화를 이용하는 것 : 스트레인 게이지

18 다음 중 저온단열법이 아닌 것은?
① 분말섬유단열법
② 고진공단열법
③ 다층진공단열법
④ 분말진공단열법

해설 저온단열법의 종류
㉠ 고진공단열법
㉡ 다층진공단열법
㉢ 분말진공단열법

19 언로딩형과 로딩형이 있으며 대용량이 요구되고 유량제어 범위가 넓은 경우에 적합한 정압기는?
① 피셔식 정압기
② 레이놀드식 정압기
③ 파일럿식 정압기
④ 액셜플로식 정압기

해설 파일럿식 정압기의 설명이다.

정답 13① 14④ 15② 16② 17③ 18① 19③

07 용기 내부에서 가연성가스의 폭발이 발생할 경우 그 용기가 폭발 압력에 견디고, 접합면, 개구부 등을 통하여 외부의 개구부 등을 통하여 외부의 가연성가스에 인화되지 아니하도록 한 방폭구조는?

① 내압방폭구조
② 압력방폭구조
③ 유입방폭구조
④ 안전증방폭구조

해설
① 내압방폭구조 : 용기 내부에서 가연성가스의 폭발이 발생할 경우 그 용기가 폭발 압력에 견디고, 접합면, 개구부 등을 통하여 외부의 가연성가스에 인화되지 아니하도록 한 구조
② 압력방폭구조 : 점화원이 될 우려가 있는 부분을 용기 안에 넣고 신선한 공기나 불활성 기체를 용기 안으로 봉입함으로써 폭발성 가스가 침입하는 것을 방지하는 구조
③ 유입방폭구조 : 전기 불꽃을 발생하는 부분을 기름 속에 잠기게 함으로써 기름면 위 또는 용기 외부에 존재하는 폭발성 분위기에 착화할 우려가 없도록 한 구조
④ 안전증방폭구조 : 정상 상태에서 폭발성 분위기의 점화원이 되는 전기 불꽃 및 고온부 등이 발생하지 않는 전기기기에 대하여 이들이 발생할 염려가 없도록 전기적, 기계적 또는 구조적으로 안전도를 증강시킨 구조

08 LP가스 충전설비의 작동 상황 점검주기로 옳은 것은?

① 1일 1회 이상
② 1주일 1회 이상
③ 1월 1회 이상
④ 1년 1회 이상

해설 LP가스 충전설비의 작동 상황 점검주기는 1일 1회 이상이다.

09 액화염소가스 1,375kg을 용량 50L인 용기에 충전하려면 몇 개의 용기가 필요한가? (단, 액화염소가스의 정수(C)는 0.8이다.)

① 20   ② 22
③ 25   ④ 27

해설
$W = \dfrac{V}{C} = \dfrac{50}{0.8} = 62.5$kg

용기 개수 $= \dfrac{1,375}{62.5} = 22$개

10 다음 중 고압가스 운반기준 위반사항은?

① LPG와 산소를 동일 차량에 그 충전 용기의 밸브가 서로 마주보지 않도록 적재한다.
② 운반 중 충전용기를 40℃ 이하로 유지하였다.
③ 비독성 압축 가연성가스 500m³를 운반 시 운반책임자를 동승시키지 않고 운반하였다.
④ 200km 이상의 거리를 운행하는 경우에 중간에 충분한 휴식을 취하였다.

해설 비독성 압축 가연성 가스 500m³를 운반 시 운반책임자를 동승시켜야 한다.

11 다음 중 고압가스 처리설비로 볼 수 없는 것은?

① 저장탱크에 부속된 펌프
② 저장탱크에 부속된 안전밸브
③ 저장탱크에 부속된 압축기
④ 저장탱크에 부속된 기화장치

해설 고압가스 처리설비
㉠ 저장탱크에 부속된 펌프
㉡ 저장탱크에 부속된 압축기
㉢ 저장탱크에 부속된 기화장치

12 가스보일러 설치기준에 따라 반드시 내열 실리콘으로 마감조치를 하여 기밀이 유지되도록 하여야 하는 부분은?

① 배기통과 가스보일러의 접속부
② 배기통과 배기통의 접속부

2019 가스기능사 (4. 6. 시행)

01 가스도매사업의 가스공급시설·기술 기준에서 배관에 도색하여야 하는 색상은?

① 흑색　　② 황색
③ 적색　　④ 회색

해설
㉠ 가스도매사업의 가스공급시설·기술 기준 배관을 지상에 설치할 경우 배관 도색 : 황색
㉡ 중압배관 : 적색

02 가스의 폭발에 대한 설명 중 틀린 것은?

① 폭발범위가 넓은 것은 위험하다.
② 가스의 비중이 큰 것은 낮은 곳에 체류할 위험이 있다.
③ 안전간격이 큰 것일수록 위험하다.
④ 폭굉은 화염전파속도가 음속보다 크다.

해설
㉠ 안전간격이 작은 것일수록 위험하다.
㉡ 폭발 등급에 따른 안전간격

구분 등급	안전간격	가스의 종류
폭발 1등급	0.6mm 이상	메탄, 에탄, 프로판, n-부탄, 가솔린, 일산화탄소, 암모니아, 아세톤, 벤젠, 에틸에테르
폭발 2등급	0.6~0.4mm	에틸렌, 석탄가스
폭발 3등급	0.4mm 이하	수소, 아세틸렌, 이황화탄소, 수성가스

03 배관의 표지판은 배관이 설치되어 있는 경로에 따라 배관의 위치를 정확히 알 수 있도록 설치하여야 한다. 지상에 설치된 배관은 표지판을 몇 m 이하의 간격으로 설치하여야 하는가?

① 100　　② 300
③ 500　　④ 1,000

해설
지상에 설치된 배관은 표지판을 1,000m 이하의 간격으로 설치한다.

04 일산화탄소와 공기의 혼합가스 폭발범위는 고압일수록 어떻게 변하는가?

① 넓어진다.　　② 변하지 않는다.
③ 좁아진다.　　④ 일정치 않다.

해설
일반적으로 가스 압력이 높아질수록 발화온도는 낮아지고, 폭발범위는 넓어진다. 일산화탄소와 공기의 혼합가스는 압력이 높아질수록 폭발범위가 좁아진다.

05 가연성가스의 제조설비 중 전기설비를 방폭 성능을 가지는 구조로 갖추지 아니하여도 되는 가스는?

① 암모니아
② 염화메탄
③ 아크릴알데히드
④ 산화에틸렌

해설
가연성가스 제조설비 중 전기설비는 방폭구조로(암모니아와 브롬화메탄은 제외)한다.

06 고압가스의 제조 장치에서 누출되고 있는 것을 그 냄새로 알 수 있는 가스는?

① 일산화탄소　　② 이산화탄소
③ 염소　　④ 아르곤

해설
염소는 황록색의 기체로 상온에서 강한 자극성의 냄새가 나는 맹독성 기체로서 고압가스의 제조 장치에서 누출되고 있는 것을 냄새로 알 수 있다.

정답　01 ②　02 ③　03 ④　04 ③　05 ①　06 ③

60 독성가스의 저장탱크에는 그 가스의 용량을 탱크 내용적의 몇 %까지 채워야 하는가?

① 80%   ② 85%
③ 90%   ④ 95%

해설 독성가스의 저장탱크에는 그 가스의 용량을 탱크 내용적의 90%까지 채운다.

정답 60 ③

53 표준상태에서 산소의 밀도는 몇 g/L인가?
① 1.33 ② 1.43
③ 1.53 ④ 1.63

해설 $\dfrac{32g}{22.4L} = 1.43 g/L$

54 다음 중 화씨온도와 가장 관계가 깊은 것은?
① 표준대기압에서 물의 어는점을 0으로 한다.
② 표준대기압에서 물의 어는점을 12로 한다.
③ 표준대기압에서 물의 끓는점을 100으로 한다.
④ 표준대기압에서 물의 끓는점을 212로 한다.

해설 화씨온도(°F)
표준대기압하에서 물의 끓는점을 212°F, 물의 어는점을 32°F로 하여 그 사이를 180등분하여 한 눈금을 1°F로 한 것

55 산소가스의 품질검사에 사용되는 시약은?
① 동암모니아 시약
② 피로갈롤 시약
③ 브롬 시약
④ 하이드로설파이드 시약

해설 품질검사기준

대상 가스	검사 방법	순도
산소	동암모니아 시약을 사용한 오르자트법	99.5% 이상
수소	피로갈롤 또는 하이드로설파이드 시약을 사용한 오르자트법	98.5% 이상
아세틸렌	• 발연 황산을 사용한 오르자트 또는 브롬 시약을 사용한 뷰렛법 • 질산은 시약을 사용한 정성시험에도 합격할 것	98% 이상

56 LP가스의 성질에 대한 설명으로 틀린 것은?
① 온도 변화에 따른 액팽창률이 크다.
② 석유류 또는 동식물유나 천연고무를 잘 용해시킨다.
③ 물에 잘 녹으며 알코올과 에테르에 용해된다.
④ 액체는 물보다 가볍고, 기체는 공기보다 무겁다.

해설 ③ 물에는 녹지 않으며 알코올과 에테르에 용해된다.

57 공기 중에 누출 시 폭발위험이 가장 큰 가스는?
① C_3H_8 ② C_4H_{10}
③ CH_4 ④ C_2H_2

해설
① 2.1~9.5%
② 1.8~8.4%
③ 5~15%
④ 2.5~81%

58 가연성가스의 제조설비 또는 저장설비 중 전기설비방폭구조를 하지 않아도 되는 가스는?
① 암모니아, 시안화수소
② 암모니아, 염화메탄
③ 브롬화메탄, 일산화탄소
④ 암모니아, 브롬화메탄

해설 방폭구조를 하지 않아도 되는 가스
암모니아, 브롬화메탄 및 공기 중에서 자기발화하는 가스

59 고압가스 공급자 안전점검 시 가스누출검지기를 갖추어야 할 대상은?
① 산소   ② 가연성가스
③ 불연성가스 ④ 독성가스

해설 가연성가스는 고압가스 공급자 안전점검 시 가스누출검지기를 갖추어야 한다.

정답 53 ② 54 ④ 55 ① 56 ③ 57 ④ 58 ④ 59 ②

46 흡수식 냉동기에서 냉매로 물을 사용할 경우 흡수제로 사용하는 것은?

① 암모니아
② 사염화에탄
③ 리튬브로마이드
④ 파라핀유

해설 흡수식 냉동기에서 냉매로 물을 사용할 경우의 흡수제 : 리튬브로마이드

47 다음 중 이음매 없는 용기의 특징이 아닌 것은?

① 독성가스를 충전하는 데 사용한다.
② 내압에 대한 응력 분포가 균일하다.
③ 고압에 견디기 어려운 구조이다.
④ 용접용기에 비해 값이 비싸다.

해설 ③ 고압에 견디기 쉬운 구조이다.

48 부유피스톤형 압력계에서 실린더 지름 5cm, 추와 피스톤의 무게가 130kg일 때 이 압력계에 접속된 부르동관의 압력계 눈금이 7kg/cm²를 나타내었다. 이 부르동관 압력계의 오차는 약 몇 %인가?

① 5.7%
② 6.6%
③ 9.7%
④ 10.5%

해설 부유피스톤압력$(P) = \dfrac{W}{A} = \dfrac{130\text{kg}}{\dfrac{\pi}{4}D^2}$
$= 6.62\text{kg/cm}^2$

오차율(%) =
$\dfrac{\text{부르동관압력} - \text{부유피스톤압력}}{\text{부유피스톤압력}} \times 100$
$= \dfrac{7 - 6.62}{6.62} \times 100 = 5.7\%$

49 계측기기의 구비 조건으로 틀린 것은?

① 설치 장소 및 주위 조건에 대한 내구성이 클 것
② 설비비 및 유지비가 적게 들 것
③ 구조가 간단하고 정도(精度)가 낮을 것
④ 원거리 지시 및 기록이 가능할 것

해설 ③ 구조가 간단하고 취급, 보수가 쉬울 것

50 고점도 액체나 부유 현탁액의 유체압력측정에 가장 적당한 압력계는?

① 벨로즈
② 다이어프램
③ 부르동관
④ 피스톤

해설 다이어프램 압력계의 설명이다.

51 다음 중 유체의 흐름 방향을 한 방향으로만 흐르게 하는 밸브는?

① 글로브밸브
② 체크밸브
③ 앵글밸브
④ 게이트밸브

해설
① 글로브밸브(Globe Valve) : 스톱밸브라고 하며, 유체의 흐름 방향과 평행하게 밸브가 개폐되고 유체의 흐름이 밸브 내에서 변경되므로 압력손실이 많이 발생하며, 유량조절용으로 사용된다.
③ 앵글밸브(Angle Valve) : 스톱밸브의 일종으로 유체의 흐름을 직각으로 바꾸는 밸브이다.
④ 게이트밸브(Gate Valve) : 슬루스밸브라 하며, 유로의 개폐용에 사용된다.

52 열기전력을 이용한 온도계가 아닌 것은?

① 백금-백금·로듐 온도계
② 동-콘스탄탄 온도계
③ 철-콘스탄탄 온도계
④ 백금-콘스탄탄 온도계

해설 열기전력을 이용한 온도계
㉠ 백금-백금·로듐 온도계(P·R)
㉡ 크로멜-알루멜 온도계(C·A)
㉢ 철-콘스탄탄 온도계(I·C)
㉣ 구리-콘스탄탄 온도계(C·C)

정답 46 ③ 47 ③ 48 ① 49 ③ 50 ② 51 ② 52 ④

39 고압가스 제조설비에서 누출된 가스의 확산을 방지할 수 있는 재해조치를 하여야 하는 가스가 아닌 것은?
① 이산화탄소 ② 암모니아
③ 염소 ④ 염화메틸

해설 누출된 가스의 확산을 방지할 수 있는 재해조치를 하는 가스 : 암모니아, 염소, 염화메틸

40 액화가스를 운반하는 탱크로리(차량에 고정된 탱크)의 내부에 설치하는 것으로서 탱크 내 액화가스 액면요동을 방지하기 위해 설치하는 것은?
① 폭발방지장치 ② 방파판
③ 압력방출장치 ④ 다공성 충진제

해설 방파판
탱크 내 액화가스 액면요동을 방지하기 위해 설치하는 것

41 염소의 성질에 대한 설명으로 틀린 것은?
① 상온, 상압에서 황록색의 기체이다.
② 수분 존재 시 철을 부식시킨다.
③ 피부에 닿으면 손상의 위험이 있다.
④ 암모니아와 반응하여 푸른 연기를 생성한다.

해설 ④ 암모니아와 반응하여 염화암모늄의 흰 연기를 만든다.
$8NH_3 + 3Cl_2 \rightarrow N_2 + NH_4Cl$

42 고압가스의 제조시설에서 실시하는 가스설비의 점검 중 사용 개시 전에 점검할 사항이 아닌 것은?
① 기초의 경사 및 침하
② 인터록, 자동제어장치의 기능
③ 가스설비의 전반적인 누출 유무
④ 배관 계통의 밸브 개폐 상황

해설 가스설비의 점검 중 사용 개시 전에 점검할 사항
㉠ 인터록, 자동제어장치의 기능
㉡ 가스설비의 전반적인 누출 유무
㉢ 배관 계통의 밸브 개폐 상황

43 LPG를 수송할 때의 주의사항으로 틀린 것은?
① 운전 중이나 정차 중에도 허가된 장소를 제외하고는 담배를 피워서는 안 된다.
② 운전자는 운전기술 외에 LPG의 취급 및 소화기 사용 등에 관한 지식을 가져야 한다.
③ 주차할 때는 안전한 장소에 주차하며, 운반책임자와 운전자는 동시에 차량에서 이탈하지 않는다.
④ 누출됨을 알았을 때는 가까운 경찰서, 소방서까지 직접 운행하여 알린다.

해설 ④ 누설 시에는 즉시 운행을 정지하여야 한다.

44 시안화수소의 중합폭발을 방지할 수 있는 안정제로 옳은 것은?
① 수증기, 질소
② 수증기, 탄산가스
③ 질소, 탄산가스
④ 아황산가스, 황산

해설 시안화수소(HCN) 중합을 방지하는 안정제
황산, 동망, 오산화인, 염화칼슘, 인산, 아황산가스

45 다음 고압가스설비 중 축열식 반응기를 사용하여 제조하는 것은?
① 아크릴로라이드
② 염화비닐
③ 아세틸렌
④ 에틸벤젠

해설 아세틸렌(C_2H_2)은 축열식 반응기를 사용하여 제조한다.

정답 39 ① 40 ② 41 ④ 42 ① 43 ④ 44 ④ 45 ③

32 용기 부속품에 각인하는 문자 중 질량을 나타내는 것은?

① TP ② W
③ AG ④ V

해설
① TP : 내압시험압력(MPa)
② W : 질량(kg)
③ AG : 아세틸렌가스를 충전하는 용기의 부속품
④ V : 내용적(L)

33 다음 중 화학적 폭발로 볼 수 없는 것은?

① 증기폭발 ② 중합폭발
③ 분해폭발 ④ 산화폭발

해설
㉠ 물리적 폭발 : 증기폭발
㉡ 화학적 폭발 : 중합폭발, 분해폭발, 산화폭발

34 가스공급배관 용접 후 검사하는 비파괴검사 방법이 아닌 것은?

① 방사선투과검사
② 초음파탐상검사
③ 자분탐상검사
④ 주사전자현미경검사

해설
비파괴검사 방법의 종류
㉠ 방사선투과검사
㉡ 초음파탐상검사
㉢ 자분탐상검사

35 가연성가스의 위험성에 대한 설명으로 틀린 것은?

① 누출 시 산소 결핍에 의한 질식의 위험성이 있다.
② 가스의 온도 및 압력이 높을수록 위험성이 커진다.
③ 폭발한계가 넓을수록 위험하다.
④ 폭발하한이 높을수록 위험하다.

해설
④ 폭발하한이 낮을수록 위험하다.

36 산소가스설비의 수리 및 청소를 위한 저장탱크 내의 산소를 치환할 때 산소측정기 등으로 치환 결과를 측정하여 산소의 농도가 최대 몇 % 이하가 될 때까지 계속하여 치환 작업을 하여야 하는가?

① 18 ② 20
③ 22 ④ 24

해설
저장탱크 내의 산소를 치환할 때는 산소의 농도가 최대 22% 이하가 될 때까지 계속하여 치환 작업을 한다.

37 폭발성이 예민하므로 마찰 및 타격으로 격렬히 폭발하는 물질에 해당되지 않는 것은?

① 황화질소
② 메틸아민
③ 염화질소
④ 아세틸라이드

해설
폭발성이 예민하고 마찰 및 타격으로 격렬히 폭발하는 물질
황화질소, 염화질소, 아세틸라이드

38 다음의 독성가스 중 독성(LC_{50})이 가장 강한 것과 가장 약한 것을 순서대로 나열한 것은?

| ㉮ 염화수소 | ㉯ 암모니아 |
| ㉰ 황화수소 | ㉱ 일산화탄소 |

① ㉮, ㉯ ② ㉮, ㉱
③ ㉰, ㉯ ④ ㉰, ㉱

해설
허용농도
① 염화수소 : 5ppm
② 암모니아 : 25ppm
③ 황화수소 : 10ppm
④ 일산화탄소 : 50ppm

정답 32 ② 33 ① 34 ④ 35 ④ 36 ③ 37 ② 38 ②

26 100°F를 섭씨온도로 환산하면 약 몇 ℃인가?

① 20.8　② 27.8
③ 37.8　④ 50.8

해설
$$℃ = \frac{5}{9}(℉ - 32)$$
$$= \frac{5}{9}(100 - 32) = 37.8℃$$

27 완전연소 시 공기량을 가장 많이 필요로 하는 가스는?

① 아세틸렌　② 메탄
③ 프로판　④ 부탄

해설
① $C_2H_2 + 2.5O_2 \rightarrow 2CO_2 + H_2O$
② $CH_4 + 2O_2 \rightarrow CO_2 + 2H_2O$
③ $C_3H_8 + 5O_2 \rightarrow 3CO_2 + 4H_2O$
④ $C_4H_{10} + 6.5O_2 \rightarrow 4CO_2 + 5H_2O$

28 다음의 고압가스 용량을 차량에 적재하여 운반할 때 운반책임자를 동승시키지 않아도 되는 것은?

① 아세틸렌 : 400m³
② 일산화탄소 : 700m³
③ 액화염소 : 6,500kg
④ 액화석유가스 : 2,000kg

해설
운반책임자의 동승

가스의 종류		기준
액화가스	가연성가스	3,000kg 이상
	독성가스	1,000kg 이상
	조연성가스	6,000kg 이상
압축가스	가연성가스	300m³ 이상
	독성가스	100m³ 이상
	조연성가스	600m³ 이상

29 도시가스 사용시설 중 가스계량기와 다음 설비와의 안전거리 기준으로 옳은 것은?

① 전기계량기와는 60cm 이상
② 전기접속기와는 60cm 이상
③ 전기점멸기와는 60cm 이상
④ 절연조치를 하지 않는 전선과는 30cm 이상

해설
② 전기접속기와는 30cm 이상
③ 전기점멸기와는 30cm 이상
④ 절연조치를 하지 않는 전선과는 15cm 이상

30 특정고압가스 사용시설 중 고압가스 저장량이 몇 kg 이상인 용기보관실에 있는 벽을 방호벽으로 설치하여야 하는가?

① 100kg　② 200kg
③ 300kg　④ 500kg

해설
방호벽
특정고압가스 사용시설 중 고압가스 저장량이 300kg 이상인 용기보관실에 설치한다.

31 도시가스 중 음식물쓰레기, 가축분뇨, 하수 슬러지 등 유기성 폐기물로부터 생성된 기체를 정제한 가스로서 메탄이 주성분인 가스를 무엇이라 하는가?

① 천연가스
② 나프타 부생가스
③ 석유가스
④ 바이오가스

해설
① 천연가스(Natural Gas) : 지하에서 자연적으로 생성하는 가연성가스로서 메탄을 주성분으로 하는 가스
② 나프타 부생가스 : 나프타 분해공정을 통해 에틸렌, 프로필렌 등을 제조하는 과정에서 부산물로 생성되는 가스로서 메탄이 주성분인 가스 및 이를 다른 도시가스와 혼합하여 제조한 가스
③ 석유가스 : 액화석유가스의 안전관리 및 사업법에 따른 액화석유가스 또는 석유 및 석유 대체연료사업법에 따른 석유가스를 공기와 혼합하여 제조한 가스

정답 26 ③　27 ④　28 ④　29 ①　30 ③　31 ④

해설 펌프의 체적효율$(\eta_V) = \dfrac{Q}{Q+\triangle Q}$

여기서, Q : 펌프의 실제 송출유량
$\triangle Q$: 펌프 내부에서의 누설유량
$Q+\triangle Q$: 임펠러 속을 지나는 유량

20 저온장치의 분말진공단열법에서 충진용 분말로 사용되지 않는 것은?
① 펄라이트 ② 알루미늄분말
③ 글라스울 ④ 규조토

해설 저온장치의 분말진공단열법
10^{-2}torr 정도의 진공공간에 펄라이트, 알루미늄분말, 규조토, 샌다셀을 사용하여 단열효과를 높인다.

21 다음 중 가장 높은 압력은?
① 1atm ② 100kPa
③ 10mH$_2$O ④ 0.2MPa

해설
① 1atm = 0.101325MPa
② 100kPa = $\dfrac{100 \times 0.101325}{101.325}$ = 0.1MPa
③ 10mH$_2$O = $\dfrac{10 \times 0.101325}{10.33}$ = 0.01MPa
④ 0.2MPa

22 다음 중 LP가스의 일반적인 연소 특성이 아닌 것은?
① 연소 시 다량의 공기가 필요하다.
② 발열량이 크다.
③ 연소속도가 늦다.
④ 착화온도가 낮다.

해설 LP가스의 일반적인 연소 특성
㉠ 연소 시 다량의 공기가 필요하다.
㉡ 발열량이 크다.
㉢ 연소속도가 늦다.
㉣ 착화(발화)온도가 높다.
㉤ 폭발(연소)범위가 좁고, 하한이 낮다.

23 LNG의 특징에 대한 설명 중 틀린 것은?
① 냉열을 이용할 수 있다.
② 천연에서 산출한 천연가스를 약 162℃까지 냉각하여 액화시킨 것이다.
③ LNG는 도시가스, 발전용 이외에 일반 공업용으로도 사용된다.
④ LNG로부터 기화한 가스는 부탄이 주성분이다.

해설 ④ LNG로부터 기화한 가스는 메탄이 주성분이다.

24 물질이 융해, 응고, 증발, 응축 등과 같은 상의 변화를 일으킬 때 발생 또는 흡수하는 열을 무엇이라 하는가?
① 비열 ② 현열
③ 잠열 ④ 반응열

해설
① 비열(Specific Heat) : 표준대기압하에서 어떤 물질 1kg의 온도를 1℃ 올리는 데 필요한 열량을 그 물질의 비열이라 한다(단위 : kcal/kg℃, BTU/lb℉).
② 현열(Sensible Heat) : 감열이라 하며, 상태변화 없이 온도가 변화할 때 필요한 열이다.
④ 반응열 : 화학반응이 일어날 때 발생 또는 흡수되는 에너지의 양이며, 반응에너지라고도 한다.

25 에틸렌(C$_2$H$_4$)의 용도가 아닌 것은?
① 폴리에틸렌의 제조
② 산화에틸렌의 원료
③ 초산비닐의 제조
④ 메탄올 합성의 원료

해설 에틸렌(C$_2$H$_4$)의 용도
폴리에틸렌의 제조, 초산비닐의 제조, 산화에틸렌의 원료, 아세트알데히드의 원료, 에탄올의 원료, 석유화학공업의 기초 원료로서 합성수지, 합성고무, 합성섬유 등의 제조

정답 20 ③ 21 ④ 22 ④ 23 ④ 24 ③ 25 ④

15 다이어프램식 압력계의 특징에 대한 설명 중 틀린 것은?

① 정확성이 높다.
② 반응속도가 빠르다.
③ 온도에 따른 영향이 작다.
④ 미소압력을 측정할 때 유리하다.

해설 ③ 온도에 따른 영향이 크다.

16 염화파라듐지로 검지할 수 있는 가스는?

① 아세틸렌 ② 황화수소
③ 염소 ④ 일산화탄소

해설

시험지	제법	검지 가스	반응	감도
KI- 전분지	전분액과 N-KI액을 등량 혼합한다.	NO_2, ClO, 할로겐	청~ 갈색	Cl_2는 0.00143g/L
리트 머스지	-	산, 알칼리	적색, 청색	NH_3는 0.0007mg/L
염화 제1동 착염지	• $CuSO_4 \cdot 5H_2O$ 3g, NH_4Cl 3g, 염산 히드록실아민 5g을 80mL의 물로 용해한다. • 이 액 9mL와 암모니아성 $AgNO_3$ 1.5mL를 혼합으로 만든다.	아세틸렌	적색	2.5mg/L
염화 파라듐 지	$PdCl_2$ 0.2% 액에 침투 건조시킨 후 5% 초산에 침투시킨다.	CO	흑색	0.01mg/L
하리슨 시약	p-디메틸아미노벤즈알데히드 및 디펠아민 1g을 CCl_4 10mL에 용해 제조한다.	포스겐	심등색	1mg/L
연당지	초산납 10g을 물 90mL로 용해한다.	H_2S	흑색	0.001mg/L
초산 벤젠지	초산벤젠지와 초산동의 수용액으로 제조한다.	HCN	청색	0.001mg/L

17 다음 중 용적식 유량계에 해당하는 것은?

① 오리피스 유량계
② 플로노즐 유량계
③ 벤투리관 유량계
④ 오벌기어식 유량계

해설
㉠ 용적식(직접식) 유량계 : 오벌기어(Oval Gear)식 유량계, 루트형 유량계, 로터리 피스톤식 유량계, 회전원판형 유량계, 가스미터 등
㉡ 간접식 유량계 : 오리피스(Orifice)미터, 플로노즐(Flow Nozzle), 벤투리(Venturi)미터 등

18 진탕형 오토클레이브의 특징에 대한 설명으로 틀린 것은?

① 가스 누출의 가능성이 작다.
② 고압력에 사용할 수 있고 반응물의 오손이 적다.
③ 장치 전체가 진동하므로 압력계는 본체로부터 떨어져 설치한다.
④ 뚜껑판에 뚫린 구멍으로 촉매가 끼어들어갈 염려가 없다.

해설 ④ 뚜껑판에 뚫린 구멍으로 촉매가 끼어들어갈 염려가 있다.

19 펌프의 실제 송출유량을 Q, 펌프 내부에서의 누설유량을 $\triangle Q$, 임펠러 속을 지나는 유량을 $Q + \triangle Q$라 할 때 펌프의 체적효율(η_V)을 구하는 식은?

① $\eta_V = \dfrac{Q}{Q + \triangle Q}$

② $\eta_V = \dfrac{Q + \triangle Q}{Q}$

③ $\eta_V = \dfrac{Q - \triangle Q}{Q + \triangle Q}$

④ $\eta_V = \dfrac{Q + \triangle Q}{Q - \triangle Q}$

정답 15 ③ 16 ④ 17 ④ 18 ④ 19 ①

11 다음 중 방류둑을 설치하여야 하는 기준으로 옳지 않은 것은?

① 저장능력이 5톤 이상인 독성가스 저장탱크
② 저장능력이 300톤 이상인 가연성가스 저장탱크
③ 저장능력이 1,000톤 이상인 액화석유가스 저장탱크
④ 저장능력이 1,000톤 이상인 액화산소 저장탱크

해설 방류둑 설치 기준
(1) 고압가스 특정제조
　㉠ 가연성가스 : 500톤 이상
　㉡ 독성가스 : 5톤 이상
　㉢ 액화산소 : 1,000톤 이상
(2) 고압가스 일반제조
　㉠ 가연성가스, 액화산소 : 1,000톤 이상
　㉡ 독성가스 : 5톤 이상
(3) 냉동제조시설(독성가스 냉매 사용) : 수액기 내용적 10,000L 이상
(4) 액화석유가스 충전사업 : 1,000톤 이상
(5) 도시가스
　㉠ 도시가스도매사업 : 500톤 이상
　㉡ 일반도시가스사업 : 1,000톤 이상

12 다음은 도시가스 사용 시설의 월 사용 예정량을 산출하는 식이다. 이중 기호 "A"가 의미하는 것은?

$$Q = \frac{[(A \times 240) + (B \times 90)]}{11,000}$$

① 월 사용 예정량
② 산업용으로 사용하는 연소기의 명판에 기재된 가스소비량의 합계
③ 산업용이 아닌 연소기의 명판에 기재된 가스소비량의 합계
④ 가정용 연소기의 가스소비량의 합계

해설 도시가스 월 사용 예정량 산정 기준

$$Q = \frac{(A \times 240) + (B \times 90)}{11,000}$$

여기서, Q : 월 사용 예정량(m^3)
　　　A : 산업용으로 사용하는 연소기의 명판에 기재된 가스소비량의 합계(kcal/h)
　　　B : 산업용이 아닌 연소기의 명판에 기재된 가스소비량의 합계(kcal/h)

13 용기의 내용적 40L에 내압시험 압력의 수압을 걸었더니 내용적이 40.24L로 증가하였고, 압력을 제거하여 대기압으로 하였더니 용적은 40.02L가 되었다. 이 용기의 항구증가율과 내압시험에 대한 합격 여부는?

① 1.6%, 합격
② 1.6%, 불합격
③ 8.3%, 합격
④ 8.3%, 불합격

해설 ㉠ 항구증가율(영구증가율)

$$= \frac{\text{항구증가량(영구증가량)}}{\text{전증가량}} \times 100$$

$$= \frac{40.02 - 40}{40.24 - 40} \times 100 = 8.3\%$$

㉡ 합격 기준 : 신규검사 항구증가율이 10% 이하면 합격이다. 즉, 8.3%이므로 합격이다.

14 산소가스설비의 수리를 위한 저장탱크 내의 산소를 치환할 때 산소측정기 등으로 치환 결과를 수시로 측정하여 산소의 농도가 원칙적으로 몇 % 이하가 될 때까지 치환하여야 하는가?

① 18%
② 20%
③ 22%
④ 24%

해설 산소가스설비의 수리 시 산소의 농도가 원칙적으로 22% 이하가 될 때까지 치환한다.

정답 11 ② 12 ② 13 ③ 14 ③

06 가스 중 음속보다 화염전파속도가 큰 경우 충격파가 발생하는데, 이때 가스의 연소속도로 옳은 것은?

① 0.3~100m/sec
② 100~300m/sec
③ 700~800m/sec
④ 1,000~3,500m/sec

해설 충격파의 연소속도 : 1,000~3,500m/sec

07 도시가스 사용시설의 가스계량기 설치 기준에 대한 설명으로 옳은 것은?

① 시설 안에서 사용하는 자체 화기를 제외한 화기와 가스계량기가 유지하여야 하는 거리는 3m 이상이어야 한다.
② 시설 안에서 사용하는 자체 화기를 제외한 화기와 입상관이 유지하여야 하는 거리는 3m 이상이어야 한다.
③ 가스계량기와 단열조치를 하지 아니한 굴뚝과의 거리는 10cm 이상 유지하여야 한다.
④ 가스계량기와 전기개폐기와의 거리는 60cm 이상 유지하여야 한다.

해설
① 시설 안에서 사용하는 자체 화기를 제외한 화기와 가스계량기가 유지하여야 하는 거리는 2m 이상이어야 한다.
② 시설 안에서 사용하는 자체 화기를 제외한 화기와 입상관이 유지하여야 하는 거리는 2m 이상이어야 한다.
③ 가스계량기와 단열조치를 하지 아니한 굴뚝과의 거리는 30cm 이상 유지하여야 한다.

08 비등액체팽창증기폭발(BLEVE)이 일어날 가능성이 가장 낮은 곳은?

① LPG 저장탱크
② 액화가스 탱크로리
③ 천연가스 지구정압기
④ LNG 저장탱크

해설 (1) BLEVE(Boiling Liquid Expanding Vapor Explosion : 비등액체팽창증기폭발) : 주변의 제트화재(Jet Fire) 또는 풀 화재(Pool Fire)의 화염이 LPG 저장탱크를 가열할 경우에 탱크 속 휘발성물질의 온도가 상승하여 높은 증기압이 발생되며, 이로 인하여 안전밸브를 작동시킨다. 그리고 급격한 압력상승은 열화되기 쉬운 탱크의 기상부와 같은 가장 약한 부분으로부터 찢어져 폭발하는 BLEVE의 사고가 일어난다.
(2) BLEVE가 일어날 가능성이 있는 곳
  ㉠ LPG 저장탱크
  ㉡ 액화가스 탱크로리
  ㉢ LNG 저장탱크

09 가연성가스, 독성가스 및 산소 설비의 수리 시 설비 내의 가스 치환용으로 주로 사용되는 가스는?

① 질소
② 수소
③ 일산화탄소
④ 염소

해설 가스 치환용으로 사용되는 가스 : 질소(N_2)

10 내용적이 300L인 용기에 액화암모니아를 저장하려고 한다. 이 저장설비의 저장능력은 얼마인가? (단, 액화암모니아의 충전정수는 1.86이다.)

① 161kg
② 232kg
③ 279kg
④ 558kg

해설 액화가스의 용기 및 차량에 고정된 탱크
$$W = \frac{V_2}{C}$$
여기서, W : 저장능력(kg)
  V_2 : 내용적
  C : 가스상수
즉, $W = \frac{300}{1.86} ≒ 161kg$

정답 06 ④ 07 ④ 08 ③ 09 ① 10 ①

2019 가스기능사 (1. 19. 시행)

01 가스누출자동차단장치의 검지부 설치 금지 장소에 해당하지 않는 것은?

① 출입구 부근 등으로서 외부의 기류가 통하는 곳
② 가스가 체류하기 좋은 곳
③ 환기구 등 공기가 들어오는 곳으로부터 1.5m 이내의 곳
④ 연소기의 폐가스에 접촉하기 쉬운 곳

해설 가스누출자동차단장치의 검지부 설치 금지 장소
㉠ 출입구 부근 등으로서 외부의 기류가 통하는 곳
㉡ 환기구 등 공기가 들어오는 곳으로부터 1.5m 이내의 곳
㉢ 연소기의 폐가스에 접촉하기 쉬운 곳

02 도시가스 사용시설에서 배관의 호칭지름이 25mm인 배관은 몇 m 간격으로 고정하여야 하는가?

① 1m마다
② 2m마다
③ 3m마다
④ 4m마다

해설 도시가스 사용시설에서 배관의 고정장치 설치
㉠ 호칭지름 13mm 미만 : 1m마다
㉡ 호칭지름 13mm 이상 33mm 미만 : 2m마다
㉢ 호칭지름 33mm 이상 : 3m마다

03 공기 중에서 폭발범위가 가장 넓은 가스는?

① 메탄
② 프로판
③ 에탄
④ 일산화탄소

해설
① 메탄 : 5~15%
② 프로판 : 2.1~9.5%
③ 에탄 : 3.0~12.4%
④ 일산화탄소 : 12.5~74%

04 독성가스용기 운반 기준에 대한 설명으로 틀린 것은?

① 차량의 최대적재량을 초과하여 적재하지 아니한다.
② 충전용기는 자전거나 오토바이에 적재하여 운반하지 아니한다.
③ 독성가스 중 가연성가스와 조연성가스는 같은 차량의 적재함으로 운반하지 아니한다.
④ 충전용기를 차량에 적재하여 운반할 때에는 적재함에 넘어지지 않게 뉘어서 운반한다.

해설 ④ 충전용기를 차량에 적재하여 운반할 때에는 적재함에 세워서 운반한다.

05 부탄가스용 연소기의 명판에 기재할 사항이 아닌 것은?

① 연소기명
② 제조지의 형식호칭
③ 연소기 재질
④ 제조(로트)번호

해설 부탄가스용 연소기 명판에 기재할 사항
㉠ 연소기명
㉡ 제조자의 형식호칭
㉢ 제조(로트)번호

정답 01 ② 02 ② 03 ④ 04 ④ 05 ③

59 수소와 산소 또는 공기와의 혼합기체에 점화하면 급격히 화합하여 폭발하므로 위험하다. 이 혼합기체를 무엇이라고 하는가?
① 염소폭명기 ② 수소폭명기
③ 산소폭명기 ④ 공기폭명기

해설
㉠ 수소폭명기
$2H_2 + O_2 \rightarrow 2H_2O$
㉡ 염소폭명기
$H_2 + Cl_2 \rightarrow 2HCl$

60 표준상태에서 1mol의 아세틸렌이 완전연소될 때 필요한 산소의 몰 수는?
① 1mol   ② 1.5mol
③ 2mol   ④ 2.5mol

해설 $C_2H_2 + 2.5O_2 \rightarrow 2CO_2 + H_2O$

정답 59 ② 60 ④

54 압력 환산값을 서로 가장 바르게 나타낸 것은?

① $1lb/ft^2 ≒ 0.142kg/cm^2$
② $1kg/cm^2 ≒ 13.7lb/in^2$
③ $1atm ≒ 1,033g/cm^2$
④ $76cmHg ≒ 1,013dyne/cm^2$

해설 $1atm = 760mmHg = 1.0332kg/cm^2$
$= 10.332mH_2O = 14.7PSI(lbf/in^2)$
$= 101.325kPa(kN/m^2) = 1,013mbar$

① $1ft=12in$이므로
$1lb/ft^2 = 1lb/(12in)^2 = 6.944 \times 10^{-3} lb/in^2$
$1lb/ft^2 : x(kg/cm^2) = 14.7lb/in^2 : 1.0332kg/cm^2$
$6.944 \times 10^{-3} lb/in^2 : x(kg/cm^2)$
$= 14.7lb/in^2 : 1.0332kg/cm^2$
$x = 4.88 \times 10^{-4} kg/cm^2$
∴ $1lb/ft^2 = 0.000488kg/cm^2$

② $1kg/cm^2 : x(lb/in^2) = 1.0332kg/cm^2 : 14.7lb/in^2$
$x = 14.23lb/in^2$
∴ $1kg/cm^2 = 14.23lb/in^2$

③ $1atm = 1.0332kg/cm^2 = 1033.2g/cm^2$

④ $76cmHg = 760mmHg = 1atm = 101.325kPa$
$= 101,325Pa = 1,013,250dyne/cm^2$
($1Pa = 10dyne/cm^2$)

55 27°C, 1기압하에서 메탄가스 80g이 차지하는 부피는 약 몇 L인가?

① 112L
② 123L
③ 224L
④ 246L

해설 $PV = \frac{W}{M} RT$ 에서

$V = \frac{W}{PM} RT$

$= \frac{80g}{1atm \times 16g/mol} \times 0.08205 atm \cdot L/mol \cdot K$
$\times (273+27)K$

$= 123L$

56 다음 [보기]에서 설명하는 가스는?

[보기]
- 독성이 강하다.
- 연소시키면 잘 탄다.
- 물에 매우 잘 녹는다.
- 각종 금속에 작용한다.
- 가압·냉각에 의해 액화가 쉽다.

① HCl
② NH_3
③ CO
④ C_2H_2

해설 ① HCl : 자극성 냄새가 나는 무색의 기체이며, 물에 잘 녹아 염산이 된다.
③ CO : 공기보다 약간 가벼운 무색무취의 기체로 독성이 강하며, 물에 잘 녹지 않고, 산·염기와 반응하지 않는다.
④ C_2H_2 : 무색의 기체로 순수한 것은 에테르와 같은 향기가 있으나 불순물로 인해 악취가 난다. 액체 아세틸렌은 불안정하나, 고체 아세틸렌은 비교적 안정하다.

57 산소농도의 증가에 대한 설명으로 틀린 것은?

① 연소속도가 빨라진다.
② 발화온도가 올라간다.
③ 화염온도가 올라간다.
④ 폭발력이 세진다.

해설 ② 발화온도가 내려간다.

58 질소의 용도가 아닌 것은?

① 비료에 이용
② 질산 제조에 이용
③ 연료용에 이용
④ 냉매로 이용

해설 질소의 용도 : 비료, 질산 제조, 냉매

정답 54 ③ 55 ② 56 ② 57 ② 58 ③

48 펌프에서 유량을 $Q(\text{m}^3/\text{min})$, 양정을 H(m), 회전수를 $N(\text{rpm})$이라 할 때, 1단 펌프에서 비교회전도 η_s를 구하는 식은?

① $\eta_s = \dfrac{Q^2\sqrt{N}}{H^{3/4}}$

② $\eta_s = \dfrac{N^2\sqrt{Q}}{H^{3/4}}$

③ $\eta_s = \dfrac{N\sqrt{Q}}{H^{3/4}}$

④ $\eta_s = \dfrac{\sqrt{NQ}}{H^{3/4}}$

해설 펌프의 비교회전도(η_s)식

㉠ 1단 : $\eta_s = \dfrac{N\sqrt{Q}}{H^{3/4}}$

㉡ η_s단 : $\eta_s = \dfrac{N\sqrt{Q}}{\left(\dfrac{H}{n}\right)^{3/4}}$

49 내용적 47L인 LP가스 용기의 최대충전량은 몇 kg인가? (단, LP가스 정수는 2.35이다.)

① 20kg ② 42kg
③ 50kg ④ 110kg

해설 최대충전량(kg) = $\dfrac{\text{용기의 내용적(L)}}{\text{LP가스 정수}}$

$= \dfrac{47\text{L}}{2.35} = 20\text{kg}$

50 다음 중 1차 압력계는?

① 부르동관 압력계
② 전기저항식 압력계
③ U자관형 마노미터
④ 벨로스 압력계

해설 ① 1차 압력계 : 압력을 직접 측정하는 것
  ㉠ 액주식 압력계(Manometer) : U자관 압력계, 단관식 압력계, 경사관식 압력계
  ㉡ 자유 피스톤식 압력계

② 2차 압력계 : 압력에 의한 물질의 성질 변화를 측정하고, 그 변화율에 의해 간접적으로 압력을 측정한다.
  ㉠ 부르동관 압력계
  ㉡ 벨로스 압력계
  ㉢ 다이어프램 압력계
  ㉣ 기타 압력계 : 전기저항 압력계, 피에조 전기 압력계, 스트레인게이지, 링밸런스 압력계

51 고압식 공기액화분리장치의 복식정류탑 하부에서 분리되어 액체산소 저장탱크에 저장되는 액체산소의 순도는 약 얼마인가?

① 99.6~99.8%
② 96~98%
③ 90~92%
④ 88~90%

해설 고압식 액체공기분리장치
탑정에서 얻어지는 질소의 순도는 99.8% 이상이고, 중앙부의 응축기에서는 순도 99.6~99.8%의 산소를 얻는다.

52 저장능력 10톤 이상의 저장탱크에는 폭발방지장치를 설치한다. 이때 사용되는 폭발방지제의 재질로 가장 적당한 것은?

① 탄소강 ② 구리
③ 스테인리스 ④ 알루미늄

해설 폭발방지제의 재질은 알루미늄이다.

53 다음 금속재료 중 저온재료로 가장 부적당한 것은?

① 탄소강 ② 니켈강
③ 스테인리스강 ④ 황동

해설 탄소강
어느 온도 이하가 되면 인장강도, 항복점, 경도는 증가하지만 연신율, 충격치는 감소한다. 그러므로 저온재료로 부적당하다.

정답 48 ③ 49 ① 50 ③ 51 ① 52 ④ 53 ①

41 고압가스용기를 내압시험한 결과 전증가량은 400mL, 영구증가량은 20mL이었다. 영구증가율은 얼마인가?

① 0.2% ② 0.5%
③ 5%   ④ 20%

해설 영구증가율(항구증가율)(%)
$= \dfrac{영구증가율 \cdot (항구증가량)}{전증가량} \times 100$
$= \dfrac{20}{400} \times 100 = 5\%$

42 고압가스용기 등에서 실시하는 재검사 대상이 아닌 것은?

① 충전할 고압가스 종류가 변경된 경우
② 합격 표시가 훼손된 경우
③ 용기밸브를 교체한 경우
④ 손상이 발생된 경우

해설 고압가스용기 등에서 실시하는 재검사 대상
㉠ 충전할 고압가스 종류가 변경된 경우
㉡ 합격 표시가 훼손된 경우
㉢ 손상이 발생된 경우

43 특정고압가스에 해당되지 않는 것은?

① 이산화탄소 ② 수소
③ 산소   ④ 천연가스

해설 특정고압가스의 종류
수소, 산소, 액화암모니아, 아세틸렌, 액화염소, 천연가스, 압축모노실란, 압축디보레인, 액화알진, 포스핀, 셀렌화수소, 게르만, 디실란 등

44 독성가스용기 운반차량의 경계표지를 정사각형으로 할 경우 그 면적의 기준은?

① 500cm² 이상
② 600cm² 이상
③ 700cm² 이상
④ 800cm² 이상

해설 독성가스용기 운반차량의 경계표지
차량 구조상 정사각형 또는 이에 가까운 형상으로 표시하여야 할 경우에는 그 면적을 600cm² 이상으로 한다.

45 액화석유가스용기 충전시설의 저장탱크에 폭발방지장치를 의무적으로 설치하여야 하는 경우는?

① 상업지역에 저장능력 15톤 저장탱크를 지상에 설치하는 경우
② 녹지지역에 저장능력 20톤 저장탱크를 지상에 설치하는 경우
③ 주거지역에 저장능력 5톤 저장탱크를 지상에 설치하는 경우
④ 녹지지역에 저장능력 30톤 저장탱크를 지상에 설치하는 경우

해설 폭발방지장치의 설치 기준
주거지역 또는 상업지역에 저장능력 10톤 이상의 저장탱크를 설치하는 경우

46 다음 유량 측정방법 중 직접법은?

① 습식가스미터
② 벤투리미터
③ 오리피스미터
④ 피토튜브

해설 유량 측정방법
㉠ 직접법 : 습식가스미터, 피스톤형 계량기, 회전원판형 계량계
㉡ 간접법 : 벤투리미터, 오리피스미터, 로터미터, 피토튜브

47 긴급차단장치의 동원력으로 가장 부적당한 것은?

① 스프링   ② X선
③ 기압   ④ 전기

해설 긴급차단장치의 동원력 : 스프링, 기압, 전기

정답 41 ③ 42 ③ 43 ① 44 ② 45 ① 46 ① 47 ②

34 염소의 일반적인 성질에 대한 설명으로 틀린 것은?

① 암모니아와 반응하여 염화암모늄을 생성한다.
② 무색의 자극적인 냄새를 가진 독성, 가연성가스이다.
③ 수분과 작용하면 염산을 생성하여 철강을 심하게 부식시킨다.
④ 수돗물의 살균 소독제, 표백분 제조에 이용된다.

해설 ② 황록색의 상온에서 강한 자극적인 냄새를 가진 독성, 가연성가스이다.

35 가연성가스 제조설비 중 전기설비는 방폭성능을 가지는 구조이어야 한다. 다음 중 반드시 방폭성능을 가지는 구조로 하지 않아도 되는 가연성가스는?

① 수소 ② 프로판
③ 아세틸렌 ④ 암모니아

해설 가연성가스(암모니아 및 브롬화메탄 제외)의 충전설비 또는 저장설비 중 전기설비는 반드시 방폭성능구조로 해야 한다.

36 LP가스 저장탱크를 수리할 때 작업원이 저장탱크 속으로 들어가서는 아니 되는 탱크 내의 산소농도는?

① 16% ② 19%
③ 20% ④ 21%

해설 LP가스 저장탱크의 수리 시 작업원이 산소농도가 16%일 때 저장탱크 속으로 들어가서는 안 된다.

37 LP가스 저온저장탱크에 반드시 설치하지 않아도 되는 장치는?

① 압력계 ② 진공안전밸브
③ 감압밸브 ④ 압력경보설비

해설 LP가스 저온저장탱크에 반드시 설치하는 장치
㉠ 압력계
㉡ 진공안전밸브
㉢ 압력경보설비

38 무색, 무미, 무취의 폭발범위가 넓은 가연성가스로서 할로겐 원소와 격렬하게 반응하여 폭발반응을 일으키는 가스는?

① H_2 ② Cl_2
③ HCl ④ C_6H_6

해설 H_2(수소)
㉠ 폭발범위 : 4~75%
㉡ 할로겐 원소와 격렬하게 반응하여 폭발반응을 일으킨다.

$H_2 + F_2 \xrightarrow{상온} 2HF$

$H_2 + Cl_2 \xrightarrow{햇빛} 2HCl$

39 가스사용시설의 연소기 각각에 대하여 퓨즈콕을 설치하여야 하나, 연소기 용량이 몇 kcal/h를 초과할 때 배관용밸브로 대용할 수 있는가?

① 12,500 ② 15,500
③ 19,400 ④ 25,500

해설 가스사용시설의 연소기 각각에 대하여 퓨즈콕을 설치하여야 하나, 연소기 용량이 19,400kcal/h를 초과할 때 배관용밸브로 대용할 수 있다.

40 다음 중 연소기구에서 발생할 수 있는 역화(Backfire)의 원인이 아닌 것은?

① 염공이 작게 되었을 때
② 가스의 안벽이 너무 낮을 때
③ 콕이 충분히 열리지 않았을 때
④ 버너 위에 큰 용기를 올려서 장시간 사용할 경우

해설 ① 염공이 크게 되었을 때

정답 34 ② 35 ④ 36 ① 37 ③ 38 ① 39 ③ 40 ①

26 0℃, 1atm인 표준상태에서 공기와 같은 부피에 대한 무게비를 무엇이라고 하는가?

① 비중   ② 비체적
③ 밀도   ④ 비열

해설
② 비체적 : 기체 밀도의 역수(L/g, m^3/kg)
③ 밀도 : 기체의 단위부피당 질량의 비(g/L, kg/m^3)
④ 비열 : 표준대기압하에서 어떤 물질 1kg의 온도를 1℃ 올리는 데 필요한 열량(kcal/kg・℃, BTU/lb・℉)

27 수분이 존재할 때 일반강재를 부식시키는 가스는?

① 황화수소   ② 수소
③ 일산화탄소 ④ 질소

해설
황화수소(H_2S)는 수분(습기를 함유한 공기)이 존재할 때 강재를 부식시킨다.
$4Cu + 2H_2S + O_2 \rightarrow 2Cu_2S + 2H_2O$

28 공기 중에서의 프로판의 폭발범위(하한과 상한)를 바르게 나타낸 것은?

① 1.8~8.4%   ② 2.2~9.5%
③ 2.1~8.4%   ④ 1.8~9.5%

해설
프로판(C_3H_8)의 폭발범위 : 2.2~9.5%

29 증기압이 낮고 비점이 높은 가스는 기화가 쉽게 되지 않는다. 다음 가스 중 기화가 가장 안 되는 가스는?

① CH_4 ② C_2H_4
③ C_3H_8 ④ C_4H_{10}

해설

가스의 종류	비 점
메탄(CH_4)	−161.5℃
에틸렌(C_2H_4)	−103.71℃
프로판(C_3H_8)	−42℃
부탄(C_4H_{10})	−0.5℃

30 비중병의 무게가 비었을 때는 0.2kg, 액체로 충만되어 있을 때는 0.8kg이었다. 액체의 체적이 0.4L라면 비중량(kg/m^3)은 얼마인가?

① 120   ② 150
③ 1,200   ④ 1,500

해설
$\gamma = \dfrac{W}{V} = \dfrac{(0.8-0.2)\,\text{kg}}{0.4 \times 10^{-3}\,\text{m}^3} = 1,500\,\text{kg/m}^3$
(1,000L = $1m^3$ 이므로, 1L = $10^{-3}m^3$ 이다.)

31 다음 가스저장시설 중 환기구를 갖추는 등의 조치를 반드시 하여야 하는 곳은?

① 산소 저장소   ② 질소 저장소
③ 헬륨 저장소   ④ 부탄 저장소

해설
환기구를 갖추는 등의 조치는 가연성가스(부탄)를 저장하는 저장소에 반드시 필요하다.

32 고압가스 냉매설비의 기밀시험 시 압축공기를 공급할 때 공기의 온도는 몇 ℃ 이하로 할 수 있는가?

① 40℃ 이하   ② 70℃ 이하
③ 100℃ 이하 ④ 140℃ 이하

해설
고압가스 냉매설비의 기밀시험에서 압축공기를 공급할 때 공기의 온도는 140℃ 이하이다.

33 고압가스 특정제조시설에서 안전구역 안의 고압가스설비는 그 외면으로부터 다른 안전구역 안에 있는 고압가스설비의 외면까지 몇 m 이상의 거리를 유지하여야 하는가?

① 5m   ② 10m
③ 20m   ④ 30m

해설
고압가스 특정제조시설에서 안전구역 안의 고압가스설비는 그 외면으로부터 다른 안전구역 안에 있는 고압가스설비의 외면까지 30m 이상의 거리를 유지한다.

정답 26 ① 27 ① 28 ② 29 ④ 30 ④ 31 ④ 32 ④ 33 ④

19 관 내를 흐르는 유체의 압력 강하에 대한 설명으로 틀린 것은?

① 가스 비중에 비례한다.
② 관 길이에 비례한다.
③ 관 내경의 5승에 반비례한다.
④ 압력에 비례한다.

해설 ④ 압력에 반비례한다.

20 LP가스 수송관의 이음 부분에 사용할 수 있는 패킹재료로 적절한 것은?

① 종이
② 천연고무
③ 구리
④ 실리콘고무

해설 LP가스 수송관의 이음 부분에 사용할 수 있는 패킹재료 : 실리콘고무

21 액화석유가스용 강제용기란 액화석유가스를 충전하기 위한 내용적이 얼마 미만인 용기를 말하는가?

① 30L
② 50L
③ 100L
④ 125L

해설 액화석유가스용 강제용기
액화석유가스를 충전하기 위한 내용적이 125L 미만인 용기

22 고압가스설비는 그 고압가스의 취급에 적합한 기계적 성질을 가져야 한다. 충전용 지관에는 탄소 함유량이 얼마 이하인 강을 사용하여야 하는가?

① 0.1%
② 0.33%
③ 0.5%
④ 1%

해설 고압가스설비의 충전용 지관에는 탄소 함유량이 0.1% 이하인 강을 사용한다.

23 다음 중 액화석유가스의 주성분이 아닌 것은?

① 부탄
② 헵탄
③ 프로판
④ 프로필렌

해설 액화석유가스의 주성분
프로판(C_3H_8), 프로필렌(C_3H_6), 부탄(C_4H_{10}), 부틸렌(C_4H_8)

24 "자연계에 아무런 변화도 남기지 않고 어느 열원의 열을 계속해서 일로 바꿀 수 없다. 즉 고온 물체의 열을 계속해서 일로 바꾸려면 저온 물체로 열을 버려야만 한다."라고 표현되는 법칙은?

① 열역학 제0법칙
② 열역학 제1법칙
③ 열역학 제2법칙
④ 열역학 제3법칙

해설 ① 열역학 제0법칙 : 온도가 서로 다른 두 물체를 접촉시키면 높은 온도를 지닌 물체의 온도는 내려가고 낮은 온도의 물체는 온도가 올라가서, 두 물체의 온도차가 없어지고 두 물체는 열평형이 된다.
② 열역학 제1법칙 : 에너지보존의 법칙이라고 하며, 열(Q)을 일에너지(W)로, 일에너지는 열로 상호 쉽게 바뀔 수 있으며 그 비는 일정하다.
④ 열역학 제3법칙 : 어떠한 이상적인 방법으로도 어떤 계를 절대영도(0K)에 이르게 할 수 없다.

25 압력에 대한 설명으로 옳은 것은?

① 절대압력=게이지압력+대기압이다.
② 절대압력=대기압+진공압이다.
③ 대기압은 진공압보다 낮다.
④ 1atm은 1033.2kg/m²이다.

해설 ② 절대압력=대기압-진공압이다.
③ 대기압은 진공압보다 높다.
④ 1atm은 103.32kg/m²이다.

정답 19 ④ 20 ④ 21 ④ 22 ① 23 ② 24 ③ 25 ①

13 아세틸렌용기에 다공질물질을 고루 채운 후 아세틸렌을 충전하기 전에 침윤시키는 물질은?

① 알코올
② 아세톤
③ 규조토
④ 탄산마그네슘

해설 아세틸렌을 충전하기 전에 침윤시키는 물질
㉠ 아세톤(CH_3COCH_3)
㉡ 디메틸포름아미드(DMF)

14 액화석유가스의 냄새측정 기준에서 사용하는 용어에 대한 설명으로 옳지 않은 것은?

① 시험가스란 냄새를 측정할 수 있도록 액화석유가스를 기화시킨 가스를 말한다.
② 시험자란 미리 선정한 정상적인 후각을 가진 사람으로서 냄새를 판정하는 자를 말한다.
③ 시료기체란 시험가스를 청정한 공기로 희석한 판정용 기체를 말한다.
④ 희석배수란 시료기체의 양을 시험가스의 양으로 나눈 값을 말한다.

해설 ② 시험자란 냄새농도 측정에 있어서 희석 조작을 하여 냄새농도를 측정하는 자이다.

15 LP가스 사용시설에서 호스의 길이는 연소기까지 몇 m 이내로 하여야 하는가?

① 3m
② 5m
③ 7m
④ 9m

해설 LP가스 사용시설에서 호스의 길이는 연소기까지 3m 이내로 한다.

16 액화천연가스(LNG) 저장탱크의 지붕 시공 시 지붕에 대한 좌굴강도(Buckling Strength)를 검토하는 경우 반드시 고려하여야 할 사항이 아닌 것은?

① 가스압력
② 탱크의 지붕판 및 지붕 뼈대의 중량
③ 지붕 부위 단열재의 중량
④ 내부탱크 재료 및 중량

해설 LNG 저장탱크의 지붕 시공 시 지붕에 대한 좌굴강도를 검토하는 경우 반드시 고려하여야 할 사항
㉠ 가스압력
㉡ 탱크의 지붕판 및 지붕 뼈대의 중량
㉢ 지붕 부위 단열재의 중량

17 염화메탄을 사용하는 배관에 사용해서는 안 되는 금속은?

① 철
② 강
③ 동 합금
④ 알루미늄

해설 염화메탄을 사용하는 배관에는 알루미늄을 사용해서는 안 된다.

18 고압식 액화산소 분리장치의 원료공기에 대한 설명 중 틀린 것은?

① 탄산가스가 제거된 후 압축기에서 압축된다.
② 압축된 원료공기는 예냉기에서 열교환하여 냉각된다.
③ 건조기에서 수분이 제거된 후에는 팽창기와 정류탑의 하부로 열교환하며 들어간다.
④ 압축기로 압축한 후 물로 냉각한 다음 축냉기에 보내신다.

해설 ④ 압축열을 제거하여 압축기에서 압축된 공기를 흡입온도 가까이까지 냉각하여 유분리기로 보낸다.

정답 13 ② 14 ② 15 ① 16 ④ 17 ④ 18 ④

06 내용적 94L인 액화프로판용기의 저장능력은 몇 kg인가? (단, 충전상수 C는 2.35이다.)

① 20 ② 40 ③ 60 ④ 80

해설 $G = \dfrac{V}{C} = \dfrac{94}{2.35} = 40\,kg$

07 저장량이 10,000kg인 산소 저장설비는 제1종 보호시설과의 거리가 얼마 이상이면 방호벽을 설치하지 아니할 수 있는가?

① 9m ② 10m ③ 11m ④ 12m

해설 산소 처리설비 및 저장설비의 보호시설과 안전거리 기준

처리능력 및 저장능력	제1종 보호시설	제2종 보호시설
1만 이하	12m	8m
1만 초과 2만 이하	14m	9m
2만 초과 3만 이하	16m	11m
3만 초과 4만 이하	18m	13m
4만 초과	20m	14m

∴ 저장량이 10,000kg 이하인 산소 저장설비는 제1종 보호시설과의 거리가 12m 이상이면 방호벽을 설치하지 아니할 수 있다.

08 고압가스 특정제조시설에서 상용압력 0.2MPa 미만의 가연성가스 배관을 지상에 노출하여 설치 시 유지하여야 할 공지의 폭 기준은?

① 2m 이상 ② 5m 이상
③ 9m 이상 ④ 15m 이상

해설 고압가스 특정제조시설에서 상용압력 0.2MPa 미만의 가연성가스 배관을 지상에 노출하여 설치 시 공지의 폭을 5m 이상 유지하여야 한다.

09 수소와 다음 중 어떤 가스를 동일 차량에 적재하여 운반하는 때에 그 충전용기와 밸브가 서로 마주 보지 않도록 적재하여야 하는가?

① 산소 ② 아세틸렌
③ 브롬화메탄 ④ 염소

해설 가연성가스(수소)와 산소를 동일 차량에 적재하여 운반하는 때에는 그 충전용기의 밸브가 서로 마주보지 않도록 적재한다.

10 고압가스 특정제조시설에서 안전구역 설정 시 사용하는 안전구역 안의 고압가스설비 연소열량수치(Q)의 값은 얼마 이하로 정해져 있는가?

① 6×10^8 ② 6×10^9
③ 7×10^8 ④ 7×10^9

해설 고압가스 특정제조시설에서 안전구역 설정 시 사용하는 안전구역 안의 고압가스설비 연소열량수치(Q)의 값은 6×10^8 이하이다.

11 운전 중인 액화석유가스 충전설비의 작동상황에 대하여 주기적으로 점검하여야 한다. 점검주기로 옳은 것은?

① 1일에 1회 이상
② 1주일에 1회 이상
③ 3월에 1회 이상
④ 6월에 1회 이상

해설 운전 중인 액화석유가스 충전설비의 작동상황 점검주기 : 1일에 1회 이상

12 시내버스의 연료로 사용되고 있는 CNG의 주요 성분은?

① 메탄(CH_4) ② 프로판(C_3H_8)
③ 부탄(C_4H_{10}) ④ 수소(H_2)

해설 천연가스(NG)는 메탄을 주성분으로 하는 화석연료이며, 저장 방법에 따라 다음과 같이 분류한다.
㉠ CNG(Compressed Natural Gas) : 압축천연가스
㉡ LNG(Liquefied Natural Gas) : 액화천연가스
㉢ ANG(Adsorbed Natural Gas) : 흡착천연가스

정답 06 ② 07 ④ 08 ② 09 ① 10 ① 11 ① 12 ①

2018 가스기능사 (9. 8. 시행)

01 가연성가스의 제조설비 또는 저장설비 중 전기설비방폭구조를 하지 않아도 되는 가스는?
① 암모니아, 시안화수소
② 암모니아, 염화메탄
③ 브롬화메탄, 일산화탄소
④ 암모니아, 브롬화메탄

해설 방폭구조를 하지 않아도 되는 가스
암모니아, 브롬화메탄 및 공기 중에서 자기발화하는 가스

02 LP가스가 누출될 때 감지할 수 있도록 첨가하는 냄새가 나는 물질의 측정방법이 아닌 것은?
① 유취실법
② 주사기법
③ 냄새주머니법
④ 오더(Odor)미터법

해설 LP가스 누출 시 부취제의 측정방법
㉠ 주사기법
㉡ 냄새주머니법
㉢ 오더(Odor)미터법

03 신규검사에 합격된 용기이 각인사항과 그 기호의 연결이 틀린 것은?
① 내용적 : V
② 최고충전압력 : FP
③ 내압시험압력 : TP
④ 용기의 질량 : M

해설 ④ 용기의 질량 : W

04 역화방지장치를 설치하지 않아도 되는 곳은?
① 가연성가스 압축기와 충전용 주관 사이의 배관
② 가연성가스 압축기와 오토클레이브 사이의 배관
③ 아세틸렌충전용 지관
④ 아세틸렌 고압건조기와 충전용 교체밸브 사이의 배관

해설 ① 역화방지장치 설치
㉠ 가연성가스를 압축하는 압축기와 오토클레이브 사이의 배관
㉡ 아세틸렌의 고압건조기와 충전용 교체밸브 사이의 배관
㉢ 아세틸렌충전용 지관
㉣ 수소화염 또는 산소, 아세틸렌화염을 사용하는 시설
② 역류방지밸브의 설치
㉠ 가연성가스를 압축하는 압축기와 충전용 주관 사이
㉡ 아세틸렌을 압축하는 압축기의 유분리기와 고압건조기 사이
㉢ 암모니아 또는 메탄올의 합성탑이나 정제탑과 압축기 사이 배관
㉣ 독성가스(액화암모니아, 염소)의 감압설비와 해당 가스의 반응설비 간의 배관

05 고압가스설비에 설치하는 압력계의 최고눈금범위는?
① 상용압력의 1배 이상 1.5배 이하
② 상용압력의 1.5배 이상 2배 이하
③ 상용압력의 2배 이상 3배 이하
④ 상용압력의 3배 이상 5배 이하

해설 고압가스설비에 설치하는 압력계의 최고눈금범위
상용압력의 1.5배 이상 2배 이하

정답 01 ④　02 ①　03 ④　04 ①　05 ②

해설 품질검사 기준

대상 가스	검사 방법	순 도
산소	동암모니아 시약을 사용한 오르자트법	99.5% 이상
수소	피로갈롤 또는 하이드로설파이드 시약을 사용한 오르자트법	98.5% 이상
아세틸렌	• 발연 황산을 사용한 오르자트 또는 브롬 시약을 사용한 뷰렛법 • 질산은 시약을 사용한 정성 시험에도 합격할 것	98% 이상

56 염소에 대한 설명 중 틀린 것은?
① 황록색을 띠며, 독성이 강하다.
② 표백작용이 있다.
③ 액상은 물보다 무겁고, 기상은 공기보다 가볍다.
④ 비교적 쉽게 액화된다.

해설 ③ 액상은 물보다 무겁고(액비중 1.57), 기상은 공기보다 무겁다.

57 다음 중 염소의 주된 용도가 아닌 것은?
① 표백
② 살균
③ 염화비닐 합성
④ 강재의 녹 제거용

해설 염소의 주된 용도
표백, 살균, 염화비닐 합성 등

58 공기 중에 누출 시 폭발 위험이 가장 큰 가스는?
① C_3H_8 ② C_4H_{10}
③ CH_4 ④ C_2H_2

해설 ① 2.1~9.5%
② 1.8~8.4%
③ 5~15%
④ 2.5~81%

59 다음 중 1atm과 다른 것은?
① $9.8N/m^2$
② $101,325Pa$
③ $14.7lb/in^2$
④ $10.332mH_2O$

해설 1atm=$10.332mH_2O$=$14.7lb/in^2$
=$101,325Pa$

60 LP가스를 자동차 연료로 사용할 때의 장점이 아닌 것은?
① 배기가스의 독성이 가솔린보다 작다.
② 완전연소로 발열량이 높고 청결하다.
③ 옥탄가가 높아서 노킹현상이 없다.
④ 균일하게 연소되므로 엔진 수명이 연장된다.

해설 LP가스를 자동차 연료로 사용할 때의 장점
㉠ 배기가스의 독성이 가솔린보다 작다.
㉡ 완전연소로 발열량이 높고 청결하다.
㉢ 균일하게 연소되므로 엔진 수명이 연장된다.
㉣ 가솔린에 비해 가격이 저렴하여 경제적이다.

정답 56 ③ 57 ④ 58 ④ 59 ① 60 ③

해설 ③ 고압에 견디기 쉬운 구조이다.

48 다음 가스분석 중 화학분석법에 속하지 않는 방법은?
① 가스크로마토그래피법
② 중량법
③ 분광광도법
④ 요오드적정법

해설 ① 가스크로마토그래피법 : 기기분석법

49 계측기기의 구비 조건으로 틀린 것은?
① 설치 장소 및 주위 조건에 대한 내구성이 클 것
② 설비비 및 유지비가 적게 들 것
③ 구조가 간단하고 정도(精度)가 낮을 것
④ 원거리 지시 및 기록이 가능할 것

해설 ③ 구조가 간단하고 취급, 보수가 쉬울 것

50 고점도 액체나 부유 현탁액의 유체압력측정에 가장 적당한 압력계는?
① 벨로스
② 다이어프램
③ 부르동관
④ 피스톤

해설 다이어프램 압력계의 설명이다.

51 다음 고압장치의 금속재료 사용에 대한 설명으로 옳은 것은?
① LNG 저장탱크-고장력강
② 아세틸렌 압축기실린더-주철
③ 암모니아 압력계도관-동
④ 액화산소 저장탱크-탄소강

해설 ① LNG 저장탱크-9% 니켈강
③ 암모니아 압력계도관-연강
④ 액화산소 저장탱크-9% 니켈강

52 열기전력을 이용한 온도계가 아닌 것은?
① 백금-백금·로듐 온도계
② 동-콘스탄탄 온도계
③ 철-콘스탄탄 온도계
④ 백금-콘스탄탄 온도계

해설 열기전력을 이용한 온도계
㉠ 백금-백금·로듐 온도계(P·R)
㉡ 크로멜-알루멜 온도계(C·A)
㉢ 철-콘스탄탄 온도계(I·C)
㉣ 구리-콘스탄탄 온도계(C·C)

53 표준상태에서 산소의 밀도는 몇 g/L인가?
① 1.33
② 1.43
③ 1.53
④ 1.63

해설 $\dfrac{32g}{22.4L} = 1.43 g/L$

54 다음 중 화씨온도와 가장 관계가 깊은 것은?
① 표준대기압에서 물의 어는점을 0으로 한다.
② 표준대기압에서 물의 어는점을 12로 한다.
③ 표준대기압에서 물의 끓는점을 100으로 한다.
④ 표준대기압에서 물의 끓는점을 212로 한다.

해설 화씨온도(°F)
표준대기압하에서 물의 끓는점을 212°F, 물의 어는점을 32°F로 하여 그 사이를 180등분하여 한 눈금을 1°F로 한 것

55 산소가스의 품질검사에 사용되는 시약은?
① 동암모니아 시약
② 피로갈롤 시약
③ 브롬 시약
④ 하이드로설파이드 시약

정답 48① 49③ 50② 51② 52④ 53② 54④ 55①

해설 가스설비의 점검 중 사용 개시 전에 점검할 사항
㉠ 인터록, 자동제어장치의 기능
㉡ 가스설비의 전반적인 누출 유무
㉢ 배관 계통의 밸브 개폐 상황

44 LPG를 수송할 때의 주의사항으로 틀린 것은?
① 운전 중이나 정차 중에도 허가된 장소를 제외하고는 담배를 피워서는 안 된다.
② 운전자는 운전기술 외에 LPG의 취급 및 소화기 사용 등에 관한 지식을 가져야 한다.
③ 주차할 때는 안전한 장소에 주차하며, 운반책임자와 운전자는 동시에 차량에서 이탈하지 않는다.
④ 누출됨을 알았을 때는 가까운 경찰서, 소방서까지 직접 운행하여 알린다.

해설 ④ 누설 시에는 즉시 운행을 정지하여야 한다.

45 방폭전기기기의 용기 내부에서 가연성가스의 폭발이 발생할 경우 그 용기가 폭발압력에 견디고, 접합면이나 개구부 등을 통해 외부의 가연성가스에 인화되지 않도록 한 방폭구조는?
① 내압(耐壓)방폭구조
② 유입(油入)방폭구조
③ 압력(壓力)방폭구조
④ 본질안전방폭구조

해설 방폭구조의 종류
㉠ 내압방폭구조 : 방폭전기기기의 용기(이하 '용기'라 한다.) 내부에서 가연성가스의 폭발이 발생할 경우 그 용기가 폭발압력에 견디고, 접합면·개구부 등을 통하여 외부의 가연성가스에 인화되지 아니하도록 한 구조이다.
㉡ 유입방폭구조 : 용기 내부에 기름을 주입하여 불꽃·아크 또는 고온 발생 부분이 기름 속에 잠기게 함으로써 기름면 위에 존재하는 가연성가스에 인화되지 아니하도록 한 구조이다.
㉢ 압력방폭구조 : 용기 내부에 보호가스(신선한 공기 또는 불활성가스)를 압입하여 내부 압력을 유지함으로써 가연성가스가 용기 내부로 유입되지 아니하도록 한 구조이다.
㉣ 안전증방폭구조 : 정상운전 중에 가연성가스의 점화원이 될 전기불꽃·아크 또는 고온 부분 등에 발생을 방지하기 위하여 기계적·전기적 구조상 또는 온도상승에 대하여 특히 안전도를 증가시킨 구조이다.
㉤ 본질안전방폭구조 : 정상 시 및 사고(단선, 단락, 지락 등) 시에 발생하는 전기불꽃·아크 또는 고온부에 의하여 가연성가스가 점화되지 아니하는 것이 점화시험, 기타 방법에 의하여 확인된 구조이다.
㉥ 특수방폭구조 : ㉠~㉤에서 규정한 구조 이외의 방폭구조로서 가연성가스에 점화를 방지할 수 있다는 것이 시험, 기타의 방법에 의하여 확인된 구조이다.

46 고압가스설비의 안전장치에 관한 설명 중 옳지 않은 것은?
① 고압가스용기에 사용되는 가용전은 열을 받으면 가용 합금이 용해되어 내부의 가스를 방출한다.
② 액화가스용 안전밸브의 토출량은 저장탱크 등의 내부의 액화가스가 가열될 때의 증발량 이상이 필요하다.
③ 급격한 압력상승이 있는 경우에는 파열판은 부적당하다.
④ 펌프 및 배관에는 압력상승 방지를 위해 릴리프밸브가 사용된다.

해설 ③ 급격한 압력상승이 있는 경우에는 파열판이 적당하다.

47 다음 중 이음매 없는 용기의 특징이 아닌 것은?
① 독성가스를 충전하는 데 사용한다.
② 내압에 대한 응력분포가 균일하다.
③ 고압에 견디기 어려운 구조이다.
④ 용접용기에 비해 값이 비싸다.

정답 44 ④ 45 ① 46 ③ 47 ③

③ 아세틸렌가스와 산소
④ 수소와 질소

해설 수소와 질소는 같은 저장실에 혼합저장이 가능하다.

37 가스공급 배관용접 후 검사하는 비파괴검사 방법이 아닌 것은?

① 방사선투과검사
② 초음파탐상검사
③ 자분탐상검사
④ 주사전자현미경검사

해설 비파괴검사 방법의 종류
㉠ 방사선투과검사
㉡ 초음파탐상검사
㉢ 자분탐상검사

38 가연성가스의 위험성에 대한 설명으로 틀린 것은?

① 누출 시 산소 결핍에 의한 질식의 위험성이 있다.
② 가스의 온도 및 압력이 높을수록 위험성이 커진다.
③ 폭발한계가 넓을수록 위험하다.
④ 폭발하한이 높을수록 위험하다.

해설 ④ 폭발하한이 낮을수록 위험하다.

39 산소가스설비의 수리 및 청소를 위한 저장탱크 내의 산소를 치환할 때 산소측정기 등으로 치환 결과를 측정하여 산소의 농도가 최대 몇 % 이하가 될 때까지 계속하여 치환작업을 하여야 하는가?

① 18　② 20　③ 22　④ 24

해설 저장탱크 내의 산소를 치환할 때는 산소의 농도가 최대 22% 이하가 될 때까지 계속하여 치환작업을 한다.

40 고압가스 특정제조시설에서 지하매설배관은 그 외면으로부터 지하의 다른 시설물과 몇 m 이상의 거리를 유지하여야 하는가?

① 0.1　② 0.2
③ 0.3　④ 0.5

해설 고압가스 특정제조시설에서 지하매설배관은 그 외면으로부터 지하의 다른 시설물과 0.3m 이상의 거리를 유지한다.

41 LPG 충전시설의 충전소에 "화기엄금"이라고 표시한 게시판의 색깔로 옳은 것은?

① 황색 바탕에 흑색 글씨
② 황색 바탕에 적색 글씨
③ 흰색 바탕에 흑색 글씨
④ 흰색 바탕에 적색 글씨

해설 LPG 충전시설의 충전소에 화기엄금이라고 표시한 게시판의 색깔
흰색 바탕에 적색 글씨

42 액화가스를 운반하는 탱크로리(차량에 고정된 탱크)의 내부에 설치하는 것으로서 탱크 내 액화가스 액면 요동을 방지하기 위해 설치하는 것은?

① 폭발방지장치
② 방파판
③ 압력방출장치
④ 다공성 충진제

해설 방파판 : 탱크 내 액화가스 액면 요동을 방지하기 위해 설치하는 것

43 고압가스의 제조시설에서 실시하는 가스설비의 점검 중 사용 개시 전에 점검할 사항이 아닌 것은?

① 기초의 경사 및 침하
② 인터록, 자동제어장치의 기능
③ 가스설비의 전반적인 누출 유무
④ 배관 계통의 밸브 개폐 상황

정답 37 ④　38 ④　39 ③　40 ③　41 ④　42 ②　43 ①

해설 ① $C_2H_2 + 2.5O_2 \rightarrow 2CO_2 + H_2O$
② $CH_4 + 2O_2 \rightarrow CO_2 + 2H_2O$
③ $C_3H_8 + 5O_2 \rightarrow 3CO_2 + 4H_2O$
④ $C_4H_{10} + 6.5O_2 \rightarrow 4CO_2 + 5H_2O$

31 다음의 고압가스 용량을 차량에 적재하여 운반할 때 운반책임자를 동승시키지 않아도 되는 것은?

① 아세틸렌 : 400m³
② 일산화탄소 : 700m³
③ 액화염소 : 6,500kg
④ 액화석유가스 : 2,000kg

해설 운반책임자의 동승

가스의 종류		기 준
액화가스	가연성가스	3,000kg 이상
	독성가스	1,000kg 이상
	조연성가스	6,000kg 이상
압축가스	가연성가스	300m³ 이상
	독성가스	100m³ 이상
	조연성가스	600m³ 이상

32 고압가스 특정제조시설 중 철도부지 밑에 매설하는 배관에 대한 설명으로 틀린 것은?

① 배관의 외면으로부터 그 철도부지의 경계까지는 1m 이상의 거리를 유지한다.
② 지표면으로부터 배관 외면까지의 깊이를 60cm 이상으로 유지한다.
③ 배관은 그 외면으로부터 궤도 중심과 4m 이상의 거리를 유지한다.
④ 지하철도 등을 횡단하여 매설하는 배관에는 전기방식 조치를 강구한다.

해설 ② 지표면으로부터 배관 외면까지의 깊이를 1.2m 이상으로 유지한다.

33 특정고압가스 사용시설 중 고압가스 저장량이 몇 kg 이상인 용기보관실에 있는 벽을 방호벽으로 설치하여야 하는가?

① 100kg ② 200kg
③ 300kg ④ 500kg

해설 방호벽 : 특정고압가스 사용시설 중 고압가스 저장량이 300kg 이상인 용기보관실에 설치한다.

34 도시가스 중 음식물 쓰레기, 가축 분뇨, 하수 슬러지 등 유기성 폐기물로부터 생성된 기체를 정제한 가스로서 메탄이 주성분인 가스를 무엇이라 하는가?

① 천연가스 ② 나프타 부생가스
③ 석유가스 ④ 바이오가스

해설 ① 천연가스(Natural Gas) : 지하에서 자연적으로 생성하는 가연성가스로서 메탄을 주성분으로 하는 가스
② 나프타 부생가스 : 나프타 분해 공정을 통해 에틸렌, 프로필렌 등을 제조하는 과정에서 부산물로 생성되는 가스로서 메탄이 주성분인 가스 및 이를 다른 도시가스와 혼합하여 제조한 가스
③ 석유가스 : 액화석유가스의 안전관리 및 사업법에 따른 액화석유가스 또는 석유 및 석유대체연료사업법에 따른 석유가스를 공기와 혼합하여 제조한 가스

35 원심식 압축기를 사용하는 냉동설비는 그 압축기의 원동기 정격출력 몇 kW를 1일의 냉동능력 1톤으로 산정하는가?

① 1.0 ② 1.2
③ 1.5 ④ 2.0

해설 ㉠ 원심식 압축기를 사용하는 냉동설비는 그 압축기의 원동기 정격출력의 1.2kW를 1일의 냉동능력 1톤으로 산정한다.
㉡ 흡수식 냉동설비는 발생기를 가열하는 1시간의 입열량 6,640kcal를 1일의 냉동능력 1톤으로 산정한다.

36 다음 중 같은 저장실에 혼합저장이 가능한 것은?

① 수소와 염소가스
② 수소와 산소

정답 31 ④ 32 ② 33 ③ 34 ④ 35 ② 36 ④

해설 압축기를 이용한 LP가스 이·충전 작업은 드레인현상이 일어난다.

24 다음 중 비점이 가장 낮은 것은?
① 수소 ② 헬륨
③ 산소 ④ 네온

해설
① −252.5℃ ② −268.9℃
③ −183℃   ④ −245.9℃

25 다음 중 LP가스의 일반적인 연소 특성이 아닌 것은?
① 연소 시 다량의 공기가 필요하다.
② 발열량이 크다.
③ 연소속도가 늦다.
④ 착화온도가 낮다.

해설 LP가스의 일반적인 연소 특성
㉠ 연소 시 다량의 공기가 필요하다.
㉡ 발열량이 크다.
㉢ 연소속도가 늦다.
㉣ 착화(발화)온도가 높다.
㉤ 폭발(연소)범위가 좁고, 하한이 낮다.

26 가정용 가스보일러에서 발생하는 가스중독사고는 배기가스의 어떤 성분에 의하여 주로 발생하는가?
① CH_4 ② CO_2
③ CO   ④ C_3H_8

해설 가정용 가스보일러에서 발생하는 중독사고의 원인은 CO(일산화탄소)이다.

27 물질이 융해, 응고, 증발, 응축 등과 같은 상의 변화를 일으킬 때 발생 또는 흡수하는 열을 무엇이라 하는가?
① 비열 ② 현열
③ 잠열 ④ 반응열

해설
① 비열(Specific Heat) : 표준대기압하에서 어떤 물질 1kg의 온도를 1℃ 올리는 데 필요한 열량을 그 물질의 비열이라 한다(단위 : kcal/kg℃, BTU/lb℉).
② 현열(Sensible Heat) : 감열이라 하며, 상태 변화 없이 온도가 변화할 때 필요한 열이다.
④ 반응열 : 화학반응이 일어날 때 발생 또는 흡수되는 에너지의 양이며, 반응에너지라고도 한다.

28 공기 100kg 중에는 산소가 약 몇 kg 포함되어 있는가?
① 12.3 ② 23.2
③ 31.5 ④ 43.7

해설

성분 %	산소
용량(%)	20.9
중량(%)	23.2

∴ 100kg × 0.232 = 23.2kg

29 0℃, 2기압하에서 1L의 산소와 0℃, 3기압 2L의 질소를 혼합하여 2L로 하면 압력은 몇 기압이 되는가?
① 2기압 ② 4기압
③ 6기압 ④ 8기압

해설
$PV = P_1V_1 + P_2V_2$
$P = \dfrac{P_1V_1 + P_2V_2}{V}$
$= \dfrac{2 \times 1 + 3 \times 2}{2} = \dfrac{8}{2}$
$= 4$기압

30 완전연소 시 공기량을 가장 많이 필요로 하는 가스는?
① 아세틸렌 ② 메탄
③ 프로판   ④ 부탄

정답 24 ② 25 ④ 26 ③ 27 ③ 28 ② 29 ② 30 ④

18 주로 탄광 내에서 CH₄의 발생을 검출하는 데 사용되며 청염(푸른 불꽃)의 길이로써 그 농도를 알 수 있는 가스검지기는?

① 안전등형　② 간섭계형
③ 열선형　　④ 흡광광도형

> **해설**
> ② 간섭계형 : 가스의 굴절률 차이를 이용하여 농도를 측정하는 것이다.
> ③ 열선형 : 전기회로의 전류 차이로 가스농도를 지시 또는 자동경보장치에 이용하며, 열전도식과 연소식이 있다.
> ④ 흡광광도형 : 시료가스를 다른 물질과의 반응으로 발색시켜 광전분광광도계 및 광전광도계를 사용하여 흡광도의 측정에서 함량을 구하는 분석법으로 미량 분석에 사용하며, 램버트－비어 법칙을 이용한 것이다. 분석장치의 구성은 광원부, 파장 선택부, 시료부, 측정부의 4부로 구분된다.

19 가스난방기의 명판에 기재하지 않아도 되는 것은?

① 제조자의 형식호칭(모델번호)
② 제조자명이나 그 약호
③ 품질보증기간과 용도
④ 열효율

> **해설**
> 가스난방기의 명판에 기재하는 것
> ㉠ 제조자의 형식호칭(모델번호)
> ㉡ 제조자명이나 그 약호
> ㉢ 품질보증기간과 용도

20 송수량 12,000L/min, 전양정 45m인 벌류트펌프의 회전수를 1,000rpm에서 1,100rpm으로 변화시킨 경우 펌프의 축동력은 약 몇 PS인가? (단, 펌프의 효율은 80%이다.)

① 165　　② 180
③ 200　　④ 250

> **해설**
> 축동력$(L) = \dfrac{Q \cdot H \cdot \gamma}{75 \times 60 \times \eta}$(PS)
> $= \dfrac{12 \times 45 \times 1,000}{75 \times 60 \times 0.8}$
> $= 150\,\text{PS}$
> 여기서, 축동력은 회전수 변화의 3승에 비례한다.
> $L' = L \times \left(\dfrac{N'}{N}\right)^3$
> $= 150 \times \left(\dfrac{1,100}{1,000}\right)^3 = 200\,\text{PS}$

21 염화메탄을 사용하는 배관에 사용하지 못하는 금속은?

① 주강
② 강
③ 동 합금
④ 알루미늄 합금

> **해설**
> 염화메탄을 사용하는 배관에는 알루미늄 합금을 사용하지 못한다.

22 저온장치의 분말진공단열법에서 충진용 분말로 사용되지 않는 것은?

① 펄라이트
② 알루미늄분말
③ 글라스울
④ 규조토

> **해설**
> 저온장치의 분말진공단열법
> 10^{-2}torr 정도의 진공 공간에 펄라이트, 알루미늄분말, 규조토, 샌다셀을 사용하여 단열효과를 높인다.

23 압축기를 이용한 LP가스 이·충전 작업에 대한 설명으로 옳은 것은?

① 충전시간이 길다.
② 잔류가스를 회수하기 어렵다.
③ 베이퍼록현상이 일어난다.
④ 드레인현상이 일어난다.

정답　18 ①　19 ④　20 ③　21 ④　22 ③　23 ④

해설   방류둑 설치 기준
① 고압가스 특정제조
    ㉠ 가연성가스 : 500톤 이상
    ㉡ 독성가스 : 5톤 이상
    ㉢ 액화산소 : 1,000톤 이상
② 고압가스 일반제조
    ㉠ 가연성가스, 액화산소 : 1,000톤 이상
    ㉡ 독성가스 : 5톤 이상
③ 냉동제조시설(독성가스 냉매 사용) : 수액기 내용적 10,000L 이상
④ 액화석유가스 충전사업 : 1,000톤 이상
⑤ 도시가스
    ㉠ 도시가스도매사업 : 500톤 이상
    ㉡ 일반도시가스사업 : 1,000톤 이상

14 다음은 도시가스 사용시설의 월 사용예정량을 산출하는 식이다. 이 중 기호 "A"가 의미하는 것은?

$$Q = \frac{[(A \times 240) + (B \times 90)]}{11,000}$$

① 월사용예정량
② 산업용으로 사용하는 연소기의 명판에 기재된 가스소비량의 합계
③ 산업용이 아닌 연소기의 명판에 기재된 가스소비량의 합계
④ 가정용 연소기의 가스소비량의 합계

해설   도시가스 월사용예정량 산정 기준

$$Q = \frac{(A \times 240) + (B \times 90)}{11,000}$$

여기서, Q : 월사용예정량(m^3)
    A : 산업용으로 사용하는 연소기의 명판에 기재된 가스소비량의 합계(kcal/h)
    B : 산업용이 아닌 연소기의 명판에 기재된 가스소비량의 합계(kcal/h)

15 산소가스설비의 수리를 위한 저장탱크 내의 산소를 치환할 때 산소측정기 등으로 치환 결과를 수시로 측정하여 산소의 농도가 원칙적으로 몇 % 이하가 될 때까지 치환하여야 하는가?

① 18%   ② 20%   ③ 22%   ④ 24%

해설   산소가스설비의 수리 시 산소의 농도가 원칙적으로 22% 이하가 될 때까지 치환한다.

16 다이어프램식 압력계의 특징에 대한 설명 중 틀린 것은?

① 정확성이 높다.
② 반응속도가 빠르다.
③ 온도에 따른 영향이 작다.
④ 미소압력을 측정할 때 유리하다.

해설   ③ 온도에 따른 영향이 크다.

17 염화파라듐지로 검지할 수 있는 가스는?

① 아세틸렌   ② 황화수소
③ 염소   ④ 일산화탄소

해설

시험지	제법	검지가스	반응	감도
KI-전분지	전분액과 N-KI액 등량 혼합한다.	NO_2, ClO, 할로겐	청~갈색	Cl_2는 0.00143g/L
리트머스지	–	산, 알칼리	적색, 청색	NH_3는 0.0007mg/L
염화제동 착염지	• $CuSO_4 \cdot 5H_2O$ 3g, NH_4Cl 3g, 염산 히드록실아민 5g을 80mL의 물로 용해한다. • 이 액 9mL와 암모니아성 $AgNO_3$ 1.5mL를 혼합으로 만든다.	아세틸렌	적색	2.5mg/L
염화파라듐지	$PdCl_2$ 0.2% 액에 침투 건조시킨 후 5% 초산에 침투시킨다.	CO	흑색	0.01mg/L
하리슨 시약	p-디메틸아미노벤즈알데히드 및 디펠아민 1g을 CCl_4 10mL에 용해 제조한다.	포스겐	심등색	1mg/L
연당지	초산납 10g을 물 90mL로 용해한다.	H_2S	흑색	0.001mg/L
초산벤젠지	초산벤젠지와 초산동의 수용액으로 제조한다.	HCN	청색	0.001mg/L

08 부탄가스용 연소기의 명판에 기재할 사항이 아닌 것은?

① 연소기명
② 제조자의 형식호칭
③ 연소기 재질
④ 제조(로트)번호

해설 부탄가스용 연소기의 명판에 기재할 사항
㉠ 연소기명
㉡ 제조자의 형식호칭
㉢ 제조(로트)번호

09 저장탱크의 지하설치 기준에 대한 설명으로 틀린 것은?

① 천장, 벽 및 바닥의 두께가 각각 30cm 이상인 방수조치를 한 철근콘크리트로 만든 곳에 설치한다.
② 지면으로부터 저장탱크 정상부까지의 깊이는 1m 이상으로 한다.
③ 저장탱크에 설치한 안전밸브에는 지면에서 5m 이상의 높이에 방출구가 있는 가스방출관을 설치한다.
④ 저장탱크를 매설한 곳의 주위에는 지상에 경계표지를 설치한다.

해설 ② 지면으로부터 저장탱크 정상부까지의 깊이는 60cm 이상으로 한다.

10 액화석유가스를 탱크로리로부터 이·충전할 때 정전기를 제거하는 조치로 접지하는 접지 접속선의 규격은?

① 5.5mm² 이상
② 6.7mm² 이상
③ 9.6mm² 이상
④ 10.5mm² 이상

해설 액화석유가스를 탱크로리로부터 이·충전 시 정전기를 제거하는 조치로 접지하는 접지 접속선의 규격 : 5.5mm² 이상

11 도시가스 사용시설의 가스계량기 설치 기준에 대한 설명으로 옳은 것은?

① 시설 안에서 사용하는 자체화기를 제외한 화기와 가스계량기가 유지하여야 하는 거리는 3m 이상이어야 한다.
② 시설 안에서 사용하는 자체화기를 제외한 화기와 입상관이 유지하여야 하는 거리는 3m 이상이어야 한다.
③ 가스계량기와 단열조치를 하지 아니한 굴뚝과의 거리는 10cm 이상 유지하여야 한다.
④ 가스계량기와 전기개폐기와의 거리는 60cm 이상 유지하여야 한다.

해설 ① 시설 안에서 사용하는 자체화기를 제외한 화기와 가스계량기가 유지하여야 하는 거리는 2m 이상이어야 한다.
② 시설 안에서 사용하는 자체화기를 제외한 화기와 입상관이 유지하여야 하는 거리는 2m 이상이어야 한다.
③ 가스계량기와 단열조치를 하지 아니한 굴뚝과의 거리는 30cm 이상 유지하여야 한다.

12 다음 중 지연성가스에 해당되지 않는 것은?

① 염소
② 불소
③ 이산화질소
④ 이황화탄소

해설 ㉠ 지연성가스 : 염소, 불소, 이산화질소
㉡ 독성가스 : CS_2

13 다음 중 방류둑을 설치하여야 하는 기준으로 옳지 않은 것은?

① 저장능력이 5톤 이상인 독성가스 저장탱크
② 저장능력이 300톤 이상인 가연성가스 저장탱크
③ 저장능력이 1,000톤 이상인 액화석유가스 저장탱크
④ 저장능력이 1,000톤 이상인 액화산소 저장탱크

정답 08 ③ 09 ② 10 ① 11 ④ 12 ④ 13 ②

2018 가스기능사 (7. 7. 시행)

01 가연성 고압가스 제조소에서 다음 중 착화원인이 될 수 없는 것은?

① 정전기
② 베릴륨 합금제 공구에 의한 타격
③ 사용 촉매의 접촉
④ 밸브의 급격한 조작

해설 베릴륨 합금제 공구에 의한 타격은 불꽃이 발생하지 않으므로 착화원인이 될 수 없다.

02 액화석유가스 또는 도시가스용으로 사용되는 가스용 염화비닐호스는 그 호스의 안전성, 편리성 및 호환성을 확보하기 위하여 안지름 치수를 규정하고 있는데 그 치수에 해당하지 않는 것은?

① 4.8mm   ② 6.3mm
③ 9.5mm   ④ 12.7mm

해설 액화석유가스 또는 도시가스용으로 사용되는 가스용 염화비닐호스 안지름 치수
㉠ 6.3mm
㉡ 9.5mm
㉢ 12.7mm

03 도시가스 사용시설에서 배관의 호칭지름이 25mm인 배관은 몇 m 간격으로 고정하여야 하는가?

① 1m마다   ② 2m마다
③ 3m마다   ④ 4m마다

해설 도시가스 사용시설에서 배관의 고정장치 설치
㉠ 호칭지름 13mm 미만 : 1m마다
㉡ 호칭지름 13mm 이상 33mm 미만 : 2m마다
㉢ 호칭지름 33mm 이상 : 3m마다

04 다음 중 천연가스(LNG)의 주성분은?

① CO   ② CH_4
③ C_2H_4 ④ C_2H_2

해설 천연가스(LNG)의 주성분 : CH_4

05 고압가스용 용접용기 동판의 최대두께와 최소두께와의 차이는?

① 평균두께의 5% 이하
② 평균두께의 10% 이하
③ 평균두께의 20% 이하
④ 평균두께의 25% 이하

해설 고압가스용 용접용기 동판의 최대두께와 최소두께와의 차이 : 평균두께의 20% 이하

06 다음 중 마찰, 타격 등으로 격렬히 폭발하는 예민한 폭발물질과 가장 거리가 먼 것은?

① AgN_2 ② H_2S
③ Ag_2C_2 ④ N_4S_4

해설 마찰, 타격 등으로 격렬히 폭발하는 예민한 폭발물질
AgN_2, Ag_2C_2, N_4S_4

07 도시가스 계량기와 화기 사이에 유지하여야 하는 거리는?

① 2m 이상   ② 4m 이상
③ 5m 이상   ④ 8m 이상

해설 도시가스 계량기와 화기 사이에 유지하여야 하는 거리
2m 이상

정답 01 ② 02 ① 03 ② 04 ② 05 ③ 06 ② 07 ①

해설 가스누출자동차단기의 내압시험
고압부 3MPa 이상, 저압부 0.3MPa 이상

59 염화수소(HCl)의 용도가 아닌 것은?
① 강판이나 강재의 녹 제거
② 필름 제조
③ 조미료 제조
④ 향료, 염료, 의약 등의 중간물 제조

해설 염화수소(HCl)의 용도
㉠ 강판이나 강재의 녹 제거
㉡ 조미료 제조
㉢ 향료, 염료, 의약 등의 중간물 제조
㉣ 각종 무기염화물 및 공업약품의 제조

60 절대온도 300K은 랭킨온도(°R)로 약 몇 도인가?
① 27
② 167
③ 541
④ 572

해설 K와 °R의 관계
$°R = °F + 460 = K \times 1.8$
$= 300 \times 1.8$
$= 541°R$

정답 59 ② 60 ③

52 펌프가 운전 중에 한숨을 쉬는 것과 같은 상태가 되어 토출구 및 흡입구에서 압력계의 바늘이 흔들리며 동시에 유량이 변화하는 현상을 무엇이라고 하는가?

① 캐비테이션
② 워터해머링
③ 바이브레이션
④ 서징

해설 ① 캐비테이션(Cavitation) : 유수 중에 그 수온의 증기압력보다 낮은 부분이 생기면 물이 증발을 일으키고 또한 수중에 용해하고 있는 공기가 석출하여 작은 기포가 다수 발생하는 현상
② 수격작용(Water Hammering) : 펌프에서 물을 압송하고 있을 때 정전 등으로 급히 펌프가 멈춘 경우와 수량조절밸브를 급히 개폐한 경우 관 내의 유속이 급변하면 물에 심한 압력 변화가 생기는 현상
③ 바이브레이션(Vibration) : 베어링의 마모 또는 파손 등으로 진동이 발생하는 현상

53 다음 중 저온장치의 가스액화사이클이 아닌 것은?

① 린데식 사이클
② 클라우드식 사이클
③ 필립스식 사이클
④ 카자레식 사이클

해설 저온장치의 가스액화사이클
㉠ 린데(Linde)식 사이클
㉡ 클라우드(Claude)식 사이클
㉢ 필립스(Philips)식 사이클
㉣ 캐피자(Kapltsa)식 사이클
㉤ 캐스케이드(Cascade) 사이클(다원액화사이클)

54 가스의 비열비 값은?

① 언제나 1보다 작다.
② 언제나 1보다 크다.
③ 1보다 크기도 하고 작기도 하다.
④ 0.5와 1 사이의 값이다.

해설 비열비(K) : 정적비열에 대한 정압비열의 비로, 비열비는 항상 1보다 크다.
$$K = \frac{C_p}{C_r} > 1$$

55 국가표준기본법에서 정의하는 기본단위가 아닌 것은?

① 질량 – kg
② 시간 – s
③ 전류 – A
④ 온도 – °C

해설 ④ 온도 – K

56 10%의 소금물 500g을 증발시켜 400g으로 농축하였다면 이 용액은 몇 %의 용액인가?

① 10%
② 12.5%
③ 15%
④ 20%

해설 $\dfrac{10 \times 500}{400} = 12.5\%$

57 다음 중 표준상태에서 비점이 가장 높은 것은?

① 나프타
② 프로판
③ 에탄
④ 부탄

해설 ① 30~200°C
② -42.07°C
③ -88.63°C
④ -0.50°C

58 가스누출자동차단기의 내압시험 조건으로 맞는 것은?

① 고압부 1.8MPa 이상, 저압부 8.4~10ka
② 고압부 1MPa 이상, 저압부 0.1MPa 이상
③ 고압부 2MPa 이상, 저압부 0.2MPa 이상
④ 고압부 3MPa 이상, 저압부 0.3MPa 이상

정답 52 ④ 53 ④ 54 ② 55 ④ 56 ② 57 ① 58 ④

[해설] 2중관으로 하여야 하는 가스
  ㉠ 고압가스 일반제조 : 포스겐, 황화수소, 시안화수소, 아황산가스, 산화에틸렌, 암모니아, 염소, 염화메탄
  ㉡ 고압가스 특정제조 : 포스겐, 황화수소, 시안화수소, 아황산가스, 아세트알데히드, 염소, 불소

46 펌프의 축봉장치에서 아웃사이드 형식이 쓰이는 경우가 아닌 것은?

① 구조재, 스프링재 가액의 내식성에 문제가 있을 때
② 점성계수가 100cP를 초과하는 고점도액일 때
③ 스터핑박스 내가 고진공일 때
④ 고응고점액일 때

[해설] 펌프의 축봉장치 중 아웃사이드 형식이 쓰이는 경우
  ㉠ 구조대, 스프링재가 액의 내식성에 문제가 있을 때
  ㉡ 점성계수가 100cP를 초과하는 고점도액일 때
  ㉢ 스터핑박스 내가 고진공일 때

47 왕복식 압축기에서 피스톤과 크랭크 샤프트를 연결하여 왕복운동을 시키는 역할을 하는 것은?

① 크랭크   ② 피스톤링
③ 커넥팅로드 ④ 톱클리어런스

[해설] 커넥팅로드(Connecting Rod)
연결봉이라 하며, 왕복식 압축기에서 피스톤과 크랭크 샤프트를 연결하여 왕복운동을 시키는 역할을 한다.

48 유리온도계의 특징으로 틀린 것은?

① 일반적으로 오차가 작다.
② 취급은 용이하나 파손이 쉽다.
③ 눈금 읽기가 어렵다.
④ 일반적으로 연속기록자동제어를 할 수 있다.

[해설] ④ 액체압력식(액체팽창식) 온도계의 특징이다.

49 고압식 액체산소 분리장치에서 원료공기는 압축기에서 압축된 후 압축기의 중간단에서는 몇 atm 정도로 탄산가스 흡수기에 들어가는가?

① 5   ② 7   ③ 15   ④ 20

[해설] 고압식 액체산소 분리장치
원료공기는 압축기에서 압축된 후 압축기의 중간단에는 15atm 정도로 탄산가스 흡수기에 들어간다.

50 C_4H_{10}의 제조시설에 설치하는 가스누출경보기는 가스누출 정도가 얼마일 때 경보를 울려야 하는가?

① 0.45% 이상
② 0.53% 이상
③ 1.8% 이상
④ 2.1% 이상

[해설] C_4H_{10}의 제조시설에 설치하는 가스누출경보기
가스누출농도가 0.45% 이상일 때 경보가 울린다.

51 재료에 하중을 작용하여 항복점 이상의 응력을 가하면, 하중을 제거하여도 본래의 형상으로 돌아가지 않도록 하는 성질을 무엇이라고 하는가?

① 피로   ② 크리프
③ 소성   ④ 탄성

[해설]
① 피로 : 재료가 정하중보다 작은 반복하중이나 교번하중에 파단되는 현상
② 크리프(Creep) : 재료에 일정한 온도 이상에서 하중이 작용했을 때 일정한 시간이 경과하면 변형이 커지는 현상
④ 탄성 : 하중을 제거하였을 때 물체가 원형으로 복귀하는 것

정답 46 ④ 47 ③ 48 ④ 49 ③ 50 ① 51 ③

해설 고압가스 저장탱크 및 가스홀더의 가스방출장치 가스저장량이 5m³ 이상인 경우 설치한다.

40 가스제조시설에 설치하는 방호벽의 규격으로 옳은 것은?

① 철근콘크리트벽으로 두께 12cm 이상, 높이 2m 이상
② 철근콘크리트블록벽으로 두께 20cm 이상, 높이 2m 이상
③ 박강판벽으로 두께 3.2cm 이상, 높이 2m 이상
④ 후강판벽으로 두께 10mm 이상, 높이 2.5m 이상

해설 방호벽의 종류 및 구조

구 분	높 이	두 께
철근콘크리트벽	2m 이상	12cm 이상
철근콘크리트블록벽	2m 이상	15cm 이상
박강판벽	2m 이상	3.2mm 이상
후강판벽	2m 이상	16mm 이상

41 다음은 어떤 안전설비에 대한 설명인가?

> 설비가 잘못 조작되거나 정상적인 제조를 할 수 없는 경우 자동으로 원재료의 공급을 차단시키는 등 고압가스 제조설비 안의 제조를 제어하는 기능을 한다.

① 안전밸브 ② 긴급차단장치
③ 인터록기구 ④ 벤트스택

해설 인터록기구의 설명이다.

42 방폭전기기기의 구조별 표시방법으로 틀린 것은?

① 내압방폭구조 - s
② 유입방폭구조 - o
③ 압력방폭구조 - p
④ 본질안전방폭구조 - ia

해설 방폭전기기기의 구조별 표시방법

방폭전기기기의 구조	표시방법
내압방폭구조	d
유입방폭구조	o
압력방폭구조	p
안전증방폭구조	e
본질안전방폭구조	ia 또는 ib
특수방폭구조	s

43 고압용기에 각인되어 있는 내용적의 기호는?

① V ② FP
③ TP ④ W

해설
① V : 내용적
② FP : 최고충전압력
③ TP : 내압시험압력
④ W : 용기질량

44 도시가스 공급시설에 대하여 공사가 실시하는 정밀안전진단의 실시 시기 및 기준에 의거 본관 및 공급관에 대하여 최초로 시공감리증명서를 받은 날부터 (   )년이 지난 날이 속하는 해 및 그 이후 매 (   )년이 지난 날이 속하는 해에 받아야 한다. (   ) 안에 각각 들어갈 숫자는?

① 10, 5 ② 15, 5
③ 10, 10 ④ 15, 10

해설 도시가스 공급시설에 대하여 공사가 실시하는 정밀안전진단의 실시 시기 및 기준
본관 및 공급관에 대하여 최초로 시공감리증명서를 받은 날부터 10년이 지난 날이 속하는 해 및 그 이후 매 10년이 지난 날이 속하는 해에 받아야 한다.

45 다음 중 2중관으로 해야 하는 고압가스가 아닌 것은?

① 수소 ② 아황산가스
③ 암모니아 ④ 황화수소

정답 40 ① 41 ③ 42 ① 43 ① 44 ③ 45 ①

33 고압가스 특정제조시설 중 비가연성가스의 저장탱크는 몇 m³ 이상일 경우에 지진 영향에 대한 안전한 구조로 설계하여야 하는가?

① 300 ② 500
③ 1,000 ④ 2,000

해설 고압가스 특정제조시설
비가연성가스의 저장탱크는 1,000m³ 이상일 경우 지진 영향에 대한 안전한 구조로 설계한다.

34 가연성가스 및 방폭전기기기의 폭발등급 분류 시 사용하는 최소점화전류비는 어느 가스의 최소점화전류를 기준으로 하는가?

① 메탄 ② 프로판
③ 수소 ④ 아세틸렌

해설 가연성가스 및 방폭전기기기의 폭발등급 분류 시 메탄(CH_4)가스의 최소점화전류를 기준으로 한다.

35 아세틸렌 제조설비의 기준에 대한 설명으로 틀린 것은?

① 압축기와 충전장소 사이에는 방호벽을 설치한다.
② 아세틸렌충전용 교체밸브는 충전장소와 격리하여 설치한다.
③ 아세틸렌충전용 지관에는 탄소 함유량이 0.1% 이하의 강을 사용한다.
④ 아세틸렌에 접촉하는 부분에는 동 또는 동 함유량이 72% 이하의 것을 사용한다.

해설 ④ 아세틸렌에 접촉하는 부분에는 동 또는 동 함유량이 62% 이상의 동 합금을 사용하지 않는다.

36 다음 가스 중 폭발범위의 하한값이 가장 높은 것은?

① 암모니아 ② 수소
③ 프로판 ④ 메탄

해설
① 15~28%
② 4~75%
③ 2.1~9.5%
④ 5~15%

37 다음 중 풍압대와 관계없이 설치할 수 있는 방식의 가스보일러는?

① 자연배기식(CF) 단독배기통 방식
② 자연배기식(CF) 복합배기통 방식
③ 강제배기식(FE) 단독배기통 방식
④ 강제배기식(FE) 공동배기구 방식

해설 풍압대와 관계없이 설치하는 가스보일러
강제배기식(FE) 단독배기통 방식

38 일반도시가스 공급시설의 시설 기준으로 틀린 것은?

① 가스공급시설을 설치한 곳에는 누출된 가스가 머물지 아니하도록 환기설비를 설치한다.
② 공동구 안에는 환기장치를 설치하면, 전기설비가 있는 공동구에는 그 전기설비를 방폭구조로 한다.
③ 저장탱크의 안전장치인 안전밸브나 파열판에는 가스방출관을 설치한다.
④ 저장탱크의 안전밸브는 다이어프램식 안전밸브로 한다.

해설 저장탱크의 안전밸브는 스프링식 안전밸브로 한다.

39 고압가스 저장탱크 및 가스홀더의 가스방출장치는 가스저장량이 몇 m³ 이상인 경우에 설치하여야 하는가?

① 1m³ ② 3m³
③ 5m³ ④ 10m³

정답 33 ③ 34 ① 35 ④ 36 ① 37 ③ 38 ④ 39 ③

해설 수소가스와 반응하여 격렬히 폭발하는 원소

㉠ $2H_2 + O_2 \rightarrow 2H_2O + 136.6kcal$

㉡ $H_2 + Cl_2 \xrightarrow{햇빛} 2HCl + 44kcal$

㉢ $H_2 + F_2 \xrightarrow{상온} 2HF + 128kcal$

㉣ $3H_2 + N_2 \rightarrow 2NH_3 + 24kcal$

27 액화석유가스에 관한 설명 중 틀린 것은?

① 무색투명하고 물에 잘 녹지 않는다.
② 탄소의 수가 3~4개로 이루어진 화합물이다.
③ 액체에서 기체로 될 때 체적은 150배로 증가한다.
④ 기체는 공기보다 무거우며, 천연고무를 녹인다.

해설 액체상태의 LP가스가 기화하면 프로판(C_3H_8)은 250배, 부탄(C_4H_{10})은 230배로 각각 체적이 증가한다.

28 이상기체에 잘 적용될 수 있는 조건에 해당되지 않는 것은?

① 온도가 높고, 압력이 낮다.
② 분자간 인력이 작다.
③ 분자 크기가 작다.
④ 비열이 작다.

해설 ④ 비열이 크다.

29 착화원이 있을 때 가연성 액체나 고체의 표면에 연소하한계 농도의 가연성 혼합기가 형성되는 최저온도는?

① 인화온도 ② 임계온도
③ 발화온도 ④ 포화온도

해설 인화온도의 설명이다.

30 표준상태에서 에탄 2mol, 프로판 5mol, 부탄 3mol로 구성된 LPG에서 부탄의 중량은 몇 %인가?

① 13.2% ② 24.6%
③ 38.3% ④ 48.5%

해설 에탄 C_2H_6 - 분자량 30
프로판 C_3H_8 - 분자량 40
부탄 C_4H_{10} - 분자량 58이므로
$30g \times 2mol + 44g \times 5mol + 58g \times 3mol$
$= 60g + 220g + 174g = 454g$
따라서, $\dfrac{부탄\ 174g}{전체\ 454g} \times 100 = 38.326\%$

31 고압가스배관에 대하여 수압에 의한 내압시험을 하려고 한다. 이때 압력은 얼마 이상으로 하는가?

① 사용압력×1.1배
② 사용압력×2배
③ 상용압력×1.5배
④ 상용압력×2배

해설 ④ 고압가스배관 내압시험=상용압력×1.5배

32 고압가스 특정제조시설에서 배관을 해저에 설치하는 경우의 기준으로 틀린 것은?

① 배관은 해저면 밑에 매설한다.
② 배관은 원칙적으로 다른 배관과 교차하지 아니하여야 한다.
③ 배관은 원칙적으로 다른 배관과 수평거리로 20m 이상을 유지하여야 한다.
④ 배관의 입상부에는 방호 시설물을 설치한다.

해설 ③ 배관을 해전에 설치하는 경우 배관은 원칙적으로 다른 배관과 수평거리로 30m 이상을 유지한다.

정답 27 ③ 28 ④ 29 ① 30 ③ 31 ③ 32 ③

20 원거리 지역에 대량의 가스를 공급하기 위하여 사용되는 가스공급방식은?
① 초저압공급
② 저압공급
③ 중압공급
④ 고압공급

해설 고압공급방식의 설명이다.

21 공기의 액화분리에 대한 설명 중 틀린 것은?
① 질소가 정류탑의 하부로 먼저 기화되어 나간다.
② 대량의 산소, 질소를 제조하는 공업적 제조법이다.
③ 액화의 원리는 임계온도 이하로 냉각시키고 임계압력 이상으로 압축하는 것이다.
④ 공기액화분리장치에서는 산소가스가 가장 먼저 액화된다.

해설 ① 질소가 정류탑의 상부로 먼저 기화되어 나간다.

22 직동식 정압기의 기본 구성요소가 아닌 것은?
① 안전밸브
② 스프링
③ 메인밸브
④ 다이어프램

해설 직동식 정압기의 기본 구성요소
㉠ 스프링
㉡ 메인밸브
㉢ 다이어프램

23 다음 중 온도가 가장 높은 것은?
① 450°R
② 220K
③ 2°F
④ -5°C

해설
$°F = \dfrac{9}{5}°C + 32 \rightarrow °C = \dfrac{5}{9}(°F - 32)$

또 0°C = 273K
°R = 460 + °F

① 450°R = 450 - 492 = -42°C
② 220K = -(273 - 220) = -53°C
③ $2°F = \dfrac{9}{5}°C + 32$
$\rightarrow °C = \dfrac{5}{9}(2-32) = -16.7°C$

24 부탄(C_4H_{10}) 용기에서 액체 580g이 대기 중에 방출되었다. 표준상태에서 부피는 몇 L가 되는가?
① 150
② 210
③ 224
④ 230

해설 C_4H_{10} 580g은 분자량이 12×4+10=58g이므로 $\dfrac{580g}{58g} = 10mol$에 해당한다.
표준상태를 1atm, 0°C로 보고 $PV = nRT$에 대입하면
$V = \dfrac{nRT}{P} = \dfrac{10mol \times 0.082 \times 273K}{1atm}$
$= 223.86 ≒ 224L$

25 도시가스에 첨가되는 부취제 선정 시 조건으로 틀린 것은?
① 물에 잘 녹고 쉽게 액화될 것
② 토양에 대한 투과성이 좋을 것
③ 독성 및 부식성이 없을 것
④ 가스배관에 흡착되지 않을 것

해설 ① 물에 잘 녹지 않는 물질일 것

26 다음 중 수소가스와 반응하여 격렬히 폭발하는 원소가 아닌 것은?
① O_2
② N_2
③ Cl_2
④ F_2

정답 20 ④ 21 ① 22 ① 23 ④ 24 ③ 25 ① 26 ②

13 가연성가스 또는 독성가스의 제조시설에서 자동으로 원재료의 공급을 차단시키는 등 제조설비 안의 제조를 제어할 수 있는 장치를 무엇이라고 하는가?

① 인터록기구
② 벤트스택
③ 플레어스택
④ 가스누출검지경보장치

해설 인터록기구의 설명이다.

14 도시가스도매사업 제조소에 설치된 비상공급시설 중 가스가 통하는 부분은 최소사용압력의 몇 배 이상의 압력으로 기밀시험이나 누출검사를 실시하여 이상이 없는 것으로 하는가?

① 1.1 ② 1.2
③ 1.5 ④ 2.0

해설 도시가스도매사업 제조소에 설치된 비상공급시설 중 가스가 통하는 부분은 최소사용압력의 1.1배 이상의 압력으로 기밀시험이나 누출검사를 실시하여 이상이 없는 것으로 한다.

15 다음 (   ) 안에 알맞은 말은?

> 시·도지사는 도시가스를 사용하는 자에게 퓨즈, 콕 등 가스안전장치의 설치를 (   )할 수 있다.

① 권고 ② 강제
③ 위탁 ④ 시공

해설 시·도지사는 도시가스를 사용하는 자에게 퓨즈, 콕 등 가스안전장치의 설치를 권고할 수 있다.

16 수은을 이용한 U자관 압력계에 액주높이(h) 600mm, 대기압(P_1)은 1kg/cm²일 때 P_2는 약 몇 kg/cm²인가?

① 0.22 ② 0.92
③ 1.82 ④ 9.16

해설 $P_2 = P_1 + ph$
여기서, p : 액비중량(kg/m³)
　　　　h : 액주높이차
$P_2 = 1\text{kg/cm}^2 + 13.6 \times 0.06 = 1.82\,\text{kg/cm}^2$

17 LNG의 주성분인 CH_4의 비점과 임계온도를 절대온도(K)로 바르게 나타낸 것은?

① 435, 355
② 111, 355
③ 435, 283
④ 111, 283

해설 CH_4
㉠ 비점 : 111K
㉡ 임계온도 : 355K

18 수소취성을 방지하는 원소로 옳지 않은 것은?

① 텅스텐(W) ② 바나듐(V)
③ 규소(Si)   ④ 크롬(Cr)

해설 텅스텐(W), 바나듐(V), 크롬(Cr), 티탄(Ti), 몰리브덴(Mo) 등을 첨가하면 내소수성이 좋아진다.

19 펌프의 캐비테이션에 대한 설명으로 옳은 것은?

① 캐비테이션은 펌프 임펠러의 출구 부근에서 더 일어나기 쉽다.
② 유체 중에 그 액온의 증기압보다 압력이 낮은 부분이 생기면 캐비테이션이 발생한다.
③ 캐비테이션은 유체의 온도가 낮을수록 생기기 쉽다.
④ 이용 NPSH > 필요 NPSH일 때 캐비테이션이 발생한다.

해설 캐비테이션(Cavitation)
물이 관 속을 유동하고 있을 때 흐르는 물속의 어느 부분의 정압이 그때 물의 온도에 해당하는 증기압 이하로 되면 부분적으로 증기가 발생한다.

정답 13 ① 14 ① 15 ① 16 ③ 17 ② 18 ③ 19 ②

해설 제1종 보호시설
㉠ 학교·유치원·어린이집·놀이방·어린이놀이터·학원·병원(의원을 포함한다)·도서관·청소년수련시설·경로당·시장·공중목욕탕·호텔·여관·극장·교회 및 공회당
㉡ 사람을 수용하는 건축물(가설건축물은 제외한다)로서 사실상 독립된 부분의 연면적이 1,000m² 이상인 것
㉢ 예식장·장례식장 및 전시장, 그밖에 이와 유사한 시설로서 300명 이상 수용할 수 있는 건축물
㉣ 아동복지시설 또는 장애인복지시설로서 20명 이상 수용할 수 있는 건축물
㉤ 문화재보호법에 따라 지정문화재로 지정된 건축물

[제2종 보호시설]
㉠ 주택
㉡ 사람을 수용하는 건축물(가설건축물은 제외한다)로서 사실상 독립된 부분의 연면적이 100m² 이상 1,000m² 미만인 것

08 도시가스사업법령에 따른 안전관리자의 종류에 포함되지 않는 것은?
① 안전관리총괄자
② 안전관리책임자
③ 안전관리부책임자
④ 안전점검원

해설 안전관리자의 종류
㉠ 안전관리총괄자
㉡ 안전관리책임자
㉢ 안전점검원

09 액화석유가스 충전사업자의 영업소에 설치하는 용기저장소 용기보관실 면적의 기준은?
① 9m² 이상
② 12m² 이상
③ 19m² 이상
④ 21m² 이상

해설 액화석유가스 충전사업자의 영업소에 설치하는 용기저장소 용기보관실 면적 : 19m² 이상

10 암모니아 충전용기로서 내용적이 1,000L 이하인 것은 부식여유치가 A이고, 염소 충전용기로서 내용적이 1,000L를 초과하는 부식여유치가 B이다. A와 B항에 알맞은 부식여유치는?
① A : 1mm, B : 2mm
② A : 1mm, B : 3mm
③ A : 2mm, B : 5mm
④ A : 1mm, B : 5mm

해설

용기의 종류		부식여유치 (mm)
암모니아 충전용기	내용적 1,000L 이하	1
	내용적 1,000L 초과	2
염소 충전용기	내용적 1,000L 이하	3
	내용적 1,000L 초과	5

11 고압가스 일반제조시설의 저장탱크 지하설치 기준에 대한 설명으로 틀린 것은?
① 저장탱크 주위에는 마른모래를 채운다.
② 지면으로부터 저장탱크 정상부까지의 깊이는 30cm 이상으로 한다.
③ 저장탱크를 매설한 곳의 주위에는 지상에 경계표지를 한다.
④ 저장탱크에 설치한 안전밸브는 지면에서 5m 이상 높이에 방출구가 있는 가스방출관을 설치한다.

해설 ② 지면으로부터 저장탱크 정상부까지의 깊이는 60cm 이상으로 한다.

12 산소압축기의 윤활유로 사용되는 것은?
① 석유류
② 유지류
③ 글리세린
④ 물

해설 산소압축기의 윤활유 : 물

정답 08 ③ 09 ③ 10 ④ 11 ② 12 ④

2018 가스기능사 (3. 31. 시행)

01 1몰의 아세틸렌가스를 완전연소하기 위하여 몇 몰의 산소가 필요한가?

① 1   ② 1.5
③ 2.5   ④ 3

해설 $C_2H_2 + 2.5O_2 \rightarrow 2CO_2 + H_2O$

02 고압가스안전관리법에서 정하고 있는 특정고압가스에 해당되지 않는 것은?

① 아세틸렌
② 포스핀
③ 압축모노실란
④ 디실란

해설 특정고압가스 : 포스핀, 압축모노실란, 디실란 등

03 천연가스 지하매설배관의 퍼지용으로 주로 사용되는 가스는?

① N_2 ② Cl_2
③ H_2 ④ O_2

해설 천연가스 지하매설배관의 퍼지용으로 사용되는 가스 : N_2

04 다음 중 폭발성이 예민하므로 마찰, 타격으로 격렬히 폭발하는 물질에 해당하지 않는 것은?

① 메틸아민   ② 유화질소
③ 아세틸라이드 ④ 염화질소

해설 폭발성이 예민하므로 마찰, 타격으로 격렬히 폭발하는 물질
㉠ 유화질소
㉡ 아세틸라이드
㉢ 염화질소

05 지하에 설치하는 지역정압기에서 시설의 조작을 안전하고 확실하게 하기 위하여 필요한 조명도(lux)는 얼마를 확보하여야 하는가?

① 100   ② 150
③ 200   ④ 250

해설 지하에 설치하는 지역정압기의 조명도 : 150lux

06 가스도매사업의 가스공급시설 중 배관을 지하에 매설할 때의 기준으로 틀린 것은?

① 배관은 그 외면으로부터 수평거리로 건축물까지 1.0m 이상을 유지한다.
② 배관은 그 외면으로부터 지하의 다른 시설물과 0.3m 이상의 거리를 유지한다.
③ 배관은 산과 들에 매설할 때는 지표면으로부터 배관의 외면까지의 매설깊이를 1m 이상으로 한다.
④ 배관은 지반 동결로 손상을 받지 아니하는 깊이로 매설한다.

해설 ① 배관은 그 외면으로부터 수평거리로 건축물까지 1.5m 이상을 유지한다.

07 고압가스안전관리법에서 정하고 있는 보호시설이 아닌 것은?

① 의원
② 학원
③ 가설건축물
④ 주택

정답 01 ③ 02 ① 03 ① 04 ① 05 ② 06 ① 07 ③

56 설비나 장치 및 용기 등에서 취급 또는 운용되고 있는 통상의 온도를 무슨 온도라 하는가?
① 상용온도
② 표준온도
③ 화씨온도
④ 켈빈온도

해설 상용온도의 설명이다.

57 어떤 물질의 질량은 30g이고 부피는 600cm³이다. 이것의 밀도(g/cm³)는 얼마인가?
① 0.01
② 0.05
③ 0.5
④ 1

해설 밀도(g/cm³) = $\dfrac{30g}{600cm^3}$ = 0.05g/cm³

58 대기압이 1.0332kgf/cm²이고 계기압력이 10kgf/cm²일 때 절대압력은 약 몇 kgf/cm²인가?
① 8.9668
② 10.332
③ 11.0332
④ 103.22

해설 절대압력 = 대기압 + 게이지압력
= 1.0332kgf/cm² + 10kgf/cm²
= 11.0332kgf/cm²

59 0°C 물 10kg을 100°C 수증기로 만드는 데 필요한 열량은 약 몇 kcal인가?
① 5,390
② 6,390
③ 7,190
④ 8,390

해설 $Q = Q_1(현열) + Q_2(잠열)$
$Q_1 = GC\Delta t = 10 \times 1 \times (100-0) = 1,000\,\text{kcal}$
$Q_2 = G\gamma = 10 \times 539 = 5,390\,\text{kcal}$
∴ $Q = 1,000 + 5,390 = 6,390\,\text{kcal}$

60 다음 중 온도의 단위가 아닌 것은?
① °F
② °C
③ °R
④ °T

해설 온도의 단위
㉠ °F(화씨온도)
㉡ °C(섭씨온도)
㉢ °R(랭킨온도)

정답 56 ① 57 ② 58 ③ 59 ② 60 ④

49 열전대 온도계는 열전쌍 회로에서 두 접점에서 발생되는 어떤 현상의 원리를 이용한 것인가?

① 열기전력
② 열팽창계수
③ 체적 변화
④ 탄성계수

해설 열전대 온도계
2종의 금속선 양끝을 접합시켜 열전대를 만들고 양끝의 접점에 온도차를 주면, 이 온도차에 따른 열기전력이 생긴다. 이 현상을 제백효과라고 한다.

50 액화천연가스(LNG) 저장탱크 중 액화천연가스의 최고액면을 지표면과 동등 또는 그 이하가 되도록 설치하는 형태의 저장탱크는?

① 지상식 저장탱크(Aboveground Storage Tank)
② 지중식 저장탱크(Inground Storage Tank)
③ 지하식 저장탱크(Underground Storage Tank)
④ 단일방호식 저장탱크(Single Containment Tank)

해설 지중식 저장탱크(Inground Storage Tank)의 설명이다.

51 고압가스 배관재료로 사용되는 동관의 특징으로 틀린 것은?

① 가공성이 좋다.
② 열전도율이 작다.
③ 시공이 용이하다.
④ 내식성이 크다.

해설 ② 열전도율이 크다.

52 원통형의 관을 흐르는 물의 중심부의 유속을 피토관으로 측정하였더니 수주의 높이가 10m이었다. 이때 유속은 약 몇 m/sec인가?

① 10   ② 14
③ 20   ④ 26

해설 $V = \sqrt{2gh} = \sqrt{2 \times 9.5 \times 10} = 14 \text{m/sec}$

53 다음 중 메탄의 제조방법이 아닌 것은?

① 석유를 크래킹하여 제조한다.
② 천연가스를 냉각시켜 분별증류한다.
③ 초산나트륨에 소다회를 가열하여 얻는다.
④ 니켈을 촉매로 하여 일산화탄소에 수소를 작용시킨다.

해설 메탄의 제조방법
㉠ 천연가스를 냉각시켜 분별증류한다.
㉡ 석유분해가스에 포함되어 있으므로 분리하여 얻는다.
㉢ 초산나트륨에 소다회를 가열하여 얻는다.
$CH_3COONa + NaOH \rightarrow Na_2CO_3 + CH_4$
㉣ 니켈을 촉매로 하여 일산화탄소에 수소를 작용시킨다.
$CO + 3H_2 \xrightarrow{Ni} CH_4 + H_2O$

54 도시가스의 주원료인 메탄(CH_4)의 비점은 약 얼마인가?

① $-50°C$ ② $-82°C$
③ $-120°C$ ④ $-162°C$

해설 메탄(CH_4)의 비점 : $-162°C$

55 다음 가스 중 상온에서 가장 안정한 것은?

① 산소   ② 네온
③ 프로판 ④ 부탄

해설 네온(Ne)은 불활성기체로서 상온에서 가장 안정하다.

정답 49 ① 50 ② 51 ② 52 ② 53 ① 54 ④ 55 ②

42 냉동기 제조시설에서 내압성능을 확인하기 위한 시험압력의 기준은?

① 설계압력 이상
② 설계압력의 1.25배 이상
③ 설계압력의 1.5배 이상
④ 설계압력의 2배 이상

해설 냉동기 제조시설 내압성능 시험압력 기준 설계압력의 1.5배 이상

43 고압가스 운반, 취급에 관한 안전사항 중 염소와 동일 차량에 적재하여 운반이 가능한 가스는?

① 아세틸렌 ② 암모니아
③ 질소 ④ 수소

해설 염소와 아세틸렌·암모니아 또는 수소는 한 차량에 적재하여 운반하지 않는다.

44 가스배관의 주위를 굴착하거나 할 때에는 가스배관의 좌우 얼마 이내의 부분을 인력으로 굴착해야 하는가?

① 30cm 이내
② 50cm 이내
③ 1m 이내
④ 1.5m 이내

해설 가스배관 주위를 굴착 시 가스배관의 좌우 1m 이내의 부분은 인력으로 굴착한다.

45 시안화수소 충전 시 한 용기에서 60일을 초과할 수 있는 경우는?

① 순도가 90% 이상으로서 착색이 된 경우
② 순도가 90% 이상으로서 착색되지 아니한 경우
③ 순도가 98% 이상으로서 착색이 된 경우
④ 순도가 98% 이상으로서 착색되지 아니한 경우

해설 시안화수소 충전 시 한 용기에 60일을 초과할 수 있는 경우는 순도가 98% 이상으로서 착색되지 아니한 경우이다.

46 안정된 불꽃으로 완전연소를 할 수 있는 염공의 단위면적당 인풋(Input)을 무엇이라고 하는가?

① 염공부하
② 연소실부하
③ 연소효율
④ 배기열손실

해설 염공부하의 설명이다.

47 저장능력이 50톤인 액화산소 저장탱크의 외면에서 사업소 경계선까지의 최단거리가 50m일 경우 이 저장탱크에 대한 내진 설계 등급은?

① 내진 특등급
② 내진 1등급
③ 내진 2등급
④ 내진 3등급

해설 내진 2등급의 설명이다.

48 LPG 기화장치의 작동원리에 따른 구분으로 저온의 액화가스를 조정기를 통하여 감압한 후 열교환기에 공급해 강제 기화시켜 공급하는 방식은?

① 해수가열방식
② 가온감압방식
③ 감압가열방식
④ 중간매체방식

해설 감압가열방식의 설명이다.

정답 42 ③ 43 ③ 44 ③ 45 ④ 46 ① 47 ③ 48 ③

해설 가스용 폴리에틸렌관의 굴곡허용반경은 외경의 20배 이상으로 한다.

34 프로판 15vol%와 부탄 85vol%로 혼합된 가스의 공기 중 폭발하한값은 약 몇 %인가? (단, 프로판의 폭발하한값은 2.1%이고, 부탄은 1.8%이다.)

① 1.84 ② 1.88
③ 1.94 ④ 1.98

해설 $\frac{100}{L} = \frac{V_1}{L_1} + \frac{V_2}{L_2}$, $\frac{100}{L} = \frac{15}{2.1} + \frac{85}{1.8}$

$L = \frac{100}{54.24} = 1.84\%$

35 가스설비를 수리할 때 산소의 농도가 약 몇 % 이하가 되면 산소결핍현상을 초래하게 되는가?

① 8 ② 12 ③ 16 ④ 20

해설 가스설비를 수리할 때 산소의 농도가 16% 이하가 되면 산소결핍현상을 초래한다.

36 도시가스의 유해성분 측정에 있어 암모니아는 도시가스 1m³당 몇 g을 초과해서는 안 되는가?

① 0.02 ② 0.2
③ 0.5 ④ 1.0

해설 도시가스 유해성분 측정 기준치
㉠ 암모니아 : 0.2g
㉡ 황화수소 : 0.02g
㉢ 황 : 0.5g

37 저장능력 300m³ 이상인 2개의 가스홀더 A, B 간에 유지해야 할 거리는? (단, A와 B의 최대지름은 각각 8m, 4m이다.)

① 1m ② 2m
③ 3m ④ 4m

해설 $(8m + 4m) \times \frac{1}{4} = 3m$

38 용접부의 이음효율 공식으로 옳은 것은?

① 배기통의 굴곡수는 6개 이하로 한다.
② 배기통의 끝은 옥외로 뽑아낸다.
③ 배기통의 입상높이는 원칙적으로 10m 이하로 한다.
④ 배기통의 가로 길이는 5m 이하로 한다.

해설 ① 배기통의 굴곡수는 4개 이하로 한다.

39 다음 가스 중 독성이 가장 강한 것은?

① 염소 ② 불소
③ 시안화수소 ④ 암모니아

해설 허용농도
① 염소 : 1ppm
② 불소 : 0.1ppm
③ 시안화수소 : 10ppm
④ 암모니아 : 25ppm

40 연강용 피복아크용접봉 심선의 성분 중 고온 균열을 일으키는 성분은?

① 황 ② 인
③ 망간 ④ 규소

해설 황(S)은 적열취성과 고온균열의 원인이다.

41 아세틸렌가스 압축 시 희석제로서 적당하지 않은 것은?

① 질소 ② 메탄
③ 일산화탄소 ④ 산소

해설 아세틸렌가스 압축 시 희석제
㉠ ①, ②, ③항
㉡ 수소(H_2)
㉢ 프로판(C_3H_8)
㉣ 에틸렌(C_2H_4)
㉤ 탄산가스(CO_2)

정답 34 ① 35 ③ 36 ② 37 ③ 38 ① 39 ② 40 ① 41 ④

28 에틸렌 제조의 원료로 사용되지 않는 것은?

① 나프타   ② 에탄올
③ 프로판   ④ 염화메탄

해설 에틸렌(C_2H_4) 제법
㉠ 실험실 제법 : 에탄올을 진한 황산이나 알루미나 존재하에서 160~180°C로 가열하여 탈수시켜 만든다.
$$C_2H_5OH \xrightarrow{160\sim180°C} C_2H_4 + H_2O$$
㉡ 공업적 제법 : 에탄, 프로판, 나프타 등의 탄화수소를 700~900°C의 고온으로 가열하여 크래킹시켜 만든다.
$$C_3H_8 \xrightarrow{크래킹} C_2H_4 + CH_4$$

29 가연성가스에 대한 정의로 맞는 것은?

① 폭발한계의 하한이 10% 이하인 것과 폭발한계의 상한과 하한의 차가 20% 이상인 것을 말한다.
② 폭발한계의 하한이 20% 이하인 것과 폭발한계의 상한과 하한의 차가 10% 이상인 것을 말한다.
③ 폭발한계의 상한이 10% 이하인 것과 폭발한계의 상한과 하한의 차가 20% 이하인 것을 말한다.
④ 폭발한계의 상한이 10% 이상인 것과 폭발한계의 상한과 하한의 차가 10% 이하인 것을 말한다.

해설 가연성가스
㉠ 폭발한계의 하한이 10% 이하인 것
㉡ 폭발한계의 상한과 하한의 차가 20% 이상인 것

30 암모니아가스의 특성에 대한 설명으로 옳은 것은?

① 물에 잘 녹지 않는다.
② 무색의 기체이다.
③ 상온에서 아주 불안정하다.
④ 물에 녹으면 산성이 된다.

해설 암모니아가스의 특성
㉠ 물에 잘 녹는다.
㉡ 상온에서 안정하다.
㉢ 물에 녹으면 염기성이다.

31 도시가스 사용시설 중 가스계량기의 설치 기준으로 틀린 것은?

① 가스계량기는 화기(자체화기는 제외)와 2m 이상의 우회거리를 유지하여야 한다.
② 가스계량기(자체화기는 제외)의 설치 높이는 바닥으로부터 1.6m 이상 2m 이내이어야 한다.
③ 가스계량기를 격납상자 내에 설치하는 경우에는 설치 높이의 제한을 받지 아니한다.
④ 가스계량기는 절연조치를 하지 아니한 전선과 30cm 이상의 거리를 유지하여야 한다.

해설 ④ 절연조치를 하지 아니한 전선과 15cm 이상의 거리를 유지하여야 한다.

32 다음 중 산업통상자원부령이 정하는 특정설비가 아닌 것은?

① 저장탱크
② 저장탱크의 안전밸브
③ 조정기
④ 기화기

해설 특정설비
㉠ 저장탱크
㉡ 저장탱크의 안전밸브
㉢ 기화기

33 가스용 폴리에틸렌관의 굴곡허용반경은 외경의 몇 배 이상으로 하여야 하는가?

① 10   ② 20
③ 30   ④ 50

정답 28 ④ 29 ① 30 ② 31 ④ 32 ③ 33 ②

21 땅속의 애노드에 강제 전압을 가하여 피방식 금속제를 캐소드로 하는 전기방식법은?

① 희생양극법
② 외부전원법
③ 선택배류법
④ 강제배류법

해설 외부전원법의 설명이다.

22 도시가스의 총 발열량이 10,400kcal/m³, 공기에 대한 비중이 0.55일 때 웨버지수는 얼마인가?

① 11,023
② 12,023
③ 13,023
④ 14,023

해설 $WI = \dfrac{H_g}{\sqrt{d}} = \dfrac{10,400}{\sqrt{0.55}} = 14,023$

여기서, WI : 웨버지수
H_g : 도시가스의 총 발열량(kcal/m³)
d : 도시가스의 공기에 대한 비중

23 서로 다른 두 종류의 금속을 연결하여 폐회로를 만든 후, 양 접점에 온도차를 두면 금속 내에 열기전력이 발생하는 원리를 이용한 온도계는?

① 광전관식 온도계
② 바이메탈 온도계
③ 서미스터 온도계
④ 열전대 온도계

해설 열선내 온도계의 설명이다.

24 다음 중 압력이 가장 높은 것은?

① 10lb/in²
② 750mmHg
③ 1atm
④ 1kg/cm²

해설 ① 1.0332kg/cm² : 14.7lb/in² = x : 10lb/in²
∴ x = 0.7kg/cm²

② 760mmHg : 1.0332kg/cm² = 750mmHg : x
∴ x = 1kg/cm²
③ 1atm = 1.0332kg/cm²
④ 1kg/cm²

25 산소의 성질에 대한 다음 설명 중 옳지 않은 것은?

① 자신은 폭발 위험은 없으나 연소를 돕는 조연제이다.
② 액체 산소는 무색무취이다.
③ 화학적으로 활성이 강하며, 많은 원소와 반응하여 산화물을 만든다.
④ 상자성을 가지고 있다.

해설 액체 산소는 담청색이다.

26 60K을 랭킨온도로 환산하면 약 몇 °R인가?

① 109
② 117
③ 126
④ 135

해설

구 분	절대온도(K)	랭킨온도(°R)
끓는점(b.p.)	373	672
녹는점(m.p.)	273	492
절대영도	0	0

273K : 492°R = 60K : x
∴ x = 109°R

27 탄소 12g을 완전연소시킬 경우 발생되는 이산화탄소는 약 몇 L인가? (단, 표준상태일 때를 기준으로 한다.)

① 11.2
② 12
③ 22.4
④ 32

해설 C + O → CO_2
12g   22.4L

정답 21 ②   22 ④   23 ④   24 ③   25 ②   26 ①   27 ③

14 용기의 파열사고 원인으로 가장 거리가 먼 것은?

① 용기의 내압력 부족
② 용기의 내압 상승
③ 용기 내에서 폭발성 혼합가스에 의한 발화
④ 안전밸브의 작동

해설 용기 파열사고 원인 : ①, ②, ③

15 충전용기 보관실의 온도는 항상 몇 °C 이하를 유지하여야 하는가?

① 40 ② 45
③ 50 ④ 55

해설 충전용기 보관실의 온도는 40°C 이하이어야 한다.

16 가스폭발사고의 근본적인 원인으로 가장 거리가 먼 것은?

① 내용물의 누출 및 확산
② 화학반응열 또는 잠열의 축적
③ 누출경보장치의 미비
④ 착화원 또는 고온물의 생성

해설 가스폭발사고의 근본적 원인 : ①, ③, ④

17 가스용품 제조허가를 받아야 하는 품목이 아닌 것은?

① PE배관
② 매몰형 정압기
③ 로딩암
④ 연료전지

해설 가스용품 제조허가를 받아야 하는 품목
㉠ 매몰형 정압기
㉡ 로딩암
㉢ 연료전지

18 2,000rpm으로 회전하는 펌프를 3,500rpm으로 변환하였을 경우 펌프의 유량과 양정은 각각 몇 배가 되는가?

① 유량 : 2.65, 양정 : 4.12
② 유량 : 3.06, 양정 : 1.75
③ 유량 : 3.06, 양정 : 5.36
④ 유량 : 1.75, 양정 : 3.06

해설

펌프의 유량 = $\frac{Q_1}{Q_2} = \frac{N_1}{N_2} = \frac{3,500}{2,000} = 1.75$

펌프의 양정 = $\frac{H_1}{H_2} = \left(\frac{N_1}{N_2}\right)^2 = \left(\frac{3,500}{2,000}\right)^2 = 3.06$

19 가스분석 시 이산화탄소 흡수제로 주로 사용되는 것은?

① NaCl ② KCl
③ KOH ④ Ca(OH)$_2$

해설 가스 성분과 흡수액

가스 성분	흡수액
CO_2	33% KOH 용액
C_mH_n	발연 황산
O_2	알칼리성 피로갈롤 용액
CO	암모니아성 염화제1동 용액

20 파일럿 정압기 중 구동압력이 증가하면 개도도 증가하는 방식으로서 정특성, 동특성이 양호하고 비교적 콤팩트한 구조의 로딩형 정압기는?

① Fisher식
② Axialflow식
③ Reynolds식
④ KRF식

해설 Fisher식의 설명이다.

정답 14 ④ 15 ① 16 ② 17 ① 18 ④ 19 ③ 20 ①

08 아세틸렌을 용기에 충전할 때에는 미리 용기에 다공물질을 고루 채운 후 침윤 및 충전을 하여야 한다. 이때 다공도는 얼마로 하여야 하는가?

① 75% 이상 92% 미만
② 70% 이상 95% 미만
③ 62% 이상 75% 미만
④ 92% 이상

해설 아세틸렌 다공도 : 75% 이상 92% 미만

09 다음 중 독성이면서 가연성인 가스는?

① SO_2
② $COCl_2$
③ HCN
④ C_2H_6

해설
① SO_2 : 독성가스
② $COCl_2$: 독성가스
③ HCN : 독성이면서 가연성가스
④ C_2H_6 : 가연성가스

10 고압가스 운반 등의 기준으로 틀린 것은?

① 고압가스를 운반하는 때에는 재해 방지를 위하여 필요한 주의사항을 기재한 서면을 운전자에게 교부하고 운전 중 휴대하게 한다.
② 차량의 고장, 교통 사정 또는 운전자의 휴식 등 부득이한 경우를 제외하고는 장시간 정차하여서는 안 된다.
③ 고속도로 운행 중 점심식사를 하기 위해 운반책임자와 운전자가 동시에 차량을 이탈할 때에는 시건장치를 하여야 한다.
④ 지정한 도로, 시간, 속도에 따라 운반하여야 한다.

해설 고압가스 운반 등의 기준 : ①, ②, ④

11 고압가스 제조설비의 계장회로에는 제조하는 고압가스의 종류·온도 및 압력과 제조설비의 상황에 따라 안전확보를 위한 주요 부문에 설비가 잘못 조작되거나 정상적인 제조를 할 수 없는 경우에 자동으로 원재료의 공급을 차단시키는 등 제조설비 안의 제조를 제어할 수 있는 장치를 설치하는데 이를 무엇이라 하는가?

① 인터록제어장치
② 긴급차단장치
③ 긴급이송설비
④ 벤트스택

해설 인터록제어장치의 설명이다.

12 독성가스 배관을 지하에 매설할 경우 배관은 그 가스가 혼입될 우려가 있는 수도시설과 몇 m 이상의 거리를 유지하여야 하는가?

① 50   ② 100
③ 200 ④ 300

해설 독성가스 배관을 지하에 매설 시 배관은 그 가스가 혼입될 우려가 있는 수도시설과 300m 이상의 거리를 유지한다.

13 고압가스용기의 안전점검 기준에 해당되지 않는 것은?

① 용기의 부식, 도색 및 표시 확인
② 용기의 캡이 씌워져 있거나 프로텍터의 부착 여부 확인
③ 재검사 기간의 도래 여부를 확인
④ 용기의 누출을 성냥불로 확인

해설 고압가스용기 안전점검 기준 : ①, ②, ③

정답 08 ① 09 ③ 10 ③ 11 ① 12 ④ 13 ④

2018 가스기능사 (1. 20. 시행)

01 탱크를 지상에 설치하고자 할 때 방류둑을 설치하지 않아도 되는 저장탱크는?

① 저장능력 1,000톤 이상의 질소탱크
② 저장능력 1,000톤 이상의 부탄탱크
③ 저장능력 1,000톤 이상의 산소탱크
④ 저장능력 5톤 이상의 염소탱크

해설 방류둑은 액화가스에서만 설치한다. 즉, 질소탱크는 압축가스이므로 설치하지 않아도 된다.

02 독성가스 배관은 안전한 구조를 갖도록 하기 위해 2중관 구조로 하여야 한다. 다음 가스 중 2중관으로 하지 않아도 되는 가스는?

① 암모니아   ② 염화메탄
③ 시안화수소 ④ 에틸렌

해설 독성가스 배관 중 2중관으로 하는 가스
암모니아, 염화메탄, 시안화수소, 포스겐, 황화수소, 아황산가스, 산화에틸렌, 염소

03 자동차용기 충전시설에 "화기엄금"이라 표시한 게시판의 색상은?

① 황색 바탕에 흑색 문자
② 백색 바탕에 적색 문자
③ 흑색 바탕에 황색 문자
④ 적색 바탕에 백색 문자

해설 자동차용기 충전시설 화기엄금 게시판
백색 바탕에 적색 문자

04 고압가스 용접용기 제조 시 용기 동판의 최대두께와 최소두께의 차이는 평균두께의 몇 % 이하로 하여야 하는가?

① 10   ② 20
③ 30   ④ 40

해설 용접용기 : 용기 동판의 최대두께와 최소두께의 차이는 평균두께의 20% 이하

05 가연성가스로 인한 화재의 종류는?

① A급 화재   ② B급 화재
③ C급 화재   ④ D급 화재

해설 화재의 등급
① A급 화재 : 일반화재
② B급 화재 : 유류(가연성가스)화재
③ C급 화재 : 전기화재
④ D급 화재 : 금속화재

06 고압가스(산소, 아세틸렌, 수소)의 품질검사 주기의 기준은?

① 2일 1회 이상
② 1주 1회 이상
③ 3일 1회 이상
④ 1일 1회 이상

해설 산소, 아세틸렌, 수소의 품질검사 주기
1일 1회 이상

07 일반도시가스사업의 가스공급시설에서 중압 이하의 배관과 고압 배관을 매설하는 경우 서로 몇 m 이상의 거리를 유지하여 설치하여야 하는가?

① 1   ② 2   ③ 3   ④ 5

해설 일반도시가스사업의 가스공급시설
중압 이하의 배관과 고압 배관을 매설하는 경우 서로 2m 이상의 거리를 유지한다.

정답 01 ① 02 ④ 03 ② 04 ② 05 ② 06 ④ 07 ②

③ 16kg/m³
④ 20kg/m³

해설
$W(중량) = \rho(밀도) \times V(체적)$
$16kg = x\,kg/m^3 \times 0.8m^3$
$\therefore x = 20kg/m^3$

55 루트미터에 대한 설명으로 옳은 것은?
① 설치 공간이 크다.
② 일반 수용가에 적합하다.
③ 스트레이너가 필요 없다.
④ 대용량 가스 측정에 적합하다.

해설
① 설치 공간이 작다.
② 일반 수용가에 부적합하다.
③ 스트레이너가 필요하다.

56 다음 중 저온장치의 진공단열법에 속하지 않는 것은?
① 고진공단열법
② 격막진공단열법
③ 분말진공단열법
④ 다층진공단열법

해설
저온장치 진공단열법
㉠ 고진공단열법
㉡ 분말진공단열법
㉢ 다층진공단열법

57 다음 중 물과 접촉 시 아세틸렌가스를 발생하는 것은?
① 탄화칼슘
② 가성소다
③ 소석회
④ 금속칼륨

해설
$CaC_2 + 2H_2O \rightarrow Ca(OH)_2 + C_2H_2$

58 프로판의 착화온도는 약 몇 ℃ 정도인가?
① 460~520
② 550~590
③ 600~660
④ 680~740

해설

구 분	착화온도
프로판	460~520℃

59 손잡이를 돌리면 원통형의 폐지밸브가 상하로 올라가고 내려가 밸브 개폐를 함으로써 폐쇄가 양호하고 유량조절이 용이한 밸브는?
① 플러그밸브
② 게이트밸브
③ 글로브밸브
④ 볼밸브

해설
글로브밸브의 설명이다.

60 물체에 힘을 가하면 변형이 생긴다. 이 후크의 법칙에 의해 작용하는 힘과 변형이 비례하는 압력계는?
① 액주식 압력계
② 분동식 압력계
③ 전기식 압력계
④ 탄성식 압력계

해설
탄성식 압력계의 설명이다.

정답 55 ④ 56 ② 57 ① 58 ① 59 ③ 60 ④

해설 압축기와 윤활유

압축기	윤활유
산소	물 또는 10% 이하의 묽은 글리세린수
염소	진한 황산
아세틸렌	양질의 광유
수소	양질의 광유
LP가스	식물성유

47 프레온냉매가 실수로 눈에 들어갔을 경우 눈 세척에 사용되는 약품으로 가장 적당한 것은?
① 바세린
② 약한 붕산 용액
③ 농피크린산 용액
④ 유동 파라핀

해설 프레온냉매 : 약한 붕산 용액

48 가스의 연소와 관련하여 공기 중에서 점화원 없이 연소하기 시작하는 최저온도를 무엇이라 하는가?
① 인화점 ② 발화점
③ 끓는점 ④ 융해점

해설 발화점의 설명이다.

49 물체의 상태변화 없이 온도변화만 일으키는 데 필요한 열량을 무엇이라 하는가?
① 현열 ② 잠열
③ 열용량 ④ 대사량

해설
② 잠열 : 물체의 온도변화 없이 상태변화만 일으키는 데 필요한 열량
③ 열용량 : 어떤 물질의 온도를 1℃ 높이는 데 필요한 열량

50 가연성가스라 함은 폭발한계의 상한과 하한의 차가 몇 % 이상인 것을 말하는가?
① 10 ② 20
③ 30 ④ 40

해설 가연성가스
㉠ 폭발한계의 상한과 하한의 차가 20% 이상 인 것
㉡ 폭발한계의 하한값이 10% 이하인 것

51 가정에서 액화석유가스(LPG)가 누출될 때 가장 쉽게 식별할 수 있는 방법은?
① 냄새로써 식별
② 리트머스시험지 색깔로 식별
③ 누출 시 발생되는 흰색 연기로 식별
④ 성냥 등으로 점화시켜 봄으로써 식별

해설 LPG는 원래 무색·무취·무독성의 기체이지만, 누출 사고에 대한 대비로 방향성의 첨가물을 섞는다.

52 수성가스의 주성분으로 옳은 것은?
① CO, CO_2 ② CO_2, N_2
③ CO, H_2O ④ CO, H_2

해설 수성가스
고온 가열한 코크스에 수증기를 작용시켜 얻은 가스
$C + H_2O \rightarrow CO + H_2$

53 프로판 15vol%와 부탄 85vol%로 혼합된 가스의 공기 중 폭발하한값은 얼마인가? (단, 프로판의 폭발하한값은 2.1%로 하고, 부탄은 1.8%로 한다.)
① 1.84 ② 1.88
③ 1.94 ④ 1.98

해설
$$\frac{100}{\frac{15}{2.1} + \frac{85}{1.8}} ≒ 1.84$$

54 체적 0.8m³의 용기에 16kg의 가스가 들어있다면 이 가스의 밀도는?
① 0.05kg/m³
② 8kg/m³

정답 47② 48② 49① 50② 51① 52④ 53① 54④

39 원심펌프를 직렬로 연결시켜 운전하면 무엇이 증가하는가?

① 양정   ② 동력
③ 유량   ④ 효율

해설 원심펌프
㉠ 직렬 연결 : 양정 2배 증가, 유량 일정
㉡ 병렬 연결 : 유량 2배 증가, 양정 일정

40 공기액화분리장치의 이산화탄소 흡수탑에서 가성소다로 이산화탄소를 제거한다. 이 반응식으로 옳은 것은?

① $2NaOH + CO_2 \rightarrow Na_2CO_3 + H_2O$
② $2NaOH + 3CO_2 \rightarrow Na_2CO_3 + 2CO + H_2O$
③ $NaOH + CO_2 \rightarrow Na_2CO_3 + H_2O$
④ $NaOH + 2CO_2 \rightarrow NaCO_3 + CO + H_2O$

해설
㉠ 공기 중의 탄산가스는 가성소다 용액(약 8% 정도)에 흡수하여 제거된다.
$2NaOH + CO_2 \rightarrow Na_2CO_3 + H_2O$
㉡ 저온장치에 CO_2가 존재하면 고형의 드라이아이스가 되어 밸브 및 배관을 폐쇄시키므로 제거시켜야 한다.

41 원심식 압축기의 회전속도를 1.2배로 증가시키려면 약 몇 배의 동력이 필요한가?

① 1.2배   ② 1.4배
③ 1.7배   ④ 2.0배

해설 상사법칙
축동력과 회전수는 3승에 비례한다.
$\dfrac{Ls_2}{Ls_1} = \left(\dfrac{N_2}{N_1}\right)^3 = 1.2^3 = 1.728 ≒ 1.7$배

42 표준대기압에서 1BTU의 의미는?

① 순수한 물 1kg을 1℃ 변화시키는 데 필요한 열량
② 순수한 물 1lb를 1℃ 변화시키는 데 필요한 열량
③ 순수한 물 1kg을 1℉ 변화시키는 데 필요한 열량
④ 순수한 물 1lb를 1℉ 변화시키는 데 필요한 열량

해설 1BTU
순수한 물 1lb를 1℉ 변화시키는 데 필요한 열량

43 천연가스의 주성분인 물질의 분자량은?

① 16   ② 32
③ 44   ④ 58

해설 천연가스의 주성분은 CH_4이고, CH_4의 분자량은 16이다.

44 1kW의 열량을 환산한 것으로 옳은 것은?

① 536kcal/h   ② 720kcal/h
③ 632kcal/h   ④ 860kcal/h

해설 1kW=860kcal/h

45 용기 파열 사고의 원인으로 가장 거리가 먼 것은?

① 용기의 내압력 부족
② 용기 내압의 상승
③ 용기 내에서 폭발성 혼합가스에 의한 발화
④ 안전밸브의 작동

해설 안전밸브는 용기의 파열 사고를 방지하기 위해 설치하는 장치이다.

46 염소압축기의 내부 윤활유로 사용되는 것은?

① 물 또는 10% 묽은 글리세린수
② 진한 황산
③ 양질의 광유
④ 디젤엔진유

정답 39 ① 40 ① 41 ③ 42 ④ 43 ① 44 ④ 45 ④ 46 ②

33 흡수식 냉동설비의 냉동능력 정의로 올바른 것은?

① 발생기를 가열하는 1시간의 입열량 3,320kcal를 1일의 냉동능력 1톤으로 본다.
② 발생기를 가열하는 1시간의 입열량 6,640kcal를 1일의 냉동능력 1톤으로 본다.
③ 발생기를 가열하는 24시간의 입열량 3,320kcal를 1일의 냉동능력 1톤으로 본다.
④ 발생기를 가열하는 24시간의 입열량 6,640kcal를 1일의 냉동능력 1톤으로 본다.

해설 흡수식 냉동설비의 냉동능력 정의
발생기를 가열하는 1시간의 입열량 6,640kcal를 1일의 냉동능력 1톤으로 본다.

34 진탕형 오토클레이브의 특징이 아닌 것은?

① 가스 누출의 가능성이 없다.
② 고압력에 사용할 수 있고, 반응물의 오손이 없다.
③ 뚜껑판에 뚫어진 구멍에 촉매가 끼어 들어갈 염려가 있다.
④ 교반효과가 뛰어나며, 교반형에 비하여 효과가 크다.

해설 교반효과가 뛰어나며, 교반형에 비하여 효과가 작다.

35 다음 그림은 무슨 공기액화장치인가?

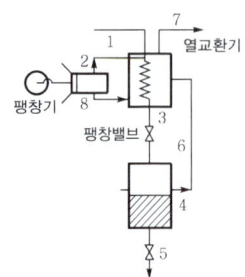

① 클라우드식 액화장치
② 린데식 액화장치
③ 캐피자식 액화장치
④ 필립스식 액화장치

해설 클라우드(Claude)식 액화장치
압축기에서 약 40kg/cm²로 압축된 공기가 제1 열교환기에서 약 -100℃로 냉각되어 팽창기에 들어간다.

36 수소와 산소의 비가 얼마일 때 폭명기라고 하는가?

① 2 : 1   ② 1 : 1
③ 1 : 2   ④ 3 : 2

해설
㉠ 수소폭명기
$2H_2 + O_2 \rightarrow 2H_2O$
㉡ 염소폭명기
$H_2 + Cl_2 \xrightarrow{햇빛} 2HCl$

37 동일 차량에 적재하여 운반할 수 없는 경우는 어느 것인가?

① 산소와 질소
② 질소와 탄산가스
③ 탄산가스와 아세틸렌
④ 염소와 아세틸렌

해설 염소와 아세틸렌, 암모니아 또는 수소는 동일 차량에 적재하여 운반할 수 없다.

38 원심식 압축기를 사용하는 냉동설비는 원동기 정격출력 얼마를 1일의 냉동능력 1톤으로 하는가?

① 1.2kW   ② 2.4kW
③ 3.6kW   ④ 4.8kW

해설 원심식 압축기를 사용하는 냉동설비
원동기 정격출력 1.2kW를 1일의 냉동능력 1톤으로 한다.

정답 33 ② 34 ④ 35 ① 36 ① 37 ④ 38 ①

26 촉매를 사용하여 사용온도 400~800℃에서 탄화수소와 수증기를 반응시켜 메탄, 수소, 일산화탄소, 이산화탄소로 변환하는 방법은?

① 열분해공정
② 접촉분해공정
③ 부분연소공정
④ 수소화분해공정

해설 접촉분해공정의 설명이다.

27 압축기에서 다단압축을 하는 주된 목적은?

① 압축일과 체적효율 증가
② 압축일 증가와 체적효율 감소
③ 압축일 감소와 체적효율 증가
④ 압축일과 체적효율 감소

해설 압축기에서 다단압축을 하는 주된 목적
압축일 감소와 체적효율 증가

28 고온·고압의 가스배관에 주로 쓰이며 분해, 보수 등이 용이하나 매설배관에는 부적당한 접합 방법은?

① 플랜지접합
② 나사접합
③ 차입접합
④ 용접접합

해설 플랜지접합의 설명이다.

29 다음 중 부취제의 토양 투과성의 크기가 순서대로 된 것은?

① DMS > TBM > THT
② DMS > THT > TBM
③ TBM > DMS > THT
④ THT > TBM > DMS

해설 부취제의 토양 투과성 크기
DMS > TBM > THT

30 1Pa은 몇 N/m²인가?

① 1
② 102
③ 103
④ 104

해설 1Pa = 1N/m²

31 아세틸렌의 주된 연소 형식은?

① 확산연소
② 증발연소
③ 분해연소
④ 표면연소

해설
(1) 기체의 연소(발염연소, 확산연소) : 산소, 아세틸렌 등
(2) 액체의 연소(증발연소) : 에테르, 가솔린, 석유, 알코올 등
(3) 고체의 연소
 ① 표면연소(직접연소) : 목탄, 코크스, 금속분 등
 ② 분해연소 : 목재, 석탄, 종이, 플라스틱 등
 ③ 증발연소 : 황, 나프탈렌, 장뇌 등과 같은 승화성 물질, 촛불 등
 ④ 내부연소(자기연소) : 질산에스테르류, 셀룰로이드류, 니트로화합물, 히드라진과 유도체 등

32 내용적이 300L인 용기에 액화암모니아를 저장하려고 한다. 이 저장설비의 저장능력(kg)은?(단, 액화암모니아의 충전정수는 1.86이다.)

① 161
② 232
③ 279
④ 558

해설
$W(kg) = \dfrac{V}{C}$
여기서, V : 내용적
C : 충전정수
$\dfrac{300}{1.86} = 161kg$

정답 26 ② 27 ③ 28 ① 29 ① 30 ① 31 ① 32 ①

② 열역학 제1법칙 : 에너지보존의 법칙이라고 하며, 열(Q)은 일에너지(W)로, 일에너지는 열로 상호 쉽게 바뀌어 질 수 있으며, 그 비는 일정하다.
  $Q = AW$
  여기서, Q : 열량(kcal)
  　　　　W : 일(kg·m)
  　　　　A : 일의 열당량 $\left(\dfrac{1}{427}\,\text{kal/kg·m}\right)$
③ 열역학 제2법칙 : 열은 스스로 다른 물체에 아무런 변화도 주지 않고 저온 물체에서 고온 물체로 이동하지 않는다.
④ 열역학 제3법칙 : 어떠한 이상적인 방법이라도 어떤 계를 절대영도(0K)에 이르게 할 수 없다는 법칙이다.

22 공기액화분리장치의 폭발 원인으로 볼 수 없는 것은?

① 공기취입구로부터 O_2 혼입
② 공기취입구로부터 C_2H_2 혼입
③ 액체 공기 중에 O_3 혼입
④ 공기 중에 있는 NO_2의 혼입

해설 공기액화분리장치의 폭발 원인
㉠ 압축기용 윤활유 분해에 따른 탄화수소의 생성
㉡ 공기취입구로부터의 아세틸렌의 혼입
㉢ 공기 중의 NO, NO_2 등 질소화합물의 혼입
㉣ 액체 공기 중의 오존(O_3)의 축적

23 아세틸렌이 은, 수은과 반응하여 폭발성의 금속 아세틸라이드를 형성하여 폭발하는 형태는?

① 분해폭발　② 화합폭발
③ 산화폭발　④ 압력폭발

해설 아세틸렌의 폭발성
① 분해폭발 : 흡열 화합물이므로 가압하에서 불안전하며, 1기압 이상에서 산소 또는 공기와 혼합 없이 스파크, 가열, 충격 등의 원인으로 탄소와 수소로 자기분해폭발을 한다.
  $C_2H_2 \rightarrow 2C + H_2$

② 화합폭발 : 은, 수은, 구리와 반응하여 폭발성의 금속 아세틸라이드를 형성하여 폭발하는 형태이다.
  $C_2H_2 + 2Ag \rightarrow Ag_2C_2 + H_2$
  (은아세틸라이드)
③ 산화폭발 : 산소와 혼합하여 점화하면 폭발을 일으킨다.
  $2C_2H_2 + 5O_2 \rightarrow 4CO_2 + 2H_2O$

24 초저온용기에 대한 정의로 옳은 것은?

① 임계온도가 50℃ 이하인 액화가스를 충전하기 위한 용기
② 강판과 동판으로 제조된 용기
③ −50℃ 이하인 액화가스를 충전하기 위한 용기로서 용기 내의 가스온도가 상용의 온도를 초과하지 않도록 한 용기
④ 단열재로 피복하여 용기 내의 가스온도가 상용의 온도를 초과하도록 조치된 용기

해설 초저온용기
−50℃ 이하인 액화가스를 충전하기 위한 용기로서 용기 내의 가스온도가 상용의 온도를 초과하지 않도록 한 용기이다.

25 염소의 재해방지용으로 사용되는 제독제가 될 수 없는 것은?

① 소석회
② 탄산소다 수용액
③ 가성소다 수용액
④ 물

해설 염소의 제독제
① 소석회
② 탄산소다 수용액
③ 가성소다 수용액

해설 1ppb : $\frac{1}{10^9}$

15 내압시험압력 및 기밀시험압력의 기준이 되는 압력으로서 사용 상태에서 해당 설비 등의 각부에 작용하는 최고사용압력을 의미하는 것은?
① 작용압력 ② 상용압력
③ 사용압력 ④ 설정압력

해설 상용압력의 설명이다.

16 원통형의 관을 흐르는 물의 중심부 유속을 피토관으로 측정하였더니 수주의 높이가 10m이었다. 이때 유속은 약 몇 m/s인가?
① 10 ② 14
③ 20 ④ 26

해설 $V = \sqrt{2gh} = \sqrt{2 \times 9.8 \times 10} = 14 \text{m/s}$

17 LPG의 연소 방식이 아닌 것은?
① 적화식 ② 세미분젠식
③ 분젠식 ④ 원지식

해설 LPG의 연소 방식
적화식, 세미분젠식, 분젠식

18 오리피스미터로 유량을 측정하는 것은 어떤 원리를 이용한 것인가?
① 베르누이의 정리
② 패러데이의 법칙
③ 아르키메데스의 원리
④ 돌턴의 법칙

해설 오리피스미터(Orifice Meter)로 유량을 측정하는 것은 베르누이의 정리를 이용한 것이다.

19 스테판-볼츠만의 법칙을 이용하여 측정 물체에서 방사되는 전방사 에너지를 렌즈 또는 반사경을 이용하여 온도를 측정하는 온도계는?
① 색 온도계
② 방사 온도계
③ 열전대 온도계
④ 광전관 온도계

해설 방사 온도계의 설명이다.

20 헨리의 법칙이 잘 적용되지 않는 가스는?
① 수소
② 산소
③ 이산화탄소
④ 암모니아

해설 헨리의 법칙
일정 온도에서 일정량의 용매에 용해하는 그 기체의 질량은 압력에 정비례한다. 그러나 부피는 보일의 법칙에 따라 압력에 반비례하므로 결국 녹아 있는 기체의 부피는 항상 일정하다.
㉠ 헨리의 법칙에 적용되는 기체 : H_2, N_2, O_2, CO_2(물에 대한 용해도가 작다.)
㉡ 헨리의 법칙에 적용되지 않는 기체 : NH_3, HCl, SO_2, H_2S(물에 대한 용해도가 크다.)

21 "열은 스스로 다른 물체에 아무런 변화도 주지 않고 저온 물체에서 고온 물체로 이동하지 않는다"라고 표현되는 법칙은?
① 열역학 제0법칙
② 열역학 제1법칙
③ 열역학 제2법칙
④ 열역학 제3법칙

해설 ① 열역학 제0법칙 : 온도가 서로 다른 두 물체를 접촉시키면 높은 온도를 지닌 물체의 온도는 내려가고 낮은 온도의 물체는 온도가 올라가서 두 물체의 온도차가 없어지고, 두 물체는 열평형이 된다.

정답 15 ② 16 ② 17 ④ 18 ① 19 ② 20 ④ 21 ③

08 0℃, 1atm에서 5L인 기체가 273℃, 1atm에서 차지하는 부피는 약 몇 L인가?(단, 이상기체로 가정한다.)

① 2 ② 5 ③ 8 ④ 10

해설 보일-샤를의 법칙

$$\frac{PV}{T} = \frac{P_1 V_1}{T_1}$$

$$\frac{1 \times 5}{0+273} = \frac{1 \times V_1}{273+273}$$

$$V_1 = \frac{(0+273) \times 1}{1 \times 5 \times (273+273)} = 10L$$

09 액비중에 대한 설명으로 옳은 것은?

① 4℃ 물의 밀도와의 비를 말한다.
② 0℃ 물의 밀도와의 비를 말한다.
③ 절대영도에서 물의 밀도와의 비를 말한다.
④ 어떤 물질이 끓기 시작한 온도에서의 질량을 말한다.

해설 액비중이란 4℃ 물의 밀도와의 비를 말한다.

10 액체는 무색투명하고 특유의 복숭아향을 가진 맹독성가스는?

① 일산화탄소 ② 시안화수소
③ 포스겐 ④ 메탄

해설 시안화수소(HCN)는 특유의 복숭아 냄새가 나는 맹독성 기체(허용농도 : 10ppm)로 쉽게 액화되며, 액체는 무색투명하고 휘발성이 크다.

11 완전 진공을 0으로 하여 측정한 압력을 의미하는 것은?

① 절대압력 ② 표준대기압
③ 게이지압력 ④ 진공압력

해설 ① 절대압력(Absolute Pressure) : 완전진공을 0으로 기준하여 측정한 압력

② 게이지압력(Gauge Pressure) : 대기압의 상태를 0으로 기준하여 측정한 압력
③ 표준대기압 : 기준 1atm으로 토리첼리 진공시험에서 얻어진 압력, 즉 0℃에서 760mmHg로 표시될 때의 압력
④ 진공압력(Vacuum Pressure) : 대기압보다 낮은 상태의 압력

12 내용적이 1,000L 이상인 초저온 가스용 용기의 단열성능시험 결과 합격 기준은 몇 kcal/h·℃·L 이하인가?

① 0.0005 ② 0.001
③ 0.002 ④ 0.005

해설 초저온용기의 단열성능시험은 용기마다 실시하여 열 침입량이 다음과 같은 경우에 합격으로 한다.

내용적이 1,000L 이하	0.0005kcal/h·℃·L 이하
내용적이 1,000L 이상	0.002kcal/h·℃·L 이하

13 가스 중 음속보다 화염전파속도가 큰 경우 충격파가 발생하는데, 이때 가스의 연소속도로서 옳은 것은?

① 0.3~100m/s
② 100~300m/s
③ 700~800m/s
④ 1,000~3,500m/s

해설 ㉠ 충격파 : 1,000~3,500m/sec
㉡ 연소파 : 0.1~10m/sec

14 다음 중 허용농도 1ppb에 해당하는 것은?

① $\frac{1}{10^3}$ ② $\frac{1}{10^6}$
③ $\frac{1}{10^9}$ ④ $\frac{1}{10^{10}}$

정답 08 ④ 09 ① 10 ② 11 ① 12 ③ 13 ④ 14 ③

2017 가스기능사 (8. 26. 시행)

01 다음 중 가연성이며 독성인 가스는?
① 아세틸렌, 프로판
② 수소, 이산화탄소
③ 암모니아, 산화에틸렌
④ 아황산가스, 포스겐

해설
① 아세틸렌 : 용해가스, 프로판 : 가연성가스
② 수소 : 가연성가스, CO_2 : 불연성가스
③ 암모니아, 산화에틸렌 : 가연성이며, 독성가스
④ 아황산가스, 포스겐 : 독성가스

02 공기액화분리장치의 내부 세정액으로 가장 적당한 것은?
① 가성소다   ② 사염화탄소
③ 물   ④ 묽은염산

해설 공기액화분리장치의 내부 세정액은 사염화탄소이다.

03 86°F는 절대온도로 몇 K인가?
① 233   ② 303
③ 490   ④ 522

해설
$t_C = \dfrac{5}{9}(t_F - 32) = \dfrac{5}{9}(86 - 32) = 30℃$
$T = t_C + 273 = 30 + 273 = 303K$

04 다음 중 염소의 용도로 적합하지 않은 것은?
① 소독용으로 쓰인다.
② 염화비닐 제조의 원료이다.
③ 표백제로 쓰인다.
④ 냉매로 사용된다.

해설 염소는 포스겐, 클로로포름, 사염화탄소 등의 원료로 사용한다.

05 아세틸렌 충전 시 첨가하는 다공질물의 구비 조건이 아닌 것은?
① 화학적으로 안정할 것
② 기계적인 강도가 클 것
③ 가스의 충전이 쉬울 것
④ 다공도가 작을 것

해설 다공질물의 구비 조건
㉠ 고다공도일 것
㉡ 기계적 강도가 있을 것
㉢ 가스충전이 용이할 것
㉣ 안전성이 있을 것
㉤ 경제적일 것
㉥ 화학적으로 안정할 것
㉦ 가스공급이 용이할 것

06 아세틸렌가스 충전 시 첨가하는 희석제가 아닌 것은?
① 메탄   ② 일산화탄소
③ 에틸렌   ④ 이산화황

해설 아세틸렌가스 충전 시 첨가하는 희석제
질소(N_2), 메탄(CH_4), 일산화탄소(CO), 에틸렌(C_2H_4) 등을 사용하며, 기타 수소(H_2), 프로판(C_3H_8), 탄산가스(CO_2) 등을 사용하기도 한다.

07 가스히트펌프(GHP)는 다음 중 어떤 분야로 분류되는가?
① 냉동기   ② 가스용품
③ 특정설비   ④ 용기

해설 냉동기 : 가스히트펌프(GHP)

정답 01 ③ 02 ② 03 ② 04 ④ 05 ④ 06 ④ 07 ①

해설
① 열역학 제0법칙 : 온도가 서로 다른 두 물체를 접촉시키면 높은 온도를 지닌 물체의 온도는 내려가고 낮은 온도의 물체는 온도가 올라가서, 두 물체의 온도차가 없어지고 두 물체는 열평형이 된다.
② 열역학 제1법칙 : 에너지보존의 법칙이라 하며 열은 일에너지로, 일에너지는 열로 상호 쉽게 바뀌어 질 수 있으며 그 비는 일정하다.
③ 열역학 제2법칙 : 제2종 영구기관은 존재할 수 없다. 제2종 영구기관의 존재 가능성을 부인한다.
④ 열역학 제3법칙 : 어떠한 이상적인 방법으로도 어떤 계를 절대영도(K)에 이르게 할 수 없다는 법칙이다.

60 수소폭명기는 수소와 산소의 혼합비가 얼마일 때를 말하는가? (단, 수소 : 산소의 비이다.)
① 1 : 2 ② 2 : 1
③ 1 : 3 ④ 3 : 1

해설 수소폭명기
수소 2mol과 산소 1mol의 혼합가스는 600℃ 이상에서 심한 폭발을 일으키며 물을 생성한다.
$2H_2 + O_2 \rightarrow 2H_2O$

정답 60 ②

해설 ② 무극성이며 물에 녹지 않는다.

53 이상기체 상수 R 값이 1.987일 때 이에 해당되는 단위는?
① J/mol·K
② atm·L/mol·K
③ cal/mol·K
④ N·m/mol·K

해설

R의 값	1.987
단위	cal/mol · K
구하는 식	$848\dfrac{g \cdot m}{mol \cdot K} \times \dfrac{1cal}{427g \cdot m} = 1.987$

54 고압가스 저장능력 산정 기준에서 액화가스의 저장탱크 저장능력을 구하는 식은? (단, Q, W는 저장능력, P는 최고충전압력, V는 내용적, C는 가스 종류에 따른 정수, d는 가스의 비중이다)
① $Q = (10P+1)V$
② $Q = 10PV$
③ $W = \dfrac{V}{C}$
④ $W = 0.9dV$

해설 액화가스 저장탱크의 저장능력
$W = 0.9dV$
여기서, W : 저장능력(kg)
d : 가스의 비중(kg/L)
V : 내용적(L)

55 압력계의 측정방법에는 탄성을 이용하는 것과 전기적 변화를 이용하는 방법 등이 있다. 다음 중 전기적 변화를 이용하는 압력계는?
① 부르동관 압력계
② 벨로즈 압력계
③ 스트레인 게이지
④ 다이어프램 압력계

해설 압력계의 측정방법
㉠ 탄성을 이용하는 것 : 부르동관 압력계, 벨로즈 압력계, 다이어프램 압력계
㉡ 전기적 변화를 이용하는 것 : 스트레인 게이지

56 유속이 일정한 장소에서 전압과 정압의 차이를 측정하여 속도 수두에 따른 유속을 구하여 유량을 측정하는 형식의 유량계는?
① 피토관식 유량계
② 열선식 유량계
③ 전자식 유량계
④ 초음파식 유량계

해설 피토관식 유량계의 설명이다.

57 2종 금속의 양끝의 온도차에 따른 열기전력을 이용하여 온도를 측정하는 온도계는?
① 베크만 온도계
② 바이메탈식 온도계
③ 열전대 온도계
④ 전기저항 온도계

해설 열전대 온도계의 설명이다.

58 가스의 비열비의 값은?
① 언제나 1보다 작다.
② 언제나 1보다 크다.
③ 1보다 크기도 하고 작기도 하다.
④ 0.5와 1 사이의 값이다.

해설 가스의 비열비는 언제나 1보다 크다

59 다음 중 "제2종 영구기관은 존재할 수 없다. 제2종 영구기관의 존재 가능성을 부인한다."라고 표현되는 법칙은?
① 열역학 제0법칙
② 열역학 제1법칙
③ 열역학 제2법칙
④ 열역학 제3법칙

정답 53 ③ 54 ④ 55 ③ 56 ① 57 ③ 58 ② 59 ③

48 다음 배관 부속품 중 관 끝을 막을 때 사용하는 것은?

① 소켓 ② 캡
③ 니플 ④ 엘보

해설 캡이란 배관 부속품 종 관 끝을 막을 때 사용한다.

49 시안화수소에 안정제를 첨가하는 주된 이유는 어느 것인가?

① 분해폭발하므로
② 산화폭발을 일으킬 염려가 있으므로
③ 시안화수소는 강한 인화성액체이므로
④ 소량의 수분으로도 중합하여 그 열로 인해 폭발할 위험이 있으므로

해설 시안화수소(HCN)에 안정제를 첨가하는 주된 이유는 소량의 수분으로도 중합하여 그 열로 인해 폭발할 위험이 있기 때문이다.

50 가연성가스를 취급하는 장소에는 누출된 가스의 폭발 사고를 방지하기 위하여 전기설비를 방폭구조로 한다. 다음 중 방폭구조가 아닌 것은?

① 안전증방폭구조
② 내열방폭구조
③ 압력방폭구조
④ 내압방폭구조

해설 전기방폭구조의 종류

㉠ 내압(耐壓)방폭구조 : 방폭전기기기의 용기 내부에서 가연성가스의 폭발이 발생할 경우 그 용기가 폭발압력에 견디고, 접합면·개구부 등을 통하여 외부의 가연성가스에 인화되지 아니하도록 한 구조

㉡ 유입(油入)방폭구조 : 용기 내부에 절연유를 주입하여 불꽃 아크 또는 고온 발생 부분이 기름 속에 잠기게 함으로써 기름면 위에 존재하는 가연성가스에 인화되지 아니하도록 한 구조

㉢ 압력(壓力)방폭구조 : 용기 내부에 보호가스(신선한 공기 또는 불활성가스)를 압입하여 내부 압력을 유지함으로써 가연성가스가 용기 내부로 유입되지 아니하도록 한 구조

㉣ 안전증방폭구조 : 정상운전 중에 가연성가스의 점화원이 될 전기불꽃·아크 또는 고온 부분 등의 발생을 방지하기 위하여 기계적·전기적 구조상 또는 온도상승에 대하여 특히 안전도를 증가시킨 구조

㉤ 본질안전방폭구조 : 정상 시 및 사고(단선, 단락, 지락 등) 시에 발생하는 전기불꽃·아크 또는 고온부에 의하여 가연성가스가 점화되지 아니하는 것이 점화시험, 기타 방법에 의하여 확인된 구조

㉥ 특수방폭구조 : 방폭구조로서 가연성가스에 점화를 방지할 수 있다는 것이 시험, 기타 방법에 의하여 확인된 구조

51 도시가스배관이 10m 수직 상승했을 경우 배관 내의 압력상승은 약 몇 Pa이 되겠는가? (단, 가스의 비중은 0.65이다.)

① 44 ② 64
③ 86 ④ 105

해설
(1) 배관의 수직 상향(입상)에 의한 압력손실
$1mmAq = 1kgf/m^2 = 9.8N/m^2(Pa)$
(2) 압력강하 산출식
$H = 1.293(1-S)h = 1.293(1-0.65) \times 10$
$= 4.525mmAq = 4.525 \times 9.8N/m^2(Pa)$
$= 44Pa$

여기서, S : 가스의 압력손실
(압력강하 : 수주mm)
N : 가스비중

52 메탄(CH_4)의 성질에 대한 설명 중 틀린 것은?

① 무색무취의 기체로 잘 연소한다.
② 무극성이며 물에 대한 용해도가 크다.
③ 염소와 반응시키면 염소 화합물을 만든다.
④ 니켈 촉매하에 고온에서 산소 또는 수증기를 반응시키면 CO와 H_2를 발생한다.

정답 48 ② 49 ④ 50 ② 51 ① 52 ②

42 다음 아세틸렌에 대한 설명 중 틀린 것은?

① 연소 시 고열을 얻을 수 있어 용접용으로 쓰인다.
② 압축하면 폭발을 일으킨다.
③ 2중 결합을 가진 불포화 탄화수소이다.
④ 구리, 은과 반응하여 폭발성의 화합물을 만든다.

해설 ③ 탄소원자 간에 3중 결합을 갖는 불포화 탄화수소이다.

43 다음 가스의 저장시설 중 반드시 통풍 구조로 하여야 하는 곳은?

① 산소 저장소
② 질소 저장소
③ 헬륨 저장소
④ 부탄 저장소

해설 부탄 저장소는 반드시 통풍 구조로 하여야 한다.

44 보일러 중독사고의 주원인이 되는 가스는?

① 이산화탄소 ② 일산화탄소
③ 질소   ④ 염소

해설 보일러는 일산화탄소에 의한 중독사고가 주원인이다.

45 탄화수소에서 탄소의 수가 증가할 때 생기는 현상으로 틀린 것은?

① 증기압이 낮아진다.
② 발화점이 낮아진다.
③ 비등점이 낮아진다.
④ 폭발하한계가 낮아진다.

해설 탄화수소에서 탄소의 수가 증가할 경우
㉠ 증기압이 낮아진다.
㉡ 발화점이 낮아진다.
㉢ 비등점이 높아진다.

㉣ 폭발하한계가 낮아진다.
㉤ 연소열이 증가한다.

46 가스사용시설의 배관을 움직이지 아니하도록 고정 부착하는 조치에 대한 설명 중 틀린 것은?

① 관경이 13mm 미만의 것에는 1,000mm마다 고정 부착하는 조치를 해야 한다.
② 관경이 33mm 이상의 것에는 3,000mm마다 고정 부착하는 조치를 해야 한다.
③ 관경이 13mm 이상 33mm 미만의 것에는 2,000mm마다 고정 부착하는 조치를 해야 한다.
④ 관경이 43mm 이상의 것에는 4,000mm마다 고정 부착하는 조치를 해야 한다.

해설 가스사용시설의 배관 고정

배관의 관경	설치 기준
13mm 미만	1m(1,000mm)
13mm 이상 33mm 미만	2m(2,000mm)
33mm 이상	3m(3,000mm)

47 2,000rpm으로 회전하는 펌프를 3,500rpm으로 변환하였을 경우 펌프의 유량과 양정은 각각 몇 배가 되는가?

① 유량 : 2.65, 양정 : 4.12
② 유량 : 3.06, 양정 : 1.75
③ 유량 : 3.06, 양정 : 5.38
④ 유량 : 1.75, 양정 : 3.06

해설 ㉠ 펌프의 유량
$$\frac{Q_2}{Q_1} = \left(\frac{N_2}{N_1}\right) = \left(\frac{3,500}{2,000}\right) = 1.75$$
㉡ 펌프의 양정
$$\frac{Q_2}{Q_1} = \left(\frac{N_2}{N_1}\right)^2 = \left(\frac{3,500}{2,000}\right)^2 = 3.06$$

정답 42 ③ 43 ④ 44 ② 45 ③ 46 ④ 47 ④

35 LP가스 설비 중 조정기(Regulator) 사용의 주된 목적은?

① 유량조절
② 발열량조절
③ 유속조절
④ 공급압력조절

> 해설 LP가스 설비 중 조정기(Regulator) 사용의 목적은 공급압력조절이다.

36 0℃, 1atm에서 4L이던 기체는 273℃, 1atm일 때 몇 L가 되는가?

① 2
② 4
③ 8
④ 12

> 해설
> $$\frac{PV}{T} = \frac{P_1 V_1}{T_1}$$
> $$\frac{1 \times 4}{0+273} = \frac{1 \times V_1}{273+273}$$
> $$V_1 = \frac{1 \times 4 \times (273+273)}{(0+273) \times 1} = \frac{2,184}{273}$$
> $$\therefore V_1 = 8L$$

37 산소 없이 분해폭발을 일으키는 물질이 아닌 것은?

① 아세틸렌
② 히드라진
③ 산화에틸렌
④ 시안화수소

> 해설 순수한 액체 시안화수소(HCN)는 안정하나 소량의 수분이나 알칼리성 물질을 함유하면 중합이 촉진되고, 중합열(발열반응)에 의해 중합폭발을 한다.

38 다음 흡수분석법 중 오르자트법에 의해서 분석되는 가스가 아닌 것은?

① CO_2
② C_2H_6
③ O_2
④ CO

> 해설 오르자트(Orsat)법
> 오르자트법은 가스와 흡수액의 접촉이 양호한 구조의 흡수피펫을 이용한 가스분석법이다.
> ㉠ CO_2 : 33% KOH 용액
> ㉡ O_2 : 알칼리성 피로갈롤 용액
> ㉢ CO : 암모니아성 염화제1동 용액

39 공기액화분리기 내의 CO_2를 제거하기 위해 NaOH 수용액을 사용한다. 1.0kg의 CO_2를 제거하기 위해서는 약 몇 kg의 NaOH를 가해야 하는가?

① 0.9
② 1.8
③ 3.0
④ 3.8

> 해설 가성소다 흡수법
> 가성소다 용액을 사용하여 CO_2를 흡수시킨다.
> $2NaOH + CO_2 \rightarrow Na_2CO_3 + H_2O$
> 2×40　　　$44kg$
> xkg　　　$1.0kg$
> $\therefore x = \frac{2 \times 40 \times 1.0}{44} = 1.8kg$

40 흡수식 냉동기에서 냉매로 물을 사용할 경우 흡수제로 사용하는 것은?

① 암모니아
② 사염화에탄
③ 리튬브로마이드
④ 파라핀유

> 해설 흡수식 냉동기에서 냉매로 물을 사용할 경우 흡수제는 리튬브로마이드(LiBr)이다.

41 다음 암모니아에 대한 설명 중 틀린 것은?

① 무색무취의 가스이다.
② 암모니아가 분해하면 질소와 수소가 된다.
③ 물에 잘 용해된다.
④ 유안 및 요소의 제조에 이용된다.

> 해설 ① 상온·상압에서 강한 자극성이 있는 무색의 기체이다.

정답　35 ④　36 ③　37 ④　38 ②　39 ②　40 ③　41 ①

28 원통형의 관을 흐르는 물의 중심부의 유속을 피토관으로 측정하였더니 정압과 동압의 차가 수주 10m이었다. 이때 중심부의 유속은 약 몇 m/s인가?

① 10
② 14
③ 20
④ 26

해설 $V = \sqrt{2g\Delta h} = \sqrt{2 \times 9.8 \times 10} = 14 \text{m/sec}$

29 압축된 가스를 단열·팽창시키면 온도가 강하하는 것은 어떤 효과에 해당되는가?

① 단열효과
② 줄-톰슨효과
③ 서징효과
④ 블로어효과

해설 줄-톰슨효과의 설명이다.

30 땅속의 애노드에 강제전압을 가하여 피방식 금속제를 캐소드로 하는 전기방식법은?

① 희생양극법
② 외부전원법
③ 선택배류법
④ 강제배류법

해설 외부전원법의 설명이다.

31 다음 중 공기보다 가벼운 가스는?

① O_2
② SO_2
③ H_2
④ CO_2

해설 공기의 분자량은 29이다.
① $O_2 = \frac{32}{29} = 1.10$
② $SO_2 = \frac{64}{29} = 2.2$
③ $H_2 = \frac{2}{29} = 0.07$
④ $CO_2 = \frac{44}{29} = 1.52$

32 다음 중 무색투명한 액체로 특유의 복숭아향과 같은 취기를 가진 독성가스는?

① 포스겐
② 일산화탄소
③ 시안화수소
④ 산화에틸렌

해설 시안화수소(HCN)의 설명이다.

33 황화수소에 대한 설명 중 옳지 않은 것은 어느 것인가?

① 건조된 상태에서 수은, 동과 같은 금속과 반응한다.
② 무색의 특유한 계란 썩는 냄새가 나는 기체이다.
③ 고농도를 다량으로 흡입할 경우에는 인체에 치명적이다.
④ 농질산, 발연질산 등의 산화제와 심하게 반응한다.

해설 황화수소는 건조된 상태에서 수은, 동과 같은 금속과 반응하지 않는다.

34 일산화탄소와 공기의 혼합가스는 압력이 높아지면 폭발범위는 어떻게 되는가?

① 변함없다.
② 좁아진다.
③ 넓어진다.
④ 일정치 않다.

해설 압력
㉠ 일반적으로 가스압력이 높아질수록 발화온도는 낮아지고 폭발범위는 넓어진다.
㉡ 일산화탄소와 공기의 혼합가스는 압력이 높아질수록 폭발범위가 좁아진다.

정답 28 ② 29 ② 30 ② 31 ③ 32 ③ 33 ① 34 ②

21 다음 중 압력이 가장 높은 것은?

① 1atm
② 1kg/cm²
③ 8lb/in²
④ 700mmHg

> **해설**
> ① 1atm
> ② $1\text{kg/cm}^2 \times \dfrac{1\text{atm}}{1.0332\text{kg/cm}^2} = 0.97\text{atm}$
> ③ $8\text{lb/in}^2 \times \dfrac{1\text{atm}}{14.7\text{lb/in}^2} = 0.54\text{atm}$
> ④ $700\text{mmHg} \times \dfrac{1\text{atm}}{760\text{mmHg}} = 0.92\text{atm}$

22 임계온도(Critical Temperature)에 대하여 옳게 설명한 것은?

① 액체를 기화시킬 수 있는 최고의 온도
② 가스를 기화시킬 수 있는 최저의 온도
③ 가스를 액화시킬 수 있는 최고의 온도
④ 가스를 액화시킬 수 있는 최저의 온도

> **해설** 임계온도(Critical Temperature)란 가스를 액화시킬 수 있는 최고의 온도를 말한다.

23 암모니아 합성공정 중 중압법이 아닌 것은?

① 신파우서법
② 동공시법
③ IG법
④ 켈로그법

> **해설** 압력에 따른 암모니아 합성법
>
> | 구분 | 압력 | 방법 |
> | --- | --- | --- |
> | 고압합성 | 60~100MPa | 클라우드법, 카자레법 |
> | 중압합성 | 30MPa | IG법, 신파우서법(New-Fauser), 신우데법(New-uhde), 케미크법, JIC법, 동공시법 |
> | 저압합성 | 15MPa | 구우데법, 켈로그법 |

24 수돗물의 살균과 섬유의 표백용으로 주로 사용되는 가스는?

① F_2
② Cl_2
③ O_2
④ CO_2

> **해설**
> ㉠ 염소(Cl_2)는 수돗물의 살균과 섬유의 표백용으로 주로 사용된다.
> ㉡ 염소(Cl_2)는 물과 반응하여 차아염소산(HClO)이 생성된다. 이 차아염소산(HClO)이 분해하여 생성된 발생기 산소가 강한 산화작용을 한다.

25 습식 아세틸렌 발생기의 표면온도는 몇 ℃ 이하로 유지하여야 하는가?

① 30
② 40
③ 60
④ 70

> **해설** 습식 아세틸렌 발생기의 표면온도는 70℃ 이하로 유지하여야 한다.

26 다음 중 가연성이면서 독성인 가스는?

① 프로판
② 불소
③ 염소
④ 암모니아

> **해설** ① 가연성가스 ② 조연성가스
> ③ 조연성가스 ④ 가연성 및 독성가스

27 수소나 헬륨을 냉매로 사용한 냉동 방식으로 실린더 중에 피스톤과 보조피스톤으로 구성되어 있는 액화사이클은?

① 클라우드 공기 액화사이클
② 린데 공기 액화사이클
③ 필립스 공기 액화사이클
④ 캐피자 공기 액화사이클

> **해설** 필립스 공기 액화사이클의 설명이다.

정답 21 ① 22 ③ 23 ④ 24 ② 25 ④ 26 ④ 27 ③

14 일반도시가스사업의 가스공급시설의 정압기에 대한 분해점검 시기로서 옳은 것은?

① 6개월에 1회 이상
② 1년에 1회 이상
③ 2년에 1회 이상
④ 3년에 1회 이상

해설 정압기 분해점검주기
㉠ 정압기는 2년에 1회 이상
㉡ 필터는 가스공급 개시 후 1월 이내 및 가스공급 개시 후 매년 1회(단독 사용자에게 가스를 공급하기 위한 정압기 및 필터의 경우에는 3년에 1회) 이상

15 액화가스를 충전하는 탱크는 그 내부에 액면요동을 방지하기 위하여 무엇을 설치해야 하는가?

① 방파판
② 안전밸브
③ 액면계
④ 긴급차단장치

해설 방파판은 액화가스를 충전하는 탱크의 그 내부에 액면 요동을 방지하기 위한 목적으로 설치한다.

16 아세틸렌을 용기에 충전 시 미리 용기에 다공질물을 고루 채운 후 침윤 및 충전을 해야 하는데, 이때 다공도는?

① 75% 이상 92% 미만
② 70% 이상 95% 미만
③ 62% 이상 75% 미만
④ 92% 이상

해설 다공질물의 다공도는 75% 이상 92% 미만으로 한다.

17 상용압력이 10MPa인 고압가스설비의 내압시험압력은 몇 MPa 이상으로 하여야 하는가?

① 8
② 10
③ 12
④ 15

해설 고압가스설비의 내압시험압력
= 상용압력×1.5배 이상
= 10MPa×1.5 = 15MPa 이상

18 LPG나 액화가스와 같이 저비점이고, 내압이 0.4~0.5MPa 이상인 액체에 주로 사용되는 펌프의 메커니컬 시일의 형식은?

① 더블 시일형
② 인사이드 시일형
③ 아웃사이드 시일형
④ 밸런스 시일형

해설 밸런스 시일형의 설명이다.

19 가스액화분리장치의 주요 구성 부분이 아닌 것은?

① 기화장치
② 정류장치
③ 한랭발생장치
④ 불순물제거장치

해설 가스액화분리장치의 주요 구성 부분으로는 정류장치, 한랭발생장치, 불순물제거장치 등이 있다.

20 강관의 스케줄(Schedule)번호가 의미하는 것은?

① 파이프의 길이
② 파이프의 바깥지름
③ 파이프의 무게
④ 파이프의 두께

해설
㉠ 강관의 스케줄(Schedule)번호는 파이프의 두께를 의미한다.
㉡ 스케줄(Schedule)번호가 클수록 파이프의 두께가 두꺼워지므로 내압성이 우수하다.

정답 14 ③ 15 ① 16 ① 17 ④ 18 ④ 19 ① 20 ④

08 가늘고 긴 수직형 반응기로 유체가 순환됨으로써 교반이 일어나는 방식으로 주로 대형 화학공장 등에 채택되는 오토클레이브는?

① 진탕형
② 교반형
③ 회전형
④ 가스교반형

해설 가스교반형 오토클레이브를 설명한다.

09 산화에틸렌의 성질에 대한 설명 중 틀린 것은?

① 무색의 유독한 기체이다.
② 알코올과 반응하여 글리콜에테르를 생성한다.
③ 암모니아와 반응하여 에탄올아민을 생성한다.
④ 물, 아세톤, 사염화탄소 등에 불용이다.

해설 산화에틸렌의 물리적 성질
㉠ 무색의 가스로 가연성이다(산화폭발).
㉡ 특징 있는 에테르 냄새를 가지며, 고농도에서는 자극성 냄새를 내는 독성가스이다(허용농도 : 50ppm).
㉢ 물, 알코올, 아세톤, 에테르 등 대부분의 유기 용제와 모든 비율로 용해한다.

10 도시가스 제조방식 중 촉매를 사용하여 사용온도 400~800℃에서 탄화수소와 수증기를 반응시켜 수소, 메탄, 일산화탄소, 탄산가스 등의 저급 탄화수소로 변환시키는 프로세스는?

① 열분해 프로세스
② 접촉분해 프로세스
③ 부분연소 프로세스
④ 수소화분해 프로세스

해설 접촉분해법은 촉매를 사용하여 탄화수소와 수증기를 반응온도 400~800℃로서 반응시켜 메탄, 수소, 일산화탄소, 이산화탄소로 변환하는 방법이다. 접촉분해로 제조되는 가스는 3,000~6,000kcal/N·m³ 정도의 발열량을 갖는다.

11 도시가스에 사용되는 부취제 중 DMS의 냄새는?

① 석탄가스 냄새
② 마늘 냄새
③ 양파 썩는 냄새
④ 암모니아 냄새

해설 부취제의 종류와 냄새
㉠ DMS : 마늘 냄새
㉡ TBM : 양파 썩는 냄새
㉢ THT : 석탄가스 냄새

12 표준상태에서 아세틸렌가스의 밀도는 약 몇 g/L인가?

① 0.86
② 1.16
③ 1.34
④ 2.24

해설 아세틸렌의 밀도는 분자량이 26.04이므로, $\frac{26.04}{22.4} = 1.1625$ 이다.

13 산소압축기의 내부 윤활유로 사용되는 것은?

① 물 또는 10% 묽은 글리세린수
② 진한 황산
③ 양질의 광유
④ 디젤엔진유

해설 압축기와 윤활유

압축기	윤활유
산소	물 또는 10% 이하의 묽은 글리세린수
염소	진한 황산
아세틸렌	양질의 광유
수소	양질의 광유
LP가스	식물성유

정답 08 ④ 09 ④ 10 ② 11 ② 12 ② 13 ①

2017 가스기능사 (6. 10. 시행)

01 암모니아 취급 시 피부에 닿았을 때 조치사항으로 가장 적당한 것은?
① 열습포로 감싸준다.
② 다량의 물로 세척 후 붕산수를 바른다.
③ 산으로 중화시키고, 붕대로 감는다.
④ 아연화 연고를 바른다.

해설 암모니아는 물에 잘 용해되기 때문에 다량의 물로 세척 후 붕산수를 바른다.

02 다음 중 마찰, 타격 등으로 격렬히 폭발하는 예민한 폭발물질로 가장 거리가 먼 것은?
① AgN_3
② H_2S
③ Ag_2Cl_2
④ N_4S_4

해설 황화수소(H_2S)는 마찰, 타격 등으로 폭발하지 않는다.

03 내용적 94L인 액화프로판 용기의 저장능력은 몇 kg인가? (단, 충전상수 C는 2.35이다.)
① 20
② 40
③ 60
④ 80

해설
$G = \dfrac{V}{C}$
여기서, G : 액화석유가스의 질량(kg)
V : 용기 또는 차량에 고정된 탱크의 내용적(L)
C : 충전상수
$\therefore G = \dfrac{94}{2.35} = 40\text{kg}$

04 가스 중의 음속보다는 화염전파속도가 큰 경우로서 충격파라고 하는 솟구치는 압력파가 생기는 현상을 무엇이라 하는가?
① 폭발
② 폭굉
③ 폭연
④ 연소

해설 폭굉(Detonation)을 설명하는 것이다.

05 연소의 이상현상 중 불꽃의 주위, 특히 불꽃의 기저부에 대한 공기의 움직임이 세어지면 불꽃이 노즐에서 정착하지 않고 떨어지게 되어 꺼져버리는 현상은?
① 선화
② 역화
③ 블로오프
④ 불완전연소

해설 블로오프(Blow Off)현상을 설명한 것이다.

06 저온배관용 탄소강관의 표시 기호는?
① SPPS
② SPLT
③ SPPH
④ SPHT

해설
㉠ SPLT : 저온배관용 탄소강관
㉡ SPHT : 고온배관용 탄소강관
㉢ SPPS : 압력배관용 탄소강관
㉣ SPP : 배관용 탄소강관

07 탄소강 중에 저온취성을 일으키는 원소로 옳은 것은?
① P
② S
③ Mo
④ Cu

해설
㉠ P : 상온취성 및 저온취성의 원인
㉡ S : 적열취성의 원인
㉢ Mo : 적열취성 완화
㉣ Ni : 저온취성 개선

정답 01 ② 02 ② 03 ② 04 ② 05 ③ 06 ② 07 ①

56 다음 ( ) 안의 ㉮와 ㉯에 들어갈 명칭은?

> 아세틸렌을 용기에 충전하는 때에는 미리 용기에 다공물질을 고루 채워 다공도가 75% 이상 92% 미만이 되도록 한 후 (㉮) 또는 (㉯)를 (을) 고루 침윤시키고 충전하여야 한다.

① ㉮ 아세톤, ㉯ 알코올
② ㉮ 아세톤, ㉯ 물
③ ㉮ 아세톤, ㉯ 디메틸포름아미드
④ ㉮ 알코올, ㉯ 물

해설 아세틸렌(C_2H_2)의 용기 충전
(1) 다공도 : 75% 이상 92% 미만
(2) 용제
　㉮ 아세톤(CH_3COCH_3)
　㉯ 디메틸포름아미드(DMF)

57 불꽃의 주위, 특히 불꽃의 기저부에 대한 공기의 움직임이 강해지면 불꽃이 노즐에 정착하지 않고 떨어지게 되어 꺼져버리는 현상은?

① 옐로팁(Yellow Tip)
② 리프팅(Lifting)
③ 블로오프(Blow-Off)
④ 백파이어(Back Fire)

해설 블로오프를 설명하는 것이다.

58 왕복펌프에 사용하는 밸브 중 점성액이나 고형물이 들어가 있는 액에 적합한 밸브는?

① 원판밸브
② 윤형밸브
③ 플랫밸브
④ 구밸브

해설
(1) 구밸브의 설명이다.
(2) 밸브의 종류
　㉠ 원판밸브
　㉡ 윤형밸브
　㉢ 다리붙은 원추밸브
　㉣ 구밸브

59 LPG에 대한 설영 중 옳지 않은 것은?

① 액화석유가스의 약자이다.
② 고급 탄화수소의 혼합물이다.
③ 탄소수 3 및 4의 탄화수소 또는 이를 주성분으로 하는 혼합물이다.
④ 무색, 투명하고 물에 난용이다.

해설 액화석유가스(LPG)는 탄소수 3 및 4의 탄화수소로 이루어진 저급 탄화수소이다.

60 지하에 매설된 도시가스배관의 전기방식 방법이 아닌 것은?

① 희생양극법
② 직류법
③ 배류법
④ 외부전원법

해설 도시가스배관의 전기방식 방법
㉠ 희생양극법(유전양극법)
㉡ 배류법(강제배류법, 선택배류법)
㉢ 외부전원법

정답 56 ③　57 ③　58 ④　59 ②　60 ②

49 비점이 점차 낮은 냉매를 사용하여 저비점의 기체를 액화하는 사이클은?

① 클라우드 액화사이클
② 캐스케이드 액화사이클
③ 필립스 액화사이클
④ 린데 액화사이클

해설 캐스케이드 액화사이클을 설명한 것이다.

50 에틸렌이 수소와 반응할 때 일으키는 반응은?

① 환원반응 ② 분해반응
③ 제거반응 ④ 부가반응

해설 ㉠ 에틸렌(C_2H_4)은 2중 결합을 가지므로 부가반응을 한다.
㉡ $C_2H_4 + H_2 \rightarrow C_2H_6$

51 액체의 높이가 4m이며, 이 액체의 비중을 0.68이라고 할 때 수은주의 높이는 몇 cm 인가? (단, 수은의 비중은 13.6이다.)

① 10 ② 20
③ 40 ④ 80

해설 두 액체에 걸리는 압력이 같으므로
$P_1 = r_1 h_1$, $P_2 = r_2 h_2$ 이므로
$r_1 h_1 = r_2 h_2$
$\therefore h_2 = \dfrac{4 \times 0.68}{13.6} = 2\text{m} = 20\text{cm}$

52 압력 단위에 대한 설명 중 옳은 것은?

① 절대압력=게이지압력+대기압
② 절대압력=대기압+진공압
③ 대기압은 진공압보다 낮다.
④ 1atm은 1033.2kg/cm²이다.

해설 ② 절대압력 = 대기압 − 진공압
③ 대기압은 진공압보다 높다.
④ 1atm은 1.0332kg/cm²이다.

53 내용적 100L인 염소용기 제조 시 부식여유는 몇 mm 이상 주어야 하는가?

① 1 ② 2
③ 3 ④ 5

해설 부식여유의 두께(단위 : mm)

용기의 종류		부식여유 수치
암모니아 용기	내용적 1천L 이하	1
	내용적 1천L 초과	2
염소용기	내용적 1천L 이하	3
	내용적 1천L 초과	5

54 고압가스설비에 장치하는 압력계의 최고눈금의 기준으로 옳은 것은?

① 상용압력의 1.0배 이하
② 상용압력의 2.0배 이하
③ 상용압력의 1.5배 이상 2.0배 이하
④ 상용압력의 2.0배 이상 2.5배 이하

해설 압력계의 최고눈금 기준
상용압력의 1.5배 이상 2.0배 이하

55 다음 중 웨버지수(WI)의 계산식을 바르게 나타낸 것은? (단, H_g는 도시가스의 총발열량, d는 도시가스의 공기에 대한 비중을 나타낸다)

① $WI = \dfrac{H_g}{\sqrt{d}}$

② $WI = \dfrac{\sqrt{H_g}}{d}$

③ $WI = H_g \times \sqrt{d}$

④ $WI = H_g \times d^2$

해설 웨버지수(WI) = $\dfrac{H_g}{\sqrt{d}} = \dfrac{\text{총발열량}}{\sqrt{\text{비중}}}$

정답 49 ② 50 ④ 51 ② 52 ① 53 ③ 54 ③ 55 ①

41 폭발성 혼합가스에서 폭발등급 2의 안전간격은?

① 0.1~0.3mm
② 0.8~1.0mm
③ 0.4~0.6mm
④ 1.5~2.0mm

해설
㉠ 폭발 1등급 : 0.6mm 초과
㉡ 폭발 3등급 : 0.4mm 이하

42 다음 중 역화의 원인이 아닌 것은?

① 염공이 작게 되었을 때
② 버너 위에 큰 용기를 올려서 장시간 사용할 경우
③ 가스의 압력이 너무 낮을 때
④ 콕이 충분히 열리지 않았을 때

해설 ① 염공이 크게 되었을 때이고, 보기 외에 콕에 먼지나 이물질이 끼었을 때나 노즐의 구경이 작은 경우에 역화의 원인이 된다.

43 일정 압력, 20℃에서 체적 1L의 가스는 40℃에서는 약 몇 L가 되는가?

① 1.07   ② 1.31
③ 1.30   ④ 1.41

해설 보일-샤를의 법칙에서 압력은 일정이므로
$$\frac{V_1}{T_1} = \frac{V_2}{T_2}$$
$$\therefore V_2 = \frac{1 \times (273+40)}{273+20} = 1.068 L$$

44 가스배관의 배관경로 결정에 대한 설명 중 옳지 않은 것은?

① 가능한 한 최단거리로 할 것
② 구부러지거나 오르내림을 적게 할 것
③ 가능한 한 은폐하거나 매설할 것
④ 가능한 한 옥외에 설치할 것

해설 ③ 가능한 한 노출시킨다.

45 펌프를 운전할 때 송출압력과 송출유량이 주기적으로 변동하여 펌프의 토출구 및 흡입구에서 압력계의 지침이 흔들리는 현상은?

① 공동현상   ② 맥동현상
③ 수격작용   ④ 진동현상

해설 맥동현상(Surging)에 대한 설명이다.

46 용기용 밸브는 가스충전구의 형식에 따라 분류한다. 가스충전구에 나사가 없는 것은?

① A형   ② B형
③ C형   ④ AB형

해설
① A형 : 충전구가 수나사인 것을 말한다.
② B형 : 충전구가 암나사인 것을 말한다.
③ C형 : 충전구에 나사가 없다.

47 백금 로듐-백금 열전대 온도계의 온도측정 범위로 옳은 것은?

① −180~350℃
② −20~800℃
③ 0~1,600℃
④ 300~2,000℃

해설
㉠ CA(크로멜-알루멜) : 0~1,200℃
㉡ IC(철-콘스탄탄) : −20~800℃
㉢ CC(동-콘스탄탄) : −200~350℃

48 주로 탄광 내에서 CH_4의 발생을 검출하는 데 사용되며, 청염(푸른 불꽃)의 길이로서 그 농도를 알 수 있는 가스검지기는?

① 안전등형   ② 간섭계형
③ 열선형   ④ 흡광광도형

해설 안전등형을 설명한 것이다.

정답 41 ③ 42 ① 43 ① 44 ③ 45 ② 46 ③ 47 ③ 48 ①

해설 | 금속재료의 부식

금속 부식	가스명	내식재료
질화	질소(N_2)	Ni
산화	산소(O_2), 이산화탄소(CO_2)	Cr, Al, Si
황화	황화수소(H_2S)	Cr, Al, Si
탈탄	수소(H_2)	Cr, Mo, W, Ti, V
카보닐화	일산화탄소(CO)	Al, Cu, Ag

35 압축기의 다단압축의 목적이 아닌 것은?
① 소요 일량을 절약할 수 있다.
② 힘의 평형을 이룰 수 있다.
③ 온도상승을 피할 수 있다.
④ 압축비가 커지며, 이용효율을 증가시킨다.

해설 | ④ 압축비가 작아지며, 이용효율을 증가시킨다.

36 도시가스의 부취제는 공기 중에서 얼마의 농도에서 쉽게 감지할 수 있어야 하는가?
① $\frac{1}{100}$ ② $\frac{1}{200}$
③ $\frac{1}{500}$ ④ $\frac{1}{1,000}$

해설 | 도시가스의 부취제는 공기 중에서 $\frac{1}{1,000}$의 농도에서 감지할 수 있어야 한다.

37 일산화탄소가스의 용도로 알맞은 것은?
① 메탄올 합성
② 용접 절단용
③ 암모니아 합성
④ 섬유의 표백용

해설 | CO의 실험식은 $CO + 2H_2 \rightarrow CH_3OH$이므로 메탄올이 합성된다.

38 가연성가스가 폭발할 위험이 있는 장소에 전기설비를 할 경우 위험 장소의 등급 분류에 해당하지 않는 것은?
① 0종 ② 1종
③ 2종 ④ 3종

해설 | 위험 장소는 0종, 1종, 2종으로 분류하고, 각 장소를 설명하면 다음과 같다.
㉠ 0종 장소 : 상용 상태에서 가연성가스의 농도가 연속해서 폭발하는 한계 이상으로 되는 장소
㉡ 1종 장소 : 상용 상태에서 가연성가스가 체류하여 위험하게 될 우려가 있는 장소 정비, 보수 또는 누설 등으로 인해 종종 가연성가스가 체류하여 위험하게 될 우려가 있는 장소
㉢ 2종 장소 : 1종 장소 주변 또는 인접한 실내에서 위험한 농도의 가연성가스가 종종 침입할 우려가 있는 장소, 확실한 기계적 환기조치에 의해 가연성가스가 체류하지 않도록 되어 있으나, 환기장치에 이상이나 사고가 발생한 경우 가연성가스가 체류하여 위험하게 될 우려가 있는 장소, 밀폐된 용기 또는 설비 내에 밀봉된 가연가스가 그 용기 또는 설비의 사고로 인해 파손되거나 오조작의 경우에만 누출할 위험이 있는 장소를 말한다.

39 부탄(C_4H_{10})의 위험도는 약 얼마인가? (단, 폭발범위는 1.8~8.4%이다.)
① 1.23 ② 2.27
③ 3.67 ④ 4.58

해설 | 위험도는 $\frac{폭발상한치 - 폭발하한치}{폭발하한치}$이므로,
$\frac{8.4 - 1.8}{1.8} = 3.666$이다.

40 고압가스 충전용기는 항상 몇 ℃ 이하로 유지해야 하는가?
① 10 ② 30
③ 40 ④ 50

해설 | 고압가스 충전용기는 40℃ 이하로 유지한다.

정답 | 35 ④ 36 ④ 37 ① 38 ④ 39 ③ 40 ③

27 지연성가스에 해당되지 않는 것은?
① 염소
② 불소
③ 이산화질소
④ 이황화탄소

해설 ①, ②, ③ 외에 산소, 공기 등이 지연성가스이다.

28 LP가스의 용기보관실 바닥면적이 $3m^2$라면 통풍구의 크기는 몇 cm^2 이상으로 하여야 하는가?
① 1,100 ② 900
③ 700   ④ 500

해설 통풍구의 크기는 $1m^2$당 $300cm^2$ 이상으로 해야 하는데, 바닥면적이 $3m^2$이므로 $3\times300=900cm^2$ 이상으로 한다.

29 고압가스의 저장설비 및 충전설비는 그 외면으로부터 화기를 취급하는 장소까지 얼마 이상의 우회거리를 두어야 하는가?
① 1m 이상   ② 2m 이상
③ 5m 이상   ④ 8m 이상

해설 고압가스의 저장설비 및 충전설비는 그 외면으로부터 화기를 취급하는 장소까지 2m(가연성가스 및 산소의 충전설비 또는 저장설비는 8m) 이상의 우회거리를 두어야 한다.

30 고압가스 충전시설 중 방폭성능을 갖지 않아도 되는 가스는?
① 수소   ② 일산화탄소
③ 암모니아   ④ 아세틸렌

해설 ㉠ 가연성가스의 충전설비 또는 저장설비 중 전기설비는 방폭성능을 가지는 구조로 한다.
㉡ 방폭성능을 갖추지 않아도 되는 가스는 암모니아, 브롬화메탄 등이 있다.

31 0℃, 1기압 하에서 액체 산소의 비등점(B.P.)은 몇 ℃인가?
① -186 ② -196
③ -183 ④ -178

해설 ① -186 : 아르곤, ② -196 : 질소의 비점이다.

32 LPG 액화가스와 같이 저비점의 액체용 펌프에서 쓰이는 펌프의 축봉장치는?
① 싱글 시일
② 더블 시일
③ 언밸런스 시일
④ 밸런스 시일

해설 ④ 밸런스 시일의 설명이고, 이외에 내압이 4~$5kg/cm^2$ 이상일 때, 하이드로 카본일 때 사용된다.

33 공기액화분리장치에서 공기 중의 이산화탄소를 제거하는 이유는?
① 가스의 원활함과 밸브 및 배관에 세척을 잘하기 때문에
② 압축기에서 토출된 가스의 압축열을 제거하기 때문에
③ 저온장치에 이산화탄소가 존재하면 고형의 드라이아이스가 되어 밸브 및 배관이 폐쇄 장애를 일으키기 때문에
④ 원료가스를 저온에서 분리, 정제하기 때문에

해설 저온장치에 이산화탄소가 존재하면 고형의 드라이아이스가 되어 밸브 및 배관이 폐쇄장애를 일으키기 때문에 이산화탄소를 제거해야 한다.

34 다음 중 고압가스 금속재료에서 내질화성을 증대시키는 원소는?
① Ni ② Al
③ Cr ④ Mo

정답 27 ④ 28 ② 29 ② 30 ③ 31 ③ 32 ④ 33 ③ 34 ①

21 실린더의 단면적 50cm², 행정 10cm, 회전수 200rpm, 체적효율 80%인 왕복압축기의 토출량(L/min)은?

① 60   ② 80
③ 120 ④ 140

해설
토출량 $Q = ASN\eta$
여기서, A : 단면적
 S : 행정
 N : 회전수
 η : 효율
$\therefore 50 \times 10 \times 200 \times 0.8 = 80,000 \text{cm}^3/\text{min}$
$= 80 \text{L/min}$

22 LP가스 충전 시 디스펜서(Dispenser)란?

① LP가스 압축기 이송장치의 충전기기 중 소량에 충전하는 기기
② LP가스 자동차충전소에서 LP가스 자동차의 용기에 용적을 계량하여 충전하는 충전기기
③ LP가스 대형 저장탱크에 역류방지용으로 사용하는 기기
④ LP가스 충전소에서 청소하는 데 사용하는 기기

해설
디스펜서(Dispenser)란 LP가스 자동차충전소에서 LP가스 자동차의 용기에 용적을 계량하여 충전하는 충전기기이다.

23 다음 중 황화수소의 성질이 아닌 것은 어느 것인가?

① 유황천에서 물에 녹아 용출한다.
② 알칼리와 반응하여 염을 만든다.
③ 무색이며, 계란 썩는 냄새가 난다.
④ 산소 중에서 노란 불꽃을 내며 연소하여 육불화황을 만든다.

해설
④ $2H_2S + 3O_2 \rightarrow 2SO_2 + 2H_2O$
(이산화황을 생성한다.)

24 비체적이 큰 순서대로 올바르게 나열된 것은?

① 프로판 – 메탄 – 질소 – 수소
② 프로판 – 질소 – 수소 – 메탄
③ 수소 – 메탄 – 질소 – 프로판
④ 수소 – 질소 – 메탄 – 프로판

해설
비체적은 $\dfrac{\text{부피}}{\text{질량}}$ 이므로

㉠ 프로판(C_3H_8) : $\dfrac{22.4}{44} = 0.5 \text{m}^3/\text{kg}$

㉡ 메탄(CH_4) : $\dfrac{22.4}{16} = 1.4 \text{m}^3/\text{kg}$

㉢ 질소(N_2) : $\dfrac{22.4}{28} = 0.8 \text{m}^3/\text{kg}$

㉣ 수소(H_2) : $\dfrac{22.4}{2} = 11.2 \text{m}^3/\text{kg}$

25 10Joule의 일의 양을 cal 단위로 나타내면?

① 0.39 ② 1.39
③ 2.39 ④ 3.39

해설
1J=0.24cal이다.

26 도시가스 제조설비에 설치되는 가스누출경보설비가 경보를 울릴 경우 검지농도로 적합한 것은?

① 폭발하한계의 $\dfrac{1}{4}$ 이하
② 폭발하한계의 $\dfrac{1}{6}$ 이하
③ 폭발상한계의 $\dfrac{1}{4}$ 이하
④ 폭발상한계의 $\dfrac{1}{6}$ 이하

해설 가스누출경보설비
㉠ 미리 설정된 가스농도 폭발하한계의 $\dfrac{1}{4}$ 이하에서 자동적으로 경보를 울려야 한다.
㉡ 독성가스는 허용농도 이하 시 경보를 발생하여야 한다.

정답 21 ② 22 ② 23 ④ 24 ③ 25 ③ 26 ①

14 아세틸렌용기에 아세틸렌을 충전할 때 온도와 관계없이 몇 MPa 이하의 압력을 유지해야 하는가?

① 1.5　② 2.0
③ 2.5　④ 3.0

해설 ㉠ 아세틸렌을 용기에 충전하는 때의 충전 중의 압력은 2.5MPa 이하의 압력을 유지한다.
㉡ 충전 후에는 압력이 15℃에서 1.5MPa 이하로 될 때까지 정치하여 둔다.

15 가스를 사용하는 일반 가정이나 음식점 등에서 호스가 절단 또는 파손으로 다량 가스누출 시 사고 예방을 위해 신속하게 자동으로 가스누출을 차단하기 위해 설치하는 것은?

① 중간밸브　② 체크밸브
③ 나사콕　④ 퓨즈콕

해설 퓨즈콕에 대한 설명이다.

16 도시가스배관의 설치에서 직류 전철 등에 의한 누출 전류의 영향을 받는 배관의 가장 적합한 전기방식법은? (단, 이 전기방식의 방식효과는 충분한 경우이다.)

① 배류법　② 정류법
③ 외부전원법　④ 희생양극법

해설 외부전원법이 가장 적합한 방식이다.

17 가연성 물질을 공기로 연소시키는 경우에 공기 중의 산소농도를 높게 하면 연소속도와 발화온도는 어떻게 변하는가?

① 연소속도는 크게(빠르게) 되고, 발화온도는 높아진다.
② 연소속도는 크게(빠르게) 되고, 발화온도는 낮아진다.
③ 연소속도는 낮게(느리게) 되고, 발화온도는 높아진다.
④ 연소속도는 낮게(느리게) 되고, 발화온도는 낮아진다.

해설 가연성 물질의 연소인 경우 공기 중의 산소농도를 높게 하면 연소속도는 크게(빠르게) 되고, 발화온도는 낮아진다.

18 원심펌프를 병렬로 연결시켜서 운전하면 무엇이 증가하는가?

① 양정　② 동력
③ 유량　④ 효율

해설 원심펌프를 병렬로 연결하면 양정은 일정하고, 유량은 증가한다.

19 다음 보기는 어떤 진공단열법의 특징을 설명한 것인가?

[보기]
㉮ 단열층이 어느 정도 압력에 견디므로 내층의 지지력이 있다.
㉯ 최고의 단열성능을 얻으려면 10^{-5}Torr 정도의 높은 진공도를 필요로 한다.

① 고진공단열법
② 다층진공단열법
③ 분말진공단열법
④ 상압진공단열법

해설 ① 고진공단열법은 10^{-3}Torr 정도의 진공도가 필요하다.
③ 분말 진공단열법은 10^{-2}Torr 정도의 진공도가 필요하다.

20 회전펌프의 장점이 아닌 것은?

① 왕복펌프와 같은 흡입, 토출밸브가 없다.
② 점성이 있는 액체에 좋다.
③ 토출압력이 높다.
④ 연속 토출되어 맥동이 많다.

해설 ④ 연속 송출되므로 맥동이 적다.

정답 14 ③　15 ④　16 ③　17 ②　18 ③　19 ②　20 ④

③ Mn : S과 결합하여 황에 의한 악영향을 완화시킨다.
④ Ni : 저온취성을 개선시킨다.

해설 ② P : 상온취성의 원인이 된다.

08 고압장치의 상용압력이 150kg/cm²일 때, 안전밸브의 작동압력(kg/cm²)은?

① 120 ② 165
③ 180 ④ 225

해설 밸브의 작동압력은 상용압력×1.5×0.8이므로
∴ $150 \times 1.5 \times 0.8 = 180 \text{kg/cm}^2$

09 다음은 산소에 대하여 설명한 것이다. 틀린 것은?

① 무색, 무취의 기체이며, 물에는 약간 녹는다.
② 가연성가스이나 그 자신은 연소하지 않는다.
③ 용기의 도색은 일반 공업용이 녹색, 의료용이 백색이다.
④ 용기는 탄소강으로 무계목용기이다.

해설 ② 조연성가스이고, 그 자신은 연소하지 않는다.

10 다음 중 가장 큰 압력은?

① 1,000kg/m²
② 10kg/cm²
③ 0.1kg/mm²
④ 수주 150m

해설 압력을 모두 atm으로 환산을 하면
① $1,000 \text{kg/m}^2 \times \dfrac{(1\text{m})^2}{(100\text{cm})^2} \times \dfrac{1\text{atm}}{1.0332 \text{kg/cm}^2}$
$= 0.097 \text{atm}$
② $10 \text{kg/cm}^2 \times \dfrac{1\text{atm}}{1.0332 \text{kg/cm}^2} = 9.68 \text{atm}$
③ $0.1 \text{kg/mm}^2 \times \dfrac{(10\text{mm})^2}{(1\text{cm})^2} \times \dfrac{1\text{atm}}{1.0332 \text{kg/cm}^2}$
$= 0.97 \text{atm}$
④ $150 \text{mH}_2\text{O} \dfrac{1\text{atm}}{10.332 \text{mH}_2\text{O}} = 14.52 \text{atm}$

11 액체는 무색투명하고 특유한 복숭아향을 가지고 있으며, 맹독성이 있고 고농도를 흡입하면 목숨을 잃는 가스는?

① 일산화탄소
② 포스겐
③ 시안화수소
④ 메탄

해설 시안화수소(HCN)에 대한 설명으로 독성가스(허용농도 10ppm), 가연성가스(폭발범위 6~41%)이다.

12 LP가스의 특성을 잘못 설명한 것은?

① 상온, 상압에서 기체 상태이다.
② 증기비중은 공기의 1.5~2.0배이다.
③ 액체는 물보다 무겁다.
④ 액체는 무색투명하며, 물에 잘 녹지 않는다.

해설 ③ 액체는 물보다 가볍다.

13 시안화수소 충전 시 유지해야 할 조건 중 틀린 것은?

① 충전 시 순도는 98% 이상을 유지한다.
② 안정제는 아황산가스나 황산 등을 사용한다.
③ 저장 시는 1일 2회 이상 염화제1구리 착염지로 누출검사를 한다.
④ 충전한 용기는 충전 후 24시간 정치한다.

해설 ③ 저장 시는 1일 1회 이상 질산구리 벤젠지로 누출검사를 한다.

정답 08 ③ 09 ② 10 ④ 11 ③ 12 ③ 13 ③

2017 가스기능사 (3. 25. 시행)

01 공기를 압축, 냉각하여 액체공기를 만드는 과정 및 액체공기를 분류, 증류하는 과정에서 기화, 액화되어 나오는 가스의 순서가 맞는 것은?
① 액화는 산소가 먼저 하고, 기화는 질소가 먼저한다.
② 액화는 질소가 먼저 하고, 기화는 산소가 먼저한다.
③ 산소가 액화, 기화 모두 먼저한다.
④ 질소가 액화, 기화 모두 먼저한다.

해설 산소의 비점은 −182.9℃이고, 질소의 비점은 −195.6℃이다.

02 발화점에 영향을 주는 인자가 아닌 것은?
① 가연성가스와 공기의 혼합비
② 가열속도와 지속시간
③ 발화가 생기는 공간의 비중
④ 점화원의 종류와 에너지 투여법

해설 ①, ②, ④ 외의 영향인자로는 공간의 형태와 크기, 기벽의 재질 및 촉매효과 등이 있다.

03 가연성가스의 제조설비에서 오조작되거나 정상적인 제조를 할 수 없는 경우에 자동적으로 원재료의 공급을 차단시키는 등 제조설비 내의 제조를 제어할 수 있는 장치는?
① 인터록기구
② 가스누설자동차단기
③ 벤트스택
④ 플레어스택

해설 인터록기구에 대한 설명이다.

04 용적이 25,000L인 액화산소 저장탱크의 저장능력(kg)은? (단, 비중은 1.14이다.)
① 28,500
② 21,930
③ 24,780
④ 25,650

해설 액화산소 저장탱크의 저장능력
$W = 0.9dV$이므로
∴ $0.9 \times 1.14 \times 25,000 = 25,650$ kg
여기서 d : 비중, V : 용적

05 기기 종류별 부속품 기호로 틀린 것은?
① AG : 아세틸렌가스를 충전하는 용기의 부속품
② PG : 압축가스를 충전하는 용기의 부속품
③ LPG : 액화석유가스를 충전하는 용기의 부속품
④ TL : 초저온용기 및 저온용기의 부속품

해설 ④ LT : 초저온용기 및 저온용기의 부속품

06 다음 중 분해에 의한 폭발에 해당되지 않는 것은?
① 시안화수소
② 아세틸렌
③ 히드라진
④ 산화에틸렌

해설 ① 시안화수소, 산화에틸렌은 중합폭발이다.

07 금속재료에 S, P, Ni, Mn과 같은 원소들이 함유되면 강에 영향을 미치는데, 다음 설명 중 틀린 것은?
① S : 적열취성의 원인이 된다.
② P : 상온취성을 개선시킨다.

정답 01 ① 02 ③ 03 ① 04 ④ 05 ④ 06 ① 07 ②

해설 가스계량기와의 거리 기준
  ㉠ 배관과 굴뚝, 전기개폐기 및 전기콘센트와의 거리 : 30cm 이상
  ㉡ 전기계량기 및 전기안전기와의 거리 : 60cm 이상
  ㉢ 전선(절연조치를 한 것은 제외)과의 거리 : 15cm 이상

55 고압가스 냉매설비의 기밀시험 시 압축공기를 공급할 때 공기의 온도는 몇 ℃ 이하로 할 수 있는가?

① 40℃ 이하 ② 70℃ 이하
③ 100℃ 이하 ④ 140℃ 이하

해설 고압가스 냉매설비의 기밀시험에서 압축공기를 공급할 때 공기의 온도는 140℃ 이하이다.

56 용기 종류별 부속품의 기호 중 아세틸렌을 충전하는 용기의 부속품 기호는?

① AT ② AG ③ AA ④ AB

해설 용기 종류별 부속품의 기호
  ㉠ 아세틸렌가스를 충전하는 용기의 부속품 : AG
  ㉡ 압축가스를 충전하는 용기의 부속품 : PG
  ㉢ 액화석유가스 외의 액화가스를 충전하는 용기의 부속품 : LG
  ㉣ 액화석유가스를 충전하는 용기의 부속품 : LPG
  ㉤ 초저온용기 및 저온용기의 부속품 : LT

57 겨울철 LP가스 용기 표면에 성에가 생겨 가스가 잘 나오지 않을 경우 가스를 사용하기 위한 가장 적절한 조치는?

① 연탄불로 쪼인다.
② 용기를 힘차게 흔든다.
③ 열습포를 사용한다.
④ 90℃ 정도의 물을 용기에 붓는다.

해설 LPG용기나 밸브를 가열할 때 열습포 또는 40℃ 이하의 물을 사용한다.

58 다음 곡률반지름(r)이 50mm일 때 90° 구부림 곡선 길이는 얼마인가?

① 48.75mm
② 58.75mm
③ 68.75mm
④ 78.75mm

해설
$$l = 2\pi r \times \frac{\theta}{360}$$
여기서, l : 곡관의 실제 전단 길이
  r : 곡률반지름
  θ : 각도
$$l = 2 \times 3.14 \times 50mm \times \frac{90}{360} = 78.75m$$

59 액화석유가스 충전시설 중 충전설비는 그 외면으로부터 사업소 경계까지 몇 m 이상의 거리를 유지하여야 하는가?

① 5m ② 10m
③ 15m ④ 24m

해설 액화석유가스 충전시설 중 충전설비는 그 외면으로부터 사업소 경계까지의 거리를 24m 이상으로 한다.

60 최대지름 6m인 가연성가스 저장탱크 2개가 서로 유지하여야 할 최소거리는?

① 0.6m ② 1m
③ 2m ④ 3m

해설 저장탱크 간의 거리
저장탱크의 최대지름을 합산한 길이의 $\frac{1}{4}$ 이상에 해당하는 거리
$(6m + 6m) \times \frac{1}{4} = 3m$ 이상

정답 55 ④ 56 ② 57 ③ 58 ④ 59 ④ 60 ④

48 에틸렌(C_2H_4)의 용도가 아닌 것은?

① 폴리에틸렌의 제조
② 산화에틸렌의 원료
③ 초산비닐의 제조
④ 메탄올 합성의 원료

해설 에틸렌(C_2H_4)의 용도
폴리에틸렌의 제조, 산화에틸렌의 원료, 초산비닐의 제조, 아세트알데히드의 원료, 에탄올의 원료, 석유화학공업의 기초 원료로서 합성수지·합성고무·합성섬유 등의 제조

49 고압가스 특정제조시설 중 철도부지 밑에 매설하는 배관에 대한 설명으로 틀린 것은?

① 배관의 외면으로부터 그 철도부지의 경계까지는 1m 이상의 거리를 유지한다.
② 지표면으로부터 배관 외면까지의 깊이를 60cm 이상으로 유지한다.
③ 배관은 그 외면으로부터 궤도 중심과 4m 이상의 거리를 유지한다.
④ 지하철도 등을 횡단하여 매설하는 배관에는 전기방식 조치를 강구한다.

해설 ② 지표면으로부터 배관 외면까지의 깊이를 1.2m 이상으로 유지한다.

50 산소가스설비의 수리 및 청소를 위한 저장탱크 내의 산소를 치환할 때 산소측정기 등으로 치환 결과를 측정하여 산소의 농도가 최대 몇 % 이하가 될 때까지 계속하여 치환작업을 하여야 하는가?

① 18　　② 20
③ 22　　④ 24

해설 저장탱크 내의 산소를 치환할 때는 산소의 농도가 최대 22% 이하가 될 때까지 계속하여 치환작업을 한다.

51 다음 중 고압가스의 성질에 따른 분류에 속하지 않는 것은?

① 가연성가스
② 액화가스
③ 조연성가스
④ 불연성가스

해설 고압가스의 분류
(1) 상태에 따른 분류 : 압축가스, 액화가스, 용해가스
(2) 성질에 따른 분류 : 가연성가스, 조연성가스, 불연성가스
(3) 독성에 따른 분류 : 독성가스, 비독성가스, 가연성독성가스

52 다음 중 부탄가스의 완전연소 반응식은?

① $C_3H_8 + 4O_2 \rightarrow 3CO_2 + 5H_2O$
② $C_3H_8 + 5O_2 \rightarrow 3CO_2 + 4H_2O$
③ $C_4H_{10} + 6O_2 \rightarrow 4CO_2 + 5H_2O$
④ $2C_4H_{10} + 13O_2 \rightarrow 8CO_2 + 10H_2O$

해설 부탄가스의 완전연소 반응식
$2C_4H_{10} + 13O_2 \rightarrow 8CO_2 + 10H_2O$

53 다음 중 염소의 주된 용도가 아닌 것은?

① 표백
② 살균
③ 염화비닐 합성
④ 강재의 녹 제거용

해설 염소의 주된 용도
표백, 살균, 염화비닐 합성 등

54 가스계량기는 전기계량기와 최소 몇 cm 이상의 거리를 유지하여야 하는가?

① 15cm　　② 30cm
③ 60cm　　④ 80cm

정답　48 ④　49 ②　50 ③　51 ②　52 ④　53 ④　54 ③

41 고압가스배관에 대하여 수압에 의한 내압시험을 하려고 한다. 이때 압력은 얼마 이상으로 하는가?

① 사용압력×1.1배
② 사용압력×2배
③ 상용압력×1.5배
④ 상용압력×2배

해설 고압가스배관 내압시험=상용압력×1.5배

42 액화석유가스 저장탱크에 가스를 충전하고자 한다. 내용적이 15m³인 탱크에 안전하게 충전할 수 있는 가스의 최대용량은 몇 m³인가?

① 12.75   ② 13.5
③ 14.25   ④ 14.7

해설 액화석유가스 저장탱크에 가스를 충전 시 내용적 90%(0.9)까지가 가스의 최대용량이다. 그러므로 15m³×0.9=13.5m³이다.

43 도시가스 사용시설에서 입상관과 화기 사이에 유지하여야 하는 거리는 우회거리 몇 m 이상인가?

① 1m   ② 2m
③ 3m   ④ 5m

해설 도시가스 사용시설에서 입상관과 화기 사이에 유지하는 우회거리 : 2m 이상

44 다음 중 저온장치의 가스액화사이클이 아닌 것은?

① 린데식 사이클
② 클라우드식 사이클
③ 필립스식 사이클
④ 카자레식 사이클

해설 저온장치의 가스액화사이클
㉠ 린데(Linde)식 사이클
㉡ 클라우드(Claude)식 사이클
㉢ 필립스(Philips)식 사이클
㉣ 캐피자(Kapitsa)식 사이클
㉤ 캐스케이드(Cascade) 사이클(다원액화사이클)

45 도시가스 사용시설에서 배관의 호칭지름이 25mm인 배관은 몇 m 간격으로 고정하여야 하는가?

① 1m마다
② 2m마다
③ 3m마다
④ 4m마다

해설 도시가스 사용시설에서 배관의 고정장치 설치
㉠ 호칭지름 13mm 미만 : 1m마다
㉡ 호칭지름 13mm 이상 33mm 미만 : 2m마다
㉢ 호칭지름 33mm 이상 : 3m마다

46 공기 중에서 폭발범위가 가장 넓은 가스는?

① 메탄
② 프로판
③ 에탄
④ 일산화탄소

해설 ① 5~15%   ② 2.1~9.5%
③ 3~12.4%   ④ 12.5~74%

47 다음 중 용적식 유량계에 해당하는 것은?

① 오리피스 유량계
② 플로노즐 유량계
③ 벤투리관 유량계
④ 오벌기어식 유량계

해설 ㉠ 용적식(직접식) 유량계 : 오벌기어식 유량계, 루트형 유량계, 로터리 피스톤식 유량계, 원판형 유량계, 가스미터 등
㉡ 간접식 유량계 : 오리피스미터, 플로노즐, 벤투리미터 등

정답 41 ③ 42 ② 43 ② 44 ④ 45 ② 46 ④ 47 ④

33 다음 중 동일 차량에 적재하여 운반할 수 없는 경우는?

① 산소와 질소
② 질소와 탄산가스
③ 탄산가스와 아세틸렌
④ 염소와 아세틸렌

해설 동일 차량에 적재하여 운반할 수 없는 것
염소와 아세틸렌

34 다음 중 폭발성이 예민하므로 마찰, 타격으로 격렬히 폭발하는 물질에 해당하지 않는 것은?

① 메틸아민
② 유화질소
③ 아세틸라이드
④ 염화질소

해설 폭발성이 예민하므로 마찰, 타격으로 격렬히 폭발하는 물질
㉠ 유화질소 ㉡ 아세틸라이드 ㉢ 염화질소

35 도시가스사업법령에 따른 안전관리자의 종류에 포함되지 않는 것은?

① 안전관리총괄자
② 안전관리책임자
③ 안전관리부책임자
④ 안전점검원

해설 안전관리자의 종류
㉠ 안전관리총괄자
㉡ 안전관리책임자
㉢ 안전점검원

36 독성가스 배관은 2중관 구조로 하여야 한다. 이때 외층관 내경은 내층관 외경의 몇 배 이상을 표준으로 하는가?

① 1.2   ② 1.5
③ 2   ④ 2.5

해설 독성가스 배관에서 2중관 구조
외층관 내경은 내층관 외경의 1.2배 이상

37 산소압축기의 윤활유로 사용되는 것은?

① 석유류
② 유지류
③ 글리세린
④ 물

해설 산소압축기의 윤활유 : 물

38 LP가스를 자동차용 연료로 사용할 때의 특징으로 틀린 것은?

① 완전연소가 쉽다.
② 배기가스에 독성이 작다.
③ 기관의 부식 및 마모가 작다.
④ 시동이나 급가속이 용이하다.

해설 ④ 시동이나 급가속이 용이하지 않다.

39 가연성가스 배관의 출구 등에서 공기 중으로 유출하면서 연소하는 경우는 어느 연소 형태에 해당하는가?

① 확산연소   ② 증발연소
③ 표면연소   ④ 분해연소

해설
② 증발연소 : 인화성 액체의 온도상승에 따른 증발에 의해 연소가 일어나는 것
③ 표면연소 : 고체 표면과 공기와 접촉되는 부분에서 연소가 일어나는 것
④ 분해연소 : 연소 시 열분해에 의해 가연성가스를 방출시켜 연소가 일어나는 것

40 착화원이 있을 때 가연성 액체나 고체의 표면에 연소한계 농도의 가연성 혼합기가 형성되는 최저온도는?

① 인화온도   ② 임계온도
③ 발화온도   ④ 포화온도

해설 인화온도의 설명이다.

정답 33 ④ 34 ① 35 ③ 36 ① 37 ④ 38 ④ 39 ① 40 ①

26
도로에 도시가스배관을 매설하는 경우에 라인마크는 구부러진 지점 및 그 주위 몇 m 이내에 설치하는가?

① 15 ② 30
③ 50 ④ 100

해설 라인마크는 배관 길이 50m마다 1개 이상 설치하고 주요 분기점, 구부러진 지점 및 그 주위 50m 이내에 설치해야 한다.

27
제조소의 긴급용 벤트스택 방출구의 위치는 작업원이 항시 통행하는 장소로부터 얼마나 이격되어야 하는가?

① 5m 이상 ② 10m 이상
③ 15m 이상 ④ 30m 이상

해설 긴급용 벤트스택 방출구 위치 : 작업원이 항시 통행하는 장소로부터 10m 이상 이격

28
저장능력 300m³ 이상인 2개의 가스홀더 A, B 간에 유지해야 할 거리는? (단, A와 B의 최대지름은 각각 8m, 4m이다.)

① 1m ② 2m
③ 3m ④ 4m

해설 $(8m+4m) \times \dfrac{1}{4} = 3m$

29
아세틸렌가스 압축 시 희석제로서 적당하지 않은 것은?

① 질소 ② 메탄
③ 일산화탄소 ④ 산소

해설 아세틸렌가스 압축 시 희석제
㉠ ①, ②, ③
㉡ 수소(H_2)
㉢ 프로판(C_3H_8)
㉣ 에틸렌(C_2H_4)
㉤ 탄산가스(CO_2)

30
사고를 일으키는 장치의 이상이나 운전자 실수의 조합을 연역적으로 분석하는 정량적 위험성평가기법은?

① 사건수분석(ETA)기법
② 결함수분석(FTA)기법
③ 위험과 운전분석(HAZOP)기법
④ 이상위험도분석(FMECA)기법

해설 결함수분석(FTA)기법의 설명이다.

31
다음 중 아세틸렌의 특징으로 옳은 것은?

① 압축 시 산화폭발한다.
② 고체 아세틸렌은 융해하지 않고 승화한다.
③ 금과는 폭발성 화합물을 생성한다.
④ 액체 아세틸렌은 안정하다.

해설
① 압축 시 분해폭발한다.
$C_2H_2 \rightarrow 2C + H_2$
③ Ag, Hg, Cu와 폭발성 화합물을 생성한다.
④ 액체 아세틸렌은 불안하고 고체 아세틸렌은 비교적 안정하다.

32
0°C 물 10kg을 100°C 수증기로 만드는데 필요한 열량은 약 몇 kcal인가?

① 5,390
② 6,390
③ 7,190
④ 8,390

해설
$Q = Q_1(현열) + Q_2(잠열)$
$Q_1 = QC\Delta t = 10 \times 1 \times (100-0) = 1,000\,kcal$
$Q_2 = Q\gamma = 10 \times 539 = 5,390\,kcal$
∴ $Q = 1,000 + 5,390 = 6,390\,kcal$

정답 26 ③ 27 ② 28 ③ 29 ④ 30 ② 31 ② 32 ②

19 고압설비에 장치하는 압력계의 최고눈금범위로 맞는 것은?

① 내압시험압력의 1배 이상 2배 미만
② 상용압력의 1.5배 이상 2배 미만
③ 내압시험압력의 1.5배 이상 2배 미만
④ 상용압력의 1배 이상 2배 미만

해설 압력계의 최고눈금범위는 상용압력의 1.5배 이상 2배 미만으로 한다.

20 용기보관장소에 충전용기를 보관하는 경우의 기준으로 틀린 것은?

① 가연성가스, 독성가스 및 산소의 용기는 각각 구분하여 용기보관장소에 놓을 것
② 용기보관장소의 주위 8m 이내에는 화기 또는 인화성물질이나 발화성물질을 두지 않을 것
③ 가연성가스 용기보관장소에는 휴대용 손전등 외에 등화를 휴대하고 들어가지 않을 것
④ 충전용기는 항상 40℃ 이하의 온도를 유지하고 직사광선을 받지 않도록 할 것

해설 ② 용기보관장소의 주위 2m 이내에는 화기 또는 인화성물질이나 발화성물질을 두지 않을 것

21 방류둑에는 계단, 사다리 또는 토사를 높이 쌓아올림 등에 의한 출입구를 둘레 몇 m마다 1개 이상을 두어야 하는가?

① 30   ② 40
③ 50   ④ 60

해설 방류둑에는 계단, 사다리 또는 토사를 높이 쌓아올림 등에 의한 출입구를 둘레 50m마다 1개 이상을 두어야 한다.

22 긴급용 벤트스택의 방출구 위치는 작업원이 정상 작업을 하는 데 필요한 장소 및 항시 통행하는 장소로부터 몇 m 이상 떨어진 곳에 설치하여야 하는가?

① 5   ② 8
③ 10   ④ 15

해설 긴급용은 10m, 그 밖의 벤트스택은 5m 이상 떨어진 곳에 설치해야 한다.

23 LPG 충전시설의 잔가스연소장치가 가스배출설비와 유지해야 할 거리는? (단, 방출량은 30g/분이다.)

① 4m 이상   ② 8m 이상
③ 10m 이상   ④ 12m 이상

해설 LPG 충전시설의 잔가스연소장치와 가스배출설비의 거리는 방출량이 30g/분일 때는 8m 이상의 거리를 유지해야 한다.
㉠ 60g/분 : 10m 이상
㉡ 90g/분 : 12m 이상
㉢ 120g/분 : 14m 이상

24 LP가스의 용기보관실 바닥면적이 $3m^2$라 하면 통풍구의 크기는 몇 cm^2 이상으로 해야 하는가?

① 1,100   ② 900
③ 700   ④ 500

해설 통풍구의 크기는 $1m^2$당 $300cm^2$ 이상으로 해야 하므로, $3×300=900cm^2$ 이상으로 한다.

25 도시가스배관의 보호판은 배관의 정상부에서 몇 cm 이상 높이에 설치하는가?

① 20   ② 30
③ 40   ④ 60

해설 도시가스배관의 보호판은 배관의 정상부에서 30cm 이상 되는 높이에 설치하여 그 기능을 발휘해야 한다.

③ 콕이 충분히 열리지 않았을 때
④ 버너 위에 큰 용기를 올려서 장시간 사용할 경우

해설 ① 염공이 크게 되었을 때

13 다음 중 왕복동 압축기의 특징이 아닌 것은?
① 압축하면 맥동이 생기기 쉽다.
② 기체의 비중에 관계없이 고압이 얻어진다.
③ 용량 조절의 폭이 넓다.
④ 비용적식 압축기이다.

해설 ④ 용적식 압축기이다.

14 "압축된 가스를 단열팽창시키면 온도가 강하한다."는 것을 무슨 효과라고 하는가?
① 단열효과   ② 줄-톰슨효과
③ 정류효과   ④ 팽윤효과

해설 줄-톰슨효과의 설명이다.

15 가스미터의 설치 장소로서 가장 부적당한 곳은?
① 통풍이 양호한 곳
② 전기공작물 주변에 직사광선이 비치는 곳
③ 가능한 한 배관의 길이가 짧고 꺾이지 않는 곳
④ 화기와 습기에서 멀리 떨어져 있고 청결하며 진동이 없는 곳

해설 가스미터의 설치 장소
㉠ 통풍이 양호한 곳
㉡ 눈, 비, 직사광선을 받지 않는 장소
㉢ 가능한 한 배관의 길이가 짧고 꺾이지 않는 곳
㉣ 화기와 습기에서 멀리 떨어져 있고 청결하며 진동이 없는 곳

16 초저온용기에 대한 정의로 옳은 것은?
① 임계온도가 50℃ 이하인 액화가스를 충전하기 위한 용기
② 강판과 동판으로 제조된 용기
③ -50℃ 이하인 액화가스를 충전하기 위한 용기로서 용기 내의 가스온도가 상용의 온도를 초과하지 않도록 한 용기
④ 단열재로 피복하여 용기 내의 가스온도가 상용의 온도를 초과하도록 조치된 용기

해설 초저온용기라 함은 -50℃ 이하의 액화가스를 충전하기 위한 용기로서 단열재로 피복하거나 냉동설비로 냉각하는 등의 방법으로 용기 내의 가스온도가 상용의 온도를 초과하지 아니하도록 한 것을 말한다.

17 다음 중 특정설비의 범위에 해당되지 않는 것은?
① 저장탱크
② 저장탱크의 안전밸브
③ 조정기
④ 기화기

해설 특정설비라 함은 다음과 같다.
㉠ 저장탱크, 차량에 고정된 탱크 및 압력용기
㉡ 자동차용 가스자동주입기, 안전밸브
㉢ 기화장치
㉣ 긴급차단장치, 역화방지장치
㉤ 액화천연가스 저장탱크 등

18 고압가스 특정제조의 시설 기준에서 제조설비는 그 외면으로부터 당해 제조소의 경계와 몇 m 이상의 거리를 유지해야 하는가?
① 20   ② 30   ③ 40   ④ 50

해설 고압가스설비와 다른 고압가스설비 사이의 거리는 30m 이상, 제조설비와 당해 제조소의 경계 사이의 거리는 20m 이상, 가연성가스 저장탱크와 처리능력 20만m³ 이상인 압축기와의 사이의 거리는 30m 이상으로 한다.

정답 13 ④   14 ②   15 ②   16 ③   17 ③   18 ①

06 가스의 연소에 대한 설명으로 틀린 것은?

① 인화점은 낮을수록 위험하다.
② 발화점은 낮을수록 위험하다.
③ 탄화수소에서 착화점은 탄소수가 많은 분자일수록 낮아진다.
④ 최소점화에너지는 가스의 표면장력에 의해 주로 결정된다.

해설 ④ 최소점화에너지는 온도, 압력, 농도에 영향을 받는다.

07 LPG의 성질 중 잘못된 것은?

① 상온, 상압에서는 기체이지만 상온에서도 비교적 낮은 압력으로 액화가 가능하다.
② 프로판의 임계온도는 32.3°C이다.
③ 동일 온도하에서 프로판은 부탄보다 증기압이 높다.
④ 순수한 것은 색깔이 없고, 냄새도 없다.

해설 ② 프로판의 임계온도는 96.8°C이다.

08 LP가스를 자동차 연료로 사용할 때의 장점이 아닌 것은?

① 배기가스의 독성이 가솔린보다 작다.
② 완전연소로 발열량이 높고 청결하다.
③ 옥탄가가 높아서 노킹현상이 없다.
④ 균일하게 연소되므로 엔진 수명이 연장된다.

해설 LP가스를 자동차 연료로 사용할 때의 장점
㉠ 배기가스의 독성이 가솔린보다 작다.
㉡ 완전연소로 발열량이 높고 청결하다.
㉢ 균일하게 연소되므로 엔진 수명이 연장된다.
㉣ 가솔린에 비해 가격이 저렴하여 경제적이다.

09 다음 중 액화천연가스(LNG)의 주성분은?

① CO ② CH_4
③ C_2H_4 ④ C_2H_2

해설 액화천연가스(LNG)의 주성분 : CH_4

10 액화천연가스(LNG)의 특징이 아닌 것은?

① 질소가 소량 함유되어 있다.
② 질식성 가스이다.
③ 연소에 필요한 공기량은 LPG에 비해 적다.
④ 발열량은 LPG에 비해 크다.

해설 발열량은 LPG에 비해 작다. LNG(CH_4), LPG(C_3H_8)로서 탄소수가 많으면 발열량도 크다.

11 다음에서 설명하는 정압기의 종류는?

[보기]
- Unloading형이다.
- 본체는 복좌밸브로 되어 있어 상부에 다이어프램을 가진다.
- 정특성은 아주 좋으나 안정성은 떨어진다.
- 다른 형식에 비하여 크기가 크다.

① 레이놀드 정압기
② 엠코 정압기
③ 피셔식 정압기
④ 액셀플로식 정압기

해설 지역정압기의 종류
㉠ 레이놀드 정압기 : Unloading형이다. 본체는 복좌밸브로 되어 있어 상부에 다이어프램을 가진다. 정특성은 아주 좋으나 안정성은 떨어진다. 다른 형식에 비하여 크기가 크다.
㉡ 피셔식 정압기 : Loading형이다. 정특성 및 동특성이 양호하며, 비교적 콤팩트하다.
㉢ 액셀플로식 정압기 : 변칙 Unloading형이다. 정특성 및 동특성이 양호하며, 고차압이 될수록 특성이 양호하며 극히 콤팩트하다.

12 다음 중 연소기구에서 발생할 수 있는 역화(Backfire)의 원인이 아닌 것은?

① 염공이 작게 되었을 때
② 가스의 압력이 너무 낮을 때

정답 06 ④ 07 ② 08 ③ 09 ② 10 ④ 11 ① 12 ①

2017 가스기능사 (1. 14. 시행)

01 다음 각 온도의 단위 환산 관계로서 틀린 것은 어느 것인가?
① 0°C=273K
② 32°F=492°R
③ 0K=-273°C
④ 0K=460°R

해설
① °C+273=K → 0°C+273=273K
② °F+460=°R → 32°F+460=492°R
③ K-273=°C → 0K-273=-273°C
④ K×1.8=°R → 0K×1.8=0°R

02 다음 중 1atm에 해당하지 않는 것은?
① 760mmHg
② 14.7PSI
③ 29.92inHg
④ 1,013kg/m²

해설 1atm(1기압)=760mmHg=29.92inHg
=14.7PSI=10332kg/m²
=10.332mH₂O=101.325kPa
=1,013mbar

03 압력에 대한 설명으로 옳은 것은?
① 절대압력=게이지압력+대기압이다.
② 절대압력=대기압+진공압이다.
③ 대기압은 진공압보다 낮다.
④ 1atm은 1033.2kg/m²이다.

해설
② 절대압력=대기압-진공압
③ 대기압은 진공압보다 높다.
④ 1atm은 10332kg/m²이다.

04 "효율이 100%인 열기관은 제작이 불가능하다."라고 표현되는 법칙은?
① 열역학 제0법칙
② 열역학 제1법칙
③ 열역학 제2법칙
④ 열역학 제3법칙

해설
① 열역학 제0법칙 : 열평형의 법칙이라 하며, 온도가 서로 다른 두 물체를 접촉시키면 높은 온도를 지닌 물체의 온도는 내려가고 낮은 온도의 물체는 온도가 올라가서 두 물체의 온도차가 없어지고 두 물체는 열평형이 된다.
② 열역학 제1법칙 : 에너지불변의 법칙이라고 하며, 에너지는 결코 생성될 수도 없어질 수도 없고 단지 형태의 이변이다.
③ 열역학 제2법칙 : 일을 열로 바꾸는 것은 용이하나 열을 일로 바꾸는 것은 제한을 받는다. 그러므로 효율이 100%인 열기관은 제작이 불가능하다.
④ 열역학 제3법칙 : 0K(절대영도)에서 완전한 결정을 이루고 있는 물질의 엔트로피는 0이다.

05 연소에 대한 일반적인 설명 중 옳지 않은 것은 어느 것인가?
① 인화점이 낮을수록 위험성이 크다.
② 인화점보다 착화점의 온도가 낮다.
③ 발열량이 높을수록 착화온도는 낮아진다.
④ 가스의 온도가 높아지면 연소의 범위는 넓어진다.

해설 ② 인화점보다 착화점의 온도가 높다.

정답 01 ④ 02 ④ 03 ① 04 ③ 05 ②

57 60°C의 물 300kg과 20°C의 물 800kg을 혼합하면 약 몇 °C의 물이 되겠는가?

① 28.2°C   ② 30.9°C
③ 33.1°C   ④ 37°C

해설
$$= \frac{(G_1 C_1 t_1 + G_2 C_2 t_2)}{(G_1 C_1 + G_2 C_2)}$$
$$= \frac{(300 \times 1 \times 60 + 800 \times 1 \times 20)}{(300 \times 1 + 800 \times 1)}$$
$$= 30.9°C$$

58 착화원이 있을 때 가연성 액체나 고체의 표면에 연소하한계 농도의 가연성 혼합기가 형성되는 최저온도는?

① 인화온도
② 임계온도
③ 발화온도
④ 포화온도

해설 인화온도의 설명이다.

59 암모니아의 성질에 대한 설명으로 옳은 것은?

① 상온에서 약 8.46atm이 되면 액화한다.
② 불연성의 맹독성가스이다.
③ 흑갈색의 기체로 물에 잘 녹는다.
④ 염화수소와 만나면 검은 연기를 발생한다.

해설
② 가연성의 맹독성가스이다.
③ 무색의 기체로서 물에 잘 녹는다.
④ 염화수소와 접촉하여 염화암모늄의 흰 연기를 낸다.
$NH_3 + HCl \rightarrow NH_4Cl$

60 표준상태에서 에탄 2mol, 프로판 5mol, 부탄 3mol로 구성된 LPG에서 부탄의 중량은 몇 %인가?

① 13.2%   ② 24.6%
③ 38.3%   ④ 48.5%

해설
에탄 C_2H_6 - 분자량 30
프로판 C_3H_8 - 분자량 44
부탄 C_4H_{10} - 분자량 58이므로
30g×2mol + 44g×5mol + 58g×3mol
= 60g + 220g + 174g = 454g

따라서, $\frac{부탄\ 174g}{전체\ 454g} \times 100 = 38.326\%$

정답 57 ② 58 ① 59 ① 60 ③

51 가연성가스 배관의 출구 등에서 공기 중으로 유출하면서 연소하는 경우는 어느 연소 형태에 해당하는가?

① 확산연소　② 증발연소
③ 표면연소　④ 분해연소

해설
② 증발연소 : 인화성 액체의 온도상승에 따른 증발에 의해 연소가 일어나는 것
③ 표면연소 : 고체 표면과 공기와 접촉되는 부분에서 연소가 일어나는 것
④ 분해연소 : 연소 시 열분해에 의해 가연성가스를 방출시켜 연소가 일어나는 것

52 다음 중 수소가스와 반응하여 격렬히 폭발하는 원소가 아닌 것은?

① O_2　② N_2　③ Cl_2　④ F_2

해설
㉠ 수소가스와 반응하여 격렬히 폭발하는 원소
 • $2H_2 + O_2 \longrightarrow 2H_2O$
 • $H_2 + Cl_2 \xrightarrow{햇빛} 2HCl$
 • $H_2 + F_2 \xrightarrow{상온} 2HF$
㉡ 수소는 질소와 반응하여 암모니아를 생성한다.
　$3H_2 + N_2 \longrightarrow 2NH_3$

53 다음에서 설명하는 법칙은?

> 모든 기체 1몰의 체적(V)은 같은 온도(T), 같은 압력(P)에서 모두 일정하다.

① Dalton의 법칙
② Henry의 법칙
③ Avogadro의 법칙
④ Hess의 법칙

해설
① Dalton의 법칙 : 혼합기체의 전압은 각 성분기체들의 분압의 합과 같다.
② Henry의 법칙 : 일정 온도에서 일정량의 용매에 용해하는 그 기체의 질량은 압력에 정비례한다.
④ Hess의 법칙 : 화학반응에서 발생 또는 흡수되는 열량은 그 반응 최초의 상태와 최종의 상태만 결정되면, 도중의 경로와는 무관하다.

54 액화석유가스에 관한 설명 중 틀린 것은?

① 무색투명하고 물에 잘 녹지 않는다.
② 탄소의 수가 3~4개로 이루어진 화합물이다.
③ 액체에서 기체로 될 때 체적은 150배로 증가한다.
④ 기체는 공기보다 무거우며, 천연고무를 녹인다.

해설
액체 상태의 LP가스가 기화하면 프로판(C_3H_8)은 250배, 부탄(C_4H_{10})은 230배로 각각 체적이 증가한다.

55 0°C에서 온도를 상승시키면 가스의 밀도는?

① 높게 된다.
② 낮게 된다.
③ 변함이 없다.
④ 일정하지 않다.

해설
0°C에서 온도를 상승시키면 가스의 밀도는 낮게 된다.

56 이상기체에 잘 적용될 수 있는 조건에 해당되지 않는 것은?

① 온도가 높고 압력이 낮다.
② 분자 간 인력이 작다.
③ 분자 크기가 작다.
④ 비열이 작다.

해설
④ 비열이 크다.

정답 51 ① 52 ② 53 ③ 54 ③ 55 ② 56 ④

ⓒ 다이어프램

45 가연성가스의 제조설비 내에 설치하는 전기기기에 대한 설명으로 옳은 것은?

① 1종 장소에는 원칙적으로 전기설비를 설치해서는 안 된다.
② 안전증방폭구조는 전기기기의 불꽃이나 아크가 발생하여 착화원이 될 염려가 있는 부분을 기름 속에 넣은 것이다.
③ 2종 장소는 정상의 상태에서 폭발성 분위기가 연속하여 또는 장시간 생성되는 장소를 말한다.
④ 가연성가스가 존재할 수 있는 위험 장소는 1종 장소, 2종 장소 및 0종 장소로 분류하고 위험 장소에서는 방폭형 전기기기를 설치하여야 한다.

해설
① 1종 장소 : 상용의 상태에서 위험 분위기가 존재하기 쉬운 장소
② 안전증방폭구조 : 정상운전 중에 가연성가스의 점화원이 될 전기불꽃, 아크 또는 고온 부분 등의 발생을 방지하기 위하여 기계적·전기적 구조상 또는 온도상승에 대하여 특히 안전도를 증가시킨 구조
③ 2종 장소 : 이상 상태하에서 위험 분위기가 단 시간 동안 존재할 수 있는 장소

46 다음 중 온도가 가장 높은 것은?

① 450°R ② 220K
③ 2°F   ④ -5°C

해설
$°F = \frac{9}{5}°C + 32 \rightarrow °C = \frac{5}{9}(°F - 32)$

또 $0°C = 273K$

$°R = 460 + °F$

① $450°R = (450 - 492) \times \frac{5}{9} = -23.33°C$
② $220K = -(273 - 220) = -53°C$
③ $2°F = \frac{9}{5}°C + 32$
  $\rightarrow °C = \frac{5}{9}(2 - 32) = -16.7°C$
④ $-5°C$

47 다음 중 염소의 용도로 적합하지 않은 것은?

① 소독용으로 사용된다.
② 염화비닐 제조의 원료이다.
③ 표백제로 사용된다.
④ 냉매로 사용된다.

해설
염소의 용도
소독, 염화비닐 제조 원료, 표백제 등

48 부탄(C_4H_{10}) 용기에서 액체 580g이 대기 중에 방출되었다. 표준상태에서 부피는 몇 L가 되는가?

① 150 ② 210
③ 224 ④ 230

해설
C_4H_{10} 580g은
C_4H_{10}의 분자량이 $12 \times 4 + 10 = 58g$이므로
$\frac{580g}{58g} = 10mol$에 해당한다.

표준상태를 1atm, 0°C로 보고
$PV = nRT$에 대입하면
$V = \frac{nRT}{P}$
$= \frac{10mol \times 0.082 \times 273K}{1atm}$
$= 223.86 ≒ 224L$

49 다음 중 비점이 가장 낮은 기체는?

① NH_3 ② C_3H_8
③ N_2 ④ H_2

해설
① $-33.35°C$ ② $-42.07°C$
③ $-195°C$ ④ $-252°C$

50 도시가스에 첨가되는 부취제 선정 시 조건으로 틀린 것은?

① 물에 잘 녹고 쉽게 액화될 것
② 토양에 대한 투과성이 좋을 것
③ 독성 및 부식성이 없을 것
④ 가스배관에 흡착되지 않을 것

해설
① 물에 잘 녹지 않는 물질일 것

정답 45 ④ 46 ④ 47 ④ 48 ③ 49 ④ 50 ①

38 펌프의 캐비테이션에 대한 설명으로 옳은 것은?

① 캐비테이션은 펌프 임펠러의 출구 부근에서 더 일어나기 쉽다.
② 유체 중에 그 액온의 증기압보다 압력이 낮은 부분이 생기면 캐비테이션이 발생한다.
③ 캐비테이션은 유체의 온도가 낮을수록 생기기 쉽다.
④ 이용 NPSH 필요 NPSH일 때 캐비테이션이 발생한다.

해설 캐비테이션(Cavitation)
물이 관 속을 유동하고 있을 때 흐르는 물속의 어느 부분의 정압이 그때 물의 온도에 해당하는 증기압 이하로 되면 부분적으로 증기가 발생한다.

39 LP가스를 자동차용 연료로 사용할 때의 특징으로 틀린 것은?

① 완전연소가 쉽다.
② 배기가스에 독성이 적다.
③ 기관의 부식 및 마모가 적다.
④ 시동이나 급가속이 용이하다.

해설 ④ 시동이나 급가속이 용이하지 않다.

40 원거리 지역에 대량의 가스를 공급하기 위하여 사용되는 가스 공급방식은?

① 초저압공급   ② 저압공급
③ 중압공급   ④ 고압공급

해설 고압공급방식
원거리 지역에 대량의 가스를 공급하기 위하여 사용되는 것

41 다음은 무슨 압력계에 대한 설명인가?

주름관이 내압 변화에 따라서 신축되는 것을 이용한 것으로 진공압 및 차압 측정에 주로 사용된다.

① 벨로즈 압력계
② 다이어프램 압력계
③ 부르동관 압력계
④ U자관식 압력계

해설 벨로즈 압력계의 설명이다.

42 공기의 액화분리에 대한 설명 중 틀린 것은?

① 질소가 정류탑의 하부로 먼저 기화되어 나간다.
② 대량의 산소, 질소를 제조하는 공업적 제조법이다.
③ 액화의 원리는 임계온도 이하로 냉각시키고 임계압력 이상으로 압축하는 것이다.
④ 공기액화분리장치에서는 산소가스가 가장 먼저 액화된다.

해설 ① 질소가 정류탑의 상부로 먼저 기화되어 나간다.

43 증기압축식 냉동기에서 실제적으로 냉동이 이루어지는 곳은?

① 증발기   ② 응축기
③ 팽창기   ④ 압축기

해설 증발기
증기압축식 냉동기에서 실제적으로 냉동이 이루어지는 곳

44 직동식 정압기의 기본 구성 요소가 아닌 것은?

① 안전밸브
② 스프링
③ 메인밸브
④ 다이어프램

해설 직동식 정압기의 기본 구성 요소
㉠ 스프링
㉡ 메인밸브

정답 38 ② 39 ④ 40 ④ 41 ① 42 ① 43 ① 44 ①

31 고압식 액화산소 분리장치에서 원료공기는 압축기에서 어느 정도 압축되는가?

① 40~60atm
② 70~100atm
③ 80~120atm
④ 150~200atm

해설 고압식 액화산소 분리장치에서 원료공기는 압축기에서 150~200atm 정도 압축된다.

32 수은을 이용한 U자관 압력계에서 액주높이 (h) 600mm, 대기압(P_1)은 1kg/cm²일 때 P_2는 약 몇 kg/cm²인가?

① 0.22
② 0.92
③ 1.82
④ 9.16

해설 $P_2 = P_1 + \rho h$
여기서, ρ : 액비중량(kg/m³)
h : 액주높이차
$P_2 = 1\text{kg/cm}^2 + 13.6 \times 0.06 = 1.82\text{kg/cm}^2$

33 조정기를 사용하여 공급가스를 감압하는 2단 감압 방법의 장점이 아닌 것은?

① 공급압력이 안정하다.
② 중간 배관이 가늘어도 된다.
③ 각 연소기구에 알맞은 압력으로 공급이 가능하다.
④ 장치가 간단하다.

해설 2단 감압 방법의 장점
㉠ 공급압력이 안정하다.
㉡ 중간 배관이 가늘어도 된다.
㉢ 각 연소기구에 알맞은 압력으로 공급이 가능하다.

34 LNG의 주성분인 CH₄의 비점과 임계온도를 절대온도(K)로 바르게 나타낸 것은?

① 435, 355
② 111, 355
③ 435, 283
④ 111, 283

해설 CH₄
㉠ 비점 : 111K
㉡ 임계온도 : 355K

35 재료의 저온하에서의 성질에 대한 설명으로 가장 거리가 먼 것은?

① 강은 암모니아 냉동기용 재료로서 적당하다.
② 탄소강은 저온도가 될수록 인장강도가 감소한다.
③ 구리는 액화분리장치용 금속재료로서 적당하다.
④ 18-8 스테인리스강은 우수한 저온장치용 재료이다.

해설 탄소강은 고온도가 될수록 인장강도가 감소한다.

36 수소취성을 방지하는 원소로 옳지 않은 것은?

① 텅스텐(W)
② 바나듐(V)
③ 규소(Si)
④ 크롬(Cr)

해설 텅스텐(W), 바나듐(V), 크롬(Cr), 티탄(Ti), 몰리브덴(Mo) 등을 첨가하면 내수소성이 좋아진다.

37 온도계의 선정 방법에 대한 설명 중 틀린 것은?

① 지시 및 기록 등을 쉽게 행할 수 있을 것
② 견고하고 내구성이 있을 것
③ 취급하기가 쉽고 측정하기 간편할 것
④ 피측온체의 화학반응 등으로 온도계에 영향이 있을 것

해설 ④ 피측온체의 화학반응 등으로 온도계는 영향이 없어야 한다.

정답 31 ④ 32 ③ 33 ④ 34 ② 35 ② 36 ③ 37 ④

25 아세틸렌이 은, 수은과 반응하여 폭발성의 금속아세틸리드를 형성하여 폭발하는 형태는?

① 분해폭발
② 화합폭발
③ 산화폭발
④ 압력폭발

해설 화합폭발
Ag, Hg, Cu와 치환반응을 하여 폭발성의 금속아세틸리드를 생성한다.
H-C≡C-H+2Cu⁺ → Cu-C≡C-Cu↓ +2H⁺
(구리아세틸리드)
H-C≡C-H+2Ag⁺ → Ag-C≡C-Ag↓ +2H⁺
(은아세틸리드)

26 가연성가스 또는 독성가스의 제조시설에서 자동으로 원재료의 공급을 차단시키는 등 제조설비 안의 제조를 제어할 수 있는 장치를 무엇이라고 하는가?

① 인터록기구
② 벤트스택
③ 플레어스택
④ 가스누출검지경보장치

해설 인터록기구의 설명이다.

27 지상에 설치하는 정압기실 방호벽의 높이와 두께 기준으로 옳은 것은?

① 높이 2m, 두께 7cm 이상의 철근콘크리트벽
② 높이 1.5m, 두께 12cm 이상의 철근콘크리트벽
③ 높이 2m, 두께 12cm 이상의 철근콘크리트벽
④ 높이 1.5m, 두께 15cm 이상의 철근콘크리트벽

해설 지상에 설치하는 정압기실 방호벽 높이
높이 2m, 두께 12cm 이상의 철근콘크리트벽

28 도시가스 도매사업 제조소에 설치된 비상공급시설 중 가스가 통하는 부분은 최소사용압력의 몇 배 이상의 압력으로 기밀시험이나 누출검사를 실시하여 이상이 없는 것으로 하는가?

① 1.1 ② 1.2
③ 1.5 ④ 2.0

해설 도시가스도매사업 제조소에서 설치된 비상공급시설 중 가스가 통하는 부분은 최소사용압력의 1.1배 이상의 압력으로 기밀시험이나 누출검사를 실시하여 이상이 없는 것으로 한다.

29 용기 종류별 부속품의 기호 중 압축가스를 충전하는 용기의 부속품을 나타낸 것은?

① LG ② PG
③ LT ④ AG

해설
① LG : 액화석유가스 외의 액화가스를 충전하는 용기의 부속품
② PG : 압축가스를 충전하는 용기의 부속품
③ LT : 초저온용기 및 저온용기의 부속품
④ AG : 아세틸렌가스를 충전하는 용기의 부속품

30 다음 (   ) 안에 알맞은 말은?

시·도지사는 도시가스를 사용하는 자에게 퓨즈, 콕 등 가스안선상치의 설치를 (   )할 수 있다.

① 권고
② 강제
③ 위탁
④ 시공

해설 시·도지사는 도시가스를 사용하는 자에게 퓨즈, 콕 등 가스안전장치의 설치를 권고할 수 있다.

정답 25 ② 26 ① 27 ③ 28 ① 29 ② 30 ①

19 자연발화의 열의 발생 속도에 대한 설명으로 틀린 것은?

① 초기온도가 높은 쪽이 일어나기 쉽다.
② 표면적이 작을수록 일어나기 쉽다.
③ 발열량이 큰 쪽이 일어나기 쉽다.
④ 촉매물질이 존재하면 반응속도가 빨라진다.

해설 ② 표면적이 작을수록 일어나기 어렵다.

20 암모니아 충전용기로서 내용적이 1,000L 이하인 것은 부식여유치가 A이고, 염소 충전용기로서 내용적이 1,000L를 초과하는 것은 부식여유치가 B이다. A와 B항에 알맞은 부식여유치는?

① A : 1mm, B : 2mm
② A : 1mm, B : 3mm
③ A : 2mm, B : 5mm
④ A : 1mm, B : 5mm

해설

용기의 종류		부식여유치 (mm)
암모니아 충전용기	내용적 1,000L 이하	1
	내용적 1,000L 초과	2
염소 충전용기	내용적 1,000L 이하	3
	내용적 1,000L 초과	5

21 다음 중 고압가스 관련 설비가 아닌 것은?

① 일반 압축가스배관용밸브
② 자동차용 압축천연가스 완속충전설비
③ 액화석유가스용 용기잔류가스회수장치
④ 안전밸브, 긴급차단장치, 역화방지장치

해설 고압가스 관련 설비
산업통상자원부령이 정하는 고압가스 관련 설비란 다음의 설비를 말한다.
㉠ 안전밸브·긴급차단장치·역화방지장치
㉡ 기화장치
㉢ 압력용기
㉣ 자동차용 가스자동주입기
㉤ 독성가스 배관용밸브
㉥ 냉동설비를 구성하는 압축기·응축기·증발기 또는 압력용기
㉦ 특정고압가스용 실린더캐비닛
㉧ 자동차용 압축천연가스 완속충전설비(처리능력이 시간당 18.5m³ 미만인 충전설비)
㉨ 액화석유가스용 용기잔류가스회수장치

22 고압가스 일반제조시설의 저장탱크 지하설치 기준에 대한 설명으로 틀린 것은?

① 저장탱크 주위에는 마른모래를 채운다.
② 지면으로부터 저장탱크 정상부까지의 깊이는 30cm 이상으로 한다.
③ 저장탱크를 매설한 곳의 주위에는 지상에 경계표지를 한다.
④ 저장탱크에 설치한 안전밸브는 지면에서 5m 이상 높이에 방출구가 있는 가스방출관을 설치한다.

해설 ② 지면으로부터 저장탱크 정상부까지의 깊이는 60cm 이상으로 한다.

23 아황산가스의 제독제로 갖추어야 할 것이 아닌 것은?

① 가성소다 수용액
② 소석회
③ 탄산소다 수용액
④ 물

해설 아황산가스의 제독제
㉠ 가성소다 수용액
㉡ 탄산소다 수용액
㉢ 물

24 산소압축기의 윤활유로 사용되는 것은

① 석유류
② 유지류
③ 글리세린
④ 물

해설 산소압축기의 윤활유 : 물

정답 19 ② 20 ④ 21 ① 22 ② 23 ② 24 ④

13 아세틸렌을 용기에 충전하는 때에 사용하는 다공물질에 대한 설명으로 옳은 것은?

① 다공도가 55% 이상 75% 미만인 석회를 고루 채운다.
② 다공도가 65% 이상 82% 미만인 목탄을 고루 채운다.
③ 다공도가 75% 이상 92% 미만인 규조토를 고루 채운다.
④ 다공도가 95% 이상인 다공성 플라스틱을 고루 채운다.

해설 C_2H_2
㉠ 다공도 : 75% 이상 92% 미만
㉡ 다공물질 종류 : 규조토, 석면, 목탄, 석회, 산화철, 탄화마그네슘, 다공성 플라스틱 등

14 고압가스안전관리법에서 정하고 있는 보호시설이 아닌 것은?

① 의원　　② 학원
③ 가설건축물　④ 주택

해설 (1) 제1종 보호시설
㉠ 학교·유치원·어린이집·놀이방·어린이 놀이터·학원·병원(의원을 포함)·도서관·청소년수련시설·경로당·시장·공중목욕탕·호텔·여관·극장·교회 및 공회당
㉡ 사람을 수용하는 건축물(가설건축물은 제외)로서 사실상 독립된 부분의 연면적이 1,000㎡ 이상인 것
㉢ 예식장·장례식장 및 전시장, 그 밖에 이와 유사한 시설로서 300명 이상 수용할 수 있는 건축물
㉣ 아동복지시설 또는 장애인복지시설로서 20명 이상 수용할 수 있는 건축물
㉤ 문화재보호법에 따라 지정문화재로 지정된 건축물
(2) 제2종 보호시설
㉠ 주택
㉡ 사람을 수용하는 건축물(가설건축물은 제외)로서 사실상 독립된 부분의 연면적이 100㎡ 이상 1,000㎡ 미만인 것

15 다음 가스폭발의 위험성평가기법 중 정량적 평가 방법은?

① HAZOP(위험성운전분석기법)
② FTA(결함수분석기법)
③ Check List법
④ WHAT-IF(사고예상질문분석기법)

해설 위험성 평가기법
(1) 정성적 평가
　㉠ HAZOP(위험성운전분석기법)
　㉡ Check List법
　㉢ WHAT-IF(사고예상질문분석기법)
(2) 정량적 평가 : FTA(결함수분석기법)

16 도시가스사업법령에 따른 안전관리자의 종류에 포함되지 않는 것은?

① 안전관리총괄자
② 안전관리책임자
③ 안전관리부책임자
④ 안전점검원

해설 안전관리자의 종류
㉠ 안전관리총괄자　㉡ 안전관리책임자
㉢ 안전점검원

17 독성가스 배관은 2중관 구조로 하여야 한다. 이때 외층관 내경은 내층관 외경의 몇 배 이상을 표준으로 하는가?

① 1.2　② 1.5　③ 2　④ 2.5

해설 독성가스 배관에서 2중관 구조
외층관 내경은 내층관 외경의 1.2배 이상

18 액화석유가스 충전사업자의 영업소에 설치하는 용기저장소 용기보관실 면적의 기준은?

① 9㎡ 이상　② 12㎡ 이상
③ 19㎡ 이상　④ 21㎡ 이상

해설 액화석유가스 충전사업자의 영업소에 설치하는 용기저장소 용기보관실 면적 : 19㎡ 이상

정답　13 ③　14 ②　15 ②　16 ③　17 ①　18 ③

06 천연가스 지하매설배관의 퍼지용으로 주로 사용되는 가스는?
① N_2 ② Cl_2
③ H_2 ④ O_2

해설 천연가스 지하매설배관의 퍼지용으로 사용되는 가스 : N_2

07 독성가스 제조시설 식별표지의 글씨 색상은? (단, 가스의 명칭은 제외한다.)
① 백색 ② 적색
③ 황색 ④ 흑색

해설 독성가스 제조시설 식별표지의 글씨 색상 : 흑색

08 다음 중 폭발성이 예민하므로 마찰타격으로 격렬히 폭발하는 물질에 해당하지 않는 것은?
① 메틸아민 ② 유화질소
③ 아세틸라이드 ④ 염화질소

해설 폭발성이 예민하므로 마찰타격으로 격렬히 폭발하는 물질
㉠ 유화질소
㉡ 아세틸라이드
㉢ 염화질소

09 고압가스를 제조하는 경우 가스를 압축해서는 안 되는 경우에 해당하지 않는 것은?
① 가연성가스(아세틸렌, 에틸렌 및 수소 제외) 중 산소 용량이 전체 용량의 4% 이상인 것
② 산소 중의 가연성가스의 용량이 전체 용량의 4% 이상인 것
③ 아세틸렌, 에틸렌 또는 수소 중의 산소 용량이 전체 용량의 2% 이상인 것
④ 산소 중의 아세틸렌, 에틸렌 및 수소의 용량 합계가 전체 용량의 4% 이상인 것

해설 ④ 산소 중의 아세틸렌, 에틸렌 및 수소의 용량 합계가 전체 용량의 2% 이상인 것

10 지하에 설치하는 지역정압기에서 시설의 조작을 안전하고 확실하게 하기 위하여 필요한 조명도(lux)는 얼마를 확보하여야 하는가?
① 100 ② 150
③ 200 ④ 250

해설 지하에 설치하는 지역정압기의 조명도 : 150lux

11 공기 중에서의 폭발하한값이 가장 낮은 가스는?
① 황화수소
② 암모니아
③ 산화에틸렌
④ 프로판

해설 ① 4.3~45%
② 15~28%
③ 3~80%
④ 2.1~9.5%

12 가스도매사업의 가스공급시설 중 배관을 지하에 매설할 때의 기준으로 틀린 것은?
① 배관은 그 외면으로부터 수평거리로 건축물까지 1.0m 이상을 유지한다.
② 배관은 그 외면으로부터 지하의 다른 시설물과 0.3m 이상의 거리를 유지한다.
③ 배관을 산과 들에 매설할 때는 지표면으로부터 배관의 외면까지의 매설깊이를 1m 이상으로 한다.
④ 배관은 지반 동결로 손상을 받지 아니하는 깊이로 매설한다.

해설 ① 배관은 그 외면으로부터 수평거리로 건축물까지 1.5m 이상을 유지한다.

정답 06 ① 07 ④ 08 ① 09 ④ 10 ② 11 ④ 12 ①

2016 가스기능사 (7. 10. 시행)

01 안전관리자가 상주하는 사무소와 현장사무소와의 사이 또는 현장사무소 상호간 신속히 통보할 수 있도록 통신시설을 갖추어야 하는데 이에 해당되지 않는 것은?
① 구내방송설비
② 메가폰
③ 인터폰
④ 페이징설비

해설 안전관리자가 상주하는 사무소와 현장사무소와의 사이 또는 현장사무소 상호간 통신 범위
㉠ 구내방송설비
㉡ 구내전화
㉢ 인터폰
㉣ 페이징설비

02 1몰의 아세틸렌가스를 완전연소하기 위하여 몇 몰의 산소가 필요한가?
① 1 ② 1.5
③ 2.5 ④ 3

해설 $C_2H_2 + 2.5O_2 \rightarrow 2CO_2 + H_2O$

03 고압가스의 용어에 대한 설명으로 틀린 것은?
① 액화가스란 가압, 냉각 등의 방법에 의하여 액체 상태로 되어 있는 것으로서 대기압에서의 끓는점이 40℃ 이하 또는 상용의 온도 이하인 것을 말한다.
② 독성가스란 공기 중에 일정량이 존재하는 경우 인체에 유해한 독성을 가진 가스로서 허용농도가 100만분의 2,000 이하인 가스를 말한다.
③ 초저온 저장탱크라 함은 -50℃ 이하의 액화가스를 저장하기 위한 저장탱크로서 단열재로 씌우거나 냉동설비로 냉각하는 등의 방법으로 저장탱크 내의 가스온도가 상용의 온도를 초과하지 아니하도록 한 것을 말한다.
④ 가연성가스라 함은 공기 중에서 연소하는 가스로서 폭발한계의 하한이 10% 이하인 것과 폭발한계의 상한과 하한의 차가 20% 이상인 것을 말한다.

해설 독성가스란 공기 중에 일정량 이상 존재하는 경우 인체에 유해한 독성을 가진 가스로서 허용농도가 100만분의 5,000 이하인 것을 말한다.

04 고압가스안전관리법에서 정하고 있는 특수고압가스에 해당되지 않는 것은?
① 아세틸렌
② 포스핀
③ 압축모노실란
④ 디실란

해설 특수고압가스 : 포스핀, 압축모노실란, 디실란 등

05 다음 중 동일 차량에 적재하여 운반할 수 없는 경우는?
① 산소와 질소
② 질소와 탄산가스
③ 탄산가스와 아세틸렌
④ 염소와 아세틸렌

해설 동일 차량에 적재하여 운반할 수 없는 것
염소와 아세틸렌

정답 01 ② 02 ③ 03 ② 04 ① 05 ④

57 "열은 스스로 다른 물체에 아무런 변화도 주지 않고 저온 물체에서 고온 물체로 이동하지 않는다."라고 표현되는 법칙은?

① 열역학 제0법칙
② 열역학 제1법칙
③ 열역학 제2법칙
④ 열역학 제3법칙

해설
① 열역학 제0법칙 : 온도가 서로 다른 두 물체를 접촉시키면 높은 온도를 지닌 물체의 온도는 내려가고 낮은 온도의 물체는 온도가 올라가서 두 물체의 온도차가 없어지고 두 물체는 열평형이 된다.
② 열역학 제1법칙 : 에너지보존의 법칙이라고 하며 열(Q)은 일에너지(W)로, 일에너지는 열로 상호 쉽게 바뀌어 질 수 있으며 그 비는 일정하다.
$Q = AW$
여기서, Q : 열량(kcal), W : 일(kg·m)
A : 일의 열당량 $\left(\dfrac{1}{427} \text{kcal/kg} \cdot \text{m}\right)$
③ 열역학 제2법칙 : 열은 스스로 다른 물체에 아무런 변화도 주지 않고 저온 물체에서 고온 물체로 이동하지 않는다.
④ 열역학 제3법칙 : 어떠한 이상적인 방법이라도 어떤 계를 절대영도(0K)에 이르게 할 수 없다는 법칙이다.

58 질소의 용도가 아닌 것은?

① 비료에 이용
② 질산 제조에 이용
③ 연료용에 이용
④ 냉매로 이용

해설 질소의 용도
㉠ 비료에 이용
㉡ 질산 제조에 이용
㉢ 냉매로 이용

59 10Joule의 일의 양을 cal 단위로 나타내면?

① 0.39
② 1.39
③ 2.39
④ 3.39

해설
1kcal = 4.186kJ, 1cal = 4.186J
$1J = \dfrac{1}{4.186} = 0.2389 \text{cal}$
∴ 10J = 2.39cal

60 공기비(m)가 클 경우 연소에 미치는 영향에 대한 설명으로 가장 거리가 먼 것은?

① 미연소에 의한 열손실이 증가한다.
② 연소가스 중에 SO_3의 양이 증대한다.
③ 연소가스 중에 NO_2의 발생이 심해진다.
④ 통풍력이 강하여 배기가스에 의한 열손실이 커진다.

해설 미연소에 의한 열손실이 감소한다.

정답 57 ③ 58 ③ 59 ③ 60 ①

50 저온장치에 사용되고 있는 단열법 중 단열을 하는 공간에 분말, 섬유 등의 단열재를 충전하는 방법으로 일반적으로 사용되는 단열법은?

① 상압의 단열법
② 고진공 단열법
③ 다층 진공 단열법
④ 린데식 단열법

해설 상압의 단열법 설명이다.

51 극저온저장탱크의 액면 측정에 사용되며 고압부와 저압부의 차압을 이용하는 액면계는?

① 초음파식 액면계
② 크랭커식 액면계
③ 슬립튜브식 액면계
④ 햄프슨식 액면계

해설 햄프슨식 액면계의 설명이다.

52 압력 변화에 의한 탄성변위를 이용한 탄성압력에 해당되지 않는 것은?

① 플로트식 압력계
② 부르동관식 압력계
③ 다이어프램식 압력계
④ 벨로즈식 압력계

해설 탄성압력계
㉠ 부르동관식 압력계
㉡ 다이어프램식 압력계
㉢ 벨로즈식 압력계

53 대기압이 1.0332kgf/cm²이고, 계기압력이 10kgf/cm²일 때 절대압력은 약 몇 kgf/cm²인가?

① 8.9668
② 10.332
③ 11.0332
④ 103.32

해설 절대압력 = 대기압 + 게이지압력 = 1.0332 + 10 = 11.0332kgf/cm²

54 일기예보에서 주로 사용하는 1hPa은 약 몇 N/m²에 해당하는가?

① 1   ② 10
③ 100   ④ 1,000

해설 1Pa = 1N/m²
1hPa(hectopascal) = 100pa(N/m²)

55 다음 중 임계압력(atm)이 가장 높은 가스는?

① CO   ② C_2H_4
③ HCN   ④ Cl_2

해설 (1) 임계압력
가스를 액화시킬 수 있는 임계온도에 있어서의 최저압력이다.
(2) 임계온도
가스가 액화될 수 있는 최고의 온도, 즉 임계온도 이상에서는 어떠한 압력을 가해도 액화하지 않는다.
① CO : 35atm
② C_2H_4 : 50.50atm
③ HCN : 53.2atm
④ Cl_2 : 76.1atm

56 액화석유가스에 대한 설명으로 틀린 것은?

① 프로판, 부탄을 주성분으로 한 가스를 액화한 것이다.
② 물에 잘 녹으며 유지류 또는 천연고무를 잘 용해시킨다.
③ 기체의 경우 공기보다 무거우나 액체의 경우 물보다 가볍다.
④ 상온, 상압에서 기체이나 가압이나 냉각을 통해 액화가 가능하다.

해설 물에는 녹지 않으나 알코올, 에테르에 용해되고, 석유류 또는 동·식물유, 천연고무를 잘 용해시킨다.

정답 50 ① 51 ④ 52 ① 53 ③ 54 ③ 55 ④ 56 ②

해설 COCl₂(0.1ppm) > Cl₂(1ppm) > H₂S(10ppm) > CO(50ppm)

43 다음 중 지연성(조연성)가스가 아닌 것은?
① 네온 ② 염소
③ 이산화질소 ④ 오존

해설 네온 : 불연성가스

44 공기 중에서 폭발범위가 가장 넓은 가스는?
① 황화수소
② 암모니아
③ 산화에틸렌
④ 프로판

해설
① 4.3~45%
② 15~28%
③ 3~80%
④ 2.1~9.5%

45 고정식 압축천연가스 자동차 충전의 시설 기준에서 저장설비, 처리설비, 압축가스설비 및 충전설비는 인화성 물질 또는 가연성 물질 저장소로부터 몇 m 이상의 거리를 유지하여야 하는가?
① 5m ② 8m
③ 12m ④ 20m

해설 고정식 압축천연가스 자동차의 충전의 시설 기준 저장설비, 처리설비, 압축가스설비 및 충전설비는 인화성 물질 또는 가연성 물질 저장소로부터 8m 이상의 거리를 유지한다.

46 원통형의 관을 흐르는 물의 중심부의 유속을 피토관으로 측정하였더니 수주의 높이가 10m이었다. 이때 유속은 약 몇 m/sec인가?
① 10 ② 14
③ 20 ④ 26

해설 $V = \sqrt{2gh} = \sqrt{2 \times 9.8 \times 10} = 14 \text{m/sec}$

47 개방형 온수기에 반드시 부착하지 않아도 되는 안전장치는?
① 소화안전장치
② 전도안전장치
③ 과열방지장치
④ 불완전연소 방지장치 또는 산소결핍 안전장치

해설 개방형 온수기에 반드시 부착하는 안전장치
㉠ 소화안전장치
㉡ 과열방지장치
㉢ 불완전연소 방지장치 또는 산소결핍 안전장치

48 정압기를 평가·선정할 경우 고려해야 할 특성이 아닌 것은?
① 정특성
② 동특성
③ 유량특성
④ 압력특성

해설 정압기 평가·선정 시 고려해야 할 특성
㉠ 정특성
㉡ 동특성
㉢ 유량특성

49 회전펌프의 특징에 대한 설명으로 틀린 것은?
① 토출압력이 높다.
② 연속 토출되어 맥동이 많다.
③ 점성이 있는 액체에 성능이 좋다.
④ 왕복펌프와 같은 흡입·토출 밸브가 없다.

해설 연속적으로 유체를 이송하므로 송출량이 맥동을 하는 일이 거의 없다.

정답 43 ① 44 ③ 45 ② 46 ② 47 ② 48 ④ 49 ②

해설 압축 금지
ⓐ 가연성가스(아세틸렌, 에틸렌, 수소 제외) 중 산소 용량이 전용량의 4% 이상의 것
ⓑ 산소 중 가연성가스(아세틸렌, 에틸렌, 수소 제외)의 용량이 전용량의 4% 이상의 것
ⓒ 아세틸렌, 에틸렌 또는 수소 중의 산소 용량이 전용량의 2% 이상의 것
ⓓ 산소 중의 아세틸렌, 에틸렌 및 수소의 용량 합계가 전용량의 2% 이상의 것

37 도시가스 중 유해 성분 측정 대상인 가스는?
① 일산화탄소
② 시안화수소
③ 황화수소
④ 염소

해설 도시가스 유해 성분 측정 대상 가스 : 황화수소

38 후부 취출식 탱크에서 탱크 주밸브 및 긴급차단장치에 속하는 밸브와 차량의 뒷범퍼와의 수평거리는 얼마 이상 떨어져 있어야 하는가?
① 20cm   ② 30cm
③ 40cm   ④ 60cm

해설 주밸브의 설치 위치
ⓐ 후부 취출식 탱크 : 탱크 주밸브 및 긴급차단장치에 속하는 밸브와 뒷범퍼와의 수평거리는 40cm 이상
ⓑ 후부 취출식 이외 탱크(측부 취출식) : 탱크 후면과 차량 뒷범퍼와의 수평거리는 30cm 이상
ⓒ 조작 상자와 차량의 뒷범퍼와의 수평거리는 20cm 이상

39 다음 중 같은 저장실에 혼합 저장이 가능한 것은?
① 수소와 염소가스
② 수소와 산소
③ 아세틸렌가스와 산소
④ 수소와 질소

해설 ⓐ 같은 저장실에 혼합 저장이 가능한 것 : 가연성가스와 불연성가스
ⓑ 같은 저장실에 혼합 저장이 안 되는 것 : 가연성가스와 지연성가스

40 내부반응감시장치를 설치하여야 할 특수반응설비에 해당하지 않는 것은?
① 암모니아 2차 개질로
② 수소화 분해 반응기
③ 사이클로헥산 제조 시설의 벤젠 수첨 반응기
④ 산화에틸렌 제조 시설의 아세틸렌 중합기

해설 특수반응설비
ⓐ 암모니아 2차 개질로
ⓑ 수소화 분해 반응기
ⓒ 사이클로헥산 제조 시설의 벤젠 수첨 반응기

41 노출된 도시가스 배관의 보호를 위한 안전조치 시 노출해 있는 배관 부분의 길이가 몇 m를 넘을 때 점검자가 통행이 가능한 점검 통로를 설치하여야 하는가?
① 10   ② 15   ③ 20   ④ 30

해설 도시가스 배관의 보호를 위한 안전 조치
노출되어 있는 배관 부분의 길이가 20m를 넘을 때 점검자가 통행이 가능한 점검 통로를 설치한다.

42 다음 [보기]의 가스 중 독성이 강한 순서부터 바르게 나열된 것은?

[보기]
㉮ H_2S ㉯ CO
㉰ Cl_2 ㉱ $COCl_2$

① ㉱ > ㉰ > ㉮ > ㉯
② ㉰ > ㉱ > ㉯ > ㉮
③ ㉱ > ㉯ > ㉮ > ㉰
④ ㉱ > ㉰ > ㉯ > ㉮

정답 37 ③ 38 ③ 39 ④ 40 ④ 41 ③ 42 ①

31 액화석유가스 지상저장탱크 주위에는 저장능력이 얼마 이상일 때 방류둑을 설치하여야 하는가?

① 300kg
② 1,000kg
③ 300톤
④ 1,000톤

해설
㉠ 방류둑의 기능 : 방류둑은 저장탱크 내 및 냉동제조시설 중 수액기의 액화가스가 액체 상태로 누설된 경우 액체 상태의 가스가 저장탱크 주위의 한정된 범위를 벗어나서 다른 곳으로 유출되는 것을 방지할 수 있는 것이다.
㉡ 액화석유가스 지상저장탱크 주위 : 저장능력이 1,000톤 이상일 때 방류둑을 설치한다.

32 고압가스 충전용기의 운반 기준으로 틀린 것은?

① 염소와 아세틸렌, 암모니아 또는 수소는 동일 차량에 적재하여 운반하지 아니 한다.
② 가연성가스와 산소를 동일 차량에 적재하여 운반할 때에는 그 충전용기의 밸브가 서로 마주보도록 적재한다.
③ 충전용기와 소방기본법에서 정하는 위험물과는 동일 차량에 적재하여 운반하지 아니한다.
④ 독성가스를 차량에 적재하여 운반할 때는 그 독성가스의 종류에 따른 방독면, 고무 장갑, 고무 장화 그 밖의 보호구를 갖춘다.

해설 가연성가스와 산소를 동일 차량에 적재하여 운반할 때에는 그 충전용기의 밸브가 서로 마주보지 않도록 적재한다.

33 액화석유가스의 안전관리에 필요한 안전관리자가 해임 또는 퇴직하였을 때에는 원칙적으로 그 날로부터 며칠 이내에 다른 안전관리자를 선임하여야 하는가?

① 10일
② 15일
③ 20일
④ 30일

해설 액화석유가스의 안전관리에 필요한 안전관리자가 해임 또는 퇴직하였을 때에는 30일 이내에 다른 안전관리자를 선임한다.

34 내용적이 1,000L 이상인 초저온가스용 용기의 단열성능시험 결과 합격 기준은 몇 kcal/h·℃·L 이하인가?

① 0.0005
② 0.001
③ 0.002
④ 0.005

해설 초저온용기의 단열성능시험은 용기마다 실시하며 열침입량이 다음과 같은 경우에 합격으로 한다.

내용적이 1,000L 이하	0.0005kcal/h·℃·L 이하
내용적이 1,000L 이상	0.002kcal/h·℃·L 이하

35 다음 중 분해에 의한 폭발을 하지 않는 가스는?

① 시안화수소
② 아세틸렌
③ 히드라진
④ 산화에틸렌

해설
㉠ 시안화수소(HCN) : 중합폭발
㉡ 중합폭발 : 소량의 수분이나 알칼리성 물질을 함유하면 중합이 촉진되어 발열반응에 의하여 폭발한다.

36 다음 중 안전관리상 압축을 금지하는 경우가 아닌 것은?

① 수소 중 산소의 용량이 3% 함유되어 있는 경우
② 산소 중 에틸렌의 용량이 3% 함유되어 있는 경우
③ 아세틸렌 중 산소의 용량이 3% 함유되어 있는 경우
④ 산소 중 프로판의 용량이 3% 함유되어 있는 경우

정답 31 ④ 32 ② 33 ④ 34 ③ 35 ① 36 ④

부록 과년도 기출문제

24 0℃, 1atm에서 5L인 기체가 273℃, 1atm에서 차지하는 부피는 약 몇 L인가? (단, 이상기체로 가정)

① 2 ② 5
③ 8 ④ 10

해설 보일-샤를의 법칙

$$\frac{PV}{T} = \frac{P_1 V_1}{T_1}$$ 에서

$$\frac{1 \times 5}{0+273} = \frac{1 \times V_1}{273+273}$$

$$V_1 = \frac{1 \times 5 \times (273+273)}{(0+273) \times 1} = 10L$$

25 질소가스의 특징에 대한 설명으로 틀린 것은?

① 암모니아 합성 원료이다.
② 공기의 주성분이다.
③ 방전용으로 사용된다.
④ 산화방지제로 사용된다.

해설 질소(N_2)는 상온에서 다른 물질과 반응하지 않는 안정한 기체로 불연성가스이다.

26 도시가스의 주원료인 메탄(CH_4)의 비점은 약 얼마인가?

① -50℃
② -82℃
③ -120℃
④ -162℃

해설 메탄(CH_4)의 비점은 -162℃이다.

27 다음 중 탄소와 수소의 중량비(C/H)가 가장 큰 것은?

① 에탄
② 프로필렌
③ 프로판
④ 메탄

해설 중량비(C/H)

① C_2H_6 : $\frac{24}{6} = 4$

② C_3H_6 : $\frac{36}{6} = 6$

③ C_3H_8 : $\frac{36}{8} = 4.5$

④ CH_4 : $\frac{12}{4} = 3$

28 액체는 무색투명하고, 특유의 복숭아향을 가진 맹독성가스는?

① 일산화탄소
② 포스겐
③ 시안화수소
④ 메탄

해설 시안화수소(HCN)는 특유의 복숭아 냄새가 나는 맹독성 기체(허용농도 : 10ppm)로 쉽게 액화되며, 액체는 무색투명하고 휘발성이 크다.

29 산소의 농도를 높임에 따라 일반적으로 감소하는 것은?

① 연소속도 ② 폭발범위
③ 화염속도 ④ 점화에너지

해설 산소의 농도를 높임에 따라
㉠ 연소속도, 폭발범위, 화염속도는 증가한다.
㉡ 점화에너지는 감소한다.

30 다음 중 1atm을 환산한 값으로 틀린 것은?

① 14.7PSI
② 760mmHg
③ 10.332mH_2O
④ 1.013kgf/m^2

해설 표준 대기압(1atm)=760mmHg
=14.7PSI=10.332mH_2O
=10,332kgf/m^2

정답 24 ④ 25 ③ 26 ④ 27 ② 28 ③ 29 ④ 30 ④

19 가스 충전구에 따른 분류 중 가스 충전구에 나사가 없는 것은 무슨 형으로 표시하는가?

① A
② B
③ C
④ D

해설 (1) 충전구의 나사 형식에 의한 분류
 ㉠ A형 : 가스 충전구의 나사 모양이 수나사인 것
 ㉡ B형 : 가스 충전구의 나사 모양이 암나사인 것
 ㉢ C형 : 가스 충전구의 나사가 없는 것
(2) 충전구의 나사 방향에 의한 분류
 ㉠ 왼나사 : NH_3와 CH_3Br을 제외한 가연성 가스
 ㉡ 오른나사 : 조연성가스 및 불연성가스, NH_3, CH_3Br

20 스크류펌프는 어느 형식의 펌프에 해당하는가?

① 축류식
② 원심식
③ 회전식
④ 왕복식

해설 (1) 회전펌프
용적식 기계에 속하는 것으로서 회전운동을 하는 회전체(rotor)와 케이싱으로 구성되며, 회전체는 깃형(vane type)과 기어형(gear type)이 있다.
(2) 종류
 ㉠ 기어펌프
 ㉡ 베인펌프
 ㉢ 나사펌프

21 초저온저장탱크의 측정에 많이 사용되며 차압에 의해 액면을 측정하는 액면계는?

① 햄프슨식 액면계
② 전기저항식 액면계
③ 초음파식 액면계
④ 크랭커식 액면계

해설 ① 햄프슨식 액면계(차압식 액면계) : 초저온저장탱크의 측정에 많이 사용되며 차압에 의해 액면을 측정하는 액면계이다.
② 전기저항식 액면계 : 백금선 등을 가온하여 저장조 내에 세워두면 액 중의 길이에 대하여 전기저항이 변하므로 액면을 측정할 수 있는 액면계이다.
③ 초음파식 액면계 : 기상부에 초음파 발신기를 두고 초음파의 왕복하는 시간을 측정하여 액면까지의 길이를 측정하는 것과, 액면 밑에 발진기를 붙여 주고 같은 모양으로 액면까지의 높이를 측정하는 것이 있다.
④ 크랭커식 액면계 : 평형 유리판과 금속판을 조합하여 만든 것으로, 외력에 대하여 강하고 고압에도 견디므로 고압가스용으로 적당하며 액면계에는 눈금판을 부착하여 액면의 높이를 탱크 내의 액량으로 환산하여 액량을 측정한다.

22 도시가스에서 사용하는 부취제의 종류가 아닌 것은?

① THT
② TBM
③ MMA
④ DMS

해설 (1) 부취제의 종류
 ㉠ THT(Tertiary Buthyl Mercaptan) : 양파 썩은 냄새
 ㉡ TBM(Tetra Hydro Thiohene) : 석탄가스 냄새
 ㉢ DMS(Dimethyl sulfide) : 마늘 냄새
(2) 취기의 강도
 TBM > THT > DMS

23 공기 중에 10vol% 존재 시 폭발의 위험성이 없는 가스는?

① CH_3Br
② C_2H_6
③ C_2H_4O
④ H_2S

해설 CH_3Br, NH_3는 가연성이지만 폭발의 위험성이 없다.

부록 과년도 기출문제

13 고압가스의 인허가 및 검사의 기준이 되는 '처리능력'을 산정함에 있어 기준이 되는 온도 및 압력은?

① 온도 : 섭씨 15℃, 게이지압력 : 0Pa
② 온도 : 섭씨 15℃, 게이지압력 : 1Pa
③ 온도 : 섭씨 0℃, 게이지압력 : 0Pa
④ 온도 : 섭씨 0℃, 게이지압력 : 1Pa

해설 (1) 처리능력
처리설비 또는 감압설비에 의하여 압축, 액화 그 밖의 방법으로 1일에 처리할 수 있는 가스의 양이다.
(2) ㉠ 온도 : 섭씨 0℃
㉡ 게이지압력 : 0Pa

14 20kg LPG 용기의 내용적은 몇 L인가? (단, 충전상수 C는 2.35)

① 8.51 ② 20
③ 42.3 ④ 47

해설 $G = \dfrac{V}{C}$ ∴ $V = G \times C = 20 \times 2.35 = 47L$

15 지상에 설치하는 액화석유가스 저장탱크의 외면에는 그 주위에서 보기 쉽도록 가스의 명칭을 표시해야 하는데 무슨 색으로 표시하여야 하는가?

① 은백색 ② 황색
③ 흑색   ④ 적색

해설 지상에 설치하는 액화석유가스 저장탱크의 외면에는 그 주위에서 보기 쉽도록 가스의 명칭을 적색으로 표시한다.

16 배관 속을 흐르는 액체의 속도를 급격히 변화시키면 물이 관벽을 치는 현상이 일어나는데 이런 현상을 무엇이라 하는가?

① 캐비테이션현상
② 워터해머링현상
③ 서징현상
④ 맥동현상

해설 ① 캐비테이션(cavitation)현상 : 유수 중에 그 수온의 증기압력보다 낮은 부분이 생기면 물이 증발을 일으키고 또한 수중에 용해하고 있는 공기가 석출하여 적은 기포를 다수 발생하는 현상
② 수격작용(water hammering) : 배관 속을 흐르는 액체의 속도를 급격히 변화시키면 물이 관벽을 치는 현상
③ 서징(surging)현상 : 펌프를 운전하였을 때 특별한 변동을 주지 않았는데도 진동이 발생하여 주기적으로 운동, 양정, 토출량이 규칙적으로 변동하는 현상
④ 맥동현상 : 피스톤이 압축행정으로 공기를 배출시킨 후 다시 이완할 때 배출되는 공기의 압력이 낮아졌다가 다시 압축 시 배출되는 공기의 압력이 높아지는 현상

17 가스히트펌프(GHP)는 다음 중 어떤 분야로 분류되는가?

① 냉동기   ② 특정 설비
③ 가스 용품 ④ 용기

해설 냉동기 : 가스히트펌프(GHP)

18 도시가스의 총 발열량이 10,400kcal/m³, 공기에 대한 비중이 0.55일 때 웨버지수는 얼마인가?

① 11,023 ② 12,023
③ 13,023 ④ 14,023

해설 웨버지수
가스의 연소성을 판단하는 데 중요한 지수이다.
$$WI = \dfrac{H_g}{\sqrt{d}}$$
여기서, WI(weber index) : 웨버지수
H_g : 도시가스의 총 발열량(kcal/m³)
d : 도시가스의 비중(공기=1)
$$WI = \dfrac{10,400}{\sqrt{0.55}} = 14,023$$

정답 13 ③ 14 ④ 15 ④ 16 ② 17 ① 18 ④

07 고압가스 특정 제조 사업소의 고압가스설비 중 특수반응설비와 긴급차단장치를 설치한 고압가스설비에서 이상 사태가 발생하였을 때 그 설비 내의 내용물을 설비 밖으로 긴급하고 안전하게 연소시키기 위한 것은?

① 내부 반응 감시장치
② 벤트스택
③ 인터록
④ 플레어스택

해설 플래어스택의 설명이다.

08 독성가스를 운반하는 차량에 반드시 갖추어야 할 용구나 물품에 해당되지 않는 것은?

① 방독면
② 제독제
③ 고무장갑
④ 소화장비

해설 응급보호장비

운반탱크	보호장비
가연성가스, 산소	소화설비, 응급조치 자재 및 공구
독성가스	방독마스크, 장갑, 보호구, 응급조치 자제, 제독제 및 공구

09 액화석유가스 저장시설의 액면계 설치기준으로 틀린 것은?

① 액면계는 평형 반사식 유리 액면계 및 평형 투시식 유리 액면계를 사용할 수 있다.
② 유리 액면계에 사용되는 유리는 KS B6208(보일러용 수면계 유리) 중 기호 B 또는 P의 것 또는 이와 동등 이상이어야 한다.
③ 유리를 사용한 액면계에는 액면의 확인을 명확하게 하기 위하여 덮개 등을 하지 않는다.
④ 액면계 상하에는 수동식 및 자동식 스톱밸브를 각각 설치한다.

해설 유리를 사용한 액면계에는 액면의 확인을 명확하게 하기 위하여 덮개 등을 사용한다(유리관을 붙이면 탱크의 액면과 같은 높이의 액체가 유리관 속에도 차게 된다. 이때의 높이를 유리관에 붙인 눈금의 길이로 읽으면 액면의 높이가 된다).

10 암모니아를 사용하는 냉동장치의 시운전에 사용할 수 없는 가스는?

① 질소
② 산소
③ 아르곤
④ 이산화탄소

해설 암모니아를 사용하는 냉동장치의 시운전에 사용하는 가스는 불연성가스[질소(N_2), 아르곤(Ar), 이산화탄소(CO_2) 등]이다.

11 고압가스 제조설비의 취급에 대한 설명으로 틀린 것은?

① 안전밸브는 천천히 작동하게 한다.
② 압력계의 밸브는 천천히 연다.
③ 액화가스를 탱크에 처음 충전할 때 천천히 충전한다.
④ 제조 장치의 압력을 상승시킬 때 천천히 상승시킨다.

해설 안전밸브는 빠르게 작동하게 한다.

12 가연성가스 제조시설의 고압가스설비는 그 외면으로부터 산소 제조시설의 고압가스설비와 몇 m 이상의 거리를 유지하여야 하는가?

① 5m
② 8m
③ 10m
④ 15m

해설 가연성가스 제조시설의 고압가스설비는 그 외면으로부터 산소 제조시설의 고압가스설비와 10m 이상의 거리를 유지한다.

정답 07 ④ 08 ④ 09 ③ 10 ② 11 ① 12 ③

2016 가스기능사 (4. 2. 시행)

01 도시가스배관의 전기방식 전류가 흐르는 상태에서 자연전위와의 전위변화는 최소한 몇 mV 이하이어야 하는가? (단, 다른 금속과 접촉하는 배관은 제외한다.)
① -100 ② -200
③ -300 ④ -500

해설 도시가스배관의 전기방식 전류가 흐르는 상태에서 자연전위와의 전위변화는 최소한 -300mV 이하이어야 한다.

02 2005년 2월에 제조되어 신규 검사를 득한 LPG 20kg용 용접용기(내용적 47L)의 최초의 재검사 연월은?
① 2007년 2월
② 2008년 7월
③ 2009년 2월
④ 2010년 2월

해설 LPG 용접용기의 재검사 기간은 제조된 날로부터 4년 후이다.

03 고압가스 판매 허가를 얻어 사업을 하려는 경우 각각의 용기 보관실 면적은 몇 m^2 이상이어야 하는가?
① $7m^2$
② $10m^2$
③ $12m^2$
④ $15m^2$

해설 고압가스 판매 허가를 얻어 사업을 하려는 경우 각각의 용기 보관실 면적은 $10m^2$ 이상이어야 한다.

04 독성가스배관은 2중관 구조로 하여야 한다. 이때 외층관 내경은 내층관 외경의 몇 배 이상을 표준으로 하는가?
① 1.2배
② 1.5배
③ 2배
④ 2.5배

해설 독성가스배관은 2중관 구조로 한다. 이때 외층관 내경은 내층관 외경의 1.2배 이상을 표준으로 한다.

05 가스누출경보기의 검지부를 설치할 수 있는 장소는?
① 증기, 물방울, 기름기 섞인 연기 등이 직접 접촉될 우려가 있는 곳
② 주위 온도 또는 복사열에 의한 온도가 섭씨 40℃ 미만이 되는 곳
③ 설비 등에 가려져 누출 가스의 유동이 원활하지 못한 곳
④ 차량, 그 밖의 작업 등으로 인하여 경보기가 파손될 우려가 있는 곳

해설 가스누출경보기의 검지부를 설치할 수 있는 장소 주위 온도 또는 복사열에 의한 온도가 섭씨 40℃ 미만이 되는 곳

06 다음 중 독성가스가 아닌 것은?
① 아크릴로니트릴
② 벤젠
③ 암모니아
④ 펜탄

해설 펜탄(C_5H_{12})은 가연성가스이다.

정답 01 ③ 02 ③ 03 ② 04 ① 05 ② 06 ④

55 다음 중 압축가스에 속하는 것은?

① 산소   ② 염소
③ 탄산가스   ④ 암모니아

해설
① 산소 : 압축가스
② 염소 : 독성가스
③ 탄산가스 : 불연성가스
④ 암모니아 : 독성가스

56 진공도 200mmHg는 절대압력으로 약 몇 kg/cm² · abs인가?

① 0.76   ② 0.80
③ 0.94   ④ 1.03

해설
$P_a = P_o - P_V = 1.0332 - \dfrac{200}{760} \times 1.0332$

$= 0.76 \, kg/cm^2 \cdot abs$

57 다음 중 압력 단위로 사용하지 않는 것은?

① kg/cm²
② Pa
③ mmH₂O
④ kg/m³

해설
㉠ 압력 단위
  kg/cm², Pa(N/m²), mmH₂O(mmAq)
㉡ 밀도(비질량) 단위 : kg/m³

58 엔트로피의 단위는?

① kcal/h
② kcal/kg
③ kcal/kg · h
④ kcal/kg · K

해설
엔트로피 변화량$(dS) = \dfrac{dQ}{T}$

여기서, dS : 엔트로피 변화량(kcal/kg · K)
  dQ : 열량변화(kcal/kg)
  T : 그 상태의 절대온도(K)

59 다음 각 가스의 특성에 대한 설명으로 틀린 것은?

① 수소는 고온, 고압에서 탄소강과 반응하여 수소취성을 일으킨다.
② 산소는 공기액화분리장치를 통해 제조하며, 질소와 분리 시 비등점 차이를 이용한다.
③ 일산화탄소는 담황색의 무취 기체로 허용농도는 TLV-TWA 기준으로 50ppm이다.
④ 암모니아는 붉은 리트머스를 푸르게 변화시키는 성질을 이용하여 검출할 수 있다.

해설
③ 일산화탄소는 무색무취의 기체로 허용농도는 TLV-TWA 기준으로 50ppm이다.

60 대기압하에서 다음 각 물질별 온도를 바르게 나타낸 것은?

① 물의 동결점 : −273K
② 질소 비등점 : −183°C
③ 물의 동결점 : 32°F
④ 산소 비등점 : −196°C

해설
① 물의 동결점 : 273K
② 질소 비등점 : −195°C
④ 산소 비등점 : −183°C

정답 55 ① 56 ① 57 ④ 58 ④ 59 ③ 60 ③

48 LNG의 특징에 대한 설명 중 틀린 것은?
① 냉열을 이용할 수 있다.
② 천연에서 산출한 천연가스를 약 $-162°C$까지 냉각하여 액화시킨 것이다.
③ LNG는 도시가스, 발전용 이외에 일반 공업용으로도 사용된다.
④ LNG로부터 기화한 가스는 부탄이 주성분이다.

해설 ④ LNG로부터 기화한 가스는 메탄이 주성분이다.

49 불꽃의 끝이 적황색으로 연소하는 현상을 의미하는 것은?
① 리프트
② 옐로우팁
③ 캐비테이션
④ 워터해머

해설 ② 옐로우팁 : 불꽃의 끝이 적황색으로 연소하는 현상

50 랭킨온도가 420°R일 경우 섭씨온도로 환산한 값으로 옳은 것은?
① $-30°C$ ② $-40°C$
③ $-50°C$ ④ $-60°C$

해설
$°R = °F + 460$
$°F = °R - 460 = 420 - 460 = -40°F$
$°C = \frac{5}{9}(°F - 32)$
$\frac{5}{9}(-40-32) = -40°C$

51 도시가스의 제조 공정이 아닌 것은?
① 열분해공정
② 접촉분해 공정
③ 수소화분해 공정
④ 상압증류 공정

해설 도시가스의 제조 공정
㉠ 열분해공정
㉡ 접촉분해공정
㉢ 수소화분해공정
㉣ 부분연소공정
㉤ 대체천연가스공정

52 포화온도에 대하여 가장 잘 나타낸 것은?
① 액체가 증발하기 시작할 때의 온도
② 액체가 증발현상 없이 기체로 변하기 시작할 때의 온도
③ 액체가 증발하여 어떤 용기 안이 증기로 꽉 차 있을 때의 온도
④ 액체와 증기가 공존할 때 그 압력에 상당한 일정한 값의 온도

해설 포화온도 : 액체와 증기가 공존할 때 그 압력에 상당한 일정한 값의 온도

53 다음 중 1MPa과 같은 것은?
① $10N/cm^2$
② $100N/cm^2$
③ $1,000N/cm^2$
④ $10,000N/cm^2$

해설 $1MPa = 1N/mm^2 = 100N/cm^2$

54 20°C의 물 50kg을 90°C로 올리기 위해 LPG를 사용하였다면, 이때 필요한 LPG의 양은 몇 kg인가? (단, LPG 발열량은 10,000 kcal/kg이고, 열효율은 50%이다.)
① 0.5 ② 0.6
③ 0.7 ④ 0.8

해설
$G \times 10,000 \times 0.5 = WC(t_2 - t_1)$
$G = \frac{WC(t_2-t_1)}{10,000 \times 0.5} = \frac{50 \times 1 \times (90-20)}{10,000 \times 0.5} = 0.7kg$

정답 48 ④ 49 ② 50 ② 51 ④ 52 ④ 53 ② 54 ③

40 공기액화분리장치의 부산물로 얻어지는 아르곤가스는 불활성가스이다. 아르곤가스의 원자가는?

① 0   ② 1
③ 3   ④ 8

해설 불활성가스인 아르곤가스의 원자가 : 0가

41 로터미터는 어떤 형식의 유량계인가?

① 차압식   ② 터빈식
③ 회전식   ④ 면적식

해설 로터미터 : 면적식 유량계

42 LP가스 사용 시의 주의사항으로 틀린 것은?

① 용기밸브, 콕 등은 신속하게 열 것
② 연소기구 주위에 가연물을 두지 말 것
③ 가스누출 유무를 냄새 등으로 확인할 것
④ 고무호스의 노화, 갈라짐 등은 항상 점검할 것

해설 ① 용기밸브, 콕 등은 서서히 연다.

43 원심펌프의 양정과 회전속도의 관계는? (단, N_1 : 처음 회전수, N_2 : 변화된 회전수)

① $\left(\dfrac{N_2}{N_1}\right)$ ② $\left(\dfrac{N_2}{N_1}\right)^2$
③ $\left(\dfrac{N_2}{N_1}\right)^3$ ④ $\left(\dfrac{N_2}{N_1}\right)^5$

해설 원심펌프의 상사(닮음)법칙 : $\dfrac{H_2}{H_1} = \left(\dfrac{N_2}{N_1}\right)^2 \left(\dfrac{D_2}{D_1}\right)^2$

여기서, $D_1 = D_2$이면 $\dfrac{H_2}{H_1} = \left(\dfrac{N_2}{N_1}\right)^2$이다.

즉, 펌프의 양정은 회전수 제곱에 비례한다.

44 조정압력이 2.8kPa인 액화석유가스 압력조정기의 안전장치 작동표준압력은?

① 5.0kPa   ② 6.0kPa
③ 7.0kPa   ④ 8.0kPa

해설 조정기의 성능
조정압력이 3.3kPa 이하인 조정기
(1) 조정압력 : 2.3~3.3kPa
(2) 폐쇄압력 : 3.5kPa 이하
(3) 안전장치 작동압력
  ㉠ 표준압력 : 7.0kPa
  ㉡ 작동개시압력 : 5.6~8.4kPa
  ㉢ 작동정지압력 : 5.04~8.4kPa

45 오스테나이트계 스테인리스강에 대한 설명으로 틀린 것은?

① Fe-Cr-Ni 합금이다.
② 내식성이 우수하다.
③ 강한 자성을 갖는다.
④ 18-8 스테인리스강이 대표적이다.

해설 ③ 강한 자성을 갖지 않는다.

46 임계온도에 대한 설명으로 옳은 것은?

① 기체를 액화할 수 있는 절대온도
② 기체를 액화할 수 있는 평균온도
③ 기체를 액화할 수 있는 최저의 온도
④ 기체를 액화할 수 있는 최고의 온도

해설 임계온도 : 기체를 액화할 수 있는 최고의 온도

47 암모니아에 대한 설명 중 틀린 것은?

① 물에 잘 용해된다.
② 무색, 무취의 가스이다.
③ 비료의 제조에 이용된다.
④ 암모니아가 분해하면 질소와 수소가 된다.

해설 ② 자극성이 있는 무색의 가스

정답 40 ① 41 ④ 42 ① 43 ② 44 ③ 45 ③ 46 ④ 47 ②

34 오리피스 유량계의 특징에 대한 설명으로 옳은 것은?
① 내구성이 좋다.
② 저압, 저유량에 적당하다.
③ 유체의 압력손실이 크다.
④ 협소한 장소에는 설치가 어렵다.

해설 오리피스 유량계의 특징
㉠ 구조가 간단하고 제작이 용이하다.
㉡ 유량계수의 신뢰도가 크다.
㉢ 압력손실이 가장 크다.
㉣ 협소한 장소에서 설치가 가능하다.

35 공기액화분리장치의 내부를 세척하고자 할 때 세정액으로 가장 적당한 것은?
① 염산(HCl)
② 가성소다(NaOH)
③ 사염화탄소(CCl_4)
④ 탄산나트륨(Na_2CO_3)

해설 공기액화분리장치의 내부 세정액
사염화탄소(CCl_4)

36 가스 유량 2.03kg/h, 관의 내경 1.61cm, 길이 20m의 직관에서의 압력손실은 약 몇 mm 수주인가? (단, 온도 15°C에서 비중 1.58, 밀도 2.04kg/m³, 유량계수 0.436이다.)
① 11.4 ② 14.0
③ 15.2 ④ 17.5

해설
$$Q = K\sqrt{\frac{D^5 H}{SL}}$$
$$H = \frac{Q^2 SL}{D^5 K^2}$$
$$= \frac{(0.995)^2 \times 1.58 \times 20}{(1.61)^5 \times (0.436)^2} = 15.2 mH_2O$$
여기서, $G = eAV = eQ$
$$Q = \frac{G}{e} = \frac{2.03 kg/h}{2.04 kg/m^3} = 0.995 m^3/h$$

37 암모니아를 사용하는 고온, 고압가스장치의 재료로 가장 적당한 것은?
① 동
② PVC 코팅강
③ 알루미늄 합금
④ 18-8 스테인리스강

해설 암모니아를 사용하는 고온·고압가스장치의 재료
18-8 스테인리스강

38 가스보일러의 본체에 표시된 가스소비량이 100,000kcal/h이고, 버너에 표시된 가스소비량이 120,000kcal/h일 때 도시가스소비량 산정은 얼마를 기준으로 하는가?
① 100,000kcal/h
② 105,000kcal/h
③ 110,000kcal/h
④ 120,000kcal/h

해설 가스보일러의 본체 표시
가스소비량이 100,000kcal/h이고, 버너에 표시된 가스소비량이 120,000kcal/h일 때 도시가스소비량 산정 기준은 100,000kcal/h이다.

39 다음 중 다공도를 측정할 때 사용되는 식은? (단, V : 다공물질의 용적, E : 아세톤 침윤 잔용적이다.)
① 다공도 $= \dfrac{V}{(V-E)}$
② 다공도 $= (V-E) \times \dfrac{100}{V}$
③ 다공도 $= (V+E) \times V$
④ 다공도 $= (V+E) \times \dfrac{100}{V}$

해설 다공도 $= (V-E) \times \dfrac{100}{V}$
여기서, V : 다공물질의 용적
E : 아세톤 침윤 잔용적

정답 34 ③ 35 ③ 36 ③ 37 ④ 38 ① 39 ②

27 독성가스 충전용기를 차량에 적재할 때의 기준에 대한 설명으로 틀린 것은?

① 운반차량에 세워서 운반한다.
② 차량의 적재함을 초과하여 적재하지 아니한다.
③ 차량의 최대적재량을 초과하여 적재하지 아니한다.
④ 충전용기는 2단 이상으로 겹쳐 쌓아 용기가 서로 이격되지 않도록 한다.

해설 ④ 충전용기는 2단으로 쌓지 아니한다.

28 허용농도가 100만분의 200 이하인 독성가스용기 중 내용적이 얼마 미만인 충전용기를 운반하는 차량의 적재함에 대하여 밀폐된 구조로 하여야 하는가?

① 500L   ② 1,000L
③ 2,000L   ④ 3,000L

해설 독성가스용기 중 내용적이 1,000L 미만인 충전용기를 운반하는 차량의 적재함에 대하여 밀폐된 구조로 하여야 한다.

29 도시가스배관 굴착작업 시 배관의 보호를 위하여 배관 주위 얼마 이내에는 인력으로 굴착하여야 하는가?

① 0.3m   ② 0.6m
③ 1m   ④ 1.5m

해설 도시가스배관 굴착작업 시 배관의 보호를 위하여 배관 주위 1m 이내에는 인력으로 굴착한다.

30 차량에 고정된 고압가스탱크를 운행할 경우에 휴대하여야 할 서류가 아닌 것은?

① 차량등록증
② 탱크 테이블(용량 환산표)
③ 고압가스 이동계획서
④ 탱크 제조시방서

해설 차량에 고정된 고압가스탱크를 운행할 경우에 휴대하여야 할 서류
① 차량등록증
② 탱크 테이블(용량 환산표)
③ 고압가스 이동계획서

31 다단 왕복동 압축기의 중간단의 토출온도가 상승하는 주된 원인이 아닌 것은?

① 압축비 감소
② 토출밸브 불량에 의한 역류
③ 흡입밸브 불량에 의한 고온가스 흡입
④ 전단쿨러 불량에 의한 고온가스 흡입

해설 다단 왕복동 압축기의 중간단의 토출온도가 상승하는 주된 원인
㉠ 토출밸브 불량에 의한 역류
㉡ 흡입밸브 불량에 의한 고온가스 흡입
㉢ 전단쿨러 불량에 의한 고온가스 흡입

32 LP가스의 자동교체식 조정기 설치 시의 장점에 대한 설명 중 틀린 것은?

① 도관의 압력손실을 적게 해야 한다.
② 용기 숫자가 수동식보다 적어도 된다.
③ 용기교환주기의 폭을 넓힐 수 있다.
④ 잔액이 거의 없어질 때까지 소비가 가능하다.

해설 ① 도관의 압력손실을 크게 해도 된다.

33 수은을 이용한 U자관 압력계에서 액주높이 (h) 600mm, 대기압(P_1)은 1kg/cm²일 때 P_2는 약 몇 kg/cm²인가?

① 0.22   ② 0.92
③ 1.82   ④ 9.16

해설
$\Delta P = (P_2 - P_1) = \gamma_{Hg} h = 13,600 \times 0.6$
$= 8,160 \text{kg/m}^2 = 0.816 \text{kg/cm}^2$
$\therefore P_2 = P_1 + \Delta P = 1 + 0.816 = 1.82 \text{kg/cm}^2$

정답 27 ④ 28 ② 29 ③ 30 ④ 31 ① 32 ① 33 ③

21 액화석유가스의 용기보관소 시설 기준으로 틀린 것은?

① 용기보관실은 사무실과 구분하여 동일 부지에 설치한다.
② 저장설비는 용기집합식으로 한다.
③ 용기보관실은 불연재료를 사용한다.
④ 용기보관실 창의 유리는 망입유리 또는 안전유리로 한다.

해설 ② 저장설비는 용기집합식으로 하지 않는다.

22 액화석유가스 사용시설의 연소기 설치 방법으로 옳지 않은 것은?

① 밀폐형 연소기는 급기구, 배기통과 벽과의 사이에 배기가스가 실내로 들어올 수 없게 한다.
② 반밀폐형 연소기는 급기구와 배기통을 설치한다.
③ 개방형 연소기를 설치한 실에는 환풍기 또는 환기구를 설치한다.
④ 배기통이 가연성물질로 된 벽을 통과 시에는 금속 등 불연성재료로 단열조치를 한다.

해설 ④ 배기통이 가연성물질로 된 벽 또는 천장 등을 통과하는 때에는 금속 외 불연성재료로 단열조치를 한다.

23 상용압력이 10MPa인 고압설비의 안전밸브 작동압력은 얼마인가?

① 10MPa   ② 12MPa
③ 15MPa   ④ 20MPa

해설 고압설비의 안전밸브 작동압력
$= (상용압력 \times 1.5) \times \dfrac{8}{10}$
$= (10\text{MPa} \times 1.5) \times \dfrac{8}{10} = 12\text{MPa}$

24 다음 가스 중 독성(LC_{50})이 가장 강한 것은?

① 암모니아
② 디메틸아민
③ 브롬화메탄
④ 아크릴로니트릴

해설
① 암모니아 : 25ppm
② 디메틸아민 : 10ppm
③ 브롬화메탄 : 5ppm
④ 아크릴로니트릴 : 2ppm

25 특정고압가스 사용시설에서 취급하는 용기의 안전조치 사항으로 틀린 것은?

① 고압가스 충전용기는 항상 40°C 이하를 유지한다.
② 고압가스 충전용기밸브는 서서히 개폐하고 밸브 또는 배관을 가열하는 때에는 열습포나 40°C 이하의 더운물을 사용한다.
③ 고압가스 충전용기를 사용한 후에는 폭발을 방지하기 위하여 밸브를 열어 둔다.
④ 용기보관실에 충전용기를 보관하는 경우에는 넘어짐 등으로 충격 및 밸브 등의 손상을 방지하는 조치를 한다.

해설 ③ 고압가스 충전용기를 사용한 후에는 폭발을 방지하기 위하여 밸브를 닫아 둔다.

26 LPG 충전자가 실시하는 용기의 안전점검 기준에서 내용적 얼마 이하의 용기에 대하여 "실내보관 금지" 표시 여부를 확인하여야 하는가?

① 15L   ② 20L
③ 30L   ④ 50L

해설 LPG 충전자 안전점검 기준에서 내용적 15L 이하의 용기 : "실내보관 금지" 표시 여부 확인

정답 21 ② 22 ④ 23 ② 24 ④ 25 ③ 26 ①

해설
② 매설배관의 표면 색상은 최고사용압력이 저압인 경우에는 황색으로 도색한다.
③ 매설배관의 표면 색상은 최고사용압력이 중압인 경우에는 적색으로 도색한다.
④ 지상배관의 표면 색상은 황색으로 도색한다.

16 고압가스 특정제조시설에서 선임하여야 하는 안전관리원의 선임인원 기준은?

① 1명 이상
② 2명 이상
③ 3명 이상
④ 5명 이상

해설 안전관리자의 자격과 선임 인원

시설 구분	저장 또는 처리 능력	선임 구분	
		안전관리자의 구분 및 선임 인원	자격 구분
고압가스 특정 제조 시설	–	안전관리 총괄자 : 1명	–
		안전관리부 총괄자 : 1명	–
		안전관리 책임자 : 1명	가스산업기사
고압가스 특정 제조 시설	–	안전관리원 : 2명 이상	가스기능사 또는 한국가스안전공사가 산업통상자원부장관의 승인을 받아 실시하는 일반시설 안전관리자 양성 교육을 이수한 자

17 일반도시가스 공급시설에 설치하는 정압기의 분해점검주기는?

① 1년에 1회 이상
② 2년에 1회 이상
③ 3년에 1회 이상
④ 1주일에 1회 이상

해설 정압기의 분해점검주기 : 2년에 1회 이상

18 방폭전기기기 구조별 표시방법 중 "e"의 표시는?

① 안전증방폭구조
② 내압방폭구조
③ 유입방폭구조
④ 압력방폭구조

해설 방폭전기기기 구조별 표시방법
㉠ 안전증방폭구조 : e
㉡ 내압방폭구조 : d
㉢ 유입방폭구조 : o
㉣ 압력방폭구조 : p
㉤ 본질안전방폭구조 : ia, ib
㉥ 특수방폭구조 : s

19 자연환기설비 설치 시 LP가스의 용기보관실 바닥면적이 $3m^2$이라면 통풍구의 크기는 몇 cm^2 이상으로 하도록 되어 있는가? (단, 철망 등이 부착되어 있지 않은 것으로 간주한다.)

① 500
② 700
③ 900
④ 1,100

해설 통풍구의 크기
바닥면적 $1m^2$당 $300cm^2$ 이상이다.
∴ $3 \times 300 = 900 cm^2$ 이상

20 고속도로 휴게소에서 액화석유가스 저장능력이 얼마를 초과하는 경우에 소형저장탱크를 설치하여야 하는가?

① 300kg
② 500kg
③ 1,000kg
④ 3,000kg

해설 고속도로 휴게소에서 액화석유가스 저장능력이 500kg을 초과하는 경우에 소형저장탱크를 설치한다.

정답 16 ② 17 ② 18 ① 19 ③ 20 ②

11 도시가스배관에 설치하는 희생양극법에 의한 전위측정용 터미널은 몇 m 이내의 간격으로 하여야 하는가?

① 200m ② 300m
③ 500m ④ 600m

해설 도시가스배관에 설치하는 희생양극법에 의한 전위측정용 터미널 간격 : 300m 이내

12 고압가스용기를 취급 또는 보관할 때의 기준으로 옳은 것은?

① 충전용기와 잔가스용기는 각각 구분하여 용기보관장소에 놓는다.
② 용기는 항상 60°C 이하의 온도를 유지 한다.
③ 충전용기는 통풍이 잘 되고 직사광선을 받을 수 있는 따스한 곳에 둔다.
④ 용기보관장소의 주위 5m 이내에는 화기, 인화성물질을 두지 아니한다.

해설 ② 용기는 항상 40°C 이하의 온도를 유지한다.
③ 충전용기는 통풍이 잘 되고 직사광선을 받지 않도록 한다.
④ 용기보관장소의 주위 2m 이내에는 화기 또는 인화성물질이나 발화성물질을 두지 아니 한다.

13 다음 중 가연성이면서 독성가스는?

① $CHClF_2$ ② HCl
③ C_2H_2 ④ HCN

해설 ① $CHClF_2$: 불연성가스
② HCl : 독성가스
③ C_2H_2 : 가연성가스
④ HCN : 가연성 및 독성가스

14 고압가스의 용어에 대한 설명으로 틀린 것은?

① 액화가스란 가압, 냉각 등의 방법에 의하여 액체상태로 되어 있는 것으로서 대기압에서의 끓는점이 섭씨 40°C 이하 또는 상용의 온도 이하인 것을 말한다.
② 독성가스란 공기 중에 일정량이 존재하는 경우 인체에 유해한 독성을 가진 가스로서 허용농도가 100만분의 2,000 이하인 가스를 말한다.
③ 초저온 저장탱크라 함은 섭씨 영하 50°C 이하의 액화가스를 저장하기 위한 저장탱크로서 단열재로 씌우거나 냉동설비로 냉각하는 등의 방법으로 저장탱크 내의 가스온도가 상용의 온도를 초과하지 아니하도록 한 것을 말한다.
④ 가연성가스라 함은 공기 중에서 연소하는 가스로서 폭발한계의 하한이 10% 이하인 것과 폭발한계의 상한과 하한의 차가 20% 이상인 것을 말한다.

해설 ② 독성가스란 공기 중에 일정량이 존재하는 경우 인체에 유해한 독성을 가진 가스로서 허용농도가 100만분의 5,000 이하인 가스를 말한다.

15 도시가스배관에는 도시가스를 사용하는 배관임을 명확하게 식별할 수 있도록 표시를 한다. 다음 중 그 표시방법에 대한 설명으로 옳은 것은?

① 지상에 설치하는 배관 외부에는 사용가스명, 최고사용압력 및 가스의 흐름 방향을 표시한다.
② 매설배관의 표면 색상은 최고사용압력이 저압인 경우에는 녹색으로 도색한다.
③ 매설배관의 표면 색상은 최고사용압력이 중압인 경우에는 황색으로 도색한다.
④ 지상배관의 표면 색상은 백색으로 도색한다. 다만, 흑색으로 2중 띠를 표시한 경우 백색으로 하지 않아도 된다.

정답 11 ② 12 ① 13 ④ 14 ② 15 ①

06 액화석유가스 집단 공급시설에서 가스설비의 상용압력이 1MPa일 때, 이 설비의 내압시험압력은 몇 MPa로 하는가?

① 1　　② 1.25
③ 1.5　④ 2.0

해설 액화석유가스에서 내압시험압력(TP)
＝상용압력×1.5배＝1MPa×1.5＝1.5MPa

07 아세틸렌가스 또는 압력이 9.8MPa 이상인 압축가스를 용기에 충전하는 경우 방호벽을 설치하지 않아도 되는 곳은?

① 압축기와 충전장소 사이
② 압축가스 충전장소와 그 가스충전용기 보관장소 사이
③ 압축기와 그 가스충전용기 보관장소 사이
④ 압축가스를 운반하는 차량과 충전용기 사이

해설 아세틸렌가스 또는 압력이 9.8MPa 이상인 압축가스를 용기에 충전하는 경우 방호벽을 설치하는 기준
㉠ 압축기와 충전장소 사이
㉡ 압축가스 충전장소와 그 가스충전용기 보관장소 사이
㉢ 압축기와 그 가스충전용기 보관장소 사이
㉣ 충전장소의 그 충전용 주관밸브 조작밸브 사이

08 저장탱크에 의한 액화석유가스 저장소에서 지상에 노출된 배관을 차량 등으로부터 보호하기 위하여 설치하는 방호철판의 두께는 얼마 이상으로 하여야 하는가?

① 2mm　② 3mm
③ 4mm　④ 5mm

해설 LPG 저장소에서 지상에 노출된 배관을 차량 등으로부터 보호하기 위하여 설치하는 방호철판의 두께 : 4mm 이상

09 가스제조시설에 설치하는 방호벽의 규격으로 옳은 것은?

① 박강판벽으로 두께 3.2cm 이상, 높이 3m 이상
② 후강판벽으로 두께 10mm 이상, 높이 3m 이상
③ 철근콘크리트벽으로 두께 12cm 이상, 높이 2m 이상
④ 철근콘크리트블록벽으로 두께 20cm 이상, 높이 2m 이상

해설 가스제조시설의 방호벽 규격
㉠ 철근콘크리트벽으로 두께 12cm 이상, 높이 2m 이상
㉡ 콘크리트블록으로 두께 15cm 이상, 높이 2m 이상
㉢ 박강판으로 두께 3.2mm 이상, 높이 2m 이상
㉣ 후강판으로 두께 6mm 이상, 높이 2m 이상

10 고압가스안전관리법의 적용 범위에서 제외되는 고압가스가 아닌 것은?

① 섭씨 35°C의 온도에서 게이지압력이 4.9MPa 이하인 유닛형 공기압축장치 안의 압축공기
② 섭씨 15°C의 온도에서 압력이 0Pa을 초과하는 아세틸렌가스
③ 내연기관의 시동, 타이어의 공기 충전, 리베팅, 착암 또는 토목공사에 사용되는 압축장치 안의 고압가스
④ 냉동능력이 3톤 미만인 냉동설비 안의 고압가스

해설 고압가스안전관리법의 적용 범위에서 제외되는 고압가스
㉠ 섭씨 35°C의 온도에서 게이지압력이 4.9MPa 이하인 유닛형 공기압축장치 안의 압축공기
㉡ 내연기관의 시동, 타이어의 공기 충전, 리베팅, 착암 또는 토목공사에 사용되는 압축장치 안의 고압가스
㉢ 냉동능력이 3톤 미만인 냉동설비 안의 고압가스

정답 06 ③　07 ④　08 ③　09 ③　10 ②

2016 가스기능사 (1. 24. 시행)

01 고압가스 제조설비에서 기밀시험용으로 사용 할 수 없는 것은?
① 산소   ② 질소
③ 공기   ④ 탄산가스

해설 기밀시험용으로 사용할 수 있는 가스
② 질소
③ 공기
④ 탄산가스

02 액화석유가스 자동차에 고정된 용기충전시설에 설치하는 긴급차단장치에 접속하는 배관에 대하여 어떠한 조치를 하도록 되어 있는가?
① 워터해머가 발생하지 않도록 조치
② 긴급차단에 따른 정전기 등이 발생하지 않도록 하는 조치
③ 체크밸브를 설치하여 과량공급이 되지 않도록 조치
④ 바이패스배관을 설치하여 차단성능을 향상시키는 조치

해설 LPG 자동차에 고정된 용기충전시설에 설치하는 긴급차단장치에 접속하는 배관 : 워터해머가 발생하지 않도록 조치한다.

03 액화석유가스 자동차에 고정된 용기충전시설에 게시한 "화기엄금"이라 표시한 게시판의 색상은?
① 황색 바탕에 흑색 글씨
② 흑색 바탕에 황색 글씨
③ 백색 바탕에 적색 글씨
④ 적색 바탕에 백색 글씨

해설 LPG 자동차 화기엄금 게시판 색상
백색 바탕에 적색 글씨

04 특정고압가스 사용시설의 시설기준 및 기술기준으로 틀린 것은?
① 가연성가스의 사용설비에는 정전기제거설비를 설치한다.
② 지하에 매설하는 배관에는 전기부식방지 조치를 한다.
③ 독성가스의 저장설비에는 가스가 누출될 때 이를 흡수 또는 중화할 수 있는 장치를 설치한다.
④ 산소를 사용하는 밸브에는 밸브가 잘 동작할 수 있도록 석유류 및 유지류를 주유하여 사용한다.

해설 ④ 산소를 사용하는 밸브 및 사용 기구에 부착된 석유류, 유지류 그 밖의 가연성물질을 제거한 후 사용한다.

05 도시가스에 대한 설명 중 틀린 것은?
① 국내에서 공급하는 대부분의 도시가스는 메탄을 주성분으로 하는 천연가스이다.
② 도시가스는 주로 배관을 통하여 수요가에게 공급된다.
③ 도시가스는 원료로 LPG를 사용할 수 있다.
④ 도시가스는 공기와 혼합만 되면 폭발한다.

해설 ④ 도시가스는 공기와 혼합만 되면 폭발하지 않는다.

정답 01 ① 02 ① 03 ③ 04 ④ 05 ④

부록

과년도 기출문제

2017년 이후 문제 부터는 CBT 복원 문제입니다.

② 월 사용예정량 산정 기준

$$Q = \frac{(A \times 240) + (B \times 90)}{11,000}$$

여기서, Q : 월 사용예정량(m^3)
   A : 산업용으로 사용하는 연소기의 명판에 적힌 도시가스소비량의 합계(kcal/h)
   B : 산업용이 아닌 연소기의 명판에 적힌 도시가스소비량의 합계(kcal/h)

예제

산업용 공장에소 사용하는 연소기의 명판에 표시된 용량이 6,000kcal/h인 경우 사용시설의 월 사용예정량(m^3)은?

풀이 $Q = \frac{(A \times 240) + (B \times 90)}{11,000} = \frac{6,000 \times 240}{11,000} = 130.9 m^3$

(7) 도시가스의 측정[별표 10]

① 측정 항목 : 열량, 압력, 연소성, 유해성분
② 유해성분 측정

황전량	0.5g 이하
황화수소	0.02g 이하
암모니아	0.2g 이하

③ 연소속도지수

$$Cp = K \frac{1.0 H_2 + 0.6(CO + C_m H_n) + 0.3 CH_4}{\sqrt{d}}$$

여기서, H_2 : 도시가스 중의 수소 함유율(vol%)
   CO : 도시가스 중의 일산화탄소 함유율(vol%)
   $C_m H_n$: 도시가스 중의 메탄 외의 탄화수소 함유율(vol%)
   CH_4 : 도시가스 중의 메탄 함유율(vol%)
   d : 도시가스 중의 공기에 대한 비중
   K : 도시가스 중 산소 함유율에 따라 정하는 정수

예제

부피 함유율이 C_3H_8 10%, CH_4 70%, H_2 15%, O_2 5%인 혼합가스의 연소속도는 얼마인가?(단, 가스의 비중은 0.6, K=1.2로 한다)

풀이 도시가스의 연소속도

$$Cp = K \frac{1.0 H_2 + 0.6(CO + C_m H_n) + 0.3 CH_4}{\sqrt{d}}$$
$$= 1.2 \times \frac{1.0 \times 15 + 0.6(0 + 10) + 0.3 \times 70}{\sqrt{0.6}} = 65.07 cm/sec$$

(4) 정압기

① 구조 등
- ㉮ 정압기실 조면도 : 150Lux
- ㉯ 경계책 설치(단독사용자의 정압기 제외)
  - ㉠ 높이 : 1.5m 이상의 철책 또는 철망
  - ㉡ 경계표지판 : 검정, 파랑, 적색 글씨 등으로 표기(시설명, 공급자, 연락처)

② 정압기실의 시설 및 설비
- ㉮ 기밀시험
  - ㉠ 입구측 : 최고사용압력의 1.1배
  - ㉡ 출구측 : 최고사용압력의 1.1배 또는 8.4kPa 중 높은 압력 이상
- ㉯ 분해점검방법
  - ㉠ 정압기 : 2년에 1회 이상
  - ㉡ 필터 : 가스공급 개시 후 1월 이내 및 매년 1회 이상
  - ㉢ 가스사용시설 정압기 및 필터 : 3년까지는 1회 이상, 그 이후에는 4년에 1회 이상
  - ㉣ 작동상황 점검 : 1주일에 1회 이상

(5) 배관 및 배관설비

① 가스계량기
- ㉮ 화기 : 2m 이상 우회거리 유지
- ㉯ 설치 높이 : 1.6~2m 이내(격납상자 내에 설치하는 경우에는 높이 제한이 없음)
- ㉰ 유지거리
  - ㉠ 전기계량기, 전기개폐기 : 60cm 이상
  - ㉡ 단열조치를 하지 않은 굴뚝, 전기점멸기, 전기접속기 : 30cm 이상
  - ㉢ 절연조치를 하지 않은 전선 : 15cm 이상

② 사고예방 설비기준
- ㉮ 가스누출자동차단기 검지부 설치 수
  - ㉠ 공기보다 가벼운 경우 : 연소기에서 수평거리 8m 이내 1개 이상, 천장에서 30cm 이내
  - ㉡ 공기보다 무거운 경우 : 연소기에서 수평거리 4m 이내 1개 이상, 바닥면에서 30cm 이내

(6) 연소기

① 호스길이 : 3m 이내, "T"형으로 연결금지

(2) 제조소 및 공급소 밖의 배관

① 배관설비기준

㉮ 지하매설

건축물	1.5m 이상
지하의 다른 시설물	0.3m 이상
매설깊이	• 기준 : 1.2m 이상 • 산이나 들 : 1m 이상 • 시가지의 도로 : 1.5m 이상

㉯ 지상 설치

[배관 양측에 유지하는 공지의 폭]

상용압력	공지의 폭
0.2MPa 미만	5m
0.2MPa 이상 1MPa 미만	9m
1MPa 이상	15m

(3) 제조소 및 공급소

① 시설기준

㉮ 통풍구 및 기계환기설비(제조소 및 정압기실)

ㄱ 통풍구조

ⓐ 공기보다 무거운 가스 : 바닥면에 접하게 통풍구를 설치한다.

ⓑ 공기보다 가벼운 가스 : 천장 또는 벽면 상부에서 30cm 이내에 설치한다.

ⓒ 환기구 통풍 가능 면적 : 바닥면적 $1m^2$당 $300cm^2$ 비율이다(1개의 환기구 면적은 $2,400cm^2$ 이하로 한다).

ⓓ 사방을 방호벽 등으로 설치한 경우 : 환기구를 2방향 이상으로 분산 설치한다.

ㄴ 기계환기설비

ⓐ 통풍능력 : 바닥면적 : $1m^2$마다 $0.5m^3$/분 이상

ⓑ 배기구는 바닥면(공기보다 가벼운 경우에는 천장면) 가까이 설치한다.

ⓒ 방출구 높이 : 지면에서 5m 이상(공기보다 가벼운 가스의 경우 : 3m 이상)

㉯ 부대실비(냄새첨가장치 설치)

착취농도	$\frac{1}{1,000(0.1\%)}$
측 정	매월 1회 이상 최종 소비 장소에서 측정
기 록	보존기간 2년

(3) 배관

① 배관의 재료

㉮ 매설배관의 재료 : 폴리에틸렌 피복강관, 가스용 폴리에틸렌강

㉯ 배관의 매설깊이

㉠ 지면 : 1m 이상

㉡ 차량이 통행하는 도로 : 1~2m 이상

㉢ 공동주택 부지 내 및 1m의 매설깊이 유지가 곤란한 곳 : 0.6m 이상

㉣ 보호관-보호판 : 0.3m 이상

(4) 판매사업소 및 영업소의 기준[별표 6]

① 용기보관실 기준

㉮ 용기보관실의 벽과 방호벽 지붕은 불연성·난연성의 재료로 설치한다.

㉯ 용기보관실의 면적은 $19m^2$ · 사무실 면적은 $9m^2$ 이상이며, 동일 부지에 설치한다.

㉰ 용기보관실에는 분리형 가스누설경보기를 설치한다.

㉱ 주차장의 면적은 $11.2m^2$ 이상의 부지를 확보한다.

(5) 가스용품 제조의 기준[별표 7]

① 콕의 종류

콕의 종류		
퓨즈콕	상자콕	주물연소기용 노즐콕

3 도시가스 안전관리

(1) 용어의 정의

① 고압 : 1MPa 이상의 압력(게이지압력을 말한다. 이하 같다)을 말한다. 다만, 액체상태의 액화가스는 고압으로 본다.

② 중압 : 0.1MPa 이상 1MPa 미만의 압력을 말한다. 다만, 액화가스가 기화되고 다른 물질과 혼합되지 아니한 경우에는 0.01MPa 이상 0.2MPa 미만의 압력을 말한다.

③ 저압 : 0.1MPa 미만의 압력을 말한다. 다만, 액화가스가 기화되고 다른 물질과 혼합되지 아니한 경우에는 0.01MPa 미만의 압력을 말한다.

2 액화석유가스의 안전관리

(1) 충전사업 기준[별표 4]

① 시설기준

㉮ 통풍구 및 강제통풍시설

㉠ 통풍구조 : 바닥면적 $1m^2$마다 $300cm^2$의 비율로 계산한다(1개소 면적 : $2,400cm^2$ 이하)

㉡ 환기구는 2방향 이상으로 분산 설치한다.

㉢ 강제통풍장치

통풍능력	바닥면적 $1m^2$마다 $0.5m^3$/분 이상
흡입구	바닥면 가까이 설치한다.
배기가스 방출구	지면에서 5m 이상의 높이에 설치한다.

② 기술기준

㉮ 안전유지기준

㉠ **저장탱크의 침하상태 측정** : 1년에 1회 이상

㉡ 저장탱크는 항상 40℃ 이하의 온도를 유지한다.

㉢ 저장설비실 안으로 등화를 휴대하고 출입할 때에는 방폭형 등화를 휴대한다.

㉣ 가스누출검지기와 휴대용 손전등은 방폭형이어야 한다.

㉤ **저장설비와 가스설비 외면과 화기와의 거리** : 8m 이상

㉥ 소형저장탱크의 주위 5m 이내에서는 화기취급을 하지 않는다.

㉦ 소형저장탱크 주위에 있는 밸브류의 조작은 원칙적으로 수동조작으로 한다.

㉧ 소형저장탱크 세이프티 커플링의 주밸브는 액봉방지를 위해 항상 열어둔다.

(2) 자동차 용기 충전

① 시설기준

㉮ 고정충전설비(Dispenser) 설치

㉠ 충전기 주위에 가스누출검지경보장치를 설치한다.

㉡ 충전호스의 길이 : 5m 이내, 정전기제거장치를 설치한다.

㉯ 게시판

㉠ 충전 중 엔진 정지 : 황색 바탕, 흑색 글씨

㉡ 화기엄금 : 백색 바탕, 적색 글씨

(11) 용기에 의한 운반기준

① 혼합적재 금지
- ㉮ 염소와 아세틸렌·암모니아 또는 수소
- ㉯ 가연성가스와 산소는 충전용기의 밸브가 서로 마주보지 않도록 적재할 것
- ㉰ 충전용기와 「위험물안전관리법」에서 정하는 위험물
- ㉱ 독성가스 중 가연성가스와 조연성가스

② 운반책임자 동승 기준

가스의 종류		기 준
액화가스	가연성가스	3천kg 이상(납붙임용기 및 접합용기의 경우는 2천kg 이상)
	독성가스	1천kg 이상
	조연성가스	6천kg 이상
압축가스	가연성가스	300m³ 이상
	독성가스	100m³ 이상
	조연성가스	600m³ 이상

③ 충전된 용기의 차량 적재 운반 시 비치하여야 하는 소방설비

운반가스량	소화기의 종류		비치 개수
	소화약제의 종류	능력단위	
압축가스 100m³ 또는 액화가스 1,000kg 이상	분말소화재	BC용, B-10 이상 또는 ABC용, B-12 이상	2개 이상
압축가스 150m³ 미만 또는 액화가스 150kg 초과 1,000kg 미만	상 동	상 동	1개 이상
압축가스 15m³ 또는 액화가스 150kg 이하	상 동	B-3 이상	1개 이상

(12) 차량에 고정된 탱크 등에 의한 가스운반 기준

① 내용적 제한
- ㉮ 가연성가스(LPG 제외), 산소 : 18,000L 초과금지
- ㉯ 독성가스(액화암모니아 제외) : 12,000L 초과금지

② 탱크 및 부속품 보호 : 뒤 범퍼와 수평거리
- ㉮ 후부취출식 탱크 : 40cm 이상
- ㉯ 후부취출식 탱크 외 : 30cm 이상
- ㉰ 조작상자 : 20cm 이상

(8) 용기에 대한 표시

① 용기의 각인
- ㉮ V : 내용적(L)
- ㉯ W : 용기의 질량(kg)
- ㉰ TW : 아세틸렌 용기질량에 다공물질, 용제, 용기 부속품의 질량을 합한 질량(kg)
- ㉱ TP : 내압시험압력(MPa)
- ㉲ FP : 압축가스의 최고충전압력(MPa)

② 용기의 도색 표시

가연성, 독성		의료용		그 밖의 가스	
종류	도색	종류	도색	종류	도색
LPG(액화석유가스)	밝은 회색	O_2(산소)	백색	O_2(산소)	녹색
H_2(수소)	주황색	액화탄산가스	회색	액화탄산가스	청색
C_2H_2(아세틸렌)	황색	He(헬륨)	갈색	N_2(질소)	회색
NH_3(액화암모니아)	백색	C_2H_4(에틸렌)	자색	소방용 용기	소방법에 따른 도색
Cl_2(액화염소)	갈색	N_2(질소)	측색	그 밖의 가스	회색

(9) 용기의 종류별 부속품 기호

① 아세틸렌가스용 : AG
② 압축가스용 : PG
③ 액화석유가스용 : LPG
④ 저온 및 초저온 가스용 : LT
⑤ 그 밖의 가스용 : LG

(10) 차량의 경계표지

① 경계표지 : 차량 앞뒤의 보기 쉬운 곳에 "위험고압가스" 경계표지 및 상호와 전화번호 표시, 운전석 외부에 적색 삼각기 표시(독성가스 : "위험고압가스", "독성가스"와 위험을 알리는 도형 및 전화번호 표시)

② 경계표지 규칙
- ㉮ 가로 치수 : 차체 폭의 30% 이상
- ㉯ 세로 치수 : 가로 치수의 20% 이상
- ㉰ 면적 : 정사각형 600cm² 이상

예제

내용적이 3,000L인 액화질소의 초저온용기에 단열성능시험을 하기 위하여 최초에 1,500kg을 충전하여 2시간이 경과한 후 잔량이 1,448kg이었다면 이 용기의 침입열량에 따른 합격 여부는?(단, 시험 시 외기의 온도는 20℃이며 액화질소의 비등점은 -196℃, 기화잠열은 48kcal/kg이다.)

풀이 침입열량 $Q = \dfrac{w \cdot q}{H \cdot \Delta t \cdot V}$

$= \dfrac{(1,500 - 1,448) \times 48}{2 \times [20 - (-196)] \times 3,000} = 0.00192 \text{kcal/h} \cdot ℃ \cdot \text{L}$

∴ 내용적이 1,000L 이상 침입열량이 0.002kcal(0.0084kJ)/h · ℃ · L 이하이므로 합격이다.

㈐ 시험용 액화가스의 종류 : 액화산소, 액화질소, 액화아르곤
㈑ 충전용기의 시험압력

구 분	최고충전압력 (FP)	기밀시험압력 (AP)	내압시험압력 (TP)	안전밸브 작동압력
압축가스용기	35℃, 최고충전압력	최고충전압력	$FP \times \dfrac{5}{3}$배	$TP \times 0.8$배 이하
아세틸렌용기	15℃, 최고충전압력	$FP \times 1.8$배	$FP \times 3$배	가용전식 (105 ± 5℃)
초저온·저온용기	상용압력 중 최고압력	$FP \times 1.1$배	$FP \times \dfrac{5}{3}$배	$TP \times 0.8$배 이하
액화가스용기	$TP \times \dfrac{3}{5}$배	최고충전압력	액화가스 종류별로 규정	$TP \times 0.8$배 이하

예제

가스안전사고를 방지하기 위하여 내압시험압력이 25MPa인 일반가스용기에 가스를 충전할 때는 최고충전압력을 얼마로 해야 하는가?

풀이 내압시험압력(TP) $= FP \times \dfrac{5}{3}$

∴ $FP = TP \times \dfrac{3}{5} = 25 \times \dfrac{3}{5} = 15 \text{MPa}$

예제

최고충전압력이 15MPa인 질소용기에 12MPa로 충전되어 있다. 이 용기의 안전밸브 작동압력은 얼마인가?

풀이 안전밸브 작동압력 = 내압시험압력 × 0.8

안전밸브 작동압력 = 최고충전압력 × $\dfrac{5}{3}$ × 0.8

$= 15 \times \dfrac{5}{3} \times 0.8 = 20 \text{MPa}$

② 내압시험
  ㉮ 항구(영구)증가율 = $\dfrac{\text{항구증가량}}{\text{전증가량}} \times 100$
  ㉯ 합격기준
    ㉠ 신규검사 : 항구증가율 10% 이하

예제

내용적이 50L인 가스용기에 내압시험압력 3.0MPa의 수압을 걸었더니 용기의 내용적이 50.5L로 증가하였고, 다시 압력을 제거하여 대기압으로 하였더니 용적이 50.002L가 되었다. 이 용기의 영구증가율을 구하고, 합격인가 불합격인가를 판정하시오.

풀이 항구(영구)증가율 = $\dfrac{\text{항구증가량}}{\text{전증가량}} \times 100$ $\dfrac{50.002 - 50}{50.5 - 50} \times 100 = 0.4\%$

∴ 영구증가율이 10% 이하이므로 합격이다.

③ 초저온용기의 단열성능시험
  ㉮ 침입열량 계산식

  $$Q = \dfrac{w \cdot q}{H \cdot \Delta t \cdot V}$$

  여기서, Q : 침입열량(kcal/h·℃·L)
   w : 측정 중 기화가스량(kg)
   q : 시험용 액화가스의 기화잠열(kcal/kg)
   H : 측정시간(hr)
   Δt : 시험용 액화가스의 비점과 외기와의 온도차(℃)
   V : 용기의 내용적(L)

예제

1,000L의 액산탱크에 액산을 넣어 방출밸브를 개방하여 12시간 방치하였더니 탱크 내의 액산이 4.8kg 방출되었다면 1시간당 탱크에 침입하는 열량은 약 몇 kcal인가?(단, 액산의 증발잠열은 60kcal/kg이다.)

풀이 침입열량(Q) = $\dfrac{\text{증발에 필요한 열량}}{\text{방치기간}} = \dfrac{4.8 \times 60}{12} = 24\text{kcal/h}$

  ㉯ 합격기준

내용적	침입열량
1,000L 미만	0.0005kcal(0.002kJ)/h·℃·L
1,000L 이상	0.002kcal(0.0084kJ)/h·℃·L 이하

④ 수리, 청소 및 철거 기준
  ㉮ 치환농도
    ㉠ 가연성가스의 가스설비 : 폭발범위 하한계의 $\frac{1}{4}$ 이하
    ㉡ 독성가스의 가스설비 : TLV-TWA 기준농도 이하
    ㉢ 산소가스설비 : 산소의 농도가 22% 이하
  ㉯ 가스설비 내 작업 : 작업원이 가스설비 내에 들어갈 경우 산소농도 18~22%를 유지한다.

(6) 용기제조 및 재검사 기준[별표 10]

① 용기의 재료는 스테인리스강, 알루미늄합금, 탄소, 인 및 황의 함유량이 각각 0.33%(이음매 없는 용기의 경우 0.55%) 이하, 0.04% 이하 및 0.05% 이하인 강 또는 이와 동등 이상의 기계적 성질 및 가공성을 갖는 것으로 할 것
② 용접용기 동판의 최대두께와 최소두께와의 차이는 평균두께의 10% 이하로 한다(단, 이음매 없는 용기의 경우 20% 이하).
③ 초저온용기의 재료 : 오스테나이트계 스테인리스강, 알루미늄합금

(7) 용기의 검사

① 재검사 기간

용기의 종류		신규검사 후 경과연수에 따른 재검사 주기		
		15년 미만	15년 이상 20년 미만	20년 이상
용접용기 (액화석유가스용 용접용기 제외)	500L 이상	5년마다	2년마다	1년마다
	500L 미만	3년마다	2년마다	1년마다
액화석유가스용 용접용기	500L 이상	5년마다	2년마다	1년마다
	500L 미만	5년마다		2년마다
이음매 없는 용기 또는 복합재료용기	500L 이상	5년마다		
	500L 미만	신규검사 후 경과연수가 10년 이하인 것은 5년마다, 10년을 초과한 것은 3년마다		
액화석유가스용 복합재료용기		5년마다(설계조건에 반영되고, 산업통상자원부장관으로부터 안전한 것으로 인정을 받은 경우에는 10년마다)		
용기 부속품	용기에 부착 되지 아니한 것	용기에 부착되기 전(검사 후 2년이 지난 것만 해당)		
	용기에 부착된 것	검사 후 2년이 지나 용기 부속품을 부착한 해당 용기의 재검사를 받을 때마다		

ⓢ 가연성가스 용기보관장소에는 방폭형 휴대용 손전등 외의 등화를 지니고 들어가지 아니한다.
㉯ 차량에 고정된 탱크에는 고압가스를 충전하거나 이입받을 때 차량 정지목 설치 : 내용적 2,000L 이상
㉰ 차량에 고정된 탱크 및 용기에 안전밸브 등 필요한 부속품 장치
　㉠ 안전밸브 작동압력 : 내압시험압력의 $\frac{8}{10}$ 이하
　㉡ 원격조작에 의하여 작동되는 긴급차단장치를 설치하며, 온도가 110℃일 때 자동적으로 작동한다.

② 제조 및 충전 기준
　㉮ 고압가스용기의 밸브 또는 충전용 지관을 가열할 때에는 열습포 또는 40℃ 이하의 물을 사용한다.
　㉯ 압축 금지
　　㉠ 가연성가스(C_2H_2, C_2H_4, H_2 제외) 중의 산소 용량이 전용량의 4% 이상인 것
　　㉡ 산소 중의 가연성가스(C_2H_2, C_2H_4, H_2 제외) 용량이 전용량의 4% 이상인 것
　　㉢ C_2H_2, C_2H_4, H_2 중의 산소 용량이 전용량의 2% 이상인 것
　　㉣ 산소 중의 C_2H_2, C_2H_4, H_2의 용량 합계가 전용량의 2% 이상인 것
　㉰ 공기액화분리기에 설치된 액화산소 5L 중 아세틸렌 질량이 5mg, 탄화수소의 탄소 질량이 500mg을 넘을 때에는 운전을 중지하고 액화산소를 방출시킨다.

예제

공기액화분리장치의 액화산소 5L 중에 메탄이 360mg, 에틸렌이 196mg 섞여 있다면 운전가능 여부를 판정하시오.

풀이 $\left(360\text{mg} \times \frac{12}{16} + 196\text{mg} \times \frac{24}{28}\right) = 438\text{mg}$
탄화수소중의 탄소의 질량이 500mg 이하이므로 운전이 가능하다.

　㉱ 품질검사

가스의 종류	순 도	시험방법
산 소	99.5% 이상	동-암모니아 시약 → 오르자트법
수 소	98.5% 이상	피로갈롤, 하이드로설파이드 시약 → 오르자트법
아세틸렌	98% 이상	• 발연 황산 → 오르자트법 • 브롬 시약 → 뷰렛법 • 질산은 시약 → 정성시험

③ 점검기준

압력계 점검 기준	• 충전용 주관 압력계 : 매월 1회 이상 • 그 밖의 압력계 : 3개월에 1회 이상 • 압력계의 최고눈금범위 : 상용압력의 1.5배 이상 2배 이하

㉑ 충전장소와 충전용 주관밸브 도착 장소 사이
㉕ 독성가스 누출로 인한 피해방지시설 설치
㉠ 독성가스 및 제독제

독성가스	제독제(보유량)
염소	가성소다 수용액(670kg), 탄산소다 수용액(870kg), 소석회(620kg)
포스겐	가성소다 수용액(390kg), 소석회(360kg)
황화수소	가성소다 수용액(1,140kg), 탄산소다 수용액(1,500kg)
시안화수소	가성소다 수용액(250kg)
아황산가스	가성소다 수용액(530kg), 탄산소다 수용액(700kg), 다량의 물
암모니아, 산화에틸렌, 염화메탄	다량의 물

㉡ 플레어스택(Flare Stack) : 가연성가스를 연소에 의하여 처리하는 시설로서 지표면에 복사열이 4,000kcal/$m^2 \cdot h$ 이하가 되도록 한다.

⑤ 표시기준

㉮ 경계표시

용기보관소	• 출입구 등 외부로부터 보기 쉬운 곳에 게시한다. • 크기 : 외부 사람이 명확히 식별할 수 있는 크기이다. • 가연성가스는 "연", 독성가스는 "독"자 표시

㉯ 식별표지 및 위험표지

식별표지	위험표지
• 독성가스 제조시설이라는 것을 식별할 수 있도록 게시한다. • 문자 크기(가로×세로) : 10cm 이상, 30m 이상 떨어진 위치에서 알 수 있도록 한다. • 바탕은 백색, 글씨는 흑색	• 독성가스가 누출할 우려가 있는 부분에 게시한다. • 문자 크기(가로×세로) : 5cm 이상, 10m 이상 떨어진 위치에서 알 수 있도록 한다. • 바탕은 백색, 글씨는 흑색

(5) 기술기준

① 안전유지기준

㉮ 용기보관장소 기준

㉠ 충전용기와 잔가스용기를 각각 구분하여 용기보관장소에 놓는다.
㉡ 가연성가스, 독성가스 및 산소용기는 각각 구분하여 용기보관장소에 놓는다.
㉢ 용기보관장소에는 계량기 등 작업에 필요한 물건 외에는 두지 않는다.
㉣ 용기보관장소의 주위 2m 이내에 화기 인화성물질, 발화성물질을 두지 않는다.
㉤ 충전용기는 40℃ 이하로 유지하고, 직사광선을 받지 않도록 조치한다.
㉥ 충전용기는 넘어짐 등에 의한 충격 및 밸브의 손상을 방지하는 조치를 한다.

ⓛ 아세틸렌의 고압건조기와 충전용 교체밸브 사이 배관
　　　ⓒ 아세틸렌충전용 지관
　㉣ 방폭전기기기 설치 : 가연성가스(암모니아, 브롬화메탄 및 공기 중에서 자기발화하는 가스 제외)의 가스설비

명 칭	표시방법
내압방폭구조	d
유입방폭구조	o
압력방폭구조	p
안전증방폭구조	e
본질안전방폭구조	ia · ib
특수방폭구조	s

④ 피해저감 설비기준
　㉮ 방류둑 : 가연성가스, 독성가스 또는 산소의 액화가스 저장탱크 주위에 액상의 가스가 누출된 경우 그 유출을 방지하기 위한 것이다.
　　ⓞ 방류둑 설치대상

구 분		기 준
고압가스 특정제조	가연성가스	500톤 이상
	독성가스	5톤 이상
	액화산소	1,000톤 이상
고압가스 일반제조	가연성, 액화산소	1,000톤 이상
	독성가스	5톤 이상
도시가스	도매사업	500톤 이상
	일반사업	1,000톤 이상
냉동제조시설(독성가스 냉매 사용)		수액기 내용적 10,000L 이상
액화석유가스 충전사업		1,000톤 이상

　　ⓒ 구조
　　　ⓐ 성토 기울기 : 45° 이하
　　　ⓑ 성토 정상부 폭 : 0.3m 이상
　　　ⓒ 출입구 : 둘레 50m마다 1개 이상 분산 설치(둘레가 50m 미만인 경우 2개 이상 설치)
　㉯ 방호벽 설치대상
　　ⓞ 압축기와 충전장소 사이
　　ⓒ 압축기와 가스충전용기 보관장소 사이
　　ⓒ 충전장소와 가스충전용기 보관장소 사이

② 배관설비기준
  ㉮ 누출확산 방지조치

[독성가스 중 이중관으로 시공해야 하는 가스]

구 분		기 준
독성가스 중 이중관 설치 가스 및 누출확산 방지초지 가스		염소, 포스겐, 황화수소, 시안화수소, 아황산가스, 암모니아, 염화메탄, 산화에틸렌
하천수로 횡단 시	이중관	염소, 불소, 포스겐, 황화수소, 시안화수소, 아황산가스, 아크릴알데히드
	방호구조물에 설치하는 것	하천수로 횡단 시 이중관에 설치하는 독성가스를 제외한 그 이외의 독성가스
이중관의 규격		바깥층관 안지름은 안층관 바깥지름의 1.2배 이상

③ 사고예방 설비기준
  ㉮ 가스누출검지경보장치

구 분		기 준
설치 대상		독성가스 및 공기보다 무거운 가연성 가스
경 보		경보를 발신한 후 가스농도가 변하여도 계속 울릴 것
종 류		접촉연소방식(가연성 가스), 격막갈바니전지방식(산소), 반도체방식(가연성, 독성가스)
경보농도	가연성	폭발하한계의 $\frac{1}{4}$ 이하
	독 성	TLV-TWA 기준농도 이하
	NH$_3$	실내에서 사용하는 경우 50ppm 이하
경보기의 정밀도	가연성	±25% 이하
	독 성	±30% 이하
검지에서 발신까지 걸리는 시간	경보농도의 1.6배 농도에서	30초 이내
	암모니아, 일산화탄소	1분 이내
지시계의 눈금 위치	가연성가스	0~폭발하한계값
	독 성	TLV-TWA 기준농도의 3배 값
	NH$_3$	실내에서 사용하는 경우 150ppm

  ㉯ 역류방지밸브 설치
    ㉠ 가연성가스를 압축하는 압축기와 충전용 주관과의 사이 배관
    ㉡ 아세틸렌을 압축하는 압축기의 유분리기와 고압건조기와의 사이 배관
    ㉢ 암모니아 또는 메탄올의 합성탑 및 정제탑과 압축기와의 사이 배관
  ㉰ 역화방지장치 설치
    ㉠ 가연성가스를 압축하는 압축기와 오토클레이브와의 사이 배관

(4) 고압가스 제조(특정제조·일반제조·용기 및 차량에 고정된 탱크 충전)기준

① 배치기준

㉮ 화기와의 우회거리

㉠ 가스설비 또는 저장설비 : 2m 이상

㉡ 가연성가스, 산소가스설비 또는 저장설비 : 8m 이상

㉯ 설비 사이의 거리

㉠ 가연성가스와 가연성가스 제조시설의 고압가스 : 5m 이상

㉡ 가연성가스와 산소제조시설의 고압가스 : 10m 이상

㉰ 가연성가스 또는 독성가스설비

[물분무장치 설치기준]

구 분	간격이 유지된 경우	간격이 유지되지 않은 경우
저장탱크 전표면적	$8L/\min \cdot m^2$	$7L/\min \cdot m^2$
준내화구조	$6.5L/\min \cdot m^2$	$4.5L/\min \cdot m^2$
내화구조	$4L/\min \cdot m^2$	$2L/\min \cdot m^2$

㉠ 조작위치 : 저장탱크 외면에서 15m 이상

㉡ 수원 : 30분 동안 동시에 방사할 수 있는 양

㉢ 방수능력 : 400L/min 이상

㉣ 소화전 호수 끝 압력 : 0.35MPa

[탱크의 이격거리]

물분무장치가 없을 경우(탱크의 직경을 각각 D_1, D_2라 한다)	$(D_1+D_2) \times \dfrac{1}{4} > 1m$	그 길이 유지
	$(D_1+D_2) \times \dfrac{1}{4} < 1m$	1m 유지
저장탱크를 지하에 설치 시	상호간 1m 이상 유지	

> **예제**
>
> 최대지름이 6m인 고압가스 저장탱크 2기가 있다. 이 탱크에 물분무장치가 없을 때 상호 유지되어야 할 최소이격거리는?
>
> **풀이** 저장된 탱크 간의 거리란, 저장탱크의 최대지름의 합산한 길이의 $\dfrac{1}{4}$ 이상에 해낭하는 거리이다.
> 따라서 $(6m+6m) \times \dfrac{1}{4} = 3m$이다.

② 액화가스 저장탱크

$$W = 0.9dV_2$$

예제

내부 용적이 25,000L인 액화산소 저장탱크의 저장능력은 얼마인가?

풀이 액화산소 저장탱크의 저장능력 $W = 0.9dV_2 = 0.9 \times 1.14\text{kg/L} \times 25,000\text{L} = 25,650\text{kg}$

③ 액화가스용기(차량에 고정된 탱크)

$$W = \frac{V_2}{C}$$

예제

내용적 50L의 프로판을 충전할 때 최대충전량은 몇 kg인가?(단, 프로판의 충전정수는 2.35이다.)

풀이 최대충전량$(W) = \dfrac{V_2}{C} = \dfrac{50}{2.35} = 21.28\text{kg}$

(3) 보호시설[별표 2]

① 제1종 보호시설
  ㉮ 학교·유치원·어린이집·놀이방·어린이놀이터·학원·병원(의원을 포함한다)·도서관·청소년수련시설·경로당·시장·공중목욕탕·호텔·여관·극장·교회 및 공회당
  ㉯ 사람을 수용하는 건축물(가설건축물은 제외한다)로서 사실상 독립된 부분의 연면적이 1,000m² 이상인 것
  ㉰ 예식장·장례식장 및 전시장, 그 밖에 이와 유사한 시설로서 300명 이상 수용할 수 있는 건축물
  ㉱ 아동복지시설 또는 장애인복지시설로서 20명 이상 수용할 수 있는 건축물
  ㉲ 「문화재보호법」에 따라 지정문화재로 지정된 건축물

② 제2종 보호시설
  ㉮ 주택
  ㉯ 사람을 수용하는 건축물(가설건축물은 제외한다)로서 사실상 독립된 부분의 연면적이 100m² 이상 1,000m² 미만인 것

1 고압가스 안전관리

(1) 용어의 정의

① **가연성가스** : 폭발한계의 하한이 10% 이하인 것과 폭발한계의 상한과 하한의 차가 20% 이상인 것을 말한다.

② **독성가스** : 공기 중에 일정량 이상 존재하는 경우 인체에 유해한 독성을 가진 가스로서 허용농도(해당 가스를 성숙한 흰쥐 집단에게 대기 중에서 1시간 동안 계속하여 노출시킨 경우 14일 이내에 그 흰쥐의 2분의 1 이상이 죽게 되는 가스의 농도를 말한다)가 100만분의 5,000 이하인 것을 말한다.

③ **초저온용기** : -50℃ 이하의 액화가스를 충전하기 위한 용기로서 단열재를 피복하거나 냉동설비로 냉각시키는 등의 방법으로 용기 내의 가스온도가 상용 온도를 초과하지 아니하도록 한 것을 말한다.

④ **충전용기** : 고압가스의 충전질량 또는 충전압력의 2분의 1 이상이 충전되어 있는 상태의 용기를 말한다.

⑤ **잔가스용기** : 고압가스의 충전질량 또는 충전압력의 2분의 1 미만이 충전되어 있는 상태의 용기를 말한다.

⑥ **처리능력** : 처리설비 또는 감압설비에 의하여 압축·액화나 그 밖의 방법으로 1일에 처리할 수 있는 가스의 양(0℃, 게이지압력 0Pa의 상태를 기준으로 한다. 이하 같다)을 말한다.

⑦ **방호벽** : 높이 2m 이상, 두께 12cm 이상의 철근콘크리트 또는 이와 같은 수준 이상의 강도를 가지는 구조의 벽을 말한다.

(2) 저장능력 산정기준[별표 1]

① 압축가스 저장탱크 및 용기

$$Q = (10P+1)V_1$$

> **예제**
>
> 내용적이 50L, 압력이 12MPa이고 용기 본수는 12개일 때 압축가스의 저장능력은 몇 m3인가?
>
> 압축가스의 저장능력 $Q = (10P+1)V_1 = (10 \times 12 + 1) \times 0.5\text{m}^3 = 60.5\text{m}^3$
>
> ∴ $6.05\text{m}^3 \times 12 = 726\text{m}^3$

제3과목

가스 안전관리

- **제1장** 고압가스 안전관리
- **제2장** 액화석유가스의 안전관리
- **제3장** 도시가스 안전관리

(16) 가스미터의 표시

① 계량식의 체적
  ㉮ MAX 1.5m³/hr : 사용 최대 유량(1.5m³/hr)
  ㉯ 0.5L/rev : 계량실의 일주기의 체적(0.5L)
② 검정 공차 : ±1.5%
③ 사용 공차 : 검정 기준에서 정하는 최대허용오차의 2배 값
④ 가스미터 설치 장소
  ㉮ 통풍이 양호한 곳이어야 한다.
  ㉯ 화기와 습기에서 멀리 떨어져 있고 청결하며 진동이 없는 곳이어야 한다.
  ㉰ 화기와 2m 이상의 우회 거리를 유지해야 한다.
  ㉱ 가스계량기와 전기계량기 및 전기개폐기와의 거리는 60cm 이상, 굴뚝·전기점멸기 및 전기접속기와의 거리는 30cm 이상, 절연 조치를 하지 아니한 전선과의 거리는 15cm 이상의 거리를 유지해야 한다.
  ㉲ 일광, 비 또는 눈에 직접 접촉하지 말아야 한다.
  ㉳ 검침이 용이한 장소이어야 한다.
  ㉴ 바닥으로부터 1.6~2.0m 이내에 수직, 수평으로 설치한다.
  ㉵ 가능한 한 배관의 길이가 짧고, 꺾이지 않도록 위치해야 한다.
  ㉶ 가스미터의 입구 배관에는 드레인밸브를 부착해야 한다.
  ㉷ 부착 및 교환 작업이 용이해야 한다.

(17) 자동제어계의 제어 동작에 의한 분류 시 연속 동작의 종류

① 비례동작
② 적분동작
③ 미분동작
④ 정특성
  ㉮ 히스테리시스 오차 : 같은 측정량이라도 지시가 큰 쪽에서 계측한 경우와 지시가 작은 쪽에서 계측한 경우에 계측기를 따라 지시에 차가 생기는데 이때 지시값의 차이다.
⑤ 동특성

> **참고** ① **인터록기구** : 가연성 가스의 제조설비에서 오조작되거나 정상적인 제조를 할 수 없는 경우에 자동적으로 원재료의 공급을 차단시키는 등 제조설비 내의 제조를 제어할 수 있는 장치
> ② **인터록** : 한쪽 조건이 충족되지 않으면 다른 제어는 정지되는 자동제어방식

(14) 액면의 측정 방법

① 직접식 액면계
  ㉮ 게이지글라스(직관식)계 액면계
  ㉯ 검척식 액면계
  ㉰ 부자(플로트)식 액면계 : 구조가 간단하고 고압, 고온 밀폐탱크의 압력까지 측정이 가능하며 가장 널리 사용된다.

② 간접식 액면계
  ㉮ 압력식 액면계

 예제

어떤 액의 비중을 측정하였더니 2.5이었다. 이 액의 액주 5m의 압력은 몇 kg/cm²인가?

풀이 $P = S \times H$
여기서, S(비중 : 2.5kg/L), H(높이 : 6m)

$P = \dfrac{2.5}{1,000} \text{kg/cm}^3 \times 500\text{cm}$

$\quad = 1.25 \text{kg/cm}^2$

※ 1L = 1,000cm³ 이다.

  ㉯ 햄프슨식(차압식) 액면계 : 압력의 차로써 액면을 측정하는 것으로 초저온 저장탱크의 측정에 많이 사용된다.
  ㉰ 방사선식 액면계
  ㉱ 초음파식 액면계
  ㉲ 슬립튜브식 액면계 : 대형저장탱크 내를 가는 스테인리스관으로 상하로 움직여 관 내에서 분출하는 가스 상태와 액체 상태의 경계면을 찾아 액면을 측정하는 액면계이다.

> **참고** 액면계로부터 가스가 방출되었을 때 인화 또는 중독의 우려가 없는 가스에만 사용할 수 있는 액면계
> 고정튜브식, 회전튜브식, 슬립튜브식

(15) 가스미터의 분류

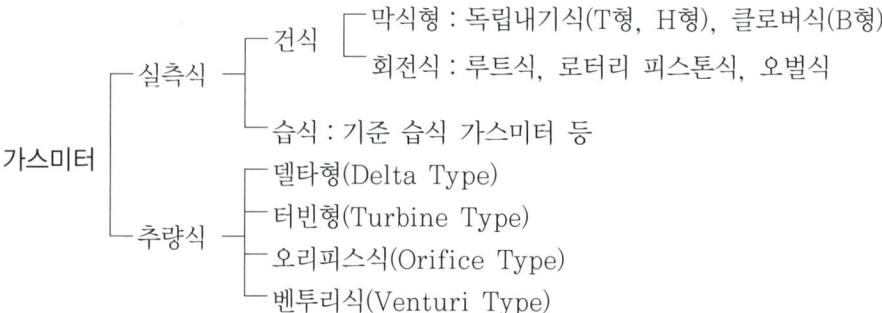

④ 색온도계
  ㉮ 온도와 색과의 관계

온도(°C)	600	800	1,000	1,200	1,500	2,000	2,500
색	어두운색	붉은색	오렌지색	노란색	눈부신 황백색	매우 눈부신 흰색	푸른기가 있는 흰빛색

(13) 유량 측정 방법

종류 ┌ 직접법 : 습식 가스미터, 피스톤형 계량계, 회전원판형 계량계
     └ 간접법 : 피토관, 오리피스미터, 벤투리미터, 로터미터

① 오리피스미터(Orifice Meter) : 베르누이의 정리의 원리를 이용한 것
  ㉮ 특징
    ㉠ 제작이 간단하고 교환이 쉽다.
    ㉡ 설치 장소가 협소해도 좋으며, 고압에 적당하다.
    ㉢ 유체의 압력손실이 크다. 침전물이 생성되며 내구성이 작다.
  ㉯ 유량을 측정할 때 갖추어야 하는 조건
    ㉠ 관로가 수평일 것
    ㉡ 정상류 흐름일 것
    ㉢ 관 속에 유체가 충만되어 있을 것
    ㉣ 유체의 전도 영향이 작을 것
② 피토관식 유량계 : 베르누이정리의 원리를 이용한 것으로 유속이 일정한 장소에서 전압과 정압의 차이를 측정하여 속도수두에 따른 유속을 구하여 유량을 측정하는 형식

예제

원통형의 관을 흐르는 물의 중심부의 유속을 피토관으로 측정하였더니 수주의 높이가 10m이었다. 이때 유속은 약 몇 m/sec인가?

풀이 $V = \sqrt{2gh} = \sqrt{2 \times 9.8 \times 10} = 14 \text{m/sec}$

③ 초음파 유량계 : 도플러효과를 이용하여 유량을 측정

예제

유체가 5m/sec의 속도로 흐를 때 이 유체의 속도수두는 약 몇 m인가? (단, 중력가속도는 9.8/sec² 이다.)

풀이 $V^2 = 2gh$에서 $h = \dfrac{V^2}{2g}$ 이므로, $h = \dfrac{5^2}{2 \times 9.8} = 1.28 \text{m}$

(11) 접촉식 온도계

① 유리제 온도계
　㉮ 수은온도계
　㉯ 알코올유리온도계
　　• 측정 범위 : $-100~200°C$
　㉰ 베크만온도계 : 미세한 온도차를 측정할 수 있다.
　㉱ 유점온도계
② 바이메탈온도계
③ 압력식 온도계
④ 전기식 온도계
⑤ 열전대온도계 : 2종 금속의 양끝의 온도차에 따른 열기전력을 이용하여(제백효과) 온도를 측정하는 온도계
　㉮ C.A 열전대[크로멜(Ni-Cr)-알루멜] : K형
　　• 측정 범위 : $-20~1,200°C$
　㉯ P.R 열전대(백금-백금 로듐) : R형
　　• 측정 범위 : $0~1,700°C$
　㉰ I.C 열전대(철-콘스탄탄) : J형
　　• 측정 범위 : $-20~800°C$
　㉱ C.C 열전대(구리-콘스탄탄) : T형
　　• 측정 범위 : $-180~350°C$

> **참고** 보호관의 구비 조건
> ① 압력에 견디는 힘이 강할 것
> ② 외부 온도 변화를 열전대에 전하는 속도가 빠를 것
> ③ 보호관 재료가 열전대에 유효한 가스를 발생시키지 않을 것
> ④ 고온에서도 변형되지 않고 온도의 급변에도 영향을 받지 않을 것

⑥ 게겔법
⑦ 서모컬러

(12) 비접촉식 온도계

① 방사온도계 : 스테판-볼츠만의 법칙을 이용하여 측정 물체에서 방사되는 전방사에너지를 렌즈 또는 반사경을 이용하여 온도를 측정한다.
② 광고온도계 : 비접촉식 중 가장 정확한 온도 측정이 가능하며, 휴대 및 취급이 용이하다.
③ 광전관온도계

   ⓒ 단관식(상형) 압력계
   ⓒ 경사관식 압력계
 ② 링 밸런스식 압력계
 ③ 자유 피스톤식 압력계

> **예제**
>
> 자유 피스톤식 압력계에서 추와 피스톤의 무게가 15.7kg일 때 실린더 내의 액압과 균형을 이루었다면 게이지압력은 몇 kg/cm²가 되겠는가? (단, 피스톤의 지름은 4cm이다.)
>
> **풀이** $A = \dfrac{D^2 \times \pi}{4} = \dfrac{4^2 \times 3.14}{4} = 12.57 \text{cm}^2$
>
> $\therefore \dfrac{15.7 \text{kg}}{12.57 \text{cm}^2} = 1.25 \text{kg/cm}^2$

 ④ 침종식 압력계 : 아르키메데스의 원리를 이용한 것으로 종 모양과 같이 생긴 플로트를 액체 속에 담근 것으로 압력이 낮은 기체의 압력 측정에 적당하다.

(10) 2차 압력계

 ① 탄성식 압력계 : 물체에 힘을 가하면 변형이 생긴다. 이 후크의 법칙에 의해 작용하는 힘과 변형이 비례하는 원리를 이용하는 압력계이다.
  ㉮ 부르동관(Bourdon) 압력계

> **예제**
>
> 부유 피스톤형 압력계에서 실린더 지름 5cm, 추와 피스톤의 무게가 130kg일 때 이 압력계에 접속된 부르동관의 압력계 눈금이 7kg/cm²를 나타내었다. 이 부르동관 압력계의 오차는 약 몇 %인가?
>
> **풀이** 부유 피스톤압력$(P) = \dfrac{W}{V} = \dfrac{130 \text{kg}}{\dfrac{\pi}{4}D^2} = 6.62 \text{kg/cm}^2$
>
> 오차율(%) $= \dfrac{\text{부르동관압력} - \text{부유 피스톤압력}}{\text{부유 피스톤압력}} \times 100 = \dfrac{7 - 6.62}{6.62} \times 100 = 5.7\%$

  ㉯ 벨로즈(Bellows) 압력계
  ㉰ 다이어프램(Diaphragm) 압력계 : 고점도 액체나 부유 현탁액의 유체압력 측정, 부식성 유체의 측정에 가장 적당하다.
 ② 전기식 압력계
  ㉮ 전기저항 압력계 : 초고압용이나 특수한 목적에 사용되는 압력계이다.
  ㉯ 피에조(Piezo) 전기 압력계 : 가스폭발이나 급속한 압력변화를 측정하는데 유효하다.
  ㉰ 스트레인 게이지

② 질량분석법
③ 적외선 분광분석법 : 수소, 산소, 질소, 염소 등 2원자 분자는 적외선을 흡수하지 않으므로 분석이 불가능하다.
④ 전기량에 의한 적정법 : 패러데이 법칙의 원리를 이용하여 전기분해에 필요한 전기량에서 분석하는 방법이다.

> **참고** OMD
> 도로에 매설된 도시가스배관의 누출 여부를 검사하는 장비로서 적외선 흡광 특성을 이용한 가스누출 검지기

⑤ 저온 정밀 증류법

(8) 압력의 측정 방법 및 분류

① 사용시 주의 사항

㉮ 정기적으로 점검한다.
㉯ 압력계의 정확한 눈금을 확인하기 위하여 압력계의 눈금판을 조작자의 눈높이보다 약간 높게 한다.
㉰ 가스의 종류에 적합한 압력계를 선정한다.
㉱ 압력의 도입이나 배출을 서서히 행한다.

(9) 1차 압력계

① 액주식 압력계(Manometer)

㉮ 액체의 구비 조건

㉠ 항상 액면은 수평으로 만들어야 한다.
㉡ 온도 변화에 의한 밀도의 변화가 작아야 한다.
㉢ 점도, 팽창계수가 작아야 한다.
㉣ 모세관현상이 없어야 한다.
㉤ 화학적으로 안정되고, 휘발성, 흡수성이 작아야 한다.

㉯ 종류

㉠ U자관식 압력계

> **예제**
> 수은을 이용한 U자관 압력계에서 액주 높이(h) 600mm, 대기압(P_1)은 1kg/cm²일 때 P_2는 약 몇 kg/cm²인가?
>
> **풀이** $P_2 = P_1 + \rho h$
> 여기서, ρ : 액비중량(kg/m³)
> h : 액주 높이 차
> $P_2 = 1\text{kg/cm}^2 + 13.6 \times 0.06 = 1.82\text{kg/cm}^2$

(6) 화학분석법

① 용량분석법(적정법)
  ㉮ 중화적정법
  ㉯ 산화, 환원 적정법
  ㉰ 침전적정법
  ㉱ 킬레이트적정법
② 중량분석법
③ 흡광광도법
  • Lambert-Beer법칙
    ㉠ 흡광도는 층장의 두께에 비례한다.
    ㉡ 흡광도는 용액의 농도에 비례한다.
    ㉢ 투광도는 용액의 농도에 반비례한다.
    ㉣ 투광도는 층장의 두께에 반비례한다.

(7) 기기분석법

① 가스크로마토그래피법

> **참고** 가스크로마토그래피의 구성 요소
> 1. 컬럼
> 2. 검출기
> 3. 기록계

  ㉮ 종류
    ㉠ 흡착 크로마토그래피
    ㉡ 분배 크로마토그래피
      운반 가스 : 헬륨, 수소, 아르곤, 질소 등

> **참고** 기체 크로마토그래피
> 도시가스의 유해 성분을 측정하기 위한 도시가스 품질검사의 성분 분석을 한다.

  ㉯ 가스누출 검출기의 종류 및 특징
    ㉠ 열전도형 검출기(TCD)
    ㉡ 수소염 이온화식 검출기(FID) : 수소 불꽃을 이용하여 탄화수소의 누출을 감지할 수 있는 것
    ㉢ 전자포획 이온화 검출기(ECD) : 원리로는 방사선으로 운반 가스가 이온화되고, 생긴 자유전자를 시료 성분이 포획하면 이온전류가 감소하는 것을 이용하고, 할로겐 및 산소화합물에서의 감응이 최고, 탄화수소는 감도가 나쁘다.
    ㉣ 임열 이온화 검출기(FTD)
    ㉤ 염광광도 검출기(FPD)

③ 안전등형 : 주로 탄광 내에서 CH_4의 발생을 검출하는 데 사용되며 청염(푸른 불꽃)의 길이로써 그 농도를 알 수 있는 가스검지기
④ 반도체식 검지기

(4) 흡수분석법

① 오르자트(Orsat)법
　㉮ 가스 성분에 따른 흡수제
　　㉠ CO_2 : 수산화칼륨(KOH) 30% 수용액
　　㉡ O_2 : 알칼리성 피로갈롤 용액
　　㉢ CO : 암모니아성 염화제일구리($CuCl_2$) 용액(알칼리성 용액)
　　㉣ N_2 : 전부 흡수되고 남는 것을 질소(N_2)로 계산

② 헴펠(Hempel)법
　㉮ 가스 흡수액은 다음 표와 같다.

가스 성분	흡수액
CO_2	33% KOH 용액
C_mH_n	발연 황산
O_2	알칼리성 피로갈롤 용액
CO	암모니아성 염화제1동 용액

③ 게겔(Gockel)법
　㉮ 주로 저급 탄화수소의 분석용에 사용된다.
　㉯ 분석 순서는 $CO_2 \rightarrow C_2H_2 \rightarrow C_3H_6$(또는 $n-C_4H_8$) $\rightarrow C_2H_4 \rightarrow O_2 \rightarrow CO$의 순으로 된다.

(5) 연소분석법

① 폭발법
② 완만연소(적열 백금, 우인클러)법
③ 분별연소법
　㉮ 팔라듐관연소법 : 수소(H_2) 가스 분석방법
　㉯ 산화구리법

> **참고** 연소배기가스 분석 목적
> ① 연소가스 조성을 알기 위하여
> ② 연소가스 조성에 따른 연소 상태를 파악하기 위하여
> ③ 열정산 자료를 얻기 위하여

③ 배류법
④ 강제배류법

> **참고** **금속침투법**
> 강의 표면에 타 금속을 침투시켜 표면을 경화시키고 내식성, 내산화성을 향상시키는 것
> ① 세라다이징 ② 칼로라이징 ③ 크로마이징 ④ 실리코나이징 ⑤ 보로나이징

5 가스 계측 기기

(1) 계측 기기의 구비 조건

① 설치 장소 및 주위 조건에 대한 내구성이 클 것
② 설비비 및 유지비가 적게 들 것
③ 구조가 간단하고 취급, 보수가 쉬울 것
④ 원거리 지시 및 기록이 가능할 것

> **참고** **계측과 제어의 목적**
> ① 작업 조건의 안전화
> ② 고효율화
> ③ 안전위생 관리

(2) 검지 가스와 시험지

시험지	검지 가스	반응색
KI 전분지	할로겐(Cl_2), NO_2, ClO	청~갈색으로 변함
리트머스지	산성가스, 염기성가스	적색으로 변함, 청색으로 변함
염화제1동 착염지	C_2H_2	적갈색으로 변함
하리슨 시험지	$COCl_2$	심등색
염화팔라듐지	CO	흑색으로 변함
초산납 시험지(연당지)	H_2S	회~흑색으로 변함
질산구리벤젠지(초산벤젠지)	HCN	청색으로 변함

(3) 가연성가스 검출기

① 열선형
② 간섭계형 : 가연성가스의 굴절률 차이를 이용하여 농도를 측정한다. 메탄 및 가연성가스 측정에 이용된다.

⑭ 슬리브형

⑮ 벨로스형

㉻ 스위블형

㉼ 상온 스프링 : 열의 영향에 의해 배관이 자유롭게 팽창하는 것을 예측하여 시공 시에 배관 길이를 약간 짧게 하여 강제로 배관하는 것을 말하며, 이 경우 절단 길이는 계산에서 얻은 자유 팽창량의 1/2 정도이다.

> **참고** 주철관에 대한 접합법
> ① 기계적 접합 ② 소켓접합 ③ 빅토리접합

(6) 저장탱크 및 충전용기

① 지중식 저장탱크(inground storage tank) : 액화천연가스(LPG) 저장탱크 중 액화천연가스의 최고 액면을 지표면과 동등 또는 그 이하가 되도록 설치하는 형태의 저장탱크

② 초저온용기 : $-50℃$ 이하인 액화가스를 충전하기 위한 용기

③ 용기용 밸브
  ㉮ 용기용 밸브의 충전구 형식
    ㉠ A형 : 가스충전구가 수나사인 것
    ㉡ B형 : 가스충전구가 암나사인 것
    ㉢ C형 : 가스충전구가 나사가 없는 것
  ㉯ 충전구의 나사 방향
    ㉠ 가연성가스 : 왼나사(단, 암모니아, 브롬화메탄은 오른나사)
    ㉡ 가연성가스를 제외한 것 : 오른나사

(7) 부식 속도에 영향을 미치는 인자

① 내부인자 : 금속재료의 조성, 조직, 구조, 전기화학적 특성, 표면 상태, 응력 상태, 온도, 기타

② 외부인자 : 부식액의 조성, pH(수소이온농도), 용존 가스농도, 온도, 유동 상태, 생물수식 기타

(8) 전기 방식의 종류

① 유전(희생)양극법

② 외부전원법
  ㉮ 땅속의 애노드에 강제전압을 가하여 피방식 금속제를 캐소드로 하는 전기 방식법
  ㉯ 도시가스배관의 설치에서 직류 전철 등에 의한 누출전류의 영향을 받는 배관의 가장 적합한 전기 방식

4 가스설비

(1) 기계적 성질
① 피로 : 반복하중에 의해 재료의 저항력이 저하하는 현상
② 크리프(Creep) : 재료가 일정 온도 이상에서 응력이 작용할 때 시간이 경과함에 따라 변형이 증대되고 때로는 파괴되는 현상

> **참고** 피로파괴 : 재료에 인장과 압축하중을 오랜 시간 반복적으로 작용시키며 그 응력이 인장강도보다 작은 경우에도 파괴되는 현상

(2) 저온장치용 금속재료
① 저온장치용 재료 선정시 가장 중요하게 고려해야 하는 사항 : 저온취성에 의한 충격치의 감소
② 저온장치 재료로서 가장 우수한 것 : 9% 니켈강

(3) 오토클레이브(Auto Clave)
① 교반형
② 진탕형
③ 회전형
④ 가스교반형 : 공업적으로 레페반응장치 등에 채택되고 있는 형식

(4) 고압밸브
① 스톱밸브 : 유체의 흐름에 대한 개폐 또는 유량의 조정 목적으로 사용된다.
② 글로브밸브 : 손잡이를 돌리면 원통형의 페지밸브가 상하로 올라가고 내려가 밸브 개폐를 함으로써 폐쇄가 양호하고 유량조절이 양호한 밸브이다.
③ 체크밸브 : 유체의 흐름방향을 한 방향으로만 흐르게 하는 밸브이다.

(5) 고압 조인트
① 배관용 조인트
② 다방조인트
③ 신축조인트
  ㉮ 루프형 : 설치 시 공간을 많이 차지하며 신축에 따른 응력을 수반하나 고압에 잘 견뎌 고온, 고압용 옥외 배관에 많이 사용되는 신축이음쇠

(5) 가스액화분리장치의 구성 3요소

① 한랭발생장치 : 냉동사이클과 액화사이클을 응용한 장치
② 정류장치
③ 불순물제거장치

(6) 진공 단열법

① 고진공 단열법
② 분말진공 단열법 : 충진용 분말로는 샌다셀, 펄라이트, 규조토, 알루미늄분말 등이 사용된다.
③ 다층진공 단열법 : 양면 간에 복사방지용 실드판으로서의 알루미늄박과 스페이서로서의 글라스울을 서로 다수 포개어 고진공 중에 둔 단열법이다.

(7) 공기액화분리장치의 주요 구성 요소

① 공기압축기
② 팽창밸브
③ 열교환기

> **예제**
>
> 공기액화분리기에서 이산화탄소 7.2kg을 제거하기 위해 필요한 건조제(NaOH)의 양은 약 몇 kg인가?
>
> **풀이** 공기 중의 탄산가스는 가성소다 용액에 흡수하여 제거한다.
>
> $2NaOH \;+\; CO_2 \;\rightarrow\; Na_2CO_3 + H_2O$
> $2 \times 40\text{kg} \qquad 44\text{kg}$
>
> $x(\text{kg}) \qquad 7.2\text{g}$
>
> $\therefore x = \dfrac{2 \times 40 \times 7.2}{44} = 13\text{kg}$

 ① 공기액화분리장치의 내부 세정액 : 사염화탄소
② 공기액화분리장치에 들어가는 공기 중에 아세틸렌가스가 혼입되면 안 되는 주된 이유 : 분리기 내의 액체산소의 탱크 내에 들어가 폭발하기 때문에
③ 아르곤가스의 원자가 : 0

(8) 공기액화분리장치의 폭발의 원인

① 공기 취입구에서 아세틸렌의 침입(분리기 내의 액체산소가 탱크 내에 들어가 폭발하기 때문에)
② 압축기용 윤활유의 분해에 따른 탄화수소의 생성
③ 공기 중에 있는 산화질소(NO), 과산화질소(NO_2) 등의 질화물의 혼입
④ 액체공기 중의 오존(O_3) 혼입

(3) 냉동장치

① 1냉동톤 : 0°C의 순수한 물 1톤을 24시간 사이에 0°C의 얼음으로 냉동시키는 능력

> **예제**
>
> 20RT의 냉동능력을 갖는 냉동기에서 응축온도가 30°C, 증발온도가 −25°C일 때 냉동기를 운전하는 데 필요한 냉동기의 성적계수(COP)는 약 얼마인가?
>
> **풀이** 냉동기의 성적계수 $(COP)_R = \dfrac{T_2}{T_1 - T_2} = \dfrac{273 - 25}{(273+30) - (273-25)} = 4.5$
>
> COP : Coefficient Of Performance Refrigerato

② 냉매의 구비 조건
- ㉮ 응축압력이 너무 높지 않아야 한다.
- ㉯ 증발압력이 너무 낮지 않아야 한다.
- ㉰ 응고점이 낮아야 한다.
- ㉱ 임계온도는 상온보다 될수록 높아야 한다.
- ㉲ 증발열이 커야 하고, 증기의 비체적이 작아야 한다.
- ㉳ 증기의 비열은 크고, 액체의 비열은 작아야 한다.
- ㉴ 단위 냉동량당 소요동력이 작아야 한다.
- ㉵ 안정성이 있어야 한다.
- ㉶ 부식성이 없어야 하고, 무해, 무독이어야 한다.
- ㉷ 인화폭발의 위험성이 없어야 한다.
- ㉸ 윤활유에는 되도록 녹지 않아야 하며 전열계수가 작아야 한다.
- ㉹ 증기 및 액체의 점성이 작아야 한다.

(4) 냉동사이클

① 카르노사이클 : 열기관의 사이클로서 가장 효율을 높일 수 있는 방법이다.

> **참고** 카르노사이클의 특징
> 1. 같은 온도의 열저장소 사이에서 작동하는 기관 중에서는 가역사이클로 작동되는 기관의 열효율이 가장 좋다.
> 2. 임의의 두 개 온도의 열저장소 사이에서 가역사이클인 카르노사이클로 작동되는 기관은 모두 같은 열효율을 가진다.
> 3. 같은 두 열저장소 사이에서 작동되는 가역사이클인 카르노사이클의 열효율은 동작 물질에 관계없으며, 두 열저장소의 온도에만 관계된다.

② 증기압축 냉동사이클

> **참고** 1. 증기압축식 냉동기에서 냉매가 순환되는 경로 : 압축기 → 응축기 → 팽창밸브 → 증발기
> 2. 증기압축식 냉동기에서 실제적으로 냉동이 이루어지는 곳 : 증발기

㉯ 발생 방지법
  ㉠ 실린더 라이너의 외부를 냉각한다.
  ㉡ 흡입관 지름을 크게 하거나 펌프의 설치 위치를 낮춘다.
  ㉢ 흡입배관을 단열 처리한다.
  ㉣ 흡입 관로를 청소하거나 모터의 회전수를 줄인다.

3 저온장치

(1) 단열교축팽창

① 줄-톰슨 효과 : 단열팽창시키면 온도가 강하한다는 원리

> **참고**
> 1. 단열과정 : 열역학적 계(System)가 주위와의 열교환을 하지 않고 진행되는 과정
> 2. 단열변화는 엔트로피의 변화가 없다.

(2) 가스액화사이클

> **참고** 임계온도(Critical Temperature)
> 가스를 액화시킬 수 있는 최고의 온도

① 린데(Linde)식 공기액화사이클
② 클로우드(Claude)식 액화사이클
③ 캐피자(Kapitza)식 액화사이클
④ 필립스(Philips)식 액화사이클 : 수소, 헬륨을 냉매로 사용한 냉동방식
⑤ 캐스케이드(Cascade)식 액화사이클 : 비점이 점차 낮은 냉매를 사용하여 저비점의 기체 메탄을 액화시키는 사이클

> **참고** 가스액화분리장치 중 축냉기 특징
> ① 열교환기이다.
> ② 수분을 제거시킨다.
> ③ 탄산가스를 제거시킨다.

(7) 펌프에서 발생하는 이상 현상

① 캐비테이션(Cavitation)
  ㉮ 정의 : 유체 중에 그 액온이 증기압보다 압력이 낮은 부분이 생기면 주로 임펠러의 입구에서 발생하는 현상
  ㉯ 발생 방지법
    ㉠ 펌프의 회전수를 낮춘다.
    ㉡ 펌프의 위치는 흡수면에 가깝게 한다.
    ㉢ 흡입양정을 작게 한다.
    ㉣ 흡입관의 배관을 간단하게 한다.
    ㉤ 흡입관의 직경을 크게 한다.
    ㉥ 흡입관 내면의 마찰저항을 작게 한다.
    ㉦ 스트레이너의 통수 면적이 큰 것을 사용한다.
    ㉧ 규정량 이상의 토출량을 내지 말아야 한다.
    ㉨ 유효 흡입양정을 계산하여 펌프 형식, 회전수, 흡입 조건을 결정한다.
    ㉩ 펌프의 설치 위치를 낮게 한다.
  ㉰ 발생에 따라 일어나는 현상
    ㉠ 효율 곡선이 저하한다.
    ㉡ 소음과 진동이 발생한다.
    ㉢ 깃에 대한 침식이 발생한다.
② 맥동(Surging)현상 : 펌프를 운전할 때 송출압력과 송출유량이 주기적으로 변동하여 펌프의 토출구 및 흡입구에서 압력계의 지침이 흔들리는 현상
③ 수격작용(Water Hammering)
  ㉮ 정의 : 배관 속을 흐르는 액체의 속도를 급격히 변화시키면 물이 관벽을 치는 현상
  ㉯ 발생 방지법
    ㉠ 관 내의 유속을 느리게 한다.
    ㉡ 펌프의 플라이휠을 설치하여 펌프의 속도가 급변하는 것을 막는다.
    ㉢ 주압 수조(Surge Tank)를 관선에 설치한다.
    ㉣ 밸브는 펌프 송출구 가까이에 설치하고, 밸브는 적당히 제어한다.
④ 베이퍼록(Vapor-rock)
  ㉮ 정의 : 저비등점 액체 등을 이송할 때 펌프의 입구 쪽에서 발생하는 현상으로 일종의 액체의 끓는 현상에 의한 동요

② **상사법칙** : 유량, 양정, 축동력은 그 회전속도가 변화한 경우에는 다음과 같이 비례식이 성립한다.

$$\frac{Q_1}{Q_2} = \frac{N_1}{N_2}$$

$$\frac{H_1}{H_2} = \left(\frac{N_1}{N_2}\right)^2$$

$$\frac{L_1}{L_2} = \left(\frac{N_1}{N_2}\right)^3$$

예제

1. 2,000rpm으로 회전하는 펌프를 3,500rpm으로 변환하였을 경우 펌프의 유량과 양정은 각각 몇 배가 되는가?

   풀이 펌프의 유량 = $\frac{Q_1}{Q_2} = \frac{N_1}{N_2} = \frac{3,500}{2,000} = 1.75$

   펌프의 양정 = $\frac{H_1}{H_2} = \left(\frac{N_1}{N_2}\right)^2 = \left(\frac{3,500}{2,000}\right)^2 = 3.06$

2. 펌프의 회전수를 1,000rpm에서 1,200rpm으로 변화시키면 동력은 약 몇 배가 되는가?

   풀이 $L_2 = L_1 \times \left(\frac{N_2}{N_1}\right)^3 = L_1 \times \left(\frac{1,200}{1,000}\right)^3 = L_1 \times 1.73$ ∴ 1.73배

   여기서, L_1, L_2 : 변경 전, 후의 동력
   N_1, N_2 : 변경 전, 후의 회전수

(6) 축봉장치

① 메커니컬 실

　㉮ 내장형(인사이드형)

　㉯ 외장형(아웃사이드형)

　㉰ 싱글 실형

　㉱ 더블 실형

　㉲ 언밸런스 실

　㉳ 밸런스 실형 : 내압이 0.4~0.5MPa 이상이고, LPG나 액화가스와 같이 낮은 비점의 액체일 때 사용되는 터보식 펌프의 메커니컬 실 형식 LPG, 액화가스와 같은 저비점의 액체에 가장 적합한 펌프의 축봉장치

(4) 펌프의 종류 및 특성

① 터보식 펌프

㉮ 원심(센트리퓨걸)펌프 : 시동하기 전에 프라이밍이 필요한 펌프로 직렬 연결 시 양정이 증가하며, 유량이 일정하다.

> **참고** 프라이밍(Priming)
> 펌프 속 및 펌프의 흡입배관 속에 물이 없으면 펌프가 회전을 시작해도 양수가 되지 않는 경우가 많다. 이것을 방지하기 위해 미리 펌프 속이나 흡입배관 속에 물을 주입함과 동시에 내부의 공기를 배출하는 조작

　㉠ 터빈펌프
　㉡ 볼류트펌프

㉯ 사류펌프

㉰ 축류펌프

② 용적식 펌프

㉮ 왕복식 펌프의 종류 : 피스톤펌프, 플런저펌프, 다이어프램펌프

> **참고** 구밸브 : 왕복펌프에 사용하는 밸브 중 점성액이나 고형물이 들어 있는 액에 적합한 밸브

㉯ 회전식 펌프 종류 : 기어펌프, 나사펌프, 베인펌프

> **참고** 기어 펌프
> 구조에 따라 외치식, 내치식, 편심 로터리식 등이 있으며 베이퍼록현상이 일어나기 쉽다.

③ 특수펌프

① 재생펌프
② 제트펌프
③ 기포펌프
④ 수격펌프

(5) 펌프의 성능 계산

① 소요동력(kW)

예제

양정 90m, 용량 90m³/h인 송수 펌프의 소요동력은 약 몇 kW인가? (단, 펌프의 효율은 60%이다.)

 소요동력(kW) $= \dfrac{\gamma QH}{102\eta}$

$= \dfrac{1{,}000 \times 90 \times \dfrac{1}{3{,}600} \times 90}{102 \times 0.6}$

$= 36.8$

④ 무급유압축기

> 참고
> ① 압축기에서 두압이란 피스톤 상부의 압력이다.
> ② 압축기가 과열운전되는 원인
>   ㉮ 압축비 증대
>   ㉯ 윤활유 부족
>   ㉰ 냉동부하의 증대
>   ㉱ 냉매량 부족

(2) 윤활유

① 각종 가스압축기의 내부 윤활유

압축가스명	윤활유
공기압축기	양질의 광유(디젤 엔진유)
산소압축기	물 또는 10% 이하의 묽은 글리세린수
염소압축기	진한 황산
아세틸렌압축기	양질의 광유
수소압축기	양질의 광유 또는 고점도 순광물 섬유
염화메탄(메틸글로라이드)압축기	화이트유
이산화황(아황산)가스압축기	화이트유, 정제된 용제 터빈유
LP가스압축기	식물성유

> 참고 압축기의 실린더를 냉각할 때 얻는 효과
> 1. 압축효율이 증가되어 동력이 감소한다.
> 2. 윤활 기능이 향상되고 적당한 점도가 유지된다.
> 3. 윤활유의 탄화나 열화를 막는다.
> 4. 체적효율이 증가한다.

(3) 펌프(Pump)

액체에 에너지를 주어 이것을 저압부에서 고압부로 송출하는 기계이다.

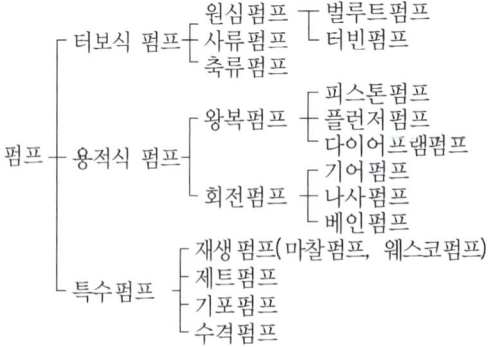

2. 방지법
　㉠ 배관의 경사를 완만하게 한다.
　㉡ 가이드 베인을 컨트롤하여 풍량을 감소시킨다.
　㉢ 회전수를 적당하게 변화시킨다.
　㉣ 교축밸브를 기계에 가까이 설치한다.
　㉤ 토출가스를 흡입측에 바이패스시키거나 방출밸브에 의해 대기로 방출시킨다.

② 용적형 압축기
　㉮ 왕복동(식) 압축기

> **참고** 커넥팅로드 : 왕복식 압축기에서 피스톤과 크랭크 샤프트를 연결하여 왕복운동을 시키는 역할을 하는 것

　㉯ 다단압축기
　　㉠ 다단압축의 목적
　　　ⓐ 가스의 온도상승 방지　　ⓑ 소요 일량의 감소
　　　ⓒ 이용효율의 증대　　　　ⓓ 힘의 평형 향상
　　㉡ 다단압축비$(r) = \sqrt[z]{\dfrac{P_2}{P_1}}$

예제

흡입압력이 대기압과 같으며 최종압력이 16kgf/cm²·g인 4단 공기압축기의 압축비는 약 얼마인가? (단, 대기압은 1kgf/cm²로 한다)

풀이 다단압축비$(r) = \sqrt[z]{\dfrac{P_2}{P_1}} = \sqrt[4]{\dfrac{16\text{kgf/cm}^2}{1\text{kgf/cm}^2}} = 2$

여기서, Z : 단수, P_1 : 흡입압력(kgf/cm²), P_2 : 최종압력(kgf/cm²)

③ 나사압축기(Screw Compressor)

예제

나사압축기에서 수로터의 직경 150mm, 로터 길이 100mm, 회전수 350rpm이라고 할 때 이론적 토출량은 약 몇 m³/min인가? (단, 로터 형상에 의한 계수 C_v는 0.476이다.)

풀이 $Q_{th} = \dfrac{C_v \times D^2 \times L \times N}{60}$

여기서, Q_{th} : 이론 토출량(m³/s)
　　　　D : 암로터 길이(m)
　　　　L : 로터 길이(m)
　　　　N : 수로터 회전수(rpms)
　　　　C_v : 로터 모양에서 결정되는 상수

∴ $Q_{th}(\text{m}^3/\text{min}) = \dfrac{0.476 \times 0.15^2 \times 0.1 \times 350}{60} \times 60 = 0.37485 ≒ 0.37$

㉯ 지구 정압기의 종류

종류	특징
Reynolds식	• Unloading형이다. • 본체는 복좌밸브로 되어 있어 상부에 다이어프램을 가진다. • 정특성은 아주 좋으나, 안전성은 떨어진다. • 다른 형식에 비하여 크기가 크다.
Fisher식	• Loading형이다. • 구동압력이 증가하면 개조도 증가하는 방식이다. • 정특성, 동특성이 양호하다. • 비교적 콤팩트한 구조이다.
Axialflow식	• 변칙 Unloading형이다. • 정특성, 동특성이 양호하다. • 고차압이 될수록 특성이 좋아진다. • 극히 콤팩트하다.

> **참고** 파일럿식 정압기
> 언로딩형과 로딩형이 있으며, 대용량이 요구되고 유량제어 범위가 넓은 경우에 적합한 정압기

㉰ 정압기의 설치 기준
  ㉠ **정압기의 분해점검** : 정압기는 설치 후 2년에 1회 이상 분해점검을 실시하되 1주일에 1회 이상 작동상황을 점검해야 한다.
  ㉡ **압력기록장치** : 정압기 출구에는 가스의 압력을 측정, 기록할 수 있는 장치를 설치한다.
  ㉢ **불순물제거** : 정압기의 입구에는 불순물제거장치를 설치한다.

2 압축기 및 펌프

(1) 압축기의 종류 및 특성

① **터보형 압축기** : 고속 회전하는 임펠러의 원심력에 의해 속도 에너지를 압력 에너지로 바꾸어 압축하는 형식

> **참고** 1. 서징현상(터보 압축기에서 주로 발생할 수 있는 현상)
> 펌프가 운전 중에 한숨을 쉬는 것과 같은 상태가 되어 토출구 및 흡입구에서 압력계의 바늘이 흔들리며 동시에 유량이 변화하는 현상

㉔ **선화** : 염공에서의 가스의 유출속도가 연소속도보다 커서 염공에 접하여 연소하지 않고 염공을 떠나 공간에서 연소하는 현상이다.

> **참고** **염공부하** : 안정된 불꽃으로 완전연소를 할 수 있는 염공의 단위면적당 인풋(input)

(4) 도시가스설비

① **저압공급방식** : 가스 공장에서 직접 수용가의 사용압력으로 공급하는 방식
② **중압공급방식** : 가스 공장에서 일단 중압으로 송출하여 공급 구역 내에 배치한 정압기에 의해 저압으로 정압하여 수용가에 공급하는 방식
③ **고압공급방식** : 1MPa 이상으로, 원거리 지역에 대량의 가스를 공급하기 위하여 사용되는 방식

> **참고** 도시가스 배관의 접합방법 중 강관의 접합방법
> ① 나사접합
> ② 용접접합
> ③ 플랜지접합

(5) 도시가스 공급시설

① **가스홀더(Gas Holder)** : 가스 수요의 급격한 변화에 대하여 제조량과 수요량을 조절하고, 정제된 가스의 품질을 균일하게 유지하기 위해 가스를 일단 저장하였다가 공급하기 위한 압력탱크이다.
② **압송기** : 도관을 통하는 가스를 더 높은 압력으로 압송시키기 위하여 사용되는 것
③ **정압기(Governer)** : 가스의 공급압력이 극히 제한된 영역에서 고압에서 중압으로, 중압에서 저압으로 감압하여 사용 기구에 맞는 적당한 압력으로 감압하여 공급하기 위하여 사용되는 것이다.
  ㉮ 정압기 선정 시 유의 사항
    ㉠ 정압기의 내압성능 및 사용최대차압
    ㉡ 정압기의 용량
    ㉢ 정압기의 용도
    ㉣ 1차 압력과 2차 압력 범위
    ㉤ 가스 성분

> **참고** 히스테리시스(Hysteresis) 효과
> 유량이 증가됨에 따라 가스가 송출될 때 출구측 배관의 마찰로 인하여 압력이 약간 저하되는 상태

㉯ 외경과 내경의 비가 1.2 이상인 경우

$$t = \frac{D}{2}\left(\sqrt{\frac{\frac{f}{S}+P}{\frac{f}{S}-P}} - 1\right) + C$$

여기서, t : 배관의 두께(mm)
P : 상용압력(MPa)
D : 내경에서 부식여유에 상당하는 부분을 뺀 부분의 두께(mm)
f : 재료의 인장강도 규격 최소치(N/mm^2)
C : 관 내면의 부식여유치 수치(mm)
S : 안전율

⑦ 연소방식의 분류
㉮ 적화식 버너
㉯ 분젠식 버너
㉰ 세미분젠식 버너
㉱ 전 1차 공기식 버너

참고
① 가스버너의 일반적인 구비조건
㉮ 화염이 안정될 것
㉯ 저공기비로 완전연소할 것
㉰ 제어하기 쉬울 것
② 세라믹버너를 사용하는 연소기에 가버너를 반드시 부착한다.

⑧ 연소기구에서 발생하는 이상현상
㉮ 리프팅(Lifting) : 염공에서의 가스 유출속도가 연속속도보다 크게 되었을 때, 가스는 염공에 접하여 연소하지 않고, 염공을 떠난 상태에서 연소하는 현상이다. 리프팅의 원인은 다음과 같다.
㉯ 블로 오프(Blow-off) : 불꽃의 주위 특히, 불꽃의 기저부에 대한 공기의 움직임이 세어지면 불꽃이 노즐에서 정착하지 않고 떨어지게 되어 꺼져버리는 현상이다.
㉰ 역화(Flash Back) 원인
㉠ 부식에 의한 염공이 크게 되었을 때
㉡ 노즐의 구경이 너무 크게 된 경우
㉢ 콕이 충분히 열리지 않았을 때
㉣ 가스의 압력이 너무 낮을 때
㉤ 버너 위에 큰 용기를 올려서 장시간 사용할 경우
㉥ 버너의 위에 직접 탄을 올려서 불을 붙일 경우

④ 중·고압 배관

$$Q = K\sqrt{\frac{D^5(P_1^2 - P_2^2)}{S \cdot L}} \text{ 에서 } D^5 = \frac{Q^2 \cdot S \cdot L}{K^2(P_1^2 - P_2^2)}$$

여기서, Q : 가스 유량(m³/h)
D : 관의 안지름(cm)
L : 관의 길이(m)
S : 가스의 비중(공기를 1로 한 경우)
K : 유량계수(코크스의 계수=52.31)
P_1 : 초압(kgf/cm² a)
P_2 : 종압(kgf/cm² a)

⑤ 배관에서의 응력 및 진동 원인
㉮ 전단응력 원인
㉠ 열팽창
㉡ 내부압력
㉢ 냉간 가공
㉣ 용접
㉤ 배관 재료의 무게
㉥ 배관 부속물 등

⑥ 배관의 두께 계산
㉮ 외경과 내경의 비가 1.2 미만일 경우

$$t = \frac{P \cdot D}{2 \cdot \frac{f}{S} - P} + C$$

예제

사용압력 15MPa, 배관 내경 15mm, 재료의 인장강도 480N/mm², 관 내면 부식여유 1mm, 안전율 4, 외경과 내경의 비가 1.2 미만인 경우 배관의 두께는?

풀이 배관의 두께 계산에서 외경과 내경의 비가 1.2 미만인 경우

$$t = \frac{PD}{2 \cdot \frac{f}{S} - P} + C$$
$$= \frac{15 \times 15}{2 \times \frac{480}{4} - 15} + 1$$
$$= 2$$

⑭ 배관공구 및 장비
  ㉠ 파이프 리머 : 파이프 커터로 강관을 절단하면 거스러미(burr)가 생긴다. 이것을 제거하는 공구이다.
  ㉡ 파이프 바이스 : 관의 절단, 나사절삭 조립 시에 관을 고정한다.
③ LP가스 배관 내의 압력 손실
  ㉮ 마찰저항에 의한 압력 손실
    ㉠ 유속의 2승에 비례한다.
    ㉡ 관 내경의 5승에 반비례한다.
  ㉯ 배관의 입상(수직 방향)에 의한 압력 손실

예제

공급가스인 천연가스 비중이 0.6이라 할 때 45m 높이의 아파트 옥상까지의 압력 손실은 약 몇 mmH$_2$O인가?

풀이 입상 배관에 의한 압력 손실
$$H = 1.293(1-S)h = 1.293 \times (1-0.6) \times 45 = 23.3 \text{mmH}_2\text{O}$$

④ 유량 계산
  ㉮ 저압배관

$$Q = K\sqrt{\frac{D^5 H}{S \cdot L}} \text{에서} \quad D^5 = \frac{Q^2 \cdot S \cdot L}{K^2 \cdot H}$$

여기서, Q : 가스 유량(m^3/h)
　　　　D : 관의 안지름(cm)
　　　　L : 관의 길이(m)
　　　　S : 가스의 비중(공기를 1로 한 경우)
　　　　H : 압력 손실(mmAq)
　　　　K : 유량계수(폴의 상수=0.707)

예제

가스 유량 2.03kg/h, 관의 내경 1.61cm, 길이 20m의 직관에서의 압력 손실은 약 몇 mm 수주인가? (단, 온도 15℃에서 비중 1.58, 밀도 2.04kg/m^3, 유량계수 0.436이다.)

풀이 $Q = K\sqrt{\dfrac{D^5 H}{SL}}$

$$H = \frac{Q^2 SL}{D^5 K^2} = \frac{(0.995)^2 \times 1.58 \times 20}{(1.61)^5 \times (0.436)^2} = 15.2 \text{mmH}_2\text{O}$$

여기서, $G = eAV = eQ$

$$Q = \frac{G}{e} = \frac{2.03 \text{kg/h}}{2.04 \text{kg/m}^3} = 0.995 \text{m}^3/\text{h}$$

④ 강관의 종류 및 특징

종 류	규격 기호	특 징
압력배관용 탄소강관	SPPS	350℃ 이하의 온도에서 압력 1~10MPa까지의 LPG 및 도시가스의 고압관에 사용한다.
고압배관용 탄소강관	SPPH	350℃ 이하, 압력이 10MPa 이상의 고압관에 사용한다.
저온배관용 탄소강관	SPLT	빙점 이하 낮은 온도에서 사용되며, LPG 탱크, 저온에서도 인성이 감소되지 않는 화학 공업 배관 등에 주로 사용한다.

> **참고**
> ① 배관용 탄소강관에 아연(Zn)을 도금하는 주된 이유 : 내식성을 증대하기 위해
> ② 도시가스의 고압배관에 사용되는 관재료 : 압력배관용 탄소강관
> ③ 도시가스의 고압배관에 사용되는 관재료
>   ㉮ 압력배관용 탄소강관
>   ㉯ 고압배관용 탄소강관
>   ㉰ 고온배관용 탄소강관

④ 관 이음쇠
  ㉠ 캡 : 관 끝을 막을 때 사용한다.
  ㉡ 플랜지 : 유니언 대용으로 사용할 수 있다.

④ 보온재
  ㉠ 보온재의 종류 및 안전사용온도

종류	안전사용온도
글라스 파이버	825℃
플라스틱 폼	158℃
규산칼슘	650℃
세라믹 파이버	1,000~1,430℃

  ㉡ 배관용 보온재의 구비요건
    ⓐ 장시간 사용온도에 견디며 변질되지 않을 것
    ⓑ 가공이 균일하고 비중이 작을 것
    ⓒ 시공이 용이하고 열전도율이 클 것
    ⓓ 흡습, 흡수성이 작을 것

④ 곡관부의 실제 절단길이(l)

$$l = 2\pi r \times \frac{\theta}{360}$$

여기서 l : 곡관의 실제 절단길이, r : 곡률반지름, θ : 각도

예제

곡률반지름(r)이 50mm일 때 90° 구부림 곡선길이는 얼마인가?

풀이 $l = 2\pi r \times \dfrac{\theta}{360}$, $l = 2 \times 3.14 \times 50 \times \dfrac{90}{360} = 78.55$mm

> **참고** 감압가열방식
> LPG 기화장치의 작동원리에 따른 구분으로 저온의 액화가스를 조정기를 통하여 감압한 후 열교환기에 공급해 강제 기화시켜 공급하는 방식

(3) LP가스 사용설비

① 조정기(Regulator)
  ㉮ 1단 감압식 조정기
    ㉠ 단단 감압식 준저압조정기 : 조정기의 조정압력이 3.3MPa 이상 30kPa까지 여러 종류가 있으며, LP가스를 생활용 이외에 공급하는 경우에 사용한다.
  ㉯ 2단 감압식 조정기
    ㉠ 2단 감압식 1차 조정기(중압조정기)
      ⓐ 조정기의 입구압력 : 0.1~1.56MPa
      ⓑ 조정기의 출구압력 : 0.057~0.083MPa
    ㉡ 2단 감압식 2차 조정기
      ⓐ 조정기의 입구압력 : 0.01(0.025)~0.1MPa
      ⓑ 조정기의 출구압력 : 수주 2.3~3.3kPa
  ㉰ 자동 교체식(절체식) 조정기
    ㉠ 자동 교체식 조정기의 사용 시 장점
      ⓐ 전체 용기 수량이 수동식보다 적어도 된다.
      ⓑ 잔액이 거의 없어질 때까지 소비된다.
      ⓒ 용기 교환 주기의 폭을 넓힐 수 있다.
      ⓓ 분리형을 사용하면 1단 감압식 조정기의 경우보다 배관의 압력 손실을 크게 해도 된다.

② 배관설비
  ㉮ 스케줄번호(Schedule Number) : 파이프의 두께를 나타내는 번호이며, 번호가 클수록 파이프의 두께가 두껍다.

> **예제**
>
> 사용압력 2MPa인 관의 인장강도가 20kg/mm²일 때의 스케줄번호(Sch. No)는? (단, 안전율은 4로 한다.)
>
> **풀이** 허용응력(kg/mm²) = $\dfrac{\text{인장강도(kgf/mm}^2)}{\text{안전율}}$ = $\dfrac{20}{4}$ = 5
>
> 스케줄 번호(Sch. No) = $100 \times \dfrac{P}{S}$ = $100 \times \dfrac{2}{5}$ = 40

1 LP가스 및 도시가스설비

(1) LP가스 이송설비
① 압력차(차압)에 의한 방법
② 펌프에 의한 방법
③ 압축기에 의한 방법
 ㉮ 장점
  ㉠ 펌프에 비해 이송시간이 짧다.
  ㉡ 잔가스 회수가 용이하다.
  ㉢ 베이퍼록현상이 없고, 조작이 간단하다.
 ㉯ 단점
  ㉠ 저온에서 부탄가스가 재액화된다.
  ㉡ 압축기의 오일이 탱크로 들어가 드레인의 원인이 된다.

> **참고** **사방밸브**: 압축기의 부속장치로서 토출측과 흡입측을 전환시키며 액송과 가스 회수를 한 동작으로 할 수 있는 것

(2) LP가스의 공급방식
① **자연기화방식**: 용기 내의 LP가스가 대기 중의 열을 흡수하여 기화하는 가장 간단한 방식으로 비교적 소량 소비처에 사용한다.
② **강제기화방식**
 ㉮ 용기 또는 탱크에서 액체의 LP가스를 기화기에 의하여 기화하는 방식이다.
 ㉯ 공급가스의 종류
  ㉠ 생가스 공급방식
  ㉡ 공기 혼합가스 공급방식

예제

LPG(C_4H_{10}) 공급방식에서 공기를 3배 희석했다면 발열량은 약 몇 kcal/Sm³가 되는가? (단, C_4H_{10}의 발열량은 30,000kcal/Sm³으로 가정한다.)

풀이 희석 시 발열량 = 발열량 $\times \dfrac{1}{1+\text{희석 배수}} = 30{,}000 \times \dfrac{1}{1+3} = 7{,}500\,\text{kcal/Sm}^3$

  ㉢ 변성가스 공급방식

제2과목

가스 장치 및 기기

- **제1장** LP가스 및 도시가스설비
- **제2장** 압축기 및 펌프
- **제3장** 저온장치
- **제4장** 가스설비
- **제5장** 가스 계측 기기

㉯ 구비 조건
  ㉠ 화학적으로 안정하고 독성 및 부식성이 없을 것
  ㉡ 일상생활의 냄새와 확연히 구분될 것
  ㉢ 극히 낮은 농도에서도 냄새가 확인될 수 있을 것
  ㉣ 가스관이나 가스미터에 흡착이 잘되지 않을 것
  ㉤ 배관 내의 상용 온도에서 응축하지 않을 것
  ㉥ 물에 녹지 않고 토양에 대한 투과성이 좋을 것
  ㉦ 연소 후 냄새나 유해한 성질이 남지 않을 것
  ㉧ 가격이 저렴할 것
  ㉨ 도관을 부식시키지 않을 것
  ㉩ 연료가스 연소시 완전연소될 것
⑨ 부취제의 주입 방법
  ㉮ 액체주입식
    ㉠ 펌프 주입 방식
    ㉡ 적하 주입 방식 : 부취제 주입 용기를 가스압으로 밸런스시켜 중력에 의해서 부취제를 가스 흐름 중에 주입하는 방식
    ㉢ 미터연결 바이패스 방식
⑩ 냄새 측정방법
  ㉮ 오더(odor)미터법
  ㉯ 주사기법
  ㉰ 냄새주머니법

> **참고**
> ① 도시가스는 무색무취이기 때문에 누출 시 중독 및 사고를 미연에 방지하기 위하여 부취제를 첨가하는데 그 첨가 비율의 용량이 0.1% 상태에서 냄새를 감지할 수 있어야 한다.
> ② 압축도시가스 자동차 충전의 냄새 첨가 장치에서 냄새가 나는 물질의 공기 중 혼합비율 : 공기 중 혼합비율이 용량의 1,000분의 1

④ 정유가스(Refinery Gas) : 주성분 H_2+CH_4이다.
⑤ 액화석유가스(LPG ; Liquefied Petroleum Gas)
  ㉮ 직접법 : LP가스를 그대로 또는 공기를 혼합시킨 상태로 공급하는 방식이다.
  ㉯ 간접법 : LP가스를 다른 도시가스에 혼입하여 공급하는 방식이다.
  ㉰ 개질법 : LP가스를 도시가스에 그대로 혼입하면 연소성에서 볼 때 한계가 있으므로 이 한계 이상으로 혼입하는 경우에 가스의 성분을 개질하여 메탄, 수소, 일산화탄소 등으로 바꾸어 혼입한다.
⑥ 대체(합성)천연가스(SNG ; Substitude Natural Gas) : 천연가스 이외의 석탄, 원유, 나프타, LPG 등의 각종 탄화수소 원료에서 천연가스의 물리적, 화학적 성질과 거의 일치하는 가스를 제조한 가스이다.

> **참고** 1. **바이오가스** : 도시가스 중 음식물 쓰레기, 가축 분뇨, 하수 슬러지 등 유기성 폐기물로부터 생성된 기체를 정제한 가스로서 메탄이 주성분인 가스
> 2. **국내 도시가스 연료로 사용되고 있는 LNG와 LPG(+air)의 특성**
>   ① 모두 무색, 무취이나 누출할 경우 쉽게 알 수 있도록 냄새 첨가제(부취제)를 넣고 있다.
>   ② LNG는 냉열 이용이 가능하나, LPG(+air)는 냉열 이용이 가능하지 않다.
>   ③ 연소 시 필요한 공기량은 LNG가 LPG보다 적다.

⑦ 도시가스의 제조
  ㉮ 열분해 공정
  ㉯ 접촉분해 공정
    ㉠ 저온수증기 개질법 : 촉매를 사용하여 사용온도 400~800°C에서 탄화수소와 수증기를 반응시켜 수소, 메탄, 일산화탄소, 탄산가스 등의 저급 탄화수소로 변환시키는 프로세스이다.
  ㉰ 수소화분해 공정
  ㉱ 부분연소 공정
  ㉲ 대체천연 공정

> **참고** 도시가스 측정 사항 중 반드시 측정하는 것
>   ① 연소성 ② 압력 ③ 열량

⑧ 부취제
  ㉮ 종류
    ㉠ TBM : 내산화성이 우수하고 양파 썩는 냄새
    ㉡ THT : 석탄가스 냄새
    ㉢ DMS : 마늘 냄새
  ㉯ 토양 투과성의 크기 : DMS > TBM > THT

> 참고 ① 디스펜서(Dispenser) : LP가스 충전소에서 용기에 일정량의 LP가스를 충전하는 충전기기
> ② 차량에 고정된 탱크의 안전운행을 위하여 차량을 점검할 때의 점검순서 : 원동기 → 브레이크 → 조향장치 → 바퀴 → 시운전

(2) 도시가스

① 나프타(Naphtha)
  ㉮ P : 파라핀계 탄화수소
  ㉯ N : 나프텐계 탄화수소
  ㉰ O : 올레핀계 탄화수소
  ㉱ A : 방향족계 탄화수소

> 참고 나프타 부생가스 : 도시가스 중 에틸렌, 프로필렌 등을 제조하는 과정에서 부산물로 생성되는 가스로서, 메탄이 주성분인 가스

② 천연가스(NG ; Natural Gas)
  ㉮ 주성분은 메탄(69~99%)이다.
  ㉯ 발열량은 약 9,500~10,500kcal/m³ 정도이며 LPG에 비해 작다.
  ㉰ 천연가스는 메탄을 주성분으로 하는 화석연료이며, 저장 방법에 따라 다음과 같이 분류한다.
    ㉠ 압축천연가스(CNG ; Compressed Natural Gas) : 시내버스의 연료로 사용된다.
    ㉡ 액화천연가스(LNG ; Liquefied Natural Gas)
    ㉢ 흡착천연가스(ANG ; Adsorbed Natural Gas)

> 참고 천연가스의 주성분인 메탄(CH_4)은 1kg당 0℃, 1기압에서 기체상태로 1.4m³이며 이것을 -162℃, 1기압으로 액화하면 체적이 0.0024m³로 되어 약 $\frac{1}{600}$로 줄어든다.

예제

천연가스의 발열량이 10,400kcal/Sm³이다. SI 단위인 MJ/Sm³으로 나타내면?

풀이 1kcal=1,000cal=4.2kJ
여기서 10,400×4.2=43,680
∴ 43,680÷1,000=43.68MJ/Sm³

③ 액화천연가스(LNG ; Liquefied Natural Gas)
  ㉮ 천연에서 산출한 천연가스를 약 -162℃까지 냉각하여 액화시킨 것이다.
  ㉯ LNG로부터 기화한 가스는 메탄이 주성분이며, 액화 시 체적이 $\frac{1}{600}$ 정도로 감소하고, 발열량은 9,500~11,000kcal/Nm³ 정도로 열량이 높아 도시가스의 열량을 높일 수 있다.

> 참고 ① 국내 일반 가정에 공급되는 도시가스(LNG)의 발열량은 1,100kcal/m³이다.(단, 도시가스 월 사용예정량의 산정기준에 따른다.)
> ② BOG(Boil Off Gas)란 : LNG 저장 중 열의 침입으로 발생한 가스

> **참고** ① 가정에서 액화석유가스(LPG)가 누출될 때 가장 쉽게 식별할 수 있는 방법 : 냄새로써 식별한다.
> ② 액화석유가스는 공기 중의 혼합 비율의 용량이 $\frac{1}{1,000}$ 상태에서 감지할 수 있도록 냄새가 나는 물질을 섞어 용기에 충전한다.
> ③ 겨울철 LP가스 용기 표면에 성에가 생겨 가스가 잘 나오지 않을 경우 : 열습포를 사용한다.

③ LP가스의 일반적인 연소 특성

㉮ 공기 중에서 쉽게 연소 폭발하므로 연소 시 다량의 공기가 필요하다.

$C_3H_8 + 5O_2 \rightarrow 3CO_2 + 4H_2O$

$2C_4H_{10} + 13O_2 \rightarrow 8CO_2 + 10H_2O$

예제

프로판가스 224L가 완전연소하면 약 몇 kcal의 열이 발생되는가?(단, 표준상태 기준이며, 1mol당 발열량은 530kcal이다.)

풀이 1mol=22.4L, $\frac{224}{22.4}$ =10mol

∴ 10 × 530 = 5,300kcal

㉯ 발열량이 크다.
㉰ 발화(착화)온도가 높다. **예** C_3H_8 : 460~520℃
㉱ 폭발(연소)범위가 좁고, 하한이 낮다.
㉲ 연소속도가 늦다.

> **참고** LP가스가 불완전 연소되는 원인
> ① 공기 공급량이 부족할 때
> ② 가스의 조성이 맞지 않을 때
> ③ 가스기구 및 연소기구가 맞지 않을 때

④ LP가스 자동차의 연료

㉮ 장점
  ㉠ 완전연소로 발열량이 높고 청결하다.
  ㉡ 균일하게 연소되므로 엔진 수명이 연장된다.
  ㉢ 배기가스의 독성이 가솔린보다 작다.
  ㉣ 공해가 작다.
  ㉤ 가솔린에 비하여 LP가스는 가격이 저렴하여 경제적이다.
  ㉥ 기관의 부식 및 마모가 작다.

㉯ 단점
  ㉠ LP가스의 용기가 있어야 하므로 중량과 장소가 더 필요하다.
  ㉡ 시동이나 급속한 가속이 어렵다.
  ㉢ 누설 가스가 차 내에 침입하지 않도록, 트렁크와 차실 간을 완전히 밀폐하여야 한다.

ㄹ 용기가 열에 노출되면 폭발할 수 있다.
㉓ 이황화탄소(CS_2)
　㉮ 성질
　　㉠ 순수한 것은 무색 투명하고 통상 불순물이 있기 때문에 황색을 띠며 불유쾌한 냄새가 난다.
　　㉡ 인화온도가 약 $-30°C$이고 발화 온도가 매우 낮아 전구 표면이나 증기 파이프 등의 열에 의해 발화한다.
㉔ 염화수소(HCl)
　㉮ 용도
　　㉠ 강판이나 강재의 녹 제거
　　㉡ 조미료 제조
　　㉢ 향료, 염료, 의약 등의 중간물 제조

4 LP가스 및 도시가스

(1) LP가스

① 주성분 : 메탄(CH_4), 에탄(C_2H_6), 프로판(C_3H_8), 부탄(C_4H_{10})
② LP가스의 일반적인 특성
　㉮ 순수한 것은 색깔이 없고, 냄새도 없다.
　㉯ 액체는 무색, 투명하며 물에 잘 녹지 않으나 알코올, 에테르에 용해되며, 석유류 또는 동·식물유, 천연고무를 잘 용해시킨다.
　㉰ 기체는 공기보다 무겁다.
　㉱ 액체는 물보다 가볍다.
　㉲ 상온, 상압에서 기체이나 가압이나 냉각을 통해 액화가 가능하다.
　㉳ 기화가 용이하며, 기화하면 체적이 현저히 증가한다.
　㉴ 증발잠열(기화열)이 크기 때문에 냉매로도 이용하며, 액체가 피부에 닿으면 동상의 우려가 있다.
　㉵ 온도 변화에 따른 액팽창률이 크다.
　㉶ 동일 온도하에서 프로판은 부탄보다 증기압이 높다.
　㉷ 공기와 혼합시켜 도시가스 원료로도 사용된다.

⑰ 불화수소(HF)
  ㉮ 성질 : 불화수소산(HF)은 모래(SiO_2), 유리(Na_2SiO_3) 등을 부식시키므로 유리병에 보관해서는 안 된다.

⑱ 이산화황(SO_2)
  ㉮ 물리적 성질
    ㉠ 유독성이 있으며, 무색의 자극성 냄새를 가졌다.
    ㉡ 압력을 가하면 쉽게 액화하여 액체 아황산이 된다.
  ㉯ 화학적 성질
    ㉠ 물에 잘 녹아 아황산이 되며, 액성은 약산성이다.
    ㉡ 아황산가스의 재해제는 가성소다수용액, 탄산소다수용액이다.

⑲ 프레온(freon)
  ㉮ 성질
    ㉠ 상온에서 무색, 무취의 기체이다.
    ㉡ 불연성이고, 독성도 없다.
    ㉢ 가압에 의해 액화되기 쉽고, 증발잠열이 크다.

  > 참고 ① CCl_2F_2 : 냉매로 사용되며 무독성인 기체
  >   ② 프레온 냉매가 실수로 눈에 들어갔을 경우 눈 세척에 사용되는 약품 : 붕산용액

  > 참고 헤라이드 토치를 사용하여 프레온의 누출 검사를 할 때의 색깔
  > 설비나 장치 및 용기 등에서 취급 또는 운용되고 있는 통상의 온도

정상 시	청색	다량 누설	자색
소량 누설	녹색	더욱 다량	꺼짐

⑳ 브롬화수소(HBr)
  ㉮ 물리적 성질 : 강한 자극성이 있는 무색의 기체로 독성가스이다.
  ㉯ 화학적 성질
    ㉠ 유기물 등과 격렬하게 반응한다.
    ㉡ 가열시 폭발 위험성이 있다.

㉑ 염화메탄(CH_3Cl)
  ㉮ 물리적 성질 : 무색의 기체로 유독한 가스이다.
  ㉯ 화학적 성질 : 염화메틸을 사용하는 배관에는 알루미늄 합금을 사용하지 못한다.

㉒ 브롬화메탄(CH_3Br)
  ㉮ 성질
    ㉠ 무색, 뮈취의 가연성이며, 독성가스이다.
    ㉡ 공기중에 10vol% 존재시 폭발의 위험이 없다.
    ㉢ 알루미늄을 부식하므로 알루미늄 용기에 보관할 수 없다.

④ 화학적 성질

　　㉠ 에틸렌은 2중 결합을 가지고 있고, 각종 첨가반응을 일으킨다.

　　㉡ 수소부가 : 300℃의 온도와 니켈 촉매 존재하에서 에틸렌에 수소를 부가시키면 에탄이 된다.

㉱ 용도 : 폴리에틸렌의 제조, 산화에틸렌의 제조, 초산비닐의 제조

⑭ 이산화탄소(O_2)

㉮ 물리적성질

　　㉠ 무색·무취의 기체로 공기보다 무거우며, 공기 중에 약 0.03% 정도 함유되어 있다.

　　㉡ 불연성이며, 상온에서 액화가 가능하다.

　　㉢ 액체 탄산가스를 냉각 또는 급격히 기화시키면 고체 탄산인 드라이아이스를 얻는다.

⑮ 일산화탄소(CO)

㉮ 물리적 성질

　　㉠ 공기보다 가볍고 무색, 무취 가스이다.

　　㉡ 독성이 강하고 연료의 불완전연소에 의한 중독사고의 원인이 된다.

㉯ 화학적 성질

　　㉠ 철족의 금속과 반응하여 금속 카르보닐을 생성한다.

　　　　$Ni + 4CO \rightarrow Ni(CO)_4$(니켈카르보닐)

　　　　$Fe + 5CO \rightarrow Fe(CO)_5$(철카르보닐)

　　㉡ 공기보다 약간 가벼우므로 수상치환으로 포집한다.

㉰ 제법

　　㉠ 실험실 제법 : 개미산이나 옥살산에 진한 황산을 넣고 가열하여 만든다.

　　② 공업적 제법 : 적열한 코크스에 수증기를 통과시켜 만든다.

　　　　$C + H_2O \rightarrow CO + H_2$

㉱ 용도

　　㉠ 메탄올 합성

　　㉡ 포스겐 원료

　　㉢ 개미산이나 화학공업 원료

㉲ 취급 시 주의 사항

　　㉠ 보일러 중독 사고의 주원인이다.

　　㉡ 혈액 속의 헤모글로빈과 작용하여 산소의 운반력을 저하시킨다.

⑯ 불소(F_2)

㉮ 물리적 성질 : 담황색이며, 특유의 자극성을 가진 유독한 기체이다.

㉯ 화학적 성질

　　㉠ 활성이 강한 원소로 거의 모든 원소와 화합한다.

　　㉡ 수소와 냉암소에서도 폭발적으로 반응한다.

⑨ 포스겐($COCl_2$)
  ㉮ 화학적 성질
    ㉠ 가열하면 일산화탄소와 염소로 분해한다.
    ㉡ 수산화나트륨에는 빨리 흡수된다.
  ㉯ 취급 시 주의 사항
    ㉠ 환기시설을 갖추어 작업한다.
    ㉡ 누출 시 용기가 부식되는 원인이 되므로 약간의 누출에도 주의한다.
⑩ 황화수소(H_2S)
  ㉮ 물리적 성질
    ㉠ 계란 썩는 냄새를 내고, 화산의 분기 중에 함유되고 또 유황천에서 물이 녹아 용출한다.
    ㉡ 인화성이 아주 강하다.
⑪ 희가스(noble gas), 불활성가스, 비활성 기체
  ㉮ 성질
    ㉠ 상온에서 무색, 무미, 무취의 기체이며 단원자 분자이다.
    ㉡ 방전관에 넣어 방전시키면 특유의 색을 낸다.

[희가스를 충전한 방전관의 발광색]

기 체	He	Ne	Ar	Kr	Xe	Rn
발광색	황백색	주황색	적색	녹자색	청자색	청록색

  ㉯ 용도
    ㉠ 아르곤은 전구나 형광등의 방전관 봉입용 가스로 사용한다.
    ㉡ 헬륨은 가스 크로마토그래프 분석용 캐리어 가스 및 부양 기구의 수소 대체용으로 사용한다.
⑫ 메탄(CH_4)
  ㉮ 물리적 성질
    ㉠ 무색, 무취의 기체로 잘 연소하며 공기보다 가볍다.
    ㉡ 유전가스, 탄광가스 및 수용성 천연가스와 같은 천연가스의 주성분이다.
  ㉯ 화학적 성질 : 공기 중에서 파란색 불꽃을 내며 탄다.
    $$CH_4 + 2O_2 \rightarrow CO_2 + 2H_2O$$
⑬ 에틸렌(C_2H_4)
  ㉮ 물리적 성질
    ㉠ 무색, 독특한 감미로운 냄새를 갖고 있는 기체로 올레핀(Olefin)계의 가장 간단한 탄화수소이다.
    ㉡ 물에는 거의 용해되지 않으며, 알코올, 에테르에는 잘 용해된다.

ⓐ 다공질물
- 다공질물의 종류로는 규조토, 석면, 목탄, 산화철, 석회, 탄화마그네슘, 다공성 플라스틱 등이 있다.
- 다공도(%) = $\dfrac{(V-E)}{V} \times 100$

  여기서, V : 다공질물의 용적
  E : 아세톤 침윤잔용적(침윤되지 아니한 아세톤의 잔량)
  다공도는 75% 이상 92% 미만

예제

다공물질 내용적이 100m³, 아세톤의 침윤잔용적이 20m³일 때 다공도는 몇 %인가?

풀이 $100 - 20 = 80\,\text{m}^3$

다공도 = $\dfrac{80}{100} \times 100 = 80\%$

ⓑ 다공질물의 구비 조건
- 고다공도일 것
- 가스 충전이 쉬울 것
- 경제적일 것
- 가스 공급이 용이할 것
- 기계적 강도가 클 것
- 안전성이 있을 것
- 화학적으로 안정할 것

ⓒ 충전 작업
- 충전 중의 압력은 온도 여하를 불문하고 2.5MPa 이하로 하여야 하며, 2.5MPa 이상의 압력으로 할 때는 희석제를 첨가한다.
- **희석제** : 메탄(CH_4), 일산화탄소(CO), 수소(H_2), 프로판(C_3H_8), 질소(N_2), 에틸렌(C_2H_4), 탄산가스(CO_2)를 사용한다.
- 충전 후 24시간 정치하여야 한다.

참고 아세틸렌(C_2H_2)은 축열식 반응기를 사용하여 제조한다.

㈐ 취급 시 유의 사항
㉠ 가스 출구 동결 시 열습포 또는 40℃ 이하의 물로 녹인다.
㉡ 산소 용기와 같이 저장하지 않는다.

⑧ 산화에틸렌(C_2H_4O)
㈑ **중합폭발** : 산, 알칼리, 금속(철, 주석, 알루미늄)의 염화물, 산화철, 산화알루미늄 등에 의해 쉽게 중합을 일으키므로 폭발의 위험이 있다.
㈒ **분해폭발** : 열이나 충격 등에 의해 폭발을 일으킬 위험이 있다.

참고 분해폭발 : 히드라진

ⓛ 15℃에서 물에는 1.1배 정도 녹지만, 아세톤에는 25배 녹는다.

[아세틸렌의 성질]

구 분	성 질
폭발범위	2.5~81%
착화온도(℃)	335℃

㉭ 화학적 성질
  ㉠ 화합폭발 : Ag, Hg, Cu, Mg과 치환반응을 하여 폭발성의 금속 아세틸리드를 형성한다.

  > **참고** 아세틸리드 : 폭발성이 예민하므로 마찰 및 타격으로 격렬히 폭발하는 물질

  ㉡ 분해폭발 : $C_2H_2 \rightarrow 2C + H_2 + 54.2kcal$
  ㉢ 산화폭발 : $2C_2H_2 + 5O_2 \rightarrow 4CO_2 + 2H_2O + 624.8kcal$

㉰ 제법

  탄화칼슘에 물을 가하면 아세틸렌이 발생한다.

  $CaC_2 + 2H_2O \rightarrow Ca(OH)_2 + C_2H_2$

  > **참고** 카바이드(CaC_2) 저장 및 취급 시의 주의 사항
  > ① 습기가 있는 곳을 피할 것
  > ② 보관 드럼통은 조심스럽게 취급할 것
  > ③ 저장실은 통풍을 양호하게 할 것
  > ④ 인화성, 가연성 물질과 혼합하여 적재하지 말것

㉱ 아세틸렌 제조 공정
  ㉠ 가스 발생 방식
    ⓐ **주수식** : 카바이드에 물을 넣는 방법
    ⓑ **접촉(침지)식** : 물과 카바이드를 소량씩 접촉시키는 방법
    ⓒ **투입식** : 물에 카바이드를 넣는 방법. 습식 아세틸렌가스 발생기의 표면 온도는 70℃ 이하로 유지한다.
  ㉡ 가스청정기 : 에퓨렌(Epurene), 카탈리솔(Catalysol), 리가솔(Rigasol) 등이 있다.
  ㉢ 아세틸렌압축기 : 아세틸렌 충전 시는 온도 여하를 불문하고, 2.5MPa 이상 압력을 올리지 않는다.
  ㉣ 역화방지기 : 아세틸렌의 고압건조기와 충전용 교체 밸브 사이의 배관과 아세틸렌 충전용 지관에 각각 설치하며, 역화방지기 내부에는 보통 페로실리콘이나 모래 또는 물을 넣는다.
  ㉤ 충전 : 아세틸렌가스는 가압하면 분해폭발하므로 용기의 내부에 미세한 공간을 가진 다공물질에, 아세톤(CH_3COCH_3)이나 디메틸포름아미드(DMF)를 침윤시킨다.

예제

하버-보시법으로 암모니아 44g을 제조하려면 표준상태에서 수소는 약 몇 L가 필요한가?

풀이 하버-보시법

$N_2 + 3H_2 \rightarrow 2NH_3 + 24kcal$

$3 \times 22.4L \qquad\qquad 2 \times 17g$

$x(L) \qquad\qquad\qquad 44g$

$x = \dfrac{3 \times 22.4 \times 44}{2 \times 17}$

$x = 87L$

참고 암모니아의 검출 방법
① 자극성 냄새
② 붉은 리트머스시험지를 푸르게 변화시킨다.
③ 진한 염산에 접촉하면 흰 연기(NH_4Cl)를 낸다.
④ 네슬러시약에 의해 노란색으로 되고, NH_4^+이 많으면 적갈색 침전이 된다.

㉣ 취급 시 주의 사항 : 취급 시 피부에 닿았을 경우 다량의 물로 세척 후 붕산수를 바른다.

⑥ 시안화수소(HCN)
㉮ 물리적 성질
㉠ 액체는 무색투명하고 복숭아 향을 가진 맹독성가스로 쉽게 액화된다.
㉡ 오래된 시안화수소는 자체 폭발할 수 있다.
㉢ 용기에 충전한 후 60일을 초과하지 않아야 한다.

참고 충전 시 한 용기에서 60일을 초과할 수 있는 경우
① 순도가 98% 이상으로서 착색되지 아니하였다.
② 시안화수소를 충전한 용기는 충전 후 24시간 정치한 뒤 가스의 누출검사를 한다.

[시안화수소의 물리적 성질]

구 분	성 질
분자량	27.03
임계온도(°C)	183.5

㉯ 화학적 성질
㉠ 장기간 보존하면 수분과 반응하여 중합폭발을 일으킨다.
㉡ **중합을 방지하는 안정제** : 황산, 동망, 오산화인, 염화칼슘, 인산, 아황산가스 등

참고 안정제를 첨가하는 주된 이유 : 소량의 수분으로도 중합하여 그 열로 인해 폭발할 위험이 있으므로

⑦ 아세틸렌(C_2H_2)
㉮ 물리적 성질
㉠ 무색무취의 가연성 기체로 불순물로 인해 악취가 난다.
(불순물 : PH_3, H_2S, N_2, NH_3, O_2, H_2, CO, SiH_4 등)

㈐ 용도
  ㉠ 수돗물의 살균 소독제, 하수도의 살균제로 사용한다.
  ㉡ 종이의 표백분 제조
  ㉢ 염화비닐 제조원료
㈑ 취급 시 주의 사항
  ㉠ 액상의 염소가 피부에 닿았을 경우의 조치 : 맑은 물로 씻어낸다.
⑤ 암모니아(NH_3)
  ㈎ 물리적 성질
    ㉠ 무색의 강한 자극성의 냄새가 있는 기체로서 물에 잘 녹는다.
    ㉡ 유독하다.

> **예제**
>
> 액화암모니아 10kg을 기화시키면 표준상태에서 약 몇 m^3의 기체로 되는가?
>
> **풀이** NH_3 분자량 = 14 + 3 = 17kg
> 17kg : 22.4m^3 = 10kg : x(m^3)
> $$x = \frac{10 \times 22.4}{17} = 13m^3$$

  ㈏ 화학적 성질
    ㉠ 산소 중에서 연소시키면 황색염을 내며 질소와 물로 생성한다.
      $4NH_3 + 3O_2 \rightarrow 2N_2 + 6H_2O$
    ㉡ 염화수소와 반응하면 흰 연기를 발생한다.
  ㈐ 제법
    ㉠ 공업적 제법
      ⓐ 합성법

[압력에 따른 암모니아 합성법]

구 분	압 력	방 법
고압합성	60~100MPa	클로우드법, 카자레법
중압합성	30MPa	IG법, 뉴우데법, 뉴파우서법, 케미크법, JIC법, 동공시법
저압합성	15MPa	구 우데법, 켈로그법

㈏ 화학적 성질
  ㉠ 유지류와 접촉 시 폭발의 위험이 있다.
  ㉡ 화학적으로 활성이 강하여 다른 원소와 반응하여 산화물을 만든다.

  > 참고 O_3 : 무색의 마늘 또는 생선 냄새가 나는 가스이다.

㈐ 제법
  ㉠ 공업적 제법
    ⓐ 공기의 액화분리법 : 공기를 압축, 냉각(단열 팽창)시켜 얻은 액체공기를 분별증류하면 저비점 성분의 N_2(비점 : $-196℃$)를, 고비점 성분의 O_2(비점 : $-183℃$)를 얻는다.

③ 질소(N_2)
  ㈎ 물리적 성질 : 무색, 무미, 무취의 기체로 공기보다 약간 가볍고 물에는 잘 녹지 않는다.
  ㈏ 화학적 성질 : 액체 질소 순도가 99.999%이면 불순물은 10ppm이다.
  ㈐ 제법
    ㉠ 공업적 제법 : 공기 분리에 의해 산소와 함께 만든다.
  ㈑ 용도
    ㉠ 비료, 질산 제조, 비점이 대단히 낮아 극저온의 냉매로 이용한다.
    ㉡ 질소는 다른 원소와 반응하지 않아 기기의 기밀 시험용 가스로 사용된다.

④ 염소(Cl_2)
  ㈎ 물리적 성질
    ㉠ 황록색의 자극성 냄새가 나는 맹독성 기체이다.
    ㉡ 조연(지연)성이다.
    ㉢ 비교적 쉽게 액화한다.

[염소의 성질]

구 분	성 질
임계온도(℃)	144
임계압력(atm)	76.1

  ㈏ 화학적 성질
    ㉠ 수소와 염소의 등량 혼합기체
      염소폭명기 : $H_2 + Cl_2 \rightarrow 2HCl$
    ㉡ 수분과 작용하면 염산을 생성하여 철강을 심하게 부식시킨다.
    ㉢ 소석회에 용이하게 흡수된다.
    ㉣ 암모니아와 반응하여 염화암모늄을 생성한다.

③ 독성, 가연성가스 : CO, NH_3, CH_3Br, C_2H_4O, H_2S 등과 같이 가연성이면서 독성이 있는 가스

(4) 가스의 성질 및 제조

① 수소(H_2)
  ㉮ 물리적 성질
    ㉠ 무색, 무미, 무취의 가연성 기체이다.
    ㉡ 밀도가 아주 작아 확산속도가 빠르다.
    ㉢ 높은 온도일 때에는 강재, 기타 금속재료라도 쉽게 투과한다.
  ㉯ 화학적 성질
    ㉠ 수소폭명기 : $2H_2 + O_2 \rightarrow 2H_2O$
    ㉡ 할로겐 원소와 격렬하게 반응하며 폭발반응을 일으킨다.
      $H_2 + F_2 \rightarrow 2HF$
    ㉢ 촉매폭발 : 수소와 염소에 직사광선이 작용하여 일어나는 폭발을 말한다.
      $H_2 + Cl_2 \xrightarrow[촉매]{직사광선} 2HCl$
    ㉣ 고온, 고압에서 강재 중 탄소와 반응하여 수소취성을 일으킨다.
      $Fe_3C + 2H_2 \rightarrow 3Fe(탈탄 작용) + CH_4$
    ㉤ 수소취성 방지 원소 : 텅스텐(W), 바나듐(V), 크롬(Cr), 몰리브덴(Mo), 티타늄(Ti) 등
  ㉰ 제법
    ㉠ 공업적 제법
      ⓐ 물의 전기분해 : 20%정도의 수산화나트륨(NaOH)수용액을 사용한다.
      ⓑ 수성가스법(석탄 또는 코크스의 가스화법)
      ⓒ 일산화탄소(수성가스) 전화법
      ⓓ 천연가스(CH_4) 분해법
      ⓔ 석유 분해법
      ⓕ 암모니아 분해법
  ㉱ 공업적 용도 : 암모니아 합성, 메탄올의 합성, 경화유의 제조

② 산소(O_2)
  ㉮ 물리적 성질
    ㉠ 무색, 무취, 무미의 기체이다.
    ㉡ 기체, 액체, 고체 모두 자성이 있다.
    ㉢ 강력한 조연성가스로서 자신은 연소하지 않는다.

3 가스의 성질, 제조방법 및 용도

(1) 상태에 따른 분류

① **압축가스** : 수소, 질소, 산소, 메탄 등과 같이 비점이 낮은 가스
② **액화가스** : 프로판, 부탄, 염소, 이산화탄소, 암모니아, 프레온 등과 같이 상온에서 비교적 낮은 압력으로 쉽게 액화할 수 있고, 압축 액화시켜 액체 상태로 용기에 충전한 가스
③ **용해가스** : 아세틸렌은 가압하면 분해폭발하므로 용제(아세톤, DMF)에 용해시켜 용기에 충전한다. 이와 같이 용제에 용해시켜 취급되는 가스

(2) 성질에 따른 분류

① **가연성가스** : C_3H_8, H_2, CH_4, 석탄가스, 암모니아 등과 같이 공기 중에서 쉽게 연소할 수 있는 가스
  ㉮ 폭발한계의 하한값이 10% 이하인 것
  ㉯ 폭발한계의 상한과 하한의 차가 20% 이상인 것
② **조연성(지연성)가스** : Air, O_2, Cl_2, F_2, NO_2, 초산가스, O_3 등과 같이 자기 자신은 스스로 연소할 수 없으나, 가연성 물질의 연소를 도와줄 수 있는 가스
③ **불연성가스** : N_2, Ar, He, Ne, CO_2, Freon 등과 같이 공기 중에서 자신이 연소하지도 않고, 다른 물질을 연소시키지도 않는 가스

(3) 독성에 따른 분류

① **독성가스** : $COCl_2$, HCN, H_2S, SO_2, CH_3Br, Cl_2, NH_3, CO 등과 같이 인체에 악영향을 주는 가스

> **참고** 고압가스 충전시설 기준에서 독성가스의 경우 풍향계를 설치한다.

  ㉮ LC_{50} : 허용농도가 100만분의 5,000 이하인 것이다.
  ㉯ 독성가스 허용농도의 종류
    ㉠ 시간가중 평균농도(TLV-TWA)
    ㉡ 단시간노출 허용농도(TLV-STEL)
    ㉢ 최고허용농도(TLV-C)

> **참고** ① 허용농도 1PPb : $\frac{1}{10^9}$
> ② $1\% = 10^4 ppm$

② **비독성가스** : H_2, O_2, N_2 등과 같이 독성이 없는 가스

② 유입방폭구조 : 용기 내부에 절연유를 주입하여 불꽃·아크 또는 고온 발생 부분이 기름 속에 잠기게 함으로써 기름면 위에 존재하는 가연성가스에 인화되지 아니하도록 한 구조이다.
③ 압력방폭구조
④ 안전증방폭구조 : 방폭지역이 0종인 장소
⑤ 본질안전방폭구조
⑥ 특수방폭구조

> **참고** 가연성가스 및 방폭전기기기의 폭발 등급 분류 시 최소점화전류 기준 : 메탄(CH_4)가스

(9) 방폭 지역의 구분

① 0종 장소 : 용기 내부, 장치 및 배관의 내부
② 1종 장소 : 0종 장소의 근접 주변, 승급 통구의 근접 주변, 운전상 열게 되는 연결부의 근접 주변, 배기관 유출구의 근접 주변
③ 2종 장소

> **참고** 가연성가스 취급 장소에서 사용 가능한 방폭공구
> ① 베릴륨합금 공구 ② 고무 공구 ③ 나무 공구

(10) 위험성평가기법

① 정성적 평가방법
  ㉮ Check List법
  ㉯ 사고예방질문분석(WHAT-IF)기법
  ㉰ 위험과 운전분석(HAZOP ; Hazard and Operability) : 공정에 존재하는 위험 요소들과 공정의 효율을 떨어뜨릴 수 있는 운전상의 문제점을 찾아내어 그 원인을 제거하는 정성적 안전성 평가기법
② 정량적 평가기법
  ㉮ 작업자실수분석(Human Error Analysis)기법
  ㉯ 결함수분석(FTA ; Fault Tree Analysis)기법 : 사고를 일으키는 장치의 이상이나 운전자 실수의 조합을 연역적으로 분석하는 정량적 위험성평가기법
  ㉰ 사건수분석(ETA ; Event Tree Analysis)기법
  ㉱ 원인결과분석(CCA ; Cause-consequence Analysis)기법
③ 기타
  ㉮ 이상위험도분석기법 : 공정과 설비의 고장 형태 및 영향, 고장 형태별 위험도 순위 등을 결정하는 안전성 평가기법
  ㉯ 예비위험분석기법 : 시스템 안전 위험 분석을 수행하기 위한 최초의 작업으로서 구상 단계나 설계 및 발주의 극히 초기에 실시하는 것

③ 압력 : 일산화탄소와 공기의 혼합가스는 압력이 높아질수록 폭발범위가 좁아진다.
④ 용기의 크기와 형태
　㉮ 안전간격에 따른 폭발등급
　　㉠ 폭발 1등급(안전간격 : 0.6mm 초과)
　　　예 메탄, 에탄, 프로판, n-부탄, 가솔린, 일산화탄소, 암모니아, 아세톤, 벤젠, 에틸에테르
　　㉡ 폭발 2등급(안전간격 : 0.4mm 초과 0.6mm 이상)
　　　예 에틸렌, 석탄가스
　　㉢ 폭발 3등급(안전간격 : 0.4mm 이하)
　　　예 수소, 아세틸렌, 이황화탄소, 수성가스
　㉯ 안전공간

예제

내용적 47L인 용기에 C_3H_8 15kg이 충전되어 있을 때 용기 내 안전공간은 약 몇 %인가? (단, C_3H_8의 액 밀도는 0.5kg/L이다.)

풀이 C_3H_8 $x[L] = \dfrac{15kg}{0.5kg/L} = 30$

$$용기의\ 안전공간(\%) = \dfrac{내용적 - C_3H_8[L]}{내용적} \times 100$$
$$= \dfrac{47-30}{47} \times 100$$
$$= 36.1\%$$

(7) 폭굉(Detonation)

① 연소파 : 0.1~10m/sec
② 폭굉파 : 1,000~3,500m/sec
③ 폭굉유도거리(DID)
　㉮ 정상 연소속도가 큰 혼합가스일수록 짧다.
　㉯ 관 속에 방해물이 있거나 관경이 가늘수록 짧다.
　㉰ 압력이 높을수록 짧다.
　㉱ 점화원의 에너지가 강할수록 짧다.

(8) 방폭구조의 종류

① 내압방폭구조 : 방폭전기기기의 용기 내부에서 가연성가스의 폭발이 발생할 경우 그 용기가 폭발압력에 견디고, 접합면이나 개구부 등을 통해 외부의 가연성가스에 인화되지 않도록 한 구조

㉮ 산화폭발

　　예 수소폭명기

㉯ 분해폭발

　　예 아세틸렌, 산화에틸렌, 오존, 히드라진 등

㉰ 중합폭발

　　예 시안화수소, 염화비닐, 산화에틸렌, 부타디엔 등

㉱ 촉매폭발

　　예 염소폭명기

> 참고　폭발성이 예민하므로 마찰, 타격으로 격렬히 폭발하는 물질
> 질화은(AgN_2), 질화수은(HgN_2), 탄화은(Ag_2C_2), 황화질소(N_4S_4), 유화질소(N_4S_4), 옥화질소, 염화질소, 아세틸라이드, 테트라젠 등

(5) 대량 유출된 가연성가스의 폭발

① BLEVE(Boiling Liquid Expanding Vapor Explosion) : 액화가스 탱크의 폭발(비등액체팽창증기폭발)

② 증기운폭발(UVCE ; Unconfined Vapor Cloud Explosion) : 대기 중에 대량의 가연성가스가 유출하거나 대량의 가연성 액체가 유출하여 그것으로부터 발생하는 증기가 공기와 혼합해서 가연성 혼합기체를 형성하고 발화원에 의하여 발생하는 폭발

(6) 가스의 폭발을 일으키는 영향 요소

① 온도

② 조성

㉮ 폭발범위(한계) : 아세틸렌(C_2H_2), 산화에틸렌(C_2H_4O), 히드라진(N_2H_4), 오존(O_3) 등은 조성 없이 가스 단독으로도 조건이 형성되면 폭발할 수 있다.

㉯ 폭굉범위(한계)

㉰ 르 샤틀리에의 혼합가스 폭발범위를 구하는 식

> 예제
>
> 프로판 15vol%와 부탄 85vol%로 혼합된 가스의 공기 중 폭발하한값은 약 몇 %인가? (단, 프로판의 폭발하한값은 2.1%이고, 부탄은 1.8%이다.)
>
> 풀이　$\dfrac{100}{L} = \dfrac{V_1}{L_1} + \dfrac{V_2}{L_2}$　　$\dfrac{100}{L} = \dfrac{15}{2.1} + \dfrac{85}{1.8}$
>
> 　　　$L = \dfrac{100}{54.24} = 1.84\%$

㉣ 내부(자기)연소 : 질산에스테르류, 셀룰로이드류, 니트로 화합물, 히드라진과 유도체 등과 같은 제5류 위험물 등

(2) 연소에 관한 물성

① 인화점(Flash Point)(인화온도) : 착화원이 있을 때 가연성 액체나 고체의 표면에 연소하한계 농도의 가연성 혼합기가 형성되는 최저온도
② 발화점(발화온도, 착화점, 착화온도) : 가스의 연소와 관련하여 공기 중에서 점화원 없이 연소하기 시작하는 최저온도

> **참고** 가연성가스와 산소의 혼합비가 완전산화에 가까울수록 발화지연은 짧아진다.

③ 위험도(H : Hazards)
  ㉮ 석탄가스(CH_4)의 위험도 : 석탄가스의 연소범위가 5~15%이므로 위험도(H)는
  $$H = \frac{15-5}{5} = 2$$

(3) 이론공기량

예제

부탄 $1Nm^3$를 완전연소시키는 데 필요한 이론공기량은 약 몇 Nm^3인가? (단, 공기 중의 산소농도는 21v%이다.)

풀이
$$C_4H_{10} + 6.5O_2 \rightarrow 4CO_2 + 5H_2O$$
$22.4m^3 \quad 6.5 \times 22.4m^3$
$1Nm^3 \quad xm^3$
$$x = \frac{1 \times 7.5 \times 22.4}{22.4} = 6.5m^3$$
$$\therefore 이론공기량 = 6.5 \times \frac{100}{21} = 31Nm^3$$

(4) 폭발

> **참고** 사람이 사망하기 시작하는 폭발압력 : 700kPa

① 물리적 폭발
  ㉮ 증기폭발
  ㉯ 금속선폭발
  ㉰ 고체상 전이폭발
  ㉱ 압력폭발 : 온도 상승이나 충격에 의하여 압력이 이상적으로 상승하여 일어나는 폭발
    예 불량 용기의 폭발, 고압가스용기의 폭발, 보일러 폭발
② 화학적 폭발

⑥ 그레이엄(Graham)의 확산속도법칙 : 일정한 온도에서 기체의 확산속도는 그 기체 밀도(분자량)의 제곱근에 반비례한다.

예제

A의 분자량은 B의 분자량의 2배이다. A와 B의 확산속도비는?

풀이 $\dfrac{U_A}{U_B} = \sqrt{\dfrac{M_B}{M_A}} = \sqrt{\dfrac{1}{2}} = \dfrac{1}{\sqrt{2}}$ ∴ $1 : \sqrt{2}$

⑦ 아보가드로(Avogadro)의 법칙 : 모든 기체 1mole이 차지하는 부피는 표준상태(0℃, 1기압)에서 22.4L이며, 그 속에는 6.02×10^{23}개의 분자가 들어 있다.

예제

40L의 질소 충전 용기에 20℃, 150atm의 질소가스가 들어있다. 이 용기의 질소 분자의 수는? (단, 아보가드로 수는 6.02×10^{23}이다.)

풀이 $PV = nRT$

$n = \dfrac{PV}{RT} = \dfrac{150 \times 40}{0.082 \times (273+20)} = 249.43 \text{mol}$

$249.43 \text{mol} \times 6.02 \times 10^{23}$ 개/mol $= 1.5 \times 10^{26}$ 개

⑧ 헨리(Henry)의 법칙
   ㉮ 적용되는 기체(물에 대한 용해도가 작다.)
      예 CH_4, CO_2, H_2, O_2, N_2 등

2 가스의 연소

(1) 연소의 형태

① 기체의 연소(발염연소, 확산연소) : 산소, 아세틸렌 등
② 액체의(증발) 연소 : 에테르, 가솔린, 석유, 알고올 등
③ 고체의 연소
   ㉮ 표면(직접)연소 : 목탄, 코크스, 금속분 등
      참고 목탄, 코크스 : 휘발분이 없는 연료
   ㉯ 분해연소 : 목재, 석탄, 종이, 플라스틱 등
   ㉰ 증발연소 : 황, 나프탈렌, 장뇌 등과 같은 승화성 물질, 촛불 등

예제

일정 압력, 20°C에서 체적 1L의 가스는 40°C에서는 약 몇 L가 되는가?

풀이 샤를의 법칙 $\dfrac{V}{T} = \dfrac{V_1}{T_1}$

$$\dfrac{1}{20+273} = \dfrac{V_1}{40+273}$$

$$\therefore V_1 = \dfrac{(40+273) \times 1}{20+273} = 1.07 \text{L}$$

③ 보일·샤를의 법칙 : 일정량의 기체의 부피는 압력에 반비례하고, 절대온도에 비례한다.

$$\dfrac{PV}{T} = \dfrac{P_1 V_1}{T_1}$$

예제

0°C, 1atm에서 6L인 기체가 273°C, 1atm일 때 몇 L가 되는가?

풀이 $\dfrac{PV}{T} = \dfrac{P_1 V_1}{T_1}$

$$\dfrac{1 \times 6}{0+273} = \dfrac{1 \times V_1}{273+273} \qquad V_1 = \dfrac{1 \times 6 \times (273+273)}{0+273}$$

$$\therefore V_1 = 12 \text{L}$$

④ 이상기체의 상태방정식

㉮ 보일·샤를의 법칙에 아보가드로의 법칙을 대입시킨 것으로, 표준상태(0°C, 1기압)에서 기체 1mole이 차지하는 부피는 22.4L이다.

예제

27°C, 1기압하에서 메탄가스 80g이 차지하는 부피는 약 몇 L인가?

풀이 $PV = \dfrac{W}{M}RT$에서

$$V = \dfrac{W}{PM}RT = \dfrac{80\text{g}}{1\text{atm} \times 16\text{g/mol}} \times 0.08205 \text{atm} \cdot \text{L/mol} \cdot \text{K} \times (273+27)\text{K} = 123\text{L}$$

⑤ 돌턴(Dolton)의 분압법칙

예제

0°C, 2기압하에서 1L의 산소와 0°C, 3기압 2L의 질소를 혼합하여 2L로 하면 압력은 몇 기압이 되는가?

풀이 $PV = P_1 V_1 + P_2 V_2 \qquad P = \dfrac{P_1 V_1 + P_2 V_2}{V} = \dfrac{2 \times 1 + 3 \times 2}{2} = \dfrac{8}{2} = 4$기압

② 기체의 비체적

예제

표준상태(0℃, 101.3kPa)에서 메탄(CH_4) 가스의 비체적(L/g)은?

풀이 메탄(CH_4)의 분자량 : 12+4=16

메탄(CH_4) 가스의 비체적 : $\dfrac{22.4L}{16g} = 1.40L/g$

③ 비중

예제

1. 표준상태에서 부탄가스의 비중은 약 얼마인가? (단, 부탄의 분자량=58)

풀이 가스 비중 = $\dfrac{가스분자량}{29} = \dfrac{58}{29} = 2$

2. 비중병의 무게가 비었을 때는 0.2kg, 액체로 충만되어 있을 때는 0.8kg이었다. 액체의 체적이 0.4L라면 비중량(kg/m³)은 얼마인가?

풀이 $r = \dfrac{W}{V} = \dfrac{(0.8-0.2)kg}{0.4 \times 10^{-3} m^3} = 1,500 kg/m^3$

여기서 $1,000L = 1m^3$, $1L = 10^{-3} m^3$이다.

참고 질량 : 어떤 물질의 고유의 양으로, 측정하는 장소에 따라 변함이 없는 물리량

(7) 가스의 기초 법칙

① 보일(Boyle)의 법칙 : 기체의 온도를 일정하게 유지할 때 기체가 차지하는 부피는 절대압력에 반비례한다.

$PV = P_1 V_1$

예 보일의 법칙에서 일정한 값으로 가정한 인자 : 온도

예제

10L 용기에 들어있는 산소의 압력이 10MPa이었다. 이 기체를 20L 용기에 옮겨 놓으면 압력은 몇 MPa로 변하는가?

풀이 보일의 법칙($PV = P_1 V_1$)

$10MPa \times 10L = P_1 \times 20L$

∴ $P_1 = 5MPa$

② 샤를(Charles)의 법칙 : 일정한 압력에서 일정량의 기체가 차지하는 부피는 절대온도(K)에 비례한다.

$\dfrac{V}{T} = \dfrac{V_1}{T_1}$

② **열역학 제1(에너지보존의)법칙** : 열(Q)은 일에너지(W)로, 일에너지는 열로 상호 쉽게 바뀔 수 있으며 그 비는 일정하다.

    예 1. 열과 일은 일정한 관계로 상호교환된다.
        2. 제1종 영구기관이 영구적으로 일하는 것은 불가능하다는 것을 알려준다.
    ㉮ A : 일의 열당량 $\left(\dfrac{1}{427}\text{kcal/kg}\cdot\text{m}\right)$
    ㉯ J : 열의 일당량($427\text{kg}\cdot\text{m/kcal}$)

    예제
    1kW의 열량을 환산하면 몇 kcal/h인가?

    풀이 $1\text{kW} = 102\text{kg}\cdot\text{m/s}$
    $= 102\text{kg}\cdot\text{m/s} \times \dfrac{1}{427}\text{kcal/kg}\cdot\text{m} \times 3,600\text{s/h}$
    $= 860\text{kcal/h}$

③ **열역학 제2법칙** : 열이동의 방향성을 나타내는 경험법칙
    ㉮ 켈빈-플랭크(Kelvin-Plank)의 표현 : 효율이 100%인 열기관은 제작이 불가능하다. 예 성능계수(ε)가 무한정한 냉동기의 제작은 불가능하다.
    ㉯ 클라우시우스(Clausius)의 표현 : 저온체에서 고온체로 아무 일도 없이 열을 전달할 수 없다.
    예 1. 자연계에 아무런 변화도 남기지 않고 어느 열원의 열을 계속해서 일로 바꿀 수 없다. 즉 고온 물체의 열을 계속해서 일로 바꾸려면 저온 물체로 열을 버려야만 한다.
        2. 열은 스스로 저온의 물체에서 고온의 물체로 이동하는 것이 불가능하다.
④ **열역학 제3법칙** : 어떠한 이상적인 방법으로도 어떤 계를 절대영도(0K)에 이르게 할 수 없다.

(6) 밀도, 비체적, 비중

① 기체의 밀도

예제
표준상태에서 산소의 밀도는 몇 g/L인가?

풀이 $\dfrac{32\text{g}}{22.4\text{L}} = 1.43\text{g/L}$

> **예제**
>
> 10Joule의 일의 양을 cal 단위로 나타내면?
>
> **풀이**
> $1\text{kcal} = 4,186\text{kJ}, \quad 1\text{cal} = 4.186\text{J}$
> $1\text{J} = \dfrac{1}{4.186} = 0.2389\text{cal}$
> $\therefore 10\text{J} = 2.39\text{cal}$

> **참고** 1cal : 순수한 물 1g을 온도 14.5℃에서 15.5℃까지 높이는 데 필요한 열량

(4) 비열과 열

① 비열비(k) : 정적비열에 대한 정압비열의 비로, 비열비는 항상 1보다 크다.

$$k = \frac{C_p}{C_v} > 1$$

② 현열(Sensible Heat) : 물체의 상태변화 없이 온도가 변화될 때 필요한 열

$$Q = G \times C \times \Delta t = G \times C \times (t_2 - t_1)$$

여기서, Q : 열량(kcal), G : 물질의 무게(kg), C : 비열(kcal/kg·℃)
t_1 : 변화 전의 온도(℃), t_2 : 변화 후의 온도(℃)

③ 잠열(Latent Heat) : 물질이 융해, 응고, 증발, 응축 등과 같은 상의 변화를 일으킬 때 발생 또는 흡수하는 열(LP가스가 증발할 때 흡수하는 열)

$$Q = G \times r$$

여기서, Q : 열량(kcal), G : 물질의 무게(kg)
r : 잠열[얼음의 융해잠열은 80kcal/kg, 물의 증발(기화)잠열은 539kcal/kg]

> **예제**
>
> 0℃의 얼음 10kg을 100℃의 수증기로 만들 때 필요한 열량(kcal)을 구하시오.
>
> **풀이**
> $Q = Q_1(\text{잠열}) + Q_2(\text{현열}) + Q_3(\text{잠열})$
> $Q_1 = Gr = 10 \times 80 = 800 \text{kcal}$
> $Q_2 = G \cdot C \cdot \Delta t = 10 \times 1 \times (100 - 0) = 1,000 \text{kcal}$
> $Q_3 = Gr = 10 \times 539 = 5,390 \text{kcal}$
> $\therefore Q = 800 + 1,000 + 5,390 = 7,190 \text{kcal}$

> **참고** 기화열 : 액체가 기체로 변하기 위해 필요한 열

(5) 열역학의 법칙

① 열역학 제0(열평형에 관한)법칙 : 온도가 서로 다른 두 물체를 접촉시키면 높은 온도를 지닌 물체의 온도는 내려가고(열량을 방출), 낮은 온도의 물체는 온도가 올라가서(열량을 흡수), 두 물체의 온도차가 없어지고 두 물체는 열평형이 된다.

(2) 압력(Pressure)

① 표준대기압(단위 : atm)

② $1atm = 760mmHg = 1.0332kg/cm^2 = 10.332mH_2O(Aq) = 29.92inHg = 14.7PSI(lb/in^2)$
$= 1.03325bar = 1033.25mmbar = 101,325N/m^2 = 101,325Pa = 101.3kPa$
$= 0.101MPa$

일기예보에서 주로 사용하는 1hpa은 몇 N/m^2인가?

풀이 $1hpa = 100N/m^2$

③ 절대압력(Absolute Pressure) : 완전진공을 0으로 기준하여 측정한 압력
④ 게이지압력(Gauge Pressure) : 대기압의 상태를 0으로 기준하여 측정한 압력으로 압력계가 표시하는 압력
⑤ 진공압력(Vaccum Pressure) : 대기압보다 낮은 상태의 압력

- 진공도 $= \left(\dfrac{진공압}{대기압}\right) \times 100$
- 진공압 = 대기압 - 절대압력
- 게이지압력 = 절대압력 - 대기압

진공도 200mmHg는 절대압력으로 약 몇 $kg/cm^2 \cdot abs$인가?

풀이 $P_a = P_o - P_v = 1.0332 - \dfrac{200}{760} \times 1.0332$
$= 0.76 kg/cm^2 \cdot abs$

⑥ 압력 관계 : 절대압력(abs) = 대기압(atm) + 게이지압력(atg) = 대기압(atm) - 진공압(atv)

게이지압력 1,520mmHg는 절대압력으로 몇 기압인가?

풀이 1atm = 760mmHg이므로, 1,520mmHg는 $2atm \left(\dfrac{1,520mmHg}{760mmHg}\right)$이다.
절대압력 = 대기압 + 게이지압력 = 1atm + 2atm = 3atm

(3) 열량의 단위

① 칼로리(kcal) : 표준대기압하에서 물 1kg의 온도를 1℃ 올리는 데 필요한 열량(1kcal = 1,000cal = 4.2kJ = 427kgf · m)

1 가스의 기초

(1) 온도(Temperature)

① 섭씨온도(℃)와 화씨온도(℉)의 관계

$$℃ = \frac{5}{9}(℉-32), \quad ℉ = \frac{9}{5}℃+32$$

예제

1. 100℉를 섭씨온도로 환산하면 약 몇 ℃인가?

풀이 $℃ = \frac{5}{9}(℉-32) = \frac{5}{9}(100-32) = 37.8℃$

2. 100℃를 화씨온도로 단위 환산하면 몇 ℉인가?

풀이 $℉ = \frac{9}{5}℃+32 = \frac{9}{5}\times 100+32 = 212℉$

② 켈빈온도(K)

$$T(\mathrm{K}) = ℃ + 273$$

예제

절대온도 0K는 섭씨온도로 약 몇 ℃인가?

풀이 절대온도(K) = 섭씨온도(℃) + 273
$x(℃) = 0\mathrm{K} - 273 = -273$

③ 랭킨온도(°R)

$$°\mathrm{R} = ℉ + 460 \qquad °\mathrm{R} = \mathrm{K}\times 1.8$$

예제

1. 70℃는 랭킨온도로 몇 °R인가?

풀이 $℉ = \frac{9}{5}\times ℃ + 32$
$°\mathrm{R} = ℉ + 460 = (1.8\times 70 + 32) + 460 = 618°\mathrm{R}$

2. 절대온도 40K를 랭킨온도로 환산하면 몇 °R인가?

풀이 $°\mathrm{R} = \mathrm{K}\times 1.8$
$40\times 1.8 = 72°\mathrm{R}$

참고 **상용온도**
설비나 장치 및 용기 등에서 취급 또는 운용되고 있는 통상의 온도

제1과목

가스 일반

- **제1장** 가스의 기초
- **제2장** 가스의 연소
- **제3장** 가스의 성질, 제조방법 및 용도
- **제4장** LP가스 및 도시가스

제3과목 가스 안전관리

1 고압가스 안전관리 ··· 66
2 액화석유가스의 안전관리 ·· 78
3 도시가스 안전관리 ·· 79

부록 과년도 기출문제

차례

- 머리말 3
- 가스기능사(필기) 출제기준 4

제1과목 가스 일반

1 가스의 기초 ·· 10
2 가스의 연소 ·· 16
3 가스의 성질, 제조방법 및 용도 ··· 21
4 LP가스 및 도시가스 ··· 31

제2과목 가스 장치 및 기기

1 LP가스 및 도시가스설비 ·· 38
2 압축기 및 펌프 ·· 45
3 저온장치 ··· 51
4 가스설비 ··· 54
5 가스 계측 기기 ·· 56

〈적용 기간 : 2025. 1. 1. ~ 2028. 12. 31.〉

필기 과목명	문제수	주요 항목	세부 항목	세세 항목
가스 법령 활용, 가스사고 예방·관리, 가스시설 유지관리, 가스 특성 활용	60	3. 가스시설 유지관리	1. 가스장치	❶ 기화장치 및 정압기 ❷ 가스장치 요소 및 재료 ❸ 가스용기 및 저장탱크 ❹ 압축기 및 펌프 ❺ 저온장치
			2. 가스설비	❶ 고압가스설비 ❷ 액화석유가스설비 ❸ 도시가스설비 ❹ 수소설비
			3. 가스계측기기	❶ 온도계 및 압력계측기 ❷ 액면 및 유량계측기 ❸ 가스분석기 ❹ 가스누출검지기 ❺ 제어기기
		4. 가스 특성 활용	1. 가스의 기초	❶ 압력 ❷ 온도 ❸ 열량 ❹ 밀도, 비중 ❺ 가스의 기초 이론 ❻ 이상기체의 성질
			2. 가스의 연소	❶ 연소현상 ❷ 연소의 종류와 특성 ❸ 가스의 종류 및 특성 ❹ 가스의 시험 및 분석 ❺ 연소계산
			3. 고압가스 특성 활용	❶ 고압가스 특성 및 취급 ❷ 고압가스의 품질관리·검사기준적용
			4. 액화석유가스 특성 활용	❶ 액화석유가스 특성 및 취급 ❷ 액화석유가스의 품질관리·검사기준적용
			5. 도시가스 특성 활용	❶ 도시가스 특성 및 취급 ❷ 도시가스의 품질관리·검사기준적용
			6. 독성가스 특성 활용	❶ 독성가스 특성 및 취급 ❷ 독성가스 처리

출제기준(필기)

- 직무 분야 : 안전관리
- 자격 종목 : 가스기능사
- 검정 방법 : 객관식(시험시간 : 1시간, 문제수 : 60)
- 직무내용 : 가스 시설의 운용, 유지관리 및 사고예방조치 등의 업무를 수행하는 직무이다.

필기 과목명	문제수	주요 항목	세부 항목	세세 항목
가스 법령 활용, 가스사고 예방·관리, 가스시설 유지관리, 가스 특성 활용	60	1. 가스 법령 활용	1. 가스제조 공급·충전	① 고압가스 특정·일반제조시설 ② 고압가스 공급·충전시설 ③ 고압가스 냉동제조시설 ④ 액화석유가스 공급·충전시설 ⑤ 도시가스 제조 및 공급시설 ⑥ 도시가스 충전시설 ⑦ 수소 제조 및 충전시설
			2. 가스저장·사용시설	① 고압가스 저장·사용시설 ② 액화석유가스 저장·사용시설 ③ 도시가스 저장·사용시설 ④ 수소 저장·사용시설
			3. 고압가스 관련 설비 등의 제조·검사	① 특정설비 제조 및 검사 ② 가스용품 제조 및 검사 ③ 냉동기 제조 및 검사 ④ 히트펌프 제조 및 검사 ⑤ 용기 제조 및 검사
			4. 가스판매, 운반·취급	① 가스 판매시설 ② 가스 운반시설 ③ 가스 취급
			5. 가스관련법 활용	① 고압가스안전관리법 활용 ② 액화석유가스의안전관리 및 사업법 활용 ③ 도시가스사업법 활용 ④ 수소경제육성 및 수소안전관리법률 활용
		2. 가스사고 예방·관리	1. 가스사고 예방·관리 및 조치	① 사고조사 보고서 작성 ② 사고조사 장비 관리 ③ 응급조치
			2. 가스화재·폭발예방	① 폭발범위·종류 ② 폭발의 피해 영향·방지대책 ③ 위험장소 및 방폭구조 ④ 위험성 평가
			3. 부식··비파괴 검사	① 부식의 종류 및 방식 ② 비파괴 검사의 종류

머리말

우리나라는 산업화의 진전으로 인해 급속도로 발달하는 산업 사회에 살고 있습니다. 이러한 경제 성장과 함께 중화학 공업이 급진적으로 발전하면서 여기에 사용되는 고압가스의 종류도 다양해지고 이에 따른 안전사고가 증가함으로써 많은 인명 손실과 재산상의 피해가 늘고 있는 실정입니다. 그러므로 심각한 지경에 이른 안전 문제는 사업주들도 노사 간의 차원으로 신중하게 인식해야 합니다.

이러한 시대적 요청에 따라 가스 취급자의 수요는 더욱 증가하리라 생각됩니다.
복잡한 생활 속에서 시간적인 여유가 없을뿐더러 짧은 시간에 가스 취급에 대한 전반적인 지식을 습득하기에는 많은 어려움이 있을 것입니다.

이에 따라 그동안 강단에서의 오랜 강의 경험과 현장 실무 경험을 토대로 틈틈이 준비하였던 자료를 가지고 본서를 출간하게 되었습니다. 따라서 가스기능사 수험생과 산업 현장에서 실무에 종사하는 산업 역군들에게 조그마한 도움이 되었으면 합니다.

앞으로 미흡한 점은 선배, 후배의 아낌없는 충고와 지도 편달에 힘입어 수정, 보완하여 보다 참신하고 알찬 기술 도서가 될 수 있도록 노력할 것입니다.

끝으로 본서의 출간을 위해 온갖 정성을 기울여 주신 도서출판 세화 임직원 여러분께 깊은 감사를 드립니다.

저자 드림